全国高等院校化工类专业规划教材

精细化工工艺学

陈立功　冯亚青　主编

科学出版社

北　京

内 容 简 介

本书由天津大学、大连理工大学、华东理工大学等五所院校的有关教师共同编写，是在唐培堃教授所编《精细有机合成化学及工艺学》等教材的基础上的新编教材。

全书共七章：绪论，精细有机合成单元反应，精细化学品的合成路线设计，精细化学品的生产工艺及设备，精细化学品的绿色合成新技术，精细化学品的商品化，精细化学品生产安全与环保。界定精细化学品的内涵，简介精细化工的基础理论和共性问题，用典型的案例串联全书各章节的内容。重点介绍了精细化学品的合成路线设计和精细化学品商品化，概述了精细化工的现状和发展趋势，强调了精细化学品生产的安全和环保意识。

本书可作为高等学校化工类专业本科生教材，也可供从事精细化学品研究、开发和生产的技术人员参考。

图书在版编目（CIP）数据

精细化工工艺学/陈立功，冯亚青主编. —北京：科学出版社，2018.6
全国高等院校化工类专业规划教材
ISBN 978-7-03-057965-2

Ⅰ. ①精… Ⅱ. ①陈… ②冯… Ⅲ. ①精细化工-工艺学-高等学校-教材
Ⅳ. ①TQ062

中国版本图书馆 CIP 数据核字(2018)第 131511 号

责任编辑：陈雅娴　侯晓敏 / 责任校对：何艳萍
责任印制：张　伟 / 封面设计：黄华斌

科学出版社 出版
北京东黄城根北街 16 号
邮政编码：100717
http://www.sciencep.com
北京中科印刷有限公司 印刷
科学出版社发行　各地新华书店经销
*
2018 年 6 月第　一　版　开本：787 × 1092　1/16
2023 年 8 月第二次印刷　印张：23　1/2
字数：595 000

定价：59.00 元

（如有印装质量问题，我社负责调换）

《全国高等院校化工类专业规划教材》编写委员会

《精细化工工艺学》编写委员会

主　编　陈立功　冯亚青

编　委　(按姓名汉语拼音排序)

陈立功　成晓玲　冯亚青　马　骧　王　虹

王雪香　肖　义　张　宝

总　　序

近十几年是国内外工程教育研究与实践的一个快速发展期，尤其是国内工程教育改革，从教育部立项重大专项对工程教育进行专门研究与探索，到开展工程教育认证，再到 2016 年 6 月我国成为《华盛顿协议》正式成员，我国的工程教育正向国际化、多元化、产学研一体化推进。在工程教育改革的浪潮中，我国的化工高等教育取得了一系列显著的成果，从各级教学成果奖中化工类专业的获奖项目占比可见一斑。尽管如此，在当前国家推动创新驱动发展等一系列重大战略背景下，工程学科及相应行业对人才培养又提出更高要求，新一轮的“新工科”研究与实践活动已经启动，在此深化工程教育改革的良好契机下，每位化工人都应积极思考，我们的高等化工工程教育如何顺势推进专业改革，进一步提升人才培养质量。

专业教育改革成果很重要的一部分是要落实到课程教学中，而教材是课程教学的重要载体，因此，建设适应新形势的优秀教材也是教学改革的重要组成部分。为此，科学出版社联合教育部高等学校化工类专业教学指导委员会以及国内部分院校，组建了《全国高等院校化工类专业规划教材》编写委员会(以下简称“编委会”)，共同研讨新形势下专业教材建设改革。编委会成员均参与了所在院校近年来化工类专业的教学改革，对改革动向及发展趋势有很好的把握，同时经过多次编委会会议讨论，大家集各院校改革成果之所长，对建设突出工程案例特色的系列教材达成了共识。在教材中引入工程案例，目的是阐述学科的方法论，训练工程思维，搭建连接理论与实践的桥梁，这与工程教育改革要培养工程师的思想是一致的。

工程素养的培养是一项系统工程，需要学科内外基础知识和专业知识的系统搭建。为此，编委会对国内外高等学校化工类专业的教学体系进行了细致研究，确定了系列教材建设计划，统筹考虑化工类专业基础课程和核心专业课程的覆盖度。对专业基础课教材的确定，基本参照国内多数院校的课程设置，符合当前的教学实际，同时对各教材之间内容衔接的科学性、合理性和可行性进行了整体设计。对核心专业课教材的确定，在立足当前各院校教学实际的基础上，充分考虑了学科发展和国家战略及产业发展对专业人才培养的新需求，以发挥教材内容更新对新时期人才培养质量提升的支撑作用。

将工程案例引入课程和教材，是本系列教材的创新探索。这也是一项系统工程，因为实际工程复杂多变，而教学需要从复杂问题中抽离出其规律及本质，做到举一反三。如何让改编的案例既体现工程复杂性和系统性，又符合认知和教学规律，需要编写者解放思想、改变观念，既要突破已有教材设计思路和模式的束缚，又能谨慎下笔。对此，系列教材的编写者进行了有益的尝试。在不同分册中，读者将看到不同的案例编写模式。学科不断发展，工程案例也不断推陈出新。本系列教材在给任课教师提供课程教学素材的同时，更希望能给任课教师以启发，希望任课教师在组织课程教学过程中，积极尝试新的教学模式，不断积累案例教学经验，把提高化工类专业学生工程素养作为一项长期的使命。

教学改革需要一代代教师坚持不懈地努力，需要不断探索、总结和反思，希望本系列教材能够给各院校教师以借鉴和启迪，切实推动化工高等教育质量不断迈上新台阶。在针对化工类专业构建一套体系、内容和形式较为新颖的教材目标指引下，我们组建了一支强大的编委会队伍，为推进这项工作，大家群策群力，积极分享教育教学改革成功经验和前瞻性思考，在此我代表编委会对各位委员及参与各分册编写的所有教师致以衷心的感谢。同时，也希望以本系列教材建设为契机，以编委会为平台，加强化工类高等学校本科人才培养、师资培训、课程建设、教材及教学资源建设等交流与合作，携手共创化工的美好明天。

王静康

中国工程院院士

2017年7月

前　言

近年来，精细化工领域发生了日新月异的变化，新兴的精细化工行业和技术不断涌现。为了适应我国精细化工行业快速发展的形势，满足 21 世纪化工类高等教育教学内容和课程体系的改革要求，编写了本教材。在编写过程中，编者竭尽所能从精细化学品的特点和共性出发进行凝练，力求与以往此领域教材有所不同，更好地满足化工类本科生的需要。

本书首先对精细化工与精细化学品进行溯源和释义，界定精细化学品的内涵、外延及特点；综述其研究、生产现状，展望其发展趋势。简介精细化工的基础理论和共性问题，包括反应、设备、催化剂与介质、商品化，以及生态企业和循环经济。用典型的案例串联全书各章节的内容，力求学生能理解并掌握重要单元反应的机理、影响因素、典型设备和绿色工艺，理解并掌握精细化学品的合成路线设计，精细化学品商品化的理论、规律和影响因素，了解精细化工的现状和发展趋势，加强精细化学品生产的安全和环保意识。

全书共七章：绪论，精细有机合成单元反应，精细化学品的合成路线设计，精细化学品的生产工艺及设备，精细化学品的绿色合成新技术，精细化学品的商品化，精细化学品生产安全与环保。分别由天津大学陈立功(第 1，3 章)，天津大学冯亚青(第 2 章，张宝和王雪香参加了部分编写工作)，哈尔滨理工大学王虹(第 4 章)，大连理工大学肖义(第 5 章)，华东理工大学马骧(第 6 章)和广东工业大学成晓玲(第 7 章)编写。在编写过程中得到了诸多专家学者、同仁和学生的无私帮助，在此一并致以衷心的感谢。

由于本书涉及面广，且限于编者的水平，书中不可避免存在不妥和疏漏之处，恳请广大读者批评指正。

编　者

2018 年 4 月 8 日

目 录

第1章 绪 论

1.1 精细化工与精细化学品的溯源与释义

1.1.1 精细化工的前世今生

众所周知，精细化工是化学工业中极具活力的新兴领域。精细化学品品种繁多、用途广泛、产业关联度大、直接服务于国民经济的诸多行业和高新技术产业，在国民经济中占有不可或缺的地位。精细化工率(精细化工产值占化工总产值的比例)的高低已成为衡量一个国家或地区化学工业发达程度和化工科技水平高低的重要标志。发达国家的精细化工率已高达70%～80%，而我国仅为 40%左右。所以大力发展精细化工已成为我国调整化学工业结构、提升化工产业能级的战略重点。尽管我国早已是世界上最主要的精细化学品生产国之一，但是由于精细化学品领域的知识产权日益严苛，国内多以低端精细化学品的生产为主，尤其缺乏先进的精细化学品的平台生产技术，造成工作环境恶劣、安全事故频发，严重的环境污染常受国内外的诟病[1]。

精细化工行业兴起于 20 世纪初至第二次世界大战后的 60～70 年代，是为了满足人们日益提高的生活要求和工农业生产的需求而发展起来的新兴行业。众所周知，神农尝百草、《黄帝内经》和李时珍的《本草纲目》是几千年来人们与各种疾病做斗争的经验积淀。1928 年英国人 A. Fleming 发现青霉素，并成功救治了第二次世界大战期间大量伤病员，启动了抵抗细菌感染的抗生素的快速发展，时至今日，众多的青霉素类、头孢菌素类、喹诺酮类、大环内酯类、青霉碳烯类以及甾族类抗菌药可用于治疗各种细菌感染的疾病[2]。随着高通量筛选技术的出现，组合化学、药物的合理设计及计算机辅助的发展，用于治疗心血管、糖尿病、癌症、艾滋病及精神病等的药物层出不穷。自 1856 年 W.H.Perkin 苯胺紫问世，直到 20 世纪中叶，由于合成纤维及其混纺织物的快速发展，急需各项牢度优良的新型染料，从而促进了合成染料工业的飞速发展，相继开发了用于涤纶的分散染料，用于腈纶的阳离子染料，用于涤棉混纺的活性分散染料。尤其是活性染料的发明，使染料与纤维以共价键结合，彻底改变了以往染料的着色模式。此外，用于激光、液晶、显微技术及荧光成像等的特殊染料近些年也得到了快速发展。自 20 世纪 40 年代瑞士人 P.H. Müller 发明第一种有机氯农药滴滴涕(DDT)之后，人们相继开发了一系列有机氯、有机磷杀虫剂，后者具有胃杀、触杀、内吸等特殊作用。而菊酯类杀虫剂的出现使得高效低毒、无残留的农药得到普遍关注，至 60 年代，杀菌剂、除草剂发展极快，出现了一些性能很好的品种，如吡啶类除草剂、苯并咪唑杀菌剂等。

纵观近 20 年来世界化工发展历程，各国尤其是美国、欧洲各国、日本等化学工业发达国家及其著名的跨国化工公司，都十分重视发展精细化工，把精细化工作为调整化工产业结构、提高产品附加值、增强国际竞争力的有效举措，世界精细化工呈现快速发展态势，产业集中度进一步提高。进入 21 世纪，世界精细化工发展的显著特征是产业集群化、工艺清洁化、节能降耗、产品多样化、专用化、高效多能化。精细化学品的应用领域已触及各行各业。

精细化工是化学工程的一个特殊分支，是随着化学工业的发展和精细(专用)化学品工业自身所具有的特点而从化学工业中分离出来的新兴行业(新兴学科)。随着人们生活水平的提高，对生活质量、身体健康、精神文化、生存环境的要求日益提高和科学技术的不断发展，精细化工的内涵也在不断外延，新的精细化学品行业不断涌现，如植物生长调节剂、昆虫信息素、信息化学品、电子化学品等，使得精细化工与化学、生命科学、信息学和电子学等学科交叉甚多，很难确定其准确的范畴。

一般而言精细化工是精细化学工程的简称，是研究精细化学品的化学、工艺学及其应用性能的学科。精细化工首先是从日本引入的概念，以区别于化工，目前早已为亚洲各国所接受。精细化学品是为了满足人们的日常生活需求和工农业生产需要而开发的具有特定功能、特定使用对象或特殊质量要求的化工产品，其中特定功能、特定使用对象或特殊质量要求是非常重要的，是判断一个化工产品是否是精细化学品的判据，与欧美等发达国家普遍采用的 special chemicals 和 fine chemicals 相吻合。

1.1.2 精细化工与精细化学品的内涵

众所周知，“对症下药”是人们最基本的用药原则；所谓“对症”是指针对某一特定的疾病，是特定的使用对象；“下药”是指使用具有特定功能的药物；也就是说使用对某种疾病有较好疗效的药物来治疗特定的疾病，所以药是专用化学品。例如，我们用抗生素来治疗细菌感染，用扑尔敏或氯雷他定来治疗过敏性症状。如果不能对症下药，就会造成严重后果。另外药品要有特殊的质量要求，除了纯度外，对某些杂质、溶媒残留及其商品化过程均有严格要求，所以药品又是精细化学品。沙利度胺(反应停)是一种含有手性中心的止吐药，其 *R*(+)异构体具有良好的止吐镇静作用，但其 *S*(−)异构体及其代谢产物有极强的胚胎致畸作用，曾造成数千例肢畸胎的惨剧[3]。青霉素及其半合抗在注射前要作皮试检测是否过敏，而事实上造成过敏的元凶并非药品本身，而是其中的杂质[4]。为了丰富人们的生活，常用的织物、橡塑制品是五颜六色的，这就要求人们在生产过程中选择不同的染料或颜料对其进行着色。例如，弱酸性染料和活性染料常用于棉、毛的着色，分散染料和直接染料常用于上染合成纤维，而油溶染料则用于塑料制品和油品的着色，据此不难看出染料、颜料和涂料等也是精细化学品。纤维、塑料、橡胶等高分子材料在生产、储存和使用过程中因光、氧气、水和热的作用发生老化现象，其机械性能等各项应用性能遭到破坏。为了延长上述制品的使用寿命，人们开发了一系列助剂，包括抗氧剂、光稳定剂、紫外线吸收剂及金属离子钝化剂，目的就是抑制制品的热氧老化和光氧老化，所以这些助剂也是精细化学品。又如，在聚丙烯中加入成核剂的目的是提高聚丙烯制品的透明度，那么成核剂具有特定功能、特定使用对象，也是精细化学品。驱鼠剂是为了保护地下电缆免于老鼠的破坏而加入的，而驱蚁剂是堤坝建造过程所加的添加剂，以保护堤坝免于蚂蚁的破坏。再如，松叶蜂性信息素作为现代生物农药可以用来控制松林中松叶蜂的虫口密度，而对其他昆虫没有作用[5]。这种专用性或者说特异选择性无疑对环境保护和生态平衡均有重要意义。抗氧剂、成核剂、光稳定剂、染料等传统精细化学品无不根据使用对象不同而选择不同类型的精细化学品。

1.2 精细化学品的分类与特点

1.2.1 精细化学品的分类

关于精细化学品的分类，每个国家和地区根据自己生产、管理体制的不同而不同。欧美将专用化学品按其使用性能分为三大类，细分为许多小类。日本在20世纪90年代曾将精细化学品分为47类，我国原化学工业部1986年颁布的《关于精细化工产品分类的暂行规定和有关事项的通知》将精细化学品分为11类，包括化学原料药、农药原药、染料、涂料、试剂及高纯物、信息用化学品、黏合剂、食品及饲料添加剂、催化剂、橡胶与塑料助剂等。事实上，我国将符合和基本符合上述精细化学品定义的化工产品都归属为精细化学品。

综上不难看出，精细化学品与人们的日常生活息息相关，广泛用于人类生活的各个方面，在国民经济中占有重要的地位。因此，学习和掌握精细化学品的生产技术，熟悉精细化工的特点是十分重要的。

1.2.2 精细化工的特点

精细化工与石油化工、煤化工、有机化工不同，它除了要研究产品的合成、分离与纯化外，还要研究产品的商品化技术，以便于用户的使用，其主要特点如下：

(1) 精细化学品具有衍生性：精细化学品包括各种化学中间体，从一种关键中间体往往能够衍生出几种甚至几十种用途各异的精细化学品，用途可以横跨不同领域。

(2) 生产规模小，附加值高，品种多：由于精细化学品具有特定的使用对象，所以其专用性强，通用性差，一个品种往往只用于一个对象，所以生产规模小，品种多，如高哌嗪目前只用于药物法舒地尔的合成，是医药中间体。另外，精细化学品结构复杂，合成步骤长，生产条件苛刻，质量要求高，所以其附加值较高。

(3) 商品化：为了提高或改善精细化学品的应用性能，方便用户使用，精细化学品往往不是以单一物质的形式出售，而是制成一定的剂型，如药的针剂、片剂或胶囊；阻燃剂、抗氧剂和光稳定剂等橡塑助剂常以复方或助剂包的形式出售；染料、涂料也不例外。

(4) 开发周期长、成本高：由于精细化学品是针对某一特定的使用对象开发的具有特定功能的产品，需要合成或收集大量的化合物进行应用性能评价以得到性能优异的产品，还需研究其使用途径和机理，所以需要较长的时间进行开发，成本也高。例如，开发一类新药常要耗费巨资和长达十几年的时间。

(5) 精细化学品的品种和技术更新快，知识产权要求高：精细化学品的开发周期长、成本高，所以为了激励和保护开发者的积极性和利益，就有严格的知识产权保护措施，如新药的化合物专利等。为了得到性能更为优异的产品，各国科学家都在努力研究，所以新品种和新技术会不断涌现出来。

(6) 三废量大、污染严重：对于特定使用对象的精细化学品，为了具有特定功能往往需要引入各种功能基团，造成合成步骤长，三废量大，这就要求我们必须研究所产生三废的治理或采用新技术以避免或减少三废的生成。例如，法舒地尔是日本株式会社在1995上市的，用于下眼隙出血的治疗[6]，其结构如图1-1所示。

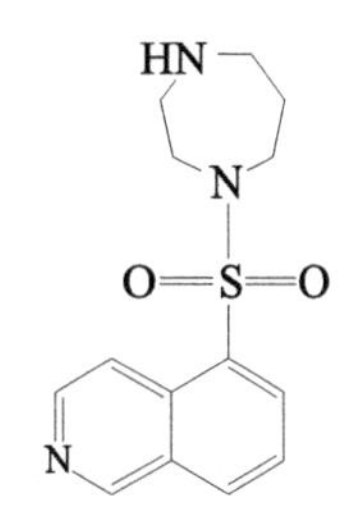

图1-1 法舒地尔的结构

目前普遍采用的合成路线如图 1-2 所示，异喹啉用发烟硫酸磺化，二氯亚砜氯化，再与高哌嗪磺酰化，所涉及的各步反应均产生大量的三废，污染环境。

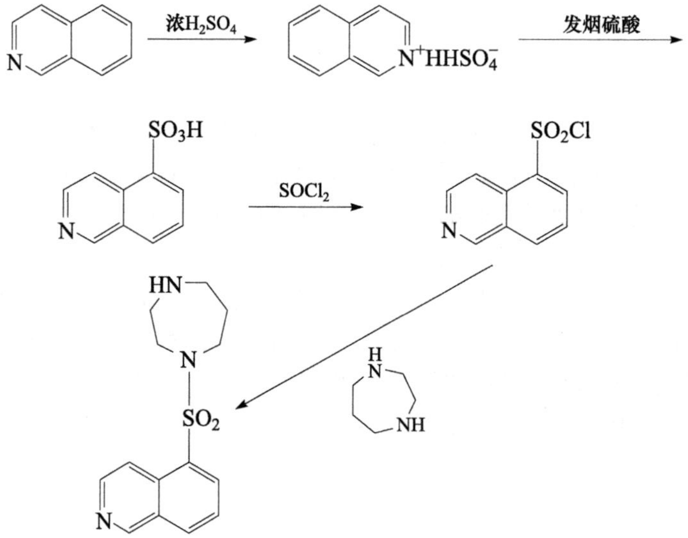

浓H_2SO_4 → $N^+HHSO_4^-$ 发烟硫酸 → SO_3H → $SOCl_2$ → SO_2Cl → HN, N, SO_2, H N, NH

图 1-2 法舒地尔的合成路线

1.3 我国精细化工的发展现状和存在问题

1.3.1 我国精细化工发展现状

我国的精细化学品工业起步于 20 世纪 50 年代，但直到 80 年代，由于政府的高度重视，我国精细化工行业才得到快速发展。目前我国传统精细化学品工业具有较强的国际竞争力，已成为世界上重要的精细化学品生产基地，其生产技术水平也有一定的提高。据统计，目前我国精细化学品门类已达 30 多个，品种达 3 万多种，精细化学品生产能力近 1350 万吨/年，年产值近 3 万亿元，精细化工率在 40%左右。我国在《石化与化学工业“十二五”规划》中提出争取到 2015 年末我国的精细化工率上升至 45%左右。

尤其在江浙一带我国建成了许多精细化工企业，已形成原料药、农药、涂料、染料等三十几个独立的门类，号称是染料、涂料等精细化学品的世界生产基地。前瞻产业研究院《2013-2017 年中国精细化工行业市场前瞻与投资战略规划分析报告》分析，目前我国的专用化学品行业仍处于行业生命周期中的成长前期，而涂料、日用化学品和农药等行业处于成长后期(图 1-3)。

1.3.2 世界精细化工发展现状

1. 精细化学品销售收入快速增长，精细化工率不断提高

20 世纪 90 年代以来，基于高度发达的石油化工向深加工发展和高新技术的蓬勃兴起，世界精细化工得到前所未有的快速发展，其增长速度明显高于整个化学工业。近几年，全世界

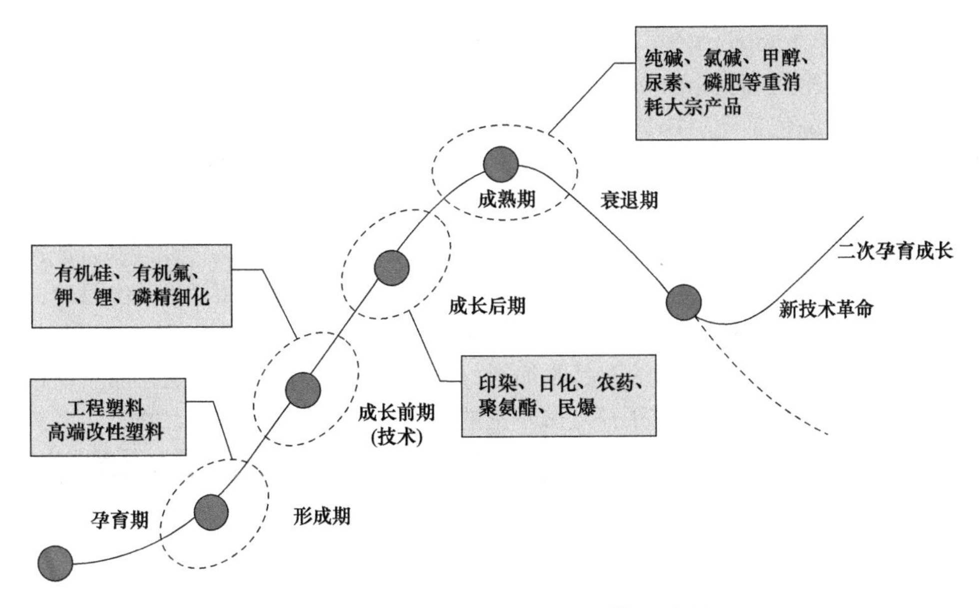

图 1-3 我国精细化工行业发展周期示意图

化工产品年总销售额约为 1.5 万亿美元，其中精细化学品和专用化学品约为 3800 亿美元，年均增长率在 5%～6%，高于化学工业 2～3 个百分点。目前，世界精细化学品品种已超过 10 万种。近几年，美国精细化学品年销售额约为 1250 亿美元，居世界首位，欧洲约为 1000 亿美元，日本约为 600 亿美元，名列第三。三者合计约占世界总销售额的 75%以上。

2. 加强技术创新，调整和优化精细化学品结构

加强技术创新，调整和优化精细化学品结构，重点开发高效、专用化、绿色化产品，已成为当前世界精细化工发展的重要特征，也是今后世界精细化工发展的重点方向。

以精细化工发达的日本为例，技术创新对精细化学品的发展起到至关重要的作用。过去 10 年中，日本合成染料和传统精细化学品市场缩减了一半，取而代之的是大量开发功能性、绿色化等高端精细化学品，从而大大提升了精细化工的产业能级和经济效益。例如，重点开发用于半导体和平板显示器等电子领域的功能性精细化学品，使日本在信息记录和显示材料等高端产品领域建立了主导地位。在催化剂方面，随着环保法规日趋严格，为适应无硫汽油等环境友好燃料的需要，日本积极开发新型环保型催化剂。目前超深脱硫催化剂等高性能催化剂在日本催化剂工业中已占有相当高的份额，脱硫能力从低于 50μg/g 提高至低于 10μg/g，由此也促进了催化剂工业的整体发展。2004 年日本用于深度脱硫等加氢工艺的炼油催化剂产量比上年同期增长了近 60%，销售额增长了 43%。与此同时，用于石油化学品和汽车尾气净化的催化剂销售额也以两位数的速度增长，已占催化剂市场半壁江山。日本催化剂生产和销售 2004 年分别增长了 7%和 5%，打破了近六年来的记录。

3. 联合兼并重组，增强核心竞争力

许多知名的公司通过兼并、收购或重组，调整经营结构，退出没有竞争力的行业，发挥自己的专长和优势，加大对有竞争力行业的投入，重点发展具有优势的精细化学品，以巩固和扩大市场份额，提高经济效益和国际竞争力。例如，2005 年 7 月，世界著名橡胶助剂生产

商——美国康普顿(Crompton)公司花 20 亿美元收购了大湖化学公司后成立科聚亚(Chemturags)公司，成为继鲁姆哈斯和安格公司后的美国第三大精细化工公司和全球最大的塑料添加剂生产商。新公司的产品包括塑料添加剂、石化添加剂、阻燃剂、有机金属、聚氨酯、泳池及温泉维护产品和农业化学品，在高端产品市场上占有领导地位，其精细化工的年销售额可达 37 亿美元。

又如，德国德固赛(Degussa)和美国塞拉尼斯(Celanese)各出资 50%合并羰基合成产品，在欧洲建立丙烯-羰基合成产品生产基地。合并后，羰基合成醇年产量将达到 80 万吨，占欧洲市场份额的三分之一。与此同时，德固赛公司以 6.7 亿美元价格将其食品添加剂业务出售给嘉吉(Cargill)公司，使嘉吉公司成为食品添加剂行业的领先者，能向全球的食品及饮料公司提供各种专用添加剂。再如，总部位于荷兰海尔伦的皇家帝斯曼公司(DSM)，2003 年 2 月以 19.5 亿欧元的代价，收购了罗氏全球的维生素、胡萝卜素和精细化工业务，成为世界维生素之王，2004 年全球销售额达到 80 亿欧元(约 100 亿美元)。

1.3.3 我国精细化工存在的问题

然而，我国精细化工的重复建设多、低档产品多、原始创新少，许多关键技术受到发达国家的垄断，造成环境污染严重。我国是许多低档原料药的生产基地，如环丙沙星、青霉素 G 钾、庆大霉素等，但在新药创制方面则远远落后于世界先进水平，时至今日由我国自主开发、在世界上有一定影响的新药只有青蒿素等屈指可数的几个品种。屠呦呦先生有幸获得 2015 年的诺贝尔生理学或医学奖，这有可能是我国新药创制腾飞的一个契机。在农药方面也类似，我国对新型农药、绿色农药、生物农药及农药新剂型的研究也相当落后，甚至国外某些已淘汰的品种我们还在生产和使用。我国是世界染料和颜料的最大生产商，但在高端品种尤其是在商品化方面也落后于世界先进水平，造成染料、涂料和颜料的关键生产技术和复配技术为国外大公司所垄断。其他精细化学品，如橡塑助剂、洗涤剂等也存在类似的情况。因此，我国应加大原始创新研究的投入，减少重复性研究和建设，加强绿色化学与化工的理念，对已污染的土壤、地下水和空气进行修复，控制源头和生产过程中三废的生成，培养生态化企业的理念。

1.3.4 精细化工的发展趋势

能源、环境与材料是当今的三大主题，航天、信息与生物技术是当今的热点，然而它们都离不开精细化工的发展。现代医学所需要的各种人造器官和医用材料也属于精细化学品的范畴，纳米技术、催化技术和生物工程技术则是促进精细化工快速发展的新兴技术。随着科学技术的飞速发展，染料敏化太阳能电池、有机发光材料、液晶材料等新兴行业的出现极大地促进了新型精细化学品的不断涌现，如有机半导体材料、光刻胶、高纯试剂、特殊的清洁剂和清洗剂等电子、信息化学品近几年常以两位数的增长速率增长[7]。

阻燃剂是重要的橡塑助剂，由于含卤阻燃剂严重的二次污染，近些年无卤阻燃剂如三水合氧化铝等得到了快速发展，尤其是膨胀型和插层阻燃剂已得到广泛深入的研究。含铅热稳定剂在欧美发达国家已基本被有机锡类热稳定剂所代替[8]。抗氧剂主要是半受阻酚和特种抗氧剂；光稳定剂主要是受阻胺光稳定剂，发展趋势主要是适宜的相对分子质量、低碱性、多功能和反应性及用于特殊对象的受阻胺光稳定剂；紫外线吸收剂主要是其生产工艺的绿色化，如催化氢化构筑苯并三氮唑类紫外线吸收剂；三嗪类紫外线吸收剂生产中严重的环境污染问题一直是科学家致力解决的问题。对于食品添加剂而言，安全可靠是关键，所以天然绿色食品添加剂是未来发展的主流，如天然鲜味剂，姜、丁香等天然抗氧剂，大蒜素、溶菌酶等天然防腐剂，氨基酸和生物制品等[9]。

总体上，精细化学品的清洁化生产、生产工艺绿色化是精细化工的主要发展方向之一，精细化学品的商品化技术、助剂包等也是近些年的重要方向。由于精细化学品品种繁多，用途各异，不同精细化学品领域的发展趋势将在下述章节中予以介绍。

1.4 精细化工工艺学的研究范畴

精细化工工艺学不仅要研究精细化学品的化学，更重要的是研究其工艺学；不仅要研究精细化学品的合成路线，还要研究其中所涉及的化学反应；而且能根据目标化合物的结构特点对其合成路线进行逆合成分析，并能有效地对所设计建立的合成路线进行优化。其目的就是以经济合理、安全可靠的方法实现精细化学品的绿色化生产。

要实现精细化学品的生产，就需要设计、建立其合成工艺路线，必然涉及精细有机合成反应，所以有机合成单元反应和逆合成分析就是精细化工工艺学的一个重要的研究领域。精细化学品的生产肯定要借助各种化工设备以实现物料的输送、传递、反应和分离及其商品化，需要对所建立的合成工艺进行优化。而催化剂、介质和精细化工的关键技术是确保高效生产精细化学品的关键。商品化是精细化学品区别于大宗化工产品的一个基本特征，所以研究精细化学品的商品化也是精细化工工艺学的一项主要内容。安全、能源与环保是精细化工行业永恒的课题，所以循环经济与生态型企业无疑是精细化工工艺学不可或缺的研究领域。

2, 2, 6, 6-四甲基-4-哌啶胺是重要的受阻胺光稳定剂的中间体。根据所学知识和相关参考资料，我们不难拟定出如图 1-4 所示的几条合成路线，这个过程就是目标化合物合成路线的设计与筛选。

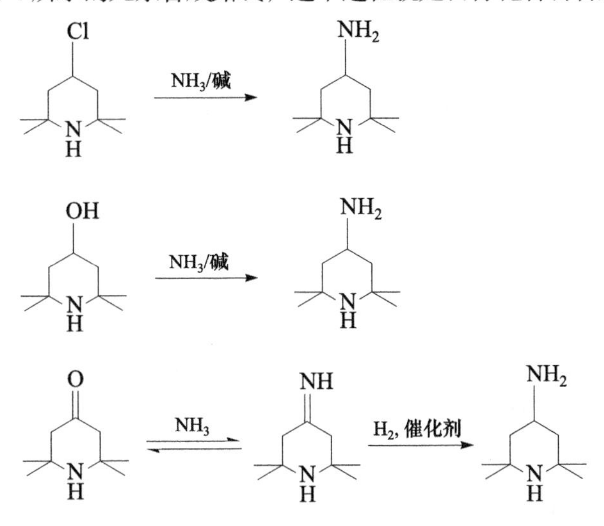

图 1-4 2,2,6,6-四甲基-4-哌啶胺的合成路线

路线一是亲核取代反应(或氯代烃的氨解)，是典型的有机化学反应，但是原料 2,2,6,6-四甲基-4-氯哌啶是由相应的哌啶醇氯化得到的；而且在上述反应过程中不可避免地用碱作为缚

酸剂中和反应生成的氯化氢，产生大量的含盐废水；况且上述反应还是一串联反应，反应的选择性低，容易生成串联反应副产物。路线二是以 2,2,6,6-四甲基-4-哌啶醇为原料，原料来源丰富，而且反应中只生成产品和水，是环境友好的，但催化剂的选择较困难。路线三是以量大价廉的三丙酮胺为原料，反应除了产品外只生成水，也是环境友好的，况且碳氮双键的加氢催化剂易于选择，如骨架镍、钯碳等。基于以上分析，一般会以第三条路线为模型进行研究[10]。

但在研究过程中发现氨与三丙酮胺的亲核加成再脱水生成亚胺的反应是可逆反应，如何使反应向正反应方向移动以得到纯净的亚胺是此工艺成功的关键。对于可逆反应而言，一般可通过移除某一生成物而使反应进行完全；但是如要通过精馏除去反应生成的水，由于氨的沸点更低而无法实现。如果将上述反应在一锅内进行，使生成的亚胺在催化剂和氢气的作用下加氢生成哌啶胺而使平衡向右移动。但是在催化剂与氢气存在下三丙酮胺也可能加氢生成哌啶醇，而使反应的选择性降低，这就要求我们要有高选择性的催化剂，只能使碳氮双键加氢而碳氧双键不加氢。在此基础上再对反应的工艺参数，如温度、压力、反应时间、原料的物质的量比、催化剂的加入量、溶剂等进行优化得到目标化合物的合成工艺；再通过中试和试生产而实现目标化合物的工业化生产。

上述例子的研究过程就是精细化工工艺学所要研究的内容，主要包括：①精细有机合成单元反应；②目标化合物的逆合成分析；③目标化合物合成工艺的优化；④生产工艺的建立和设备的选择；⑤精细化学品生产中新技术的集成；⑥精细化学品的商品化；⑦精细化学品生产所应遵循的法律法规，三废产生原因和治理方法以及企业的生态化。

参 考 文 献

[1] (a)唐培堃, 冯亚青. 精细有机合成化学与工艺学[M]. 2 版. 北京: 化学工业出版社, 2006; (b)白景瑞. 精细化工的现状与发展[J]. 现代化工, 2001, 21(6): 8-11.
[2] 杜捷. 浅谈抗生素发展[J]. 科技创新导报, 2008, 5(4): 201.
[3] 陈公琰, 王磊. 沙利度胺——绝境逢生的科学故事[J]. 肿瘤代谢与营养电子杂志, 2014, 1(2): 6-8.
[4] 刘晔, 任吉民. 青霉素过敏反应研究[J]. 河北医药, 2006, 26(1): 35-36.
[5] 张庆贺. 松叶蜂性信息素研究进展[J]. 中国生物防治, 1995, 1(1): 40-45.
[6] (a)罗洁, 闵苏. 新型脑、心血管活性药——法舒地尔[J]. 中国新药与临床杂志, 2005, 25(12):941-945; (b)Li H, Wang D H, Liu S, et al. Design, synthesis and evaluation of biological activity of novel fasudil analogues[J]. Pharmazie, 2014, 69(12): 867-873.
[7] 李岩. 电子化学品行业现状及展望[J]. 化学工业, 2015, 33(5): 13-18.
[8] 颜庆宁. 国内外塑料助剂产业发展状况(二)[J]. 精细与专用化学品, 2014, 22(12): 1-4.
[9] (a)辛清武, 黄勤楼, 郑嫩珠, 等. 食品添加剂研究概况及发展趋势[J]. 农业开发与装备, 2015, (4): 428-429; (b)Settanni L, Corsetti A. Application of bacteriocins in vegetable food biopreservation[J]. International Journal of Food Microbiology, 2008, 121: 123-138.
[10] (a)Sun M, Du X B, Wang H B, et al. Reductive amination of triacetoneamine with *n*-butylamine over Cu-Cr-La/γ-Al_2O_3[J]. Catalysis Letters, 2011, 141(11): 1703-1708; (b)黄红梅, 王多禄, 陈立功, 等. 催化胺化法合成 2,2,6,6-四甲基-4-哌啶胺[J]. 天津大学学报, 1999, 32(4): 496-499.

第 2 章　精细有机合成单元反应

2.1　概　　述

2.1.1　精细有机合成反应的类型

精细有机合成基本反应是精细有机化学品合成的基础，任何一种精细有机化学品都可以看成是一个或多个基本有机反应的产物。精细有机合成反应类型分为取代、加成、消除、重排四大类，详细分类如图 2-1 所示。

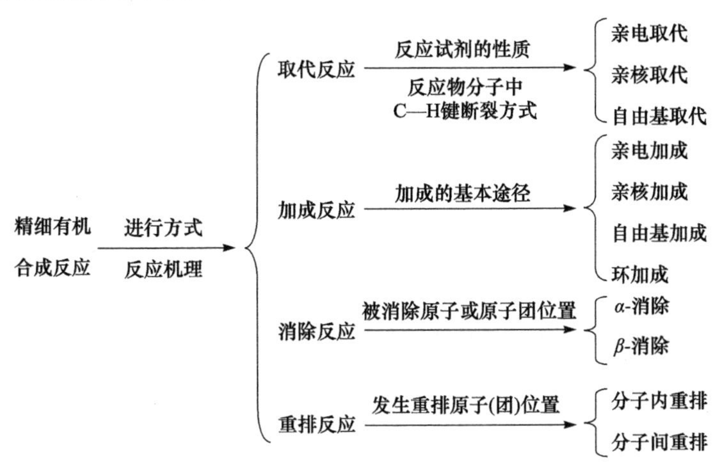

图 2-1　精细有机合成反应分类示意图

精细化学品涉及的反应类型，以芳环上亲电取代、芳环上已有取代基的亲核置换以及自由基反应为主，是本章的重点。

2.1.2　精细有机合成单元反应分类

精细化学品及其中间体虽然品种繁多，但是从分子结构来看，它们大多数是在主体结构(脂链、脂环、芳环或杂环等)上含有一个或几个取代基的衍生物。其中最主要的取代基有：

(1) 卤素，如—Cl、—Br、—I、—F 等。

(2) 含硫基团，如$—SO_3H$、$—SO_2Cl$、$—SO_2NH_2$、$—SO_2NHR$ 等(R 表示烷基或芳基)。

(3) 含氮基团，如$—NO_2$、—NO、$—NH_2$、—NHAlk、—NH(Alk)Alk′、—NHAr、—NHAc、$—NH_2OH$ 等(Alk 表示烷基、Ar 表示芳基、Ac 表示酰基)，$—N_2^+Cl$、$—N_2^+HSO_4^-$、—N═NAr、$—NHNH_2$ 等。

(4) 含氧基团，如—OH、—OAlk、—OAr、—OAc 等。

(5) 烷基，如$—CH_3$、$—C_2H_5$、$—CH(CH_3)_2$等。

(6) 酰基，如$—\overset{O}{\overset{\|}{C}}—H$、$—\overset{O}{\overset{\|}{C}}—Alk$、$—\overset{O}{\overset{\|}{C}}—Ar$、$—\overset{O}{\overset{\|}{C}}—OH$、$—\overset{O}{\overset{\|}{C}}—OAlk$、$—\overset{O}{\overset{\|}{C}}—OAr$、$—\overset{O}{\overset{\|}{C}}—Cl$、$—\overset{O}{\overset{\|}{C}}—NH_2$、—CN 等。

为了在有机分子中引入或形成上述取代基，以及形成杂环和新的碳环，所采用的化学反应在精细有机合成中称为单元反应。典型的单元反应有：①卤化；②磺化；③硝化；④还原和加氢；⑤重氮化和重氮基的转化；⑥氨解和胺化；⑦烃化；⑧酰化；⑨氧化；⑩水解；⑪迈克尔加成；⑫ 酯化和酯交换等。由此可见，精细化学品及其中间体虽然品种非常多，但其合成过程所涉及的单元反应主要有十二种。

本章按照反应机理不同，将上述单元反应归纳为五大类进行介绍：

(1) 芳香族亲电取代反应(包括卤化、磺化、硝化、烃化、酰化、重氮盐的偶合)。

(2) 氧化与还原。

(3) 氨解与胺化。

(4) 重氮化。

(5) 酯化和酯交换。

重点介绍基本概念、反应机理、影响因素，并介绍典型产品制备工艺。

2.2 芳香族亲电取代反应

2.2.1 反应类型和反应历程

芳香族亲电取代反应是一类重要的精细有机合成反应，广泛应用于染料、颜料、医药、农药等精细化工行业中。

1. 亲电取代反应类型

对于不同的芳香族亲电取代反应而言，其差异主要表现在不同亲电质点的产生方式和亲电能力的不同。按照亲电质点的不同，芳香族亲电取代反应分为卤化、磺化、硝化、烃化、酰化、重氮盐的偶合等类型。

2. 亲电取代反应历程

一百多年来人们对芳香族亲电取代反应进行了大量的研究工作，结果表明大多数芳香族亲电取代反应是按照经过σ络合物的两步历程进行的，以苯为例，可简单表示为图 2-2。

第一步是σ络合物的生成。当亲电试剂E^+进攻苯环时，首先与苯环离域的、闭合共轭的π电子体系相作用，形成π络合物，接着π络合物中的E^+从苯环上的闭合π电子体系获得两个电子，同时与苯环上的某一个碳形成σ键，生成σ络合物。

第二步是产物的生成，即σ络合物脱落一个H^+而生成取代产物。整个反应过程中σ络合物的生成是反应的控制步骤。

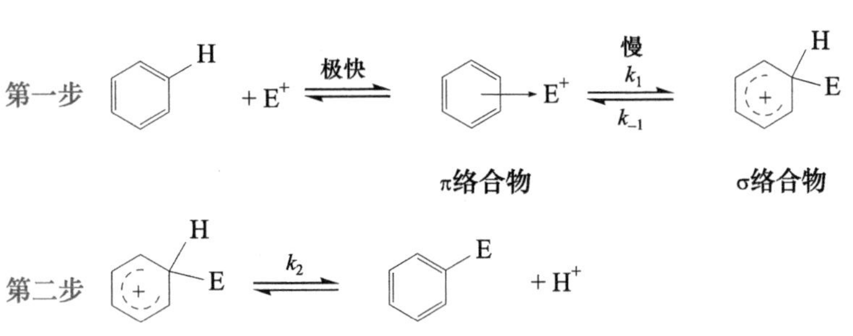

第一步　$C_6H_6 + E^+ \xrightleftharpoons{\text{极快}}$ π络合物 $\underset{k_{-1}}{\overset{\text{慢}\ k_1}{\rightleftharpoons}}$ σ络合物

第二步　σ络合物 $\xrightleftharpoons{k_2} C_6H_5E + H^+$

图 2-2　亲电取代反应历程

2.2.2　卤化反应

1. 卤化反应的定义、特点及反应历程

向有机分子中的碳原子上引入卤原子的反应称作卤化反应。根据引入的卤原子的不同，又可细分为氟化、氯化、溴化和碘化。

芳环上的卤化反应是亲电取代反应。以氯化反应为例，在没有催化剂并完全黑暗时，苯和氯的反应非常慢，而且只发生苯环上的自由基加成反应。当有取代氯化催化剂时，则只发生芳环上氢的亲电取代氯化反应。催化剂的作用是使氯分子极化或生成氯正离子。不同催化剂的作用可以解释如下[1]。

在无水状态下，用氯气进行氯化时，最常用的催化剂是各种金属氯化物，如 $FeCl_3$、$AlCl_3$、$ZnCl_2$ 等，它们都是电子对受体。以无水 $FeCl_3$ 的催化作用为例，可简单表示如下：

$$Cl_2 + FeCl_3 \rightleftharpoons [Cl^+ \cdot FeCl_4^-] \rightleftharpoons Cl^+ + FeCl_4^-$$

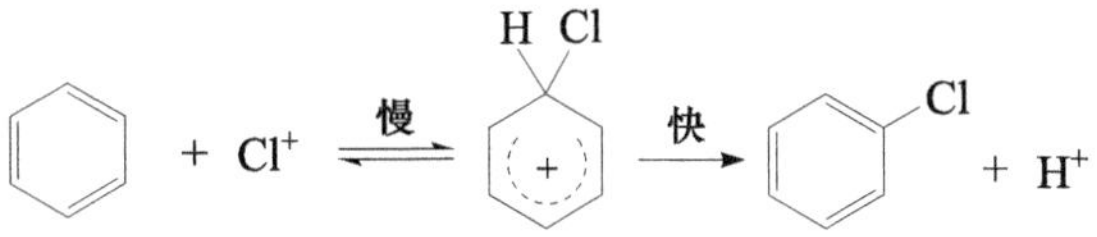

$$C_6H_6 + Cl^+ \xrightleftharpoons{\text{慢}} [C_6H_6Cl]^+ \xrightarrow{\text{快}} C_6H_5Cl + H^+$$

在氯化过程中，$FeCl_3$ 并不消耗，因此用量极少。

在无水状态下或在浓硫酸介质中，用氯气进行氯化时，有时用碘作催化剂，其催化机理可表示如下：

$$I_2 + Cl_2 \rightleftharpoons 2ICl$$

$$ICl \rightleftharpoons I^+ + Cl^-$$

$$I^+ + Cl_2 \rightleftharpoons Cl^+ + ICl$$

在浓硫酸介质中用氯气进行氯化时，硫酸的催化作用可简单表示如下：

$$H_2SO_4 \rightleftharpoons H^+ + HSO_4^-$$

$$H^+ + Cl_2 \rightleftharpoons Cl^+ + HCl$$

但浓硫酸的解离度很小，对氯气的溶解度也很小，而且浓硫酸还可能引起磺化副反应，并产生废硫酸，故很少使用。

在无水惰性有机溶剂中，在 $FeCl_3$ 或 I_2 存在下，如果被氯化物不能溶解，有时也不能被氯气所氯化。有些活泼的被氯化物在浓硫酸中能良好溶解，但不能被氯气所氯化，而溶解在含水较多的稀硫酸中，则可以顺利地用氯气氯化。当有机物易于被氯化时，可以不用催化剂，而且反应可以在水介质中进行，亲电质点的生成如下所示：

$$Cl_2 + H_2O \rightleftharpoons HOCl + H^+ + Cl^-$$

$$HOCl + H^+ \xrightleftharpoons{\text{慢}} H_2^+OCl$$

$$H_2^+OCl \xrightleftharpoons{\text{快}} Cl^+ + H_2O$$

由上式可以看出，在水介质中加入 H^+(如加入 H_2SO_4 或 HCl)有利于 Cl^+的生成。但是在水介质中氯化时，$FeCl_3$ 或 I_2 不起催化作用。

2. 卤化反应的影响因素

1) 原料纯度

以苯氯化为例，在苯的氯化反应中，原料中不宜含有其他杂质，特别是噻吩。因为它容易与催化剂作用生成沉淀，使催化剂失效。原料中水分含量要求低于 0.04%，因为水与反应生成的氯化氢作用生成盐酸，它对催化剂三氯化铁的溶解度大大超过有机物对三氯化铁的溶解度。水的存在会大大降低有机物中催化剂三氯化铁的浓度，水能使三氯化铁水解而失效，使反应速率减慢。实验证明，苯中的含水量大于千分之二时，氯化反应不能进行。此外，为了避免引起火灾或爆炸事故，要求氯化剂氯气中含氢量低于 4%。

2) 氯化深度

每摩尔纯苯所消耗的氯气的物质的量为氯化深度，又称苯氯比。苯的氯化是串联反应。苯的一氯化反应速率常数在常温下仅比二氯化大 8.5 倍左右，因此要想在一氯化阶段少生成多氯化物，必须控制苯氯比。由于二氯苯、一氯苯和苯的相对密度依次递减，在生产中如果反应液相对密度越小，说明苯的含量越高，氯化深度越低。因此，在生产控制中，常用控制反应器出口氯化液相对密度的方法控制氯化深度。氯化液的相对密度越大，其中二氯化物的含量越高，说明氯化深度也越高。

3) 混合作用

不同停留时间的物料处于反应器中同一位置的现象称作返混。在连续反应时，反应器形式选择不当、传质不均匀，使反应生成的产物未能及时离开，又返回反应区域促进连串反应的进行而产生返混。

一氯苯的生产工艺经历三个阶段的变革(图 2-3)：开始是单锅间歇式生产(a)；为了提高生

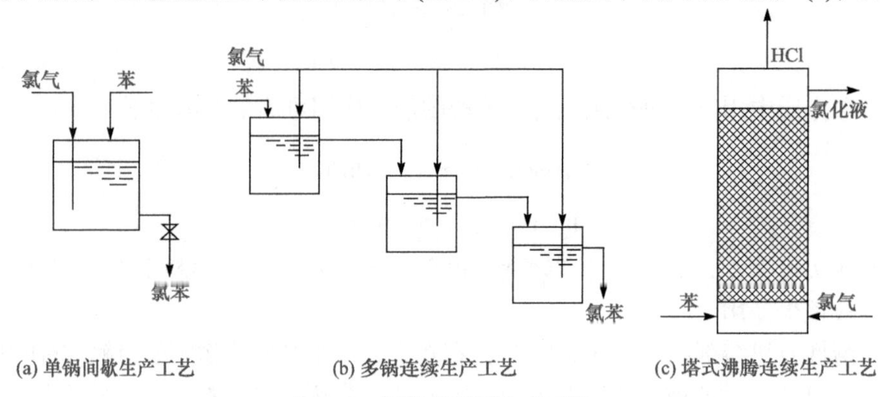

图 2-3 氯苯的不同生产工艺

产效率，发展为多锅连续氯化(b)；因多锅连续生产中返混作用严重，发展为塔式沸腾连续反应(c)。采用三种不同的氯化工艺，尽管苯的转化率大致相同，但多锅连续氯化生产中，第二、三反应釜的反应混合物中含有反应产品一氯苯，返混作用的影响使二氯苯的生产比例明显增加，改为塔式连续氯化后，降低了返混，对提高一氯化产物选择性明显有利。

4) 氯化温度

一般反应温度越高，反应速率越快。较难进行的反应，随着温度的增加反应速率明显增加。从表 2-1 中可以看到，在取代氯化反应中，二氯化反应的速率随着温度的增加比一氯化增长更快。在早期的氯苯生产中，为了防止二氯苯生成过多，尽可能控制反应在 35～49℃下进行。但由于氯化反应是强烈放热反应，每生成 1mol 氯苯放出约 131.5kJ (31.4kcal)的热量，因此要维持在低温反应，反应器需要较大的冷却系统，其生产能力的提高受到限制。研究发现，随着温度的升高，k_2/k_1 增加的并不十分显著，温度的影响比返混作用的影响要小得多。因此，在近代的一氯化产物生产中，普遍采用在氯化液的沸腾温度下(78～80℃)，用塔式反应器或列管式氯化器进行反应。过量苯的气化可带走反应热，便于控制反应温度，有利于连续化生产，并使生产能力大幅度提高。

表 2-1　苯氯化反应温度与 k_2/k_1 的关系

T/℃	18	25	30
k_2/k_1	0.107	0.118	0.123

5) 催化剂

芳环上的卤化反应是亲电取代反应，如果在芳环上有较强的供电子基团(如羟基、氨基)，在卤化时一般可不用催化剂。对于活泼性较低的芳烃(如甲苯、苯、氯苯)的卤化，一般要加入金属卤化物催化剂。对于不活泼的芳烃(如蒽醌)的直接卤化，则需要强烈的卤化条件和催化剂，一般需要加浓硫酸或碘作为催化剂。

催化剂不仅会影响卤化反应速率，而且还会影响卤原子进入芳环的位置。有报道[2]，在苯的二氯化制对二氯苯时，如果用 $FeCl_3$-$SnCl_2$ 催化剂，Cl_2 和 C_6H_6 物质的量比约为 2∶1 时，氯化产物中二氯苯的最高含量可达 98%(质量分数)，对/邻比约为 3∶1，只有约 0.2%间二氯苯以及少量的氯苯和三氯苯。

6) 反应介质

如果底物在反应温度下是液态，无需另外加溶剂。如果被氯化物在反应温度下是固态，可以使用水、浓硫酸、发烟硫酸、氯磺酸等为溶剂，也可以使用有机溶剂。

3. 芳环上的氯化

氯气来源广泛，大量精细化学品都是用氯气氯化制备的。

1) 2, 6-二氯苯酚的制备

2, 6-二氯苯酚是重要的医药中间体，对纯度要求很高。最近报道[3]采用苯酚为原料，在邻位定向催化剂和惰性有机溶剂存在下，直接氯化制备 2,6-二氯苯酚，收率可达 92.1%，纯度为 99.5%。

$$C_6H_5OH + 2Cl_2 \xrightarrow{\text{催化剂}} 2,6\text{-}Cl_2C_6H_3OH + 2HCl$$

传统的合成路线有双酚 A 的氯化脱烃基合成路线[4]，其反应式如下：

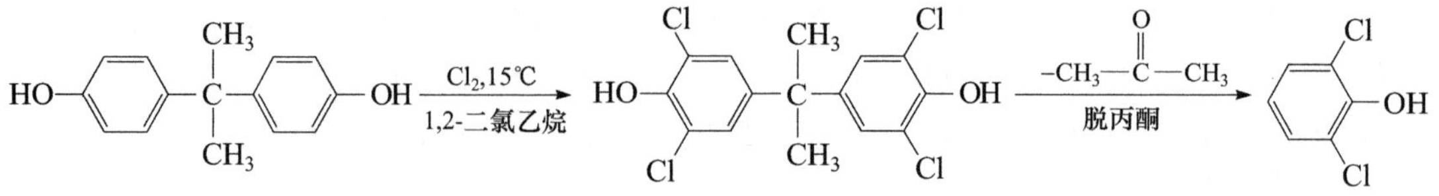

HO—C_6H_4—C(CH_3)(CH_3)—C_6H_4—OH　$\xrightarrow[\text{1,2-二氯乙烷}]{Cl_2,15℃}$　HO—$C_6H_2Cl_2$—C(CH_3)(CH_3)—$C_6H_2Cl_2$—OH　$\xrightarrow[\text{脱丙酮}]{-CH_3-\overset{O}{\overset{\|}{C}}-CH_3}$　Cl, Cl, OH（2,6-二氯苯酚）

双酚A　　　　四氯双酚A(阻燃剂)

此方法的优点是以苯酚为原料，经与丙酮缩合得到双酚 A，再经氯化、脱丙酮得到产物。操作简便，条件温和，以苯酚计总收率为 71.4%～73.1%，成本低。

此外，还有以对叔丁基苯酚为原料的氯化、脱叔丁基，得到 2, 6-二氯苯酚，其反应式为

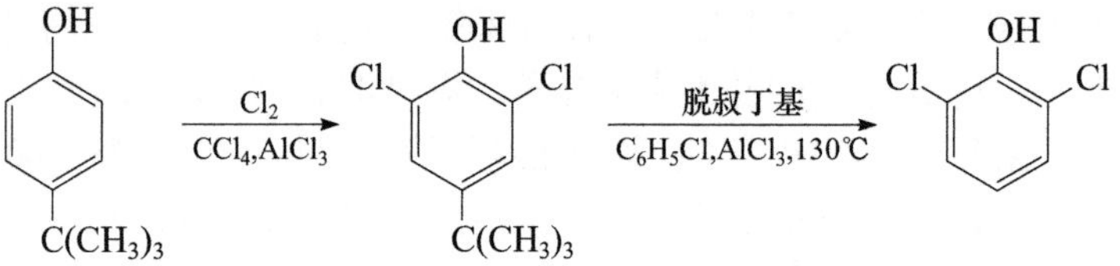

OH, $C(CH_3)_3$　$\xrightarrow[CCl_4,AlCl_3]{Cl_2}$　OH, Cl, Cl, $C(CH_3)_3$　$\xrightarrow[C_6H_5Cl,AlCl_3,130℃]{\text{脱叔丁基}}$　OH, Cl, Cl

该方法原料易得，氯化收率 98%，脱叔丁基收率 91.5%，成本低[5]。

2) 2, 6-二氯苯胺的制备

2, 6-二氯苯胺也是重要的医药中间体，纯度要求在 99.5%以上，因此不宜用苯胺直接氯化来制备。传统的合成路线是磺胺的氯化，水解脱磺酸基，其反应式如下：

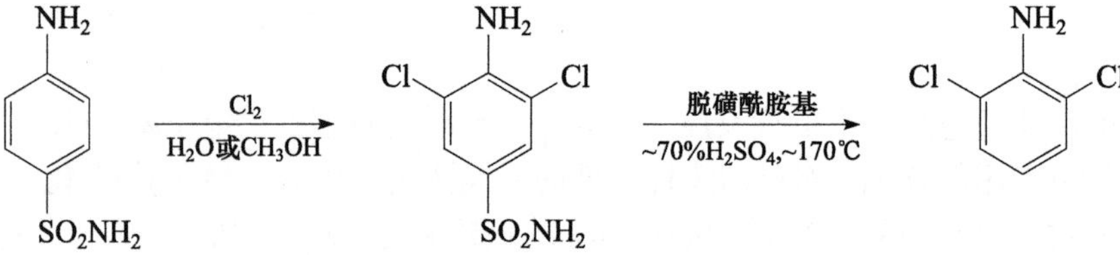

NH_2, SO_2NH_2　$\xrightarrow[H_2O\text{或}CH_3OH]{Cl_2}$　NH_2, Cl, Cl, SO_2NH_2　$\xrightarrow[\sim70\%H_2SO_4,\sim170℃]{\text{脱磺酰胺基}}$　NH_2, Cl, Cl

此法的优点是工艺简单，产品纯度接近 100%，但磺胺价格贵，1998 年已经被二苯脲法取代。二苯脲法是以苯胺为原料，经与尿素缩合得到二苯脲，再经磺化、氯化、水解脱羧、水解脱磺酸基得到产物[6]。其反应式如下：

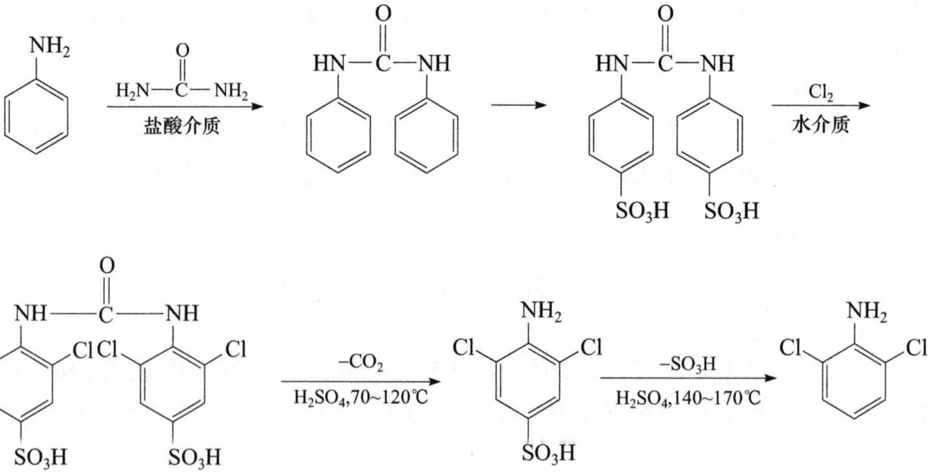

NH_2　$\xrightarrow[\text{盐酸介质}]{H_2N-\overset{O}{\overset{\|}{C}}-NH_2}$　HN—$\overset{O}{\overset{\|}{C}}$—NH　$\longrightarrow$　HN—$\overset{O}{\overset{\|}{C}}$—NH, SO_3H, SO_3H　$\xrightarrow[\text{水介质}]{Cl_2}$

NH—$\overset{O}{\overset{\|}{C}}$—NH, Cl, Cl, Cl, Cl, SO_3H, SO_3H　$\xrightarrow[H_2SO_4,70\sim120℃]{-CO_2}$　NH_2, Cl, Cl, SO_3H　$\xrightarrow[H_2SO_4,140\sim170℃]{-SO_3H}$　NH_2, Cl, Cl

此法的优点是原料价廉，收率高、生产成本低。缺点是水蒸气消耗大，硫酸废液多。

此外还有环己酮的氯化、胺化、热解脱氯化氢法，对氨基苯甲酸甲酯的氯化、水解、脱羧法等。

4. 芳环上的溴化、碘化和氟化

1) 芳环上的溴化

芳环上的溴化与氯化反应历程、所用催化剂及影响因素都十分相似。由于溴的资源在自然界中的比例少得多，价格也比较贵，为了在溴化反应中充分利用溴，常加入氧化剂使生成的溴化氢再氧化成溴，使溴得以充分利用。常用的氧化剂有次氯酸钠、氯酸钠、过氧化氢等。

$$2HBr + NaOCl \longrightarrow Br_2 + NaCl + H_2O$$

在精细有机合成中，常见的溴化产品有三溴苯酚和四溴双酚A。

(1) 三溴苯酚。三溴苯酚是阻燃剂、多种药物的中间体，是木材、纸张的杀菌剂。由苯酚与溴直接溴化得到，常加入过氧化氢作为氧化剂。

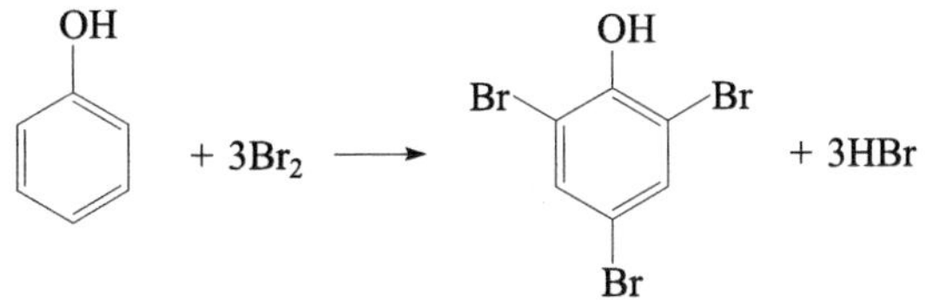

$$C_6H_5OH + 3Br_2 \longrightarrow C_6H_2Br_3OH + 3HBr$$

此法溴利用率可达90%以上，三溴苯酚收率可达99.3%，

(2) 四溴双酚A。四溴双酚A是重要的阻燃剂。它是由双酚A溴化得到。

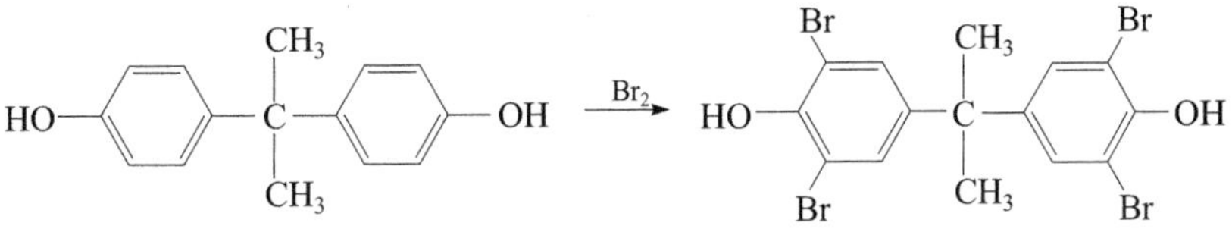

$$HO-C_6H_4-C(CH_3)_2-C_6H_4-OH \xrightarrow{Br_2} HO-C_6H_2Br_2-C(CH_3)_2-C_6H_2Br_2-OH$$

溴化反应在含水甲醇、乙醇或氯苯介质中进行，在常温用溴溴化，溴化后期加入过氧化氢使副产物溴化氢氧化成溴，溴化完毕后，滤出产品，含溴化氢的溶液可循环再用。

2) 芳环上的碘化

碘的资源更少，碘化反应生成的碘化氢具有较强的还原性，碘化反应有可逆性，碘化芳烃的应用较少，仅在医药、农药工业中有少数产品。为了充分利用碘，可与溴化一样，加入氧化剂使生成的碘化氢氧化成碘再利用。

在精细有机合成中，常见的碘化产品有2, 6-二碘-4-氰基苯酚。2, 6-二碘-4-氰基苯酚是触杀性除草剂，由对氰基苯酚在甲醇中，在20～25℃，用碘和氯气进行碘化而得。

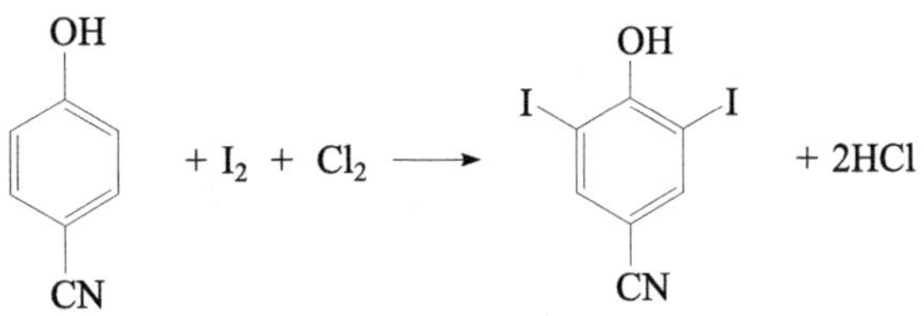

$$HO-C_6H_4-CN + I_2 + Cl_2 \longrightarrow HO-C_6H_2I_2-CN + 2HCl$$

3) 芳环上的氟化

由于氟的极性很强，氟分子很难极化，因而生成氟离子十分困难，亲电取代氟化不易发

生，但是氟分子比较活泼，很容易解离成自由基，与有机烃发生十分剧烈的自由基反应，放出大量热，并往往发生断键或破环副反应，反应十分复杂。因此，不宜在芳环上直接氟化，而是采用置换氟化法。

5. 典型卤化反应案例——氯苯的生产

氯苯，无色液体，有挥发性，熔点−45.21℃，沸点 131.5℃，是基本有机合成原料，用于生产硝基氯苯、二硝基氯苯、硝基苯酚、苯酚，以生产染料、农药、医药等，大量用作溶剂，需求量很大。目前我国均采用苯的塔式沸腾连续氯化法(直接氯化法)，其生产流程如图 2-4 所示。

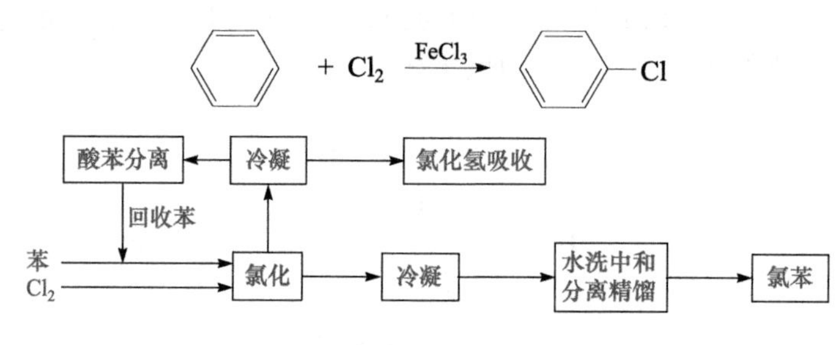

图 2-4 氯苯生产工艺流程图

原料苯和回收苯经(固体食盐等)脱水后，与氯气按一定的物质的量比和一定的流速从底部进入氯化塔，经过充满废铁管的反应区，反应后的氯化液由塔的上侧经液封槽和冷却器后，再经连续水洗、碱洗中和、精馏，即可得到回收苯、产品氯苯和副产物混合二氯苯。混合二氯苯再经冷冻结晶得对二氯苯，结晶母液再经高效精馏得高纯邻二氯苯。另外，结晶母液混合二氯苯也可用作溶剂。

关于氯苯的生产工艺、三废污染和治理以及技术安全问题，可查阅有关文献[7]。氯苯的生产，过去曾采用苯蒸气、氯化氢气体和空气的氧化氯化法，但现在已不再使用。

2.2.3 磺化反应

1. 磺化反应的定义、特点及磺化剂

向有机化合物分子引入磺酸基(—SO_3H)的反应称为磺化反应。在芳环上引入磺酸基的主要目的：使产品具有水溶性、酸性、表面活性或对纤维素具有亲和力；将磺酸基转化为—OH、—NH_2、—CN 或—Cl 等取代基；先在芳环上引入磺酸基，完成特定反应后，再将磺酸基水解掉，利用—SO_3H 的可水解性辅助定位或提高反应活性。

磺化反应的显著特点：一是引入磺酸基增加水溶性；二是硫酸磺化反应可逆，可逆反应是水解反应，也是亲电取代反应，因而容易磺化的反应也容易水解。

芳环上取代磺化的主要方法：过量硫酸磺化法；共沸去水磺化法；芳伯胺的烘焙磺化法；氯磺酸磺化法；三氧化硫磺化法。主要的磺化剂有浓硫酸、发烟硫酸、氯磺酸和三氧化硫。

2. 磺化反应历程及磺化反应动力学

磺化是亲电取代反应，SO_3 分子中硫原子的电负性 2.4 比氧原子的电负性 3.5 小，所以硫

原子带有部分正电荷而成为亲电试剂。在发烟硫酸和浓硫酸中存在如下各种亲电质点，其亲电性次序为

SO_3 > $3SO_3 \cdot H_2SO_4(H_2S_4O_{13})$ > $2SO_3 \cdot H_2SO_4(H_2S_3O_{10})$ > $SO_3 \cdot H_2SO_4(H_2S_2O_7)$ > $SO_3 \cdot H_3^+O\ (H_3SO_4^+)$ > $SO_3 \cdot H_2O(H_2SO_4)$

硫酸浓度的改变对于磺化质点的浓度变化也有很大影响。根据动力学研究，一般认为：在发烟硫酸中主要磺化质点是 SO_3，在 93%(质量分数，下同)左右含量较高的硫酸中主要磺化质点是 $SO_3 \cdot H_2SO_4(H_2S_2O_7)$，在 80%～85%含量较低的硫酸中主要磺化质点是 $SO_3 \cdot H_3^+O$ $(H_3SO_4^+)$，在含量更低的硫酸中主要磺化质点是 $SO_3 \cdot H_2O(H_2SO_4)$，它们都是 SO_3 的不同水合形式，其反应历程可表示如图 2-5。

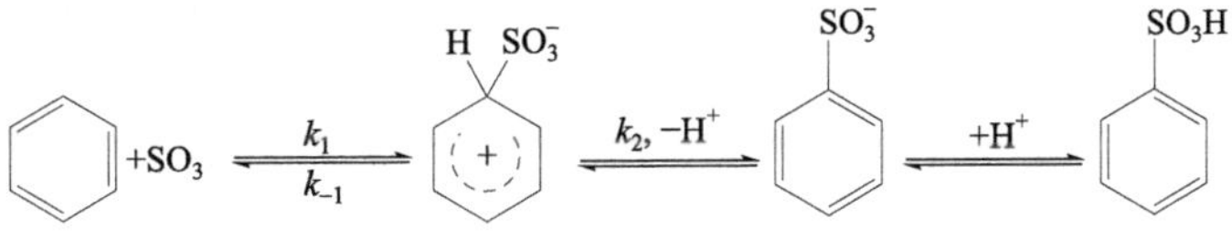

图 2-5　苯磺化反应历程

首先是 SO_3 或它的配合物亲电质点向芳环发生亲电进攻，生成σ -σ 配合物，后者在碱(HSO_4^-)的作用下，脱去质子而生成芳磺酸负离子。但也有人认为在含游离 SO_3 20%左右的低浓度发烟硫酸中，主要磺化质点是 $H_3S_2O_7^+(SO_3 \cdot H_3SO_4^+)$，在浓度更高的发烟硫酸中，主要磺化质点是 $H_2S_4O_{13}(S_2O_6 \cdot H_2S_2O_7)$。

磺化反应是亲电取代反应，因此芳环上有供电子基团使磺化反应速率变快，有吸电子基团使磺化反应速率变慢。表 2-2 是某些芳烃及其衍生物(D)在硫酸中于 40℃一磺化时相对于苯(B)的相对反应速率常数 k_D/k_B。

表 2-2　某些芳烃及其衍生物用硫酸磺化时相对于苯的相对反应速率常数

被磺化物	k_D/k_B	被磺化物	k_D/k_B	被磺化物	k_D/k_B
萘	9.12	氯苯	0.68	对二溴苯	0.065
间二甲苯	7.53	溴苯	0.61	1, 2, 3-三氯苯	0.047
甲苯	5.08	间二氯苯	0.43	硝基苯	0.015
1-硝基萘	1.68	对硝基甲苯	0.21		
对氯甲苯	1.10	对二氯苯	0.063		

磺化反应也是连串反应，但是与氯化反应不同，磺酸基对芳环有较强的钝化作用，一磺酸比相应的被磺化物难于磺化，而二磺酸又比相应的一磺酸难于磺化。因此，苯系和萘系化合物在磺化时，只要选择合适的反应条件，如磺化剂的浓度和用量、反应的温度和时间，在一磺化时可以使被磺化物基本完全一磺化，只副产很少量的二磺酸；在二磺化时只副产很少量的三磺酸。例如，在苯的共沸去水一磺化时，磺化液中含有 88%～91%苯磺酸、小于 1.5%苯、小于 0.5%苯二磺酸和 2.0%～4.0%硫酸(均为质量分数)。

硫酸的浓度对磺化反应速率有很大影响。对硝基甲苯用 2.4%发烟硫酸磺化的反应速率比用 100%硫酸高 100 倍，在 92%～98%硫酸中其磺化反应速率与硫酸中水的浓度的平方成反比，

即硫酸浓度由92%(含 H_2O 约8.11mol/L)提高到99%(含 H_2O 1.01mol/L)时，磺化反应速率约提高64.4倍。应该指出，为了便于动力学研究，上述数据是将少量对硝基甲苯溶于大量各种浓度的硫酸中进行均相磺化而测得的，在上述磺化过程中，硫酸的浓度基本保持不变，磺化液中被磺化物和生成的芳磺酸的浓度都非常低，它们都不影响磺化反应速率。但是在实际生产中，磺化剂的用量少，随着磺化反应的进行，硫酸的浓度逐渐下降，仅此一项因素，磺化开始阶段和磺化末期，磺化反应速率可能下降几十倍，甚至几百倍，如果再考虑被磺化物浓度的下降，则总的磺化反应速率可能相差几千倍之多，因此磺化后期总要保温一定的时间，甚至需要提高反应温度。

磺化液中生成的芳磺酸的浓度也会影响磺化反应速率，因为芳磺酸能与水结合。这就缓解了磺化液中 SO_3、$H_2S_2O_7$、H_2SO_4、$H_3SO_4^+$等磺化质点浓度的下降，即缓解了磺化反应速率的下降，对于相同浓度的硫酸，芳磺酸的浓度越高，这种缓解作用越明显。在磺化液中加入 Na_2SO_4，会抑制磺化反应的速率。这是因为 Na_2SO_4 和 H_2SO_4 作用会解离出 HSO_4^-。HSO_4^-浓度的增加，降低了 $H_3SO_4^+$和 $H_2S_2O_7$ 等亲电质点的浓度。

苯和甲苯在浓硫酸中进行非均相磺化时，反应发生在酸相的液膜中，苯和甲苯向酸相中扩散的速率低于化学反应速率，即传质速率是整个磺化过程的控制步骤。这时搅拌效果非常重要。

3. 磺化反应的影响因素

1) 被磺化物结构的影响

磺化反应是典型的亲电取代反应，因此芳环上电子云密度的高低将直接影响磺化反应的难易。表2-3表明，芳环上有供电子基团时，反应速率加快，易于磺化；相反，芳环上有吸电子基团时，反应速率减慢，较难磺化。此外，磺酸基的体积较大，在磺化反应过程中，有比较明显的空间效应。因此，不同的被磺化物，由于空间效应的影响生成异构产物的组成比例不同。

表2-3 一磺化异构产物的比例(25℃，89.1% H_2SO_4)

R	CH_3	C_2H_5	$CH(CH_3)_2$	$C(CH_3)_3$
o/*p*	0.88	0.39	0.057	0

萘环在亲电取代反应中比苯环活泼。萘的磺化依不同磺化剂、浓度和反应温度，可以制备一系列的萘磺酸产物。例如，β-萘磺酸的二磺化，低温上异环的α位，高温上异环的β位。

SO₃H
HO₃S
H_2SO_4 160~170℃
SO₃H
$SO_3 \cdot H_2SO_4$ 80℃
SO₃H
SO₃H
+
SO₃H
SO₃H

多磺化产物的制备往往需要进行多步磺化。

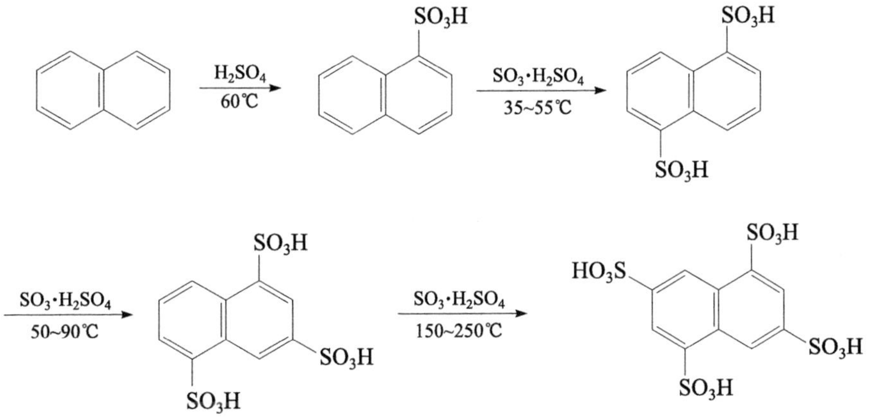

$$\text{萘} \xrightarrow[60℃]{H_2SO_4} \text{1-萘磺酸} \xrightarrow[35\sim55℃]{SO_3\cdot H_2SO_4} \text{1,5-萘二磺酸}$$

$$\xrightarrow[50\sim90℃]{SO_3\cdot H_2SO_4} \text{1,3,5-萘三磺酸} \xrightarrow[150\sim250℃]{SO_3\cdot H_2SO_4} \text{1,3,5,7-萘四磺酸}$$

2) 磺化剂的影响

不同种类磺化剂的反应能力不同。例如，用硫酸磺化与用三氧化硫或发烟硫酸磺化差别较大。前者生成水，是可逆反应；后者不生成水，反应不可逆。用硫酸磺化时，硫酸浓度的影响也十分明显。由于反应生成水，酸的作用能力随生成水量的增加明显下降。动力学研究表明，反应速率随水的增多明显降低。当酸的浓度下降到一个确定的数值时，磺化反应停止。工业生产中磺化剂种类及用量的选择主要通过实验或经验决定。不同磺化剂在磺化过程中的影响和差别见表 2-4。

表 2-4 不同磺化剂对反应的影响

磺化剂	H_2SO_4	$ClSO_3H$	发烟 H_2SO_4	SO_3
沸点/℃	290～317	151～150		46
磺化速率	慢	较快	较快	瞬间完成
磺化转化率	达到平衡，不完全	较完全	较完全	定量转化
磺化热效应	需加热	一般	一般	放热量大，需冷却
磺化物黏度	低	一般	一般	十分黏稠
副反应	少	少	少	多，有时很高
产生废酸量	大	较少	较少	无
反应器容积	大	大	一般	很小

3) 磺化物的水解及异构化作用

以硫酸为磺化剂的反应是可逆反应，即磺化产物在较稀的硫酸存在下，可发生水解反应：

$$ArH + H_2SO_4 \underset{\text{水解}}{\overset{\text{磺化}}{\rightleftharpoons}} ArSO_3H + H_2O$$

一般认为水解反应的历程(图 2-6)：

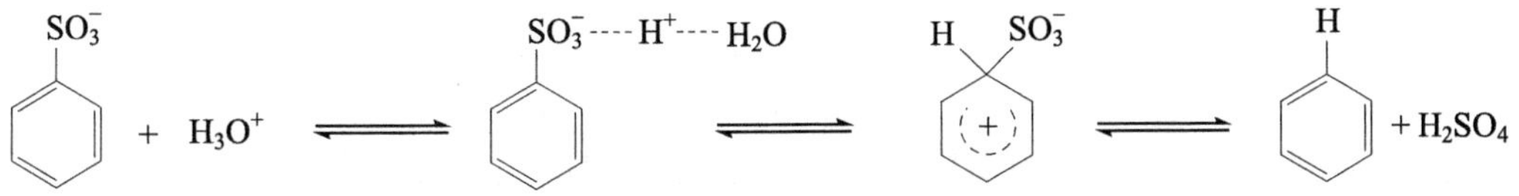

$$C_6H_5SO_3^- + H_3O^+ \rightleftharpoons C_6H_5SO_3^- \cdots H^+ \cdots H_2O \rightleftharpoons [C_6H_5(H)(SO_3^-)]^+ \rightleftharpoons C_6H_6 + H_2SO_4$$

图 2-6 苯磺酸水解反应的历程

影响水解反应的因素是多方面的，当然 H_3^+O 浓度越高，一般水解越快。因此，水解反应均在磺化反应后期生成水量较多时发生。有时为了促进水解，用水稀释反应液，使反应在稀硫酸中进行。

此外，温度越高，水解反应的速率越快。一般情况下，温度每升高 10℃，水解反应速率增加 2.5～3.5 倍，而相应的磺化反应的速率仅增加 2 倍。所以，温度升高时，水解反应速率的增加大于磺化反应速率的增加，说明温度升高对水解有利。由于水解反应也是亲电反应历程，其反应质点为 H_3^+O，因此芳环上电子云密度低的磺化物比电子云密度高的磺化物较难水解。

磺化反应在高温下容易发生异构化。反应历程一般认为是水解再磺化过程。多数情况是磺酸基水解再磺化的过程，如高温下β-萘磺酸的制备：

SO_3H

$+ H_2O$

60℃

160℃

$+ H_2SO_4$

160℃

SO_3H

$+ H_2O$

间甲基苯磺酸的制备：

CH_3　CH_3

H_2SO_4

200℃

SO_3H

SO_3H

无水生成或参与反应时，可以认为是分子内重排，如 1, 6-萘二磺酸的制备。

SO_3H　H_2SO_4

155℃

HO_3S　HO_3S　SO_3H

芳磺酸的盐类在高温下也能发生异构化作用，尽管它们的反应历程不尽相同，但其特点使人设想通过苯磺酸盐的加热歧化作用来得到对苯二磺酸。

4) 反应温度的影响

反应温度的高低直接影响磺化反应的速率。一般反应温度低时反应速率慢，反应时间长；反应温度高则反应速率快，反应时间短。另外，反应温度还会影响磺酸基进入芳环的位置。由于磺化—水解—再磺化，反应温度还会影响异构物生成的比例。磺化温度会影响磺酸基进入芳环的位置和异构磺酸的生成比例。特别是多磺化时，为了使每一个磺酸基都尽可能地进入所希望的位置，每一个磺化阶段都需要选择合适的磺化温度。提高磺化温度可以加快反应速率，缩短反应时间，但是温度太高会引起多磺化、砜的生成、氧化和焦化等副反应。实际上，具体磺化过程的加料温度、保温温度和保温时间都是通过最优化实验确定的。反应温度高，副反应速率加快，如二苯砜的制备，温度的升高会促进副反应速率加快，特别是对砜的生成明显有利。例如，在苯的磺化过程中，温度升高时，生成的产品容易与原料苯进一步反应生成砜。

$$C_6H_5SO_3H + C_6H_6 \xrightarrow{>170℃} C_6H_5SO_2C_6H_5$$

温度的升高也会影响异构体比例，萘的一磺化异构体比例随温度升高的变化曲线如图 2-7 所示。

5) 催化剂及添加剂的影响

一般磺化反应无需使用催化剂，但对于蒽醌的磺化，加入催化剂可以影响磺酸基进入蒽醌环的位置。例如，在汞盐(或贵金属钯、铊、铑)催化剂存在下，磺酸基主要进入蒽醌环的α位；无汞盐催化剂存在，则磺酸基主要进入蒽醌环的β位。

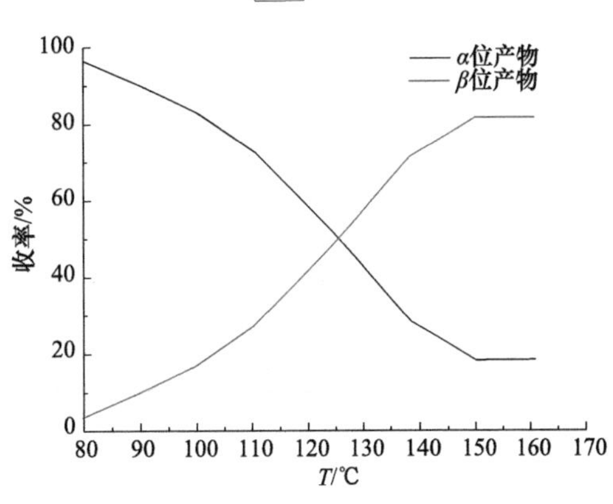

图 2-7　温度对萘一磺化异构产物比例的影响

磺化 ←（β位，SO_3H）　蒽醌　→ 磺化，$HgSO_4$催化（α位，SO_3H）

在磺化反应中，副产物砜是通过芳磺酰阳离子与芳香化合物进行亲电反应而形成的。反应式如下：

$$ArSO_3H + 2H_2SO_4 \longrightarrow ArSO_2^+ + H_3O^+ + 2HSO_4^-$$

$$ArSO_2^+ + ArH \longrightarrow ArSO_2Ar + H^+$$

添加剂可以抑制副反应的发生，如在磺化反应中加适量 Na_2SO_4 作添加剂，可以增加 HSO_4^- 的浓度。由于芳磺酰阳离子在反应平衡时的浓度与 HSO_4^-浓度的平方成反比，因此可以抑制砜的生成，而且加入 Na_2SO_4 还可以抑制硫酸的氧化作用。在使用三氧化硫为磺化剂的磺化过程中，芳磺酰阳离子和砜的生成如下：

$$ArSO_3H + SO_3 \rightleftharpoons ArSO_2^+ + HSO_4^-$$

$$ArSO_2^+ + ArH \longrightarrow ArSO_2Ar + H^+$$

为了抑制芳磺酰阳离子的生成，有的资料推荐加羰基酸或磷酸，以促进三氧化硫形成酸式硫酸盐离子抑制砜的生成。羟基蒽醌磺化时，加入硼酸可以使羟基转变为硼酸酯基，也能抑制氧化副反应。

6) 搅拌的影响

在磺化反应中，良好的搅拌可以加速有机物在酸相中的溶解，提高传热、传质效率，防止局部过热，提高反应速率，有利于反应的进行。

4. 磺化方法

1) 过量硫酸磺化法

用过量硫酸磺化是以硫酸为反应介质，反应在液相进行，在生产上常称液相磺化。

在液相磺化过程中，根据被磺化物性质的不同和引入磺酸基数目的不同，加料次序也不同。如果在反应温度下被磺化物是固态，则先将磺化剂硫酸投入反应器中，随后在低温下投入固体有机物，待溶解后慢慢升温反应，这样有利于反应均匀进行。但如果在反应温度下被磺化物是液态，应先将有机物投入反应器中，随后在反应温度下逐步加入磺化剂，这样可以减少多磺化副反应。特别是高温下的反应，如萘的高温磺化制β-萘磺酸或甲苯的磺化，都可以采用这种投料方式。例如，萘的三磺化制备 1, 3, 6-萘三磺酸。

$100\%H_2SO_4$, 145℃ → SO_3H ; $65\%SO_3 \cdot H_2SO_4$, 60~80℃ → SO_3H, SO_3H

异构化, 155℃ → HO_3S, SO_3H ; $65\%SO_3 \cdot H_2SO_4$, 155℃ → SO_3H, HO_3S, SO_3H

2) 共沸去水磺化法

为了克服过量硫酸磺化法硫酸用量多、废酸生成量多等缺点，对于低沸点芳烃(如苯、甲苯和二甲苯)的一磺化，又开发了共沸去水磺化法。例如，在苯的一磺化制苯磺酸时，可将过热到 150～170℃的苯蒸气连续通入 120℃的浓硫酸中，由于反应热磺化液逐渐升温到 170～190℃，磺化生成的水随着未反应的那部分苯蒸气一起蒸出，使磺化液中的硫酸仍保持磺化能力，直到磺化液中硫酸的含量下降到质量分数 3.0%～4.0%，停止通入苯蒸气，这时磺化液的质量组成为含苯磺酸 88%～91%、苯二磺酸≤0.5%、二苯砜≤1.0%、苯≤1.5%。此法曾经是磺化-碱熔法生产苯酚的重要方法。

对甲苯磺酸钠也可用甲苯的共沸去水磺化法生产。甲基苯磺酸中对位 86%、邻位 10%、间位 4%。为了制备高纯度的对甲苯磺酸钠，又提出了 SO_3-空气混合磺化法。

3) 三氧化硫磺化法

三氧化硫在常压的沸点是 44.8℃，固态三氧化硫有α、β、γ和δ四种晶形，其熔点分别为 62.3℃、32.5℃、16.8℃和 95℃。γ型在常温为液态，它是环状三聚体和单分子 SO_3 的混合物，α、β和δ型都是链式多聚体。

三氧化硫磺化法的优点：在磺化反应过程中不生成水，不产生废酸。但是三氧化硫非常活泼，应注意防止或减少发生多磺化、砜的生成、氧化和树脂化等副反应。用高浓度的气态三氧化硫直接磺化时，除了磺化反应热以外，还释放三氧化硫气体的液化热，反应过于剧烈，故生产上极少采用。工业上采用的三氧化硫磺化法主要有三种，即液态三氧化硫磺化法、三氧化硫-溶剂磺化法和三氧化硫-空气混合磺化法。

(1) 液态三氧化硫磺化法。液态三氧化硫磺化法反应剧烈，只适用于稳定的、不活泼的芳香族化合物的磺化，而且要求被磺化物和磺化产物在反应温度下是不太黏稠的液体。该方法的优点是不产生废硫酸，后处理简单，产品收率高。缺点是副产的砜类比过量发烟硫酸磺化法多，小规模生产时，要将质量分数 20%～25%发烟硫酸加热至高温，蒸出三氧化硫气体，冷凝成液体，为了防止液态三氧化硫凝固堵管，液态三氧化硫的储槽、计量槽、操作管线、阀门和液面计等都应安放在简易暖房中，暖房外的管线均应伴有水蒸气管保持 40～60℃。为了防止三氧化硫气化逸出，贮槽和计量槽均应密闭带压操作。

间硝基苯磺酸钠最早是由硝基苯用发烟硫酸磺化，然后用水稀释、盐析而得。但更好的方法是向硝基苯中滴加液体三氧化硫。由于反应热，温度由室温升至 90℃，加完 SO_3，再升温至 115℃，保温 3h，然后稀释、中和、过滤、除去二硝基二苯砜，得到间硝基苯磺酸钠水溶液，可直接用于还原制间氨基苯磺酸。

$$C_6H_5NO_2 + SO_3(液) \xrightarrow{70\sim80℃} m\text{-}NO_2C_6H_4SO_3H$$

(2) 三氧化硫-溶剂磺化法。三氧化硫能溶于二氯甲烷、1,2-二氯乙烷、石油醚、液体石蜡等惰性溶剂。溶解度可在质量分数 25%以上。用三氧化硫-溶剂作为磺化剂，反应温和，温度容易控制，有利于减少副反应。可用于被磺化物和磺化产物在低温都是固态的低温磺化过程。例如，萘的低温磺化制备 1, 5-二磺酸。

(3) 三氧化硫-空气混合磺化法。三氧化硫-空气混合物是一种温和的磺化剂。它可以由干燥的空气通入发烟硫酸而配制，但是成本高。

2-氯-5-硝基苯磺酸现在中国仍用对硝基氯苯的过量发烟硫酸磺化而得。但更好的方法是先将熔融的对硝基氯苯与少量 100%硫酸混合，然后在 110～116℃通入(由液体三氧化硫蒸发出的)气态三氧化硫，保温 11～13h，收率可达 99.40%[7]。

三氧化硫-空气混合磺化法是一种温和的磺化法。可以由干燥空气通入发烟硫酸而配得，但是成本高。在大规模生产时，将硫黄和干燥空气在炉中燃烧，先得到含 SO_2 3%～7%(体积分数)的混合物，然后降温到 420～440℃，再经过含五氧化二钒的固体催化剂，得到含 SO_3 4%～8%(体积分数)的混合气体。所用硫黄是由天然气法制得的质量纯度 99.9%工业硫黄。所用干燥空气是由环境空气先冷却至 0～2℃脱去大部分水，再经硅胶干燥而得，露点达-60℃，含 $H_2O \leqslant 0.01g/m^3$。这种磺化剂已用于十二烷基苯的磺化以代替发烟硫酸磺化法，并用于其他阴离子表面活性剂的生产。

4) 烘焙磺化法

大多数芳伯胺的一磺化都采用芳伯胺与等物质的量的硫酸先生成酸性硫酸盐，然后在 130～300℃脱水，生成氨基芳磺酸的方法。因为上述脱水反应最初是在烘焙炉中进行的，所以称为烘焙磺化法。烘焙磺化法的优点是只用理论量的硫酸，不产生废酸，磺酸基一般只进入氨基的对位，当对位被占据时则进入氨基的邻位，而极少进入其他位置。如果芳环上有强供电子基团，则磺酸基将进入强供电基的邻位或对位。反应温度高，主要得到对位产物，带有—OH、—OCH_3、—NO_2 和多卤基的化合物不宜采用该法。

5) 氯磺酸磺化法

氯磺酸是有刺激性臭味的无色或棕色油状液体，凝固点-80℃，沸点 151～152℃。氯磺酸遇水立即分解成硫酸和氯化氢，并放出大量的热，容易发生喷料或爆炸事故，因此所用有关物料和设备都必须充分干燥，以保证正常、安全生产。

氯磺酸是由三氧化硫和无水氯化氢反应制得的，它可以看作 SO_3 和 HCl 的配合物($SO_3 \cdot HCl$)，比硫酸($SO_3 \cdot H_2O$)和发烟硫酸($SO_3 \cdot H_2SO_4$)的磺化能力强得多。氯磺酸会因吸潮分解而含有磺化能力弱的硫酸。

氯磺酸的磺化能力很强，在芳环上引入磺酸基时，可以使用接近理论量的氯磺酸。

$$Ar—H + SO_3 \cdot HCl \longrightarrow Ar—SO_3H + HCl$$

氯磺酸磺化法主要用于制备芳磺酰氯。

$$Ar—H + SO_3 \cdot HCl \longrightarrow Ar—SO_3H + HCl$$

$$Ar—SO_3H + SO_3 \cdot HCl \rightleftharpoons Ar—SO_2Cl + H_2SO_4$$

第二步反应是可逆的。为了反应完全，需要加入过量很多的氯磺酸，氯磺酸与被磺化物的物质的量比为(4～5)∶1 甚至(6～8)∶1。其反应通式为

$$ArH \xrightarrow{ClSO_3H} ArSO_3H \xrightarrow{ClSO_3H} ArSO_2Cl \xrightarrow{RNH_2} ArSO_2NHR$$

氯磺酸磺化法主要用于制备磺酰胺类化合物，如最常用的消炎药可用此法制取。例如，

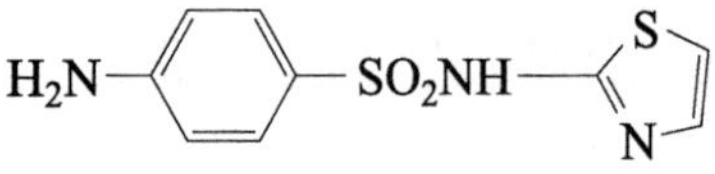

H_2N—C₆H₄—SO_2NH—(噻唑基) **(磺胺噻唑)** 与 H_2N—C₆H₄—SO_2NH—(嘧啶基) **(磺胺嘧啶)**。

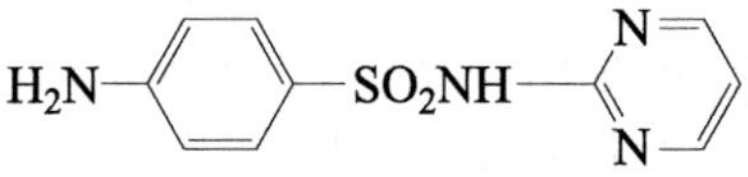

5. 磺化产物的分离

1) 稀释析出法

稀释析出法(酸析法)是利用某些芳磺酸在 50%～80%硫酸中溶解度较小的特性，在液相磺化后，将磺化物用水稀释，调整到适宜的硫酸浓度，产品就可以析出。

2) 稀释盐析法

稀释盐析法是利用某些芳磺酸盐在无机盐(NaCl、KCl、Na_2SO_3、Na_2SO_4)溶液中的溶解度不同使它们分离。例如

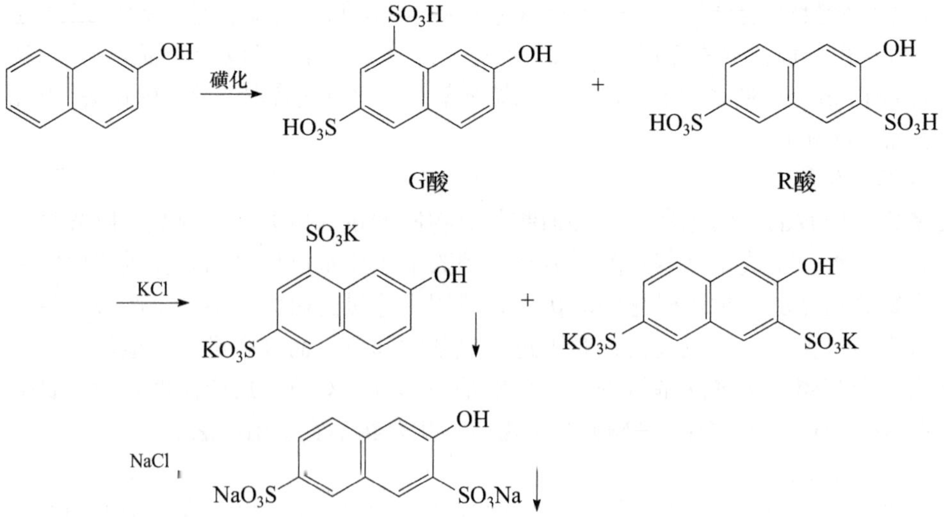

2-萘酚 $\xrightarrow{\text{磺化}}$ G酸（OH, SO_3H, HO_3S） + R酸（OH, HO_3S, SO_3H）

G酸 **R酸**

$\xrightarrow{KCl}$ G酸钾盐（SO_3K, OH, KO_3S）↓ + R酸钾盐（OH, KO_3S, SO_3K）

$\xrightarrow{NaCl}$ R酸钠盐（OH, NaO_3S, SO_3Na）↓

3) 中和盐析法

中和盐析法是利用芳磺酸在中和时生成的硫酸钠或其他无机盐，促使芳磺酸盐析出。

4) 脱硫酸钙法

磺化物在稀释后，用氢氧化钙的悬浮液进行中和，生成能溶于水的磺酸钙，过滤除去硫酸钙沉淀后，得到不含无机盐的磺酸钙溶液，经碳酸钠溶液处理后，滤除碳酸钙，经蒸发浓缩可得到磺酸钠盐的固体。

$$2ArSO_3H + Ca(OH)_2 \longrightarrow (ArSO_3)_2Ca + 2H_2O$$

$$H_2SO_4 + Ca(OH)_2 \longrightarrow CaSO_4\downarrow + 2H_2O$$

$$(ArSO_3)_2Ca + Na_2CO_3 \longrightarrow 2ArSO_3Na + CaCO_3\downarrow$$

6. 典型磺化反应产品案例——β-萘磺酸的生产

β-萘磺酸为白色或灰白色结晶，熔点 124～125℃，溶于水，是制备β-萘酚、2-萘酚磺酸、2-萘胺磺酸等染料的重要中间体。

生产过程分三步，即磺化、水解吹萘、中和盐析。各步反应式如下：

磺化

$$C_{10}H_8 + H_2SO_4 \underset{2h}{\overset{160℃}{\rightleftharpoons}} \underset{95\%}{\beta\text{-}C_{10}H_7SO_3H} \left(+ \underset{5\%}{\alpha\text{-}C_{10}H_7SO_3H} \right) + H_2O$$

水解吹萘

$$\alpha\text{-}C_{10}H_7SO_3H + H_2O(气) \overset{水解}{\rightleftharpoons} C_{10}H_8 + H_2SO_4$$

中和盐析

$$2\,\beta\text{-}C_{10}H_7SO_3H + Na_2SO_3 \longrightarrow 2\,\beta\text{-}C_{10}H_7SO_3Na + SO_2\uparrow + H_2O$$

$$H_2SO_4 + Na_2SO_3 \longrightarrow Na_2SO_4 + SO_2\uparrow + H_2O$$

生产工艺流程如图 2-8 所示。

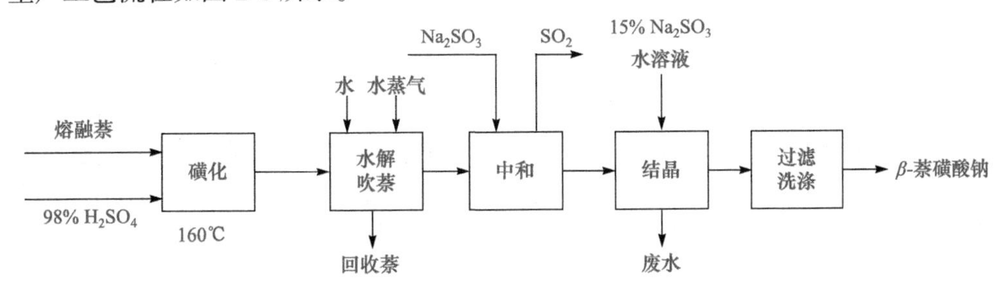

图 2-8　β-萘磺酸钠生产工艺流程简图

先将熔融萘加入磺化反应釜中，在 140℃下慢慢滴加 96%～98%的硫酸。由于反应放热，能自动升温至 160℃左右，保温 2h。当磺化反应的总酸度达到 25%～27%时，即认为到达磺化反应终点。将磺化液送到水解锅中加入适量水稀释，通入水蒸气进行水解，并将未转化的萘和α-萘磺酸水解时生成的萘随水蒸气吹出回收。水解吹萘后的β-萘磺酸送至中和锅，慢慢加入热的亚硫酸钠水溶液，在90℃左右中和β-萘磺酸和过量的硫酸。生成的二氧化硫气体可以在生产β-萘酚过程中用于β-萘酚钠盐的酸化。

2.2.4 硝化反应

1. 硝化反应的定义、特点和意义

向有机分子的碳原子上引入硝基的反应称为硝化。

硝化反应具有反应不可逆性；反应速度快，无需高温；放热量大，需要及时移除反应热；多数为非均相反应，需要加强传质；空间位阻效应不明显等特点。

在芳环和杂环上引入硝基的目的主要有三个方面：一是利用硝基的特性，赋予精细化工产品某种特性，如使染料的颜色加深，作为药物、火炸药或温和的氧化剂等；二是将引入的硝基转化为其他取代基，如硝基还原，是制备芳伯胺的一条重要合成路线；三是利用硝基的强吸电性使芳环上的其他取代基(特别是氯基)活化，易于发生亲核置换反应。

2. 硝化反应历程

以苯的一硝化为例，首先是 NO_2^+进攻苯环生成π络合物，接着经过激发态转变为σ络合物，然后从苯环上脱去质子得到硝基苯。

$$2HNO_3 \rightleftharpoons H_2NO_3^+ + NO_3^- \rightleftharpoons NO_2^+ + NO_3^- + H_2O$$

$$2HNO_3 \rightleftharpoons NO_2^+ + NO_3^- + H_2O$$

$$C_6H_6 + NO_2^+ \rightleftharpoons C_6H_6 \cdots NO_2^+ \xrightarrow{\text{慢}} [C_6H_6NO_2]^+ \xrightarrow{-H^+} C_6H_5NO_2$$

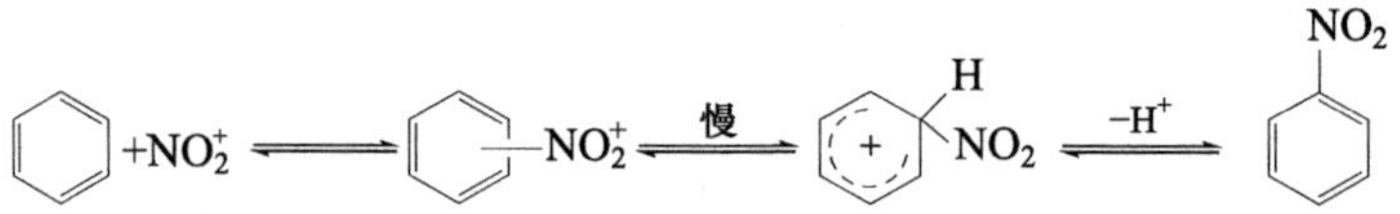

图 2-9 硝化反应历程

硝化是不可逆反应，水(或 H_3O^+)的存在不会导致发生硝基脱落的逆反应，但是水会影响硝化反应的速率和硝基物异构体的生成比例。

3. 硝化反应影响因素

1) 被硝化物的性质

被硝化物的性质对于硝化方法的选择、硝化反应速率以及硝化产物的组成都有十分明显的影响。硝基是强吸电子基团，在苯环上引入一个硝基后，苯环上的电子云密度明显降低，在相同条件下再引入第二个硝基时的反应速率常数 k_2 降低到苯一硝化时的反应速率常数的10^{-7}～10^{-5}，因此只要控制适宜的硝化条件，在苯环上引入一个或两个硝基时可以只生成极少量的多硝基物。但是蒽醌则不同，在它的一个苯环上引入硝基后，对于另一个苯环的影响不是很大，所以在制备1-硝基蒽醌时总会副产一定数量的二硝基蒽醌。

当苯环上有供电子基团时，硝化速率快，在硝化产品中常以邻、对位产物为主。反之，当苯环上连有吸电子基团时，则硝化速率降低，产品中常以间位异构体为主(表 2-5)。一般来说，带有吸电子基团，如—NO_2、—SO_3H、—CHO、—COOH、—CN或—CF_3等取代基的芳烃进行硝化时，主要生成间位异构体，同时硝化产品中邻位异构体的生成量远比对位异构体多，这可能是由于吸电子基团中带负电荷的原子对 NO_2^+具有较强的吸引力，因而增大了在靠近取代基的邻位上生成σ络合物或发生反应的概率。

表 2-5　取代基对硝化反应速率的影响

R	OH	OCH_3	H	CN	NO_2	$\overset{+}{N}-(CH_3)_3$
$v_{相对}$	1000	24.5	1	10^{-4}	$10^{-7}\sim10^{-5}$	10^{-7}

萘环中的α位比β位活泼，因此萘的一硝化主要得 1-硝基萘。蒽醌环的性质要复杂得多，它的硝化比苯难，一硝化时硝基主要进入α位，少部分进入β位，同时生成部分二硝基蒽醌。

2) 硝化剂

不同的硝化对象，需要采用不同的硝化方法；相同的硝化对象，如果采用不同的硝化方法，则常得到不同的产物组成，因此硝化剂的选择是硝化反应必须考虑的。

混酸的组成不同，对于相同化合物的硝化有明显影响。混酸内硫酸含量越多，其硝化能力越强。对于极难硝化的物质，还可采用三氧化硫与硝酸的混合物作硝化剂，以提高硝化速率。在有机溶剂中用三氧化硫代替硫酸，可使硝化废酸量大幅度下降。某些芳烃的硝化，用三氧化硫代替硫酸，能够改变异构体的组成比例。

硝化剂对硝化产物异构体比例的影响如表 2-6 所示。

$NHCOCH_3$（苯环） $\xrightarrow{硝化}$ 邻位（$NHCOCH_3$，NO_2） + 对位（$NHCOCH_3$，NO_2）

表 2-6　硝化剂对乙酰苯胺一硝化产物的影响

硝化剂	o/%	m/%	p/%	o/p
80% HNO_3	40.7	0	59.3	0.69
90% HNO_3	23.5	0	76.5	0.31
HNO_3-H_2SO_4	19.4	2.1	78.5	0.25
HNO_3-$(CH_3CO)_2O$	67.8	2.5	29.7	2.28

混酸的硝化能力越强，则硝化产物的邻、对位(或间位)选择性越低，如加适量水使 NO_2^+变成 $NO_2—OH_2^+$，后者活性低，位置选择性增强。例如，乙苯一硝化制备对硝基乙苯时，在强混酸中加适量水，可提高对位产率(邻/对比由 55/45 变为 49/51)。

3) 反应介质

采用不同的硝化介质，常能改变异构体组成的比例(表 2-7)。带有强供电子基团的芳香化合物(如苯甲醚、乙酰苯胺等)在非质子型溶剂(指不能给出或接受质子的溶剂，如乙腈、二甲基甲酰胺、环丁砜等)中硝化时，常得到较多的邻位异构体；然而在质子型溶剂中硝化，则得到较多的对位异构体。原因是在质子型溶剂中硝化，富有电子的原子(如氧等)可能容易被氢键溶剂化，从而增大了取代基的体积，使邻位攻击受到空间障碍。

表 2-7　反应介质对硝化产物异构体比例的影响

被硝化物	硝化剂-介质	温度/℃	o/%	m/%	p/%	o/p
苯甲醚	HNO_3-H_2SO_4	45	31	2	67	0.46
	HNO_3(d = 1.42)	45	40	2	58	0.69
	25% HNO_3-CH_3COOH	65	44	2	54	0.80
	O_2NBF_4-环丁砜		69	0	31	2.23
	HNO_3-$(CH_3CO)_2O$	10	71	1	28	2.54
苄甲醚	HNO_3-H_2SO_4	25	29	18	53	0.55
	HNO_3-$(CH_3CO)_2O$	25	51	7	42	1.21
苯乙基甲醚	HNO_3-H_2SO_4	25	32	9	59	0.54
	HNO_3-$(CH_3CO)_2O$	25	62	4	34	1.82
甲苯	HNO_3(d = 1.47)	30	57	3	40	1.43
	HNO_3-$(CH_3CO)_2O$	25	56	3	41	1.37

4) 温度

温度对于硝化反应的影响十分重要。已知在非均相系统中硝化时，温度升高，对混合液黏度降低、界面张力减小、扩散系数增大、被硝化物和产物在酸相中的溶解度增加、由 HNO_3 解离成 NO_2^+的量增多、硝化反应速率常数增大等都有影响。正因如此，硝化速率常数随温度的变化是不规则的。例如，甲苯一硝化的温度系数为 1.5～2.2/10℃。也有文献提出，温度每升高 10℃，反应速率常数约增加为原来的 3 倍(表 2-8)。

表 2-8　温度对硝化反应速率的影响

硝化产物	k(25℃)	k (35℃)	k(35℃)/k(25℃)
Cl　NO_2	0.18	0.47	2.61
Cl　NO_2	0.39	1.23	3.15

硝化是强烈放热反应，反应速率很快。反应的同时，混酸中的硫酸被反应生成的水稀释，还将产生稀释热，稀释热为反应热的 7%～10%。苯的一硝化反应热可达 142kJ/mol (约 34kcal/mol)。一般芳环一硝化的反应热约为 126kJ/mol(约 30kcal/mol)。这样大的热量虽与氯化、磺化反应热相差不大，但因生成速率很快且在极短的时间内放出，如不能及时移除，势必会使反应温度迅速上升，引起多硝化、氧化，甚至其他基团的置换、断键等副反应；同时，造成硝酸的大量分解，产生大量橙棕色二氧化氮气体，将导致严重后果，甚至发生爆炸事故。因此，要使硝化反应顺利进行，得到优质产品，严格控制在规定的温度范围内操作是十分重要的。

另外，硝化温度的选择对异构体的生成比例有时也有一定影响(表 2-9)。

表 2-9　氯苯硝化温度对反应选择性的影响

温度/℃	o/%	m/%	p/%
30	57.2	3.5	39.3
60	57.6	7.1	35.3

5) 搅拌

大多数硝化过程是非均相的，为了保证反应能顺利进行以及提高传热和传质效率，必须具有良好的搅拌装置和冷却设备。当甲苯在小型设备中进行非均相硝化时，转数从 300r/min 提高到 1100r/min，转化率快速增加，转数超过 1100r/min 时，转化率即无明显变化。在间歇硝化过程中，反应开始阶段，突然停止搅拌或搅拌器桨叶脱落而导致搅拌失效是非常危险的。因为这时两相很快分层，大量活泼的硝化剂在酸相中积累，一旦搅拌再次开动，就会突然发生激烈反应，瞬间放出大量的热，使温度失去控制而发生事故。因此，必须十分注意并采取必要的安全措施。

6) 相比和硝酸比

相比是指混酸与被硝化物的质量比，有时也称酸油比。当固定相比时，剧烈搅拌最多只能使被硝化物在酸相中达到饱和溶解，而增加相比就能增大被硝化物在酸相中的溶解量，对加快硝化速率是有利的。相比在一定范围内增大时，不仅有利于反应热和稀释热的分散和传递，同时可明显加快硝化速率，提高设备的生产能力。但是，相比过大又会使设备生产能力下降，反而对生产不利。工业上常用的一种方法是向硝化器中加入一定量上批硝化的废酸来增加相比。提高相比有利于被硝化物的溶解和分散；增加反应界面，加快反应；控制反应温度，使反应平稳。

硝酸比是硝酸和被硝化物的分子比。理论上两者应是等当量的，但实际上硝酸的用量常高于理论量。一般采用混酸为硝化剂时，易硝化的物质硝酸过量 1%～5%，难硝化的物质需过量 10%～20%或更多。

7) 硝化副反应

在芳香族硝化过程中，由于被硝化物的性质不同和反应条件的选择不同，除了向芳环上引入硝基的正常反应外，还常会发生氧化、去烃基、置换、脱羧、开环和聚合等许多副反应。研究副反应的目的之一是提高产品的收率和纯度，即提高经济效益。

在副反应中，影响最大的是氧化副反应，常表现为生成一定量的硝基酚类化合物。某些邻位、对位的多元酚或氨基酚在硝化时易氧化成醌类，多环芳烃也易形成相应的醌。必须注意，硝基酚类的制备一般不用酚类的直接硝化法，多用相应的硝基氯苯水解的方法来制备。

处在活化位置的磺酸基很易被硝基取代(置换)，常利用此性质来制备需要的硝基物，甚至比无磺酸基的直接硝化法更有利。例如，2, 4-二硝基萘酚的制备，当由α-萘酚直接硝化时，很难获得质量好的二硝基萘酚，主要是容易发生氧化副反应。

许多副反应的发生常与体系中存在氮的氧化物有关。因此，设法减少硝化剂中氮的氧化物含量，严格控制反应条件，防止硝酸分解，是减少副反应的重要措施之一。

4. 混酸硝化

工业上，芳烃的硝化多采用混酸硝化法，其优点如下：①硝化能力强，反应速率快，生产能力高；②硝酸用量接近理论量，硝化废酸可回收利用；③硝化反应可以平稳地进行；④可采用普通碳钢、不锈钢或铸铁设备。

1) 混酸的硝化能力

对于每个具体硝化过程用的混酸都要求具有适当的硝化能力。硝化能力太强，虽然反应快，但容易产生多硝化副反应；硝化能力太弱，反应缓慢，甚至硝化不完全。工业上通常利用硫酸脱水值和废酸计算浓度来表示混酸的硝化能力。混酸的硝化能力只适用于混酸硝化，不适用于在浓硫酸介质中的硝化。

(1) 硫酸脱水值(D. V. S.，简称脱水值)。硝化结束时废酸中硫酸和水的质量比称为硫酸脱水值(dehydrating value of sulfuric acid)。当硝酸比 $\varPhi=1$ 时

$$\begin{aligned}\text{D.V.S.}&=\frac{\text{废酸中硫酸的质量}}{\text{废酸中水的质量}}\\&=\frac{\text{混酸中硫酸的质量}}{\text{混酸中水的质量}+\text{反应生成水的质量}}\\&=\frac{w(H_2SO_4)}{100-w(H_2SO_4)-w(HNO_3)+2w(HNO_3)/7}\end{aligned}$$

(2) 废酸计算含量(F.N.A.，废酸计算质量分数)。硝化结束时废酸中硫酸的质量分数称为废酸计算含量，也称为硝化活性因数(factor of nitrating activity)。

$$\begin{aligned}\text{F.N.A.}&=\frac{\text{废酸中硫酸的质量}}{\text{废酸的总质量}}\times 100\%\\&=\frac{w(H_2SO_4)}{100-5w(HNO_3)/7}\times 100\%\end{aligned}$$

2) 硝化工艺

一般的混酸硝化工艺流程如图 2-10 所示。

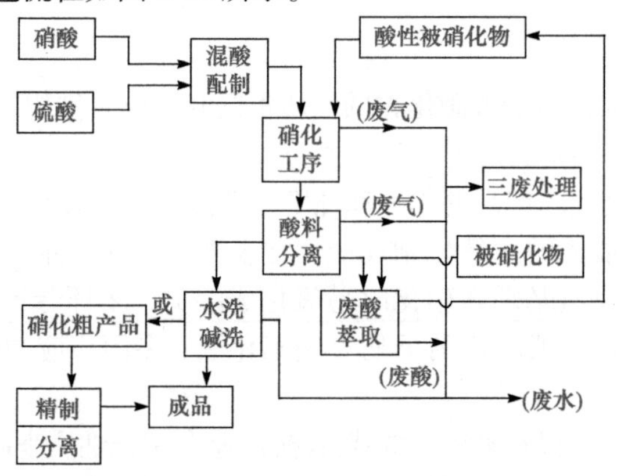

图 2-10 混酸硝化工艺的流程示意图

硝化过程有连续与间歇两种方式。连续法的优点是设备小、效率高、便于实现自动控制。间歇法的优点是具有较大的灵活性和适应性，适用于小批量多品种的生产。

3) 混酸硝化实例

(1) 一硝基甲苯：重要的精细化工中间体，广泛用于制备染料、农药、塑料、涂料、助剂、医药等。它是由甲苯混酸硝化而得。

CH_3 混酸硝化 → CH_3 NO_2 + CH_3 NO_2 + CH_3 NO_2

主产品

由于需求量大，都采用常压冷却连续硝化法。粗硝基甲苯异构体的比例为：邻位 57.5%，间位 4%，对位 38.5%。可采用精馏塔直接分离成邻位体、间位体、对位体三种产品。

(2) 间二硝基苯：重要的化工原料，广泛用于制备染料、农药等。它是由硝基苯的混酸硝化得到。

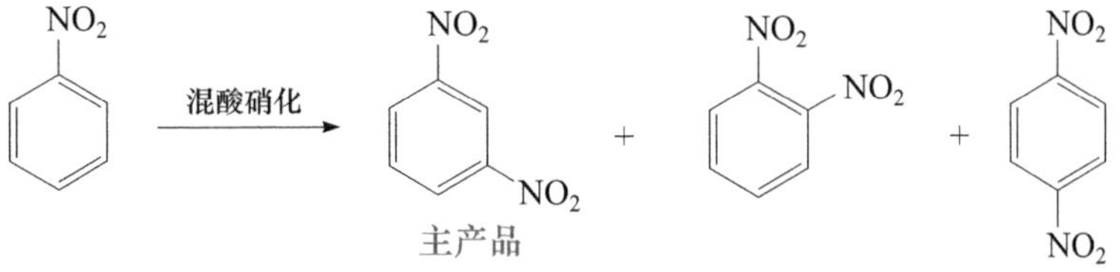

混酸硝化

主产品

一般采用分批硝化法，二硝化物中含 90%间位体、8%～9%邻位体、1%～2%对位体。在相转移催化剂的存在下，用氢氧化钠水溶液处理，将邻、对位异构体置换成水溶性基团而除去，间位体可达 97%。

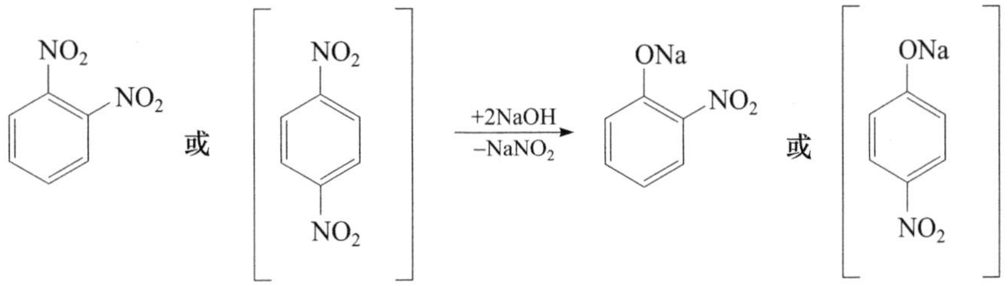

$\xrightarrow[-NaNO_2]{+2NaOH}$

5. 绝热硝化

绝热硝化是在一个封闭的反应器内，将反应生成的热用于原料的加热气化及废酸的闪蒸，反应器不需要外部加热和冷却。

绝热硝化具有如下优点：①反应温度高，硝化速率快；②硝酸反应完全，副产物少；③混酸含水量高，酸浓度低，酸量大，安全性好；④利用反应热浓缩废酸并循环利用，无需加热、冷却，能耗低；⑤设备密封，原料消耗少；⑥废水和污染少。存在的问题是对设备要求高(密封、防腐)。

绝热硝化工艺要素包括①混酸：HNO_3 5%～8%，H_2SO_4 58%～68%，H_2O＞25%；②被硝化原料要过量 5%～10%；③硝化温度：132～136℃；④无冷却；⑤利用反应热闪蒸废酸。

目前，绝热硝化工艺已用于苯的绝热硝化制备硝基苯，氯苯的绝热硝化制备一硝基氯苯[8]、2,4-二硝基氯苯[9]，邻二氯苯的绝热硝化制备 2,3-二氯硝基氯苯[10]，间二甲苯的绝热硝化制备 2-硝基-1, 3-二甲苯和 4-硝基-1, 3-二甲苯[11]等。

6. 典型硝化产品案例——硝基苯的生产

硝基苯是无色透明油状液体，具有苦杏仁的特殊味道；熔点 5.7℃，沸点 210.9℃；主要用于制取苯胺和聚氨酯泡沫塑料等。

1) 多锅串联连续硝化工艺

苯连续一硝化流程如图 2-11 所示。

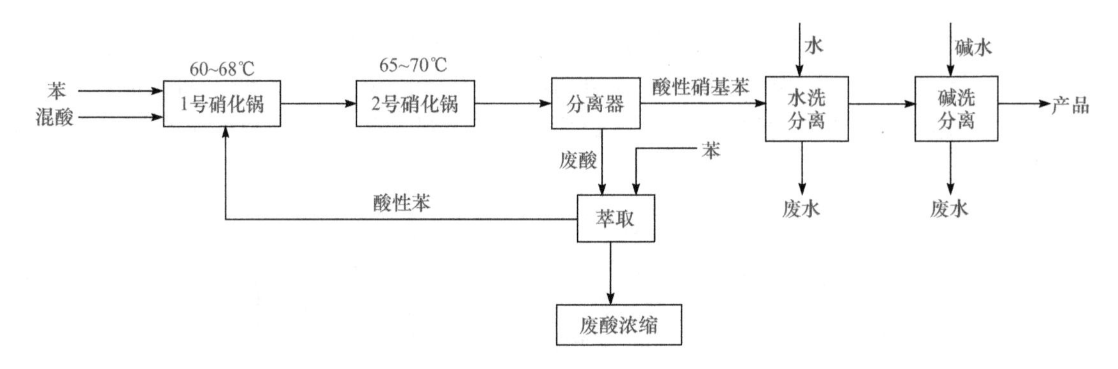

图 2-11　苯连续一硝化流程示意图

按照苯与混酸连续一硝化的配料比例，向 1 号硝化锅连续加料，1 号硝化锅温度控制在 60～68℃，2 号硝化锅在 65～70℃，由 2 号锅流出的物料在连续分离器中连续分离成废酸和酸性硝基苯。废酸进入萃取锅中用新鲜苯连续萃取，萃取后经分离器分出的酸性苯中含 2%～4%硝基苯，用泵连续送往 1 号硝化锅；萃取后的废酸用泵送去浓缩成浓硫酸再用。酸性硝基苯经过连续水洗除去大部分酸性杂质后，再经连续碱洗除去酚类杂质等操作，得到中性硝基苯。

上述工艺过程主要缺点是：产生大量待浓缩的废硫酸和含酚类及硝基物废水；要求硝化设备具有足够的冷却面积；安全性差。

2) 绝热硝化法

苯绝热硝化工艺流程如图 2-12 所示。

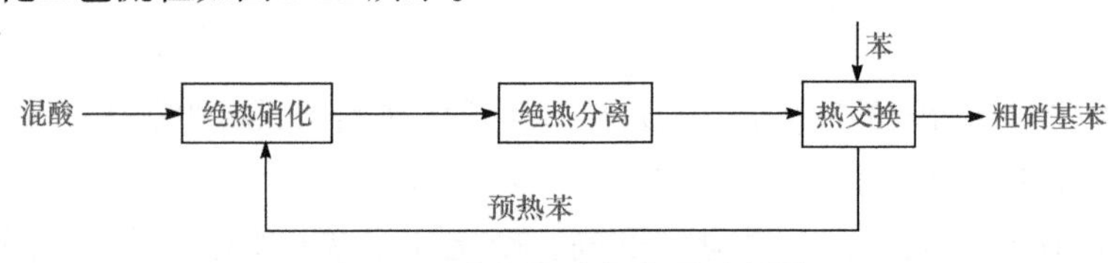

图 2-12　苯绝热硝化流程示意图

将加热到 92℃ 68%循环硫酸和由 98%硝酸稀释到 68%的硝酸经混合泵后进入第一个硝化器，混酸中约含硝酸 5%，原料苯经热交换器预热至 75～85℃进入第一个硝化器，苯过量 5%～10%。在第一个硝化器中苯的转化率 50%以上，硝酸的转化率 60%，由于硝化反应放热，硝化混合物升温至 115℃，在第二个硝化器中硝酸的转化率约 90%，料温升至 125℃。在第三个硝化器中，硝酸基本上完全转化为硝基苯。出口温度 130～135℃，反应物的总停留时间约 1min。粗硝基苯中含 6%未反应的苯，为了防止苯的气化，绝热分离器也要密闭，压力约 0.2MPa。分离出的热的粗硝基苯经热交换器使粗苯预热。分离出的热的 65%稀硫酸经钽材列管加热器和搪玻璃闪蒸器，在 8kPa 和 92℃进行减压闪蒸，将 65%稀硫酸浓缩成 68%的循环硫酸。闪蒸所需热量的 80%～85%的热量由稀硫酸自身提供。粗硝基苯经水洗、碱洗、精馏后得工业品硝基苯，二硝基含量＜0.05%。按苯计算收率为 99.1%，能耗只有传统硝化法的 11%。

2.2.5　烃化反应

1. 烃化反应的定义、分类及应用

在有机化合物分子中的碳、硅、氮、磷、氧或硫原子上引入烃基的反应称为烃化反应。

最重要的烃化反应有C-烃化、N-烃化、O-烃化。引入的烃基可以是烷基、烯基、炔基或芳基，也可是有取代基的烃基如羟乙基、氰乙基、羧甲基等。烃化剂的类型很多，常用的烃化剂主要有：①烯烃和炔烃；②卤烷；③酯类；④醇类和醚类；⑤环氧化合物；⑥羰基化合物。

卤烷、醇类和酯类是发生取代反应的烃化剂，不饱和烃和环氧化合物是发生加成反应的烃化剂，醛类和酮类是发生脱水缩合反应的烃化剂。

N-烃化反应在氨解与胺化一节(2.4)介绍。本节主要介绍C-烃化反应，简单介绍O-烃化反应。

2. C-烃化反应历程

有机化合物分子中碳原子上的氢被烃基所取代的反应称为C-烃化反应。常用的烃化剂是烯烃，其次是卤烷、醇、醛和酮等。以烯烃和卤代烷为例介绍反应历程。

1) 用烯烃作烃化剂的反应历程

烯烃在能提供质子的催化剂的存在下，可质子化生成烷基阳离子

$$CH_2=CH_2+H^+ \rightleftharpoons {}^+CH_2—CH_3$$

然后，烷基阳离子与芳烃发生亲电取代反应而在芳环上引入烷基。

$$Ar—H+{}^+CH_2—CH_3 \rightleftharpoons Ar—C_2H_5+H^+$$

对于多碳烯烃，质子总是加到双键中含氢较多的碳原子上。

2) 用卤烷作烃化剂的反应历程

催化剂主要是Lewis酸，如$AlCl_3$是常用的催化剂。它的作用首先是与卤烷生成分子络合物、离子对、离子络合物或烷基阳离子，然后亲电质点与芳环生成σ络合物，最后σ络合物脱质子在芳环上引入烷基(图2-13)。

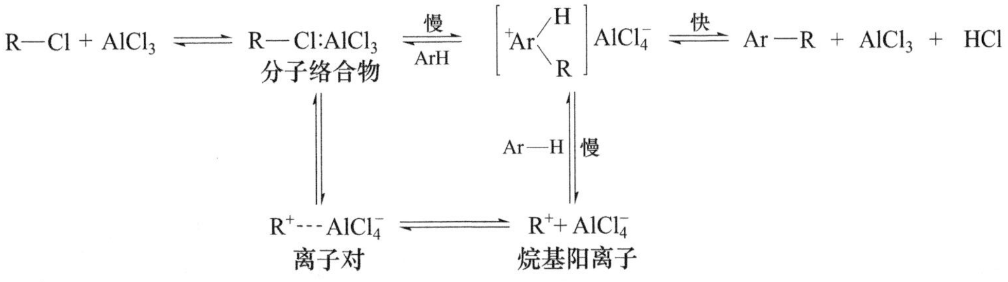

$$R—Cl+AlCl_3 \rightleftharpoons \underset{\text{分子络合物}}{R—Cl{:}AlCl_3} \underset{ArH}{\overset{\text{慢}}{\rightleftharpoons}} \left[{}^+Ar\begin{matrix}H\\R\end{matrix}\right]AlCl_4^- \overset{\text{快}}{\rightleftharpoons} Ar—R+AlCl_3+HCl$$

$$\underset{\text{离子对}}{R^+{---}AlCl_4^-} \rightleftharpoons \underset{\text{烷基阳离子}}{R^++AlCl_4^-}$$

（分子络合物 ⇌ 离子对；烷基阳离子 $\xrightarrow[\text{慢}]{Ar—H}$ σ络合物）

图2-13　用卤烷作烃化剂的反应历程

在Lewis酸催化作用下，芳烃及其衍生物与烯烃、卤烷、酰卤、酸酐等活性组分反应形成新的C—C键的反应称为傅氏反应。引入烷基的反应称为傅氏烷基化反应。反应的影响因素主要有：①烷基化试剂的活性；②芳香族化合物的活性；③催化剂的影响。其中催化剂的作用是将烃化试剂转化为R^+，包括质子酸、Lewis酸、酸性氧化物、烷基铝等，其活性顺序如下所示：

$$AlCl_3>FeCl_3\geqslant SbCl_5>SnCl_4>TiCl_4>ZnCl_2$$

$$HF>H_2SO_4>P_2O_5>H_3PO_4$$

3. C-烃化反应的特点

1) C-烃化反应是连串反应

在芳环上引入烷基后，烷基使芳环活化，进一步发生二烷基化(如乙基或异丙基)，反应速率可以提高 1.5～3.0 倍。在苯的一烷基化时，生成的单烷基苯容易进一步生成二烷基苯和多烷基苯。为了减少多烷基苯的生成量，在一烷基化时要控制烃化深度。通常用不足量的烯烃，只让一部分苯参加反应。烷基化后，过量的苯回收再用。

2) C-烃化反应是可逆反应

在生成的烷基苯中，苯环中与烷基相连的碳原子上的电子云密度比其他碳原子增加得更多，H^+或 HCl、$AlCl_3$较易加到与烷基相连的碳原子上重新生成原来的σ络合物，并进一步脱去烷基而转变成起始原料。在苯和丙烯制备异丙苯时，如果用 $AlCl_3$作催化剂，可以将副产的二异丙苯送回烷化器，由于脱烷基和转移烷化，烷化液中的多异丙苯含量并不增加，从而提高异丙苯的总收率。

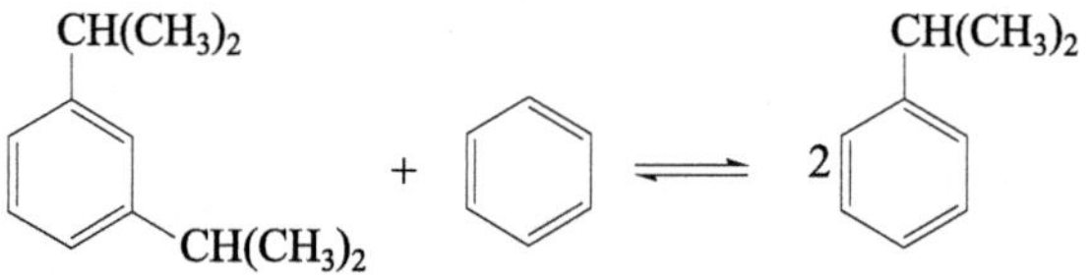

CH(CH$_3$)$_2$ CH(CH$_3$)$_2$ + ⇌ 2 CH(CH$_3$)$_2$

4. 烯烃对芳烃的C-烃化

1) 对叔丁基苯酚

对叔丁基苯酚是一种重要化工原料，也是一种抗氧剂，广泛用于橡胶、塑料、农药、医药等精细化工产品。它是由苯酚用异丁烯在酸性催化剂的存在下进行C-烃化得到。所用催化剂为强酸性阳离子交换树脂、沸石分子筛、杂多酸等。

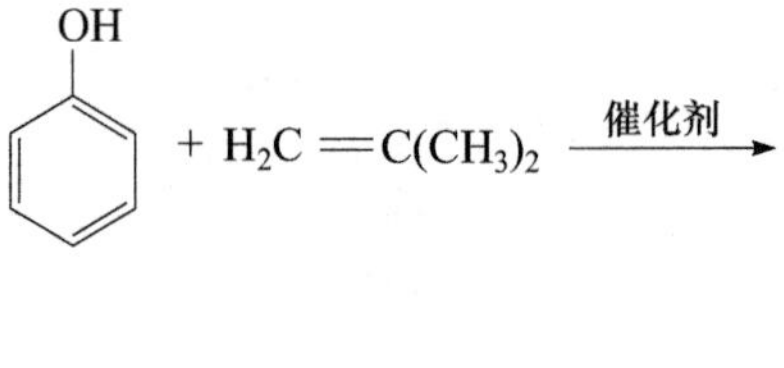

OH + $H_2C{=}C(CH_3)_2$ $\xrightarrow{催化剂}$ OH C(CH$_3$)$_3$

该反应是在常压、110℃，向含催化剂的苯酚中通入异丁烯气体，直到烷化液中对叔丁基苯酚的质量分数大于 60%为止，将烷化液减压精馏即得对叔丁基苯酚。该法流程短、无腐蚀和污染，产品质量好。

该方法可用于制备的产品有

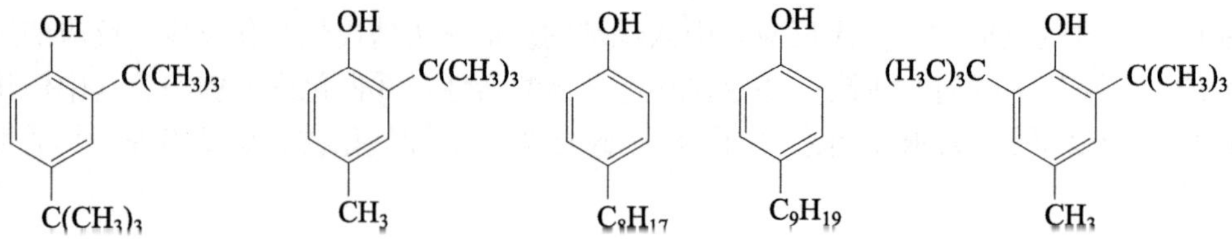

OH C(CH$_3$)$_3$ C(CH$_3$)$_3$ OH C(CH$_3$)$_3$ CH$_3$ OH C_8H_{17} OH C_9H_{19} OH (H$_3$C)$_3$C C(CH$_3$)$_3$ CH$_3$

2) 2, 6-二乙基苯胺

2,6-二乙基苯胺是重要的农药中间体。它是由苯胺为原料，乙烯作烃化剂，并用三苯胺铝、三乙基铝或二乙基氯化铝等作催化剂，在高压釜中完成。

$$C_6H_5NH_2 + 2CH_2{=}CH_2 \xrightarrow{\text{催化剂}} 2,6\text{-}(C_2H_5)_2C_6H_3NH_2$$

用三苯胺铝催化时，收率只有 87%，用二乙基氯化铝催化时，收率可提高到 97.9%，并可降低压力，缩短反应时间。

5. 卤烷对芳烃的 C-烃化

1) 二苯甲烷

二苯甲烷是医药中间体，它可由苯与苄基氯反应得到。

$$C_6H_5CH_2Cl + C_6H_6 \xrightarrow{\text{催化剂}} C_6H_5CH_2C_6H_5 + HCl$$

在反应器中加入苯和氯化锌水溶液，在 70℃滴加苄基氯，在 70～75℃保温 10h，得到二苯甲烷，收率 95%。

2) 萘乙酸

萘乙酸是重要的农药和医药中间体，它是由萘与氯乙酸反应制备，用铝粉为催化剂。

$$C_{10}H_8 + ClCH_2COOH \xrightarrow{\text{催化剂}} C_{10}H_7CH_2COOH$$

该反应在 185～218℃搅拌 15h，即得到萘乙酸，收率 50%～70%。

6. 醇、醛、酮对芳烃的 C-烃化

1) 对二甲苯(醇作烃化剂)

对二甲苯是重要的化工原料，需求量很大。它可由甲苯与甲醇在改性分子筛催化剂作用下制备。

$$C_6H_5CH_3 + CH_3OH \xrightarrow{\text{催化剂}} p\text{-}CH_3C_6H_4CH_3 + H_2O$$

甲苯与甲醇物质的量比为 1∶1，在 400～600℃反应时，甲苯转化率 37%，二甲苯的理论收率 100%，混合二甲苯中二甲苯含量为 97%。该法的优点是选择性高、副反应少，易分离提纯。

2) 三氯甲基苄醇(醛作烃化剂)

醛作烃化剂时所用催化剂不同，得到不同类型的产物。硫酸、磺酸、乙酸作催化剂时醛类与芳烃脱水生成二芳基甲烷衍生物；用甲醛在稀盐酸中进行 C-烷化，则引入氯甲基；醛在 Lewis 酸催化下与芳烃进行 C-烷化，则生成醇。

例如，三氯甲基苄醇是合成香料的中间体，由苯与三氯乙醛在三氯化铝催化下反应得到。

$$C_6H_6 + CCl_3CHO \xrightarrow{\text{催化剂}} C_6H_5-CH(OH)-CCl_3$$

三氯乙醛与苯的物质的量比为 1∶9.45，在 40℃慢慢加入无水三氯化铝，则主要产物为三氯甲基苄醇。

3) 双酚 A(酮作烃化剂)

双酚 A 主要用于热固性树脂的制造和工程塑料聚碳酸酯、聚醚酰亚胺的生产等，需求量很大。它是由苯酚与丙酮反应制备。

$$2\,C_6H_5-OH + CH_3-\overset{O}{\overset{\|}{C}}-CH_3 \xrightarrow{\text{酸催化}} HO-C_6H_4-C(CH_3)_2-C_6H_4-OH + H_2O$$

采用连续操作法，以改性阳离子交换树脂为催化剂，丙酮与苯酚按 1∶(8～14)的物质的量比连续进入绝热反应器，45℃反应 1h，丙酮转化率 86%～90%，反应液经分离、精制即得到双酚 A，选择性大于 96%[12]。

7. O-烃化反应

醇羟基或者酚羟基的氢被烃基取代生成二烷基醚、烷基芳基醚或二芳基醚的反应称作 O-烃化反应。O-烃化剂可以是醇、卤烷、酯类、环氧烷类、醛类、烯烃和炔烃类。下面介绍几个例子。

1) 醇作烃化剂

间甲基苯甲醚是医药、农药的重要中间体，也是压敏、热敏染料的重要原料。它是将间甲酚与甲醇按 1∶4 的物质的量比配成混合液，在一定温度和压力下流经高岭土(硅酸铝)催化剂，间甲酚的转化率可达 65%，间甲基苯甲醚的选择性为 90%。

$$m\text{-}CH_3C_6H_4OH + CH_3OH \longrightarrow m\text{-}CH_3C_6H_4OCH_3 + H_2O$$

2) 卤烷作烃化剂

用卤烷作烃化剂时，实际是亲核取代反应，因为醇和酚的负离子的反应活性远远大于醇或酚本身活性，因此通常加入碱作催化剂，先与醇或酚作用生成醇钠或酚钠，然后再与卤烷反应。加入的碱又称缚酸剂。

$$ROH + NaOH \longrightarrow RONa + H_2O$$

$$R-ONa + R-X \longrightarrow ROR + NaX$$

苯氧乙酸是多种用途除草剂及植物生长剂的原料。它是由苯酚、氯乙酸和氢氧化钠(物质的量比 1∶2∶3)在甲苯-水介质中在相转移催化剂的存在下，在 85℃反应 6h，分离出水相，用盐酸酸化，即析出苯氧乙酸，收率 84%。

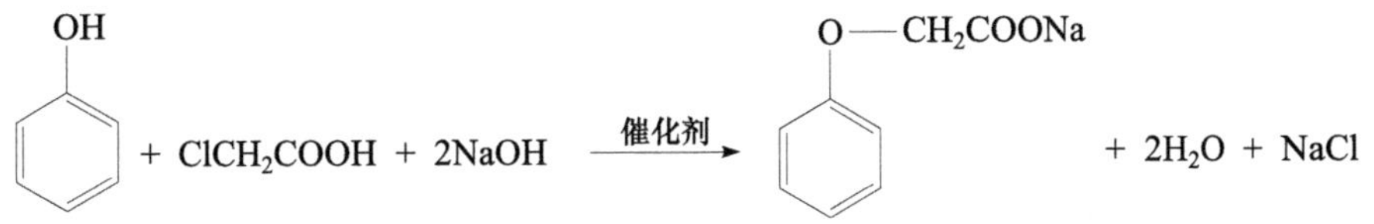

$$C_6H_5OH + ClCH_2COOH + 2NaOH \xrightarrow{催化剂} C_6H_5O{-}CH_2COONa + 2H_2O + NaCl$$

此法可以制备 4-氯苯氧乙酸、2, 4-二氯苯氧乙酸、4-甲基苯氧乙酸和萘氧乙酸等一系列植物生产调节剂。

3) 酯类作烃化剂

硫酸酯和芳磺酸酯是常用的烃化剂，由于价格较贵，一般用于产量小、产值高的产品。它们都是高沸点烃化剂，可以在高温及常压下进行反应，效果好。

例如，3, 4, 5-三甲氧基苯甲酸是医药中间体，用于合成抗焦虑药三甲氧啉。它是由 3, 4, 5-三羟基苯甲酸(又称没食子酸)与硫酸二甲酯甲基化得到。反应在 30% NaOH 存在下，30～35℃反应 20min，40～45℃反应 10min，再回流 1h，续加碱液回流 3h，冷却，用盐酸中和，过滤，洗涤得到粗品，收率 97%。

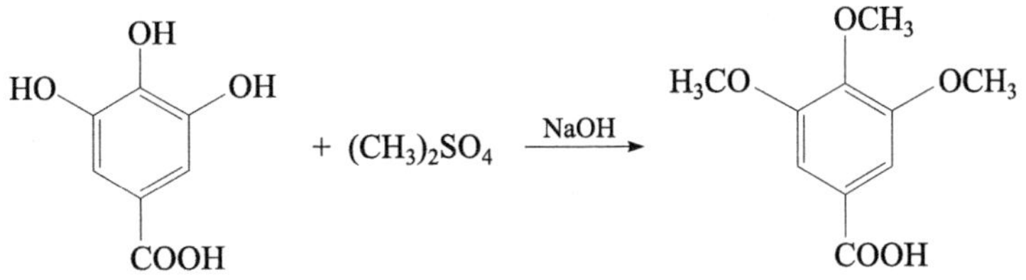

$$(HO)_3C_6H_2COOH + (CH_3)_2SO_4 \xrightarrow{NaOH} (H_3CO)_3C_6H_2COOH$$

有文献报道，采用碳酸二甲酯与间甲基苯酚在 KF/AC 催化剂上气固相催化合成间甲基苯甲醚，反应温度 608K，碳酸二甲酯与间甲基苯酚的物质的量比为 1.25 : 1 时，间甲基苯酚转化率可达到 95%，间甲基苯甲醚选择性高于 98%[13]。

8. 典型烃化反应案例——异丙苯

异丙苯是无色透明、易流动的液体，有特殊芳香气味，不溶于水，溶于乙醇、乙醚、苯，刺激皮肤，是强麻醉剂。异丙苯早期曾作为航空汽油的添加剂，用来提高油品的辛烷值。现在异丙苯的主要用途是经过氧化和酸解，制备苯酚和丙酮，产量巨大。

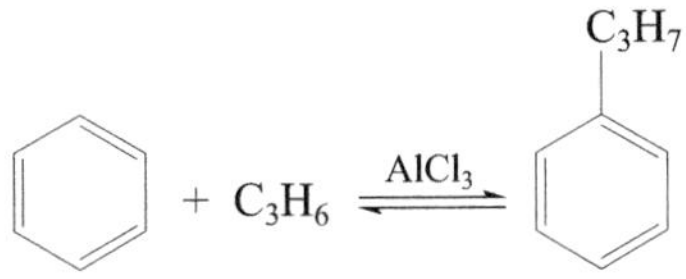

$$C_6H_6 + C_3H_6 \underset{}{\overset{AlCl_3}{\rightleftharpoons}} C_6H_5C_3H_7$$

异丙苯法合成苯酚联产丙酮是比较合理的先进方法，工业上以丙烯为原料进行苯的烷基化是合成苯酚的第一步。三氯化铝和固体磷酸是目前较广泛使用的催化剂[14]。

工业上丙烯和苯的连续烷基化用液相和气相两种方法均可生产。丙烯来自石油加工过程，允许含有丙烷类饱和烃，可视为惰性组分，不会参加烷基化。苯的规格除要控制水分含量外，还要控制硫的含量，以免影响催化剂的活性。

(1) 液相法。该法所用的 $AlCl_3$-HCl(盐酸或氯丙烷)络合催化剂溶液通常是由无水 $AlCl_3$、多烷基苯(PAB)和少量水配制而成。该络合物催化剂在温度高于 120℃时会有严重的树脂化现象发生，所以烷基化温度一般控制在 80～100℃。$AlCl_3$ 法合成异丙苯的工艺流程如图 2-14 所示。

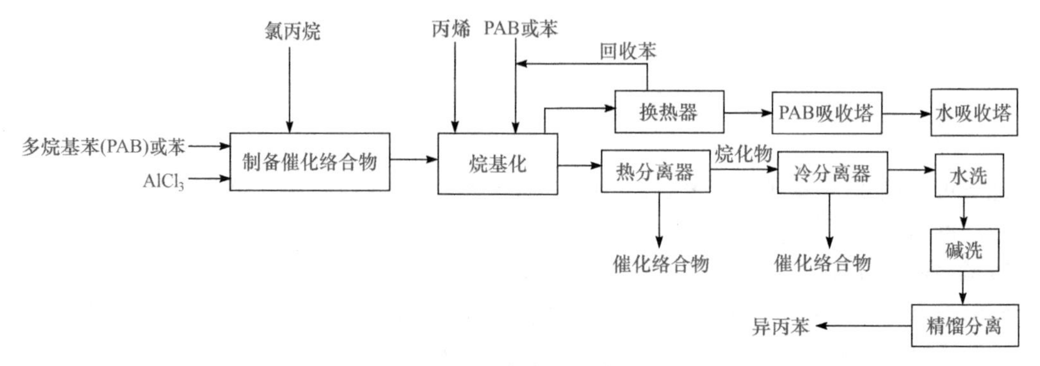

图 2-14 AlCl$_3$法合成异丙苯工艺流程

在釜中配制催化络合物，该设备是带加热夹套和搅拌器的间歇反应釜。先加入多烷基苯(PAB)或苯的混合物及 AlCl$_3$，后者与芳烃物质的量之比为 1∶(2.5～3.0)，然后在加热和搅拌下加入氯丙烷，制备好的催化络合物周期性注入烷基化塔。烷基化反应是连续操作，丙烯、经共沸脱水干燥的苯、多烷基苯及热分离器下部分出的催化络合物由烷基化塔底部加入，塔顶蒸发的苯被换热器冷凝后回到烷基化塔，未冷凝的气体经 PAB 吸收塔回收未冷凝的苯，在水吸收塔捕集 HCl 后排放。烷基化塔上部溢流的烷化物经热分离器分出大部分催化络合物。热分离器排出的烷化物中含有苯、异丙苯和多异丙苯，同时还含有少量其他苯的同系物。烷化物的质量组成是苯 45%～55%、异丙苯 35%～40%、二异丙苯 8%～12%、副产物(包括其他烷基苯及焦油)3%。烷化物进一步被冷却后，在冷分离器中分出残余的催化络合物，然后经水洗、碱洗除去烷化物中溶解的 HCl 和微量 AlCl$_3$，最后进行多塔精馏分离。异丙苯的收率可达 94%～95%，每吨异丙苯约消耗 10kg AlCl$_3$。

(2) 气相法。固体磷酸气相烷化工艺以磷酸-硅藻土为催化剂，可以采用列管式或多段塔式固定床反应器，工艺流程如图 2-15 所示。

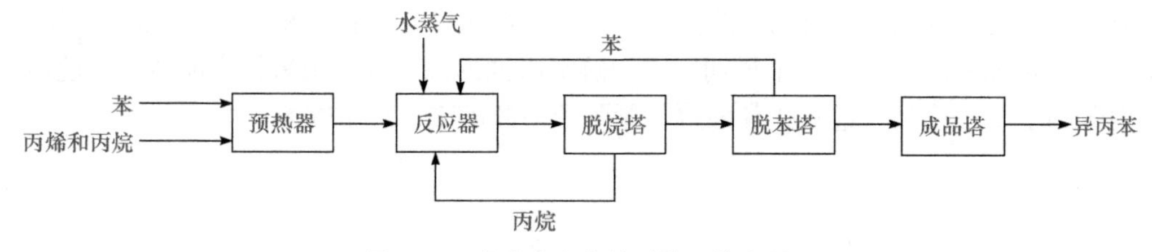

图 2-15 磷酸法生产异丙苯工艺流程

反应操作条件一般控制在 230～250℃、2.3MPa，苯与丙烯物质的量之比为 5∶1。将丙烯-丙烷馏分与苯混合，经换热器及预热器与水蒸气混合后由上部进入反应器。各塔段之间加入丙烷调节反应温度。反应物由下部排出，经脱烷塔、脱苯塔进入成品塔，蒸出异丙苯。脱烷塔蒸出的丙烷有部分作为载热体送往反应器，异丙苯收率 90%以上。催化剂使用寿命一年左右。

甲苯以固体磷酸工艺可制备间甲基异丙苯和对甲基异丙苯，以合成相应的甲苯酚。

异丙苯进一步与丙烯反应则生成邻、间、对二异丙苯的混合物。各种二异丙苯的异构体经氧化、酸解得到相应的苯二酚。

2.2.6　酰化反应

1. 酰化反应的定义、特点及酰化剂

酰基指的是从含氧的无机酸和有机酸的分子中除去一个或几个羟基后剩余的基团。有机化合物分子中与碳原子、氮原子、氧原子或硫原子相连的氢被酰基取代的反应称为酰化反应。最常用的酰化剂主要有：①羧酸，如甲酸、乙酸、草酸等；②酸酐，如乙酐、顺丁烯二酸酐、邻苯二甲酸酐、1,8-萘二甲酸酐以及二氧化碳(碳酸酐)和一氧化碳(甲酸酐)等；③酰氯，如光气(碳酸二酰氯)、乙酰氯、苯甲酰氯、苯磺酰氯、三聚氯氰、三氯化磷、三氯氧磷等；④羧酸酯，如氯乙酸乙酯、乙酰乙酸乙酯等；⑤酰胺，如尿素；⑥其他，如双乙烯酮、二硫化碳等。

酰化反应分为 C-酰化、N-酰化及 O-酰化。N-酰化反应主要制备酰胺，O-酰化反应主要制备酯。本节主要介绍 C-酰化反应。

2. 酰化反应历程

C-酰化反应主要用于制备芳酮、芳醛和芳羧酸。这类反应属于傅氏反应，是亲电取代反应。

(1) 当用酰氯作酰化剂，用无水三氯化铝作催化剂时，反应历程如下：

$$R-\overset{\overset{O}{\|}}{C}-Cl + AlCl_3 \rightleftharpoons \underset{a}{R-\overset{\overset{O}{\|}}{C}-Cl\ AlCl_3} \rightleftharpoons \underbrace{\underset{b}{R-\overset{\overset{O:AlCl_3}{\|}}{C}-Cl} \rightleftharpoons \underset{c}{R-\overset{\overset{O}{\|}}{C^+}}}_{\text{亲电质点}} + AlCl_4^-$$

$$\underset{b}{R-\overset{\overset{O:AlCl_3}{\|}}{C}-Cl} + C_6H_6 \rightleftharpoons [C_6H_6(H)(C(R)=O{:}AlCl_3)Cl^-]^{+} \xrightarrow{-HCl} C_6H_5-C(R)=O{:}AlCl_3$$

$$\underset{c}{R-\overset{\overset{O}{\|}}{C^+}} + AlCl_4^- + C_6H_6 \rightleftharpoons [C_6H_6(H)(C(R)=O)]^{+}\cdot AlCl_4^- \xrightarrow{-HCl} C_6H_5-C(R)=O{:}AlCl_3$$

芳酮与三氯化铝的配合物遇水即分解为芳酮。

$$C_6H_5-C(R)=O{:}AlCl_3 \xrightarrow{H_2O} C_6H_5-C(R)=O + AlCl_3(\text{水溶液})$$

每摩尔酰氯理论上要消耗 1mol $AlCl_3$，实际上过量 10%～50%。

(2) 当用酸酐作酰化剂时，它首先与 $AlCl_3$ 作用生成酰氯

$$(RCO)_2O + AlCl_3 \rightleftharpoons (RCO)_2O{:}AlCl_3 \longrightarrow R{-}\overset{\displaystyle O}{\overset{\|}{C}}{-}Cl + R{-}\overset{\displaystyle O}{\overset{\|}{C}}{-}OAlCl_2$$

然后酰氯再按前述历程参加反应。

不难看出，如果只让酸酐中的一个酰基参加酰化反应，每摩尔酸酐至少需要 2mol $AlCl_3$。其总反应式如下：

$$(RCO)_2O + 2\,AlCl_3 + C_6H_6 \longrightarrow C_6H_5{-}\underset{R}{C}{=}O{:}AlCl_3 + R{-}\overset{\displaystyle O}{\overset{\|}{C}}{-}OAlCl_2 + HCl$$

$$R{-}\overset{\displaystyle O}{\overset{\|}{C}}{-}OAlCl_2 \xrightarrow{AlCl_3} R{-}\overset{\displaystyle O}{\overset{\|}{C}}{-}Cl + \overset{\displaystyle O}{\overset{\|}{Al}}{-}Cl$$

3. 酰化反应影响因素

1) 被酰化物结构的影响

芳环上有强供电子基(—CH_3、—OH、—OR、—NR_2、—NHAc)时使用无水氯化锌、多聚磷酸催化，反应容易进行。因为酰基的立体位阻比较大，所以酰基主要或完全进入芳环上已有取代基的对位。芳环上有强吸电子基(—Cl、—NO_2、—SO_3H、—COR)时，使 C-酰化反应难进行。

2) 酰化剂

酰化反应是亲电取代反应，酰化剂是以亲电质点参加反应。酰基碳原子上的部分正电荷越大，酰化能力越强。最常用的酰化剂是羧酸、酸酐和酰氯。它们的活泼性次序是

$$R{-}\overset{\delta_1^+}{C}(\overset{\|}{O}{}^{\delta_1^-}){-}OH < R{-}\overset{\delta_2^+}{C}(\overset{\|}{O}{}^{\delta_2^-}){-}O{-}C(\overset{\|}{O}{}^{\delta_2^-}){-}R < R{-}\overset{\delta_3^+}{C}(\overset{\|}{O}{}^{\delta_3^-}){\rightarrow}Cl\ \delta_3^-$$

当 R 相同时，$\delta_1^+ > \delta_2^+ > \delta_3^+$。这是因为酸酐与相应羟酸相比，前者的酰基碳原子上所连接的氧原子又连接了一个吸电子的碳酰基，所以$\delta_2^+ > \delta_1^+$，即酸酐比相应的羧酸活泼。在酰氯中，酰基碳原子与电负性相当高的氯原子相连，所以$\delta_3^+ > \delta_2^+ > \delta_1^+$，即酰氯比相应的酸酐和羧酸活泼。

3) 催化剂

催化剂的作用是增强酰基上碳原子的正电荷，从而增强进攻质点的亲核能力。由于芳环上碳原子的给电子能力比氨基氮原子及羟基氧原子弱，所以 C-酰化通常需要使用强催化剂。最常用的强催化剂是无水三氯化铝、无水氯化锌、多聚磷酸等。

4) 溶剂

在傅氏反应中，芳酮-$AlCl_3$ 络合物大都是固体或黏稠的液体，为了使反应物具有良好的流

动性，常需要使用有机溶剂。关于有机溶剂的选择有三种情况：①用过量的低沸点芳烃作溶剂；②用过量的酰化剂作溶剂；③另外加入适当的溶剂。当不宜用某种过量的反应组分作溶剂时，就需要加入另外的适当溶剂。常用的有机溶剂有二氯甲烷、四氯化碳、石油醚、硝基苯等。

4. C-甲酰化制芳醛

1) Reimer-Tiemann 反应

将酚类在氢氧化钠水溶液中与三氯甲烷作用可在芳环上引入醛基生成羟基芳醛。这个反应的历程可能是氯仿在碱的作用下先生成活泼的亲电质点二氯卡宾 :CCl_2，然后二氯卡宾进攻酚阴离子中芳环上电子云密度较高的邻位或对位，生成加成中间体，中间体再通过质子转移生成二氯甲烷衍生物，再水解而生成羟基芳醛。

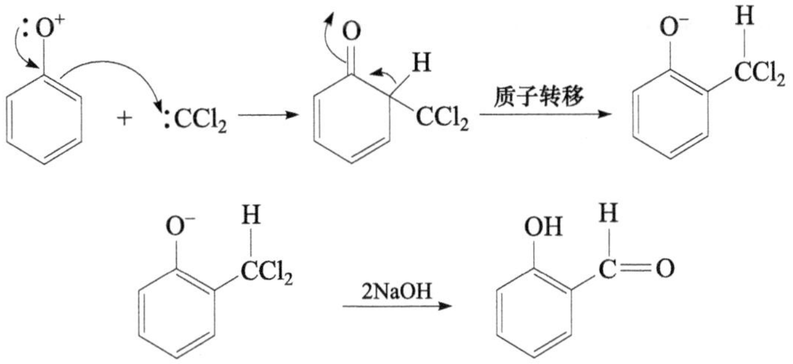

该方法虽然收率低，但是原料价廉易得，操作简便，收率 37%～45%，副产对羟基苯甲醛 8%～11%，仍然是由苯酚制邻羟基苯甲醛以及由 2-萘酚制 2-羟基-1-萘甲醛的主要方法。

2) Vilsmeier 反应：*N*, *N*-二甲基甲酰胺的 C-甲酰化

此法是用甲酸的 *N*-取代酰胺作为 C-酰化剂，在三氯氧磷等促进剂的参与下，向芳环或杂环上引入醛基。

$$\mathrm{Ar{-}H + HC(=O){-}N(CH_3)_2 + POCl_3 \xrightarrow[2)\ 3H_2O]{1)\ C\text{-}甲酰化} Ar{-}CH(=O) + (CH_3)_2NH\cdot Cl + H_3PO_4 + HCl}$$

在上述反应中，$POCl_3$ 是参加反应的，它的用量与 *N*, *N*-二取代甲酰胺几乎是等物质的量，而且两者都要过量 25%～40%。在 *N*-取代甲酰胺中，最常用的是 *N*, *N*-二甲基甲酰胺，因为它不仅价廉易得，而且是溶剂。在促进剂中最常用的是三氯氧磷，也可以用光气、亚硫酰氯、乙酐、草酰氯或无水氯化锌等。它们的作用是促进二甲胺的脱落并与之结合。

5. C-甲酰化制芳酮

1) 三氯化铝-无溶剂酰化法

例如，苯甲酰氯、邻二氯苯和无水三氯化铝按 1∶1.01∶2 的物质的量比，在搅拌下，在 130～135℃反应 4h，然后将反应液加入稀盐酸中，过滤出粗品 3,4-二氯二苯甲酮，水洗，在活性炭-乙醇-盐酸混合液中脱色，重结晶即得成品，收率 70%～72%。

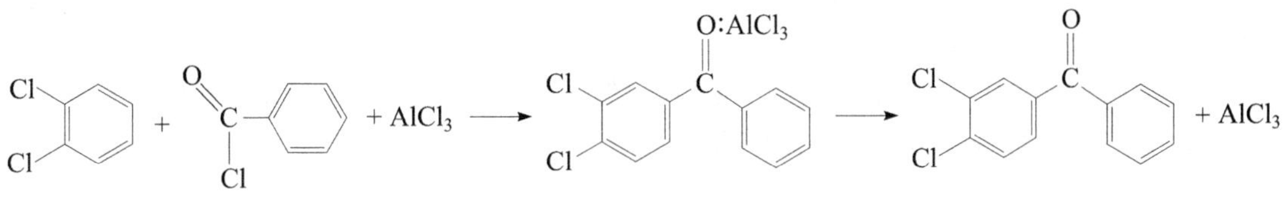

2) 三氯化铝-过量被酰化物酰化法

邻苯二甲酸酐、苯和无水三氯化铝按 1∶12∶2.2 的物质的量比，在搅拌下，在 55～60℃反应 1h，然后将反应物放入稀硫酸中进行水解，用水蒸气蒸出过量的苯，冷却、过滤即得邻苯甲酰基苯甲酸，收率 93%。

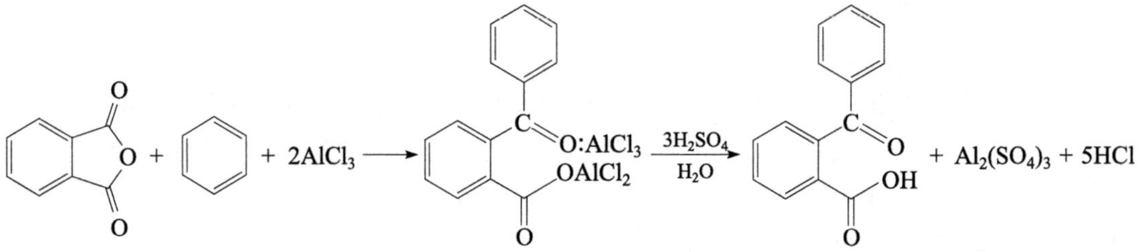

6. C-酰化制芳酸(C-羧化)

用碳酸酐即二氧化碳对芳环进行 C-酰化，可以在芳环上引入羧基。但是二氧化碳很不活泼，此法只适用于活泼酚类的羧化制羟基芳酸。

无水固态苯酚钠在 100～140℃、0.5～0.6MPa 压力下与二氧化碳作用可制得邻羟基苯甲酸钠(水杨酸钠)，收率可达 96%以上。

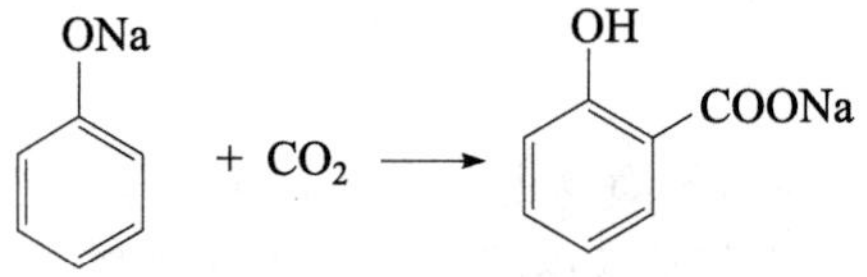

水杨酸钠

而无水苯酚钾在 200～230℃、0.5MPa 压力下与二氧化碳作用则得到对羟基苯甲酸钾。

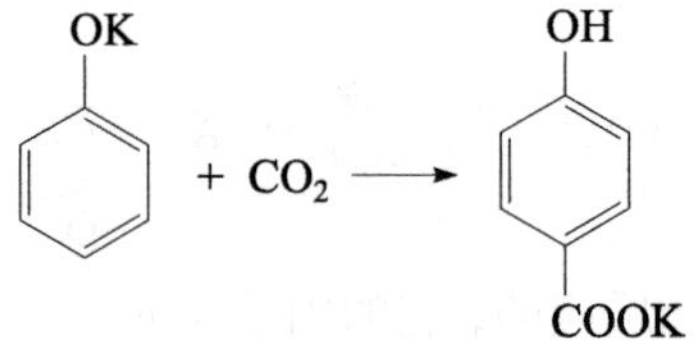

无水 2-萘酚钠与苯酚钠不同，在 230～240℃、0.5～0.6MPa 压力下与二氧化碳作用生成 2-羟基萘-3-甲酸(简称 2, 3-酸)双钠盐，同时生成游离 2-萘酚。

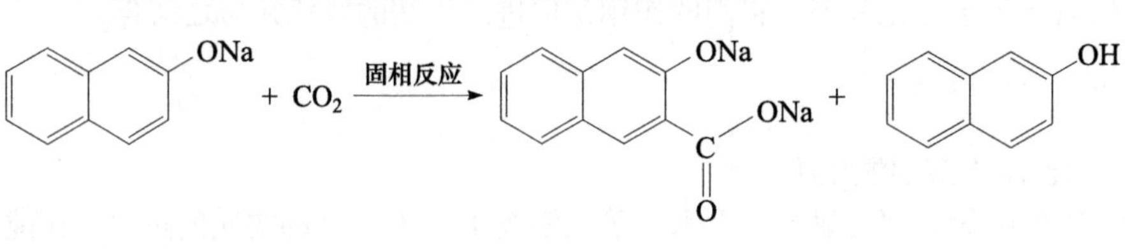

7. 典型酰化反应案例——蒽醌的生产

蒽醌为浅黄色结晶，熔点 286℃，沸点 376.8℃。蒽醌可直接进行硝化、卤化、磺化而制备有价值的各类精细化学品，尤其是用蒸煮助剂[15]和还原染料。

制备蒽醌常用的方法是用苯与苯酐发生 C-酰化反应，得到邻苯甲酰苯甲酸，再经磷酸或硫酸处理，脱水闭环成蒽醌。反应方程式：

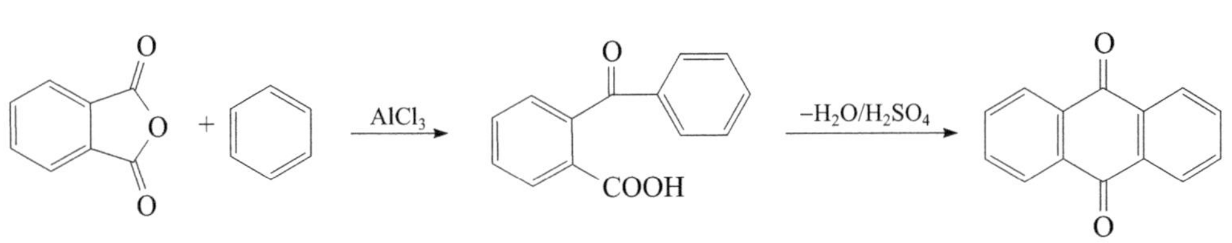

此反应中 1mol 苯酐要消耗 2mol $AlCl_3$ 才能得到高收率蒽醌。当 $AlCl_3$ 用量少于 1mol 时，则形成二苯酞。

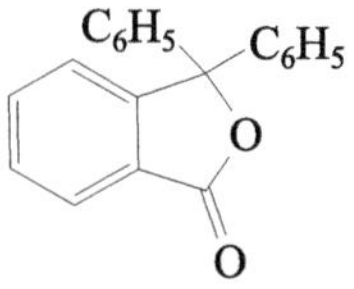

苯酐与苯反应有溶剂法和球磨法。溶剂法是用过量的苯兼作溶剂。

球磨法生产蒽醌工艺流程如图 2-16 所示。

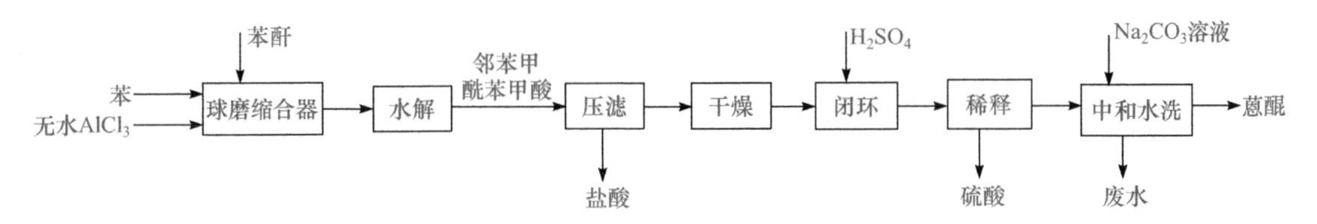

图 2-16　球磨法生产蒽醌工艺流程

球磨法生产中，一般采用带有冷却和加热夹套、搅拌器、氯化氢吸收装置的大型铸铁反应器，在良好搅拌下加入苯、无水 $AlCl_3$，最后加入苯酐。60～70℃反应直至氯化氢不再逸出。反应结束后，反应物加到盛有硫酸的反应器中，使邻苯甲酰苯甲酸溶于水形成水溶液，苯层经蒸馏回收。水层酸化后，沉淀出邻苯甲酰苯甲酸。

邻苯甲酰苯甲酸经过滤、水洗、直接用浓硫酸闭环得蒽醌，收率 95%。

2.2.7　重氮盐的偶合反应

1. 偶合反应的定义、特点及应用

重氮盐与芳环、杂环或具有活泼亚甲基的化合物反应生成偶氮化合物的反应称为偶合反应。偶合反应是制备偶氮染料最常用、最重要的方法，将芳胺的重氮盐作为亲电试剂，对酚类或胺类的芳环进行亲电取代可制得偶氮化合物。

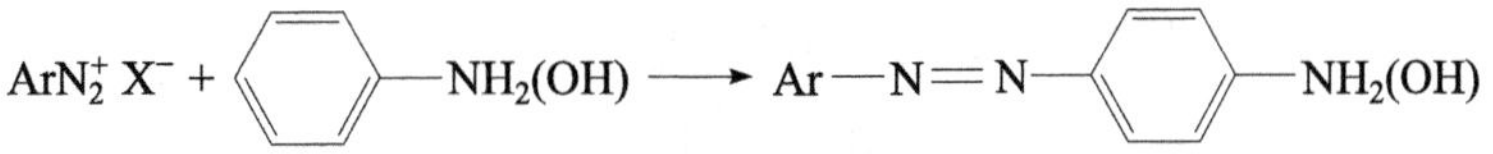

$$ArN_2^+X^- + C_6H_5\text{—}NH_2(OH) \longrightarrow Ar\text{—}N{=}N\text{—}C_6H_4\text{—}NH_2(OH)$$

参与反应的重氮盐称为重氮组分，与重氮盐相作用的酚类或胺类称为偶合组分。常用的偶合组分有：酚类，如苯酚、萘酚及其衍生物；芳胺类，如苯胺、萘胺及其衍生物；氨基萘酚磺酸类，如 H 酸、J 酸及γ酸等。

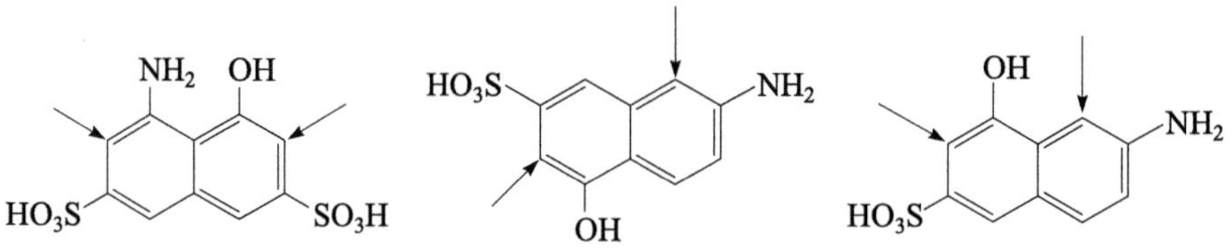

H酸　　J酸　　γ酸

含有活泼亚甲基的化合物，如乙酰乙酰基芳胺、吡唑啉酮及吡啶酮衍生物等均可作为偶合组分。

2. 偶合反应的历程

在偶合过程中参加反应的是重氮盐阳离子，它进攻偶合组分的芳香环电子云密度最高的碳原子，并发生亲电取代反应。

动力学研究推断的偶合历程：当重氮盐阳离子和偶合组分反应时，首先可逆地形成中间体，然后中间体迅速失去一个质子，不可逆地转变为偶氮化合物。

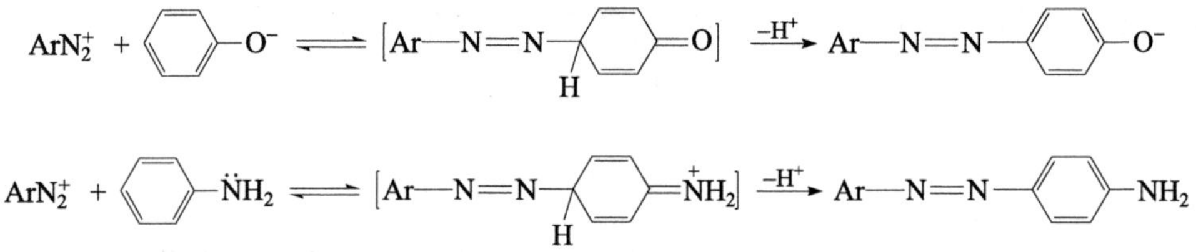

$$ArN_2^+ + C_6H_5O^- \rightleftharpoons [Ar-N=N-C_6H_5(H)=O] \xrightarrow{-H^+} Ar-N=N-C_6H_4-O^-$$

$$ArN_2^+ + C_6H_5\ddot{N}H_2 \rightleftharpoons [Ar-N=N-C_6H_5(H)=\overset{+}{N}H_2] \xrightarrow{-H^+} Ar-N=N-C_6H_4-NH_2$$

3. 偶合反应的影响因素

1) 偶合组分

偶合组分中芳环上取代基的性质明显影响偶合反应的难易，给电性取代基使偶合能力增强；尤其是羟基和氨基的定位作用一致时，反应活性非常高，可以进行多次偶合，如间苯二胺、间苯二酚都有高度偶合活性。如果偶合组分中有吸电性取代基，如有硝基、氰基、磺酸基和羧基等，反应活性明显下降，偶合反应较难进行。常见的偶合组分中取代基对偶合反应的活性的影响次序为

$$ArO^- > ArNR_2 > ArNHR > ArNH_2 > ArOR > ArN^+H_3$$

偶合的位置常在偶合组分中羟基或氨基的对位，当对位被占据时，则进入邻位或者重氮基将原来对位上的取代基置换。萘酚的衍生物以 1-萘酚活性最高，偶合时重氮基优先进入羟基的对位，有的发生在邻位；2-萘酚衍生物只能在 1-位偶合。萘胺衍生物以 1-萘胺偶合能力最强，主要生成对位偶合产物。氨基萘酚磺酸类是常用的重要偶合组分，即可在碱性介质中羟基的邻位偶合，也可在酸性介质中氨基的邻位偶合。

2) 重氮组分

当重氮盐的芳环上有吸电性取代基，如有硝基、磺酸基、卤基时，能使 N_2^+ 基上正电性增强，提高活性，加速偶合。相反，芳环上有给电性取代基，如有甲基、甲氧基时，使—N_2^+ 基上的正电性减弱，降低了偶合活性。不同的芳胺重氮盐其偶合反应速率依下列次序递增：

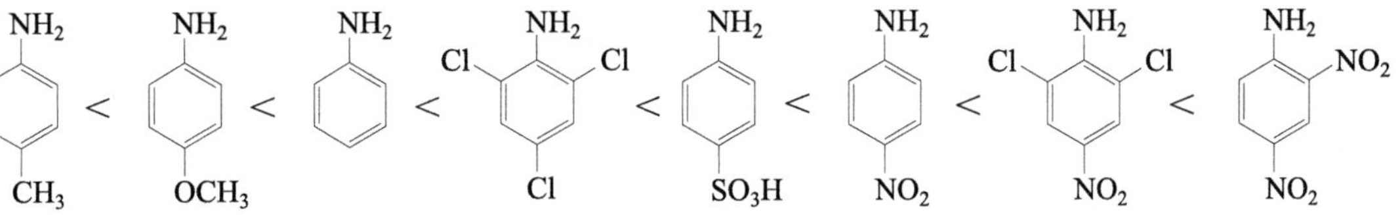

3) 介质 pH

根据偶合组分性质不同，偶合反应须在一定的 pH 范围内进行。与胺类的偶合是在弱酸性介质、pH 为 4～7 的乙酸钠溶液中进行；而与酚类的偶合是在弱碱性 pH 为 7～10 的范围内进行。介质的 pH 对偶合位置有决定性影响。如果偶合组分是氨基萘酚磺酸，在碱性介质中偶合主要发生在羟基的邻位，在酸性介质中偶合主要发生在氨基的邻位，在羟基邻位的偶合反应速率比在氨基邻位的快得多。利用这一性质可将 H 酸先在酸性介质中偶合，然后在碱性介质中进行二次偶合。除 H 酸外，J 酸、K 酸(1-氨基-3-羟基萘-4, 6-二磺酸)、S 酸(1-氨基-8-羟基萘-4-磺酸)也具有类似情况。

偶合介质不仅影响偶合位置，同时对偶合反应速率也有明显影响(图 2-17)。可以从参加偶合反应质点的浓度变化得到说明。如果偶合组分为酚类，当 pH 增加时，由于参与反应的酚盐阴离子浓度增加，从而偶合速率增加。

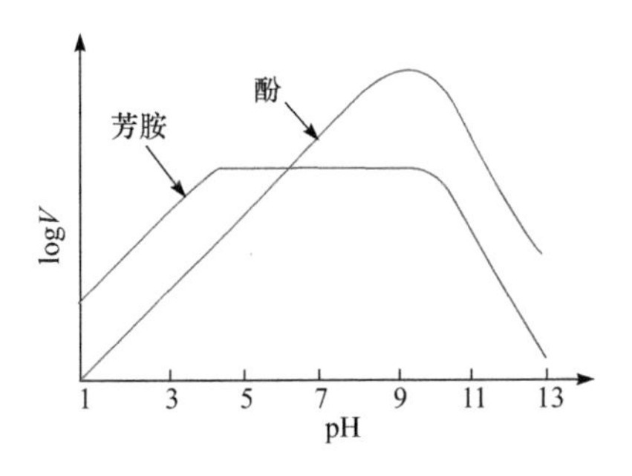

图 2-17　pH 对酚和芳胺偶合速率的影响

4. 典型偶合反应案例

1) 酸性嫩黄 G

酸性嫩黄 G 主要用于羊毛织物和蚕丝的染色和直接印花，也可用于染锦纶、纸张、皮革、油漆、医药、化妆品的着色，也可制成色淀染料。

它是由苯胺重氮化、与 1-(对磺酸基苯基)-3-甲基-5-吡唑酮偶合、盐析得到：

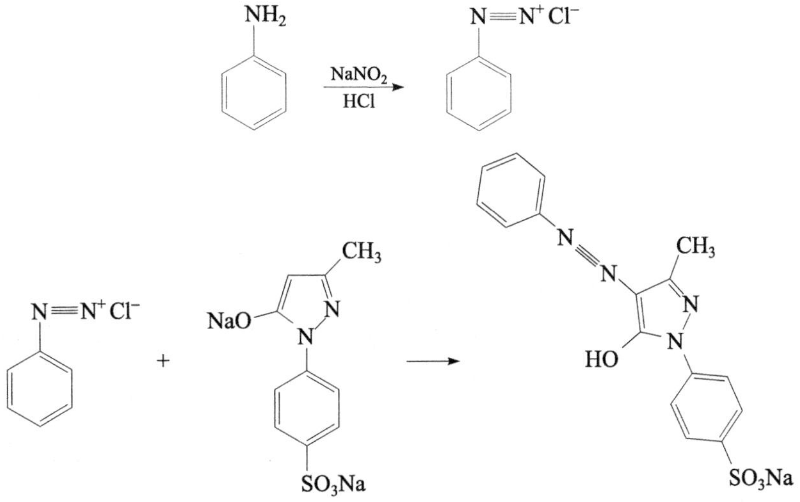

将质量分数为 15%的对氨基苯磺酸钠溶液和质量分数为 30%～35%的亚硝酸钠溶液加入混合釜搅拌均匀。在重氮釜内加水，再加入适量的冰，搅拌下加入 30%盐酸，控制温度 10～15℃，将混合釜的物料于 10min 左右均匀加入重氮釜，在 10～15℃保持胺过量、亚硝酸微过

量的条件下搅拌半小时，得重氮盐为悬浮体。在偶氮釜内加水，加1-(对磺酸基苯基)-3-甲基-5-吡唑酮，搅拌下加入碱液(30%)，升温到45～50℃，使之溶解后加冰冷却至8℃，加入制备的重氮盐，快速加入重氮盐总量的一半。然后将另一半重氮盐在1h内均匀加完，并调整pH 7.1，继续搅拌至重氮盐消失为偶合终点(约1h)，压滤，滤饼于100～105℃烘干，即为酸性嫩黄G。

2) 酸性橙Ⅱ

酸性橙Ⅱ是重要的偶氮染料，主要用于羊毛织物和蚕丝在乙酸浴中染色，也可在甲酸浴中染锦纶，还可染皮革。

酸性橙Ⅱ由对氨基苯磺酸钠重氮化、与2-萘酚偶合、盐析得到：

NH_2 / SO_3Na $\xrightarrow[\text{HCl 重氮化}]{NaNO_2}$ $\overset{+}{N}{\equiv}NCl^-$ / SO_3Na $\xrightarrow[\text{偶合}]{\text{ONa}}$ $N{=}N$—SO_3Na / ONa

(1) 重氮化。在560L水中，加30%盐酸163kg，加100%苯胺55.8kg，搅拌溶解，加冰降温至0℃，自上而下加入30%亚硝酸钠溶液(相当于100%亚硝酸钠41.4kg)，重氮温度0～2℃，时间30min，此时刚果红试纸呈蓝色，碘化钾试纸呈微蓝色，最后把体积调整到1100L。

(2) 偶合。在铁锅中加水900L，加热至40℃，加纯碱60kg，搅拌全溶。然后加入2-萘酚154.2kg，溶后再加入10%纯碱溶液(相当于100% 48kg)。加冰及水调节体积至2400L，温度2～3℃。把重氮液过滤放入锅内进行偶合。放料时间30～40min。在整个偶合过程中，保持pH 8～8.4，温度不超过5℃。偶合完毕，2-萘酚应过量。继续搅拌2h，升温至80℃，按体积20%～21%计算加入食盐量，进行盐析，搅拌冷却至45℃以下过滤。在80℃干燥，得100% 460kg酸性橙Ⅱ。

2.3 氧化与还原

2.3.1 氧化与还原反应的定义和特点

精细化学品的氧化反应主要是指在氧化剂的存在下，有机物分子中增加氧或减少氢的反应；而在有机物分子中增加氢或减少氧的反应为还原反应。

精细化学品的氧化最价廉易得的氧化剂便是空气。用空气作氧化剂时，氧化反应可以在液相进行(空气液相氧化法)，也可以在气相进行(空气气相氧化法)。另外，在吨位较小的精细化学品和药物的生产中还经常用化学氧化法，常用的化学氧化剂有高锰酸钾、六价铬的衍生物、高价金属氧化物、硝酸、双氧水和有机过氧化物等。此外，有时还用到电解氧化法。

精细化学品的还原方法可以分为三大类：

(1) 使用氢在催化剂的作用下使有机物还原的方法称为催化氢化。

(2) 使用氢以外的化学物质作还原剂的方法称为化学还原。化学还原剂包括有机还原剂和无机还原剂两大类，其中无机还原剂的应用更为广泛，常用的无机还原剂有活泼金属及其合金(如Fe、Zn、Na、Zn-Hg、Na-Hg等)、低价元素的化合物(如Na_2S、NaS_x、$FeCl_2$、$SnCl_2$等)、金属复氢化物；常用的有机还原剂有异丙醇铝等烷基铝、甲醛、葡萄糖等。

(3) 在电解槽的阴极室进行还原的方法称为电化学还原。

下面对常用的氧化、还原方法及氧化剂、还原剂的不同进行讨论。

2.3.2　空气液相氧化

空气液相氧化是指液体有机物在催化剂作用下通空气进行的催化氧化反应，反应实质是气相的氧溶入液相与其中的被氧化物发生反应，反应主要在两相间的界面上进行。大多采用鼓泡型反应器。在工业上，采用空气液相氧化法，可以将有机烃类直接氧化制得有机过氧化氢物、醇、酮、羧酸等一系列产品。另外，有机过氧化氢物的进一步反应还可以制得酚类和环氧化合物等一系列产品。

1. 氧化反应历程

空气液相氧化和大多数有机物在室温下的“自动氧化”一样，都是自由基反应。但是在实际生产中为了提高氧化速率，需要提高反应温度并加入引发剂或催化剂。空气液相氧化反应历程是自由基反应历程，包括链引发、链传递和链终止三个步骤。

1) 链引发

链引发是指被氧化物 R—H 在能量(热能、光辐射和放射线辐射)、可变价金属盐或自由基 · X 的作用下，发生 C—H 键的均裂而生成自由基 R · 的过程。

$$\text{R—H} \xrightarrow{\text{能量}} \text{R}\cdot + \text{H}\cdot$$

$$\text{R—H} + \text{Co}^{3+} \longrightarrow \text{R}\cdot + \text{H}^{+} + \text{Co}^{2+}$$

$$\text{R—H} + \text{X}\cdot \longrightarrow \text{R}\cdot + \text{HX}$$

式中，R 代表各种烃基，R · 的生成给氧化反应提供了链传递物。

2) 链传递

链传递是指自由基 R · 与空气中的氧相互作用生成有机过氧化氢物的过程。

$$\text{R}\cdot + \text{O}_2 \longrightarrow \text{R—O—O}\cdot$$

$$\text{R—O—O}\cdot + \text{R—H} \longrightarrow \text{R—O—O—H} + \text{R}\cdot$$

通过上述两式可以使 R—H 持续地生成自由基 R · ，并被氧化成有机过氧化氢物，它是自动氧化的最初产物，从而实现链传递。

3) 链终止

自由基 R · 和 R—O—O · 在一定条件下会结合成稳定的化合物，使自由基消失。

$$\text{R}\cdot + \text{R}\cdot \longrightarrow \text{R—R}$$

$$\text{R—O—O}\cdot + \text{R}\cdot \longrightarrow \text{R—O—O—R}$$

随着自由基的不断消失，链反应逐渐终止，氧化速率逐渐减慢。

2. 氧化反应影响因素

1) 引发剂和催化剂

可变价金属的盐类是烃类自动氧化制醇、酮和羧酸时最常用的引发剂。最常用的是 Co，有时也用到 Mn、Cu 和 V 等，最常用的钴盐是水溶性的乙酸钴、油溶性的油酸钴和环烷酸钴，其用量一般只占被氧化物的万分之几到百分之几。有时还需要加入其他辅助引发剂，而采用能量或其他引发剂的方法则很少。

可变价金属盐类引发剂的优点是，生成的低价金属离子可以被空气中的氧再氧化成高价离子，它并不消耗，能保持持续的引发作用。因此，这类引发剂又称为氧化反应的催化剂。

烃类 R—H 的自动氧化在反应初期进行得非常慢，要经过很长时间才能积累到一定浓度的自由基 R·，使氧化反应以较快的速率进行下去。这段积累自由基 R·的时间称为诱导期。显然，加入引发剂或催化剂后可以缩短诱导期。

此外，可变价金属离子会促进有机过氧化氢物的分解。因此，如果有机过氧化氢物是目的产物，则不宜使用可变价金属盐作催化剂。在连续生产时可利用有机过氧化氢物自身的缓慢热分解产生的自由基来引发氧化反应。

$$R—O—O—H \longrightarrow R—O\cdot + \cdot OH$$

2) 被氧化物结构的影响

在烃分子中 C—H 键均裂成自由基 R·和 H·的难易程度与烃分子的结构有关。各 C—H 键由易到难的均裂顺序为

叔 C—H 键($R_3C—H$)＞仲 C—H 键(R_2CH_2)＞伯 C—H 键($R—CH_3$ 中的甲基)

例如，异丙基甲苯在自动氧化时，主要生成叔碳过氧化氢物：

$$m\text{-}CH_3C_6H_4—CH(CH_3)_2 \xrightarrow{\text{引发}} m\text{-}CH_3C_6H_4—\dot{C}(CH_3)_2 \xrightarrow[+O_2]{\text{氧化}} m\text{-}CH_3C_6H_4—C(CH_3)_2—O—O\cdot \xrightarrow{\text{间异丙基甲苯}}$$

$$m\text{-}CH_3C_6H_4—C(CH_3)_2—O—O\cdot + m\text{-}CH_3C_6H_4—\dot{C}(CH_3)_2$$

乙苯在自动氧化时主要生成仲碳过氧化氢物：

$$C_6H_5—CH_2—CH_3 + O_2 \longrightarrow C_6H_5—CH(CH_3)—O—O—H$$

仲碳过氧化氢物和叔碳过氧化氢物通常比较稳定，在不加可变价金属盐催化剂的情况下，可以作为自动氧化过程的最终产物。乙苯在自动氧化时，如果加入钴盐催化剂，则主要生成苯乙酮。

3) 阻化剂的影响

能与自由基结合成稳定化合物的物质称为阻化剂。阻化剂可以造成链终止，使自动氧化的反应速率变慢，因此在氧化原料中不应含有阻化剂，如酚类、胺类、醌类和烯烃等。

$$R—O—O\cdot + HO—C_6H_5 \longrightarrow R—O—OH + \cdot O—C_6H_5$$

$$R\cdot + \cdot O—C_6H_5 \longrightarrow RO—C_6H_5$$

因此，异丙苯氧化制异丙苯过氧化氢物时，回收套用的异丙苯中不应含有副产物苯酚(来自异丙苯过氧化氢物的酸性分解)和α-甲基苯乙烯(来自异丙苯过氧化氢物的热分解)。

$$CH_3C_6H_4—C(CH_3)_2—O—OH \xrightarrow{\text{热分解}} CH_3C_6H_4—C(CH_3){=}CH_2 + 2HO\cdot$$

在甲苯自动氧化制苯甲酸时，原料甲苯中不应含有烯烃，否则会延长诱导期。

4) 氧化深度的影响

氧化深度通常以原料的单程转化率来表示。对于大多数氧化反应，目的产物的收率并不是随着被氧化物转化率的提高而提高，还存在平行、连串等一系列副反应，并且其中的一些副产物如焦油等还是氧化反应的阻化剂。另外，随着转化率的提高，还会加快目的产物的分解和过度氧化等副反应，降低反应选择性。除此之外，大量副产物的产生还会增加后续分离工段的负荷和成本。因此，为了保持较高的反应速率和产率，工业上常采用控制适宜的单程转化率(氧化深度)进行反应，再将未反应完的原料经分离后以循环使用的方式来进行实际生产。例如，在异丙苯空气氧化制异丙苯过氧化氢物时，一般控制氧化反应的单程转化率为20%～25%，再循环使用未反应原料。但是，2-甲基-5-硝基苯磺酸在锰盐或铁盐的存在下进行的氧化制 4, 4′-二硝基二苯乙烯-2-2′-二磺酸时，则控制单程转化率接近 100%，因为未反应的原料不能回收使用。

$$2O_2N—C_6H_3(SO_3H)—CH_3 \xrightarrow[-2H_2O]{O_2} O_2N—C_6H_3(SO_3H)—CH{=}CH—C_6H_3(SO_3H)—NO_2$$

3. 烷基芳烃氧化酸解制备酚类

异丙苯氧化制备苯酚[16]副产丙酮，成本低，该方法用量大。

$$C_6H_5—CH(CH_3)_2 \xrightarrow[\text{空气液相氧化}]{+O_2} C_6H_5—C(CH_3)_2—OOH$$

$$C_6H_5—C(CH_3)_2—OOH \xrightarrow[\text{转位,分解}]{+H^+\ -H_2O} C_6H_5OH + CH_3COCH_3 + H^+$$

异丙苯经空气液相氧化，首先生成异丙苯过氧化物，氧化反应在 90～120℃、常压至1.0MPa 下进行，酸性分解采用强酸性离子交换树脂等酸性催化剂，经脱水、转位、分解生成苯酚和丙酮，收率可达 99%。

同样方法可以由间甲基异丙苯制备间甲酚，间二异丙苯制备间二甲酚。

4. 典型空气液相氧化反应案例——对苯二甲酸的生产

对苯二甲酸(PTA)在常温下为白色结晶或粉末状固体，受热至300℃以上可升华，对苯二甲酸最重要的用途是生产聚对苯二甲酸乙二酯树脂(聚酯树脂PET)，进而制造聚酯纤维、聚酯薄膜及多种塑料制品等，也用作染料中间体。因为生产聚酯所用对苯二甲酸的纯度要求比较高，所以工业上主要生产的都是精对苯二甲酸。

$$CH_3-C_6H_4-CH_3 + 3O_2 \longrightarrow HOOC-C_6H_4-COOH + 2H_2O$$

反应过程：

$$CH_3-C_6H_4-CH_3 \longrightarrow OHC-C_6H_4-CH_3 \longrightarrow HOOC-C_6H_4-CH_3 \longrightarrow HOOC-C_6H_4-CHO \longrightarrow HOOC-C_6H_4-COOH$$

精对苯二甲酸的工业生产以对二甲苯为原料，生产方法主要有对二甲苯低温氧化法和高温氧化法两种。

(1) 低温氧化法。原料对二甲苯在乙酸溶液中，以乙酸钴(或乙酸锰)及溴化物为催化剂，以乙醛或三聚乙醛、甲乙酮等作为氧化促进剂，在130～140℃和1.5～4.0MPa压力下，用空气一步低温氧化生成对苯二甲酸。产品对苯二甲酸先在160℃和0.55MPa压力条件下用乙酸洗涤，再在100℃和常压条件下用乙酸洗涤，干燥得到产品。该法有反应温度低、副反应少、反应收率高、仅用单一催化剂、原料对二甲苯消耗低等许多优点，但也存在促进剂用量大、副产乙酸需专门处理、设备效率低等缺点。

(2) 高温氧化法。对二甲苯以乙酸为溶剂，以乙酸钴(或乙酸锰)为催化剂，在四溴乙烷存在下，在221～225℃和0.255MPa压力下氧化生成对苯二甲酸。反应产物在280～290℃和6.5～7.0MPa压力下溶解于水中，形成对苯二甲酸水溶液。然后用活性炭催化剂加氢处理，除去微量对羟基苯甲醛，经结晶、洗涤、干燥得成品纤维级精对苯二甲酸。该法具有不用促进剂、不副产乙酸、工艺简单、反应快、收率高、原料消耗低、产品成本低、生产强度大、易大型化连续化生产等优点。

对二甲苯氧化工艺流程如图2-18所示。

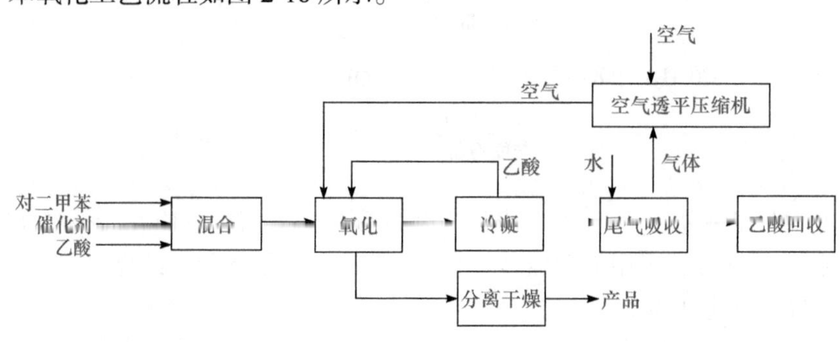

图2-18 对二甲苯氧化工艺流程图

高温氧化反应器是对二甲苯氧化装置的核心设备，内壁和封头均有钛衬里。反应热是利用溶剂气化和回流冷凝的方式循环撤除。氧化反应器顶部的气体冷却冷凝后，部分液体回流返回反应器，部分进入乙酸回收系统。而未冷凝气体进入尾气吸收塔，用水吸收其中乙酸蒸气后进入空气透平压缩机用以驱动压缩机以回收能量。洗涤液则进入乙酸回收系统。

2.3.3 空气的气-固相接触催化氧化

将有机物的蒸气与空气的混合气体在较高温度(300～500℃)下通过固体催化剂,使有机物适度氧化生成目的产物的反应称为气-固相接触催化氧化(空气气相氧化)。

1. 空气气相氧化反应历程

空气气相氧化过程是典型的气-固非均相反应，关于固体催化剂的作用机理，已经提出许多催化理论，但是还没有一个理论能全面、完善地解释所有各种接触催化反应的机理。目前，最常用的理论是活性中心理论和活化配合物学说。整个反应过程由扩散、吸附、表面反应、脱附和扩散五个步骤组成。

由于活性中心的特殊性，所以一种优良的催化剂可以只对某一个具体反应有良好催化作用，即对目的反应有良好的选择性。催化剂的选择性与催化剂的组成、制法和反应条件等因素有关。同时，由于空气氧化反应的温度较高，又强烈放热，为了抑制平行和连串副反应发生，提高氧化反应的选择性，必须严格控制反应的工艺条件。

2. 氧化反应的影响因素

气-固相接触催化氧化法在工业上主要用于制备某些醛类、羧酸、酸酐、醌类和腈类(氨氧化法)等产品，其操作一般为连续化过程。

气-固相接触催化氧化的主要优点是：①与化学氧化相比，它不消耗价格很贵的氧化剂；②与空气液相氧化相比，它可以使被氧化物基本上完全参加氧化反应，后处理比较简单，不需要溶剂，对设备没有腐蚀性，设备投资费用低。气固相接触催化氧化法的主要缺点是：①在反应条件下，不仅要求有机原料和氧化产物有足够的热稳定性，而且要求目的产物对于进一步氧化有足够的化学稳定性；②不易筛选出能满足多方面要求的性能良好的催化剂，如对二甲苯气相氧化制对苯二甲酸时，由于产物中的两个羧基不能像邻苯二甲酸那样形成环状酸酐，容易发生脱羧副反应，收率下降。因此，对二甲苯氧化制对苯二甲酸不得不采用空气液相氧化法。

3. 典型品种的生产案例

1) 邻苯二甲酸酐的制备[17]

邻苯二甲酸酐(简称苯酐)是重要的精细有机中间体，熔点 131～134℃，沸点 284℃，难溶于冷水，易溶于热水、乙醇、乙醚、苯等多数有机溶剂，可以用来生产增塑剂、醇酸树脂、聚酯纤维、染料、医药、农药等多种精细化工产品。

苯酐生产工艺路线主要有萘流化床氧化工艺，萘或邻二甲苯(OX)以及萘和邻二甲苯混合原料的固定床氧化工艺等。萘流化床氧化工艺在国外已被淘汰，萘和邻二甲苯固定床气相氧化工艺是目前世界范围内生产苯酐的主要方法。

由萘或邻二甲苯生产苯酐通常都采用空气氧化法，其反应式如下：

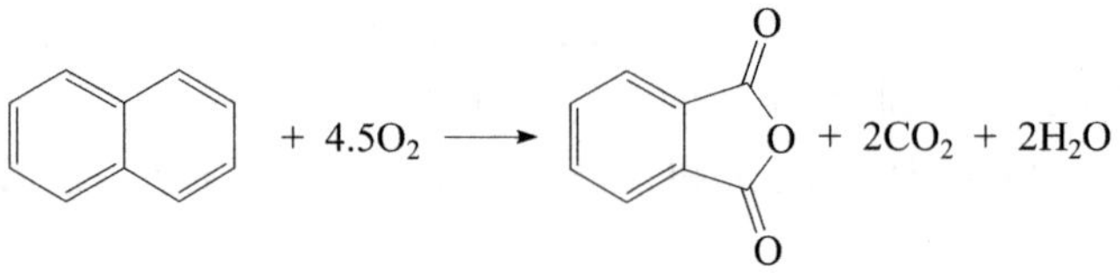

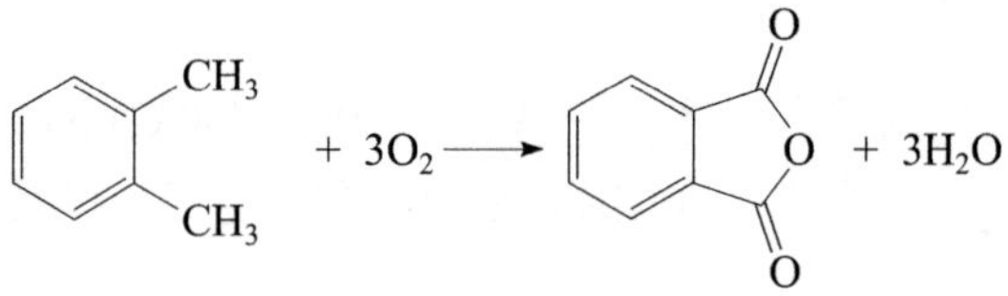

$$\text{萘} + 4.5O_2 \longrightarrow \text{苯酐} + 2CO_2 + 2H_2O$$

$$\text{邻二甲苯} + 3O_2 \longrightarrow \text{苯酐} + 3H_2O$$

除主反应外，还发生各种平行和连串副反应，生成氧化深度各不相同的副产物，直至完全氧化的产物(CO_2和H_2O)：

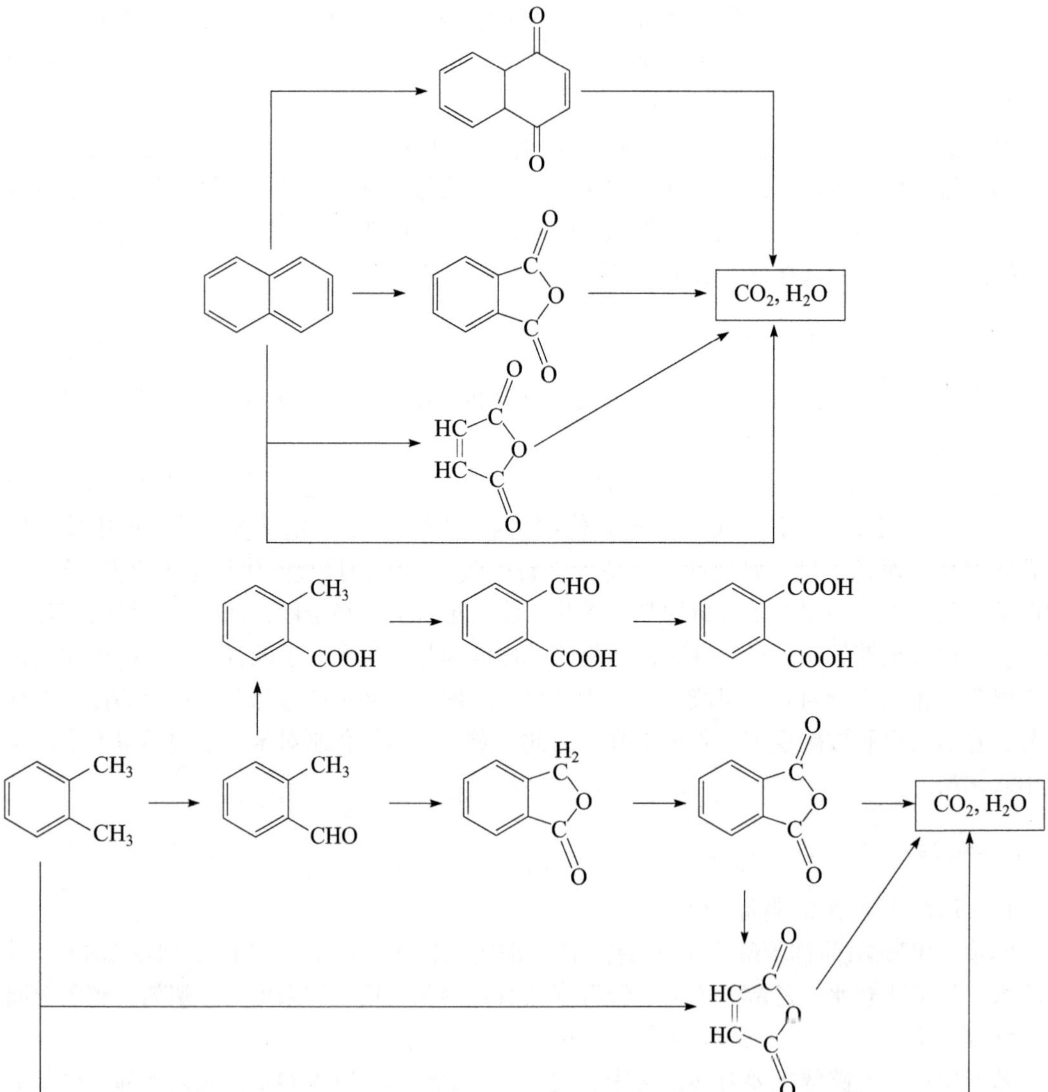

CO_2, H_2O

CO_2, H_2O

由此可见，萘或邻二甲苯气相氧化都有平行和连串副反应，且这些反应均是强放热反应，特别是完全氧化反应，其热效应可达主反应的 10 倍。由于反应条件相似，所以用两种不同原料生产的工艺流程较为相似。

(1) 催化剂。最常用的主催化剂是 V_2O_5，而助催化剂、载体和稀释剂等则随各种配方和制法各不相同。催化剂可分为固定床催化剂和流化床催化剂。同时，为了配套不同的工艺又开发了不同的催化剂，分为低温低空速、高温高空速和低温高空速三种催化剂。其中低温高空速工艺及其催化剂应用最广。

低温低空速型催化剂含 V_2O_5 约 10%、K_2SO_4 2%～30%、大孔硅胶 60%～70%，外形为 ϕ 5mm×5mm 的圆柱体。K_2SO_4 的作用是抑制深度氧化反应，但在反应温度下会少量分解，使催化剂选择性下降，因此在反应中要通入少量 SO_2。由煤焦油提取的萘中含有少量的硫化物，可以补充 K_2SO_4 的分解。

高温高空速型催化剂是为适应邻二甲苯的氧化而开发的，能同时适用于萘和邻二甲苯的氧化。由于反应温度较高，所以选择性差，但反应器生产能力大，可以由此得到弥补。

低温高空速型催化剂是为了克服以上两种催化剂的缺点而开发的。其特点是采用球形光滑或粗孔载体，如刚玉、瓷球、硅酸铝或碳化硅等。将 V_2O_5-TiO_2-SbO_3 等催化剂活性组分的盐溶液喷涂在载体表面上，然后经煅烧而成。涂层厚度为 0.03～0.15mm，催化剂中 V_2O_5 含量在 3%左右，这类催化剂的优点是涂层薄、扩散阻力小、装填均匀和流体阻力小，因此反应的选择性好，产品收率高，能适用于高空速。

流化床催化剂主要含 V_2O_5-K_2SO_4-SiO_2，为细粉催化剂，平均粒度为 45μm，要求 95%颗粒度小于 149μm(100 目)。这种催化剂具有流态化质量好和产品收率高的优点，适用于萘氧化。例如，用于邻二甲苯氧化，则要添加促进剂 HBr，但会引起反应及后处理过程部分的设备严重腐蚀，一般不使用。

(2) 生产工艺。由于两种不同原料生产的工艺流程较为相似，在此以萘的气固相接触催化氧化法为例进行介绍。该工艺采用多孔型 V_2O_5-K_2SO_4-SiO_2 催化剂，其生产工艺流程如图 2-19 所示。

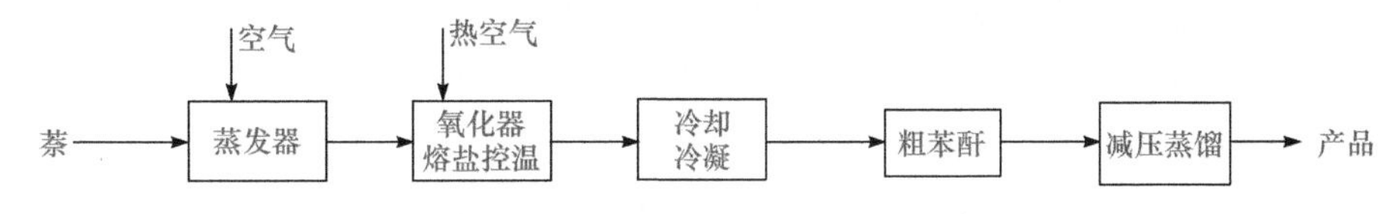

图 2-19　萘固定床氧化制取邻苯二甲酸酐的工艺流程图

将 100℃左右的熔融萘加入蒸发器并与部分空气混合，制成浓的萘和空气的混合气，再与预热的空气混合，混合后萘与空气的质量比为 1∶17～25。萘-空气混合物由氧化器上部通入，反应温度可控制在 355～365℃；用表面涂层型催化剂可以在 400～475℃操作。接触时间也与催化剂有关，一般 0.5～5s。反应温度由熔盐控制，熔盐的温度则由熔盐锅炉控制，在熔盐锅炉中产生高压蒸气。氧化器出来的气体在换热器和冷却器部分降温，然后进入交替使用的翅片式冷凝器。翅片式冷凝器用冷油冷却，苯酐固体被捕集在翅片上。翅片表面结满固体时，切换使用另一台冷凝器。向结有苯酐的冷凝器通入热油，使固体粗产品熔化而流入贮罐。苯酐粗品用少量硫酸或碳酸钠加热处理，使萘醌等杂质树脂熔化成难挥发物，然后进行减压蒸馏而得精制品。

2) 2-甲基吡嗪氨氧化法制备 2-氰基吡嗪

2-氰基吡嗪是较复杂的含氮杂环芳氰化合物，为合成吡嗪酰胺类抗结核病专用医药的基本原料，还可以用于食品香料(如 2-乙酰基吡嗪等)、农药、医药等产品的合成。

2-氰基吡嗪的生产方法较多，其中 2-甲基吡嗪氨氧化法制备 2-氰基吡嗪是典型的气固相接触催化氧化反应。反应方程式如下所示：

$$\mathrm{C_4H_3N_2{-}CH_3} + NH_3 + 1.5O_2 \longrightarrow \mathrm{C_4H_3N_2{-}CN} + 3H_2O$$

2-甲基吡嗪先经催化剂吸附多步脱氢和氧化，生成甲醛吡嗪或羧酸吡嗪，然后进行氰化反应生成产物。在氧化反应中参与反应的氧不是气相氧，而是催化剂表面上的晶格氧；在氰化反应中参与反应的氨也不是气相氨，而是吸附在催化剂表面上的 $\cdot NH_2$ 或—NH_2。

该法的关键是研制转化率高、选择性好的催化剂。过渡金属氧化物是选择性氧化、氨氧化烃类物质的优良催化剂，V_2O_5、Sb_2O_5、MoO_3、Fe_2O_3、SnO_2 等是最常用的氨氧化催化剂原料。由于它们的离子特性，这些氧化物有一个共同的特点，即能够迅速地把大量的空气中的氧传到催化剂表面，形成晶格氧，然后参与反应，而还原的催化剂很快又被空气中的氧气重新氧化[18]。

一种新型氨氧化催化剂[19] (Ⅴ-Ⅱ型)由 V、Mo、O、P 四种元素组成，用该催化剂在固定床反应器内由 2-甲基吡嗪为原料进行气固相接触氨氧化反应制备 2-氰基吡嗪，反应的单程收率大于 85%，产品纯度大于 99%。

2.3.4 化学氧化

人们通常把空气和纯氧以外的氧化剂统称为化学氧化剂，并把用化学氧化剂的氧化方法统称为化学氧化法。

1. 氧化剂类型

精细化学品氧化所用的化学氧化剂大致可以分为以下几种类型。

(1) 金属元素的高价化合物，如 $KMnO_4$、MnO_2、$Mn_2(SO_4)_3$、CrO_3、$Na_2Cr_2O_7$、$K_2Cr_2O_7$、$SnCl_4$、$FeCl_3$ 和 $CuCl_2$ 等。

(2) 非金属元素的高价化合物，如 HNO_3、$NaNO_3$、N_2O_4、$NaNO_2$、SO_3、H_2SO_4、$NaClO$、$NaClO_3$ 和 $NaIO_4$ 等。

(3) 其他无机高氧化合物，如臭氧、双氧水、过氧化钠、过碳酸钠、过硼酸钠、二氧化硒等。

(4) 富氧有机化合物，如有机过氧化物、硝基苯、间硝基苯磺酸钠、2, 4-二硝基氯苯、二甲基亚砜等。

(5) 非金属元素，如卤素和硫磺等。

各种氧化剂各具特点，其中属于强氧化剂的主要有 $KMnO_4$、MnO_2、CrO_3、$Na_2Cr_2O_7$、HNO_3 等，它们主要用于制备羧酸和醌类，但是在温和条件下也可用于制备醛和酮，以及在芳环上直接引入羟基。其他的化学氧化剂大部分属于温和氧化剂，并且局限于特定的应用范围。

2. 典型品种生产案例——硝酸氧化制己二酸

己二酸(ADA)俗称肥酸，为单斜晶体，常温下为白色结晶体。己二酸易升华，熔点152℃，沸点330.5℃。己二酸是脂肪族二元羧酸中最有应用价值的二元酸之一，能够发生成盐、酯化以及酰胺化等反应。己二酸的应用主要分为尼龙和非尼龙两大类，还可用于生产增塑剂、合成润滑剂、医药中间体、香料香精控制剂、新型单晶材料、涂料、杀虫剂、食品和饮料的酸化剂、黏合剂以及染料等，用途十分广泛。

己二酸的生产方法较多，如图2-20所示。

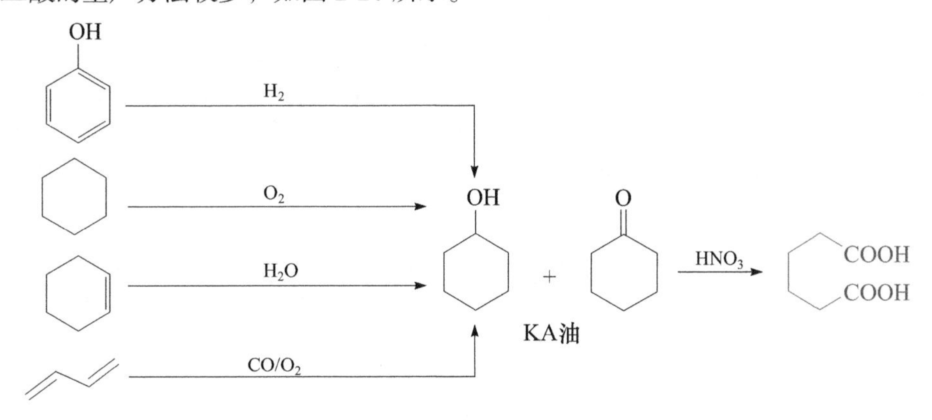

图2-20　己二酸的不同原料合成原理示意图

工业上己二酸的生产路线主要是以苯为原料，催化加氢制环己烷，环己烷被氧化得到环己醇和环己酮的混合物(醇酮油，也称KA油)，再通过硝酸氧化KA油得最终成品己二酸。

生产工艺：己二酸的生产以环己酮或环己醇混合物为原料，铜和钒作催化剂，在70～90℃，接近常压条件下，用质量分数为60%的HNO_3作氧化剂反应制得，己二酸的收率达96%以上。己二酸装置工艺流程简图如图2-21所示[20]。

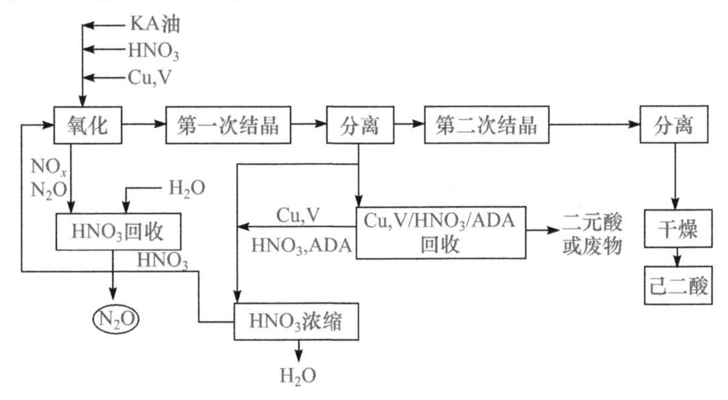

图2-21　己二酸装置工艺流程简图

该工艺技术成熟，但工艺流程长、反应过程复杂、能耗高、一次性资金投入大，并且硝酸氧化过程对设备腐蚀严重，产生大量的三废污染。针对这些问题，目前研究一些清洁环保、高效实用的生产方法成为己二酸工艺技术开发的热点和趋势[21, 22]。

2.3.5　硝基的传统还原

许多具有广泛用途的胺类化合物(如苯胺、二氨基甲苯等)常是通过硝基还原反应得到的。

硝基还原的方法很多，此处只介绍两种传统还原法：在电解质存在下用金属还原和硫化碱还原法。

1. 金属还原剂还原(铁粉还原)

很多活泼金属(如铁、锡、锂、锌等)在供质子剂存在下，可以将芳香族硝基化合物还原成相应的胺，其中以铁粉还原最为常见。

金属铁和酸(如盐酸、硫酸、乙酸等)共存时，或在盐类电解质(如 $FeCl_2$、NH_4Cl 等)的水溶液中时，是硝基的强还原剂。它可以将芳香族硝基、脂肪族硝基或其他含氮的基团(如亚硝基、羟胺基)还原成相应的氨基。在还原反应中一般对被还原物中所含的卤素、烯基、羰基等基团无影响，所以它是一种选择性还原剂。铁屑价格低廉、工艺简单、适用范围广、副反应少、对反应设备要求低，因此目前有不少硝基物还原成胺仍采用这种方法。最大的不足之处是有大量的含胺铁泥和含胺废水产生，必须对其进行处理，否则将严重污染环境。

1) 反应历程

铁粉还原反应是通过电子的转移而实现的。在这里铁是电子给体，被还原物的某个原子首先在铁粉的表面得到电子生成负离子自由基，后者再从质子给体(如水)得到质子而生成产物。以芳香族硝基化合物被铁粉还原成芳伯胺的反应为例，其反应历程可简单表示如下。

$$Fe^0 \longrightarrow Fe^{2+}+2e^-$$

$$Fe^0 \longrightarrow Fe^{3+}+3e^-$$

$$Ar—NO_2 + 2e^- + 2H^+ \longrightarrow Ar—NO + H_2O$$

$$Ar—NO + 2e^- + 2H^+ \longrightarrow Ar—NHOH$$

$$Ar—NHOH + 2e^- + 2H^+ \longrightarrow Ar—NH_2 + H_2O$$

2) 影响因素

(1) 铁粉质量。铁粉的种类对反应有很大影响，一般采用干净、质软的灰色铸铁粉，因为它含有较多的碳，并含有硅、锰、硫、磷等元素，在含电解质的水溶液中能形成许多微电池(碳正极，铁负极)，促进铁的电化学腐蚀，有利于还原反应的进行。另外，灰色铸铁粉质脆，搅拌时容易被粉碎，增加了与被还原物的接触面积。铁粉的粒度以 60～100 目为宜。

(2) 铁粉用量。从反应历程可以看出，硝基被还原成氨基的总反应式可表示如下：

$$4Ar—NO_2 + 9Fe + 4H_2O \longrightarrow 4Ar—NH_2 + 3Fe_3O_4$$

按照上式，1mol 单硝基化合物被还原为芳伯胺时需要用 2.25mol 原子铁，但是考虑到铁的质量不同，并且反应过程有少量铁与水反应而放出氢气，所以实际用量要大于理论量，一般用 3～4mol 原子铁。

$$Fe^0 \longrightarrow Fe^{2+} + 2e^-$$

$$H_2O \longrightarrow H^+ + OH^-$$

$$2H^+ + 2e^- \longrightarrow 2[H] \longrightarrow H_2\uparrow$$

(3) 电解质。在硝基还原为氨基时，需要加入电解质，并保持介质的 pH 为 3.5～5，使溶液中有铁离子存在。电解质的作用是增加水溶液的导电性，加速铁的电化学腐蚀。通常是先在水中放入适量的铁粉和稀盐酸(或稀硫酸、乙酸)，加热一定时间进行铁的预蚀，除去铁粉表面的氧化膜，并生成 Fe^{2+}作为电解质。另外，也可以加入适量的氯化铵或氯化钙等电解质。电解质不同，水介质的 pH 也不同，对于具体的还原反应，用何种电解质为宜应通过实验确定。

(4) 反应温度。硝基还原时，适宜的反应温度一般为 95～102℃，即接近反应液的沸腾温度。原料铁粉的加料速度会影响反应温度，还原反应为强放热反应，如果加料太快，反应过于激烈，会导致爆沸溢料。反应后期用水蒸气直通保温时也应注意防止爆沸溢料。而对硝基乙酰苯胺用铁粉还原制对氨基乙酰苯胺时，为了避免乙酰氨基的水解，需要在 75～80℃还原。

(5) 反应器。铁屑相对密度较大，易沉在反应器的底部，因此最初使用衬有耐酸砖的平底钢槽的反应器和铸铁制的慢速耙式搅拌器，但是现在已改用衬耐酸砖的球底钢槽和不锈钢制的快速螺旋桨式搅拌器，并用水蒸气直接加热。对于小批量生产也可以采用不锈钢制的反应器。

3) 芳环上的硝基还原成氨基

用铁粉还原硝基成氨基的精细化工中间体产品有

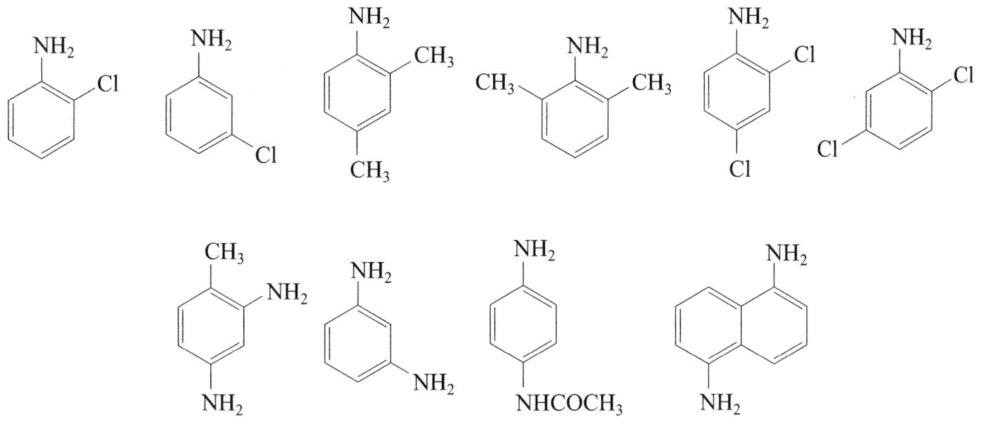

2. 硫化碱还原

硫化碱还原剂的特点是还原性温和，主要用于将芳环上的硝基还原为氨基。当芳环上有吸电子基时会使还原反应加速，有供电子基时使还原反应变慢。由 Hammett 方程计算，间二硝基苯的还原速率比间硝基苯胺的还原速率快 1000 倍以上[23]，因此当芳环上有多个硝基时，在适当条件下，可以选择性地只还原其中一个硝基。对于硝基偶氮化合物可以只还原硝基而不影响偶氮基。另外，也可以用于将偶氮基还原成氨基。

1) 反应历程

用硫化碱还原时，反应历程为

$$ArNO_2 + 3S^{2-} + 4H_2O \longrightarrow ArNH_2 + 3S^0 + 6OH^-$$

$$S^0 + S^{2-} \longrightarrow S_2^{2-}$$

$$4S^0 + 6OH^- \longrightarrow S_2O_3^{2-} + 2S^{2-} + 3H_2O$$

还原总反应式为

$$ArNO_2 + S_2^{2-} + H_2O \longrightarrow ArNH_2 + S_2O_3^{2-}$$

用硫化物作还原剂时，也是电子得失过程，硫化物供给电子。用 Na_2S 作还原剂时是 S^{2-} 进攻硝基的氮原子，而 Na_2S_2 是 S_2^{2-} 进攻硝基的氮原子。S_2^{2-} 还原速率比 S^{2-} 快。

2) 多硝基化合物的部分还原

对于芳香族多硝基化合物的部分还原通常采用 Na_2S_2、NaHS 或 $Na_2S+NaHCO_3$ 作还原剂，硫化碱的用量只需超过理论量的 5%～10%，还原温度 40～80℃，一般不超过 100℃，以避免发生完全还原副反应。有时还加入硫酸镁以降低还原介质的碱性。用部分还原法制得的重要有机中间体列举如下。

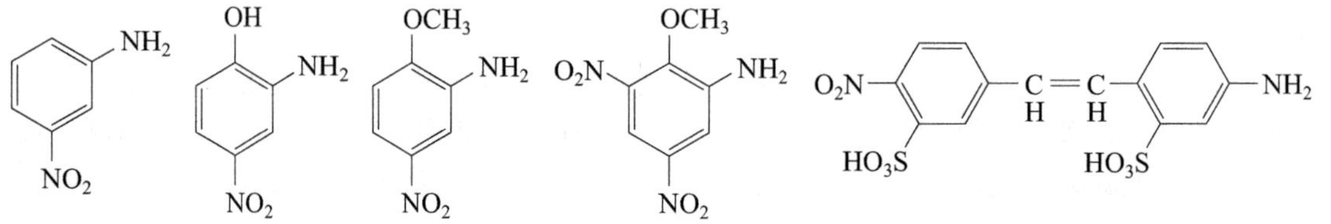

在多硝基化合物的部分还原时，处于—OH 或—OR 等基团邻位的硝基可被选择性地优先还原，收率良好。但是 2, 4-二硝基甲苯在用二硫化铵进行选择性部分还原时得到的主要产物是 4-氨基-2-硝基甲苯[23]，而不是 2-氨基-4-硝基甲苯。

2-氨基-4-硝基甲苯是由邻甲苯胺在 0℃左右浓硫酸中，用混酸或发烟硝酸硝化而得[24]。另外，2-氨基-4-硝基苯甲醚的制备也可采用将邻氨基苯甲醚溶于质量分数 85%的硫酸中，然后在 1～5℃用混酸硝化的方法[25]。

3) 硝基化合物的完全还原

单硝基化合物还原成芳伯胺，以及某些二硝基化合物还原成二氨基化合物，常用硫化碱还原法代替传统的铁粉还原法。硫化碱还原法特别适用于所制得的芳伯胺容易与副产的硫代硫酸钠废液分离的情况。

完全还原时通常用 Na_2S、Na_2S_2 作还原剂，硫化碱的用量一般要超过理论量的 10%～20%，还原温度一般为 60～110℃，有时为了还原完全，缩短反应时间，可在 125～160℃下在高压釜中反应。

用硫化碱完全还原法还原硝基制得的有机中间体列举如下。

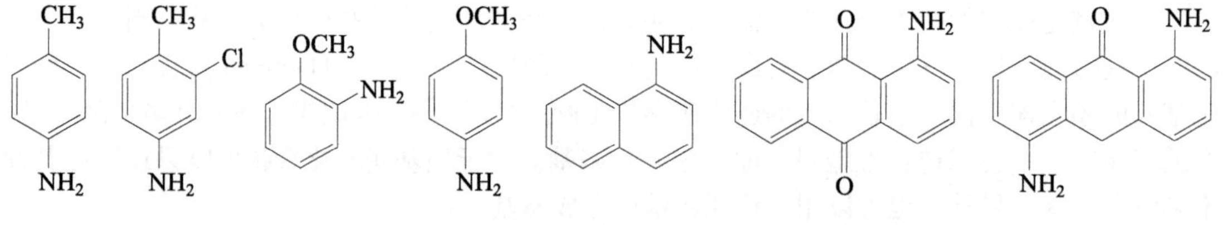

1-氨基蒽醌的制备最初采用蒽醌-1-磺酸的氨解法，后因制备蒽醌-1-磺酸时有汞害，改用 1-硝基蒽醌的硫化碱还原法。1998 年我国有些工厂又改用 1-硝基蒽醌的氨解法[26]和 1-硝基蒽醌的加氢还原法[27]。

4) 对硝基甲苯还原-氧化制对氨基苯甲醛

对氨基苯甲醛是重要的医药中间体，最初是由对硝基甲苯先氧化成对硝基苯甲醛，然后再还原成对氨基苯甲醛。后来发现，对硝基甲苯在特定条件下与多硫化钠反应可直接制得对氨基苯甲醛，收率良好。

$$CH_3C_6H_4NO_2 \xrightarrow[\text{催化剂}]{\text{硫化碱}} OHCC_6H_4NH_2$$

采用的硫化碱为 $Na_2S_{3.2\sim5.5}$，在氢氧化钠存在下，在水-乙醇介质中，二甲基甲酰胺催化下，在 80℃反应 1.5～2h，得到对氨基苯甲醛。多硫化钠的用量和硫指数都是根据最优化实验确定的。此反应既不是先还原成对氨基甲苯，也不是先氧化成对硝基苯甲醛，其反应历程比较复杂，多硫化钠分子的硫结合比较松散，是零价硫起了氧化剂的作用，自身被还原成负二价硫，并与氢氧化钠结合成硫化钠。

2.3.6　催化氢化

1. 氢化反应的定义、分类和应用

催化氢化是指在催化剂的存在下，有机化合物与氢发生的还原反应。催化氢化按其反应类型可分为氢化(加氢)反应和氢解反应。

氢化是指氢分子加成到烯基、炔基、羰基、氰基、芳环类等不饱和基团上使之成为饱和键的反应，它是π键断裂与氢加成的反应。氢解是指有机化合物分子中某些化学键因加氢而断裂，分解成两部分氢化产物，它是σ键断裂并与氢结合的反应。通常容易发生氢解的有碳-卤键、碳-硫键、碳-氧键、氮-氮键、氮-氧键等。催化加氢反应在精细有机合成中应用较多，以实现官能团之间的相互转化。而催化氢解反应在石油炼制过程及石油化工中用得较多，以得到不同类型的燃料油或基本化工原料。

催化氢化按反应的体系不同可分为非均相催化和均相催化。前者催化剂自成一相称为非均相催化剂，后者催化剂溶解于反应介质中称为均相催化剂。

催化氢化的优点是反应易于控制、产品纯度较高、收率较高、三废少，在工业上已广泛采用。缺点是反应一般要在带压设备中进行，因此要注意采取必要的安全措施，同时要注意选择适宜的催化剂。在工业生产上目前采用两种不同的工艺：液相氢化法和气相氢化法。

2. 氢化反应反应历程

以硝基苯还原为例：

$$C_6H_5NO_2 + 3H_2 \longrightarrow C_6H_5NH_2 + 2H_2O$$

反应过程如下：

(1) 主反应

$$C_6H_5NO_2 \xrightarrow{[H]} C_6H_5N{=}O \xrightarrow{[H]} C_6H_5NHOH \xrightarrow{[H]} C_6H_5NH_2$$

(2) 副反应

$$C_6H_5NO_2 + 4H_2 \longrightarrow C_6H_6 + NH_3 + 2H_2O$$

$$C_6H_5NH_2 + H_2 \longrightarrow C_6H_6 + NH_3$$

3. 氢化反应催化剂

催化剂是加氢反应的核心。硝基苯催化加氢生产苯胺的催化剂主要有两种类型：一种是铜负载在二氧化硅载体上的 CuO/SiO_2 催化剂，以及加入 Cr、Mo 等第二组分的改进型催化剂，该类催化剂优点是成本低、选择性好，缺点是抗毒性差，微量有机硫化物极易使催化剂中毒；另一种是将 Pt、Pd、Rh 等金属负载在氧化铝、活性炭等载体上的贵金属催化剂，该类催化剂具有催化活性高、寿命长等优点，但生产成本较高。

4. 液相催化氢化影响因素

液相催化氢化是典型的气液固非均相反应，影响反应的因素比较多。

1) 被氢化物的结构和性质

被氢化物向催化剂活性中心扩散的难易决定了氢化反应的难易，空间位阻效应大的化合物甚至不能靠近活性中心，即很难扩散，因此反应较难进行。为了克服位阻效应对氢化反应的不利影响，通常要用强化反应条件的方法，如提高反应温度和反应压力，使氢化反应顺利进行。

不饱和烃、芳烃、醛、酮、腈、硝基化合物、苄基化合物、稠环化合物、羧酸衍生物等有机化合物均可进行催化氢化，其难易大致有如下次序(括号内为生成物)：

$$R—CO—Cl(\rightarrow RCO) > R—NO_2(\rightarrow R—NH_2) > R—C{\equiv}C—R'(\rightarrow R—CH{=}CH—R')$$
$$> R—CO—H(\rightarrow RCH_2OH) > R—C{=}C—R'(\rightarrow R—CH_2—CH_2—R') > RCOR'(\rightarrow R—CH(OH)—R')$$
$$> Ar—CH_2—OR(\rightarrow ArMe + ROH) > R—CN(\rightarrow RCH_2NH_2) > \text{萘}(\rightarrow \text{四氢萘})$$
$$> RCOOR'(\rightarrow RCH_2OH + R'OH) > RCONHR'(\rightarrow R—CH_2—NHR') > \text{苯}(\rightarrow \text{环己烷})$$

各种官能团单独存在时，其反应性如下：

芳香族硝基＞碳碳叁键＞碳碳双键＞羰基，脂肪族硝基＞芳香族硝基

在碳氢化合物中，反应性顺序为

直链烯烃＞环状烯烃＞萘＞苯＞烷基苯＞芳烷基苯

2) 催化剂的选择和用量

根据被氢化物以及反应设备条件选择适宜的催化剂。催化剂的用量一般为被氢化物质量的 10%～20%(骨架镍)，5%～10%(钯-炭)，1%～2%(PtO_2)。

催化剂的用量与被氢化物的类型、催化剂的种类、活性及反应条件等多种因素有关。使用低于正常量的催化剂可提高其选择性。增加催化剂用量可大大加快反应速率，因此在催化氢化中不允许任意加大催化剂用量，以避免氢化反应难以控制。一般在低压氢化时催化剂用量较大，有毒物存在时要适当加大催化剂用量，催化剂的活性高时其用量可适当减少。具体应用时要根据实验结果来确定催化剂的最佳用量。

3) 溶剂

当被氢化物和氢化产物都是液体而且不太黏稠时，可以不用溶剂，但有时为了有利于传质和提高催化剂的活性，也使用溶剂。当被氢化物或氢化产物是固体时，则必须使用溶剂。当被氢化物是难溶固体，在溶剂中呈悬浮态，但生成物可溶于溶剂时，催化氢化反应也可顺利进行。

常用的溶剂有(按它们对氢化反应的活性次序排列)：

乙酸＞甲醇＞水＞乙醇＞丙酮＞乙酸乙酯、乙醚＞甲苯＞苯＞环己烷＞石油醚

对于氢解反应，特别是含杂原子化合物的氢解，最好使用质子传递溶剂，如乙醇、甲醇、乙二醇单甲醚或水。对于烯烃和芳烃的加氢最好使用非质子传递溶剂。

4) 介质的 pH

介质的 pH 会影响催化剂表面对氢的吸附作用，从而影响反应速率和反应的选择性。一般来说，加氢反应大多在中性条件下进行，而氢解反应则在碱性或酸性条件下进行。碱可以促进碳-卤键的氢解。少量酸促进碳-碳键、碳-氧键和碳-氮键的氢解。

有时介质 pH 的选择是为了控制化学反应的方向，以得到所需要的目的产物。例如，硝基苯在强碱性介质、中性介质、强酸性低温和强酸性高温条件下用氢气催化氢化或用化学还原时，将分别得到不同的产物。

5) 温度和压力

氢化温度与氢化反应的类型和所用催化剂的活性有关，另外温度还会影响催化剂的活性和寿命。确定氢化温度时还应考虑反应的选择性、副反应以及反应物和产物的热稳定性。在可以完成目的反应的前提下，应尽可能选择较低的反应温度。

在使用铂、钯等高活性催化剂时，一般可在较低的温度和氢压下进行。

在使用镍催化剂时要求较高的氢化温度，但在使用活性较高的骨架镍时，如果氢化温度超过 100℃，会使反应过于剧烈，甚至使反应失去控制。

提高氢压可以加速反应，克服空间位阻，但压力过高会降低反应的选择性，出现副反应，有时会使反应变得剧烈。例如，使用高活性骨架镍时，氢压超过 5.88MPa 会有危险。另外，氢压高还增加设备的造价。

6) 搅拌和装填系数的影响

氢化反应为非均相反应，搅拌一方面影响催化剂在反应介质中的分布情况、传质面积，从而影响催化剂能否发挥催化效果，它对能否加速反应有重要作用。另一方面氢化反应是放热反应，良好的搅拌有利于传热，可防止局部过热，同时可以防止副反应的发生和提高选择性。

在釜式反应器中应注意搅拌器的形式和转数，也要注意反应器的装料系数。一般装料系数控制在 0.35～0.5。装料系数过大，反应器的气相有效空间变小，催化剂、反应物、氢三者之间不能进行有效接触，从而影响氢化反应的进行。

在塔式反应器中，影响传质的主要因素是氢气的空塔速率和装料系数。空塔速率取 0.01～

0.02m/s，装料系数为 0.5 左右。

5. 气相催化氢化及影响因素

气-固相接触催化氢化反应是将被氢化物的蒸气和氢气的混合气体在高温(如 250℃以上)和常压或稍高于常压，通过固体催化剂而完成的。

此类氢化方法的优点：催化剂寿命长、价廉、消耗定额低、产品纯度高、收率高、三废少、氢气价廉、生产成本低。但这种方法要求反应物具有适当的挥发性，可以在一定的温度下自身蒸发气化或在热的氢气流中蒸发气化，而且要求反应物和还原产物在高温时具有良好的热稳定性。另外，这种氢化方法是连续操作，不适应小批量多品种的生产。这就限制了这种氢化方法的应用范围。目前主要应用于苯、苯酚、硝基苯、脂肪醛及酮的加氢。

对于气相催化氢化反应，含铜催化剂是普遍使用的一类，最常使用的是铜/硅胶载体型及铜/浮石、Cu/Al_2O_3 催化剂。硫化物系催化剂，如 NiS、MoS_3、WS_3、CuS 等具有抗毒能力，是一类有希望的催化剂，如 NiS/Al_2O_3 作为硝基苯加氢制备苯胺的催化剂，苯胺的收率可达 99.5%，催化剂的寿命可达 1600h 以上。

6. 典型氢化反应产品的案例——硝基苯催化氢化制备苯胺[28]

苯胺(又称阿尼林)，无色油状液体，熔点–6.3℃，沸点 184℃，广泛用于精细有机化工原料和染料、医药、农药、橡胶助剂等精细化工产品，并且是生产聚氨酯主要原料 MID(二苯甲烷二异氰酸酯)的重要原料。

苯胺的工业生产最初采用铁粉还原法，因存在设备庞大、腐蚀严重、铁粉耗量大、三废污染严重等不足，后期逐渐被硝基苯催化氢化方法所取代。硝基苯催化氢化法包括固定床气相催化氢化、流化床气相催化氢化以及硝基苯液相催化氢化三类工艺。在工业生产中主要用到前两种，其中固定床气相催化法国外工业生产中采用较多，我国工业上大多数企业采用流化床气相催化法。

固定床气相催化氢化是在 200～220℃、0.1～0.5MPa 条件下进行的，苯胺的选择性大于 99%。此法设备及操作简单，维修费用低，不需分离催化剂，反应温度低，产品质量好。但由于固定床传热不好，易发生局部过热而引起副反应及催化剂失活，因此催化剂的活性周期短。流化床气相催化加氢是在 260～280℃、0.05～0.1MPa 条件下进行的，苯胺的选择性大于 99%，该法传热状况好，避免了局部过热，减少了副反应的发生，延长了催化剂的使用寿命。但反应器操作复杂，催化剂磨损大，操作及维修费用高。

流化床气相催化氢化法制苯胺的工艺流程如图 2-22 所示[29]。

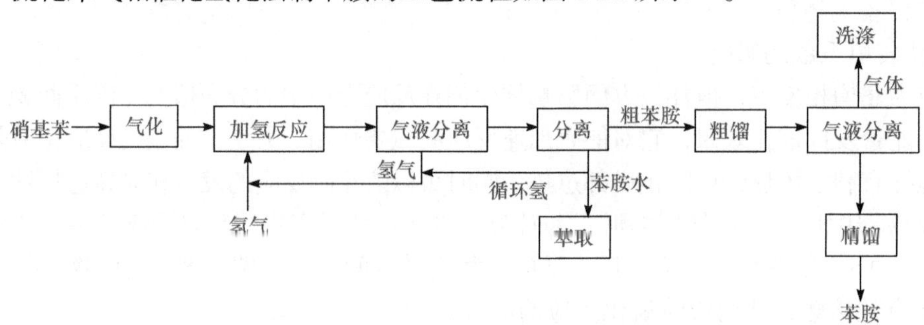

图 2-22　流化床气相催化氢化法制苯胺的工艺流程图

采用 CuO/SiO_2 负载型催化剂，硝基苯在气化器中与氢气混合，氢油比为 9∶1(mol)，通过反应器下部气体分配盘进入流化床反应器，控制反应温度为 270℃，压力为 0.04～0.08MPa。在反应器内设有冷却管，管内通入加压热水以产生 1.1MPa 的蒸气移出反应热。反应器出口设置过滤管或多级旋风分离器，以防止带走催化剂。反应器出料经冷凝分出氢气循环使用。液相分层，水层送去回收苯胺，苯胺层经干燥塔除去水分，精馏得到苯胺产品。对流化床传热系统改进后，苯胺选择性达 99%[29]。

2.4　氨解与胺化

2.4.1　氨解与胺化的定义和特点

有机化合物与氨发生复分解而生成伯胺的反应称为氨解反应

$$R\text{—}Y + NH_3 \longrightarrow R\text{—}NH_2 + HY$$

式中，R 可以是脂基或芳基；Y 可以是羟基、卤基、磺酸基或硝基。

氨与双键(或环氧化合物)加成生成胺的反应称为胺化反应。

脂肪族伯胺的制备主要采用氨解与胺化法，其中最重要的是醇羟基的氨解，其次是羰基化合物的胺化氢化法，有时也用到脂链上的卤基氨解法。另外，脂肪胺也可以用脂羧酰胺或脂腈的加氢法来制备。

芳伯胺的制备主要采用硝化-还原法。但是，如果用硝化-还原法不能将氨基引入到芳环上的指定位置或收率较低时，则需要采用芳环上取代基的氨解法。其中最重要的是卤基的氨解，其次是酚羟基的氨解，有时也用到磺酸基或硝基的氨解。

氨解与胺化通称为氨基化。氨基化所用的反应剂主要是液氨和氨水，有时也用到气态氨或含氨基的化合物，如尿素、碳酸氢铵和羟胺等。气态氨只用于气-固相接触催化氨基化。含氨基的化合物只用于个别氨基化反应。

2.4.2　醇羟基的氨解与催化胺化

氨与醇作用时首先生成伯胺，伯胺可以与醇进一步作用生成仲胺，仲胺还可以与醇作用生成叔胺，因此氨与醇的氨解反应总是生成伯、仲、叔三种胺类的混合物。

$$NH_3 \xrightleftharpoons[-H_2O]{ROH} RNH_2 \xrightleftharpoons[-H_2O]{ROH} R_2NH \xrightleftharpoons[-H_2O]{ROH} R_3N$$

上述氨解反应是可逆的，而伯、仲、叔三种胺类的市场需求量不一样，因此可根据市场需求，调整氨和醇的物质的量比和其他反应条件，并将需求量小的胺类循环回反应器，以控制伯、仲、叔三种胺类的产量。

醇羟基不够活泼，所以醇的氨解要求较强的反应条件，反应温度较高，并且伴有结炭、焦油、腈的生成等副反应发生。醇的氨解有三种工业方法，即气-固相接触催化脱水氨解法、气-固相临氢接触催化胺化氢化法和液相氨解法。

1) 气-固相接触催化脱水氨解法

此法主要用于甲醇的氨解制备二甲胺。

$$CH_3OH + NH_3 \xrightarrow{\text{催化剂}} CH_3NH_2 + CH_2(NH_2)_2 + CH(NH_2)_3$$

(主产品)

将甲醇和氨经气化、预热，通过催化剂($SiO\text{-}Al_2O_3$)后，即得到一甲胺、二甲胺和三甲胺的混合物。其中需求量最大的是二甲胺，其次是一甲胺，三甲铵用量很少。为了多生产二甲胺，可以采用在进料中加水、使用过量的氨、控制反应温度和空间速率以将生产的三甲胺和一甲胺循环回反应器。

由于三种甲胺沸点相差小(一甲胺–6.3℃、二甲胺 6.9℃、三甲胺 2.9℃)，反应产物需要用蒸馏、共沸精馏和萃取精馏来分离。

2) 气-固相临氢接触催化胺化氢化法

醇和氨在加压、催化剂(如 Al_2O_3 等)存在下加热反应，可以使醇羟基被氨基置换。此法是制备 C_1～C_8 低碳脂肪胺的重要方法，因为低碳脂肪醇价廉易得。

这个过程包括：醇的脱氢生成醛、醛的加成胺化、羟基胺的脱水和烯亚胺的加氢生成胺等步骤。

$$CH_3CH_2OH \xrightarrow{-H_2} CH_3-\overset{O}{\overset{\|}{C}}-H \xrightarrow{+NH_3} CH_3-\underset{H}{\underset{|}{\overset{OH}{\overset{|}{C}}}}-NH_2 \xrightarrow{-H_2O} CH_3-CH{=}NH \xrightarrow{+H_2} CH_3CH_2NH_2$$

气-固相临氢接触催化胺化氢化可选用脱氢催化剂，如载体型镍、钴、铁、铜等，氢气则用于催化剂的活化，如在 $CuO\cdot Cr_2O_3$ 催化剂及氢气存在下，一些长链醇与二甲胺反应可得到收率为 96%～97%的叔胺。

$$R-OH + HN(CH_3)_2 \xrightarrow[220\sim235℃]{H_2/CuO\cdot Cr_2O_3} RN(CH_3)_2$$

式中，$R = C_8H_{17}$、$C_{12}H_{25}$、$C_{16}H_{33}$。

3) 液相氨解法

对于高级醇，如 C_8～C_{18} 醇，由于氨解产物沸点相当高，不能用气-固相接触催化脱水氨解法，而是改用液相氨解法。催化剂一般是骨架镍或三氧化二铝，反应一般在常压～0.7MPa、90～190℃进行，调节氨、醇物质的量比，可以得到以伯胺、仲胺或叔胺为主的氨解产物。用此法可以制备 2-乙基己胺、三辛胺、双十八胺和十八胺等产物。

2.4.3 羰基化合物的还原胺化

醛和酮等羰基化合物在加氢催化剂的存在下，与氨和氢反应可以得到脂肪胺，其反应历程与醇的胺化氢化相同。该反应可以在气相进行，也可以在液相进行。要求催化剂具有胺化、脱水和加氢三种功能，镍、钴、铜和铁等多种金属对该反应均有催化活性。其中以镍的活性最高，可以是骨架镍或载体型，载体可以是 Al_2O_3、硅胶等，也可以加入铜等助催化剂。当以醛、酮为原料时，因无需脱氢，反应条件一般比醇的胺化要温和，温度 100～200℃，稍有压力，醛(或酮)和氢及氨的物质的量比一般为 1∶(1～3)∶(1～5)。调节氢氨比可以改变产品中伯胺、仲胺和叔胺的比例。

甲乙酮在骨架镍催化剂存在下在高压釜中，在 160℃和 3.9～5.9MPa 下与氨和氢反应可制得 1-甲基丙胺。

$$CH_3-\overset{\overset{O}{\|}}{C}-CH_2CH_3 + NH_3 + H_2 \xrightarrow{\text{催化剂}} CH_3NHCH_2CH_2CH_3$$

将乙醛、氨、氢的气态混合物以 1∶(0.4～3)∶5 的物质的量比，在 105～200℃通过催化剂，可得到一乙胺、二乙胺和三乙胺的混合物。所用催化剂以铝式高岭土为载体，以镍为主催化剂，以铜、铬为助催化剂。当气体的空速为 0.03～0.15h^{-1}时，按乙醛计胺的总收率为 88.5%，催化剂寿命达到一年。

2.4.4　加成胺化

环氧乙烷分子中的环氧结构化学活性很强。它容易与氨、胺、水、醇、酚或硫醇等亲核物质作用，发生开环加成反应而生成乙氧基化产物。环氧乙烷与氨作用时，根据反应条件的不同可得到不同的产物。

环氧乙烷与氨发生放热反应可生成三种乙醇胺的化合物：

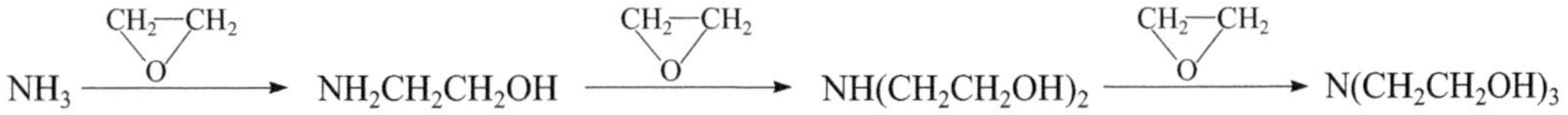

$$NH_3 \xrightarrow{\underset{O}{CH_2-CH_2}} NH_2CH_2CH_2OH \xrightarrow{\underset{O}{CH_2-CH_2}} NH(CH_2CH_2OH)_2 \xrightarrow{\underset{O}{CH_2-CH_2}} N(CH_2CH_2OH)_3$$

反应产物中各种乙醇胺的生成比例取决于氨与环氧乙烷的物质的量比。

环氧乙烷与氨在无水条件下反应速率很慢。要用离子交换树脂催化剂，水能大大加速反应，最初使用 25%氨水，反应可以在常压下进行，但是为了便于产物的分离，现在都采用含氨 90%～99.5%的浓氨水，在 60～150℃、2～12MPa 下进行，胺化的反应热很大，其生产工艺可由釜式串联连续法、循环塔式连续法、管式恒温连续法发展为绝热柱塞管式连续法，并利用反应热进行反应产物的减压闪蒸分离。

环氧乙烷加成胺化的反应速率随着环氧烷类碳原子数的增加而降低，即环氧乙烷＞环氧丙烷＞环氧丁烷。

2.4.5　卤代烃的氨解

1. *反应历程*

1) 脂肪族卤化物的氨解反应历程

脂肪族卤化物的氨解反应历程如图 2-23 所示。

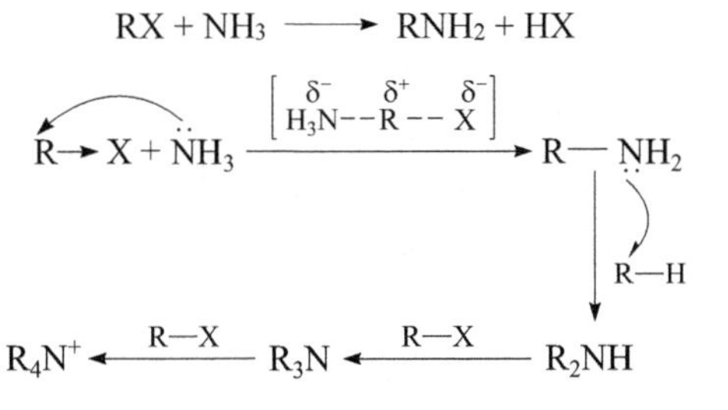

$$RX + NH_3 \longrightarrow RNH_2 + HX$$

$$R\!\rightarrow\!X + \ddot{N}H_3 \xrightarrow{\left[\overset{\delta^-}{H_3N}--\overset{\delta^+}{R}--\overset{\delta^-}{X}\right]} R-\ddot{N}H_2 \xrightarrow{R-H} R_2NH$$

$$R_2NH \xrightarrow{R-X} R_3N \xrightarrow{R-X} R_4N^+$$

图 2-23　脂肪族卤化物的氨解反应历程

2) 芳环上卤基的氨解反应历程

卤素氨解属于亲核取代反应。当芳环上没有吸电子基(如硝基、磺酸基或氰基)时，卤基不够活泼，它的氨解需要很强的反应条件，并且需要用铜盐或亚铜盐作催化剂。当芳环上有吸电子基时，卤基比较活泼，可以不用催化剂，但是仍需要在高压釜中在高温高压下氨解。

(1) 卤基的非催化氨解。它是一般的双分子亲核取代(S_N2)反应。对于活泼的卤素衍生物，如芳环上含有硝基的卤素衍生物，一般属于这类反应历程，其反应速率与卤化物的浓度和氨水的浓度成正比。

$$v_{\text{非催化氨解}} = k_1 c(\text{ArX}) c(\text{NH}_3)$$

(2) 卤基的催化氨解。其反应速率与卤化物的浓度和催化剂亚铜离子的浓度成正比。

$$v_{\text{催化氨解}} = k_2 c(\text{ArX}) c(\text{Cu}^+)$$

氯苯、对氯苯胺等在没有铜催化剂存在时，在 235℃、加压下与胺不会发生反应，而在铜催化剂存在时，上述卤化物与氨水加热到 200℃时，能反应生成相应的芳胺。因此，催化氨解的反应历程如图 2-24 所示，可能是铜离子在大量氨水中完全生成铜氨络离子，卤化物首先与铜氨络离子生成络合物；然后这个络合物再与氨反应生成芳伯胺，并重新生成铜氨络离子。

$$\text{Cu}^+ + 2\text{NH}_3 \xrightarrow{\text{快}} \underset{\text{铜氨络离子}}{[\text{Cu(NH}_3)_2]^+}$$

$$\text{ArX} + [\text{Cu(NH}_3)_2]^+ \xrightarrow{\text{慢}} [\text{Ar}\cdots\text{X}\cdots\text{Cu(NH}_3)_2]^+ \xrightarrow[\text{快}]{\text{NH}_3} \text{ArNH}_2 + \text{NH}_3 + [\text{Cu(NH}_3)_2]^+$$

图 2-24 催化氨解的反应历程

在上述反应中，生成配合物的反应是最慢的控制步骤。但在配合物中，卤素的活泼性提高了，从而加快了它与氨的氨解反应的速率。

应该指出，催化氨解的反应速率虽然与氨水浓度无关，但是伯胺、仲胺和酚的生成量则取决于氨、已生成的伯胺和 OH^-的相对浓度。

$$[\text{Ar}\cdots\text{X}\cdots\text{Cu(NH}_3)_2]^+ + \text{Ar—NH}_2 \longrightarrow \text{Ar—NH—Ar} + \text{HX} + [\text{Cu(NH}_3)_2]^+$$

$$[\text{Ar}\cdots\text{X}\cdots\text{Cu(NH}_3)_2]^+ + \text{OH}^- \longrightarrow \text{Ar—OH} + \text{X}^- + [\text{Cu(NH}_3)_2]^+$$

为了抑制仲胺和酚的生成，一般要用过量很多的氨水。

2. 铜催化剂的选择

一价铜，如氯化亚铜，它的催化活性高，但价格较贵。它主要用于卤素很不活泼或者生成的芳伯胺在高温容易被氧化的情况。为了防止一价铜在氨解过程中被氧化成二价铜，并减少一价铜的用量，有时可以用 Cu^+/Fe^{2+}、Sn^{2+}复合催化剂。

二价铜，如硫酸铜，主要用于防止有机卤化物中其他基团被还原的情况。例如，对氯硝基苯氨解制备对硝基苯胺时，使用二价铜催化剂可防止硝基被还原。

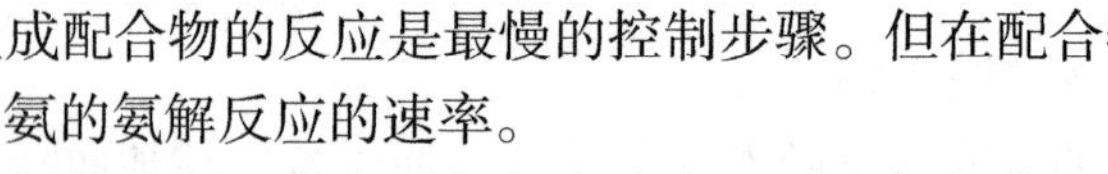

$$\text{O}_2\text{N—C}_6\text{H}_4\text{—Cl} \xrightarrow[\text{Cu}_2\text{Cl}_2]{\text{NH}_3} \text{O}_2\text{N—C}_6\text{H}_4\text{—NH}_2$$

又如，2-氯蒽醌的氨解制 2-氨基蒽醌时，使用二价铜催化剂可防止羰基被还原。

3. 硝基苯胺类的制备

由邻(或对)硝基氯苯及其衍生物的氨解，可以制得相应的邻(或对)硝基苯胺及其衍生物。

例如：

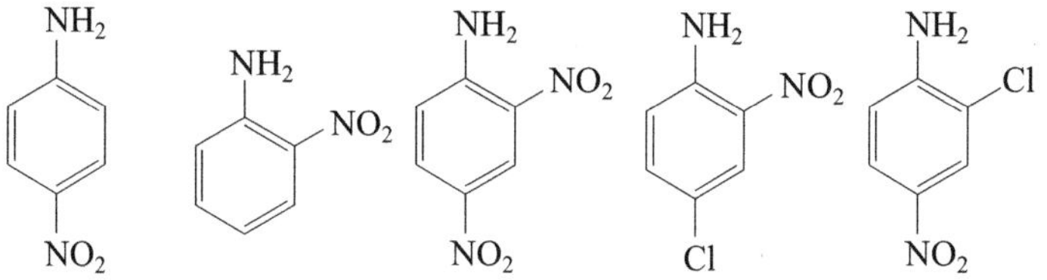

由于邻(或对)位硝基的存在，氯基比较活泼，氨解时可以不用铜催化剂。其氨基过程可以采用高压釜间歇操作法，也可以采用高压管道连续操作法。生产邻硝基苯胺的工艺参数见表 2-10。

表 2-10　高压釜间歇操作法和高压管道连续操作法生产邻硝基苯胺的工艺参数

工艺参数	高压釜法	高压管道法	工艺参数	高压釜法	高压管道法
氨水浓度/(g/L)	250	300～320	反应时间/min	420	15～20
邻硝基氯苯/氨(物质的量比)	1∶8	1∶15	收率/%	98	98
反应温度/℃	170～175	230	产品熔点/℃	69～69.5	69～70
压力/MPa	3.5～4	15	生产能力/[kg/(h · L)]	0.012	0.600

从表 2-10 中可以看出，两方法的收率和产品质量基本相同。连续法的优点是投资少、生产能力强；缺点是技术要求高、耗电多、需要回收的氨多。生产规模不大时一般用间歇法。

最近报道[30]，对硝基氯苯与氨的物质的量比为 1∶10，氨水质量分数为 35%，反应温度为 180℃，反应时间为 10h，设备采用钛材制作，在此条件下对硝基氯苯的转化率达 100%，得到的对硝基苯胺质量分数达 99.5%，产品收率达 98%。

2.4.6　芳环上其他取代基的氨解

1. 芳环上硝基的氨解

蒽醌分子中的硝基，由于受蒽醌分子中羰基的吸电效应，环上的硝基活性变大，可以与氨水发生氨解反应。例如，1-硝基蒽醌与过量的 25%氨水在氯苯中于 150℃和 1.7MPa 压力下反应 8h，可得到收率为 99.5%的 1-氨基蒽醌，其纯度达 99%。此法对设备要求高，氨的回收负荷大。反应中生成的亚硝酸铵干燥时有爆炸危险性，因此在出料后必须用水冲洗反应器。采用醇类的水溶液，可使氨解反应的压力和温度下降，降低亚硝酸铵分解的危险性，也可以采用其他有机溶剂如醚类、烃类等。另外，在氨解过程中加入少量卤化铵，可促使反应进行[31]。

2. 芳环上磺酸基的氨解

磺酸基的氨解是亲核取代反应。苯环和萘环上磺酸基的氨解相当困难，但是蒽醌环上的磺酸基由于 9,10 位两个羰基的活化作用，比较容易被氨解。此法现在主要用于由蒽醌-2,6-二磺酸的氨解制 2,6-二氨基蒽醌。

$$H_4NO_3S\text{-蒽醌-}SO_3NH_4 + 12NH_3 + \text{间硝基苯磺酸钠}(NO_2, SO_3Na) + 2H_2O \xrightarrow[180\sim184℃, 4MPa, 24h]{24\%\ NH_3}$$

$$H_2N\text{-蒽醌-}NH_2 + 2\ \text{间氨基苯磺酸钠}(NH_2, SO_3Na) + 6(NH_4)_2SO_4$$

间硝基苯磺酸钠作为温和氧化剂，将反应生成的亚硫酸铵氧化成硫酸铵，以避免亚硫酸铵与蒽醌环上的羰基发生还原反应。

此法还可用于由蒽醌-1-磺酸、蒽醌-1,5-二磺酸和蒽醌-1,8-二磺酸的氨解制得 1-氨基蒽醌、1, 5-二氨基蒽醌和 1, 8-二氨基蒽醌。此法虽然产品质量好、工艺简单，但是在蒽醌的磺化制备上述α位蒽醌磺酸时要用汞作定位剂，必须对含汞废水进行严格处理，才能防止汞害。现在许多工厂已改用蒽醌的硝化还原法生产上述氨基蒽醌[31]。

2.4.7 N-烃化反应

氨基上的氢原子被烃基取代的反应称 N-烃化反应。以醇作为烃化试剂应用最为广泛，因为价廉易得。但是醇是弱烃化试剂，故需要较高温度下，用催化剂加速反应。

1. N-烃化反应历程

以醇作为烃化试剂为例。在硫酸的催化作用下，醇转化为活泼的烷基阳离子

$$R—OH + H^+ \rightleftharpoons R—OH_2^+ \rightleftharpoons R^+ + H_2O$$

然后 R^+与氨基氮原子上的未共用电子对相作用而生成仲胺、叔胺，甚至生成少量的季铵盐。

$$\underset{\text{伯胺}}{Ar—NH_2:} + R^+ \rightleftharpoons \left[\begin{matrix} Ar—NH_2^+ \\ | \\ R \end{matrix}\right] \rightleftharpoons \underset{\text{仲胺}}{Ar—NHR:} + H^+$$

$$\underset{\text{仲胺}}{Ar—NHR:} + R^+ \rightleftharpoons \left[Ar—NHR—R\right] \rightleftharpoons \underset{\text{叔胺}}{Ar—NRR:} + H^+$$

$$\underset{\text{叔胺}}{Ar—NRR:} + R^+ \rightleftharpoons \underset{\text{季铵阳离子}}{Ar—NR_3^+}$$

2. N-烃化反应影响因素

(1) 醇类的 N-烃化。醇类是弱烃化剂，一般需要在高压釜中，于 200～230℃和一定压力下在液相进行。温度太高时，引入的烷基会从氨基氮原子上转移到芳环上氨基的邻对位，主要得到 C-烃化物。

醇的 N-烃化是可逆反应，只适用于苯胺的 N-烃化。当芳环上有吸电子基时，氨基的碱性

更弱，不能用醇类作 N-烃化剂。

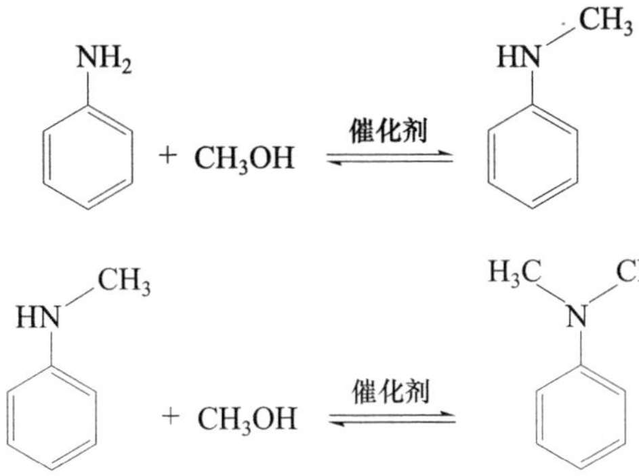

$$C_6H_5NH_2 + CH_3OH \xrightleftharpoons{\text{催化剂}} C_6H_5NHCH_3$$

$$C_6H_5NHCH_3 + CH_3OH \xrightleftharpoons{\text{催化剂}} C_6H_5N(CH_3)_2$$

(2) 卤烷的 N-烃化。卤烷是比醇类活泼的烃化剂，对于某些难于烃化的芳胺，常用卤烷作烃化剂。

当烷基相同时，各种卤烷的活泼次序是 R—I ＞ R—Br ＞ R—Cl。当烷基不同时，卤烷的活泼性随烷基碳链的增长而减弱。

各种卤烷中，氯烷价廉易得，是最常用的烃化剂，当氯烷不够活泼时才使用溴代烷。碘烷最贵，只用于制备季铵盐和质量要求很高的烷基芳胺。

卤烷的 N-烃化反应是不可逆的连串反应。

$$ArNH_2 + R—X \longrightarrow ArNHR + HX$$

$$ArNHR + R—X \longrightarrow ArNR_2 + HX$$

当从芳伯胺制备 *N*, *N*-二烷基芳叔胺时，只要用稍过量的卤烷就可使反应完全。

(3) 酯类的 N-烃化。硫酸二甲酯、芳磺酸烷基酯和磷酸三烷基酯等都是强酸的烷基酯，都是活泼的 N-烃化剂。这类烃化剂的沸点都很高，N-烃化可以在常压和不太高的温度下进行。但是酯的价格比相应的卤烷或醇贵得多，因此用于制备价格高、产量小的 N-烃化产物。

最常用的甲基烃化剂是硫酸二甲酯，一般在水介质中在缚酸剂存在下进行，或者无水有机溶剂中进行。

$$ArNH_2 + CH_3OSO_2OCH_3 + NaOH \longrightarrow ArNHCH_3 + NaOSO_2OCH_3 + H_2O$$

硫酸二甲酯的优点是它可以只让氨基烃化而不影响芳环中的羟基。当分子中有多个氮原子时，可以根据各氮原子的碱性不同，选择性地只对一个氮原子进行 N-甲基化。

2.4.8　典型氨解品种案例——苯酚和过量的氨制备苯胺

苯胺的性质与用途见 2.3.6 中 6.，苯胺的生产主要采用硝基苯的加氢还原法。

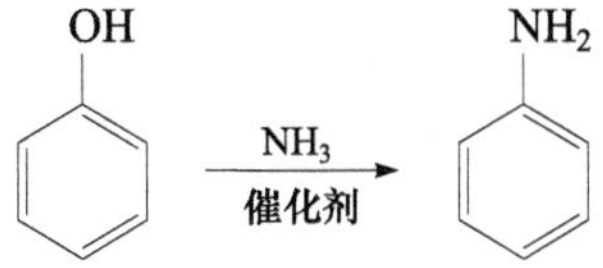

$$C_6H_5OH \xrightarrow[\text{催化剂}]{NH_3} C_6H_5NH_2$$

苯酚与氨制备苯胺的生产工艺流程如图 2-25 所示。

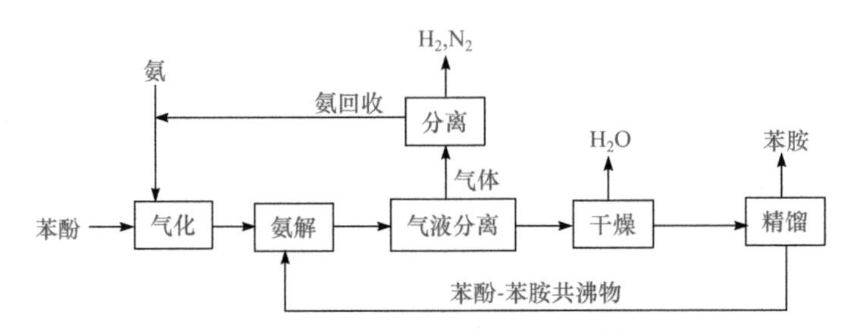

图 2-25 苯酚与氨制备苯胺的生产工艺流程图

此方法是苯酚和过量的氨(物质的量比为 1∶20)经混合、气化、预热，在 400～480℃、0.98～3.43MPa 的压力下，通过固定床反应器进行氨解反应，生成的苯胺和水经冷凝进入氨回收塔，塔顶出来的氨气经分离器除氮、氢后回收利用，产物先进干燥塔中除去水，再进精馏塔，塔顶为产物苯胺，塔釜为含二苯胺的重馏分，塔中分离出来的苯酚-苯胺共沸物可返回反应器中继续反应，所用催化剂可以是 Al_2O_3-SiO_2 或 MgO-B_2O_3-Al_2O_3-TiO_2，另外也可以含有 CeO_2、V_2O_5 或 WO_3 等催化组分。使用新开发的催化剂，可延长使用周期，省去催化剂的连续再生，降低反应温度，减少苯胺和过量氨的分解损失。当苯酚的转化率为 98%时，生成苯胺的选择性为 87%～90%，可减少苯酚-苯胺共沸物的循环处理量。与苯的硝化-还原方法相比，此方法的优点是催化剂寿命长，三废少，不需要将原料氨氧化成硝酸，不消耗硫酸，缺点是要有廉价的苯酚，反应产物的分离精制比较复杂。

2.5 重氮化和重氮盐的转化

2.5.1 重氮化反应

1. 重氮化反应的定义

重氮化反应通常为一类芳香族或杂环的伯胺在酸性低温条件下与亚硝酸作用生成重氮盐的反应，由于亚硝酸不稳定，通常用无机酸(如盐酸或硫酸)与亚硝酸钠反应，使生成的亚硝酸立刻与芳伯胺反应，其反应方程式为

$$ArNH_2 + 2HX + NaNO_2 \longrightarrow ArN_2^+X^- + NaX + 2H_2O$$

式中，HX=HCl、HBr、浓 H_2SO_4、稀 H_2SO_4、HNO_3 等。

脂链伯胺的重氮盐极不稳定，很容易分解放出氮气而转化成正碳离子 R^+，脂链正碳离子的稳定性也很差，它容易发生取代、重排、异构化和消除等副反应，得到成分复杂的产物，而没有实用价值。

芳香伯胺的重氮盐的重氮正离子和强酸负离子生成的盐一般可溶于水，呈中性。因全部解离成离子，不溶于有机溶剂。干燥的芳香重氮盐不稳定，受热、摩擦、撞击时易快速分解而发生爆炸，因此可能残留芳香重氮盐的设备在停止使用时，要冲洗干净，以免干燥后发生爆炸。

重氮盐的用途：

(1) 偶合为偶氮染料(见 2.2.7 重氮盐的偶合反应)。重氮盐可以在芳香伯氨或芳基酚的邻对位生成偶氮化合物。

$$Ar—N_2^+X^- + Ar'—NH_2 \longrightarrow Ar—N{=}N—Ar'—NH_2 + HX$$

$$Ar—N_2^+X^- + Ar'—OH \longrightarrow Ar—N{=}N—Ar'—OH + HX$$

(2) 还原为肼。重氮盐在亚硫酸钠和亚硫酸氢钠的作用下还原为芳肼。

$$Ar—N_2^+X^- \xrightarrow{[H]} Ar—NHNH_2 + X^-$$

(3) 转化为卤素、酚、肼等相应衍生物。

$$ArN_2X^- \longrightarrow ArY \quad Y{=}F、Cl、Br、I、CN、OH、H 等$$

重氮盐在经典染颜料及中间体等合成中具有重要意义，重氮化还在重氮树脂、杯芳烃等超分子合成修饰、偶氮蛋白等生物学研究、显色反应、氨基等官能团定量分析检测等非染颜料领域中有应用[32]。

2. 重氮化反应的特点

1) 酸过量

重氮化反应中始终要保持足量或过量的无机酸，以避免亚硝酸不足时生成重氮氨基化合物，并且加料速度不能过慢。无机酸与芳胺的理论物质的量比为 2∶1，$n(HX):n(ArNH_2)=2:1$，实际物质的量比可为 2.5～4∶1，$n(HX):n(ArNH_2)=2.5\sim4:1$。

酸不足会导致芳香伯胺溶解度下降，重氮化反应速率下降，甚至导致生成的重氮盐与尚未重氮化的芳香伯胺作用，生成重氮氨基化合物或氨基偶氮化合物等副产物。

酸的作用：

(1) 溶解芳胺：$ArNH_2 + HCl \longrightarrow ArNH_3^+Cl^-$

(2) 产生 HNO_2：$HCl + NaNO_2 \longrightarrow HNO_2 + NaCl$

(3) 维持反应介质强酸性(重氮氨基化合物)：$ArN_2^+ + ArNH_2 \longrightarrow Ar—N{=}N—NHAr$

2) $NaNO_2$ 微过量

$NaNO_2$ 需微过量，避免生成重氮氨基化合物。需用淀粉碘化钾试纸检测，过量的亚硝酸钠对下一步反应不利，需用尿素或氨基磺酸分解。否则过量的 $NaNO_2$ 会使重氮盐缓慢分解。

$$NH_2—CO—NH_2 + 2HNO_2 \longrightarrow CO_2\uparrow + 2N_2\uparrow + 3H_2O$$

$$NH_2—SO_3H + HNO_2 \longrightarrow H_2SO_4 + N_2\uparrow + H_2O$$

3) 低温反应

重氮化反应为典型的放热反应，需较快移除反应热，避免亚硝酸与重氮盐的分解，一般反应温度较低，为 0～10℃。

3. 重氮化反应的反应历程

重氮化反应的主要活泼质点与无机酸的种类和浓度有关。

在稀盐酸中进行重氮化时，主要活泼质点是亚硝酰氯(ON—Cl)：

$$NaNO_2 + HCl \longrightarrow ONO—H + NaCl$$

$$HNO_2 + HCl \rightleftharpoons NO—Cl + H_2O$$

在稀盐酸中进行重氮化时，如果加入少量的溴化钠或溴化钾，则主要活泼质点总是亚硝酰溴(ON—Br)：

$$\mathrm{NaBr + HCl \rightleftharpoons HBr + NaCl}$$

$$\mathrm{NO{-}OH + HBr \rightleftharpoons ON{-}Br + H_2O}$$

在稀硫酸中进行重氮化时，主要活泼质点是亚硝酸酐(ON—NO$_2$)：

$$\mathrm{2NO{-}OH + HBr \rightleftharpoons NO{-}NO_2 + H_2O}$$

在浓硫酸中进行重氮化时，主要活泼质点是亚硝基正离子(ON$^+$)：

$$\mathrm{NO{-}OH + H_2SO_4 \rightleftharpoons ON^+ + HSO_4^- + H_2O}$$

上述各种重氮化活泼质点的活泼顺序是

$$\mathrm{ON^+ > ON{-}Br > ON{-}Cl > ON{-}NO_2 > ON{-}OH}$$

因为重氮化质点是亲电性的，所以被重氮化的芳香伯胺是以游离分子态，而不是以芳香伯胺合正离子态参加反应的。

重氮化反应历程是 N-亚硝化—脱水反应，可简单表示如下：

$$\mathrm{Ar{-}NH_2:} \left\{ \begin{array}{l} \xrightarrow{+ON^+} \\ \xrightarrow[-Br]{+NO-Br} \\ \xrightarrow[-Cl]{+NO-Cl} \\ \xrightarrow[-NO_2]{+NO-NO_2} \end{array} \right\} \longrightarrow [\mathrm{Ar{-}NH_2^+NO}] \xrightarrow{-H_2O} \mathrm{Ar{-}N{=}N}$$

4. 重氮化反应的影响因素

因芳香伯胺不同的结构特点，反应条件的调节有多种形式。芳胺重氮化经历亚硝化亲电取代反应，受到芳胺碱性、无机酸性质及浓度等多种因素影响。

1) 芳胺碱性的影响

当无机酸浓度较低时，芳胺与无机酸成盐作用不占主导作用，芳胺碱性越强，重氮化速率越快；而当酸浓度较高时，芳胺易于与无机酸成盐，且不易水解，游离胺浓度降低，铵盐水解为主要因素，芳胺碱性越弱，重氮化速率越快。

2) 无机酸性质的影响

重氮化在浓硫酸、硫酸和磷酸的混合物、硫酸和乙酸混合物以及盐酸介质中进行时，无机酸浓度[HX]增加：重氮化质点浓度增加，[ArNH$_2$]降低；[HX]降低：[ArNH$_2$]增加，重氮化质点浓度降低。当 pH 较高时，游离胺浓度较高，亚硝化反应为主导作用，重氮化反应速率随无机酸浓度提高而提高，芳胺与无机酸成盐作用不占主导作用，速率越快；而当 pH 相当低时，芳胺易于与无机酸成盐，且不易水解为游离胺，浓度降低，酸浓度越大，重氮化速率越慢。

3) 反应温度的影响

反应温度影响较大。重氮盐在 10℃左右稳定度较低，一般采用低温 0～10℃，且低温也能避免亚硝酸钠分解等。如果重氮化物稳定，可将反应温度适当提高。

5. 典型重氮盐产品案例

1) 苯胺重氮盐

苯胺重氮盐是重要的偶氮染料中间体。制备方法简单，往往是得到重氮盐的水溶液直接用于下步反应。反应方程式：

$$\mathrm{Ar{-}NH_2 + NaNO_2 + 2HCl \longrightarrow Ar{-}N_2Cl + NaCl + 2H_2O}$$

原料配比为苯胺：盐酸：亚硝酸钠=1：3：0.773。

向反应罐中投入盐酸和适量的碎冰，搅拌下加入苯胺，于 5℃以下缓慢加入亚硝酸溶液。用淀粉碘化钾试纸测试，待试纸呈深蓝色表示重氮化已经到达终点，反应温度不超过 5℃，即得苯胺重氮盐溶液，直接用于后续反应。

2) 3,3′-二氯联苯胺重氮盐

3, 3′-二氯联苯胺重氮盐是重要的偶氮染料中间体，广泛用于染料、颜料的制备。反应方程式：

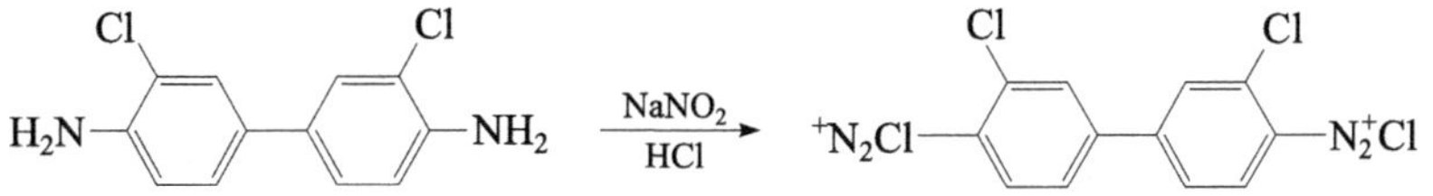

$$\mathrm{H_2N{-}C_6H_3(Cl){-}C_6H_3(Cl){-}NH_2 \xrightarrow[HCl]{NaNO_2} {}^{+}N_2Cl{-}C_6H_3(Cl){-}C_6H_3(Cl){-}N_2^{+}Cl}$$

在重氮化釜内加入 100%的 3, 3′-二氯联苯胺、30%的盐酸、拉开粉、次氨基三乙酸，升温至沸腾，搅拌半小时，用冰降温至 40℃，加 30%的盐酸，然后加入冰降温至−2℃，快速加入 30%亚硝酸溶液，反应 1～2min 进行重氮化反应，反应终点反应液使淀粉碘化钾试纸呈蓝色，保持 1h 后加入活性炭、太古油(土耳其红油、磺化蓖麻油、硫化油)，过滤，温度保持在 2℃以下。

2.5.2　重氮盐的转化

芳香重氮盐中的重氮基是一种亲电试剂，因重氮基活化芳环，也是好的离去基团，容易被负电性基团(如卤素 X、氰基 CN、羟基 OH 等)取代、被氢原子(H)还原。把难以引入芳环的基团顺利地连接到芳环上，合成多种有价值的有机物。这类反应按最终有无氮气放出分为保留氮的重氮基转化反应与放出氮的重氮基转化反应。

保留氮的重氮基转化反应有偶合反应与重氮盐还原为芳肼的反应，称为留氮反应；放出氮的重氮基转化反应有重氮盐水解、重氮盐氨解(脱氨基)、芳香或杂环重氮盐置换为卤基、CN、OH、H 等基团，此处仅讨论重氮盐水解等放氮重氮基转化反应。

1. 重氮盐水解

重氮盐水解是指被羟基取代的反应。重氮盐的水解属于 S_N1 历程，重氮盐溶液与硫酸共热，水解生成酚并放出氮气，重氮盐水解可制备酚类化合物，是重氮基的羟基取代反应，也是重氮化的副反应。

因为盐酸或氢溴酸的重氮盐可产生氯或溴代芳烃副产物，故一般用硫酸重氮盐。一般加入 40%～50%硫酸并加热至沸，用强酸可抑制产物酚与未反应的重氮盐偶合，加热至沸可加快水解速率避免偶合发生。重氮盐水解的产率一般为 60%左右。加入硫酸钠可提高反应温度，有利于水解反应，可用硫酸铜代替，铜具催化作用，可在较低的温度下获得较高的收率。

反应历程为首先重氮盐分解为芳阳离子，亲核试剂水再进攻该离子，其中芳阳离子形成是反应控制步骤。

$$Ar—N_2^+X^- \xrightarrow{\text{慢}} Ar^+ + X^- + N_2\uparrow$$

$$Ar^+ + H_2O \xrightarrow{\text{快}} \left[Ar—{}^+O\begin{matrix} H \\ \\ H \end{matrix} \right] \longrightarrow Ar—OH + H^+$$

水解的难易程度与重氮盐的结构有关。水解温度一般在 102～145℃，可根据水解的难易确定水解温度，并根据水解温度确定所用的硫酸的浓度，或加入硫酸钠来提高沸腾温度。加入硫酸铜对于重氮盐的水解有良好的催化作用，可降低水解温度，提高收率。

酚的工业生产多采用更高效的磺酸碱熔法。但在有机合成和应用中，利用该反应将羟基间接引入到苯环的某特定不易引入位置。例如，用苯制取间硝基苯酚，若通过苯酚直接硝化是不可能得到的，只能用该间接方法获得。

2. 重氮盐脱氨基反应

重氮盐可与某些还原试剂如次磷酸(H_3PO_2)或甲醛(HCHO)的碱性溶液作用，重氮基被氢原子取代生成芳香烃。

$$Ar—N_2^+Cl + H_3PO_2 + H_2O \longrightarrow Ar—H + N_2\uparrow + H_3PO_3 + HCl$$

$$Ar—N_2^+Cl + HCHO + NaOH \longrightarrow Ar—H + N_2\uparrow + HCOONa + HCl$$

该反应是自由基反应：

$$Ar\cdot + H_3PO_2 \longrightarrow Ar—H + H_2PO_2\cdot$$

$$Ar—N_2^+ + H_2PO_2\cdot + H_2O \longrightarrow Ar\cdot + H_2PO_2^+ + N_2\uparrow$$

$$H_2PO_2^+ + H_2O \longrightarrow H_3PO_3 + H^+$$

用次磷酸进行还原是在室温或较低温度下将反应液长时间放置而完成的。加入少量 Cu^+、$CuSO_4$、$KMnO_4$、$FeSO_4$ 可加速反应。理论上次磷酸用量与重氮盐是等物质的量，实际需要过量 5～10 倍甚至 15 倍，才能收到好的效果。

脱氨基反应的用途一般是先利用氨基的定位，将某些取代基引入芳环上指定位置，然后脱去氨基以制备某些不能用简单的取代反应制备的化合物，如 3, 5-二氯硝基苯的制备。

3. 重氮基被卤素置换

当不能用直接卤化法将卤素引入到芳环上的指定位置时，或者直接卤化时卤化产物很难分离时，可采用重氮基被卤素置换的方法。

1) 重氮基被氯或溴置换

在氯化亚铜或溴化亚铜的存在下，重氮基被氯或溴置换的反应称为 Sandmeyer 反应，该反应要求重氮化时所用的卤素与卤化亚铜的卤素、芳环上要引入的卤素一致。

Sandmeyer 反应历程比较复杂，一般认为是重氮盐正离子与亚铜负离子生成了配合物

$$CuCl + Cl^- \rightleftharpoons [CuCl_2]^-$$

$$Ar—N{\equiv}N^+ + [CuCl_2]^- \rightleftharpoons Ar—N{\equiv}N^+ \cdot CuCl_2^-$$

配合物经电子转移生成芳香自由基 Ar·

$$Ar—N{\equiv}N^+ \cdot CuCl_2^- \longrightarrow Ar—N{=}N\cdot + CuCl_2$$

$$Ar—N{=}N\cdot \longrightarrow Ar\cdot + N_2\uparrow$$

最后，自由基 Ar·与 $CuCl_2$ 反应生成氯代产物并重新生成催化剂 CuCl。

$$Ar\cdot + CuCl_2 \longrightarrow Ar—Cl + CuCl$$

氯化亚铜用量一般是重氮盐用量的 1/10～1/5。芳环上有吸电子基时可加速转换反应速率。

2) 重氮基被碘置换

采用 Sandmeyer 反应，重氮盐被碘置换时，氢碘酸容易被氧化成碘，故不能在氢碘酸中进行，而在乙酸中进行。加入碘化亚铜-氢碘酸水溶液，进行碘置换反应。也可将芳伯胺在稀硫酸或稀盐酸中进行重氮化，然后在重氮液中加入碘化钠或碘化钾，进行碘的置换。

其原理可能是部分碘化钾被氧化成了碘，I_2 与 I^-反应中成 I_3^-, I_3^-亲核能力强，不再需要加入碘代亚铜进行催化。其反应历程可能是兼有离子型和自由基型的亲核置换反应。

$$I^- + I_2 \longrightarrow I_3^-$$

$$Ar—N{=}N^+ + I_3^- \longrightarrow Ar—N_2^+ \cdot I_3^- \longrightarrow Ar—I + I_2 + N_2\uparrow$$

元素碘起催化作用，但是对于速率很慢的碘置换反应，仍需要加入碘代亚铜或铜粉催化。

3) 重氮基被氟置换

将芳伯胺在稀盐酸中重氮化，加入氟硼酸(或氢氟酸和硼酸)水溶液，滤出水溶性很小的重氮氟硼酸盐，水解、乙醇洗、低温干燥，然后将干燥的重氮氟硼酸盐加热至适当温度，使其发生分解反应，逸出氮气和三氟化硼气体，即得到相应的氟置换产物。

$$Ar—N_2^+ \cdot Cl^- + HBF_4 \longrightarrow Ar—N_2^+ \cdot BF_4^-\downarrow + HCl$$

$$Ar—N_4^+ \cdot BF_4^- \longrightarrow Ar—F\downarrow + BF_3\uparrow + N_2\uparrow$$

重氮氟硼酸盐的热分解必须在无水、无醇条件下进行，有水则重氮盐水解成酚类和树脂状物，有乙醇则使重氮基被氢置换。

重氮氟硼酸盐从水中析出的收率与苯环上的取代基有关：一般在重氮基邻位有取代基时，重氮氟硼酸盐溶解度较大，收率低；对位有取代基时，溶解度小，收率高。

4. 典型产品案例

1) 间硝基苯酚[33]

间硝基苯酚是有机合成的原料和中间体，用于制备染料，也是酸碱指示剂。该品是淡黄色结晶，熔点 96～97℃，沸点 194℃。

用苯作原料经过二硝化、部分还原得到间硝基苯胺，间硝基苯胺经重氮化、水解得到间硝基苯酚。

$\xrightarrow[\text{硝化}]{H_2SO_4,HNO_3}$ NO_2 NO_2 $\xrightarrow[\text{部分还原}]{Na_2S_2}$ NH_2 NO_2

$\xrightarrow[\text{重氮化}]{H_2SO_4,NaNO_2}$ N_2 NO_2 + HSO_4^- $\xrightarrow[\text{水解}]{H^+,H_2O,\triangle}$ OH NO_2

工艺流程：将间硝基苯胺慢慢加入稀硫酸中，降温至 0℃以下，在搅拌下慢慢加入亚硝酸钠水溶液，保持温度在 15℃以下，重氮化完毕。反应液应为深棕色透明液体；再将重氮盐慢慢加入 125℃稀硫酸中，加热，保温 1～2h，冷却，滤出结晶，用水洗至酸性(pH=3)滤干，减压蒸馏得到产品，纯度 95%～98%。

2) 对溴甲苯[34]

对溴甲苯是精细化学品合成的中间体，主要用于合成染料。该品是无色液体，熔点 28.5℃，低温为白色斜状结晶。

NH_2 CH_3 $\xrightarrow[NaNO_2]{H_2SO_4}$ N_2OSO_2H CH_3 $\xrightarrow{CuBr}$ Br CH_3

生产工艺：先将硫酸水溶液趁热加入粉碎的对甲苯胺中，冷却至 5℃，慢慢加入亚硝酸钠水溶液，至淀粉碘化钾试纸变蓝，然后加入少量尿素破坏过量的亚硝酸钠，再将溴化亚铜加入氢溴酸中，加热至沸腾，然后慢慢加入上述重氮盐，将其蒸馏至不出油状物为止。洗涤、干燥、过滤、常压蒸馏，收集 183～185℃馏分，即为产品。

3) 头孢西丁中间体的制备[35]

头孢西丁中间体 7-溴-7-叠氮头孢烯酸二苯酯是以 7-氨基头孢烯酸二苯酯为原料，经重氮化、溴化得到。

H_2N S N O CH_2OCOCH_3 $COOCO(C_6H_5)_2$ $\xrightarrow{\text{重氮化}}$ N_2^+ S N O CH_2OCOCH_3 $COOCO(C_6H_5)_2$ $\xrightarrow{\text{溴化}}$ Br N_3 S N O CH_2OCOCH_3 $COOCO(C_6H_5)_2$

7-氨基头孢烯酸二苯酯　　　　7-溴-7-叠氮头孢烯酸二苯酯

将 $NaNO_2$、H_2O 和 CH_2Cl_2 在 0℃下搅拌，加入 7-氨基头孢烯酸二苯酯。将溶于 H_2O 中的对甲苯磺酸溶液在几分钟内加入。在 0℃下搅拌 20min，分离有机层，用 H_2O 洗涤三次，用芒硝在 0℃干燥过滤，室温下浓缩，得到 7-重氮头孢烯酸二苯酯。

7-重氮头孢烯酸二苯酯溶解在 CH_2Cl_2 和硝基甲烷中，冷却到 0～10℃，加入 Et_3N 和 BrN_3 溶液，加入 H_2O，用固体碳酸氢钠调节 pH 到 8；有机溶剂萃取、水洗，用芒硝干燥后减压浓缩，得到 7-溴-7-叠氮头孢烯酸二苯酯。

2.6　酯化和酯交换

2.6.1　酯化反应

醇或酚分子中的羟基氢原子被酰基取代而生成酯的反应称为酯化反应，也称为 O-酰化反应，其通式为

$$ROH + R'COY \rightleftharpoons R'COOR + HY$$

其中，R 可以是脂肪烃或芳香烃；R′COY 是酰化剂，Y 可以是—OH、—X、—OR、—OCOR、—NHR 等。

酯化反应主要分为四类：

(1) 酸与醇或酚直接酯化法。酸与醇的直接酯化法是最常用的方法，具有原料易得的优点，是可逆反应。

$$ROH + R'COOH \rightleftharpoons R'COOR + HOH$$

(2) 酰氯与醇或酚的酯化

$$ROH + R'COX \rightleftharpoons R'COOR + HX$$

酰氯包括：光气、芳羧酰氯、磷酰氯。

(3) 酸酐与醇或酚的酯化

$$ROH + (R'CO)_2O \rightleftharpoons R'COOR + R'COOH$$

酸酐是较强的酰化剂，常要加入酸或碱催化剂，酸的催化作用比碱强。只利用酸酐中的一个羧基时，反应不生成水，是不可逆反应。

(4) 羧酸盐与醇或酚的酯化

$$ROH + R'COOM \rightleftharpoons R'COOR + MX$$

(5) 其他酯化法，包括用腈或酰胺的酯化、羧酸和不饱和烃的加成酯化、羧酸与环氧烷的加成酯化、羧酸盐与卤代烷的酯化、腈的醇解、酰胺的醇解等。

1. 酯化反应的机理

酸与醇或酚直接酯化反应历程如图 2-26 所示。质子酸催化下的双分子亲核取代历程。醇为亲核试剂，羧酸为亲电试剂，羧酸亲电试剂的羰基的 sp^2 杂化碳原子在亲核试剂醇进攻下，转化为正四面中间体。电荷转移，脱除水分子而生成酯。

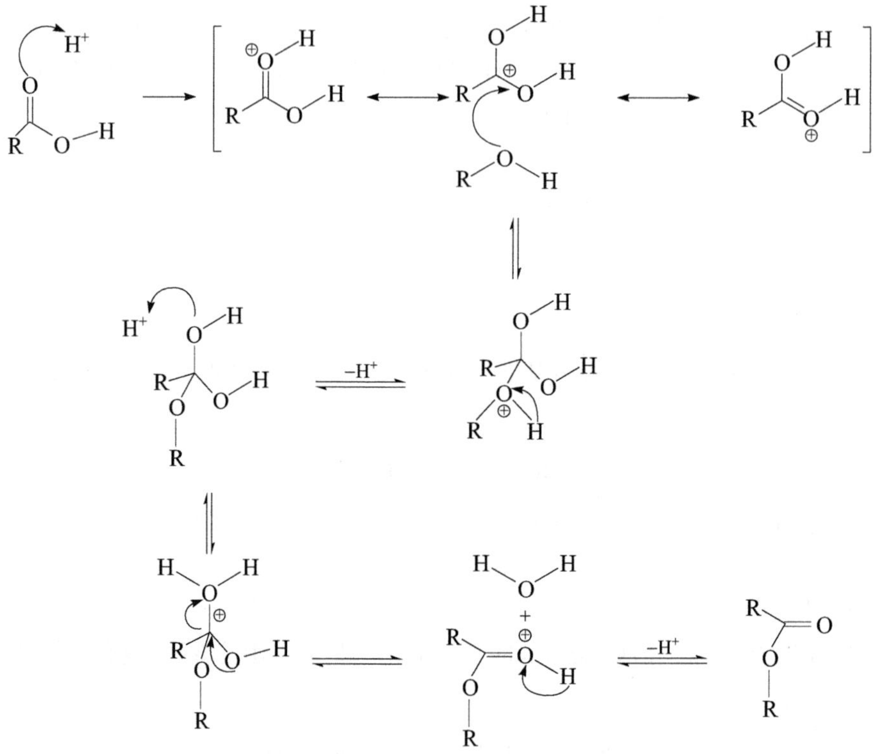

图 2-26　酸与醇或酚直接酯化反应历程

在不同类型反应物的酯化反应中，机理相似，亲核性：酰卤＞酸酐＞酸，酰卤与酸酐反应机理不可逆。羧酸盐与卤代烃酯化反应机理为羧酸盐对卤代烃的亲核取代反应。腈的醇解合成酯的反应机理为氰基化合物在酸催化下可以直接生成酯，通常使用的催化剂是硫酸或氯化氢；氰基化合物只能在伯醇中发生醇解从而生成相应的酯；在醇解的过程中，醇一方面作为反应物，另一方面作为溶剂，所以用量比较大，一般是理论量的 3～6 倍，硫酸的用量也会超过理论用量的 0.5～1.5 倍。

参加反应的质子可来自羧酸本身的解离，如羟基乙酸自身的酸性催化反应；也可以是外加的质子酸，质子酸不影响平衡，只加速平衡的到达。

2. 酯化反应的催化剂

经典催化剂为质子酸即无机强酸，如 H_2SO_4、HCl、HF 等，浓 H_2SO_4 作催化剂一般用于工业生产。特点为价廉并易于制备、催化活性高，但选择性差、副反应多、产品质量不够理想、在仲叔醇酯化中产率低，也有设备腐蚀、废液、污染环境、工艺流程长[36]等问题。

以盐酸盐、硫酸盐为代表的无机盐类(Lewis 酸)：$Al_2(SO_4)_3$、$Fe_2(SO_4)_3$、$FeCl_3$、$NaHSO_4$、$KHSO_4$、$SnCl_4$ 及其水合物(如 $FeCl_3 \cdot 6H_2O$)等，其特点为易得操作简便，有应用潜力，与质子酸相比，具有反应时间短、收率较高、对设备无腐蚀、无污染等优点。另外，为固相型催化剂，可重复使用并易分离，后处理简便，但有些无机盐水溶性好、易潮解，导致回收难。例如，用 $FeCl_3 \cdot 6H_2O$ 催化合成乙酸酯，反应 3h，产率 88.6%，可重复 25 次以上；$NaHSO_4$

催化合成丁酸戊酯，反应 1.5h，产率 99.3%。以阳离子交换树脂、沸石分子筛为代表的固体酸具有易分离的优点，有一定工业生产潜力。

近年来，先后有以硫酸为代表的一般强酸型催化剂，以盐酸盐、硫酸盐为代表的无机盐催化剂，以阳离子交换树脂、沸石分子筛为代表的固体酸催化剂，以钨、钼和硅的杂多酸为代表的固体杂多酸催化剂，负载型的固体超强酸催化剂，以及一些非酸催化剂如氧化铝、二氧化钛、氧化亚锡、钛酸酯类，它们可单独使用，也可制成复合催化剂。这些催化剂的应用已基本趋于成熟。

3. 酸与醇或酚直接酯化

酸与醇或酚直接酯化法是可逆反应。为提高酯收率，采用以下 4 种措施：

(1) 用大量低碳醇。此法适合成本较低的醇。例如：

$$\text{5-}O_2N\text{-}C_6H_3\text{-1,3-}(COOH)_2 + 2CH_3OH \xrightarrow{H_2SO_4} \text{5-}O_2N\text{-}C_6H_3\text{-1,3-}(COOCH_3)_2 + H_2O$$

5-硝基-1, 3-苯二甲酸二甲酯是医药中间体。用过量的低级醇，甲醇物质的量是 5-硝基-1, 3-苯二甲酸的 50 倍，收率 90%。

(2) 从酯化反应中蒸出生成的酯。此法适合酯的沸点低的反应。例如，甲酸与乙醇在硫酸的催化作用下生成甲酸乙酯的反应：

$$HCOOH + C_2H_5OH \xrightleftharpoons{H_2SO_4} HCOOC_2H_5 + H_2O$$

蒸出生成的产品，收率 99%。

(3) 从酯化反应中蒸出生成的水。此法适合酸、醇、酯的沸点都比水的沸点高的反应，并且不与水共沸。例如：

$$2CH_2{=}C(CH_3){-}COOH + HOCH_2CH_2OH \xrightleftharpoons{H_2SO_4} CH_2{=}C(CH_3)COOCH_2CH_2OOCC(CH_3){=}CH_2 + 2H_2O$$

甲基丙烯酸乙二醇酯是高分子交联剂。它是由甲酸丙烯酸与乙二醇在硫酸的催化作用下生成。反应中减压蒸出生成的水，最后减压蒸出产品。

(4) 共沸精馏蒸出水。此法适合酯与水形成共沸物的情况。例如，乙二酸二乙酯的生产

$$(CH_2COOH)_2 + C_2H_5OH \xrightleftharpoons{H_2SO_4} (CH_2COOC_2H_5)_2 + 2H_2O$$

4. 酸酐与醇或酚的酯化

主要用于酸酐较易获得的情况。

1) 单酯的制备

酸酐是较强的酯化剂，只利用酸酐中的一个羧基制备单酯时，反应不生成水，是不可逆反应，酯化可在较温和的条件下进行。酯化时可以使用催化剂，也可以不使用催化剂。酸催化剂的作用是提供质子，使酸酐转变成能力较强的酰基正离子。

$$R-\underset{\underset{O}{\|}}{C}-O-\underset{\underset{O}{\|}}{C}-R + H^+ \longrightarrow R-\underset{\underset{O}{\|}}{C}-O-H + R-\underset{\underset{O}{\|}}{C^+}$$

例如，乙酰基水杨酸甲酯，一种医药中间体，由水杨酸甲酯与稍过量的乙酐在硫酸的催化下，于60℃反应1h，将反应液倒入水中，即析出乙酰基水杨酸甲酯。

$$o\text{-}C_6H_4(OH)(COOCH_3) + (CH_3CO)_2O \xrightarrow{H_2SO_4} o\text{-}C_6H_4(OOCCH_3)(COOCH_3) + CH_3COOH$$

类似的产品有1-萘乙酰甲酯。

2) 双酯的制备

用环状酸酐可以制得双酯。例如，邻苯二甲酸二异辛酯，一种增塑剂，它由邻苯二甲酸酐与异辛醇制备。

$$C_6H_4(CO)_2O + C_8H_{17}OH \xrightarrow{H_2SO_4} o\text{-}C_6H_4(COOC_8H_{17})_2 + H_2O$$

实际反应分两步进行：第一步生成单酯，第二步生成双酯。第一步反应容易，用过量醇即可生成单酯，但是第二步酯化属于羧酸的酯化反应，需要较高的温度。最初采用硫酸催化剂，现在都已改用非酸性催化剂，如固载杂多酸、分子筛等。

5. 酰氯与醇或酚的酯化

酰氯的酯化又称为O-酰化。常用的酰氯是长碳链脂酰氯、芳酸酰氯、芳磺酰氯、光气等。用酰氯酯化时，可以不加缚酸剂，释放出氯化氢气体。但是有时为了加速反应、控制反应方向或抑制氯烷的生成，需要加入缚酸剂。

1) 芳酸酰氯的酯化

苯甲酸苯酯是由苯酚溶于氢氧化钠水溶液生成苯酚钠盐,滴加稍过量的苯甲酰氯,在40～50℃反应，过滤、水洗、重结晶即得产品。

$$C_6H_5ONa + C_6H_5-\overset{\overset{O}{\|}}{C}-Cl \longrightarrow C_6H_5-O-\underset{\underset{O}{\|}}{C}-C_6H_5 + NaCl$$

同样可以得到水杨酸苯酯。

2) 光气的酯化

氯甲酸间甲基苯酚是农药中间体，由间甲酚与光气反应制备。间甲酚中加入季铵盐催化剂，在40～110℃通入计算量的光气，得到产品，收率97.1%，含量98.5%。

$$m\text{-}H_3C-C_6H_4-ONa + Cl-\overset{\overset{O}{\|}}{C}-Cl \longrightarrow m\text{-}H_3C-C_6H_4-O-\underset{\underset{O}{\|}}{C}-Cl + HCl$$

同样可以得到碳酸二苯酯。

6. 典型酯化反应的案例——对苯二甲酸二甲酯

对苯二甲酸二甲酯为白色晶体，熔点 140.63℃，沸点 288℃，主要用作聚对苯二甲酸二乙酯和聚对苯二甲酸二丁酯的原料。

对苯二甲酸二甲酯主要由对苯二甲酸与甲醇的直接酯化得到，反应是可逆的，分两步进行。第一步甲醇与对苯二甲酸的两个羧基之一酯化生成对苯二甲酸单甲酯，第二步剩下的一个羧基与甲醇酯化，生成对苯二甲酸二甲酯。反应式如下：

$$HOOC-C_6H_4-COOH + CH_3OH \rightleftharpoons CH_3OOC-C_6H_4-COOH + H_2O$$

$$CH_3OOC-C_6H_4-COOH + CH_3OH \rightleftharpoons CH_3OOC-C_6H_4-COOCH_3 + H_2O$$

工艺流程包括：酯化、精制、精馏、对苯二甲酸二甲酯回收和甲醇脱水五个环节。生产工艺如图 2-27 所示。

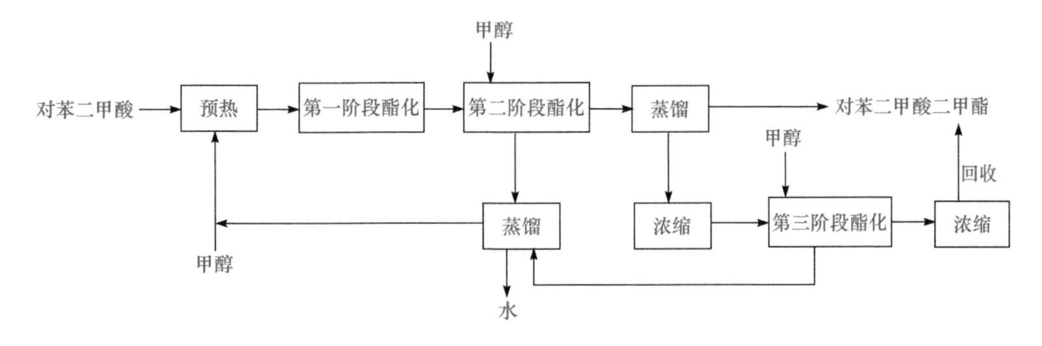

图 2-27　对苯二甲酸二甲酯工艺流程图

甲醇过量越多，酯化反应器的容积就越大，这不仅导致投资增加，而且副产物甲醇醚的量会增加，能耗也高，因而为确保高的转化率，该酯化反应分三个阶段进行。第一阶段的酯化在高温高压液相中进行，对苯二甲酸与甲醇混合，形成的浆料被加压、预热后送入第一酯化反应器，在此反应器中对苯二甲酸全部被酯化，其中 70% 转化为对苯二甲酸二甲酯，其余转化为中间产物对苯二甲酸单甲酯。第一酯化反应器的酯化产物被送到第二酯化反应器，在熔融状态下与甲醇蒸气接触，进一步酯化，使对苯二甲酸单甲酯的含量降低到 3%以下，剩下的对苯二甲酸单甲酯经浓缩后，在第三酯化反应器中进一步酯化。按原料对苯二甲酸计，总收率 99.8%。各阶段酯化所用的过量的甲醇和反应生成的水，与对苯二甲酸二甲酯分离后，送甲醇脱水工序。为了产品质量和成本，还要进行精制、蒸馏、回收、甲醇脱水工序。

2.6.2　酯交换反应

将一种容易制得的酯与醇或酸或另一种酯反应而制得所需要的酯称为酯交换反应。酯交换反应包括三类：

(1) 酯醇交换法，又称醇解法(最常用)。

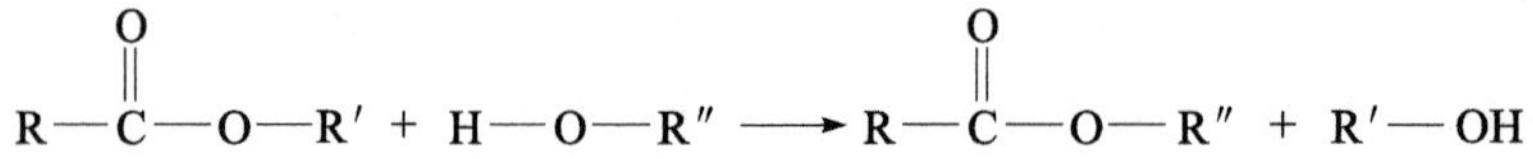

$$\mathrm{R{-}\overset{\overset{\displaystyle O}{\|}}{C}{-}O{-}R' + H{-}O{-}R'' \longrightarrow R{-}\overset{\overset{\displaystyle O}{\|}}{C}{-}O{-}R'' + R'{-}OH}$$

(2) 酯酸交换法，又称酸解法。

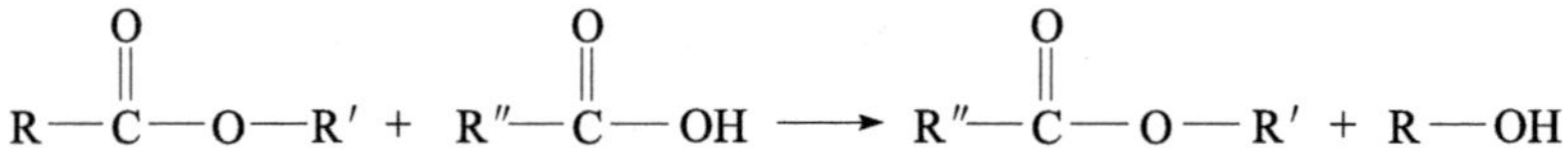

$$\mathrm{R{-}\overset{\overset{\displaystyle O}{\|}}{C}{-}O{-}R' + R''{-}\overset{\overset{\displaystyle O}{\|}}{C}{-}OH \longrightarrow R''{-}\overset{\overset{\displaystyle O}{\|}}{C}{-}O{-}R' + R{-}OH}$$

(3) 酯酯交换法，又称酯解法。

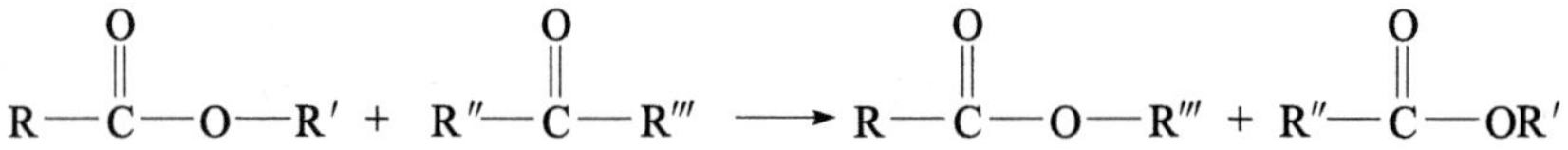

$$\mathrm{R{-}\overset{\overset{\displaystyle O}{\|}}{C}{-}O{-}R' + R''{-}\overset{\overset{\displaystyle O}{\|}}{C}{-}R''' \longrightarrow R{-}\overset{\overset{\displaystyle O}{\|}}{C}{-}O{-}R''' + R''{-}\overset{\overset{\displaystyle O}{\|}}{C}{-}OR'}$$

这三类反应都是可逆反应，酯醇交换应用较多。当有机醇的烷基链较长或存在支链时，其与有机酸直接进行反应合成相应的酯比较困难，这时我们利用含有较简单烷氧基的酯与另一种过量的长链醇相互作用，发生烷氧基的转移从而生成另一种对应的酯。反应在酸碱催化下均可进行，以用碱的较多。

1. 酯交换反应机理

以酯醇交换为例：酯交换反应机理如图 2-28 所示，其类型与酯化相似，按双分子亲核取代进行，亲核试剂醇进攻亲电试剂酯基团的 sp^2 杂化碳原子，酯转化为四面体结构，电荷转移，脱除原有的醇。一种醇为过量，或从反应体系中脱出一种醇，都可影响平衡，交换为需要的酯，催化剂不同，亲核试剂醇形式不同。

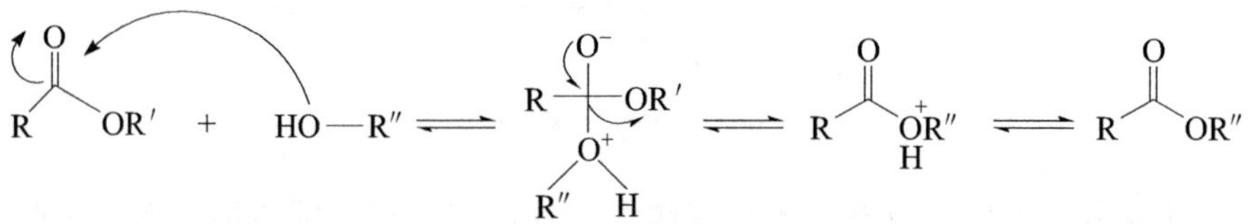

$$\mathrm{RC(=O)OR' + HO{-}R'' \rightleftharpoons R{-}C(O^-)(OR')({-}\overset{+}{O}HR'') \rightleftharpoons RC(=O)\overset{+}{O}HR'' \rightleftharpoons RC(=O)OR''}$$

图 2-28　酯交换反应机理

2. 酯交换反应的催化剂

酯交换催化剂可以是酸或碱，一般为碱或碱土金属或化合物，碱土金属及其化合物的催化活性及反应特点如表 2-11 所示。传统酯交换催化剂为均相催化剂，如氢氧化钠、氢氧化钾、碳酸钠、碳酸钾、甲醇钠等，需要求原料无水、无游离酸，需要进行预处理，中和、洗涤等反应后处理工艺复杂，环境污染严重且催化剂不能回收。常用催化活性高的催化剂甲醇钠，其制备使用存在一定危险性，同时醇盐的离子浓度高还可发生 Claisen 缩合副反应。

表 2-11　碱土金属及其化合物的催化活性及反应特点

催化剂	催化活性及反应特点
金属 Mg、Al、Ca	Mg 不能直接催化酯交换；Al 表面有一层氧化膜，需加入少量的二氯化汞作为活化剂，反应才能进行；钙粉为催化剂，为自催化反应，有一个明显的延迟期，随着 2-乙基己醇钙的增加，反应越来越快
MgO、CaO	MgO 不能催化酯交换反应；CaO 能催化酯交换反应
$Mg(OH)_2$、$Ca(OH)_2$、$Ba(OH)_2$	$Mg(OH)_2$、$Ca(OH)_2$ 催化活性小；$Ba(OH)_2$ 是一种活泼的酯交换催化剂，但有毒，限制了应用
$Mg(CH_3O)_2$、$Ca(CH_3O)_2$	都是活泼的催化剂，但 $Mg(CH_3O)_2$ 催化活性更高，可能因为甲醇镁在 2-乙基己醇中形成胶体，比表面积很大
$Ca(C_8H_{17}O)_2$	活泼的酯交换催化剂

3. 酯醇交换法

酯醇交换法是将一种低碳的酯与高沸点的醇或酚在催化剂的存在下反应，蒸出低碳醇，而得到高沸点醇(或酚)的酯。

例如，间苯二甲酸二苯酯可由间苯二甲酸二甲酯与苯酚进行酯交换得到。催化剂为钛酸四丁酯，在 220℃反应 3h，蒸出甲醇，经后处理得到产品。

$$C_6H_4(COOCH_3)_2 + 2C_6H_5OH \longrightarrow C_6H_4(COOC_6H_5)_2 + 2CH_3OH$$

4. 酯酸交换法

酯酸交换法虽然不如酯醇交换应用多，但是该方法适用于合成二元酸单酯及羧酸乙烯酯。为提高收率，常过量一种原料或不断分离反应生成物。

例如，十二酸乙烯酯的制备是由乙酸乙烯酯与十二酸加热回流生成，催化剂为乙酸汞或浓硫酸。

$$CH_3COOCH{=}CH_2 + CH_3(CH_2)_{10}COOH \rightleftharpoons CH_3(CH_2)_{10}COOCH{=}CH_2 + CH_3COOH$$

5. 酯酯交换法

该法是酯不能用其他方法得到时采用的方法。反应酯中一种酯的反应沸点比另一种酯沸点低得多，反应中不断蒸出低沸点的酯而获得另一种生成的酯[37]。

例如，对于其他方法不易制备叔醇的酯，可先制成甲酸的叔醇酯，再和指定羧酸的甲酯反应。因为甲酸甲酯的沸点低(31.8℃)，很容易从反应产物中蒸出，就能使酯交换顺利进行。

$$HCOOCR_3 + R'COOCH_3 \xrightarrow{CH_3ONa} HCOOCH_3 + R'COOCR_3$$

6. 酯交换反应的案例——抗氧剂 1076

抗氧剂 1076 即 *b*-(4-羟基-3,5-二叔丁基苯基)丙酸正十八碳酸酯，广泛用于高分子材料的抗氧化。反应式如下：

$$\text{HO-C}_6\text{H}_2(\text{C(CH}_3)_3)_2\text{-CH}_2\text{CH}_2\text{-C(=O)OCH}_3 + \text{CH}_3(\text{CH}_2)_{17}\text{OH} \xrightarrow[105\sim130^\circ\text{C}]{\text{CH}_3\text{ONa}} \text{HO-C}_6\text{H}_2(\text{C(CH}_3)_3)_2\text{-CH}_2\text{CH}_2\text{-C(=O)O(CH}_2)_{17}\text{CH}_3 + \text{CH}_3\text{OH(蒸出)}$$

抗氧剂 1076 生产工艺流程如图 2-29 所示。

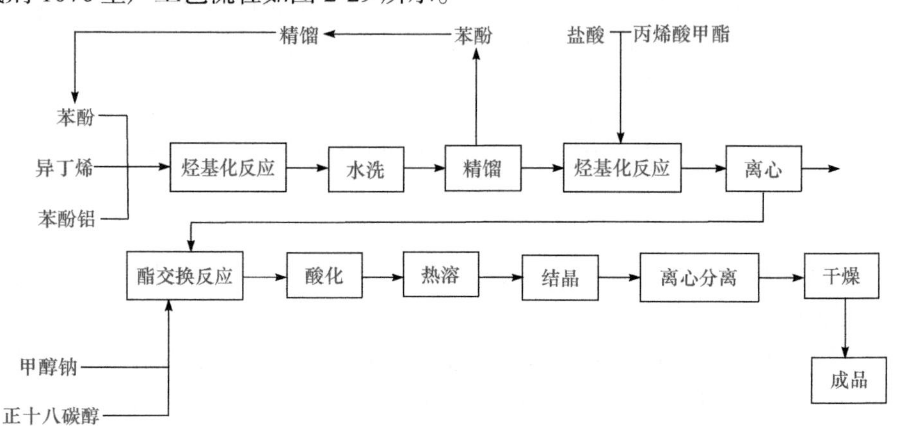

图 2-29 抗氧剂 1076 生产工艺流程图

其制备方法是以苯酚为原料，用异丁烯烃基化，制得 2, 6-二叔丁基苯酚，然后在甲醇钠的催化作用下与丙烯酸反应，生成 *b*-(4-羟基-3,5-二叔丁基苯基)丙酸甲酯，最后与十八碳醇进行酯交换，制得抗氧化剂 1076[38]。

参 考 文 献

[1] 唐培堃，冯亚青. 精细有机合成化学与工艺学[M]. 北京：化学工业出版社，2006.
[2] 化工百科全书编辑委员会. 化工百科全书[M]. 北京：化学工业出版社，1996.
[3] 成兰兴，师传兴. 苯酚定向催化氯化制备 2, 6-二氯苯酚[J]. 河南化工，2011, 18: 40-41.
[4] 杨建设，张珩，陈芬儿. 2,6-二氯苯酚合成工艺研究(Ⅱ)[J].武汉化工学院学报，1996, 18(1): 13-15.
[5] 徐克勋. 精细有机化工原料及中间体手册[M]. 北京：化学工业出版社，1998: 3-114.
[6] 唐培堃，刘振华. 2,6-二氯苯胺的制备方法：ZL95102807. 3[P].天津大学，1995.
[7] 任志远，陈楠. 氯苯行业生产现状及二噁英类污染物管理分析[J]. 中国氯碱，2013, 12: 26-29.
[8] 许文林，王雅琼，张小兴. 氯苯连续绝热硝化合成硝基氯苯过程设计[J]. 化学工程，2012, 40(3): 41-44.
[9] 刘周恩，章亚东，苏媛. 2, 4-二硝基氯苯合成工艺研究进展[J]. 河南化工，2006, 11: 8-9.
[10] 程秀莲，李莉，李勇，等. 邻二氯苯混酸绝热硝化制备 2, 3-二氯硝基苯的工艺研究[J]. 沈阳工业学院学报，2001, 20(3): 84-87.
[11] 欧阳兰萍. 间二甲苯绝热硝化工艺探讨[J]. 湘潭化工，1991, 20(1): 16-18.
[12] 周鹏飞，虞节中. 浅谈双酚 A 生产工艺[J]. 石化技术，2015: (2): 62-64.
[13] 薛冰，陈兴权，赵天生. KF/AC 催化剂上碳酸二甲酯气固催化合成间甲基苯甲醚[J]. 化学反应工程与工艺，2005, 21(2): 144-148.
[14] 张英. 合成异丙苯生产现状及技术进展[J]. 化工管理，2015, (17): 171-171.
[15] 姚占静，郭睿，张春生. 高分散改性蒽醌的制备工艺优化[J]. 中国造纸学报，2009, (3). 56-60.
[16] 崔小明. 苯酚生产技术及国内外市场分析[J]. 上海化工，2015, 40(6): 33-38.
[17] 赵德旭，张燕，安明. 影响苯酐产品质量的因素及对策分析[J]. 山东化工，2015, 44(2): 101-102.
[18] 洪春. 2-氰基吡嗪的合成[D]. 杭州: 浙江大学，2006.

[19] 冯亚青，张尚湖，周立山，等. 催化氨氧化法制备 2-氰基吡嗪的研究. 高校化学工程学报，2003, 17(4): 396-398.
[20] 程火生. 辽阳石化己二酸生产中 N_2O 减排技术应用研究[D]. 北京：清华大学，2010.
[21] 顾明广，苏芳. 己二酸制备工艺进展[J]. 现代商贸工业，2007, 19, (5): 188-189.
[22] 董菲菲，许小军. 己二酸生产中“三废”的产生与处理[J]. 河南化工，2015, (7): 98-102.
[23] 姚蒙正，程倡柏，王家儒. 精细化工产品合成原理[M]. 2 版. 北京:中国石化出版社，2000: 449.
[24] 李记太，黄险波，姚庆明. 2-硝基-4-乙酰胺基苯甲酸的合成[J]. 化学试剂，1991, 13(6): 381-382.
[25] 徐克勋. 精细有机化工原料及中间体手册[M]. 北京: 化学工业出版社，1998: 3-536.
[26] 徐克勋. 精细有机化工原料及中间体手册[M]. 北京: 化学工业出版社，1998: 3-510.
[27] 王成武. 催化加氢制备 1-氨基蒽醌[J]. 化工中间体，2004, 1(1): 21-23.
[28] 姜盛红，吴丽梅, 金红, 等. 苯胺生产技术与市场分析[J]. 化工科技，2013, 21(4): 81-84.
[29] 李强，王霞. 苯胺生产装置流化床传热系统优化改造[J]. 氯碱工业, 2013, 49(5): 26-28.
[30] 申明稳，袁源，王芳，等. 对硝基苯胺中试制备工艺[J]. 氯碱工业，2014, 50(9): 31-33.
[31] 原文杰，杨新玮. 1-氨基蒽醌及其衍生物的合成利用与市场[J]. 上海染料，1996, 3(3): 1-10.
[32] 唐培堃. 精细有机合成化学与工艺学[M]. 天津: 天津大学出版社，1993: 186.
[33] 王利民，邹刚. 精细有机合成工艺[M]. 北京：化学工业出版社，2012: 177.
[34] 徐克勋. 精细有机化工原料及中间体手册[M]. 北京：化学工业出版社，2001: 3-355.
[35] 朱宝泉，李安良, 杨光中, 等. 新编药物合成手册[M]. 北京：化学工业出版社，2003: 340.
[36] 王彦林. 精细化工单元反应与工艺[M]. 郑州：河南大学出版社，1996: 82-85.
[37] 黄仲九，房鼎业. 化学工艺学[M]. 北京：高等教育出版社. 2007: 596.
[38] 苏秋宁，唐辉，刘志达. 重氮化反应及其应用[J]. 精细化工中间体，2012, 42(3): 13-16.

第3章　精细化学品的合成路线设计

3.1　有机化合物逆合成分析简介

3.1.1　引言

有机合成是有机化学中一个古老的分支，也是一个能充分体现合成化学家创造性和艺术性完美结合的研究领域。1828 年德国化学家 F. Wöhler 首次合成了尿素，1856 年英国化学家 W.H. Perkin 意外合成了史上第一种合成染料苯胺紫，20 世纪中后期 R.B. Woodward 成功合成了奎宁[1]、头孢菌素 C[2]和维生素 B_{12}[3]等。1989 年 Y. Kishi 教授完成了岩沙海葵毒素羧酸的全合成[4]，1994 年完成了岩沙海葵毒素的全合成[5]。这是迄今为止通过全合成获得的具有最大相对分子质量、最多手性中心的次生代谢产物，堪称是有机合成史上最大的工程之一，充分体现了合成化学家所能达到的精细程度和艺术境界。因此，一直以来有机合成被誉为科学中的艺术。

20 世纪 60 年代以后，在大量复杂分子成功合成的基础上，合成化学家开始总结其中的规律，用逻辑推理的方法探讨合成中的战略战术问题。其中影响最大的是 E.J.Corey 提出并由此发展起来的“合成元”(synthon)，从此逆合成分析(retrosynthesis or antisynthesis)形成了当今有机合成中被广泛接受的设计方法论，使得有机合成成为一门科学与艺术相交融的学科[6]。

通常，面对目标化合物的合成时，首先做资料收集工作，了解国内外的研究现状，然后根据原材料来源及技术条件，对原合成路线进行适当的改变，甚至只是对工艺参数进行优化。但如果目标化合物是新化合物，或存在于自然界但从未有人合成过的化合物，唯一知道的只是目标化合物的结构，那么怎样来设计可行的合成路线呢？显然，只能从这个分子的结构特点着手，由后往前推导，找出所需的有机反应与原料，这就是逆合成分析的实质。在系统学习切断分析法之前，先熟悉几个术语[7]。

3.1.2　基本概念

切断：一种分析方法，将分子中的一个键切断，使目标分子转变为两个分子片段，这是一个化学反应的逆过程，用符号 ⇒ 和一条穿过被切断键的曲线来表示。

官能团互换：即 FGI(functional group interconversion)，把一个官能团换写成为另一个官能团，以使切断成为可能的一种方法，也是一个化学反应的逆过程。用 ⇒ 上写有 FGI 的符号表示。

目标分子：予以合成的分子，TM。

合成子：在切断时所得出的概念性分子碎片，通常是离子，由于其本身不稳定，一般是不存在的。

合成等价物：一种能起合成子作用的试剂。

试剂：一种化合物，能在所计划的合成中起反应，以便给出亚目标化合物或目标分子。它是合成子的合成等价物。

3.1.3　切断分析法简介

众所周知，叔丁醇一般是通过叔氯丁烷水解得到[式(3-1)]，其逆反应如式(3-2)所示，这就相当于式(3-3)切断分析所示意的，其合成及切断分析如图 3-1 所示。不难看出上述分析方法可以帮助我们寻求叔丁醇的合成途径。

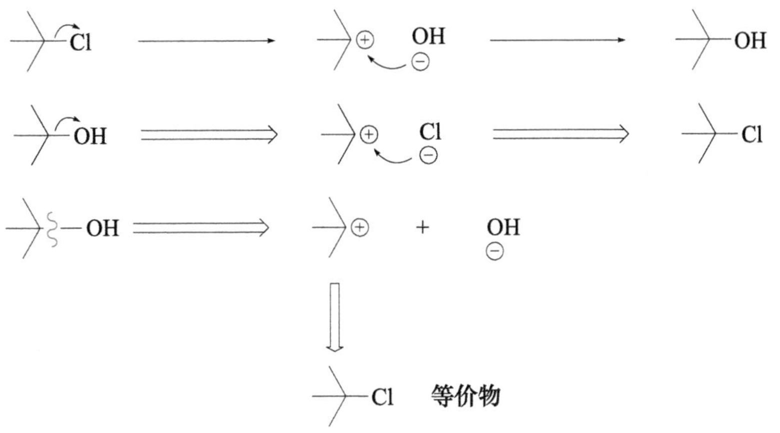

$$(CH_3)_3C-Cl \longrightarrow (CH_3)_3C^{\oplus} \ \ OH^{\ominus} \longrightarrow (CH_3)_3C-OH \quad (3\text{-}1)$$

$$(CH_3)_3C-OH \Longrightarrow (CH_3)_3C^{\oplus} \ \ Cl^{\ominus} \Longrightarrow (CH_3)_3C-Cl \quad (3\text{-}2)$$

$$(CH_3)_3C\wr-OH \Longrightarrow (CH_3)_3C^{\oplus} + OH^{\ominus} \quad (3\text{-}3)$$

$$\Downarrow$$

$$(CH_3)_3C-Cl \quad \text{等价物}$$

图 3-1　叔丁醇的合成及切断分析

当然也可以尝试切断碳碳键得到如下所示两组合成子，由于$^{+}CH_3$与Me_2C^{-}—OH 不存在，尽管可找到$^{+}CH_3$的合成等价物CH_3—I，却难找到Me_2C^{-}—OH 的合成等价物；$^{-}CH_3$与Me_2C^{+}—OH 也不稳定，但其合成等价物却一目了然，为 MeMgCl 和丙酮，这样就得到叔丁醇的另一合成路线，甲基格氏试剂对丙酮的亲核加成。叔丁醇的两条合成路线都是可行的，如何选择取决于原料来源、反应的可靠性及对环境的影响等。

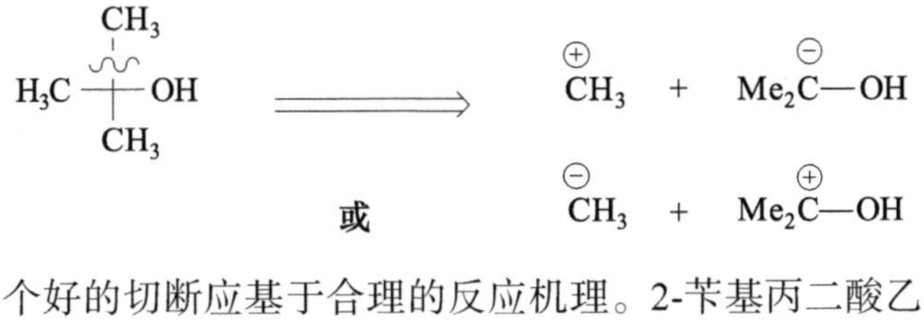

$$H_3C-C(CH_3)_2-OH \Longrightarrow \overset{\oplus}{C}H_3 + Me_2\overset{\ominus}{C}-OH$$

$$\text{或} \quad \overset{\ominus}{C}H_3 + Me_2\overset{\oplus}{C}-OH$$

一般而言，一个好的切断应基于合理的反应机理。2-苄基丙二酸乙酯的切断及合成如图 3-2 所示，由其逆合成分析可看出好的切断应该是 b。因为这个切断给出了两个稳定的合成子，其合成反应是典型的丙二酸酯参与的亲核取代反应。另外，如图 3-3 所示，能明显看出切断时反应逆过程的一类重要的反应是周环反应，六元环中双键的位置指明了应在何处进行切断。所以就要求我们始终要以寻找合适的反应机理作为进行切断分析的指南。

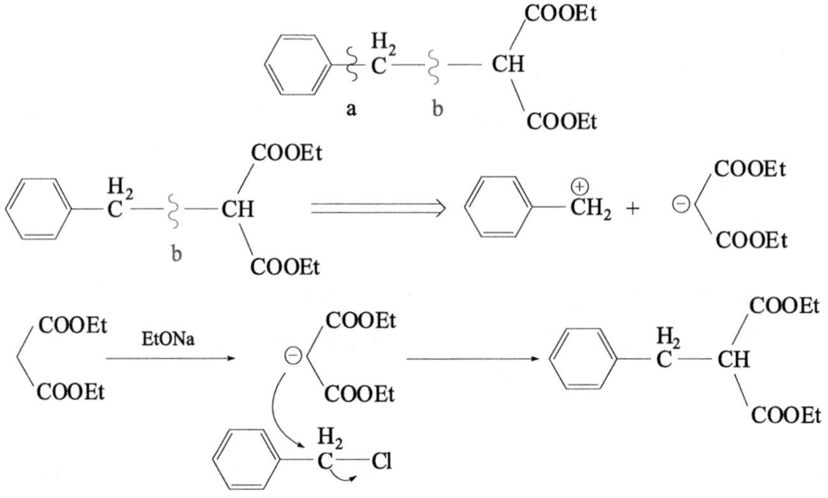

COOEt
H_2
C — CH
a b
COOEt

COOEt
H_2
C — CH ⟹ $\overset{\oplus}{C}H_2$ + ⊖ COOEt
b COOEt
COOEt

COOEt EtONa → ⊖ COOEt → H_2 C — CH COOEt
COOEt COOEt COOEt
H_2
C — Cl

图 3-2 2-苄基丙二酸乙酯的切断及合成

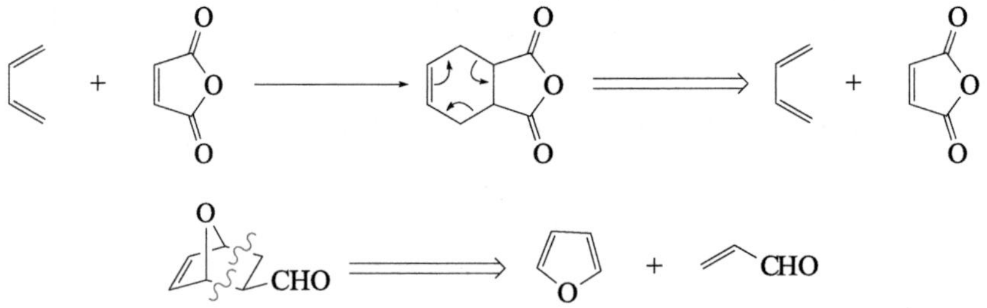

O O O
\+ O → O ⟹ \+ O
O O O

O
CHO ⟹ O + CHO

图 3-3 周环反应的逆过程及切断分析

3.2 一基团的切断分析

3.2.1 简单醇的切断

综上，只要能找到好的反应机理，就可以找到好的切断，如氰醇的切断。显而易见，氰离子是稳定的负离子，而切断所得的正离子被氧的未共用电子对所稳定，所以其切断及合成如图 3-4 所示。

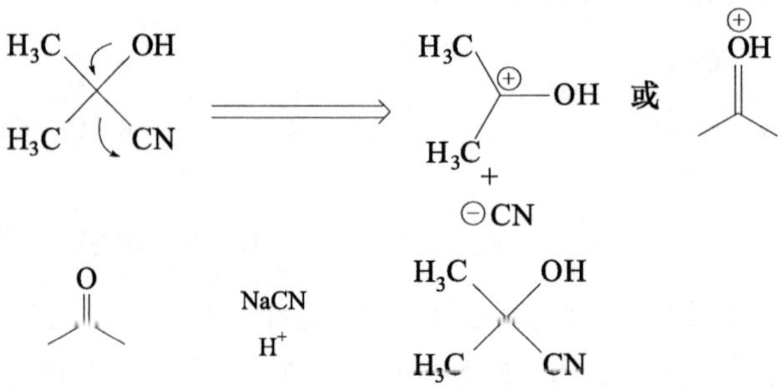

H_3C OH ⟹ H_3C ⊕ OH 或 $\overset{\oplus}{O}H$
H_3C CN H_3C
\+
⊖CN

O NaCN H^+ H_3C OH
H_3C CN

图 3-4 氰醇的切断及合成

事实上，所有简单的醇均可按此进行切断，只需选择所得负离子合成子最稳定的那种切断即可，并把目标分子切断为一羰基化合物。例如，炔醇有三种切断方式，其中 c 切断所得负离子是乙炔负离子，最稳定。所以上述炔醇最合理的切断和合成路线如图 3-5 所示。

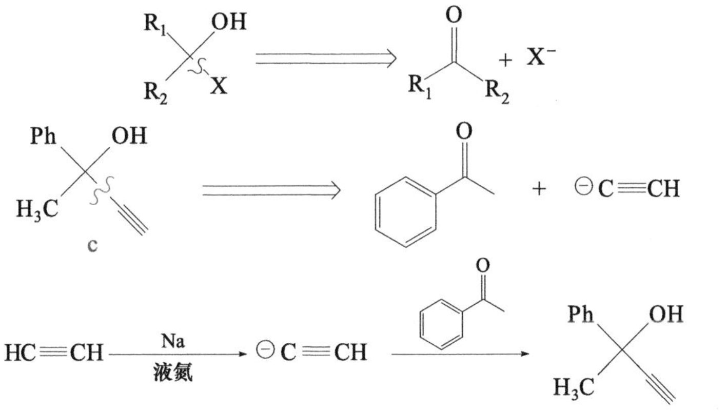

图 3-5　炔醇的切断和合成路线

1-甲基-1-乙基苄醇的切断和合成如图 3-6 所示。图中给出了 2-环己基-2-丙醇两种切断方式，尽管都有合理的反应机理，但仍以选择 2 为宜，因为 1 只切掉一个碳原子，所得分子的合成难度不亚于目标分子。判断好的切断的标准：①一个合理的机理；②最大程度的简化。

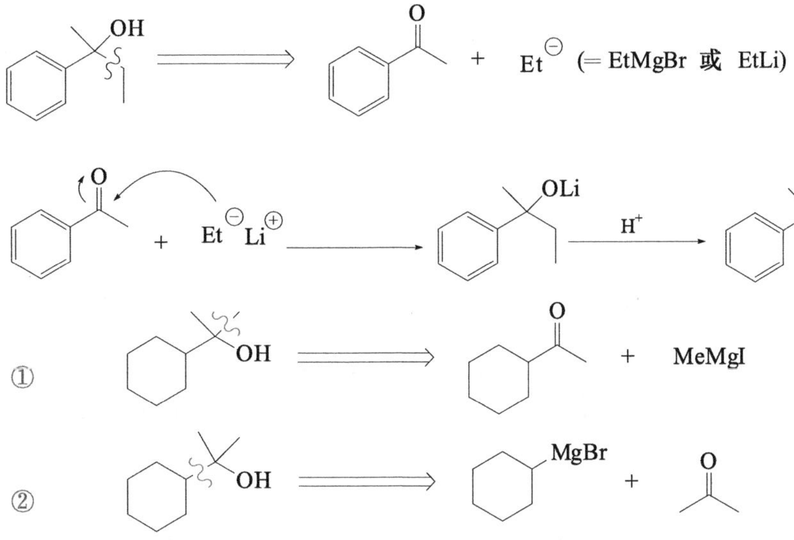

图 3-6　1-甲基-1-乙基苄醇的切断分析

如果在叔醇中有两个基团相同，也可以将这两个基团通过一次切断倒退到一个酯和两个格氏试剂，如图 3-7 所示。

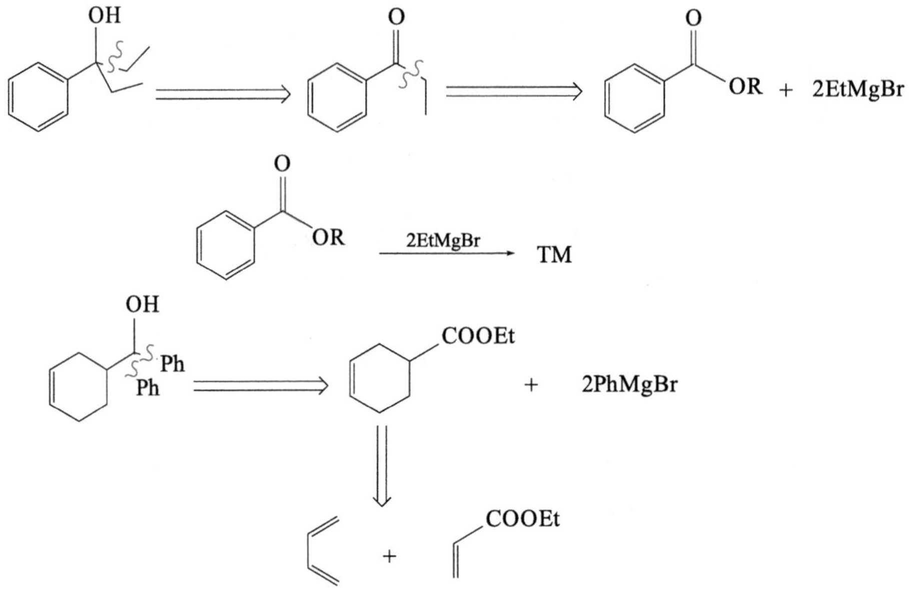

OH
OR + 2EtMgBr
OR 2EtMgBr TM
COOEt
Ph
Ph
+ 2PhMgBr
COOEt
+

图 3-7 带有两个相同取代基的叔醇的切断

另外，如果醇是伯醇或仲醇，那么与氧相连的碳上就至少有一个氢，就可以有另一种切断：

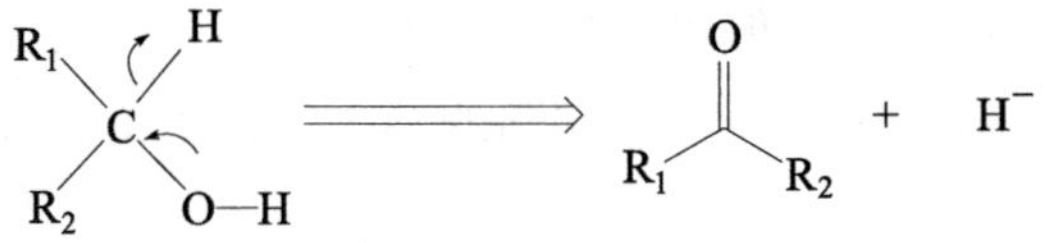

$$R_1R_2CH-OH \Longrightarrow R_1COR_2 + H^-$$

合成子 H^-的合成等价物是 H^-供体，如 $NaBH_4$、KBH_4、$LiAlH_4$等。事实上涉及 H^-切断的反应只不过是氧化还原反应，并不改变分子的碳骨架，因此它们并不是真正的切断，而是官能团互换。

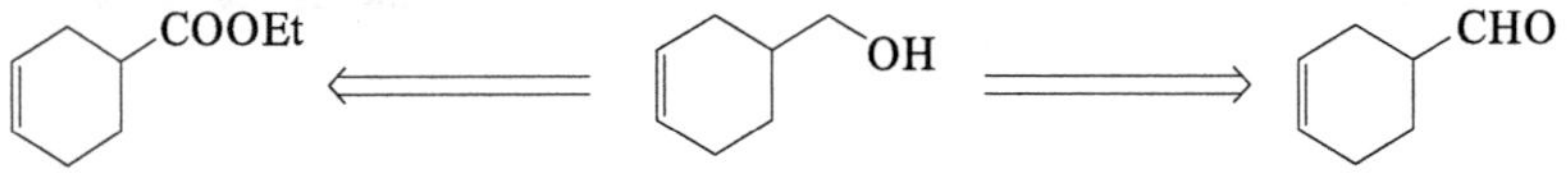

COOEt OH CHO

3.2.2 由醇衍生的化合物的切断分析

众所周知，在有机合成中羟基很容易转变为其他官能团，如卤代烃、醛、酮、羧酸、酯、烯烃、醚等，而醇的合成又可以通过上述切断分析而加以设计，所以在对醇的衍生物进行切断分析时，可考虑先倒退到醇，然后再对醇进行切断分析。

图 3-8 中溴代乙苯通过基团互换为苯乙醇，切断 b 所给出的苄基格氏试剂不稳定，切断 a 更合理，合成子 A 的试剂是环氧化合物，所以实际反应是苯基格氏试剂与环氧乙烷的亲核加成。E.J.Corey 曾以化合物(1)作为美登木素的中间体，分子中含有的顺式双键，可以通过炔烃的选择性加氢得到[8]，如图 3-9 所示。

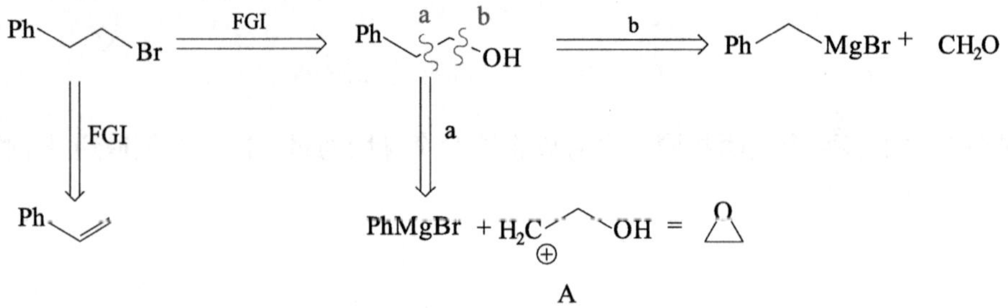

Ph Br FGI Ph a b OH b Ph MgBr + CH_2O
FGI a
Ph
PhMgBr + $H_2C^{\oplus}$ OH =
A

图 3-8 醇衍生物的切断分析

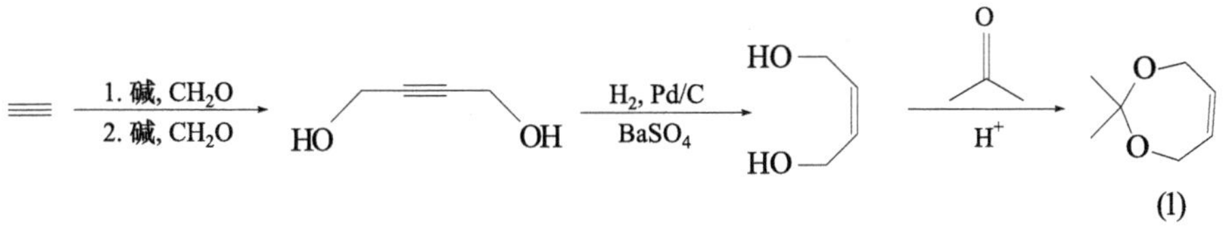

图 3-9　美登木素中间体的合成

3.2.3　简单烯烃的切断

基于水、氨、卤化氢等小分子的消除可形成碳碳双键，因此烯烃可由醇脱水而制备，那么烯烃的切断就可归结为醇的切断。但是双键有两个碳，羟基添加到哪一个碳上是需要斟酌的。由图 3-10 不难看出，苯基环己烯可由两种环己醇脱水生成，然而环己醇 B 的脱水可能产生两种不同的烯烃，而 A 只生成目标产物，所以先倒推到环己醇 A，再经切断得到环己酮和苯基格氏试剂。因此，在切断烯烃时要分析两种醇产生目标化合物的区域选择性。

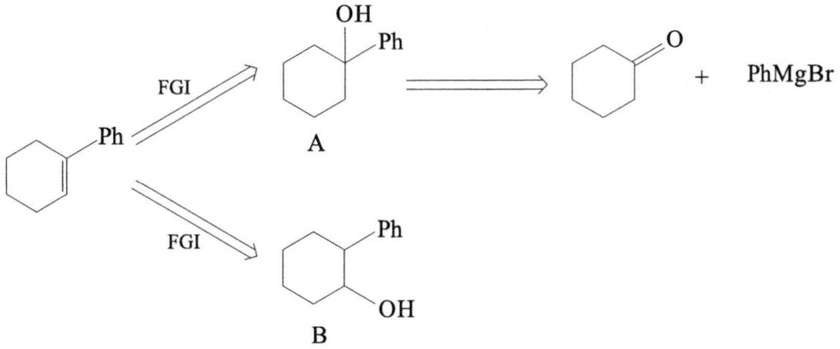

图 3-10　苯基环己烯的逆合成分析

烯烃的另一可供选择的合成方法是 Wittig 反应，对双键的直接切断相当于 Wittig 反应的逆反应，如图 3-11 所示，对碳碳双键直接切断得到丙酮和 Wittig 试剂。

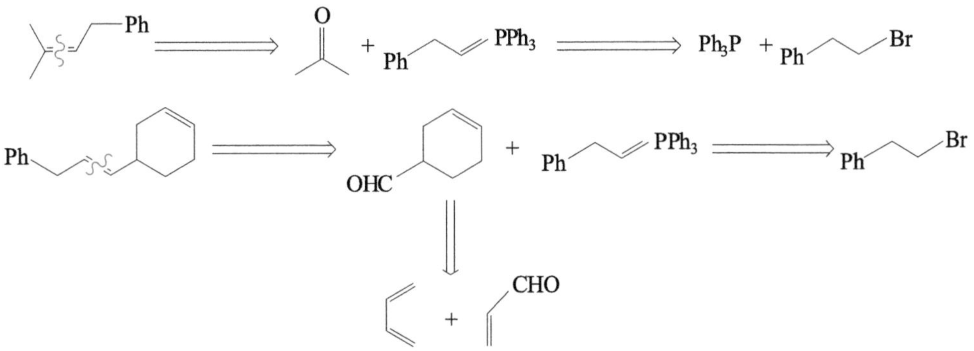

图 3-11　烯烃的逆合成分析

3.2.4　芳香酮的切断

对甲氧基苯乙酮通常是以苯甲醚为原料与乙酐或乙酰氯经傅-克酰基化反应得到的。所以基于傅-克酰基化反应的切断就是切断芳香酮中连接芳环和羰基的碳碳键。对于二苯甲酮类化合物，有如图 3-12 所示的两种切断，切断 a 是可行的，而切断 b 不可行。这是因为切断 a 给出的是对甲基苯甲醚和对硝基苯甲酰氯，它们之间的傅-克酰基化反应是富电子的芳烃对缺电子的芳酰氯的反应，易于进行；而切断 b 则相反，缺电子硝基苯难以进行傅-克反应。

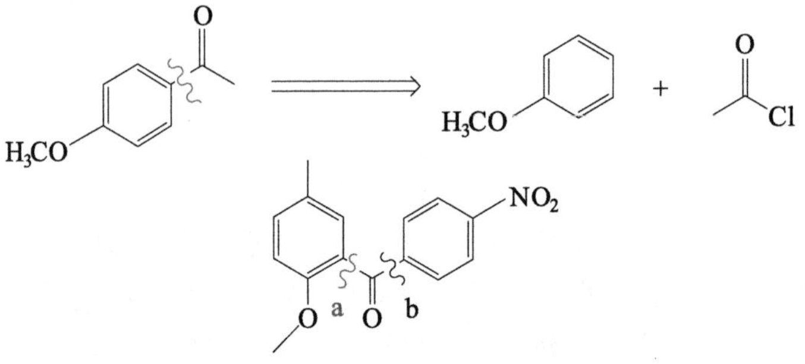

图 3-12 芳香酮的切断分析

3.2.5 控制

在有机化合物的逆合成分析中，会发现经切断分析得到的目标化合物的合成路线在实验中是难以实现的。

图 3-13 中酮醇的切断是显而易见的，但在实际反应中由于酮的活性高于羧酸酯，导致格氏试剂首先进攻酮而得不到目标产物。为了抑制上述副反应，就必须对酮基进行保护，使反应按预期的方向进行，获得目标化合物。另外，某些反应产物的反应活性可能与原料的反应活性相当，这就不可避免地有串联副反应的发生，如图 3-14 所示。

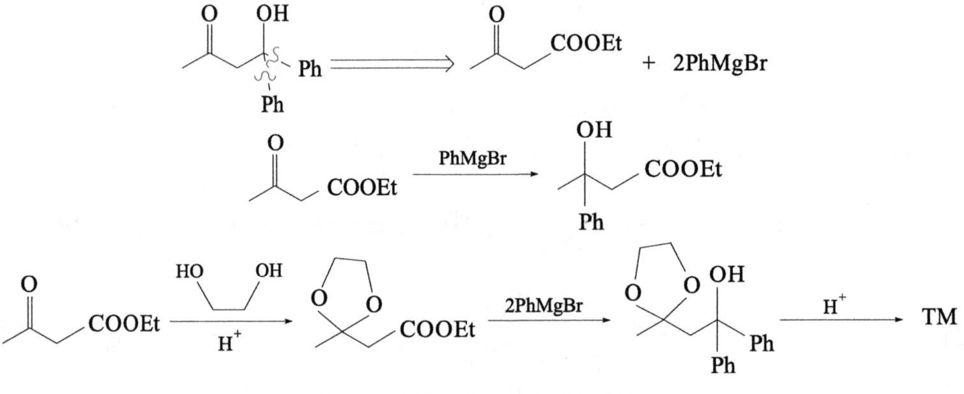

图 3-13 酮醇的切断分析与合成

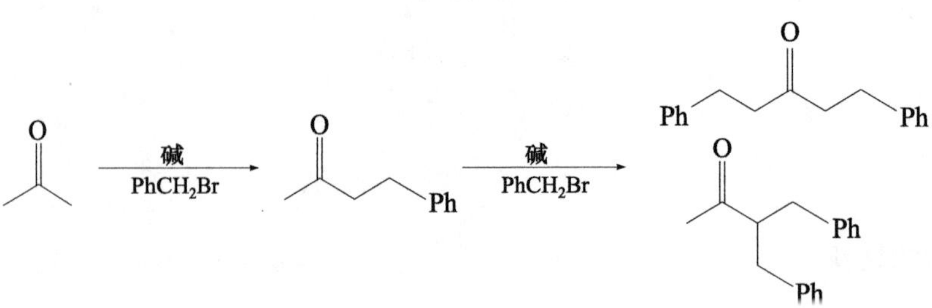

图 3-14 串联反应

因此，在底物中引入酯基来活化某一个部位，从而可以有效地抑制串联副反应的发生。另外，之所以选择这样的切断，是因为我们看出有一个原料可以方便得由 Diels-Alder 反应制得(图 3-15)。切断分析后加以控制的合成路线见图 3-16。

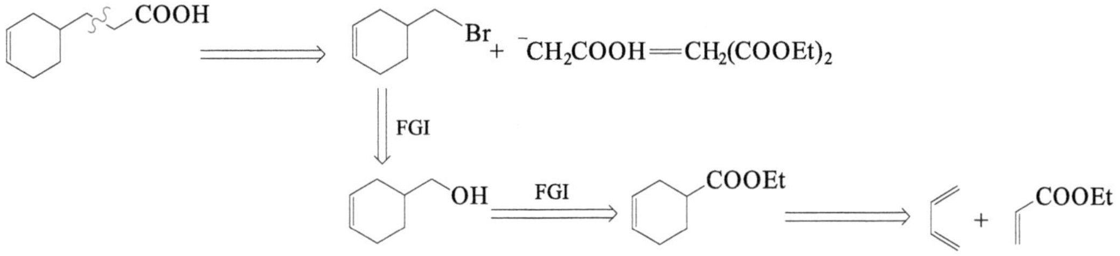

COOH Br + $^{-}CH_2COOH$ ═ $CH_2(COOEt)_2$ FGI OH FGI COOEt COOEt +

图 3-15 切断分析中的控制

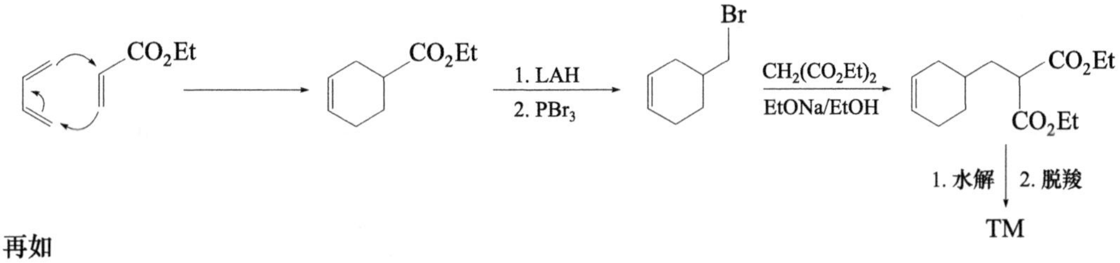

CO_2Et CO_2Et 1. LAH 2. PBr_3 Br $CH_2(CO_2Et)_2$ EtONa/EtOH CO_2Et CO_2Et 1. 水解 2. 脱羧 TM

再如

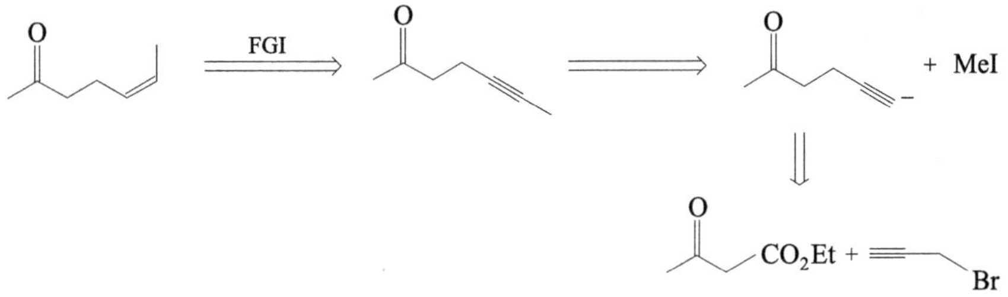

O FGI O O − + MeI O CO_2Et + Br

实际反应是

O CO_2Et EtONa Br O HO OH H^+ O O $NaNH_2$ MeI O O H^+ O TM H_2, Pd/C $BaSO_4$

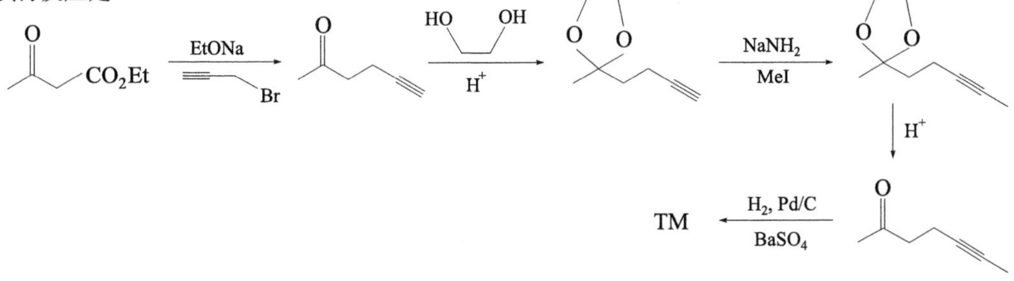

图 3-16 切断分析后加以控制的合成路线

3.2.6 简单酮和羧酸的切断

如前所述，醇氧化可得酮，所以酮的切断可归结为醇的切断，如图 3-17 所示。

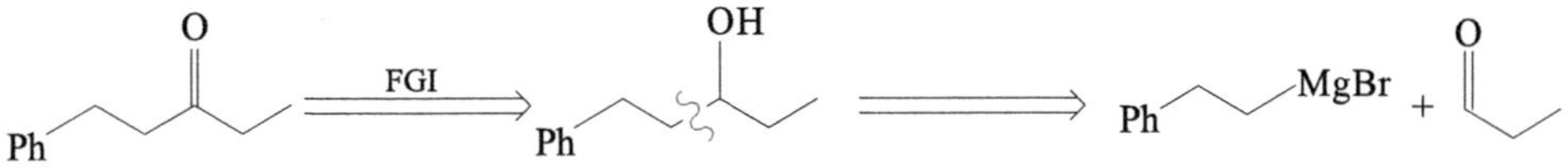

O Ph FGI OH Ph Ph MgBr + O

图 3-17 酮的切断分析

同样，羧酸可由醇氧化而得，所以酸的切断也可归结为醇的切断。另外，羧酸还存在如下切断：

$$R—C(=O)—O—H \Longrightarrow R—MgBr + CO_2$$

因此，图 3-18 中酰胺首先切断碳氮键得哌啶和羧酸，再切断羧基倒推至格氏试剂，再通过官能团互换倒推至醇，经切断得到丙醛和溴丙烷的格氏试剂。

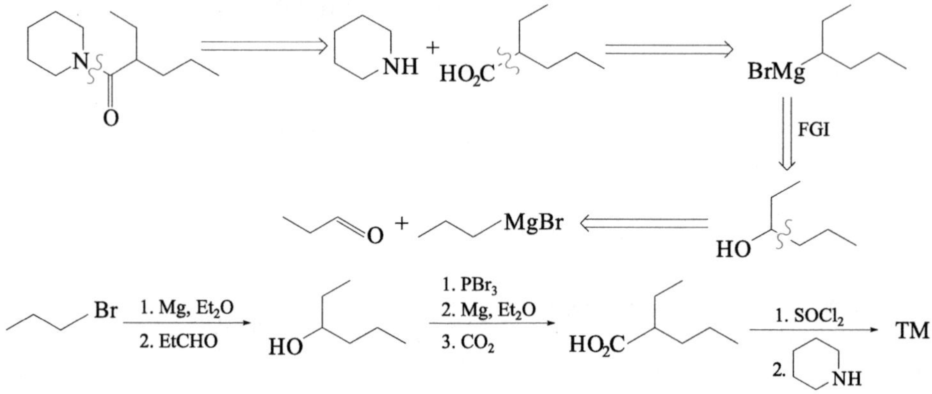

NH + HO_2C BrMg FGI O + MgBr HO

Br 1. Mg, Et_2O 2. EtCHO HO 1. PBr_3 2. Mg, Et_2O 3. CO_2 HO_2C 1. $SOCl_2$ 2. NH TM

图 3-18 酰胺的切断和合成路线

另外，在一基团的切断分析中，还必须考虑饱和烷烃的合成。如图 3-19、图 3-20 所示，饱和烷烃直接切断的逆反应是偶合反应；也可经官能团互换倒推至烯烃，再经烯烃的切断分析而倒推至原料。

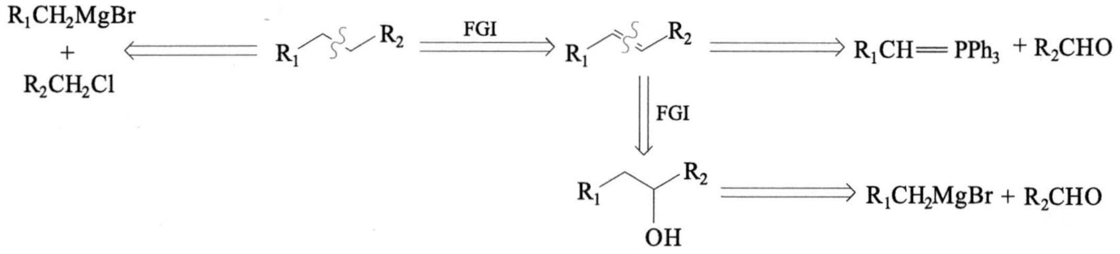

R_1CH_2MgBr + R_2CH_2Cl R_1 R_2 FGI R_1 R_2 $R_1CH{=}PPh_3$ + R_2CHO FGI R_1 R_2 OH R_1CH_2MgBr + R_2CHO

图 3-19 饱和烷烃的切断分析

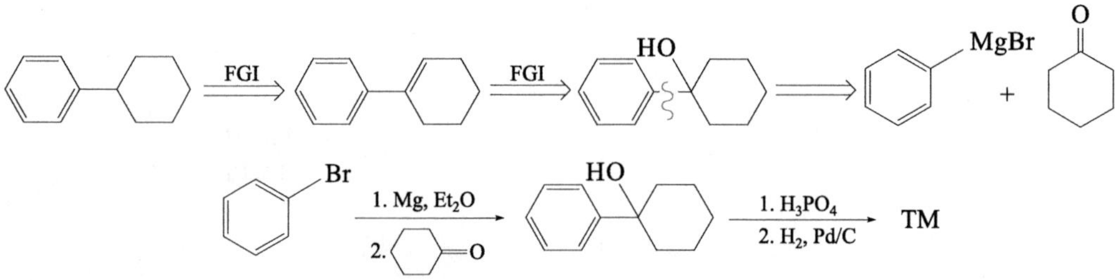

FGI FGI HO MgBr + O

Br 1. Mg, Et_2O 2. O HO 1. H_3PO_4 2. H_2, Pd/C TM

图 3-20 苯基环己烷的切断分析和合成路线

3.3 二基团的切断分析

3.3.1 1, 3 位氧化的碳骨架

1. β-羟基羰基化合物

当分子中含有两个官能团，最好的切断是同时利用这两个基团，如羟基己醛是含有两个官能团的化合物，可将它作为醇进行切断，如图 3-21 所示。

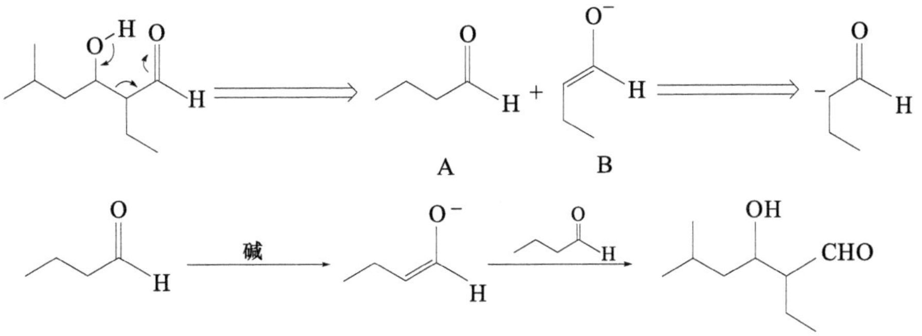

图 3-21　羟基己醛的切断与合成

负离子 B 恰好是醛 A 的烯醇负离子，因此不需要用格氏试剂或其他合成等价物，只需简单地用碱处理丁醛，这是典型的羟醛缩合反应。同样，羟基醛的切断与合成如图 3-22 所示。

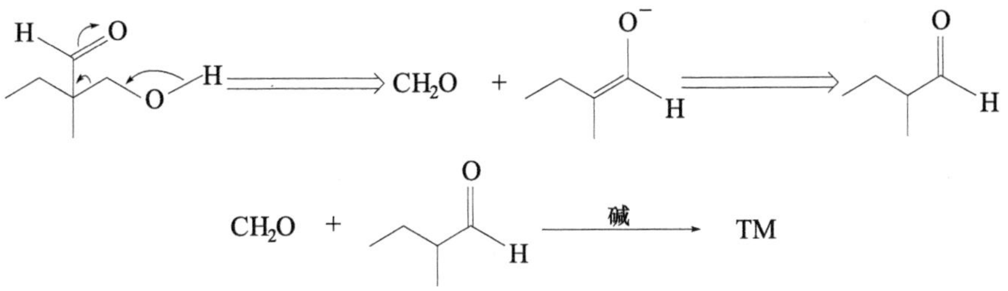

图 3-22　羟基醛的切断与合成

由于甲醛没有α氢，不能形成烯醇负离子，而 2-甲基丁醛羰基的亲电能力低于甲醛，且空间障碍较大，所以反应的选择性较好。羟基二酮化合物含有三个官能团，其切断与合成如图 3-23 所示。

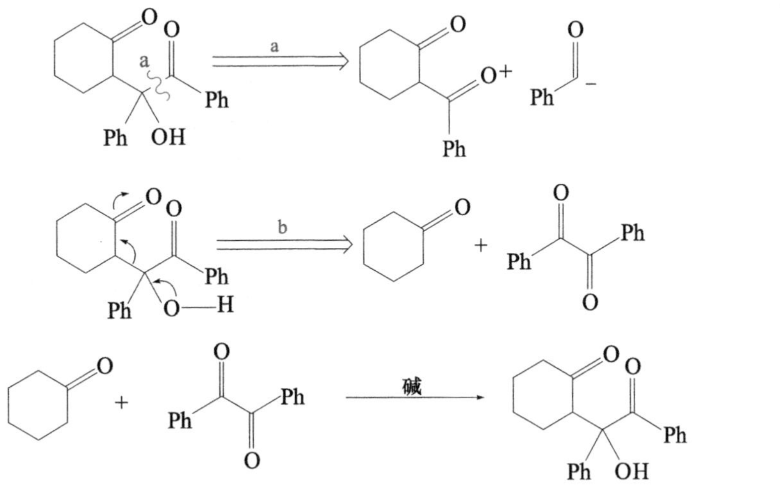

图 3-23　羟基二酮化合物的切断与合成

目标化合物是含有羟基的二酮化合物，切断 a 给出了一个未知且不稳定的苯甲酰基负离子；而按照上述β-羟基羰基化合物的切断 b 则给出两个羰基化合物，由其结构可看出，只有环己酮能产生烯醇，而α-二酮则是亲电性较强的化合物，因此，此反应的选择性较好。

2. α,β-不饱和羰基化合物

如前所述，烯烃的合成方法之一是醇的脱水，为此可通过官能团互换使烯烃变成醇。

由图 3-24 可以看出 b 所给出的醇是β-羟基羰基化合物，这样就可以将α,β-不饱和羰基化合物的切断转化为β-羟基羰基化合物的切断，其不同之处在于生成β-羟基羰基化合物后要进一步脱水。

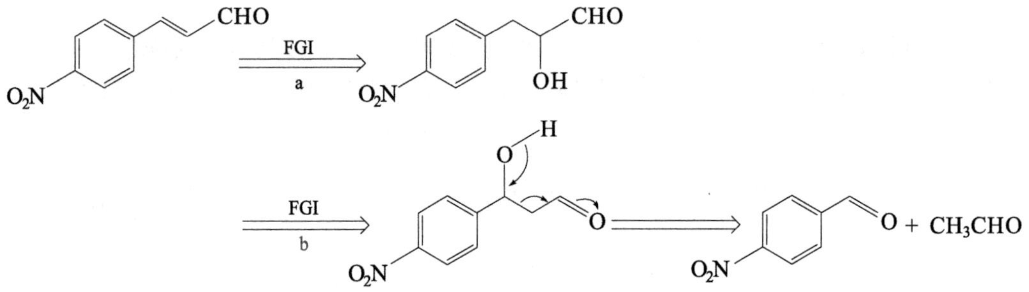

图 3-24　α,β-不饱和羰基化合物的切断

图 3-25 中只有丙酮酸能烯醇化，而醛又比酮与羧基更亲电，所以不用控制反应也可得到高收率的目标化合物。

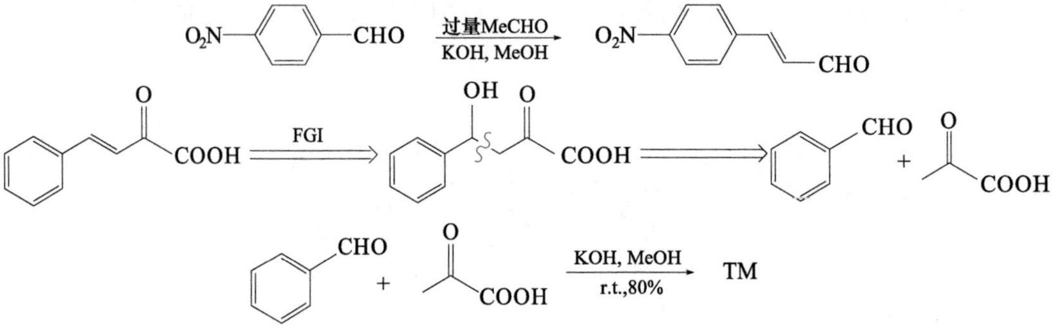

图 3-25　α,β-不饱和羰基化合物的合成

综上所述，对于β-羟基羰基化合物和α,β-不饱和羰基化合物有如图 3-26 的切断。

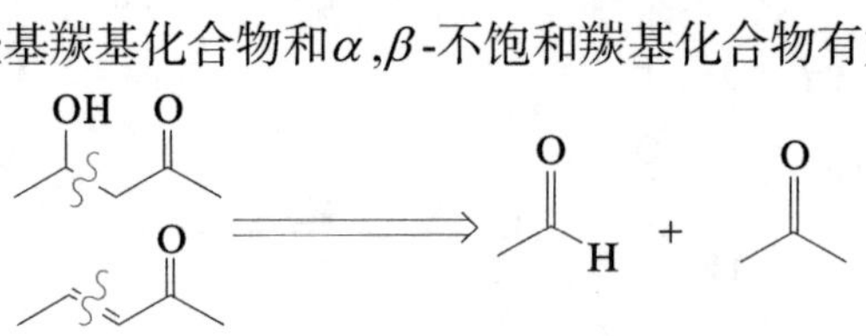

图 3-26　α,β-不饱和羰基化合物的切断通式

3. 1, 3-二羰基化合物

对于 1, 3-二羰基化合物的切断分析可按图 3-27 进行。合成子 RC^+O 的合成等价物是 RCOX，其中 X 是离去基团，如 Cl、EtO 等。

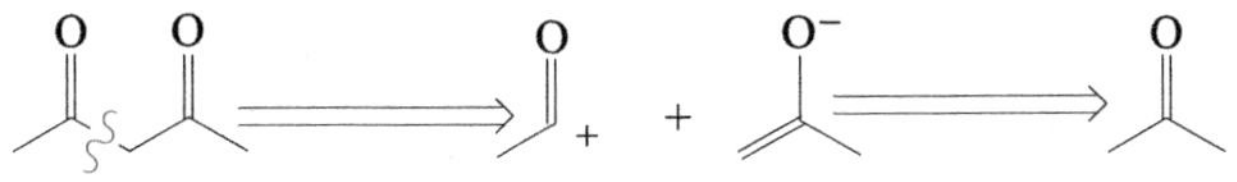

图 3-27 1, 3-二羰基化合物的切断

由图 3-28 不难看出，其合成实际上是克莱森酯缩合反应。

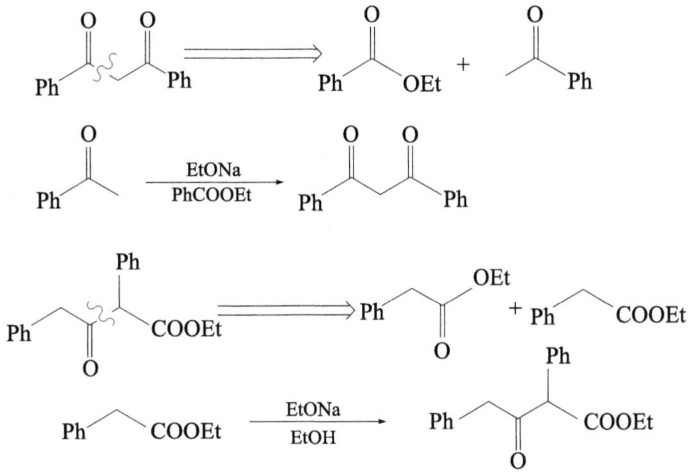

EtONa
PhCOOEt

EtONa
EtOH

图 3-28 1, 3-二羰基化合物的切断和合成

对于某些羰基化合物，它们不是 1,3-二羰基化合物，但为了提高反应活性或选择性，常对其进行控制而成为 1, 3-二羰基化合物，再经脱羧得到目标羰基化合物。

图 3-29 给出了 2-苯基苯丙酸乙酯的两种切断方式，其中(1)不好，当芳环上没有吸电子基时，氯苯或溴苯的亲核取代很难发生。另外，酯基α位上的氢活泼性较差，在弱碱的作用下难以形成碳负离子，如能在此碳上引入一致活基团，如酯基，就能有效地提高α氢的活性，从而使上述反应得以顺利进行。这样也就使得上述酯的切断经官能团互换倒推到 1,3-二羰基化合物的切断。其合成反应如图 3-30 所示。

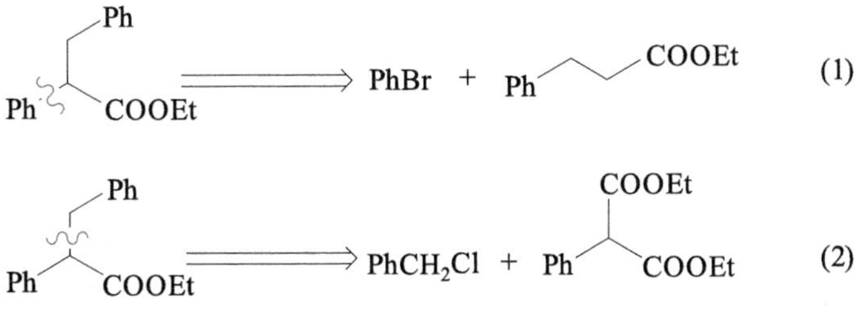

图 3-29 2-苯基苯丙酸乙酯的切断

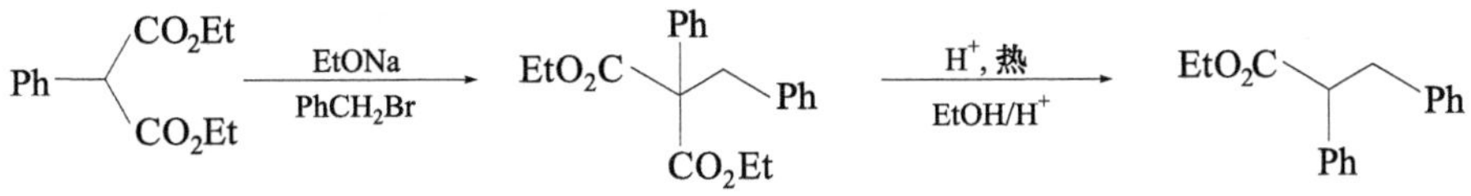

图 3-30 2-苯基苯丙酸乙酯的合成

再如，2-甲基-6-烯丙基环己酮的逆合成分析。表面上此化合物是环己酮的衍生物，但是在合成中仍然要涉及 1, 3-二羰基化合物的合成。此化合物的切断初看很简单，如图 3-31 所示。

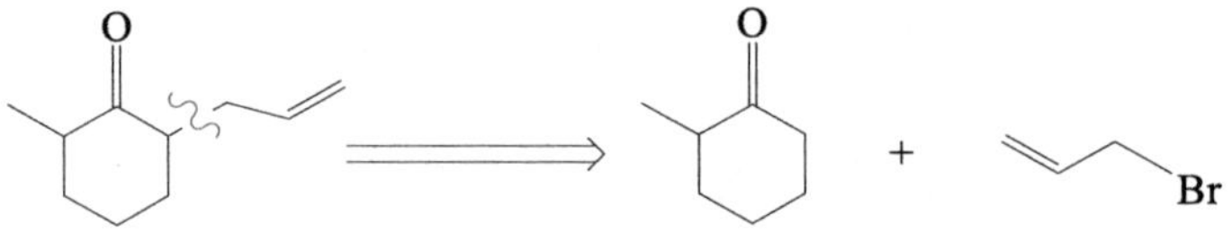

图 3-31 2-甲基-6-烯丙基环己酮的切断

但是图 3-31 的切断是不适宜的，实际反应是无法完成的。因为 2-甲基环己酮有两个烯醇式结构，而我们所希望的结构因稳定性差，其含量更低，所以反应不会按照我们所希望的方向进行，如图 3-32。另外环己酮的烷基化是一串联反应，很难得到高收率的目标产物。

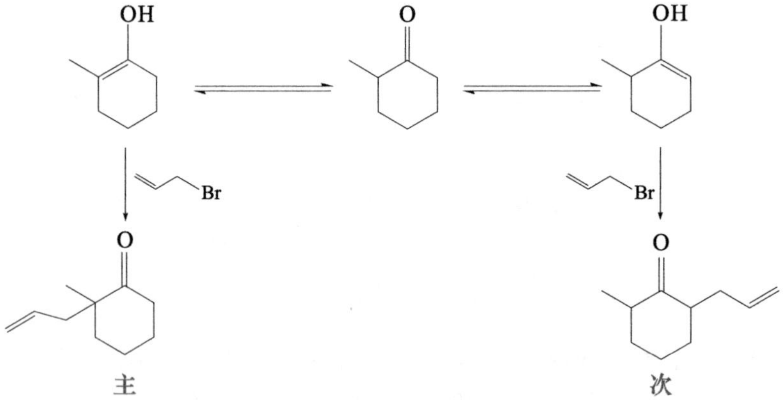

主 次

图 3-32 2-甲基环己酮的烯醇互变与烷基化

如果采用 G.Stork 反应，同样难以达到预期目的，如图 3-33 所示。

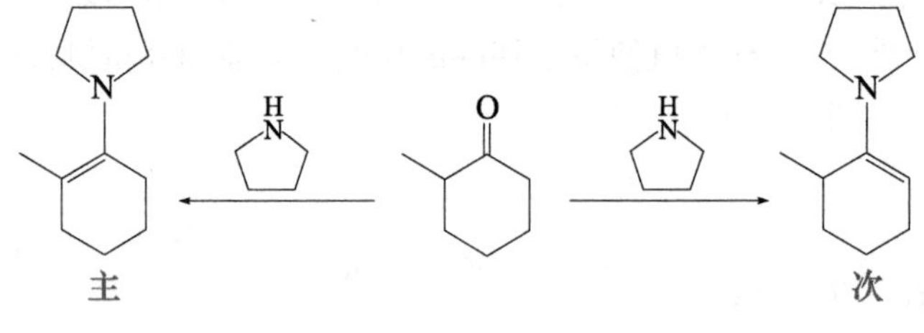

主 次

图 3-33 G.Stork 反应

如果在羰基α位引入一致活基团 COOEt 或 CHO，就可以有效地控制烯丙基进入期望的位置[9]，如图 3-34 所示。

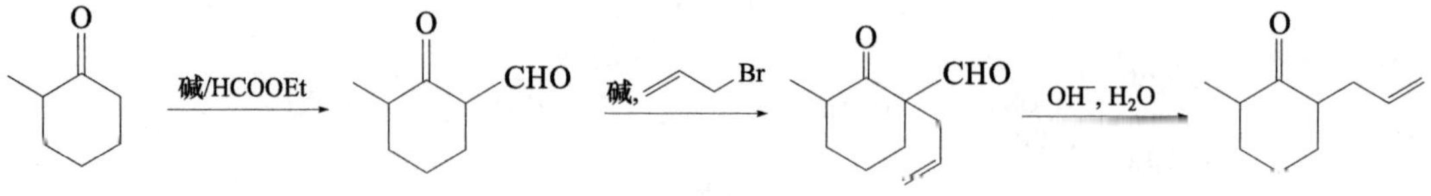

图 3-34 2-甲基-6-烯丙基环己酮的合成

那么为什么第一步反应具有好的位置选择性呢？这是因为所需产物本身可以在碱性介质中生成稳定的烯醇负离子并与羰基共轭，而副产物因无α氢不能形成稳定的烯醇负离子，所以驱使反应平衡完全趋向于产物，而不会有另一副产物生成，如图 3-35 所示。上述烯醇负离子能顺利与烯丙基溴反应，而醛基能通过碱催化水解去除，反应机理如图 3-36 所示。

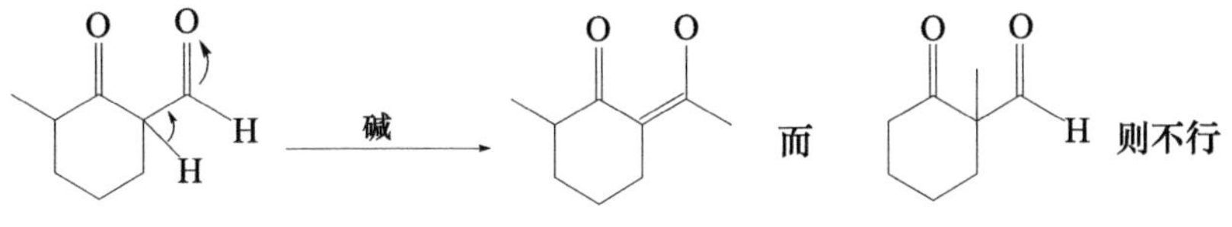

图 3-35 酮式与烯醇式互变

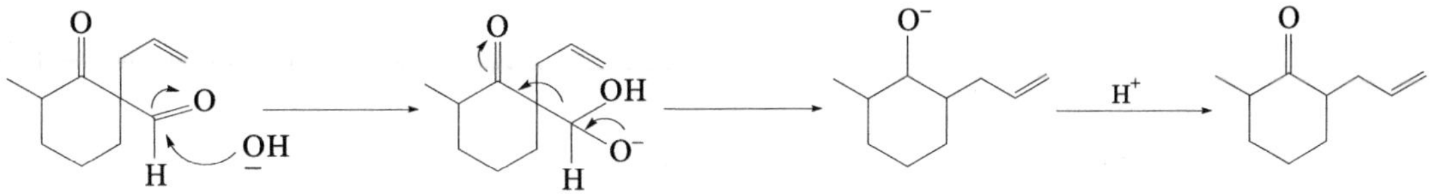

图 3-36 醛基的催化水解

另外，某些可能的负离子的相对稳定性可指导我们进行切断，如图 3-37 所示。

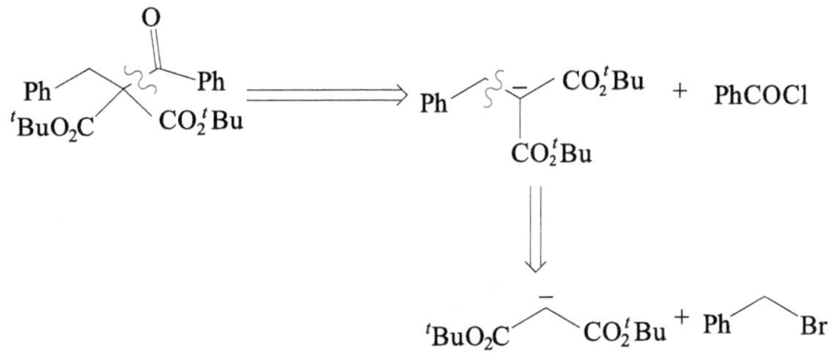

图 3-37 丙二酸二叔丁酯的切断

3.3.2 1, 5-二羰基化合物

1, 5-二羰基化合物是一类重要的精细化学品，广泛用于医药、农药等生产中，它们的逆合成分析是十分重要的。图 3-38 给出了 1, 5-二羰基化合物的两种切断方式。

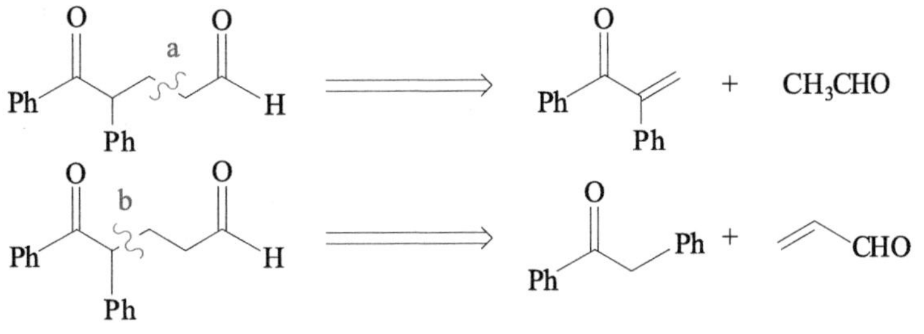

图 3-38 1, 5-二羰基化合物的切断

切断 a, b 均能给出α, β-不饱和羰基化合物，在碱介质中形成的烯醇负离子进攻α, β-不饱和羰基化合物，即 Michael 加成而得到 1, 5-二羰基化合物。由于乙醛所产生的烯醇负离子能与自身发生羟醛缩合反应，而且乙醛α氢的酸性低，不易形成碳负离子，因此切断 a 不可行。1, 5-二羰基化合物的合成如图 3-39 所示。

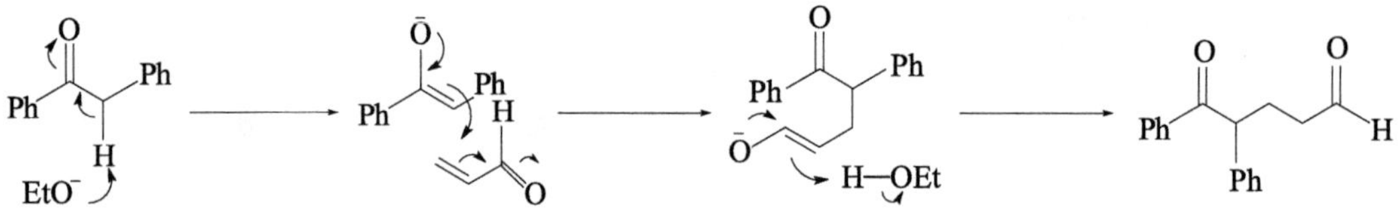

O Ph Ph H EtO⁻ → O⁻ Ph Ph H O → O Ph Ph O⁻ H—OEt → O O Ph H Ph

图 3-39 1, 5-二羰基化合物的合成

化合物 **1** 是一个含有三个官能团的 1,5-二羰基化合物，很容易找到一个切断得到稳定的碳负离子合成子，如图 3-40 所示。

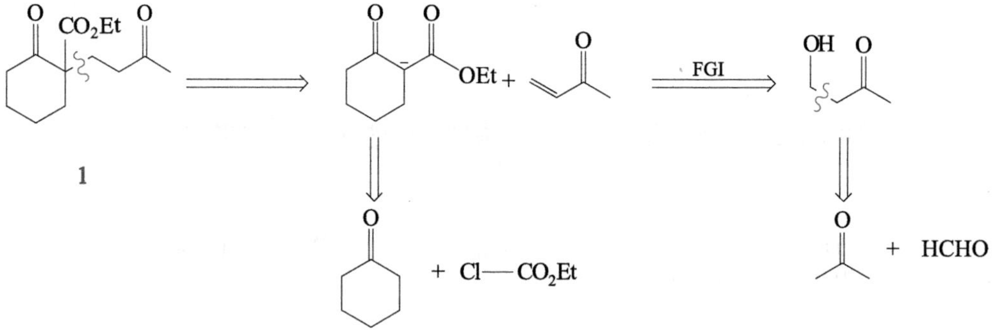

O CO_2Et O ⟹ O O OEt + O ⟹(FGI) OH O

1

⟹ O + Cl—CO_2Et ⟹ O + HCHO

图 3-40 化合物 **1** 的切断

化合物 **2** 的切断与合成如图 3-41 所示，其中 Michael 加成与环合反应的组合称作 Robinson 成环反应。

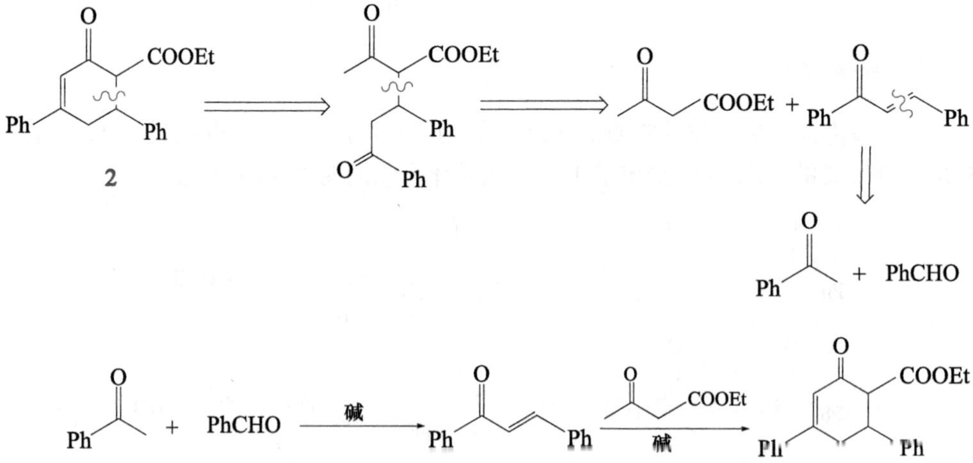

O COOEt Ph Ph ⟹ O COOEt Ph O Ph ⟹ O COOEt + O Ph Ph

2

⟹ O Ph + PhCHO

O Ph + PhCHO —碱→ O Ph Ph —(O COOEt, 碱)→ O COOEt Ph Ph

图 3-41 化合物 **2** 的切断与合成

在目标化合物逆合成分析中，由于得到的合成子不稳定，难以顺利进行反应，可以引入一个活化基团对反应进行控制。例如，在胡椒酮的切断分析中，为了提高合成子的稳定性，向所得合成子中引入酯基，从而提高其形成碳负离子的能力(图 3-42)，确保反应的顺利进行。胡椒酮是薄荷糖的调味香精成分之一，是大吨位的精细化学品，事实上工业生产中就是根据此路线进行合成的[10]。

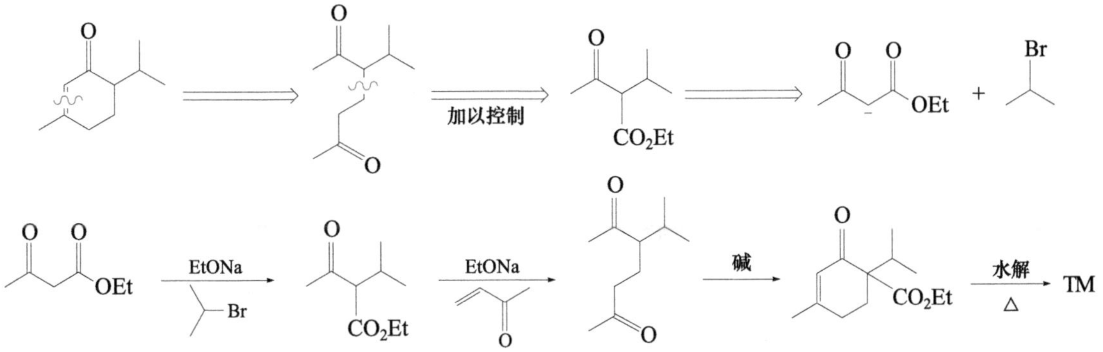

加以控制

EtONa　Br　CO_2Et　EtONa　碱　CO_2Et　水解　△　TM

图 3-42　胡椒酮的切断分析与合成

因为 1, 5-二羰基化合物的切断的逆反应是 Michael 加成，常涉及乙烯基酮类试剂。如前所述，α,β-不饱和羰基化合物通过切断可倒推至丙酮和甲醛，但丙酮和甲醛的羟醛缩合反应的收率很低，这是因为甲醛很活泼，在碱的作用下常因聚合、歧化和其他副反应导致上述反应收率太低。为此，人们在实现目标化合物的合成中经常采用 Mannich 反应代替上述活性乙烯基酮类化合物，其反应机理如图 3-43 所示。

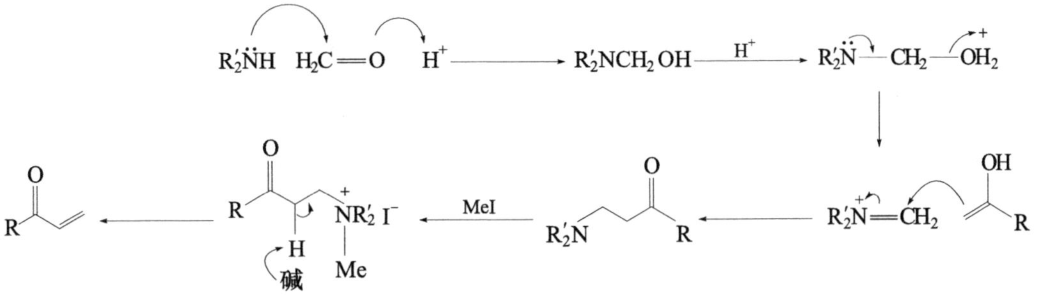

$R'_2\ddot{N}H$　$H_2C{=}O$　H^+ → R'_2NCH_2OH →(H^+) $R'_2\ddot{N}-CH_2-\overset{+}{O}H_2$

$R'_2\overset{+}{N}{=}CH_2$　MeI　$\overset{+}{N}R'_2\ I^-$　H　碱　Me

图 3-43　Mannich 反应的机理

酮与甲醛、仲胺的混合物首先生成 Mannich 碱，与碘甲烷甲基化后生成季铵碱，在碱性介质中发生消除反应，生成所需的乙烯基酮。所谓的碱性介质通常是在 Michael 加成反应本身所需的碱性条件下就能实现上述反应，生成的乙烯基酮不需分离，直接用于 Michael 加成。

基于 Mannich 反应我们可以对某些化合物进行切断，如图 3-44 的稠环α,β-不饱和羰基化合物的切断。

当然在某些情况下不需要采用 Mannich 反应也能得到高收率的产物，如 Hagemann 酯的合成。

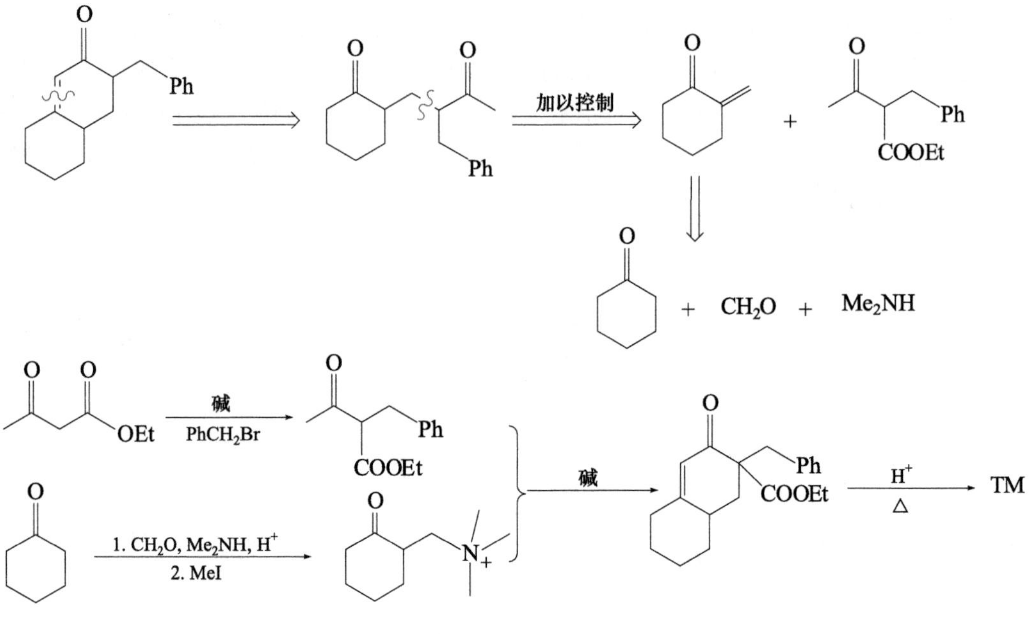

图 3-44 利用 Mannich 反应进行切断分析和合成

由图 3-45 可以看出 Hagemann 酯的原料就是两分子的乙酰乙酸乙酯和甲醛，事实也已证明用两步反应而不经过 Mannich 碱的烷基化可以得到高收率的 Hagemann 酯[11]。

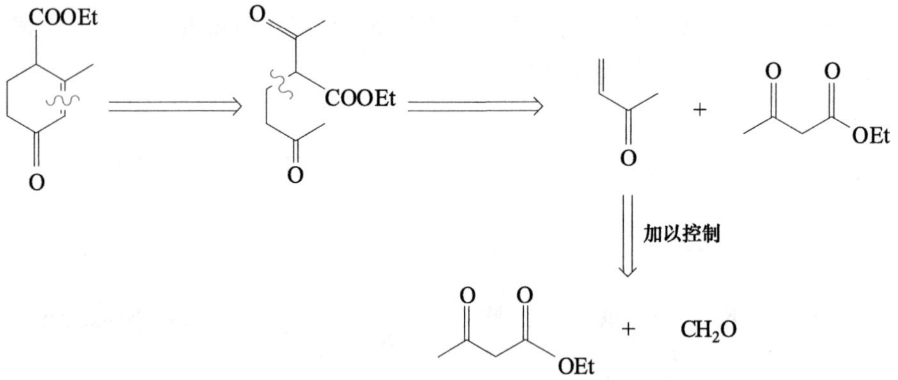

图 3-45 Hagemann 酯的切断

3.3.3 “不合逻辑”的二基团切断

1. α-羟基羰基化合物

迄今为止，我们所讨论的切断均有合理的合成子，能找到合适的合成等价物。下面将α-羟基羧酸仍作为醇进行切断，结果如何呢？见图 3-46。

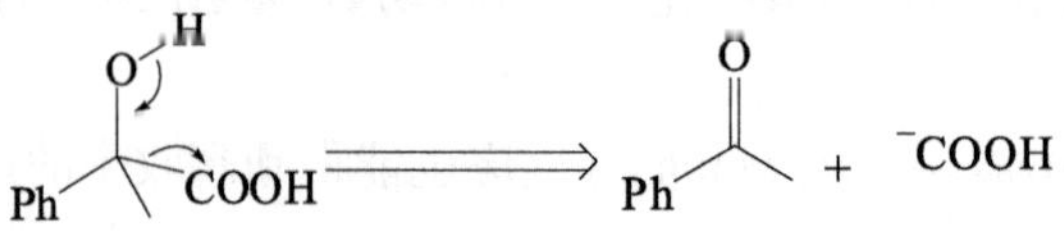

图 3-46 α-羟基羧酸的切断

图 3-46 得到的合成子⁻COOH 明显不合理，它是不可能存在的。因此，需要一个碳负离子，与酮加成后再转变成α-羟基羧酸，这个能转变成羧酸的碳负离子是氰离子(CN^-)。由图 3-47 可知，2-甲基-2-羟基苯乙酸是通过氰离子对苯乙酮的亲核加成后，再进行腈的水解得到的。

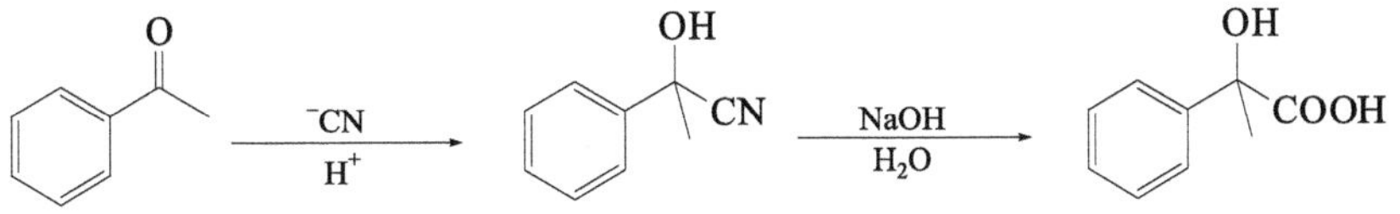

O
^-CN / H^+
OH CN
NaOH / H_2O
OH COOH

图 3-47　α-羟基羧酸的合成

再如，图 3-48 三元醇的合成分析。根据前面所讲的醇的切断分析，一次切断两个苯环得到α-羟基羧酸酯，再按上述α-羟基羧酸的切断得到β-羟基羰基化合物，经进一步的切断最后得到原料α-甲基丙醛与甲醛。

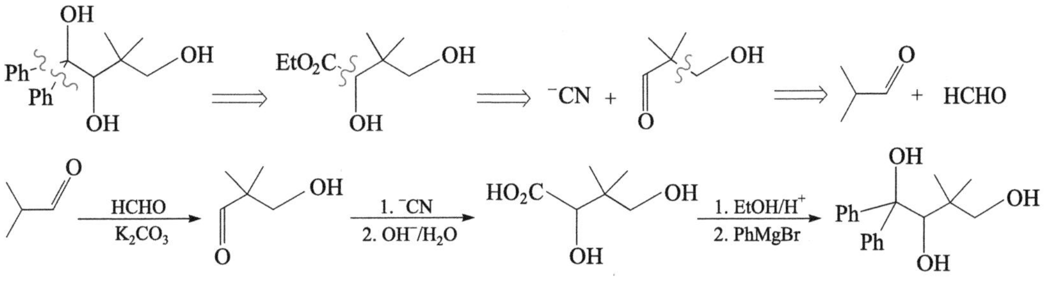

OH Ph Ph OH OH ⟹ EtO_2C OH OH ⟹ ^-CN + O OH ⟹ O + HCHO

O —HCHO / K_2CO_3→ O OH —1. ^-CN / 2. OH^-/H_2O→ HO_2C OH OH —1. $EtOH/H^+$ / 2. PhMgBr→ OH Ph Ph OH OH

图 3-48　三元醇的切断及合成

另外，将上述合成α-羟基羧酸的方法稍加改变就可以得到一个合成α-氨基酸的方法，其反应机理如图 3-49 所示。

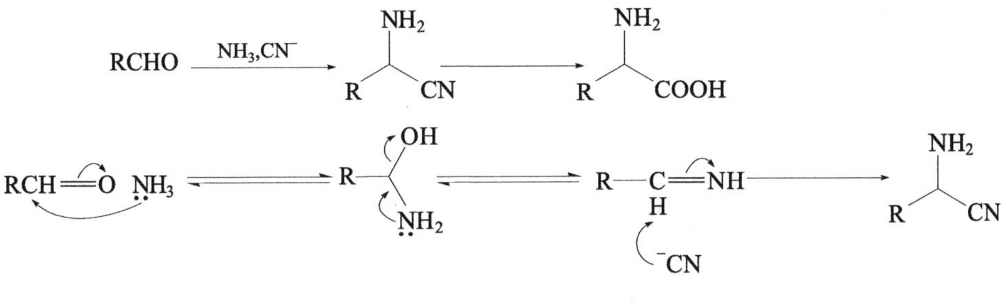

RCHO —NH_3,CN^-→ NH_2 R CN → NH_2 R COOH

RCH=O NH_3 ⇌ R OH NH_2 ⇌ R—C=NH H → NH_2 R CN
^-CN

图 3-49　α-氨基酸的合成及反应机理

应该注意的是，在合成氨基酸的过程中，前两步反应均为可逆反应，水的存在不利于反应的进行，而氨过量有利于反应进行完全。下面仅以缬氨酸的合成为例说明α-氨基酸的合成分析，如图 3-50 所示。

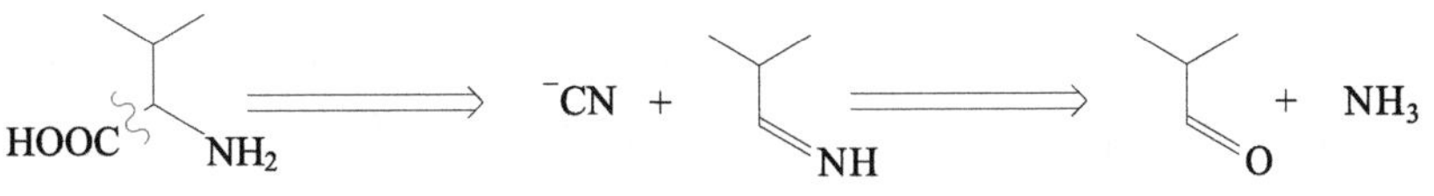

HOOC NH_2 ⟹ ^-CN + NH ⟹ O + NH_3

图 3-50　缬氨酸的切断分析

以上是α-羟基羧酸或α-氨基羧酸的合成分析，如果是特殊的α-羟基羰基化合物，那将如何分析呢？现以苯偶姻为例进行分析。我们仍按照醇的切断对苯偶姻进行切断，得到苯甲醛和苯甲酰负离子合成子，它是不合理的，是无法存在的，如何找到其合成等价物呢？为此，我们用氰离子对苯甲醛进行亲核加成得到氰醇，再用碱处理所得到的氰醇，发现生成了如图3-51所示的稳定的负离子。所生成的负离子对另一分子苯甲醛进行亲核加成又得到新的氰醇，此氰醇不稳定，在碱的作用下生成了苯偶姻，除了氰离子外不需要其他的碱，该反应称为苯偶姻缩合反应。苯偶姻的切断分析及反应机理如图3-51所示。

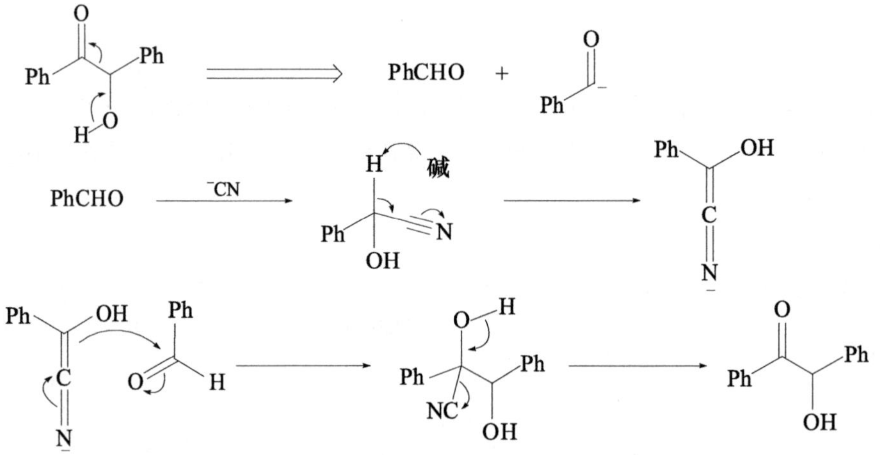

图 3-51 苯偶姻的切断及合成反应机理

四苯基环戊二烯酮的合成就是经苯偶姻中间体得到的，如图3-52所示。

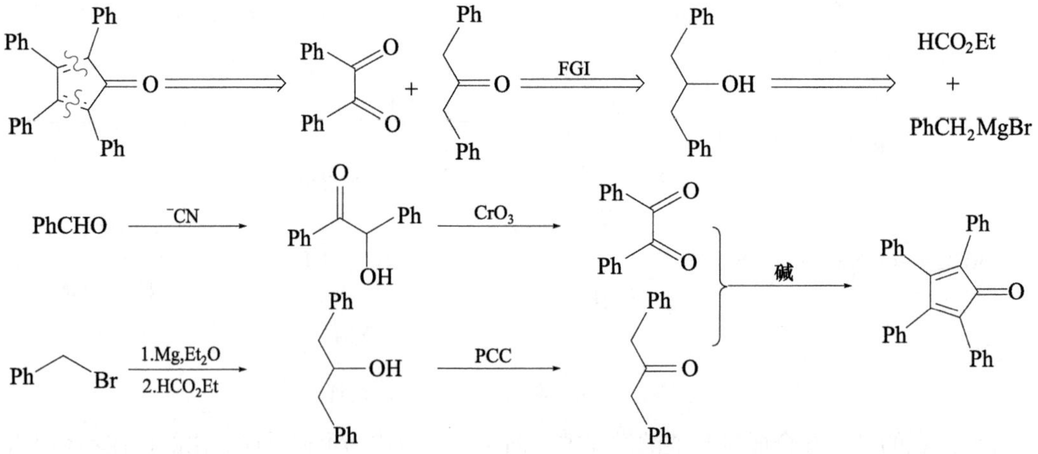

图 3-52 四苯基环戊二烯酮的切断及合成

对于其他的α-羟基酮，同样会出现这种不合逻辑的问题，3-羟基-3-甲基-2-丁酮经切断后又得到一个酰基负离子合成子，如图3-53所示。考虑到取代炔烃在汞盐的作用下能水合成酮，为此选用炔烃作为此合成子的合成等价物得到了此类化合物的合成路线，如图3-54所示。

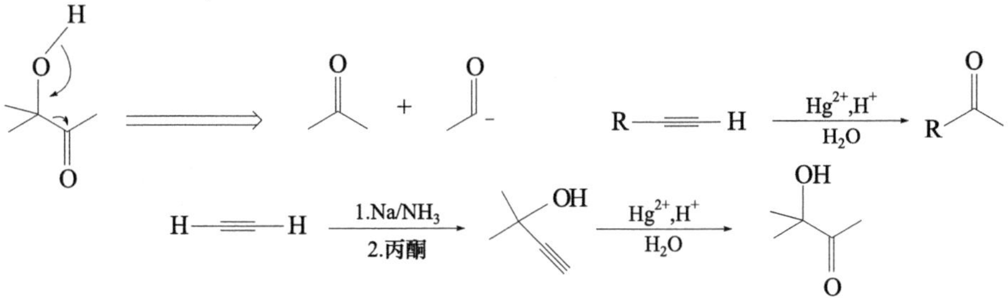

图 3-53　3-羟基-3-甲基-2-丁酮的切断与合成

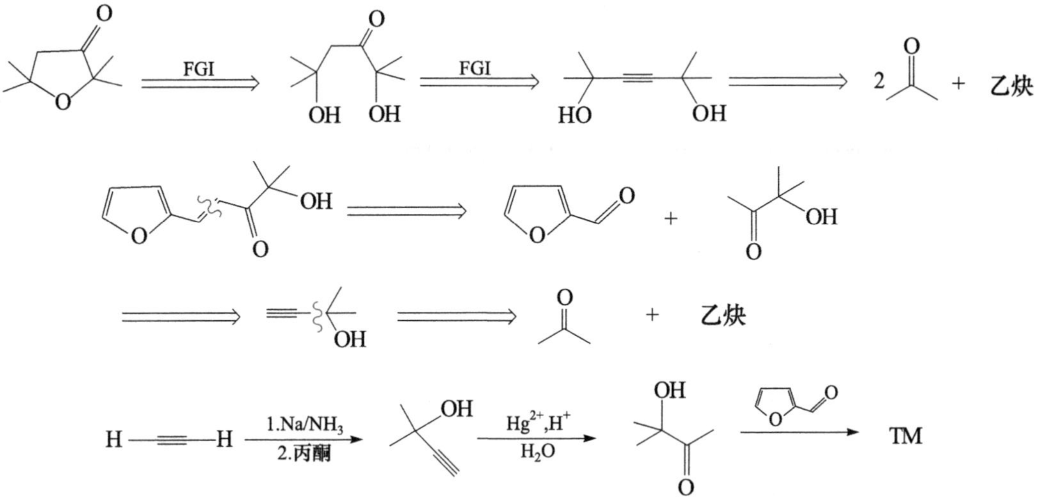

图 3-54　邻羟基酮类化合物的切断与合成

2. 1, 2-二元醇

1, 2-二元醇的通常制备方法是将烯烃用诸如 OsO_4 或 $KMnO_4$ 之类的氧化剂进行羟基化反应，而烯烃又可以通过 Wittig 反应或醇脱水而得到，如图 3-55 所示。基于上述羟基化反应能生成顺式的 1,2-二元醇化合物，因此此方法可用于图 3-56 手性化合物的合成。

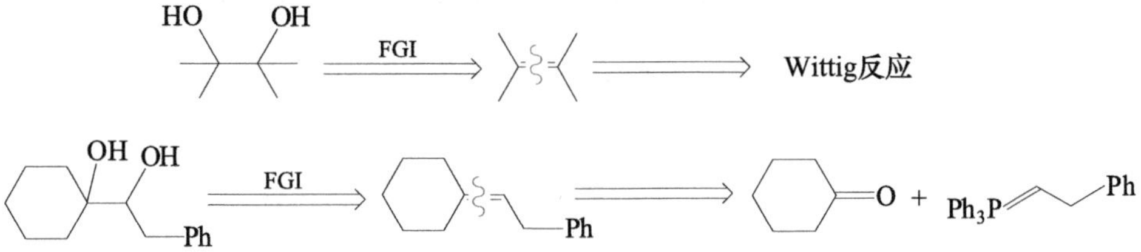

图 3-55　1,2-二元醇的切断分析

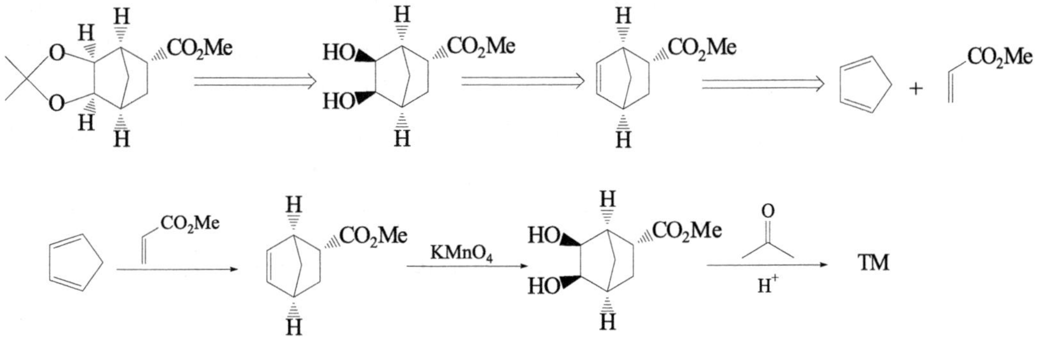

图 3-56　目标化合物的切断与合成

对称的 1, 2-二元醇还可采用自由基反应合成，其中一个典型反应如图 3-57 所示。尤其重要的是邻二叔醇在酸性介质中易重排生成酮。

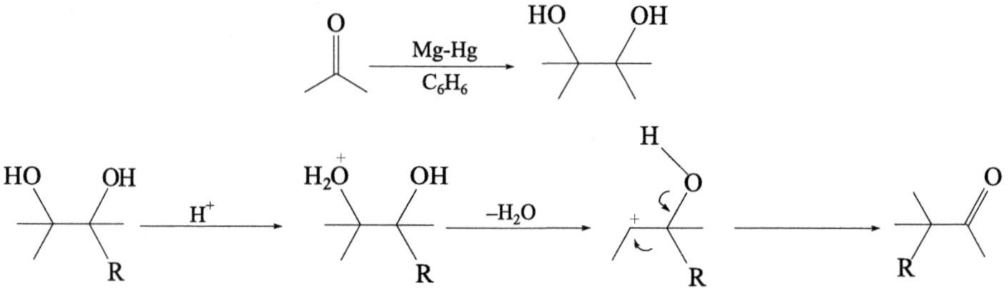

图 3-57 1, 2-二元醇的合成及重排反应

图 3-58 中的螺环酮是一个叔烷基酮，可以采用上述方法进行切断。

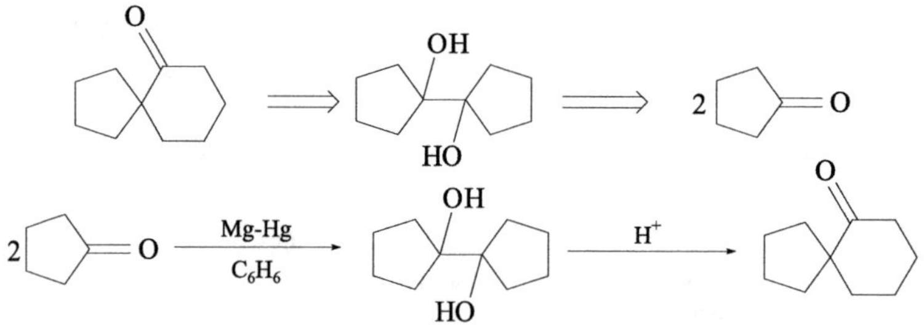

图 3-58 螺环酮的切断与合成

3.3.4 “不合逻辑”的亲电试剂

综上所述，我们使用表面上不合逻辑的亲核试剂和特殊方法实现了 1, 2 位有两个含氧基团化合物的切断与合成，为此也考虑使用表面上不合逻辑的亲电试剂，其中最重要的是α-卤代羰基化合物，它们可以非常方便地由烯醇的卤代反应从羰基化合物制得，如图 3-59 所示。

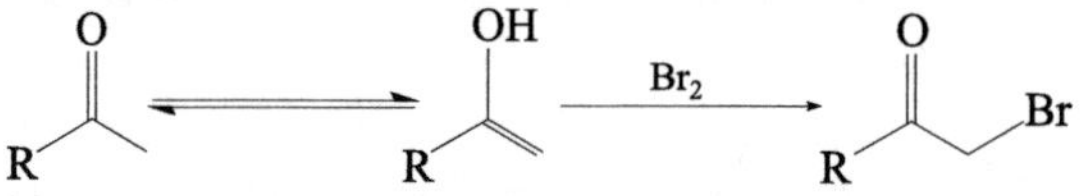

图 3-59 α-卤代羰基化合物的合成

由上述分子结构可以看出，酮的α碳原子本身是亲核性的，但在α-溴代酮中，α碳原子是亲电性的，通过卤代反应实现了分子极性的转变。例如，α-羟基苯乙酮乙酸酯的切断分析(图 3-60)。α-羟基苯乙酮乙酸酯经过官能团互换得到α-羟基苯乙酮，但难以合成，再经过官能团互换为α-溴代苯乙酮，是很活泼的亲电试剂，无需经过α-羟基苯乙酮中间体，可直接与乙酸钠反应得到目标产物。再如，激素除莠剂 MCPA 的合成[12]，如图 3-61 所示。

另一个表面不合逻辑的亲电试剂是环氧化合物，可由烯烃与过氧酸制得，其中间氯过氧苯甲酸是最常用的一种环氧化剂。因此，可利用环氧化物的这些性质进行此类化合物的合成设计，如图 3-62、图 3-63 所示。

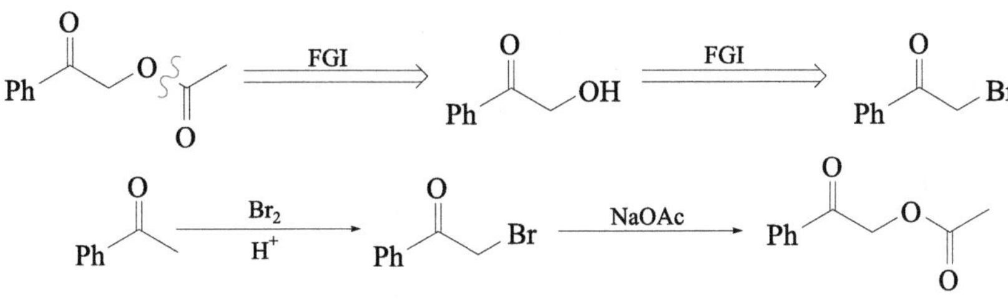

O Ph O O FGI ⟹ O Ph OH FGI ⟹ O Ph Br

O Ph —Br_2 / H^+→ O Ph Br —NaOAc→ O Ph O O

图 3-60 α-羟基苯乙酮乙酸酯的切断与合成

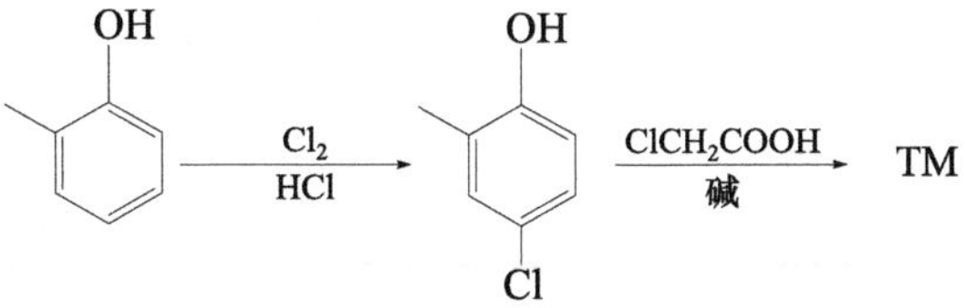

OH —Cl_2 / HCl→ OH Cl —$ClCH_2COOH$ / 碱→ TM

图 3-61 激素除莠剂 MCPA 的合成

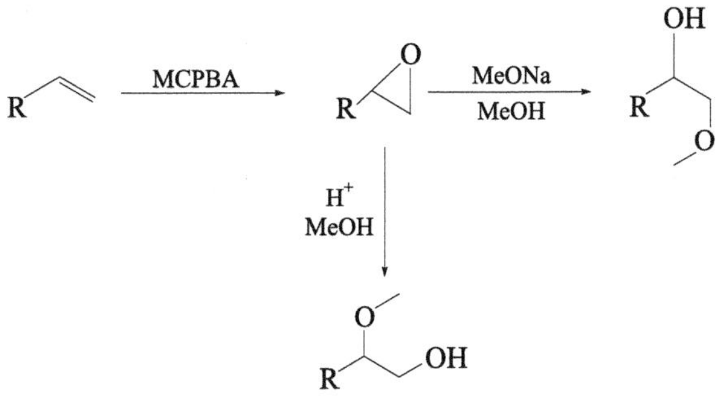

R —MCPBA→ O R —MeONa / MeOH→ OH R O

H^+ MeOH ↓

O R OH

图 3-62 烯烃的环氧化与开环

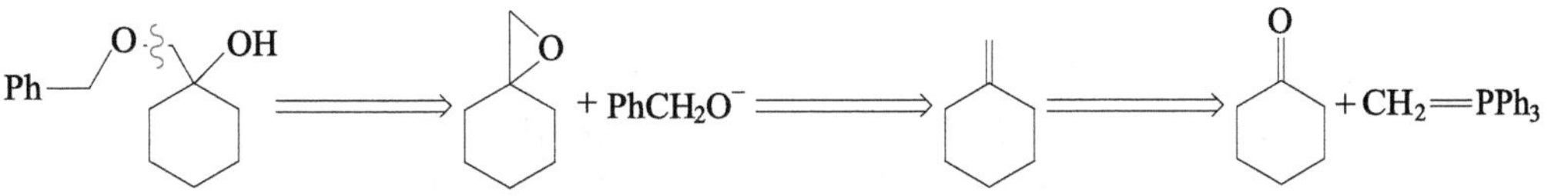

Ph O OH ⟹ O + $PhCH_2O^-$ ⟹ ⟹ O + CH_2═PPh_3

图 3-63 2-羟基环己基甲基苄基醚的切断分析

季铵盐类化合物常作为无刺激作用的消毒剂或杀菌剂用于人们的日常生活和工农业生产，其切断与合成如图 3-64 所示。

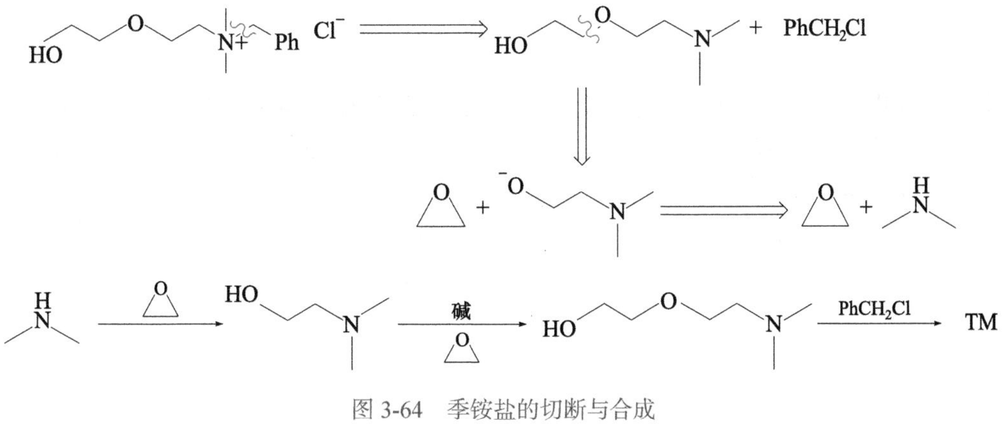

HO O N+ Ph Cl^- ⟹ HO O N + $PhCH_2Cl$

⇓

O + $^-$O N ⟹ O + H N

H N —O→ HO N —碱 / O→ HO O N —$PhCH_2Cl$→ TM

图 3-64 季铵盐的切断与合成

榆木昆虫激素是一含氧稠杂环化合物，其逆合成分析与合成路线如图 3-65 所示。在其合成中，进行 Wittig 反应时必须与醛基而不是酮基反应，所以要对酮羰基进行保护。

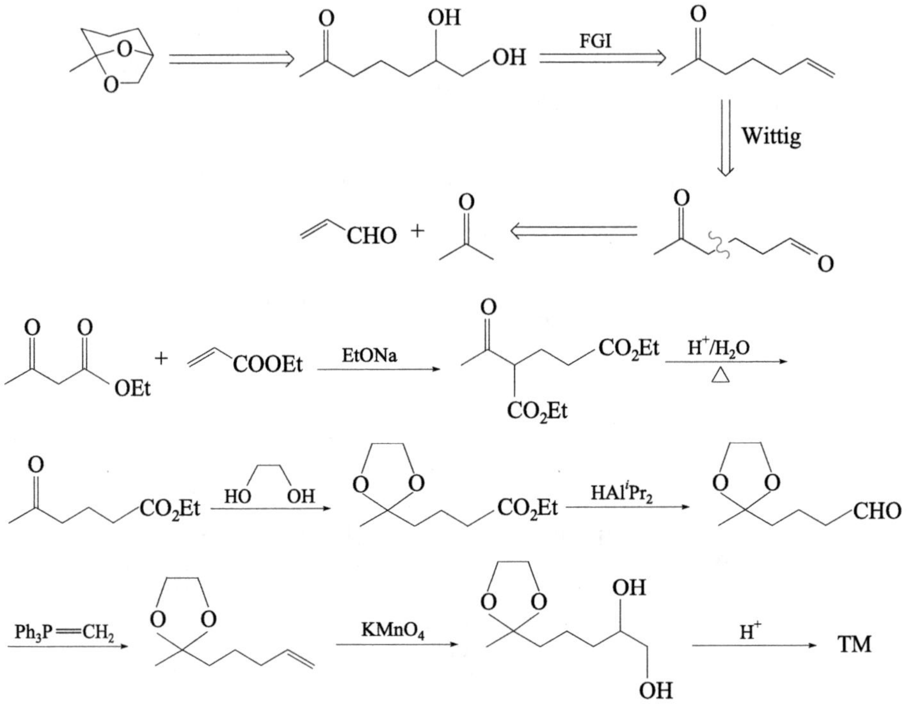

FGI　Wittig　CHO +　O　OEt　+　COOEt　EtONa　CO_2Et　H^+/H_2O　△　CO_2Et　HO　OH　CO_2Et　HAl^iPr_2　CHO　$Ph_3P{=}CH_2$　$KMnO_4$　OH　OH　H^+　TM

图 3-65　榆木昆虫激素的切断与合成

3.3.5　1, 4-二氧化的模式

1. 1,4-二羰基化合物

如图 3-66 所示，2, 5-己二酮的切断给出了一个合乎逻辑的合成子 A(烯醇负离子)，表面不合逻辑的亲电合成子 B，如前所述α-卤代羰基化合物恰好是其合成等价物。

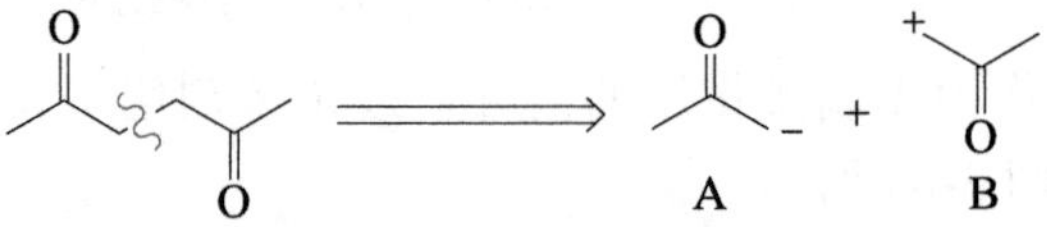

A　B

图 3-66　2, 5-己二酮的切断

按上述切断方法，图 3-67 中的酮酸甲酯经切断后得到环己酮和溴乙酸甲酯。但在碱性介质中进行上述反应却没有得到酮酸甲酯，而是环氧化合物。说明反应不是按照预期进行的，而是发生完全不同的反应[13]，如图 3-68 所示。

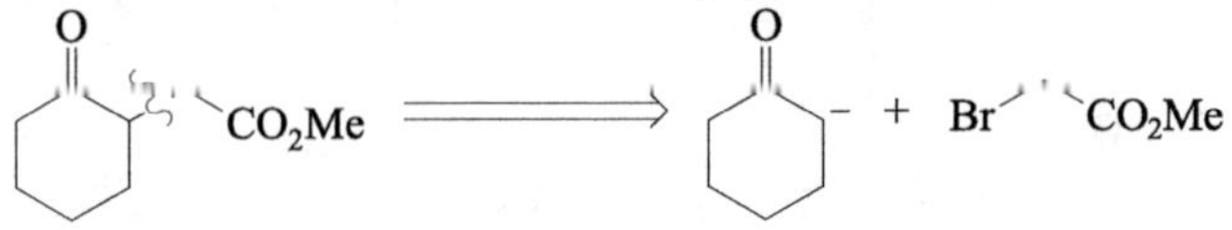

CO_2Me　+ Br　CO_2Me

图 3-67　酮酸甲酯的切断分析

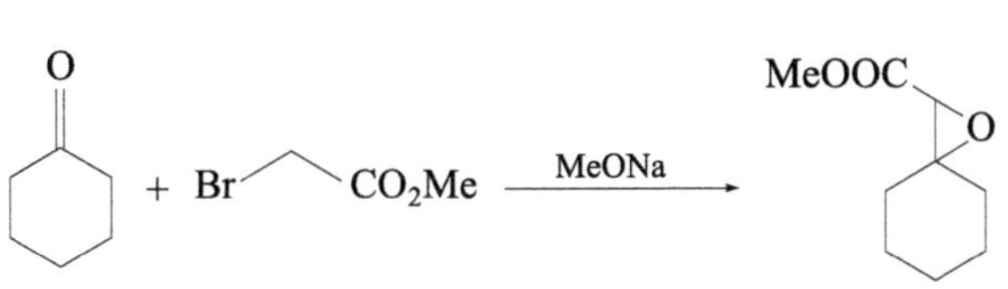

O + Br ⁀ CO_2Me —MeONa→ MeOOC, O

图 3-68　环氧化合物的合成

究其原因是在碱性介质中进行反应的目的是要形成环己酮的烯醇负离子，以便对α-溴代乙酸甲酯进行亲核取代反应，但问题在于反应混合物中哪一个氢的酸性最强呢？事实上，由于酯基与卤素的共同作用，α-溴代乙酸甲酯中α氢酸性最强，其反应机理如图 3-69 所示。

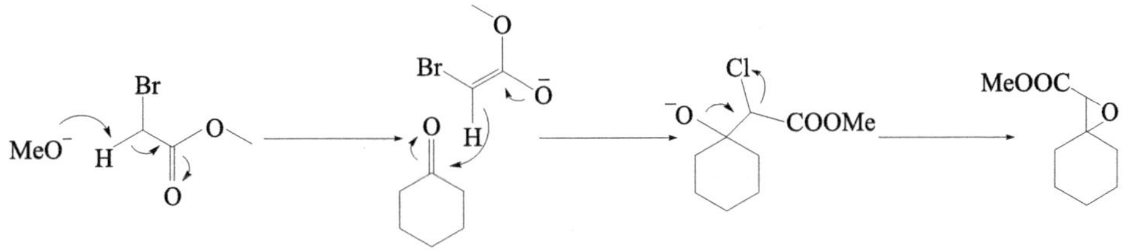

MeO^- H Br O O → Br O O^- H O → ^-O Cl COOMe → MeOOC O

图 3-69　环氧化合物的形成机理

上述反应称为 Darzens 反应。为了抑制此副反应的发生，以便获得高收率的酮酸甲酯，最常用的方法是采用 Stork 反应(图 3-70)。

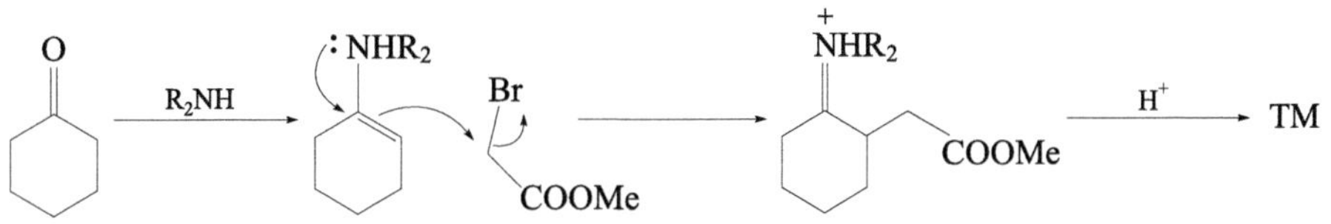

O —R_2NH→ :NHR_2 Br COOMe → $\overset{+}{N}HR_2$ COOMe —H^+→ TM

图 3-70　采用 Stork 反应合成目标化合物

据报道图 3-71 中的稠环不饱和酮就是按照上述方法进行合成的[14]。

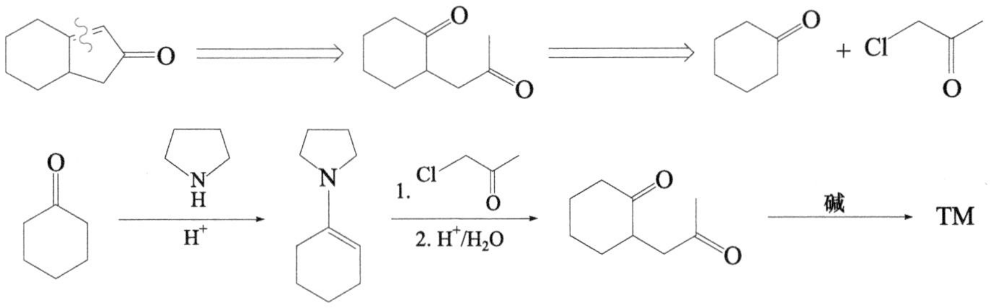

O ⟹ O O ⟹ O + Cl O

O —(N H, H^+)→ N —(1. Cl O; 2. H^+/H_2O)→ O O —碱→ TM

图 3-71　稠环不饱和酮的切断与合成

对于此类反应，并不总是需要采用 Stork 反应，如果烯醇负离子具有足够的稳定性，或者说α氢的酸性比α-卤代羰基化合物α氢的酸性强，上述反应就可顺利进行(图 3-72)。例如，2-氧代环己基甲酸乙酯的α氢比氯代丙酮α氢的酸性强，所以致活基的引入是十分重要的。

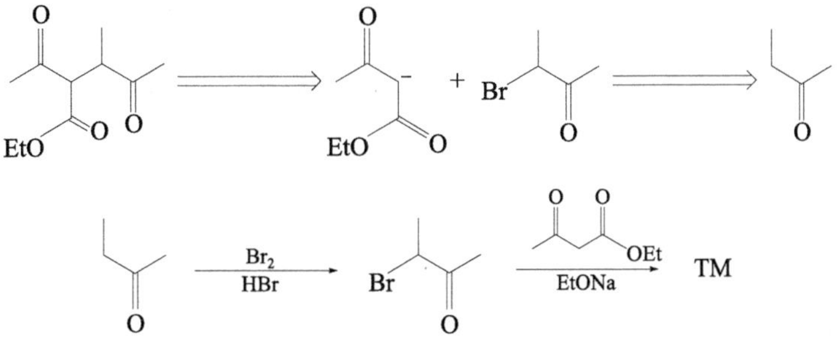

O O EtO O ⟹ O $^-$ EtO O + Br O ⟹ O

O —Br_2/HBr→ Br O —(O O OEt, EtONa)→ TM

图 3-72　此类化合物的切断与合成举例

2. γ-羟基羰基化合物

对于γ-羟基羰基化合物，可按图 3-73 进行切断。由于环氧在碱性介质中不稳定，所以我们再次用 Stork 反应实现此类化合物的合成。当然，2-(2-羟基乙基)乙酰乙酸乙酯的合成就没必要采用 Stork 反应。实际反应并不是生成醇，而是丁内酯(图 3-74)。所生成的内酯在有机合成中是十分重要的。

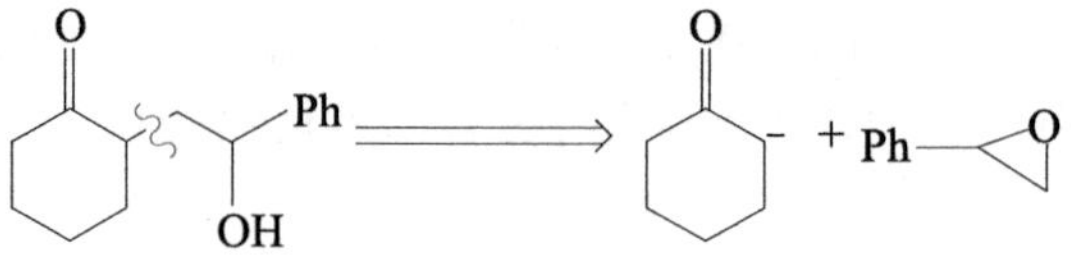

图 3-73　γ-羟基羰基化合物的切断分析

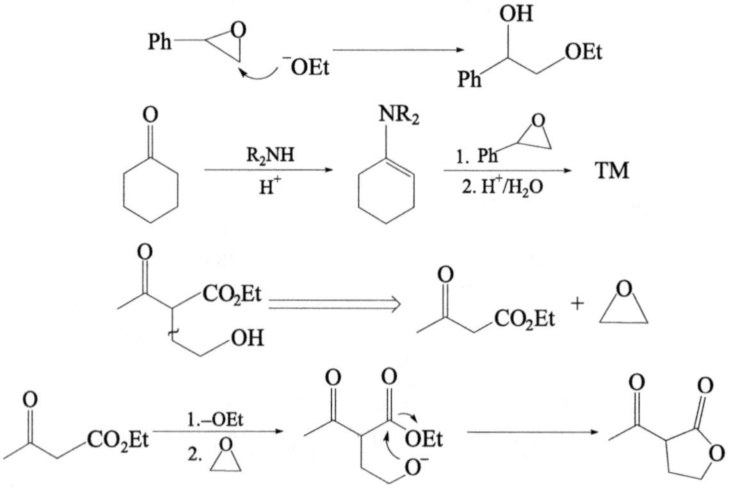

图 3-74　γ-羟基羰基化合物的合成

3.3.6　其他"不合逻辑"的合成子

如前所述，氰负离子是合成子$^{-}CO_2H$ 的合成等价物，因此可以采用氰负离子的 Michael 加成来合成 4-氧代戊酸，如图 3-75 所示。另外，炔烃在汞盐催化下水合成酮，那么就可以认为炔丙基溴是 $MeCOCH_2^+$ 的合成等价物。

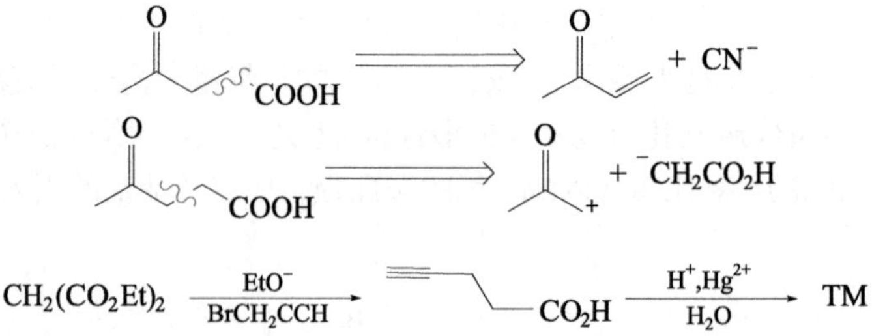

图 3-75　4-氧代戊酸的切断与合成

3.3.7　1, 6-二羰基化合物

1, 6-二羰基化合物一般是通过环己烯的臭氧氧化而得到的，所以 1, 6-二羰基化合物的合成可以倒推为环己烯的合成，如图 3-76 所示。

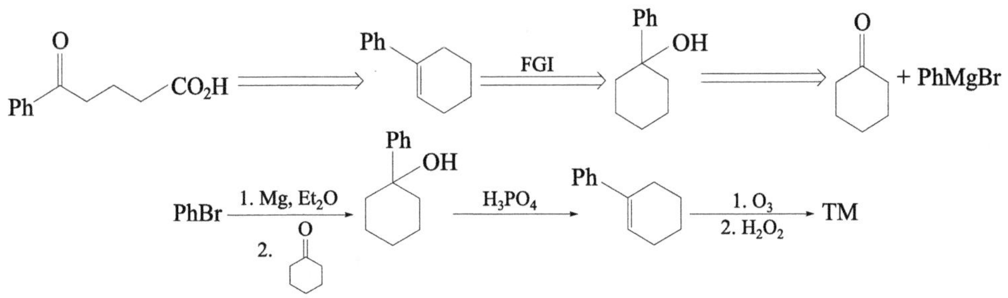

图 3-76　1, 6-二羰基化合物的逆合成分析与合成

如前所述，Diels-Alder 反应是制备环己烯类化合物的重要方法，所以 1, 3, 4, 6-辛四酸的合成是建立在 Diels-Alder 反应和环己烯臭氧氧化的基础上，如图 3-77 所示。

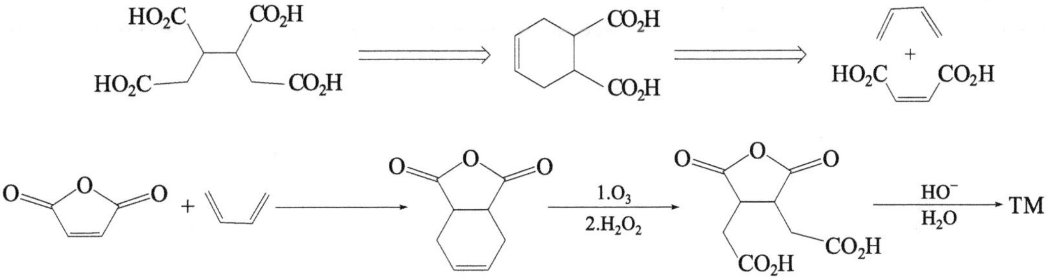

图 3-77　1,3,4,6-辛四酸的切断及合成

图 3-78 的目标化合物是 Woodward 教授在合成四环素时所需的关键中间体[15]。经两次官能团互换所得化合物包含 1, 4-、1, 5-和 1, 6-二羰基结构片段，所以有许多可能的切断途径，现分析如下。

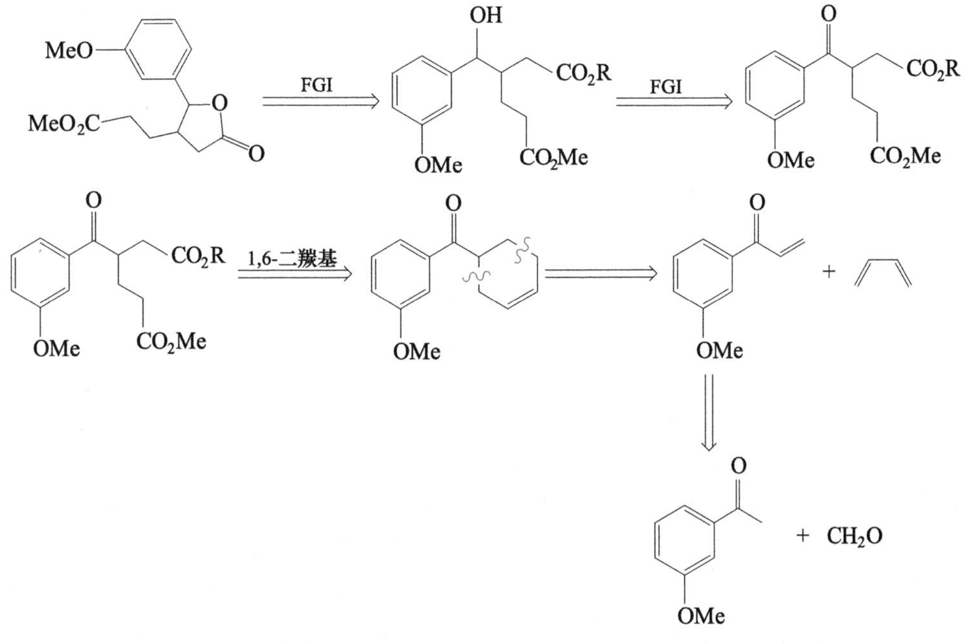

图 3-78　四环素中间体的切断分析

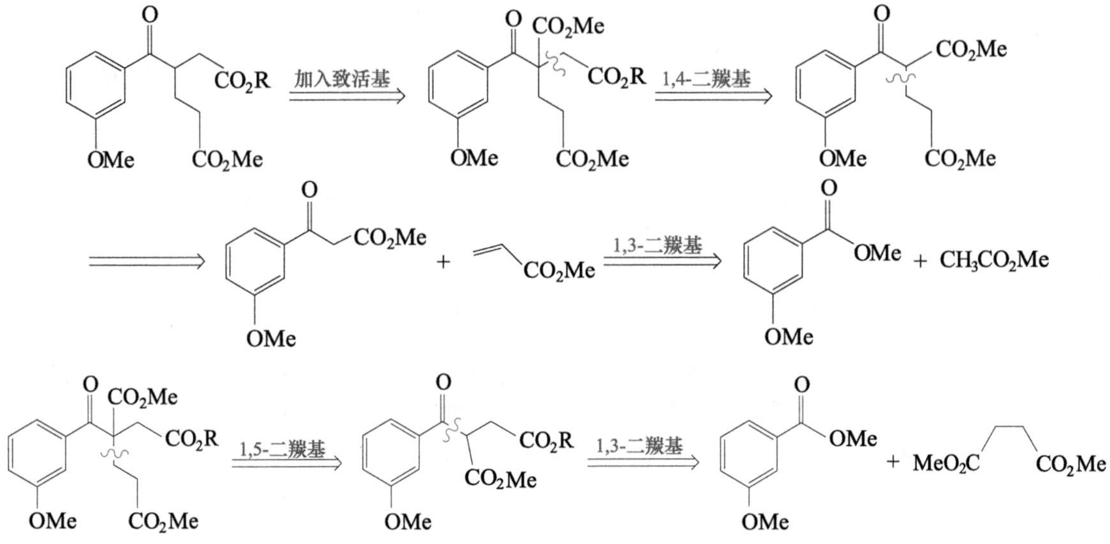

O, CO_2R, OMe, CO_2Me —加入致活基⟹ O, CO_2Me, CO_2R, OMe, CO_2Me —1,4-二羰基⟹ O, CO_2Me, OMe, CO_2Me

⟹ O, CO_2Me, OMe + CO_2Me —1,3-二羰基⟹ O, OMe, OMe + CH_3CO_2Me

O, CO_2Me, CO_2R, OMe, CO_2Me —1,5-二羰基⟹ O, CO_2R, CO_2Me, OMe —1,3-二羰基⟹ O, OMe, OMe + MeO_2C CO_2Me

图 3-78(续)

Woodward 教授尝试了上述所有的路线，均成功地得到了目标产物，但他最终选择了图 3-79 的合成路线。

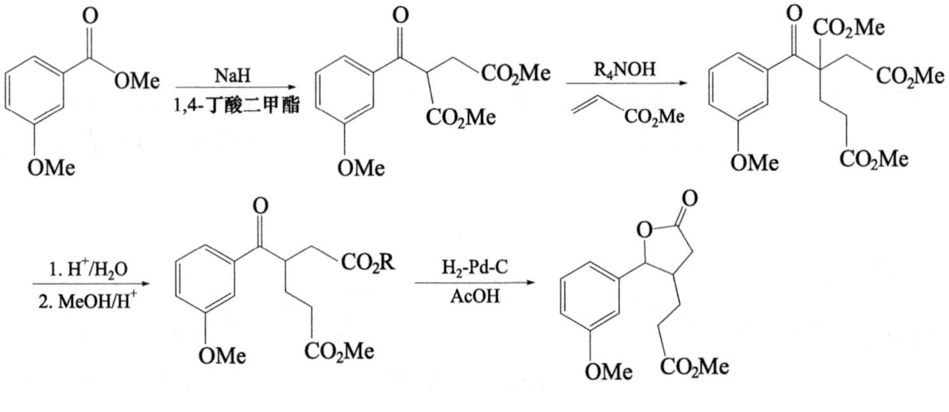

O, OMe, OMe —NaH / 1,4-丁酸二甲酯→ O, CO_2Me, CO_2Me, OMe —R_4NOH / CO_2Me→ O, CO_2Me, CO_2Me, OMe, CO_2Me

—1. H^+/H_2O / 2. $MeOH/H^+$→ O, CO_2R, OMe, CO_2Me —H_2-Pd-C / AcOH→ O, O, OMe, CO_2Me

图 3-79 四环素中间体的合成

3.4 杂环化合物的切断分析

3.4.1 醚和胺

碳链中的任何杂原子(通常是 O、N 或 S)均是好的切断之处，当使用这些切断时，就在箭头上面标注 C—O、C—N 或 C—S，如苯基(4-戊烯基)醚的切断及合成(图 3-80)。

但对于胺类化合物则不能像醚那样进行切断，因为在胺的合成中，苯胺与溴代烃的反应很难停留在一取代的阶段，会发生串联副反应。所以为了抑制上述副反应的发生，在胺的合成中可采用酰卤代替卤代烃进行反应，由于酰胺的活性远低于苯胺，不能发生串联副反应。或采用酮或醛代替卤代烃，经酮的还原胺化得到所需的胺类化合物，如图 3-81 所示。

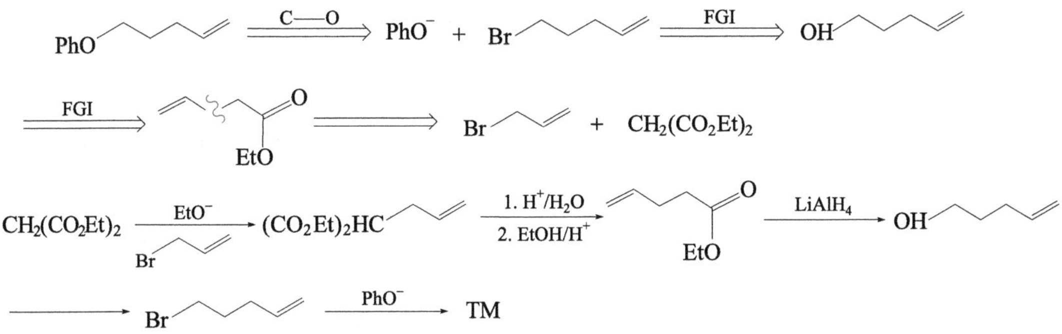

图 3-80　苯基(4-戊烯基)醚的切断及合成

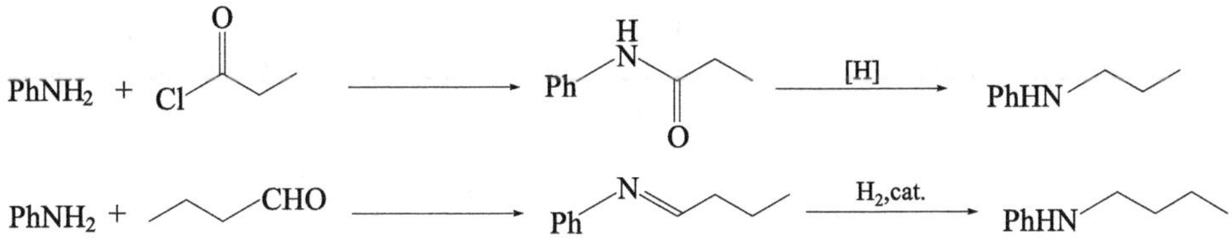

图 3-81　胺类化合物的合成

例如，*N, N*-二甲基环己基甲胺经官能团互换倒推至 *N, N*-二甲基环己基甲酰胺，再切断碳氮键得到环己基甲酰氯与二甲胺，见图 3-82。

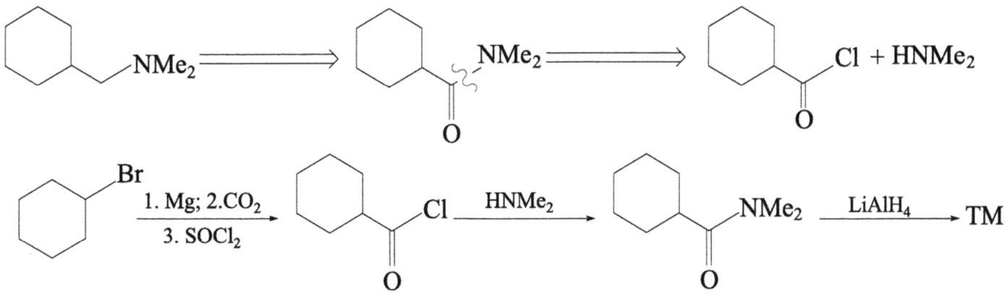

图 3-82　*N, N*-二甲基环己基甲胺的切断与合成

另外，通过氰、硝基化合物、肟等的还原均可得到胺类化合物，所以胺类化合物的合成也可以归结为氰、硝基化合物、肟等的合成。图 3-83 中的化合物是生物碱的中间体，先合成肟再还原成胺。

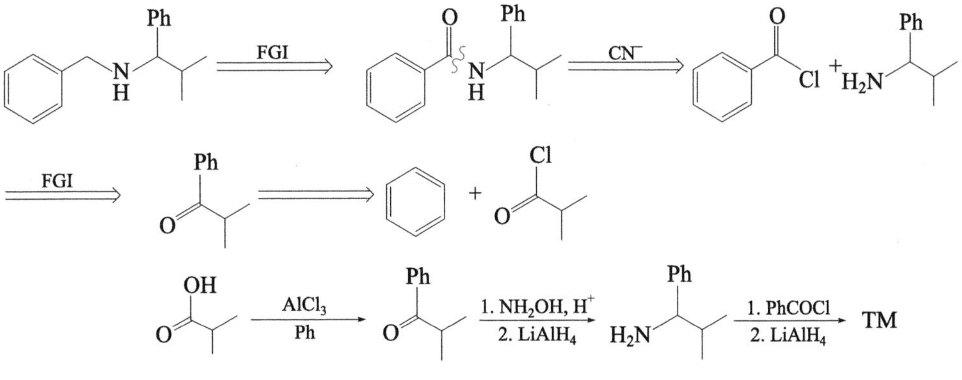

图 3-83　生物碱中间体的切断及合成

图 3-84 是 3, 4-二甲氧基苯乙胺经官能团互换到腈或硝基化合物后再进行切断分析的案例。

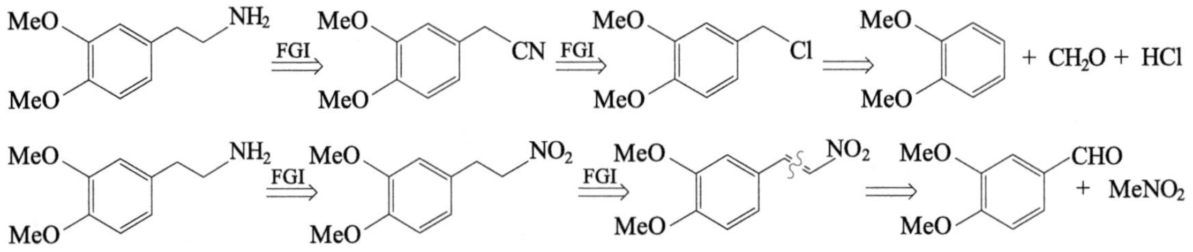

MeO, MeO, NH_2 $\xrightarrow{FGI}$ MeO, MeO, CN $\xrightarrow{FGI}$ MeO, MeO, Cl $\Longrightarrow$ MeO, MeO + CH_2O + HCl

MeO, MeO, NH_2 $\xrightarrow{FGI}$ MeO, MeO, NO_2 $\xrightarrow{FGI}$ MeO, MeO, NO_2 $\Longrightarrow$ MeO, MeO, CHO + $MeNO_2$

图 3-84 3, 4-二甲氧基苯乙胺的切断分析

3.4.2 杂环化合物

原则上，杂环化合物的切断分析与链状的醚、胺的分析是一致的。

按照图 3-85 的分析，*N*-甲基吡咯烷酮的合成可以以环氧乙烷和丙二酸二乙酯为原料，经亲核加成、醇的溴化、胺对溴代烃的亲核取代、关环等得到目标产物。而戊二酰亚胺的合成如图 3-85 所示。稠环哌啶衍生物的切断分析与合成路线如图 3-86 所示。

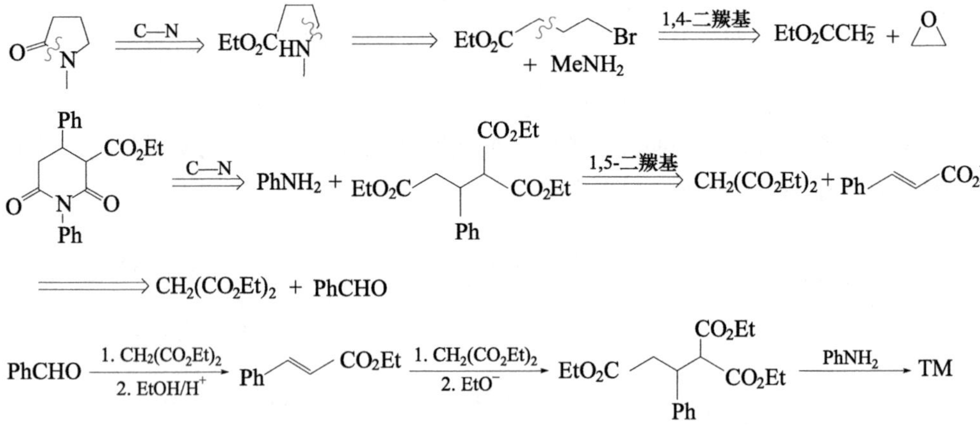

O, N $\xrightarrow{C—N}$ EtO_2CHN $\Longrightarrow$ EtO_2C, Br + $MeNH_2$ $\xrightarrow{1,4\text{-二羰基}}$ $EtO_2CCH_2^-$ + O

Ph, CO_2Et, O, N, O, Ph $\xrightarrow{C—N}$ $PhNH_2$ + EtO_2C, CO_2Et, CO_2Et, Ph $\xrightarrow{1,5\text{-二羰基}}$ $CH_2(CO_2Et)_2$ + Ph, CO_2Et

$\Longrightarrow$ $CH_2(CO_2Et)_2$ + PhCHO

PhCHO $\xrightarrow[2.\ EtOH/H^+]{1.\ CH_2(CO_2Et)_2}$ Ph, CO_2Et $\xrightarrow[2.\ EtO^-]{1.\ CH_2(CO_2Et)_2}$ EtO_2C, CO_2Et, CO_2Et, Ph $\xrightarrow{PhNH_2}$ TM

图 3-85 含氮五元和六元杂环的切断和合成

HN, O $\Longrightarrow$ H_2N, O $\xrightarrow{FGI}$ NC, O $\Longrightarrow$ O, CN, CHO $\Longrightarrow$

O + CN, CHO $\Longrightarrow$ CHO + CO_2Me

CHO $\xrightarrow[2.\ \diagup CO_2Me]{1.\ R_2NH}$ CO_2Me, CHO $\xrightarrow[2.\ \diagup\!\!\!\!\!\! \ \ O]{1.\ R_2NH}$ O, CO_2Me, CHO $\xrightarrow{热HOAc}$ MeO_2C, O

$\xrightarrow[2.\ NH_4OH]{1.\ H^+,\ HO\diagup OH}$ H_2NOC, O, O $\xrightarrow[2.\ H^+/H_2O]{1.\ LiAlH_4}$ H_2N, O $\xrightarrow{OH^-}$ TM

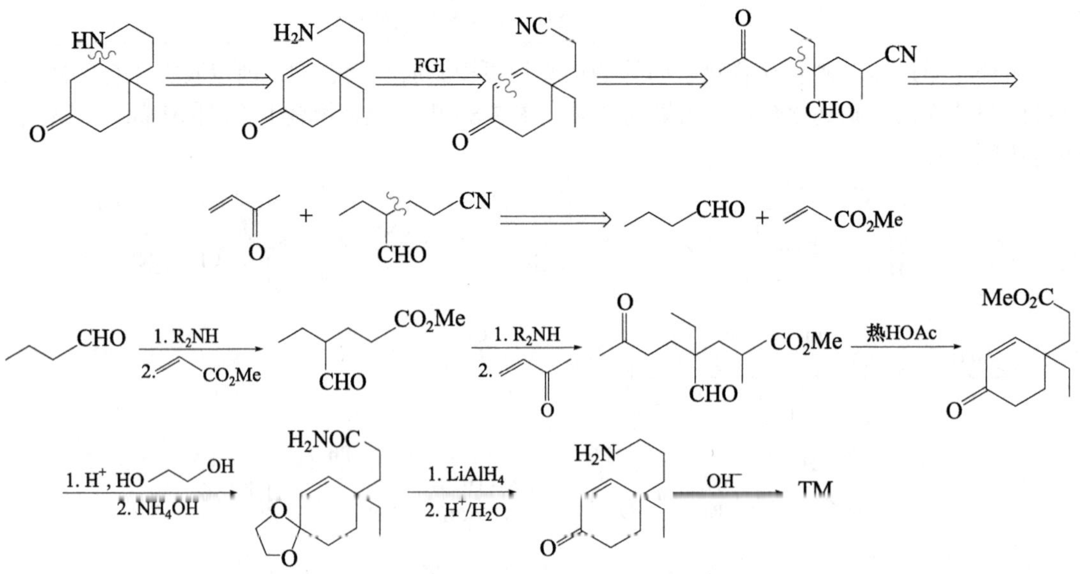

图 3-86 稠环哌啶衍生物的切断分析与合成路线

Kutney合成的白雀胺是一种重要的天然化合物，是一稠环含氮杂环，其结构如图3-87所示[16]。Kutney根据白雀胺的结构特点，按照上述的切断方法对白雀胺的合成进行分析，得到了其合成路线。

另外，有一种切断是分析不饱和杂环化合物时十分需要的。如果环中的一个氮原子和双键相连，那么就成了一个环状烯胺，和通常的烯胺合成一样，这种环状烯胺也可以通过分子内的氨基和羰基亲核加成脱水获得。基于此，我们又得到了一个新的切断如图3-88所示。

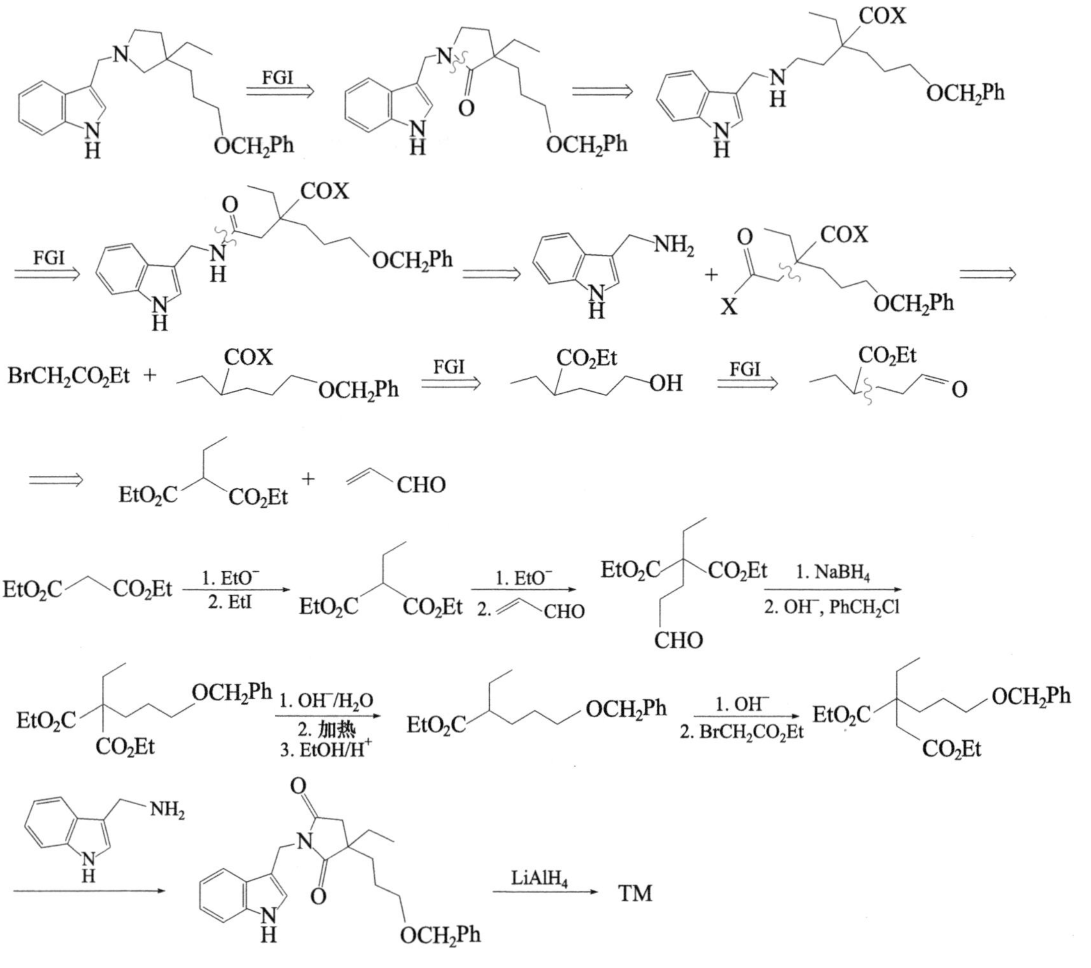

FGI　OCH_2Ph　FGI　OCH_2Ph　COX　OCH_2Ph　NH　COX　FGI　OCH_2Ph　NH_2　COX　X　OCH_2Ph

$BrCH_2CO_2Et$ +　COX　OCH_2Ph　FGI　CO_2Et　OH　FGI　CO_2Et　O

EtO_2C　CO_2Et +　CHO

EtO_2C　CO_2Et　1. EtO^-　2. EtI　EtO_2C　CO_2Et　1. EtO^-　2. CHO　EtO_2C　CO_2Et　CHO　1. $NaBH_4$　2. OH^-, $PhCH_2Cl$

EtO_2C　CO_2Et　OCH_2Ph　1. OH^-/H_2O　2. 加热　3. $EtOH/H^+$　EtO_2C　OCH_2Ph　1. OH^-　2. $BrCH_2CO_2Et$　EtO_2C　OCH_2Ph　CO_2Et

NH_2　N　O　O　OCH_2Ph　$LiAlH_4$　TM

图3-87　白雀胺的切断分析与合成

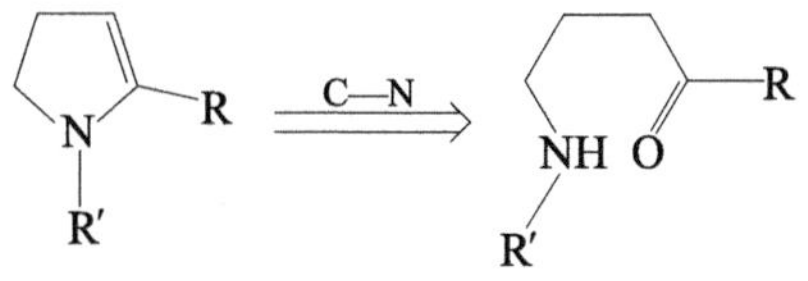

R　N　R′　C—N　NH　O　R　R′

图3-88　环内烯胺的切断

例如，图 3-89 中的含氮杂环化合物是一环内烯胺，按上述的切断方式进行切断得到乙酰乙酸乙酯和 3-苯基丙烯醛。

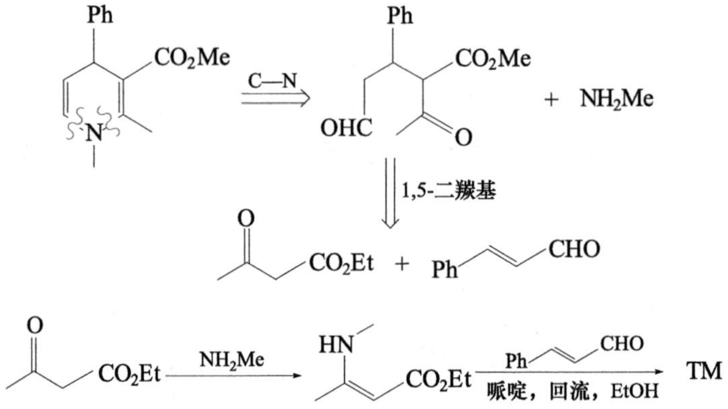

图 3-89 六元环内烯胺的切断与合成

众所周知，许多不饱和杂环化合物是直接从二羰基化合物制得的，所以不饱和杂环化合物就有如图 3-90 所示的切断方式。

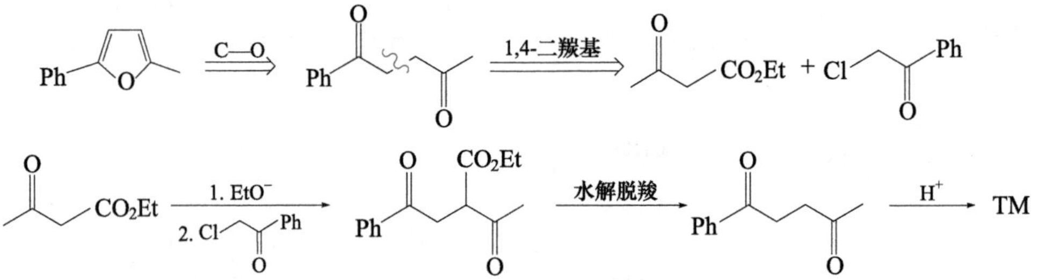

图 3-90 由二羰基化合物合成不饱和杂环化合物

一般而言，对于含有两个杂原子杂环的切断，要找出一个合理的、包括有两个杂原子的小片段再进行切断。例如，图 3-91 中的吡唑和嘧啶化合物的切断。

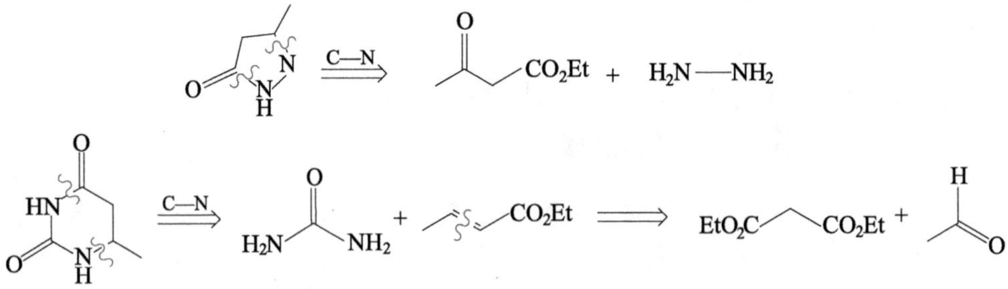

图 3-91 吡唑和嘧啶化合物的切断分析

下面再分析含硫化合物的合成。一般而言，将含硫化合物当成特殊含氧化合物进行切断即可。例如，含硫杂环化合物的逆合成分析如图 3-92 所示。

由于 3-甲酰基丙烯酸甲酯很难合成，因此 Stork 在合成上述化合物时采用的是丁烯二酸二甲酯为原料进行合成[17]。

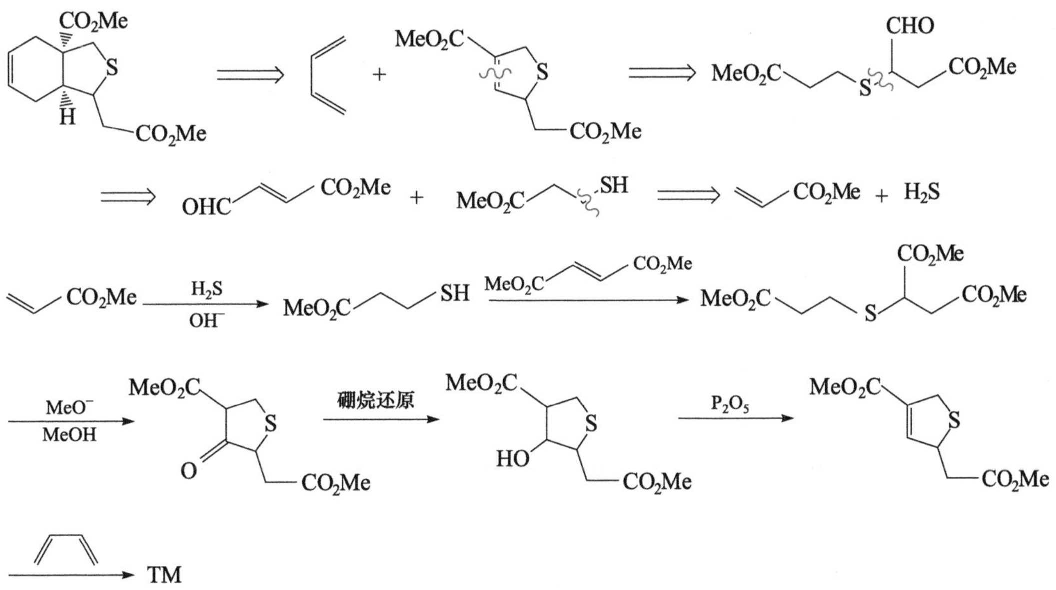

图 3-92　含硫杂环化合物的逆合成分析与合成

3.5　精细化学品的合成战略

3.5.1　收敛型合成

前面所讨论的主要是合成中的具体战术，具体到哪一个切断更好，所采用的反应哪一个更可靠，要进一步考虑目标化合物的整体合成战略，即从总体上来规划目标化合物的合成。从总体来看，要设计目标化合物的合成路线，首要标准是其合成步骤短。例如，图 3-93 中的两个反应，假设每步收率均为 90%，三步反应的总收率是 73%，而五步反应的总收率是 59%。很显然，步骤短的反应更容易得到高的收率。

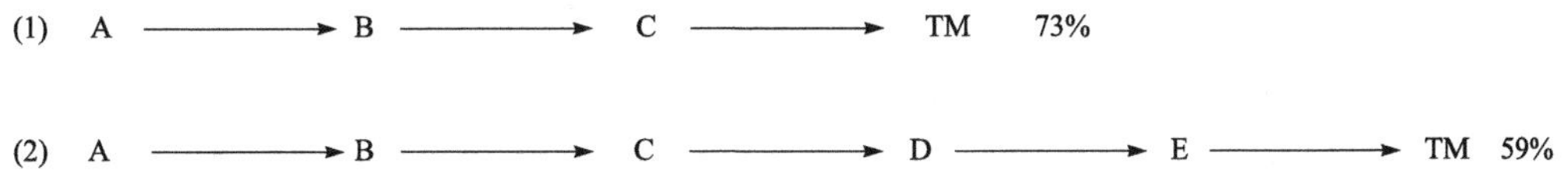

(1)　A ⟶ B ⟶ C ⟶ TM　73%

(2)　A ⟶ B ⟶ C ⟶ D ⟶ E ⟶ TM　59%

图 3-93　直线型合成

如果一个化合物的合成需要十步完成，即便每步的收率能高达90%，其总收率也仅为35%。在复杂天然化合物的合成中，人们常困扰于太长的合成步骤，十几步，甚至数十步，要得到克级的产品都是严峻的挑战。但如果采用收敛型而不是直线型的合成战略，就可以克服上述困难。例如，图 3-94 中的反应是典型的收敛型合成，先合成两个片段，最后再将两个片段连接起来。假如每步的收率仍为 90%，这个五步的收敛型合成的总收率为 73%，明显优于图 3-93 中五步反应总收率。

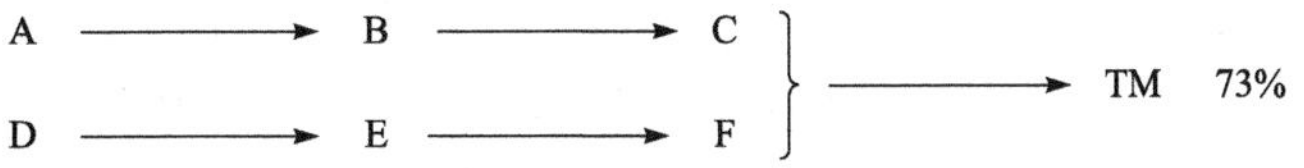

A ⟶ B ⟶ C
D ⟶ E ⟶ F
} ⟶ TM　73%

图 3-94　收敛型合成

例如，治疗帕金森病的药物[18]是一个叔醇，按前述醇的切断，有三种不同的切断方法，如图 3-95 所示，通过切断 a、c 得到两条合成路线。尽管路线 a 中都是可靠的典型反应，但是一条线型合成路线，而路线 c 是收敛型的合成路线。因此，工业上所采用的合成路线是 c 合成路线。

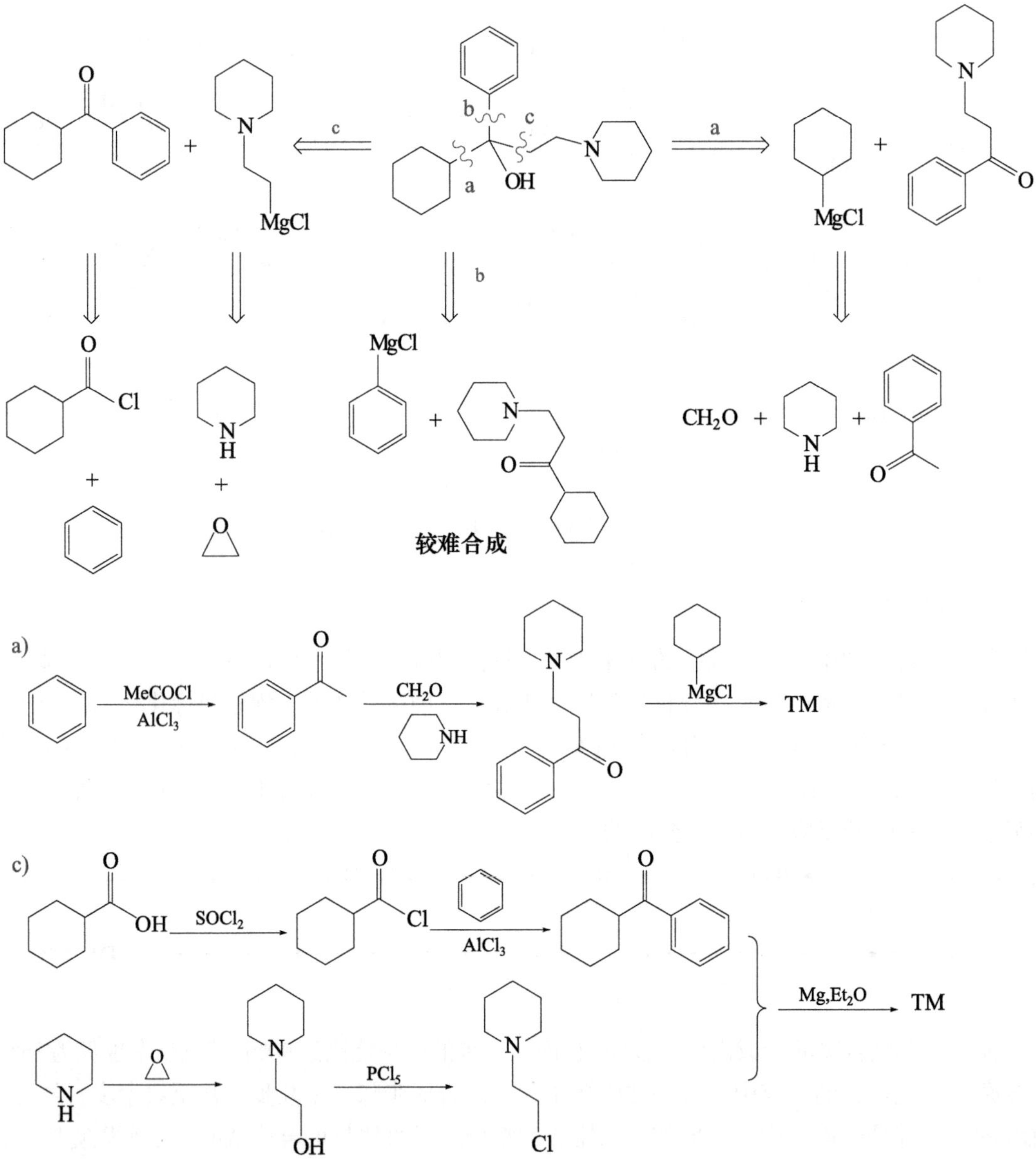

图 3-95 帕金森药物的切断方式与合成路线

那么如何能尽快找到收敛型合成的切断呢？有两点非常有帮助：①对目标分子最大可能的简化；②要利用目标化合物的分支点。例如，图 3-96 中的目标化合物是一个叔醇，存在三个切断 a、b、c，显然 b 切断对于目标分子的简化很有限，a、c 切断均能大幅度地简化目标分子，而只有 a 切断利用了目标化合物的分支点。

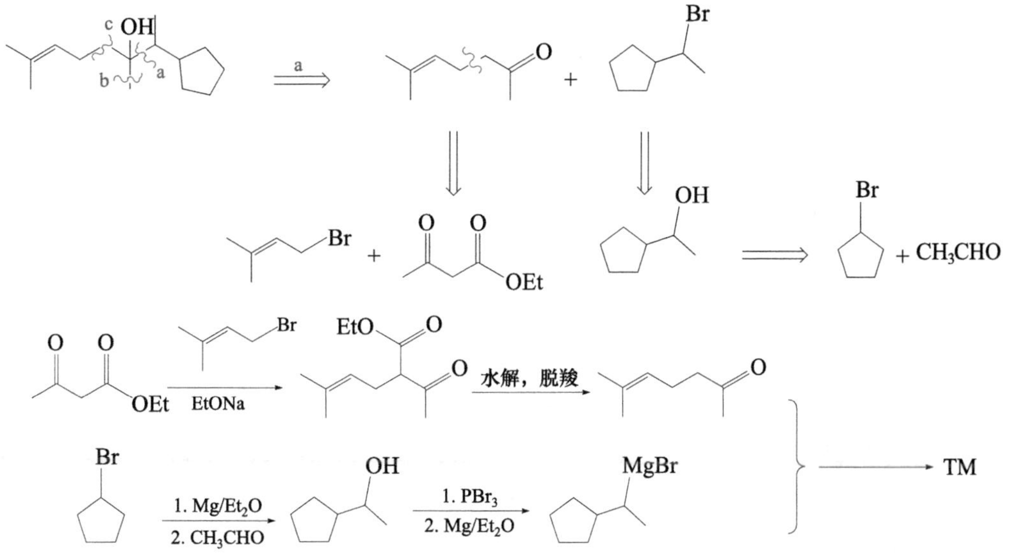

图 3-96 叔醇的切断与合成

3.5.2 碳杂原子键的切断

如前所述，碰到含有杂原子的目标化合物，首先考虑的是在碳杂原子键处切断。因为碳杂原子键比一般的碳碳键容易形成，因此这可作为一个合成战略用于反合成设计中，即可以先形成碳杂原子键，然后再将其转变为碳碳键，如图 3-97 中的反应就是一个很好的例子，此反应就是著名的 Claisen 重排反应。

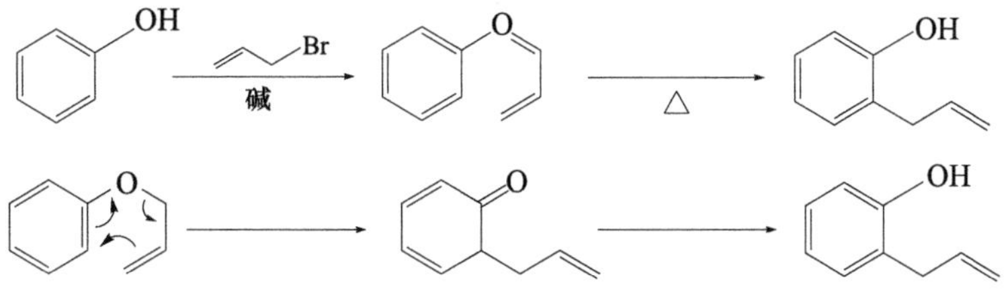

图 3-97 Claisen 重排反应及其反应机理

下面再分析丁子香油的组分之一丁子香酚的合成[19]，如图 3-98 所示。经切断分析得到其合成路线是以易于获得的儿茶酚 A 为原料。

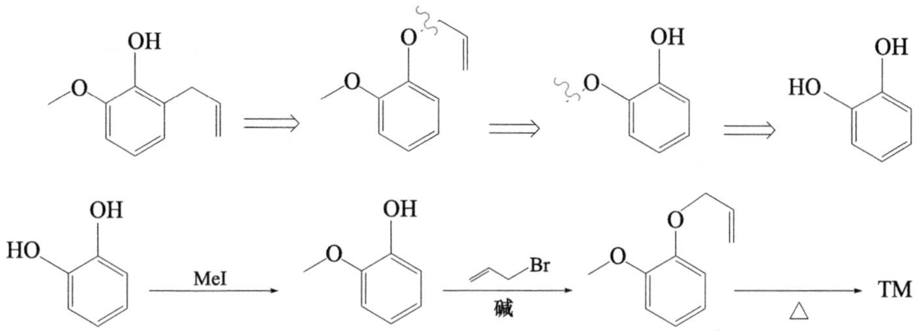

图 3-98 丁子香酚的切断与合成

再如，Carroll 反应可以认为是从 Claisen 重排反应衍生出来的新反应[20]，其反应机理如图 3-99 所示。

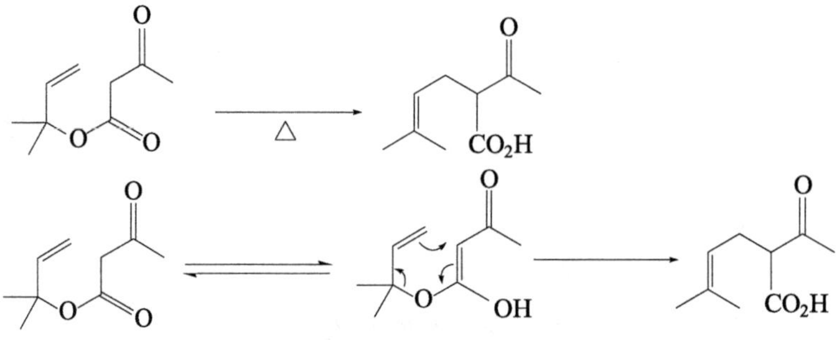

O O △ CO_2H O O OH O O CO_2H

图 3-99 Carroll 反应及其反应机理

上述的β-羰基羧酸酯是通过乙酰乙酸乙酯与相应的醇通过酯交换反应得到的，经 Carroll 重排得到的β-羰基羧酸极易脱羧而形成 4, 5-不饱和的羰基化合物。事实上，工业生产中就是用此方法生产该化合物的[21]，此产品主要用于香料和食用香精。

另外，其他的一些重排反应也属于此类，但也有相反的情况，如 Hofmann 降解反应等，在此不再详述。

3.5.3 稠环化合物的切断——共同原子法

稠环化合物是一大类有机化合物，是精细化学品合成中经常遇到的，如许多生物碱就是含氮稠环化合物，那么对稠环化合物如何进行分析呢？共同原子法是一种战略性的方法，专门用于稠环化合物的合成分析。共同原子是两个以上环所共有的原子，而共同原子法是通过切断任一连接两个共同原子的键，观察所得到的片段的结构，寻求合适的合成等价物和目标化合物的合成路线的一种方法。例如，图 3-100 中稠环化合物的切断分析。

O a b • 共同原子 a b H O H X H − O + H O H H 此合成子难以得到

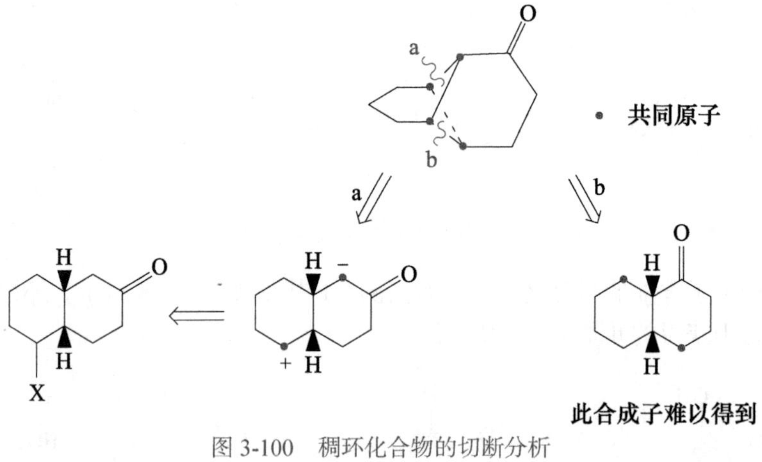

图 3-100 稠环化合物的切断分析

由于该化合物的对称性，存在 a、b 两种不同的切断。可以看到，a 切断的合成子可由鲁宾逊环合反应获得，此化合物的合成如图 3-101 所示。

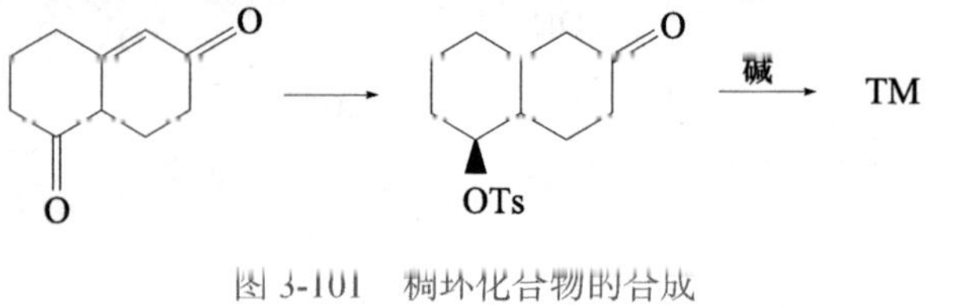

O O O OTs 碱 TM

图 3-101 稠环化合物的合成

对于如图 3-102 所示的不对称的稠环化合物，同样首先标出其共同原子，可以发现它们之间的键有三种可能的切断方式，但其中只有 a 或 c 切断能给出较简单的前体，而 c 切断的前体能进一步切断直至给出简单的原料。

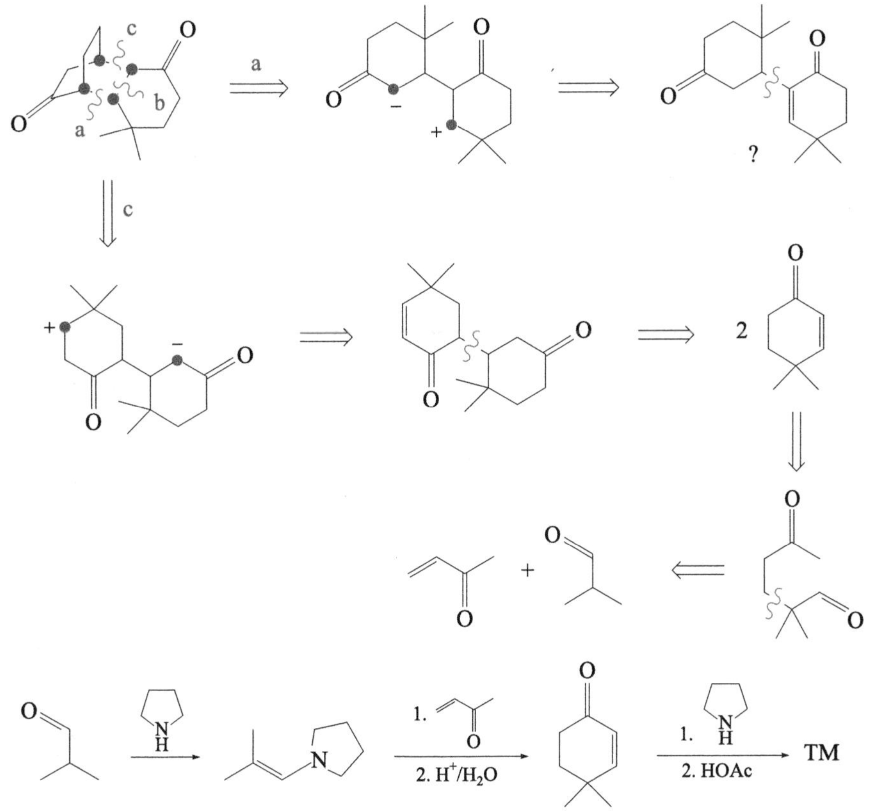

图 3-102 不对称稠环化合物的切断与合成

3.5.4 切断前可供选择的官能团互换——合成的成本

如前所述，氨基化合物是可以通过硝基化合物、腈与肟等还原而得到，另外伯胺还可以通过酰胺的 Hofmann 降解制得，但到底以何物为原料要视其来源与价格来决定。例如，4-氨基-(对氯苯基)丁酸的合成，目标化合物可以通过官能团互换转变为腈、硝基化合物和酰胺。其中酰胺是 1, 5-二元羧酸的单酰胺，可通过图 3-103 中的反应制得。

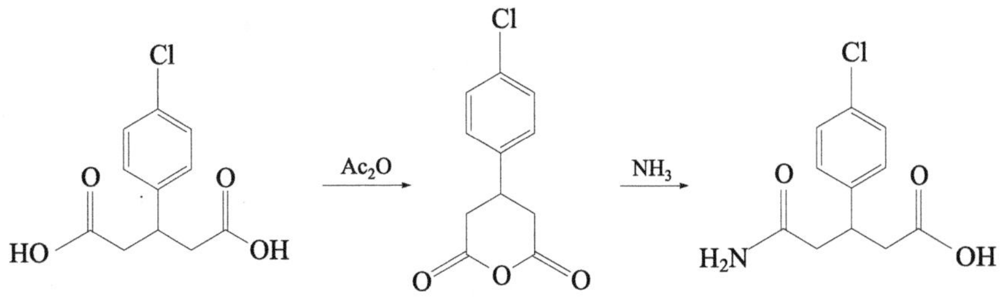

图 3-103 酰胺的合成

现分别对硝基羧酸、氰基羧酸和 1, 5-二元羧酸进行切断分析，寻求目标化合物的合成路线，如图 3-104 所示。

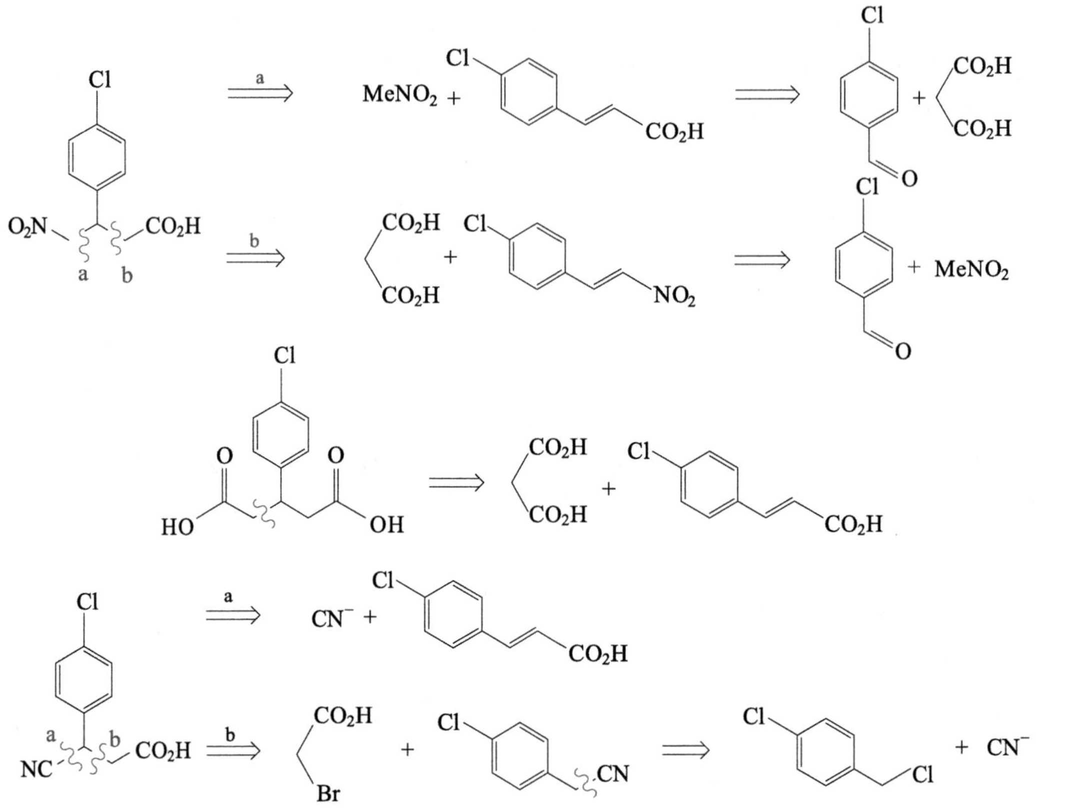

图 3-104 所需的腈、硝基化合物与酰胺的切断分析

通过以上分析，得到五条可供选择的合成路线，这样就可以根据原材料的价格、每步反应收率的高低对上述五条合成路线进行经济性评价，最后确定成本最低的那条合成路线。

3.5.5 官能团的添加——合成饱和烃的战略

在前面的切断分析中已提到饱和烃，需在特定位置灵活添加官能团，以便找到可行的切断方案。下面以扭烷为例进行分析，如图 3-105 所示。

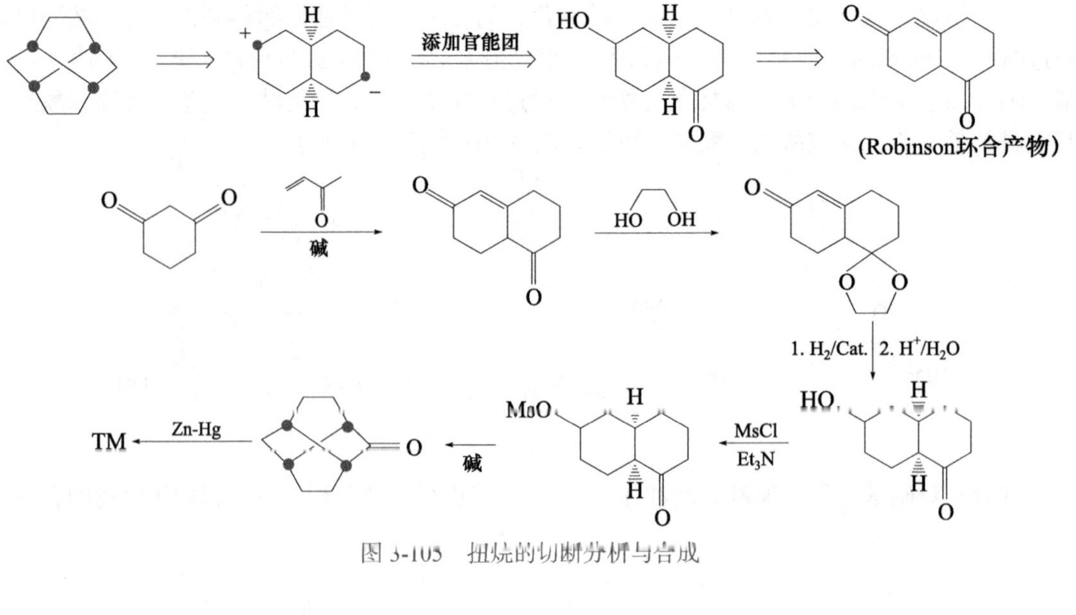

图 3-105 扭烷的切断分析与合成

3.6 精细化学品合成路线设计的案例

根据上述逆合成分析的原理，对图 3-106 所示的含氮杂环化合物(1)、米格列萘钙(2)和环酯肽(3)分别进行合成路线设计。

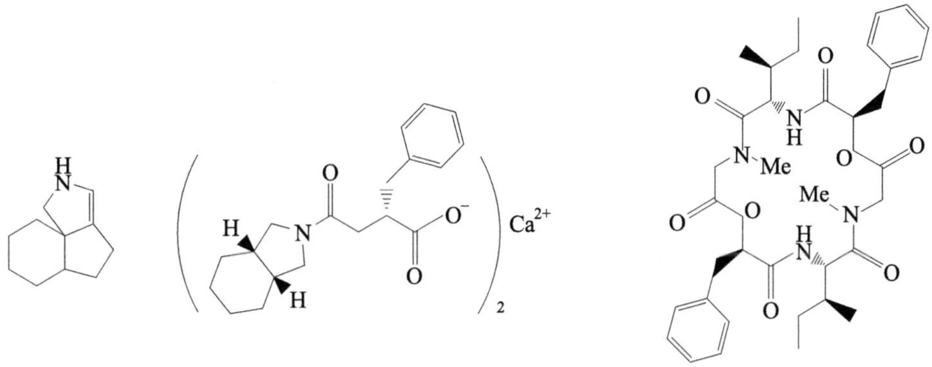

H N

H O N O O^- Ca^{2+} H O 2

O O N H N H Me O O Me N O O N H O

1 2 3

图 3-106 米格列萘钙等化合物的结构

由含氮杂环化合物(1)的结构不难发现它是一环内烯胺，可以通过分子内的胺与羰基的缩合形成，因此就可以通过切断 C—N 键而得到片段 1：酮胺化合物；又考虑到有机胺是可以通过腈的还原得到，那么片段 1 就可以倒推到片段 2；CN^-的 Michael 加成可以生成有机腈，所以切断腈基就得到了α,β-不饱和羰基化合物；由于分子内的羟醛缩合能生成α,β-不饱和羰基化合物，所以从双键处切断就得到了 1, 6-二羰基化合物；根据环己烯类衍生物氧化开环可生成 1, 6-二羰基化合物，所以反推至稠环环己烯；众所周知醇脱水成烯，可倒推至醇；格氏试剂对酮的亲核加成生成醇，切掉甲基而为酮；芳烃的催化加氢可得到饱和环烷烃而倒推至芳酮；切断芳酰键得到芳羧酸；通过官能团互换得到酮酸；再切断芳酰键就得到原料苯和丁二酸酐。因此，就得到了一条含氮杂环化合物(1)的合成路线，如图 3-107 和图 3-108 所示。

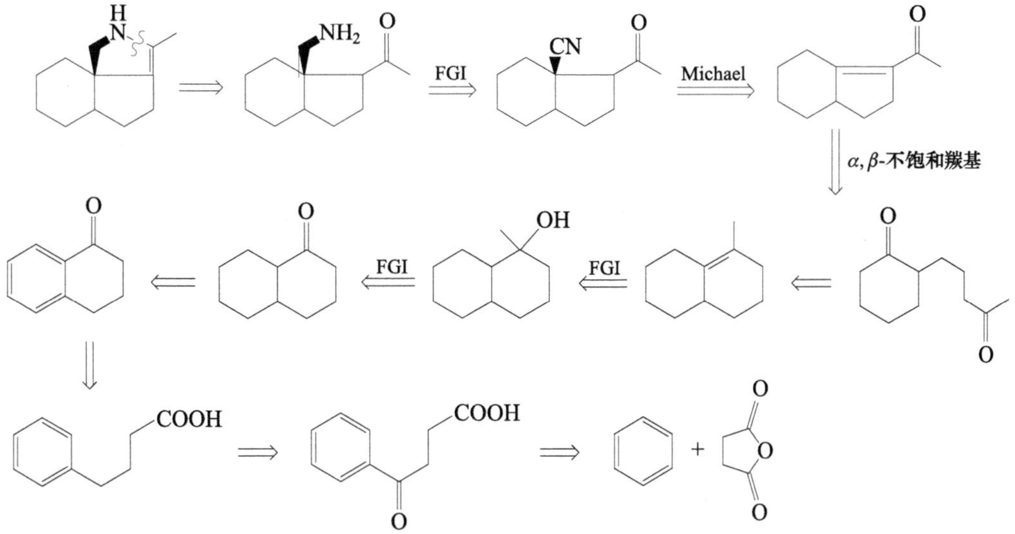

H N ⟹ NH_2 O FGI ⟹ CN O Michael ⟹ O

⇓ α,β-不饱和羰基

O ⟸ O FGI ⟸ OH FGI ⟸ ⟸ O O

⇓

COOH ⟹ COOH O ⟹ + O O O

图 3-107 含氮杂环化合物(1)的逆合成分析

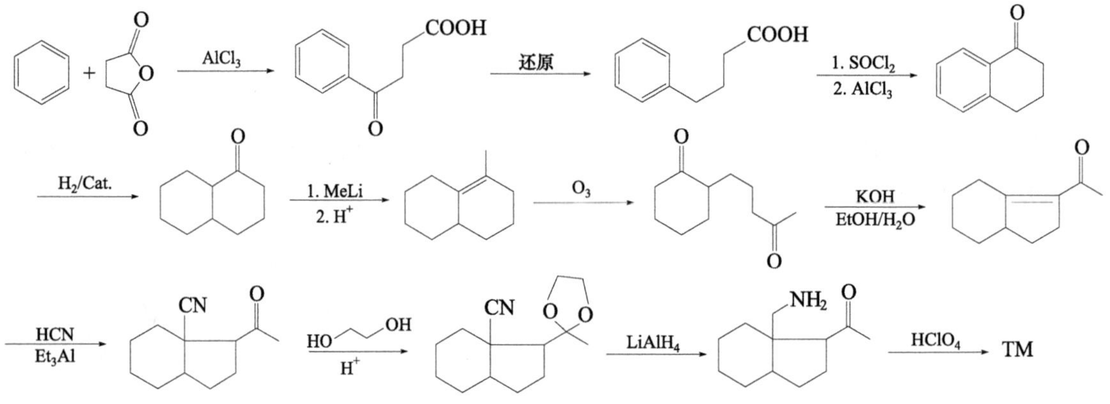

图 3-108 含氮杂环化合物(1)的合成路线

苯与丁二酸酐在 $AlCl_3$ 作用下得酮酸，黄鸣龙还原得羧酸，再与二氯亚砜反应成酰氯，在 $AlCl_3$ 作用下分子内酰基化反应得到酮，催化氢化后与甲基锂反应脱水成烯，臭氧氧化得二酮，在碱作用下分子内羟醛缩合得 α,β-不饱和酮，Michael 加成得腈，用乙二醇保护羰基，再用 $LiAlH_4$ 还原得胺，高氯酸脱保护后成环得目标产物。

米格列萘钙是用于治疗 2 型糖尿病的降糖药[22]。它的结构中含有丁二酸结构单元，一边接八氢异吲哚，另一边是带有苄基侧链的羧酸，2 位是手性中心。切断 C—N 键就得到 2-苄基丁二酸与八氢异吲哚，如图 3-109 所示。

但在 2-苄基丁二酸与八氢异吲哚的反应中存在区域选择性问题，为此必须对此进行控制，使两边羧基的活性有较大差异，通过官能团互换使与八氢异吲哚反应的羧基变为酰氯，另一边为酯。这样，由于酰氯比酯活泼得多，与八氢异吲哚反应就可以高区域选择性地得到目标化合物。上述酰氯经官能团互换为羧酸，再切断侧链就得到原料丁二酸单甲酯和溴化苄，因此，米格列萘钙的逆合成分析与合成路线如图 3-110 与图 3-111 所示。

丁二酸单甲酯与溴化苄在碱作用下生成 2-苄基丁二酸单甲酯，经拆分得所需的对映异构体，与二氯亚砜形成酰氯，再与八氢异吲哚反应后选择性水解得前体，再与 $CaCl_2$ 成盐就得到米格列萘钙。

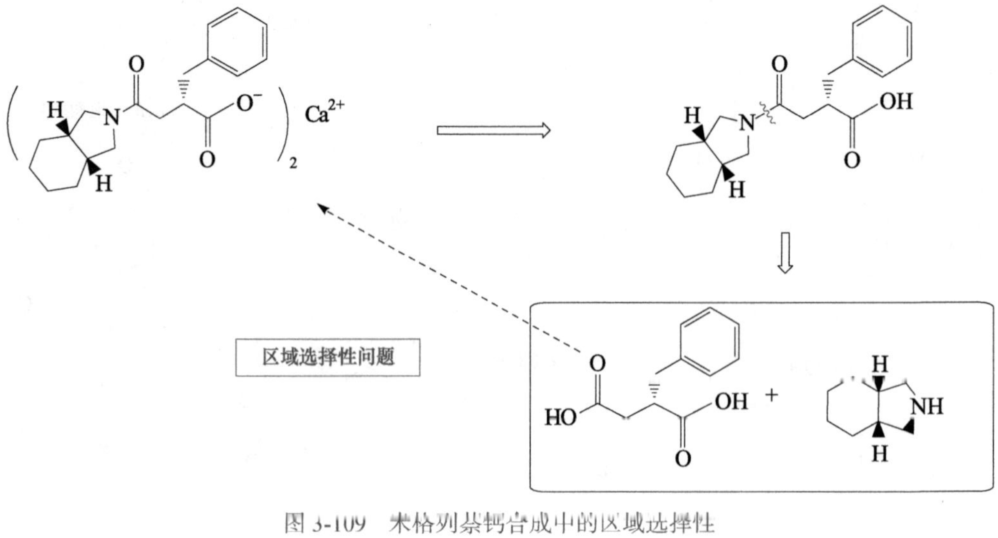

区域选择性问题

图 3-109 米格列萘钙合成中的区域选择性

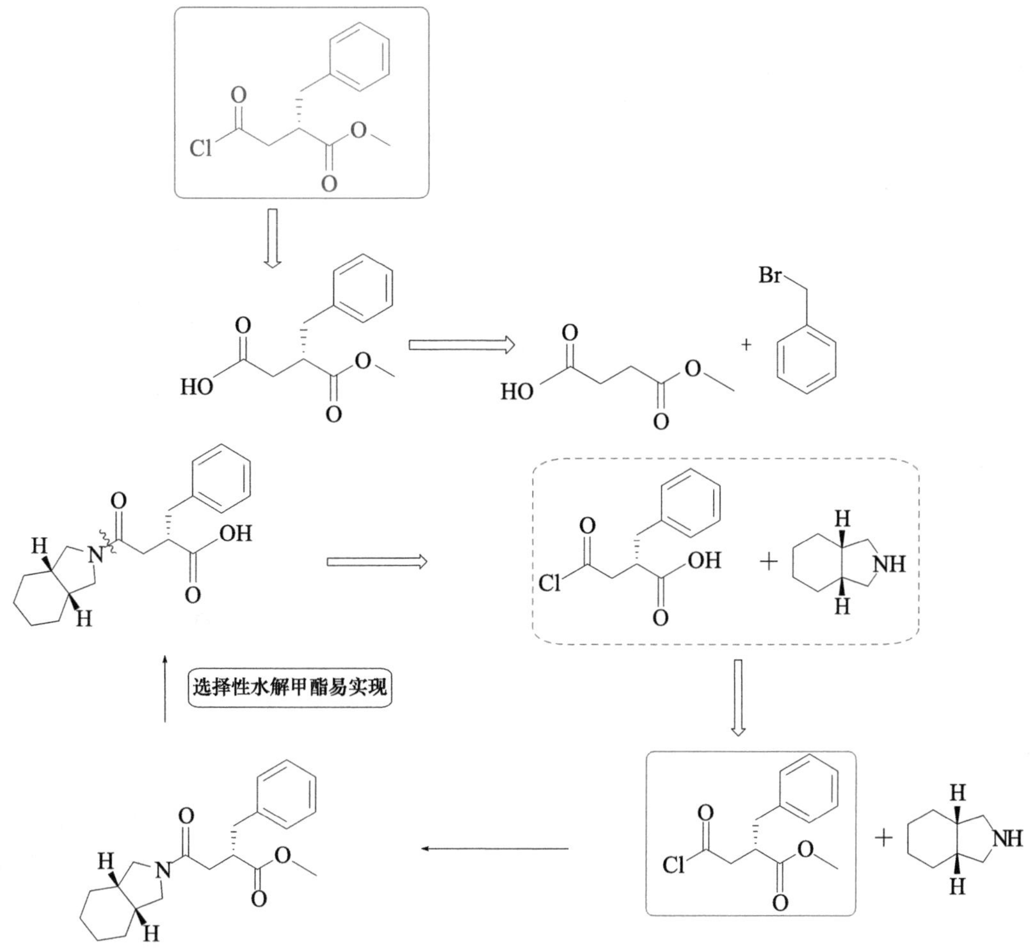

选择性水解甲酯易实现

拆分

1. LDA/THF
2. H^+

$SOCl_2$

NaOH/MeOH

$CaCl_2$

Ca^{2+}

图 3-110　米格列萘钙的逆合成分析

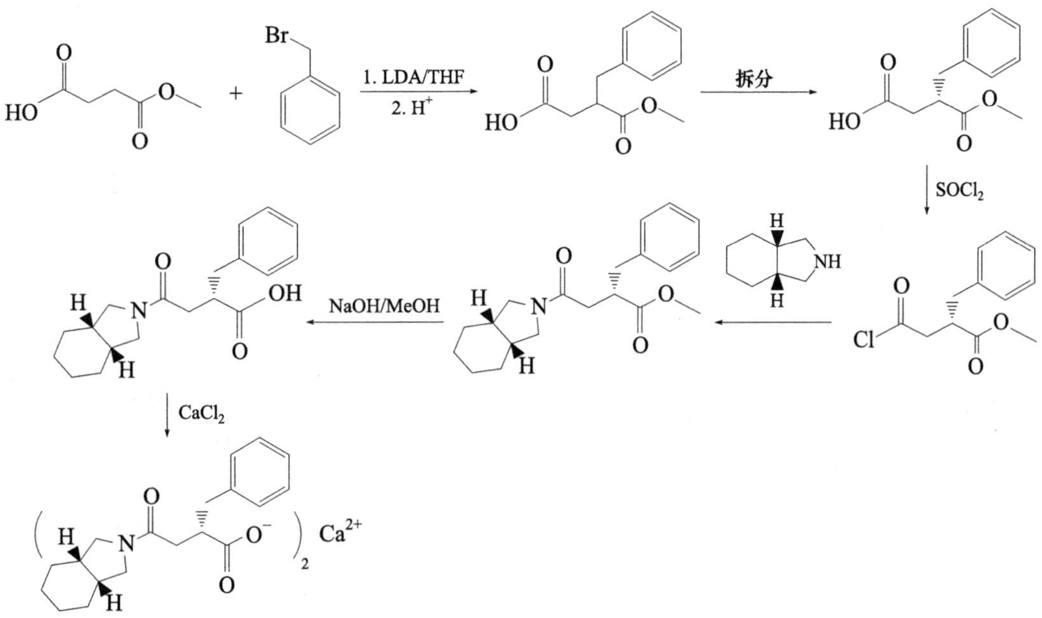

图 3-111　米格列萘钙的合成路线

天然环酯肽Hirsutellide A是泰国Vongvanich等从食虫菌Hirsutella Kobayasii BCC 1660的细胞中提取出的，是十八环酯肽，具有一定的抗结核分枝杆菌活性[23]。针对化合物(3)的结构特点，其切断位置无非是a、b、c三种可能，如图3-112所示。

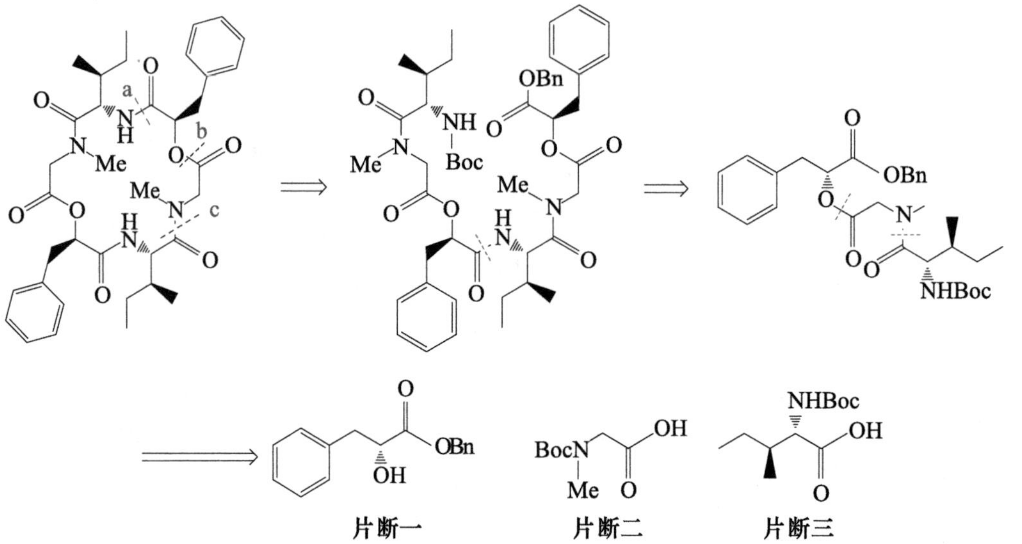

图3-112 天然环酯肽的逆合成分析

在图3-112中c处切断，则在最后关大环时，带有甲基的氨基空间位阻大；在b处切断，则关环反应是分子内的酯化，由于醇羟基的亲核能力远低于胺，为此选择从a处切断得到链状六酯肽；再分别在肽键、酯键处切断得到三个片段：L-α-羟基苯丙酸、Boc保护的*N*-甲基甘氨酸和Boc保护的L-异丝氨酸[24]。因此，如图3-113所示，以*N*-甲基甘氨酸，L-异丝氨酸和L-α-羟基苯丙酸为原料，分别对其N端和羧基端进行保护、偶合、脱保护而

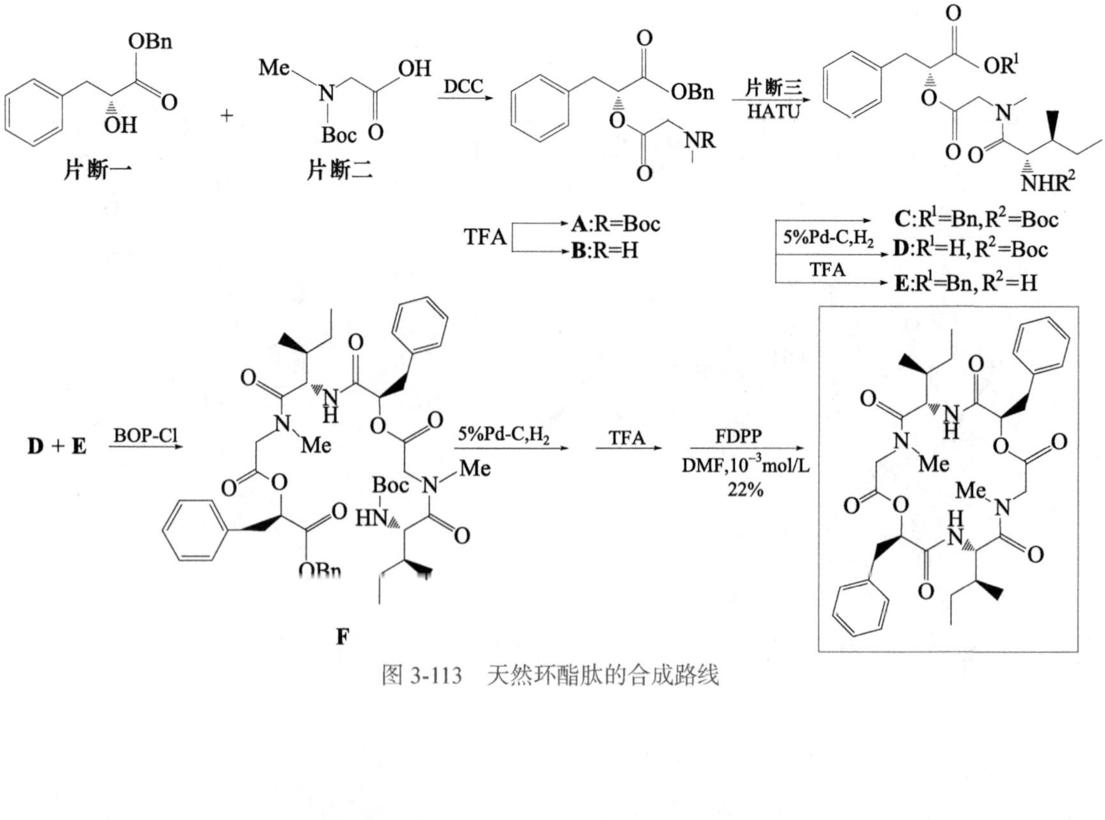

图3-113 天然环酯肽的合成路线

DCC　　HATU　　BOP-Cl　　FDPP

图 3-113(续)

得到链状六酯肽，采用高度稀释法进行关环，以 22%收率得到目标产物。后来采用银盐催化关环反应，在较高浓度下以 63%的收率获得目标产物[25]。

参考文献

[1] Woodward R B, Doering W E. The total synthesis of quinine [J]. Journal of the American Chemical Society, 1944, 66(5): 849.

[2] Woodward R B, Heusler K, Gosteli J, et al. The total synthesis of cephalosporin C [J]. Journal of the American Chemical Society, 1966, 88(4): 852-853.

[3] Woodward R B. The total synthesis of vitamin B12 [J]. Pure and Applied Chemistry. Chimie pure et appliquee, 1973, 33(1): 145-177.

[4] Armstrong R W, Beau J M, Cheon S H, et al. Total synthesis of palytoxin carboxylic acid and palytoxin amide [J]. Journal of the American Chemical Society, 1989, 111(19): 7530-7533.

[5] Suh E M, Kishi Y. Synthesis of palytoxin from palytoxin carboxylic acid [J]. Journal of the American Chemical Society, 1964, 116(24): 11205-11206.

[6] Corey E J, Cheng X. The Logic of Chemical Synthesis [M]. Hoboken: John Wiley & Sons, 1989.

[7] 斯图尔特 · 沃伦. 有机合成——切断法探讨[M]. 丁新腾译. 上海: 上海科学技术文献出版社, 1986.

[8] Johnson A W. 2-Butyne-1, 4-diol. Part Ⅱ. Reactions involving the triple bond [J]. Journal of the Chemical Society, 1946, 52(11): 1014-1017.

[9] Hauser C R, Swamer F W, Adams J T. The acylation of ketones to form β-diketones or β-keto aldehydes [J]. Organic Reactions (New York), 1954, 8: 59-196.

[10] Henecka H. β-Dicarbonyl compounds. Ⅷ. Synthesis of piperitone and carvenone, starting with Michael adducts of β-dicarbonyl compounds [J]. Chemische Berichte, 1949, 82: 112-116.

[11] Smith L I, Rouault G F. Alkylation of 3-methy-l, 4-carbethoxy-2-cyclohexen-1-one (Hagemann's ester) and related substances [J]. Journal of the American Chemical Society, 1943, 65(4): 631-635.

[12] 蒙炎生. 2 甲 4 氯合成方法的改进[J]. 安徽化工, 1995, 80(3): 25-26.

[13] Kato Y, Asano Y, Cooper A J L. Cheminform Abstract: 3-Hydroxy-2-oxo-1-oxaspiro[4.5]-dec-3-ene, a new inhibitor of lactate dehydrogenase [J]. Tetrahedron Letters, 1995, 36(27): 4809-4812.

[14] Baumgarten H E, Creger P L, Villars C E, et al. Bz-tetrahydrocinnolines and Quinazolines [J]. Journal of the American Chemical Society, 1958, 80(24): 6609-6612.

[15] Conover L H, Butler K, Johnston J D, et al. The total synthesis of 6-demethyl-6-deoxytetracycline [J]. Journal of the American Chemical Society, 1962, 84(16): 3222-3224.

[16] Kutney J P, Cretney W J, Quessne P L, et al. The total synthesis of dl-dihydrocleavamine, dl-carbomethoxydihydrocleavamine, dl-coronaridine, and dl-dihydrocatharanthine. A general entry into the iboga and vinca alkaloids [J]. Journal of the American Chemical Society, 1966, 88(20): 4756-4757.

[17] Stork G, Stotter P L. A new approach to the stereospecific synthesis of angularly substituted polycyclic systems [J]. Journal of the American Chemical Society, 1969, 91(27): 7780-7781.
[18] 常州康普药业有限公司. 盐酸苯海索的制备方法[P]: CN, 102030723. 2011-04-27.
[19] Sonnenberg F M. Rearrangement of allyl phenyl ethers [J]. Journal of Organic Chemistry, 1970, 35(9): 3166-3167.
[20] 孙昌俊, 等. 重排反应——原理与应用[M]. 北京: 化学工业出版社, 2013.
[21] Jaedicke H, John M. Procedure for the production of unsaturated ketones by the Carroll reaction[P]: German Patent, DE19840746. 2000-3-9.
[22] 陈小勇, 彭润涛, 江宇, 等. 治疗糖尿病新药米格列奈[J]. 中国医药情报, 2004, 10(2): 28-31.
[23] Vongvanich N, Kittakoop P, Isaka M, et al. Hirsutellide A, a new antimycobacterial cyclohexadepsipeptide from the entomopathogenic fungus hirsutella kobayasii[J]. Journal of Natural Products, 2002, 65(9): 1346-1348.
[24] Xu Y, Chen L, Duan X, et al. Total synthesis of hirsutellide A [J]. Tetrahedron Letters, 2005, 46(25): 4377-4379.
[25] Xu Y, Chen L, Cao X, et al. Silver-ion-mediated macrocyclization to form cyclohexadepsipeptide. Sylett, 2007, 12: 1901-1904.

第 4 章　精细化学品的生产工艺及设备

4.1　概　　述

如前所述，精细化学品是具有特定使用对象、特定功能和特殊质量要求的化工产品，所以精细化学品的生产工艺和生产设备也有别于石油化工和煤化工等。本章以典型精细化学品的生产为例，结合其分类、特点、应用等内容简要介绍精细化学品的工艺流程、流程框图(或简图)及主要生产设备。

4.1.1　精细化学品的生产技术方案

精细化学品生产技术的研究开发是系统工程，首先要在查阅和收集大量信息资料的基础上研究确定其合成路线或配方，通过对几条合成路线在技术、经济、环境方面的比较，提出可行的生产方案，并优化完善形成其生产工艺路线、工艺流程等，对所需设备进行选型，对非标设备进行设计，对生产工艺进行设计等。这个过程是精细化工工艺学的主要内容[1]。

1. 精细化学品的合成路线、生产工艺

所谓精细化学品的合成路线就是采用某种原料、溶剂、催化剂，在一定条件下，经过某几种反应，或者由多种物质混配制备精细化学品的路线。生产工艺则还要包括原料的预处理(提纯、粉碎、干燥、溶解、加热、冷却、气化等)，实施反应的手段，中间产物的分离提纯，最终产品的精制和后处理(过滤、蒸馏、精馏、吸收、吸附、萃取、结晶、冷凝、干燥等)，以及在各阶段采用何种设备来实现精细化学品的生产。

2. 精细化学品的生产工艺流程

生产工艺流程是从原料到产品的所有单元过程(如动量和热量传递、化学反应、分离等过程)的组合，而且是按一定的顺序组合。流程的组织是确定各单元过程的具体内容、顺序和组合方式，并以图解的形式表示整个生产过程，一般用工艺流程方框图、工艺流程简(草)图表示，还可用文字来描述具体的工艺流程，也可以用图配文字的方式表示[2]。

1) 工艺流程方框图

工艺流程方框图简称框图，由长方框、线条、箭头组成，方框里通常用文字说明操作单元(或设备)，线条表示管线、箭头表示物流方向，以表示整个生产过程及顺序，如图 4-1 所示。

框图包括原料储存、处理与输送过程，催化剂制备、催化反应过程、分离过程、回收过程、后加工处理过程，以及辅助过程(废热利用、缓冲、中间储存、三废处理、产品储运等)。

精细化学品的生产流程通常也是这个顺序。

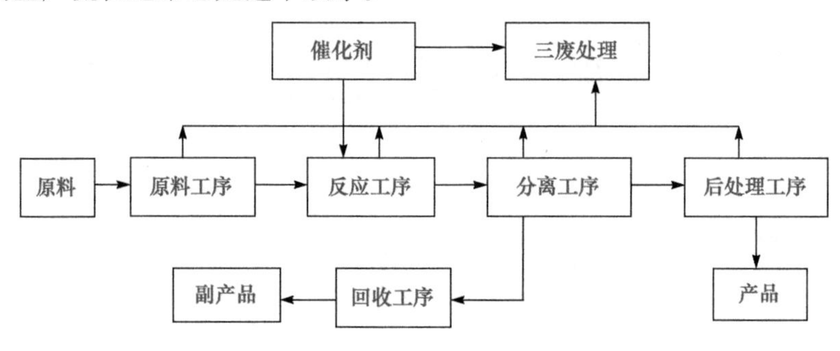

图 4-1 典型的化工工艺流程框图

2) 工艺流程简(草)图

将流程框图中各个单元过程的方框换为该过程所需设备的图例或设备外形的示意图，在设备适当的位置加上线条、箭头表示物料的进出，构成工艺流程简(草)图，即工艺流程简(草)图由设备的图例、物料流向、必要的文字说明组成。如图 4-2 所示的水解法制有机硅树脂工艺流程简图。

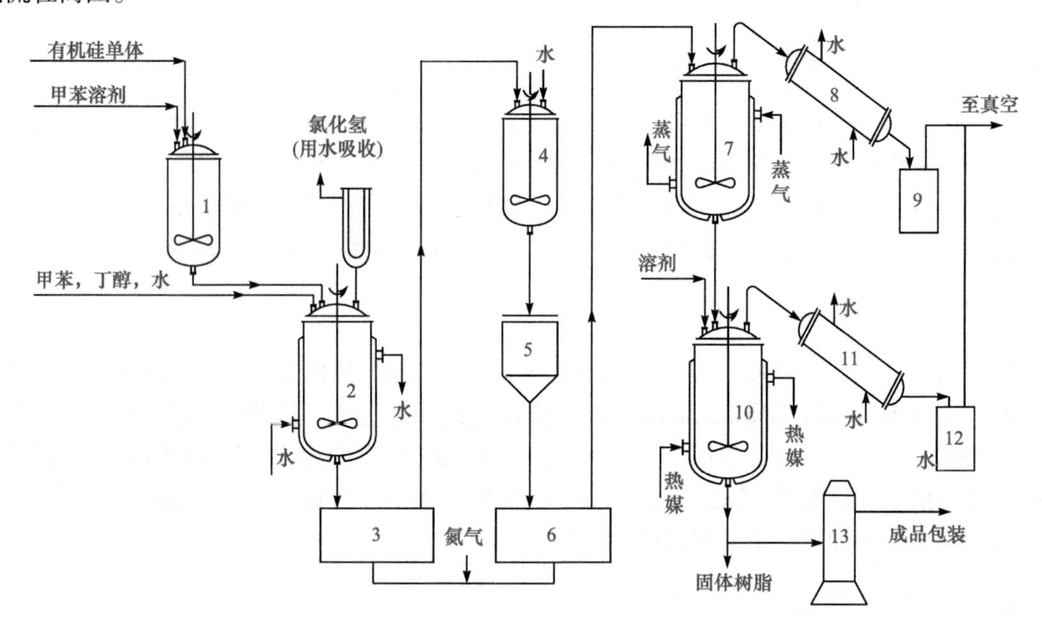

图 4-2 水解法制有机硅树脂工艺流程简图

1. 混合罐；2. 水解釜；3、6. 中间储罐；4. 水洗釜；5. 过滤器；7. 浓缩釜；8、11. 冷凝器；9、12. 溶剂储罐；10. 缩合釜；13. 离心机

3) 工艺流程简述内容

按生产工序简述物料经过设备的顺序及流向，结合主、副反应的反应方程式，叙述进入设备的原料，产出的产品及副产物，主要操作控制指标，如温度、压力、流量、配比、催化剂、溶剂以及主要反应物的转化率等。对间歇式操作需说明操作周期、一次加料量及各阶段的控制指标。通常给出工艺流程简图或框图，且说明原料、中间产品、产品的储存、运输方式及安全措施和注意事项。

合成技术是指催化剂的使用、催化方式(均相、非均相、相转移)。精细化工产品的生产一般以间歇式为主，当产品生产量较大时采用半连续式或连续式的生产方式。

4.1.2 精细化工工艺流程的组织

1. 组织生产工艺应遵循的原则

生产工艺的组织通常应遵循如下原则：

(1) 物料及能量的充分利用。

(2) 工艺流程的连续化、自动化。

(3) 易燃易爆的安全措施。

(4) 适宜的单元操作及设备类型。

(5) 经济、技术、环境方面可行。

2. 组织生产工艺的方法

生产工艺的组织即工艺路线的流程化通常按如下顺序进行：

原料储存 → 进料准备 → 反应 → 产品分离 → 产品精制 → 产品储存

对上述六个过程要进行详细研究，具体到每个过程需要哪些单元操作并加以组合，各个单元操作需要的设备，以及各自的运行参数和次序。物料在化工单元操作中为“流水线”，以保证获得达到技术指标要求的产品，将工艺过程具体化的过程称为工艺路线的组织。

4.1.3 工艺过程设计

化工工艺即化学品生产技术，是指将原料主要经过化学或物理过程转变为产品的方法，包括实现这一转变的全部措施。

工艺过程设计是根据一个化学反应或过程设计出一个生产流程，并研究流程的合理性、先进性、可靠性和经济可行性，再根据工艺流程及条件选择合适的生产设备、管道和仪表等，进行合理设计工厂、车间等，以满足生产的要求，同时化工工艺专业与相关专业密切合作，形成设计文件、图纸，并按照其施工，最终建成投产。

4.1.4 配方优化与工艺优化

1. 配方设计的原则及优化

各组分的组成及用量的组合称为产品的配方。精细化学品不同于石油化工和基本有机化工产品，为了满足使用者的要求，通常要对产物进行商品化，如配制成复合物。许多精细化学品属于配方类产品，对于配方类产品，需要先确定产品的类型和主要性能，然后选择合适的组分，使每种组分本身的性能均能满足产品某方面的要求，拟定各组分的相对比例，按一定的工艺制备产品，根据性能测定，改变组分和用量，确定性能达标的产品组成和用量。

对于新开发的产品，要进行组分的选择、各组分用量的选择、生产工艺过程的选择等，经过单因素优选法或正交设计等多次试验，最终确定产品的配方。

2. 生产工艺的优化

在生产过程中，通过调整主要工艺条件，如反应物配比、反应温度、反应压力、反应时间、催化剂用量等，使目标参数如收率、经济效益最大化，且产品性能达到技术要求，这个过程称为工艺优化。

4.2 精细化学品生产工艺的设计

4.2.1 工艺路线的选择

1. 收集资料

众所周知，每种精细化学品都有多条生产工艺路线可供选择，在对某种精细化学品进行工艺路线设计时，首先要收集和查阅相关的信息资料。对其各种生产方法及流程进行调研和考察，评价不同生产方法在技术、经济和环保方面的差异，其中工艺流程最为重要，它是决定整个工艺路线是否先进、可靠，经济上是否合理的关键。要考察产品成本、主要原材料的用量及供应、公用工程的利用及供应、副产物的利用、三废处理、生产技术是否先进、设备是否先进可靠、生产的自动化机械化程度、基本建设投资等。另外，要尽可能收集所涉及物料的热力学数据，可以通过查资料、实验、计算，掌握生产过程中各种物料的物理和化学性质、数据参数。

2. 确定生产工艺路线的内容

(1) 确定生产所用的原材料。
(2) 选择各种单元操作并加以组合。
(3) 选择适宜的生产设备。
(4) 确定工艺操作条件。

3. 落实关键设备

要落实工艺路线所涉及的主要设备，如标准设备、非标准设备、需要进口的设备。如果设备达不到技术要求，需要改变原定的工艺路线或部分工艺路线。

4.2.2 生产方式的选择

从原料到产品，可以采用不同的生产方式和设备进行生产。根据原料和产品的特点、吨位，进行技术、环保、经济效益分析和比较，选择间歇式、半连续式或连续式生产方式。

1. 间歇式生产

间歇式生产是精细化工、生物制品、药品等行业中主要的生产方式。原料被分批地处理，主要生产过程始终在相同设备中进行，按工艺规定的顺序进行，每次作业完成卸出产物或半成品后，重新装入原料，再重复一遍相同的操作。这种操作的特征是工艺条件为动态，人工可干预，过程参数(原料的配比、浓度、温度、压力、转化率和物性等)随反应时间的变化而变化，因此操作中需要经常对反应系统进行调节，以便反应在最佳条件下进行。

间歇式生产的优点是灵活，投资少，转向快，设备的设计和使用属于柔性设计，可进行不同产品的生产；缺点是产品批量生产，稳定性差，生产能力低。由于精细化工产品种类多、产量小，大多采用间歇式生产方式。

2. 半连续式生产

半连续式生产是指整个生产流程中部分工序采用间歇式，部分工序采用连续式，是间歇式生产工艺到连续式生产工艺的过渡阶段。

半连续式生产的优点是投资比连续式生产低，切换品种比连续式生产容易，较适合生产规模适中、多品种产品的生产。半连续式生产操作方便，与间歇式相比，生产规模大、生产效率高。与连续式生产比，其缺点是劳动强度高、能耗高、产品质量易波动、自动化程度低。

3. 连续式生产

连续式生产是指物料均匀、连续地按一定工艺顺序运动，在运动中不断改变形态和性能，最后连续生成产品。从原材料投入后，经过许多相互联系的加工步骤，到最后一步才能生产出成品，即前一个步骤生产的半成品是后一个步骤的加工对象，直到最后一个加工步骤才能得到成品，运作模式是 24h 连续运行、不间断地生产。

连续式生产的优点是产品质量好，性能稳定，能耗、物耗、成本低，工艺先进，生产效率高，产量大，自动化水平高，劳动强度小。缺点是建设周期长，一次性投资大，有些生产设备加工比较困难，产品切换困难，不适合多品种产品的生产，对工人的素质要求高，其中一道工序出现故障可能会导致整个流程的停车、停产。

4. 选择生产方式一般要求

由于三种生产方式有各自的优缺点，所以选择新技术、新工艺，选直接法代替多步法，选原料易得路线代替多原料路线，选低能耗代替高能耗方案，选接近常温常压代替高温高压，选污染废料少代替污染严重的，选便于实现微机控制的生产方式。

(1) 产量通常大于 5000 吨/年，采用连续式生产；小于 5000 吨/年，采用间歇式生产，有时还要考虑其他因素来确定生产方式。

(2) 反应速率慢，物料含固体颗粒，固体易结晶析出，堵塞管道设备，易采用间歇式生产。

(3) 产品的市场需求有季节性、周期性的，可采用间歇式生产。

(4) 产品需求量大，反应物在设备中的停留时间既短又反应完全的，可采用连续式生产。

4.2.3　生产项目设计的主要程序

(1) 项目的前期各项准备工作。

(2) 编制项目建议书。

(3) 编制项目可行性报告。

(4) 编制项目设计任务书。

(5) 工艺初步设计，即根据已批准的可行性研究报告，确定全厂性的设计原则、设计标准、设计方案和重大的技术问题，编制的初步设计文件有设计说明书和说明书的附图、附表、物料流程图、管道及仪表流程图、设备布置图等。

(6) 施工图设计，即把初步设计中确定的设计原则和设计方案，根据建筑施工、设备制造及安装工程的需要进一步具体化。施工图设计内容有施工设计说明书、管路布置图、管架图、设备管口方位图、管架表、材料表、设备一览表等。

(7) 建设项目的施工。

(8) 生产试车、投产。

(9) 项目的评价、验收。

4.3 精细化学品主要生产设备

4.3.1 设备的分类

精细化工产品种类多，决定了其生产设备的种类多而杂。按其主要用途分类，可分为物料输送设备、反应设备、搅拌与混合设备、换热设备、分离设备、贮存设备、包装设备等；按设备状态分类，可分为动设备和静设备。此外，设备还有标准设备和非标准设备之分。

(1) 动设备：在外力作用下做功，如泵、风机、压缩机、制冷机、离心机等。

(2) 静设备：无需外力作用，如塔、反应器、贮罐、换热器等。

(3) 标准设备：成批、成系列生产，可根据设备参数直接购买。

(4) 非标准设备：无法直接采购到的设备，是根据工艺要求，通过工艺等计算后，进行图纸的设计，且提供给有关工厂定向加工制造的设备。

4.3.2 化工物料输送设备

生产中所用的原料、中间产品、产品通常会以流(动)体的形式存在，化工物料主要有三种形式：液体、气体、固体。

1. 流体输送

为满足生产工艺的要求，需要将流体依次输送到各设备之中，设备之间通常用管路进行连接，以便流体能从一个设备输送到另一个设备，或者从一个工序送到下一个工序，一般由泵、风机等输送设备提供能量，使得流体按着工艺要求运动，完成物料全过程的输送。

(1) 泵是液体物料输送设备，如离心泵、往复泵、计量泵、齿轮泵、旋涡泵、真空泵等。

(2) 风机和压缩机是气体物料输送、压缩、制冷设备，如往复压缩机、离心压缩机、离心鼓风机、罗茨鼓风机等。

2. 固体的输送

给料机械设备用于固体物料的输送，如机械装置传送带、提料翻斗等。颗粒状固体也可用气力输送(真空式和压送式)或液力(液固混合物)输送。

4.3.3 反应设备

1. 釜式反应器

釜式反应器是精细化工应用最广泛的反应器，在医药、农药、染料、涂料、胶黏剂等行业广泛应用。釜式反应器通常是由釜体、搅拌器、传动装置、加热或冷却装置、观测装置、轴封装置、支座、人孔、工艺接管和一些附件等组成。

釜式搅拌反应器一般用于间歇式操作，物料由上部加入、在搅拌下混合或反应，在夹套或蛇管内通入蒸气、热水、冷却水、冷却剂以实现加热或冷却，反应或混配完成后，物料由釜底部放出。

釜式反应器的特点是结构简单，加工方便，传质、传热效率高，温度分布均匀，操作灵活性大，便于控制和改变反应条件。适用于多品种、小批量产品的生产，也适用于不同相态组合的反应物料，如均液相、非均液相、液固相、气液相、气液固相反应或混合，几乎适应所有的有机合成单元操作，如氧化、还原、硝化、磺化、卤化、缩合、聚合、烷化、酰化、重氮化、偶合等，选择适当的溶剂作为反应介质，都可在釜式反应器中进行。

采用釜式反应器进行间歇式操作时，辅助时间长，尤其是热压釜，升降温度时间长，降低了生产效率。

2. 管式反应器

特征：长度远大于管径，通常内部中空，不设任何构件，多用于均相反应。管式反应器常用于连续式操作，反应器的结构可以是单管，也可以是多管并联。管式反应器返混小，因而容积效率高，对要求转化率较高、产量大的连续化生产最为适用。管式反应器适合加压反应、热效应较大的反应，可实现分段温度控制。其主要缺点是反应速率很低时所需管道过长，工业上不易实现。常用的几种类型：水平管式反应器、立管式反应器、盘管式反应器、U 型管式反应器。

3. 固定床反应器

固定床反应器是呈气态的反应物料通过静止的、填充颗粒构成的床层进行反应的装置，称为气-固相固定床催化反应器，简称固定床反应器。这些固体颗粒可以是固体催化剂，也可以是固体反应物。

固定床反应器优点：床层薄，流体流速很低；床层内的流体轴向流动可看成是理想置换流动，因而化学反应速率较快；流体停留时间可严格控制，温度分布可以适当调节，因而有利于提高化学反应的转化率和选择性；催化剂不易磨损；可在高温下操作。固定床反应器缺点：催化剂导热性较差，催化剂的再生、更换不方便。

4. 流化床反应器

与固定床反应器不同的是反应器内有固体颗粒，这些固体颗粒处于运动状态。流化床反应器可用于气固、液固以及气液固催化或非催化反应，是化学工业生产中较广泛使用的反应器。典型例子是炼油厂的催化裂化、聚丙烯的合成装置。

5. 塔式反应器

1) 鼓泡塔反应器

鼓泡塔反应器是以液相为连续相、气相为被分散相的反应器，用于气液相参与的中速反应、慢速反应、放热量大的反应。例如，各种有机化合物的氧化反应、石蜡和芳烃的氯化反应、氨水碳化生成固体碳酸氢铵等反应都采用这种反应器。

鼓泡塔反应器的优点：气体以小气泡形式从反应器底部进入，连续不断地通过气液反应层，保证了气液接触面，使气液充分混合，反应良好；结构简单，容易清理，操作稳定，投资和维修费用低；鼓泡塔反应器具有极高的储液量和相际接触面积，传质和传热效率较高，适用于缓慢化学反应和高度放热的情况；在塔内、塔外都可以安装换热装置；和填料塔相比，鼓泡塔能处理悬浮液体。鼓泡塔反应器的缺点：塔内液体返混严重，气泡易产生聚并，效率较低，故常采用多级鼓泡塔串联或采用间歇式生产方式。

2) 喷淋塔反应器

喷淋塔反应器结构较为简单，液体以细小液滴的方式分散于气体中，气体为连续相，液体为被分散相，具有相接触面积大和气相压降小等优点。适用于瞬间、界面和快速反应，也适用于生成固体的反应。喷淋塔反应器具有持液量小、液侧传质系数过小、气相和液相返混较为严重的缺点。

3) 板式塔反应器

板式塔反应器的液体是连续相而气体是被分散相，气相通过塔板分散成小气泡而与板上液体相接触进行化学反应。板式塔反应器适用于快速及中速反应。采用多板可以将轴向返混降低至最小程度，并且它可以在很小的液体流速下进行操作，因而能在单塔中直接获得极高的液相转化率。同时，板式塔反应器的气液传质系数较大，可以在板上安置冷却或加热元件，以维持所需温度的要求。但是板式塔反应器具有气相流动压降较大和传质表面较小等缺点。

4) 填料塔反应器

填料塔是塔内填充适当高度的填料，以增加两种流体间的接触面积。液体自塔顶沿填料表面向下流动，气体自塔底向上运动，与液体逆流传质，两相的浓度沿塔高呈连续变化。例如，应用于气体吸收时，液体由塔的上部通过分布器进入，沿填料表面下降，气体则由塔的下部通过填料孔隙，与液体密切接触而相互作用。填料塔结构较简单，检修方便，广泛应用于气液反应、气体吸收、蒸馏、萃取等操作，同时适用于处理易发泡的乳液，填料可起到破碎泡沫的作用。

填料塔具有生产能力大，分离效率高，压降小，持液量小，操作弹性大等优点。填料塔也有一些不足之处，如填料造价高，当液体负荷较小时不能有效地润湿填料表面，使传质效率降低，不能直接用于有悬浮物或容易聚合的物料。

5) 塔型的选择因素

(1) 大塔径用板式塔，小塔径用填料塔。

(2) 板式塔可适应较小的液体流量，同样条件下填料塔会导致润湿不足。

(3) 处理含有颗粒的物料宜选用板式塔，填料塔易堵。

(4) 产生大量溶解热和反应热的物系宜采用板式塔。

(5) 处理有腐蚀性物料宜用填料塔，因为板式塔需用耐腐蚀的金属材料，造价较高。

(6) 热敏性物料的蒸馏宜用填料塔，填料塔内液体的滞留量较小，在塔内停留时间短。

(7) 填料塔适用于处理发泡液体。

4.3.4　搅拌与混合设备

许多精细化学品的生产都是在有搅拌器的反应釜中进行的，搅拌可促进物料的混合、乳化、溶解、吸收、吸附、萃取、传质、传热等过程。对于不同目的的搅拌，需要选择不同类型的搅拌器和操作条件。

(1) 叶轮式搅拌器。包括涡轮式搅拌、浆式搅拌、锚式搅拌、框式搅拌、螺带式搅拌。

(2) 气流搅拌。气流搅拌是向液体中通入气流以达到搅拌液体的目的。一般用压缩空气，有时采用二氧化碳、氮气等惰性气体。当被搅拌的液体需加热且允许加入水分时，也可通入水蒸气。

(3) 射流搅拌。液体从喷管或孔口中喷出，脱离固体边界的约束，在液体或气体中作扩散流动，称为射流。射流一般为紊流流型，具有紊动扩散作用，能进行动量、热量和质量传递，可应用于混合搅拌。

(4) 管道混合器。常见管道混合器有喷嘴式管道混合器、涡流式管道混合器、多孔板式、异形板式管道混合器、静态管道混合器。喷嘴式管道混合器是将待混的两种或两种以上流体的量调整到预定配比后，以较高流速的流体将较低流速的流体带入一根管道，待混流体汇流后经过一段距离达到混合。涡流式管道混合器是两种流体流经一涡流室得到混合。多孔板式、异形板式管道混合器是两种流体流经装有促进混合元件的管道得以混合，这种设备适用于气体或黏度较低液体的混合。静态管道混合器由管子和内装的促进混合的元件等组成，混合元件常用的形式有螺旋片式和混合头式。物流通过管道混合器会产生分流、交叉混合和反向旋流三个作用。

4.3.5　换热设备

1. 按传热方式分类

(1) 直接传热式换热器。一种不需传热壁面，由冷流体与热流体直接接触进行换热操作的换热器，如凉水塔、喷射冷凝器。

(2) 蓄热式换热器。通常是固体物质作为蓄热体，热介质先加热固体物质达到一定温度后，冷介质再通过固体物质被加热，热量从高温体传递给低温流体，实现热量传递的换热器，该过程为间歇式传热。

(3) 间壁传热式换热器。冷、热流体相互不接触，通过管子、板等壁面进行热量交换的换热器，是最普通、最常用的换热器。冷热交换的流体可以是空气、烟气、蒸气、热水、冷水、冷却剂、热油、工艺物料，这类换热器有管壳式、板式、管式、液膜式等。

2. 按结构分类

换热器按结构分类有板式、列管式、翅片式、盘管式、喷淋式换热器等。

3. 按工艺用途分类

(1) 加热器。加热工艺物流的设备。一般采用热水、水蒸气、烟道气等作为加热介质，温度要求高时，可采用导热油、熔盐等作为加热介质。

(2) 过热器。对饱和蒸气再加热升温的设备。

(3) 废热锅炉。由高温物流或者废气中回收其热量而产生蒸气的设备。

(4) 再沸器。用于蒸馏塔底物料的加热设备。

(5) 冷却器。冷却工艺物流的设备，冷却剂可采用水、盐水等，冷却温度低时，可采用液氨为冷却剂。

(6) 冷凝器。将气态物料冷凝变成液态物料的设备。

4.3.6 分离设备

1. 过滤设备

过滤是精细化工生产中一种重要的处理过程，可实现液固相的分离。在外力的作用下，以某种多孔物质为介质来分离液固混合物，通过介质孔道的液体为滤液，被截留的物质称为滤饼或滤渣，外力可以是重力或离心力，也可以是设备间的压差。过滤属于机械分离操作，与精馏、蒸发、干燥操作相比，能量消耗较低。

按操作方式设备分为两类，即间歇过滤机和连续过滤机，常见的间歇过滤机有压滤机、叶滤机等；连续过滤机多采用真空操作，有转筒真空过滤机、圆盘真空过滤机等。常见的三种过滤机有板框压滤机、转筒真空过滤机、加压叶滤机。

2. 精馏设备

精馏是最常见的一种分离方法。精馏设备指精馏操作所用的设备，主要包括精馏塔及再沸器和冷凝器或者精馏机。多组分混合液体的精馏主要有三种方式，间歇精馏(小规模生产，按顺序得到不同沸点范围的馏分)、多塔精馏(n 个组分，使用 $n-1$ 个塔，属于连续精馏)、侧线精馏(产物不要求是纯组分，侧线可得到不同回流比的产物，在塔体不同高度上设置出料口，可以得到组成不同的产品)。

1) 精馏塔

精馏塔是完成精馏操作的主体设备，塔体为圆筒形，塔内设有供气液接触传质用的塔板或填料。在简单精馏塔中，一股原料引入塔中，经蒸馏分别从塔顶和塔底各引出一股产品。在实际生产中，常有组分相同而组成不同的几种物料都需要分离。为此可在塔体适当位置设置多个进料口，将各种物料分别加入塔内，因此出现了多股进料和多股出料或有中间换热的复杂塔。

再沸器是精馏塔的辅助设备。再沸器将塔底液体部分气化后送回精馏塔，使塔内气液两相间的接触传质得以进行。小型精馏塔的再沸器，传热面积较小，可直接设在塔的底部，也称蒸馏釜。大型精馏塔的再沸器，传热面积很大，与塔体分开安装，以热虹吸式和釜式再沸器最为常用。热虹吸式再沸器是一垂直放置的管壳式换热器，液体自下而上通过换热器管程时部分气化，由在壳程内的载热体供热。它的优点是液体循环速度快，传热效果好，液体在加热器中的停留时间短，因而不适用于黏度较大或稳定性较差的物料。

冷凝器是精馏塔的配套设备，用以将塔顶蒸气冷凝成液体，部分冷凝液作塔顶产品，其余作回流液返回塔内，使塔内气液两相间的接触传质得以进行。最常用的冷凝器是管壳式换热器。小型精馏塔的冷凝器可安装在精馏塔顶部；大型的冷凝器则单独安装，并设有回流罐，回流液用泵送至塔顶。

2) 精馏机

有机物的精馏分离一直使用填料塔或板式塔，在塔设备中，液膜流动较慢，气液接触比表面积较小，传质效率相对较低，所以设备体积庞大、空间利用率低、占地面积大。近年来出现的超重力精馏技术，利用高速旋转产生的数百至千倍重力的超重力场代替常规的重力场，极大地强化气液传质过程，将传质单元高度降低 1 个数量级，从而使巨大的塔设备变为高度不到 2m 的超重力精馏机，达到增加效率、缩小体积的目的。

3. 萃取设备

萃取是分离液体混合物的重要单元操作之一，它是利用液体各组分在溶剂中的溶解度的不同，以达到分离目的。通常选择一种适宜的溶剂(萃取剂)加入待分离的混合液中，萃取剂对预分离组分有显著的溶解能力，而对其余的组分不互溶或部分互溶，使混合液分离。

萃取设备是一类用于萃取操作的传质设备，能够实现料液所含组分的良好分离。在液液萃取过程中，要求萃取设备内能够使两相达到密切接触并伴有较高程度的湍动，以便实现两相间的传质过程，当两相充分混合后，使两相达到较好的分离，有分级接触和微分接触两类。由于液液萃取两相间密度差较小，实现两相间的密切接触和快速分离比气液系统分离难。

萃取设备又称萃取器，按设备结构分为三类，混合澄清器、萃取塔和离心萃取机。

1) 混合澄清器

由混合室和澄清室两部分组成，属于分级接触传质设备。混合室中装有搅拌器，用以促进液滴破碎和均匀混合。澄清室是水平截面积较大的空室，有些装有导板和丝网，用以加速液滴的凝聚分层。根据分离要求，混合澄清器可以单级使用，也可以组成级联。当级联逆流操作时，料液和萃取剂分别加到级联两端的级中，萃余液和萃取液则在相反位置的级中导出。混合澄清器结构简单，级效率高，放大效应小，能够适应各种生产规模，但投资和运行费用较高。

2) 萃取塔

用于萃取的塔设备，有转盘塔、脉动塔、振动板塔、填充塔、筛板塔等。塔体都是直立圆筒，轻相自塔底进入由塔顶溢出，重相自塔顶加入由塔底导出，两者在塔内做逆向流动。除筛板塔外，各种萃取塔大都属于微分接触传质设备。塔的中部是工作段，两端是分离段，分别用于分散相液滴的凝聚分层，以及连续相夹带的微细液滴的沉降分离。在萃取用的填充塔和筛板塔中，液体依靠自身的能量进行分散和混合，因而设备效能较低，只用于容易萃取或要求不高的场合。

3) 离心萃取机

萃取专用的离心机，由于可以利用离心力加速液滴的沉降分层，所以允许加剧搅拌使液滴细碎，从而强化萃取操作。在离心分离机内加上搅拌装置，形成单级或多级的离心萃取机，有路维斯塔式和圆筒式离心萃取机。在转鼓内装有多层同心圆筒，筒壁开孔，使液体兼有膜状与滴状分散，如波德比尔涅克式离心萃取机，即离心萃取机有分级接触和微分接触两类。离心萃取机特别适用于两相密度差很小或易乳化的物系，由于物料在机内的停留时间很短，因而也适用于化学和物理性质不稳定的物质的萃取。

4. 干燥设备

干燥是利用热能除去固体物料中的湿分(水或溶剂)的单元操作，用于粉状、颗粒状物料的干燥脱水。在生产中常是先用沉降、过滤或离心等方法去湿，然后再用热风、蒸气等干燥。

干燥操作有多种分类方法，按操作压力的不同，可分为常压干燥和真空干燥；按操作方式，可分为连续式或间歇式；按传热方式，可分为对流干燥、传导干燥、辐射干燥、介电加热干燥。应用广泛的是对流干燥，利用热气体(如热空气)与湿物料做相对运动，气体的热量传递给湿物料，使湿物料中的水或溶剂被气体带走。对流干燥是动量传递、热量传递、质量传递同时进行的过程。

1) 对流干燥器

常用的对流干燥器有厢式干燥器、转筒式干燥器、气流式干燥器、流化床干燥器、喷雾干燥器、隧道式干燥器等。此类干燥器的主要特点如下：

(1) 热气流和固体直接接触，热量以对流传热方式由热气流传给湿固体，所产生的水气由气流带走。

(2) 热气流温度可提高到普通金属材料所能耐受的最高温度(约 730℃)，在高温下辐射传热将成为主要的传热方式，并可达到很高的热量利用率。

(3) 气流的湿度对干燥速率和产品的最终含水量有影响。

(4) 使用低温气流时，通常需对气流先作减湿处理。

(5) 气化单位质量水分的能耗较传导式干燥器高，产品含水量较低时尤为明显。

(6) 需要大量热气流以保证水分气化所需的热量，如果被干燥物料的粒径很小，则除尘装置庞大而耗资较多。

(7) 宜在接近常压条件下操作，以对流方式传递热量，并将生成的蒸气带走。

2) 传导式干燥器

传导式干燥器又称间接式干燥器，它利用传导方式由热源通过金属间壁向湿物料传递热量，生成的湿分蒸气可用减压抽吸、通入少量吹扫气或在单独设置的低温冷凝器表面冷凝等方法移去。这类干燥器不使用干燥介质，热效率较高，产品不受污染，但干燥能力受金属壁传热面积的限制，结构也较复杂，包括螺旋输送干燥器、滚筒干燥器、真空耙式干燥器、冷冻干燥器等。此类干燥器的主要特点如下：

(1) 热量通过器壁(通常是金属壁)，以热传导方式传给湿物料。

(2) 物料的表面温度可以从低于冰点到 330℃。

(3) 便于在减压和惰性气氛下操作，挥发的溶剂可回收。

(4) 常用于易氧化、易分解物料的干燥，亦适用于处理粉状物料。

3) 辐射干燥器

通过辐射传热，将湿物料加热进行干燥。电加热辐射干燥器用红外线灯泡照射被干燥物料，使物料温度升高而干燥。煤气加热干燥器则燃烧煤气将金属或陶瓷辐射板加热到 400～500℃，使之产生红外线，用以加热被干燥的物料。辐射干燥器生产强度大，设备紧凑，使用灵活，但能量消耗较大。适用于干燥表面大而薄的物料，如塑料、涂漆制品等。

4) 介电干燥器

介电干燥器是利用高频电场作用，使湿物料内部加热进行干燥。将被干燥物料置于高频电场内，利用高频电场的交变作用将物料加热进行干燥。这种加热的特点是物料中含水量越高的部位，获得的热量越多。由于物料内部的含水量比表面高，因此物料内部获得的能量较多，物料内部温度高于表面温度，从而使温度梯度和水分扩散方向一致，可以加快水的气化，缩短干燥时间。这种干燥器特别适用于干燥过程中容易结壳以及内部的水分难以除尽的物料。介电加热干燥的电能消耗很大，主要应用于食品及轻工生产。

5. 蒸发设备

蒸发是一种分离过程，通常将不挥发溶质的溶液加热至沸腾，使其中的挥发性溶剂气化，从而使溶液浓缩的过程称为蒸发。蒸发的流程有单效蒸发、多效蒸发、减压蒸发。蒸发需在蒸发设备中进行，常见的蒸发器主要有两大类：循环型蒸发器和膜式蒸发器。

1) 循环型蒸发器的类型

循环型蒸发器有中央循环管式蒸发器、悬筐式蒸发器、外加热式蒸发器、列文式蒸发器、强制循环蒸发器。

2) 膜式蒸发器的类型

膜式蒸发器有升膜式蒸发器、降膜式蒸发器、刮板式蒸发器。

6. 膜分离技术

膜分离是一种新兴的化工分离单元操作，对于呈分子混合状态的气体或液体混合物，利用膜特定的选择性透过性能，在膜两侧某种推动力(压力差、浓度差、电位差等)的作用下，使混合物分离、提纯。

膜通常是具有选择性分离功能的材料。膜的孔径一般为微米级、纳米级，依据其孔径的不同，可将膜分为微滤膜、超滤膜、纳滤膜和反渗透膜等。分离溶质时一般称渗析，分离溶剂时一般称渗透。

1) 膜分离的特点

(1) 可在常温下操作，特别适合热敏物质的分离。

(2) 分离过程没有相变，能耗低。

(3) 过程不需添加其他化学试剂，不改变分离物质的性质。

(4) 浓缩、分离可同时进行，适用性强，运行稳定。

(5) 以压力差、电位差等为推动力，装置简单，操作方便。

2) 膜及其分离方法

膜的种类很多，微滤膜、超滤膜、纳滤膜、反渗透膜、电渗析膜、渗透气化膜、液体膜、气体分离膜、电极膜等。它们对应不同的分离机理、不同的设备，有不同的应用对象和范围。膜的厚度可以薄至几微米，厚至几毫米，不同的膜具有不同的微观结构和功能，需要用不同的方法制备。在膜分离中，膜结构、性能决定分离效果，膜的性能指标通常用截留率、截留分子量、透过通量、物理强度、化学稳定性等表示。

(1) 微滤。微滤又称微孔过滤，属于精密过滤，其基本原理是筛孔分离过程。微滤膜的材质分为有机和无机两大类，有机膜材料有醋酸纤维素、聚丙烯、聚碳酸酯、聚砜、聚酰胺等，无机膜材料有陶瓷、金属等。鉴于微滤膜的分离特征，微滤膜的应用范围主要是从气相和液相中截留微粒、细菌以及其他污染物，以达到净化、分离、浓缩的目的。对于微滤，膜的截留特性以膜的孔径表征，通常孔径在 0.1～1μm，故微滤膜能对大直径的菌体、悬浮固体等进行分离。可用于一般料液的澄清、过滤、除菌。

(2) 超滤。超滤是介于微滤和纳滤的一种膜过程，超滤过滤孔径和截留相对分子质量的范围一直以来较为模糊，一般认为超滤膜的过滤孔径为 0.001～0.1μm，严格意义上来说超滤膜的过滤孔径为 0.001～0.01μm，在膜的一侧施以适当压力，就能筛出小于孔径的溶质分子。超滤技术在酒类和饮料的除菌与除浊、食品及药物浓缩过程中均起到重要的作用。超滤膜技术既可除去水中病菌、病毒、热源、胶体等有害物质，又可透析对人体有益的无机盐，已广泛应用于牛奶脱脂、果汁浓缩、黄酒纯化、白酒陈化、啤酒除菌、味精提纯、蔗糖脱色、氨基酸浓缩、酱油除菌等生产中，还广泛应用于医疗针剂水、输液水、洗瓶水、外科手术洗洁水的制备。

(3) 反渗透。反渗透是利用反渗透膜只能透过溶剂(通常是水)而截留离子物质或小分子物质的选择透过性，以膜两侧静压为推动力而实现的对液体混合物分离的膜过程。反渗透是膜分离技术的一个重要组成部分，截留对象是所有离子，仅让水透过膜，对 NaCl 的截留率在98%以上，出水为无离子水。反渗透法能除去可溶性的金属盐、有机物、细菌、胶体粒子等。

(4) 纳滤。纳滤是介于超滤与反渗透的一种膜分离技术，膜的孔径为几纳米，因此称纳滤。基于纳滤分离技术的优越特性，其在制药、生物化工、食品工业等诸多领域显示出广阔的应用前景。对于纳滤而言，膜的截留特性是以对标准 NaCl、$MgSO_4$、$CaCl_2$ 的截留率来表征，通常截留率在 60%～90%，相应截留分子量在 100～1000，故纳滤膜能对小分子有机物等与水、无机盐进行分离，实现脱盐与浓缩的同时进行。

4.3.7 容器设备

化工容器与其他行业的容器相比有其自身的特点，经常在高温高压下工作，介质经常是易燃、易爆、有毒、有害以及具有腐蚀性的物质。要保证化工容器能长期安全的运行，化工容器必须具有足够的强度、密封性、耐腐蚀性及稳定性。

化工容器是由筒体、封头、支座、密封装置、开孔以及各种工艺接管和附件等组成。主要用于储存或盛装气体、液体、液化气体等，如液化石油气储罐、液氨储罐、球罐、槽车等。

化工容器可以按压力等级分类，也可以按容器壁温分类。

1. 按压力等级分类

1) 内压容器

容器器壁内部的压力高于容器外表面所承受的压力。

(1) 低压容器：0.1MPa≤P<1.6MPa。

(2) 中压容器：1.6MPa≤P<10.0MPa。

(3) 高压容器：10.0MPa≤P<100MPa。

(4) 超高压容器：P≥100MPa。

2) 外压容器

容器器壁外部压力大于内部所承受压力的容器，内压力小于一个大气压(0.1MPa)时称为真空容器。

2. 按容器壁温分类

(1) 高温容器。壁温达到材料蠕变温度下工作的容器，如碳钢(>420℃)、合金钢(>450℃)、奥氏体不锈钢(>550℃)。

(2) 中温容器。壁温在常温和高温之间的容器。

(3) 常温容器。壁温-20～200℃。

(4) 低温容器。壁温低于-20℃条件下工作的容器，其中-20～-40℃为浅冷容器，低于-40℃为深冷容器。

4.4　表面活性剂及合成洗涤剂的生产工艺

凡能降低表面张力的物质都具有表面活性，在溶液中作为溶质能显著降低溶液表面张力，同时能在相界面上定向改变界面性质，具有润湿、乳化、起泡、洗涤等作用的物质，称为表面活性剂[3]。

合成洗涤剂是由表面活性剂、各种助剂配制而成的一种洗涤用品，洗涤剂的主要组分是表面活性剂。表面活性剂不仅用于合成洗涤剂，还用于其他精细化学品，常作为胶黏剂、涂料、农药、染料、日用化妆品、油田化学品配方中的组分之一。在食品添加剂、合成材料助剂、水处理助剂等方面也有应用。

4.4.1　表面活性剂

表面活性剂的分类一般以亲水基团的结构为依据，即按表面活性剂溶于水时离子类型分类。表面活性剂溶于水时，凡能解离成离子的称为离子型表面活性剂，不能解离为离子的称为非离子表面活性剂。离子型表面活性剂又按其在水中生成的离子类型分为阴离子表面活性剂、阳离子表面活性剂和两性表面活性剂。此外还有特种表面活性剂，如含硅、氟表面活性剂、天然高分子表面活性剂、生物表面活性剂、反应型表面活性剂、分解型表面活性剂等。

1. 阴离子表面活性剂

阴离子表面活性剂是产量最大的一类，可用于洗涤剂、乳化剂、渗透剂、润湿剂。其中大多用于洗涤剂，主要有四大类：烷基磺酸盐、烷基硫酸酯盐、烷基磷酸酯盐、烷基羧酸酯盐等，其中烷基苯磺酸盐、烷基硫酸盐用量最大。

2. 非离子表面活性剂

这类表面活性剂主要有三大类，聚氧乙烯醚类、脂肪酸多元醇酯类、脂肪醇酰胺类等。非离子表面活性剂有优异的洗涤、润湿功能，其表面张力、临界胶束浓度都很低，泡沫少、兼容性好、不受硬水的影响，目前在用量上仅次于阴离子表面活性剂。非离子表面活性剂常和阴离子表面活性剂一起使用，用于洗涤剂、匀染剂、乳化剂、抗静电剂等。

3. 阳离子表面活性剂

阳离子表面活性剂是由亲水基和疏水基组成，常用的阳离子表面活性剂都是有机胺的衍生物，结构式为

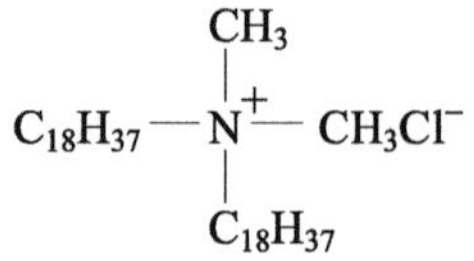

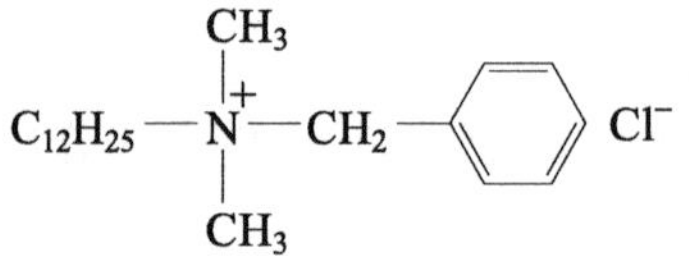

$$C_{18}H_{37}-\overset{\overset{CH_3}{|}}{\underset{\underset{C_{18}H_{37}}{|}}{N^+}}-CH_3Cl^- \qquad C_{12}H_{25}-\overset{\overset{CH_3}{|}}{\underset{\underset{CH_3}{|}}{N^+}}-CH_2-C_6H_5\ Cl^-$$

可分为两类：一类是季铵盐，在化合物分子中带有正电荷；另一类是脂肪胺，在使用过程中能捕获氢质子生成铵盐。阳离子表面活性剂很少用于清洗，原因是阳离子表面活性剂带有正电荷，它的吸附能力比阴离子和非离子表面活性剂强，对于带有负电荷的纺织品、金属、玻璃、塑料、矿物、动物、人体组织等，易于与带相反电荷的表面活性剂正离子(阳离子)吸附，而形成亲水基向内(向固体)、疏水基向外(朝水)的单分子，在基质表面上形成正电性或疏水性膜，反而不容易被水润湿，因此阳离子表面活性剂不适合作为润湿剂、洗涤剂。

阳离子表面活性剂可作为纺织品的抗静电剂、防水剂、柔软剂、金属防腐剂、矿石浮选剂、头发整理剂、沥青乳化剂、防霉杀菌等。阳离子表面活性剂用量虽占表面活性剂的比例不大，但是由于它的特殊性，其增长速度远大于非离子表面活性剂和阴离子表面活性剂。

4. 两性表面活性剂

两性表面活性剂是指其分子中同时具有两种离子，即亲水端既有阴离子又有阳离子，两者结合在一起的表面活性剂，最常见的有咪唑啉型和烷基甜菜碱型的两性表面活性剂。

咪唑啉型：

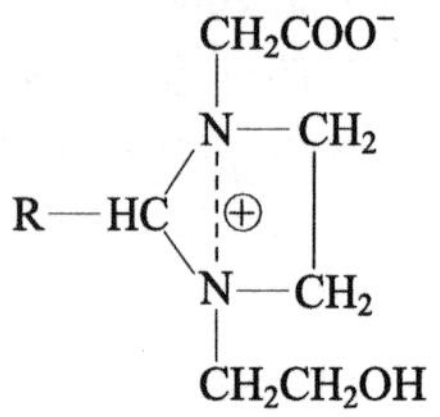

$$R-HC\overset{\overset{CH_2COO^-}{|}}{N}(-CH_2-CH_2-)\underset{\underset{CH_2CH_2OH}{|}}{N}\ \oplus$$

烷基甜菜碱型：

$$C_{12}H_{25}-\overset{\overset{CH_3}{|}}{\underset{\underset{CH_3}{|}}{N^+}}-CH_2COO^-$$

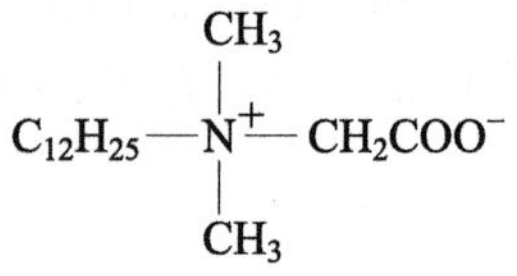

咪唑啉型表面活性剂是目前两性表面活性剂中产量最大、品种最多、应用最广的种类。它最突出的优点是具有良好的生物降解性能，对皮肤、眼睛的刺激极小，发泡性很好，与阳离子、阴离子、非离子表面活性剂都可以兼容，在硬水、软水中均有良好的洗涤力，在相当宽的 pH 范围内都具有良好的表面活性。可作乳化剂、洗涤剂、润湿剂、柔软剂、抗静电剂等，用于化妆品、高级呢绒、羊毛干洗剂、无刺激性香波、泡沫浴的透明皂等。

甜菜碱型表面活性剂是从甜菜中分离出的一种天然产物，而与其结构相似的表面活性剂称为甜菜碱型表面活性剂，常见的有羧酸型甜菜碱、磺酸型甜菜碱、硫酸型甜菜碱表面活性剂，可作为纺织工业的染色、整理、润滑等工艺的助剂。它对皮肤无刺激，并对头发有良好的调理性能，因此广泛用于洗发及盥洗用品，在硬水中能防止皂沉淀，可作为钙皂的分散剂，对纤维有柔软及抗静电作用。

4.4.2 合成洗涤剂

合成洗涤剂主要按产品的外观形态和用途分类，按产品用途分为民用洗涤剂和工业用洗涤剂：民用洗涤剂是指家庭日常生活中所用的洗涤剂，如洗涤衣物、盥洗人体及厨房用洗涤剂等；工业用洗涤剂主要是指工业生产中所用的洗涤剂，如纺织工业用洗涤剂和机械工业用的清洗剂等。

洗涤剂的产品种类很多，如肥皂、液体洗涤剂、固体洗涤剂及膏状洗涤剂。其中固体洗涤剂产量最大，习惯上称为洗衣粉；还有介于固体与液体二者之间的膏状洗涤剂，如洗衣膏、洁面膏；液体洗涤剂近年来发展较快，如洗洁精、浴液等。洗涤剂通常是由几种表面活性剂、洗涤助剂、香精等多种原料组成。

4.4.3　表面活性剂生产工艺

1. 烷基苯磺酸盐及其生产工艺

烷基苯磺酸盐的产量和消耗量在合成表面活性剂中居第一位，其中最有代表性的是十二烷基苯磺酸钠。反应式如下：

$$C_{12}H_{25}-C_6H_5 + H_2SO_4(或SO_3) \longrightarrow C_{12}H_{25}-C_6H_4-SO_3H + H_2O$$

$$C_{12}H_{25}-C_6H_4-SO_3H + NaOH \longrightarrow C_{12}H_{25}-C_6H_4-SO_3Na + H_2O$$

直链十二烷基苯磺酸钠(LAS)能溶于水，HLB≈11.4，水的硬度对其有一定的影响，LAS 容易与钙、镁离子反应，降低了表面活性，因此常用适量的螯合剂配合使用。LAS 对酸碱水解的稳定性好，对氧化剂十分稳定。它的另一个特点是发泡能力强，可与助洗剂复配，其兼容性好，成本低，质量稳定，至今仍在家用洗衣粉中占主导地位。LAS 的脱脂力较强，手洗时对手的刺激较大，洗后手感也较差，在洗衣粉中常与非离子表面活性剂复配使用，以获得更好的洗涤效果。

烷基苯磺酸盐有多种生产工艺，生产过程主要分为三部分：制烷基苯、烷基苯磺化、烷基苯磺酸的中和。烷基苯磺酸盐生产的多种途径如图 4-3 所示。

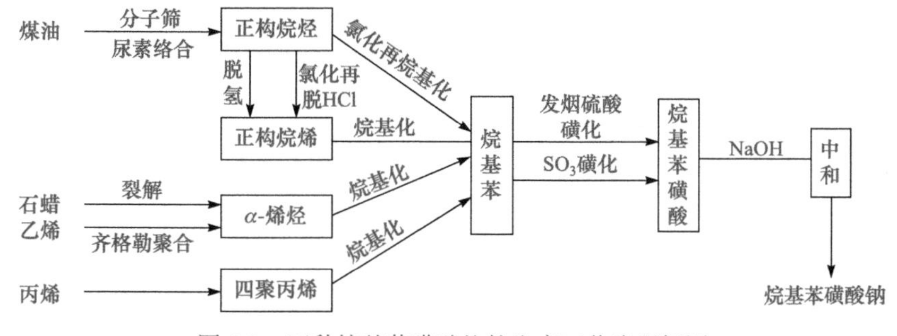

图 4-3　四种烷基苯磺酸盐的生产工艺流程框图

2. 十二烷基苯磺酸钠连续式生产工艺

以烷基苯和三氧化硫为主要原料的生产工艺主要有六个步骤：①三氧化硫气体的发生；②以苯和烯烃或氯化烃为原料，三氯化铝作催化剂，合成烷基苯；③烷基苯和三氧化硫在磺化反应器中进行磺化反应；④老化过程，使生成的烷基苯磺酸有一段停留时间(5～10min)，使烷基苯与磺化剂充分反应，提高磺化率；⑤加水生成烷基苯磺酸，经分离器分离出酸水，得到烷基苯磺酸；⑥中和反应，烷基苯磺酸和氢氧化钠在中和釜中和，得到烷基苯磺酸钠，如图 4-4 所示。

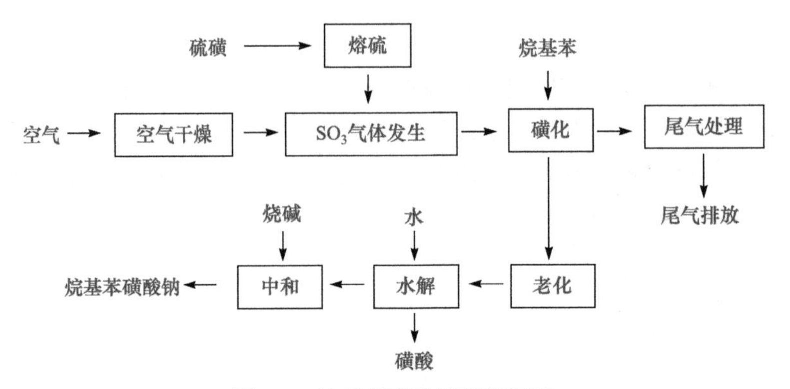

图 4-4 烷基苯磺酸钠流程框图

十二烷基苯磺酸钠连续式生产工艺：十二烯(直馏煤油经脱氢)和苯由供料泵打入烷化器，反应后将生成的十二烷基苯(LAB)，或直接使用烷基苯将其送入磺化器，与磺化器的三氧化硫(3%～5%)发生磺化反应，产物经气液分离器、泵、冷却器处理后，部分回到反应器底部，部分反应产物被送到老化器，经过一段时间再进入水解器成酸，最后经中和罐制得十二烷基苯磺酸钠，尾气经除雾器去酸雾，再经吸收塔后放空，工艺流程简图如图 4-5 所示。

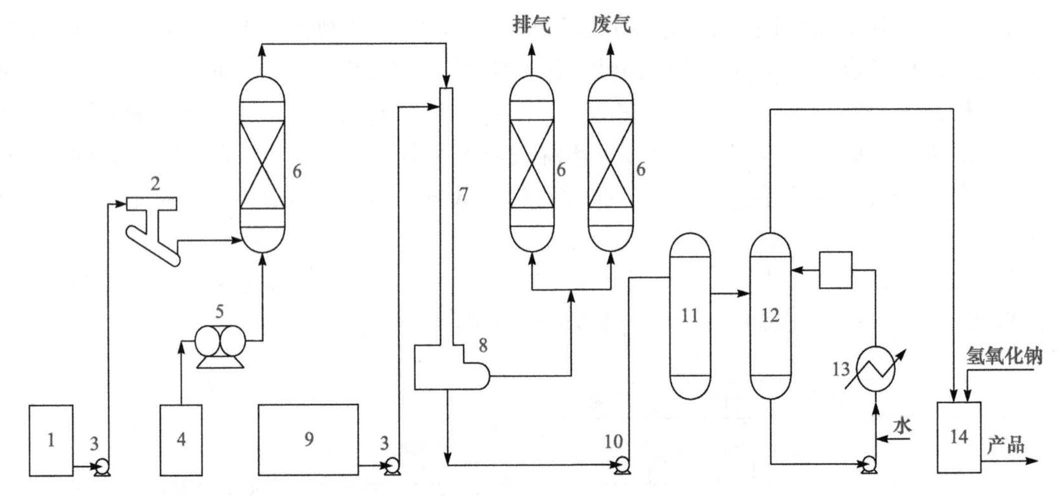

图 4-5 烷基苯磺酸盐连续式生产工艺流程简图

1. 液体 SO_3 储罐；2. 气化器；3. 比例泵；4. 干空气；5. 鼓风机；6. 除雾器；7. 薄膜反应器；8. 分离器；9. 烷基苯储罐；10. 泵；11. 老化器；12. 水解器；13. 热交换器；14. 中和罐

3. 十二烷基苯磺酸钠及洗涤剂的间歇式生产工艺

十二烷基苯磺酸钠的间歇式生产通常需经四个步骤：苯的烷基化、烷基苯的磺化、水解、中和。烯烃和氯化烃均可作为烃化剂，三氯化铝作催化剂，在带有搅拌的反应器中反应，粗产品经蒸馏塔分离，进行原料回收和产品精制；烷基苯与发烟硫酸在带有搅拌的磺化反应器反应；与水生成烷基苯磺酸，经分离器分离出酸水，得到烷基苯磺酸；烷基苯磺酸和氢氧化钠在中和釜中和，得到烷基苯磺酸盐。如果进一步制成洗涤剂，需加入洗涤助剂，经喷雾干燥可得到粉状洗涤剂。生产工艺简图如图 4-6 所示。

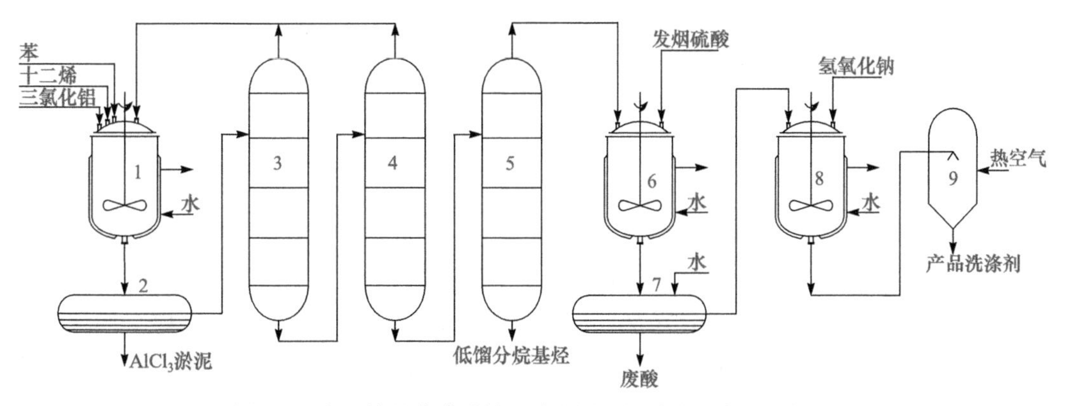

图 4-6　十二烷基苯磺酸钠及洗涤剂的间歇式生产工艺简图

1. 烷基化反应器；2. 沉降器；3、4、5. 精馏塔；6. 磺化反应器；7. 分离器；8. 中和反应器；9. 喷雾干燥器

4. 烷基醇硫酸盐及其生产工艺

最有代表性的是十二烷基硫酸钠，也称月桂醇硫酸钠，HLB 值为 40。其生产工艺主要有三种：三氧化硫硫酸化、氯磺酸硫酸化、氨基磺酸硫酸化。工业上常用氯磺酸或三氧化硫将脂肪醇酯化，得到的脂肪醇硫酸单酯再用氢氧化钠或氨或醇胺中和制备：

$$C_{12}H_{25}OH + ClO_3SH \longrightarrow C_{12}H_{25}—OSO_3H + HCl$$

$$C_{12}H_{25}—OSO_3H + NaOH \longrightarrow C_{12}H_{25}—OSO_3Na + H_2O$$

在反应器中加入高级醇 ROH，启动循环泵使物料经石墨冷凝器和雾化混合器回到反应釜，形成循环回路，雾化混合器相当于液体喷射泵，高级醇和氯磺酸按 1∶1.02 的物质的量比被喷射进入反应器，新鲜物料加入量与循环物料量之比为 1∶100，反应温度为 28℃，用循环泵将反应釜中的氯化氢抽出，反应生成热经石墨冷却器排出，冷却后的硫酸酯一部分回到雾化器，一部分作为成品抽出，引入脱气罐，用空气吹除残余的氯化氢，再去中和釜用碱液中和，最终得到产品，工艺流程如图 4-7 所示。雾化法属于连续式生产工艺，产品转化率高、色泽浅。

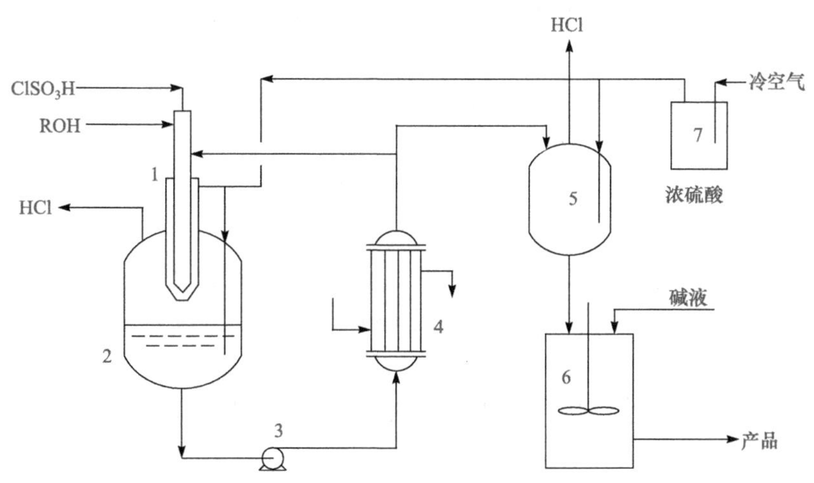

图 4-7　雾化法烷基硫酸钠生产工艺流程简图

1. 雾化混合器；2. 反应器；3. 循环泵；4. 冷却器；5. 脱气罐；6. 中和釜；7. 浓硫酸罐

4.4.4 合成洗涤剂生产工艺

洗涤剂从外观上可分为液体洗涤剂、粉状洗涤剂、固体洗涤剂。

1. 液体洗涤剂

与粉状洗涤剂相比，液体洗涤剂具有生产投资低、设备少、工艺简单、包装容易，使用方便、水溶迅速，便于局部强化清洗等特点。

液体洗涤剂的生产工艺是最简单的，属于多种物料混配的配方产品，一般采用间歇式生产，生产工艺所涉及的单元操作的设备有带搅拌的混合罐、高效乳化机或均质机、物料输送泵、真空泵、计量泵、物料储罐、加热或冷却设备、过滤设备、包装和灌装设备。主要由四部分组成(图 4-8)：

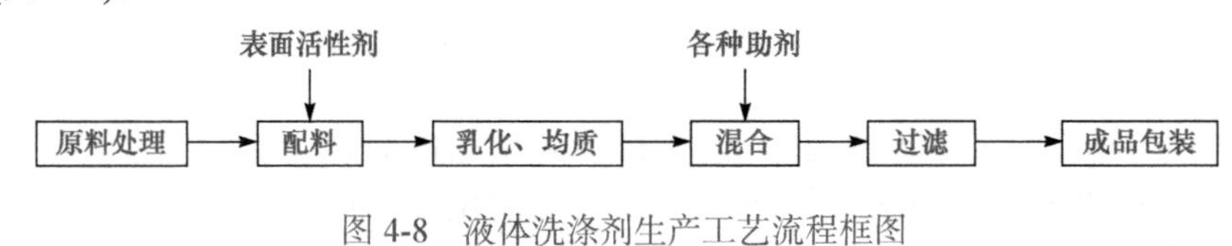

图 4-8 液体洗涤剂生产工艺流程框图

1) 原料处理

液体洗涤剂是多种原料的混合物，根据工艺要求，首先需要处理各种原料，如某些原料的过滤除杂质、预溶解，溶剂如果是水需要去离子等，然后通过泵或人工定量地将各种组分输送至混合罐。

2) 混合或乳化

混合或乳化均需要适宜的搅拌器，即把各种组分均匀溶解在溶剂中，或者分散在分散介质中，有时甚至需要加热才能很好地完成。

3) 混合物料及后处理

加入各种原料和混配时难免带入或残留一些机械杂质，可在混合罐下放料阀后加一个管道过滤器，针对一些乳液产品的特性，还需要有均质、排气、稳定等后处理工艺。

4) 包装

大批量生产通常使用灌装机、包装流水线进行定量灌装、封盖、贴标签、打印批号、发合格证、装箱。

2. 粉状洗涤剂

粉状洗涤剂是最常见的合成洗涤剂的成型方式，在我国约占洗涤剂总量的 80%，其优点是使用方便、去污效果好、质量稳定、包装成本低、便于运输和贮存。可将配制好的液体洗涤剂制成粉状洗涤剂，制粉方法有高塔喷雾干燥法、附聚成型法、膨胀成型法等。其中喷雾干燥法生产过程主要分为浆料的制备、喷雾干燥、成品包装等工序，如图 4-9 所示。

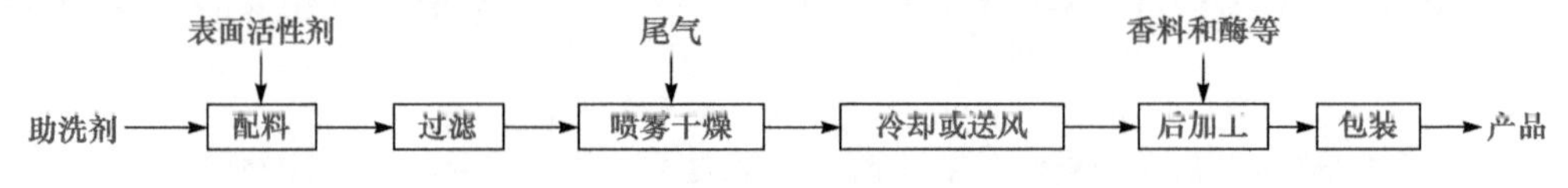

图 4-9 粉状洗涤剂的生产工艺流程框图

3. 固体洗涤剂

这类洗涤剂主要是肥皂、透明皂、香皂。皂是各种脂肪酸的钠盐或钾盐，一般借助油脂与碱发生皂化反应，通过全沸法、冷却法、碳酸盐法等制作而成。制皂需要使用大量烧碱，使得肥皂碱性、腐蚀性太强，不适合洗涤丝、毛织物以及某些化学纤维织品。尽管肥皂缺点较多，但其使用方便，目前仍在大量使用。其生产工艺流程如图 4-10。

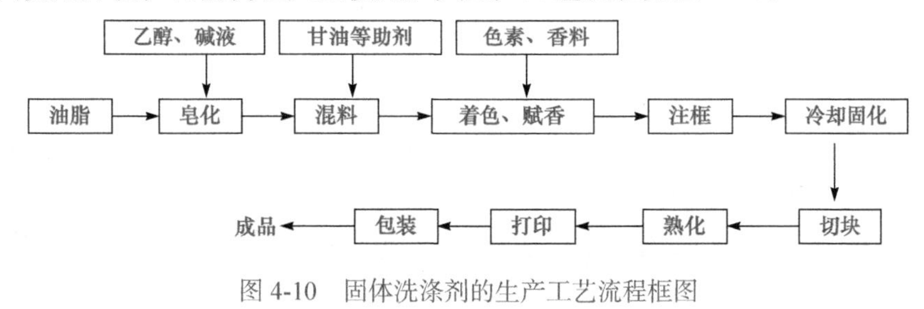

图 4-10　固体洗涤剂的生产工艺流程框图

4.5　合成材料助剂及其生产工艺

合成材料助剂是指在材料中或材料的生产加工及使用过程中，为了改善生产工艺和提高产品性能而添加的辅助化学品，助剂又称添加剂或配合剂。

助剂的种类很多，三大合成材料的生产、加工均需要大量的助剂。例如，抗老化作用的稳定化助剂，抗氧剂、光稳定剂、热稳定剂等；改善材料性能的助剂，如硫化剂、抗冲击剂、填充剂、偶联剂；改善加工性能和使用性能的助剂，如润滑剂、脱膜剂、软化剂、解塑剂、增塑剂、发泡剂等；改善表面性能和外观的助剂，如抗静电剂、柔软剂、阻燃剂、着色剂等。下面介绍几种常用助剂的生产工艺[4]。

4.5.1　增塑剂及其生产工艺

加入高分子材料中能增加塑性、柔韧性或膨胀性的物质称为增塑剂。合成材料助剂中增塑剂所占的比重最大，通常是高沸点、难挥发的液体或低熔点固体。增塑剂主要用于合成树脂的增塑，其次用于纤维素树脂、橡胶、胶黏剂、涂料等的增塑。

1. 常见的几类增塑剂

(1) 邻苯二甲酸酯类。邻苯二甲酸二丁酯、邻苯二甲酸二辛酯、邻苯二甲酸二癸酯、邻苯二甲酸二壬酯等。

(2) 脂肪酸二元酸酯类。己二酸二异辛酯、己二酸二异癸酯、癸二酸二异辛酯、癸二酸二异癸酯、戊二酸酯等。

(3) 磷酸酯类。磷酸三苯酯、磷酸三辛酯等。

(4) 其他类型：环氧大豆油、偏苯三甲酸酯类、聚酯类、氯化石蜡等。

2. 邻苯二甲酸酯类增塑剂的合成

一般由邻苯二甲酸酐与一元醇在酸性催化剂的作用下制得：

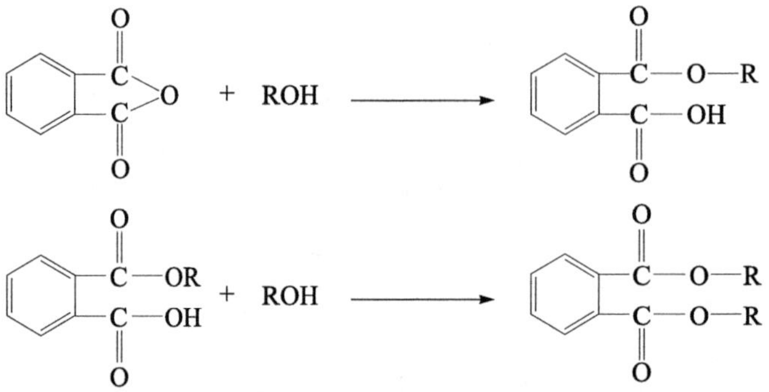

$$C_6H_4(CO)_2O + ROH \longrightarrow C_6H_4(COOR)(COOH)$$

$$C_6H_4(COOR)(COOH) + ROH \longrightarrow C_6H_4(COOR)_2$$

R：乙基、丁基、辛烷基、癸烷基等

这类增塑剂用量最大的是邻苯二甲酸二异辛酯(DOP)，它的合成工业化上分为三步：

(1) 羰基合成，丙烯氢酰化，可生产丁醛、丁醇、异丁醇。

$$CH_3CH{=}CH_2 + H_2 + CO \longrightarrow CH_3CH_2CH_2CHO + CH_3CH(CH_3)CHO$$

$$CH_3CH_2CH_2CHO \xrightarrow{H_2} CH_3CH_2CH_2CH_2OH \qquad CH_3CH(CH_3)CHO \xrightarrow{H_2} CH_3CH(CH_3)CH_2OH$$

(2) 醛脱氢缩合、加氢得到异辛醇。

$$2CH_3CH_2CH_2CHO \xrightarrow{-H_2} \xrightarrow{+H_2} CH_3CH_2CH_2CH_2CH(C_2H_5)CH_2OH$$

2-乙基己醇(异辛醇)

(3) 丁醇或辛醇与苯酐的酯化反应，得到相应的邻苯二甲酸二酯。

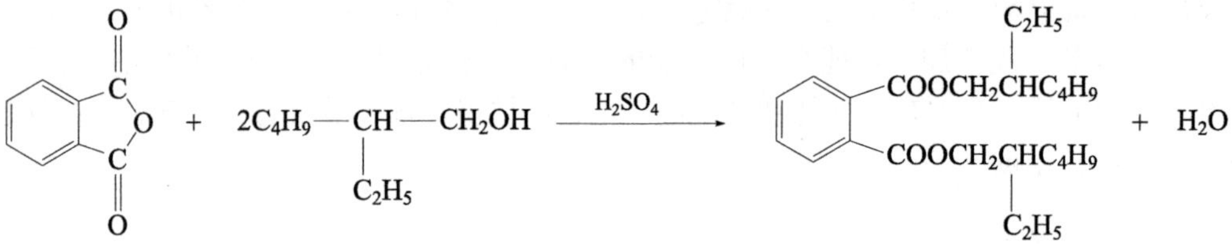

$$C_6H_4(CO)_2O + 2C_4H_9{-}CH(C_2H_5){-}CH_2OH \xrightarrow{H_2SO_4} C_6H_4[COOCH_2CH(C_2H_5)C_4H_9]_2 + H_2O$$

3. 邻苯二甲酸二辛酯生产工艺

增塑剂邻苯二甲酸二辛酯的间歇式生产工艺如图 4-11 所示。连续式生产工艺如图 4-12 所示，熔融苯酐和辛醇以一定的物质的量比(1∶2.2～1∶2.5)在 130～150℃先制成单酯，再经预热后依次进入三个串联的阶梯式酯化釜，催化剂也在此加入，酯化釜温度从 180～230℃依次增高，最后一级酯化温度为 220～230℃，酯化釜用 3.9MPa 的蒸气加热。为了防止反应混合物在高温下长期停留而着色，并强化酯化过程，在各级酯化釜的底部都通入高纯度的氮气。中和、水洗是在一个带搅拌的容器中同时进行的。碱的用量为反应混合物酸值的 3～5 倍。使用 20%的 NaOH 水溶液，当加入去离子水后碱液浓度仅为 0.3%左右，因此无需再进行一次单独的水洗。催化剂在中和、水洗工序被洗去。然后物料经脱醇(1.32～2.67kPa，50～80℃)、干燥(1.32kPa，50～80℃)后送至过滤工序。过滤工序不用一般的活性炭，而用特殊的吸附剂和助滤剂。吸附剂成分为 SiO_2、Al_2O_3、Fe_2O_3、MgO 等，助滤剂(硅藻土)成分为 SiO_2、Al_2O_3、Fe_2O_3、CaO、MgO 等。该工序的主要目的是通过吸附剂和助滤剂的吸附、脱色作用，保证产品 DOP 的色泽和体积电阻率两项指标，同时除去 DOP 中残存的微量催化剂和其他机械杂质，最后得到高质量的邻苯二甲酸二辛酯。

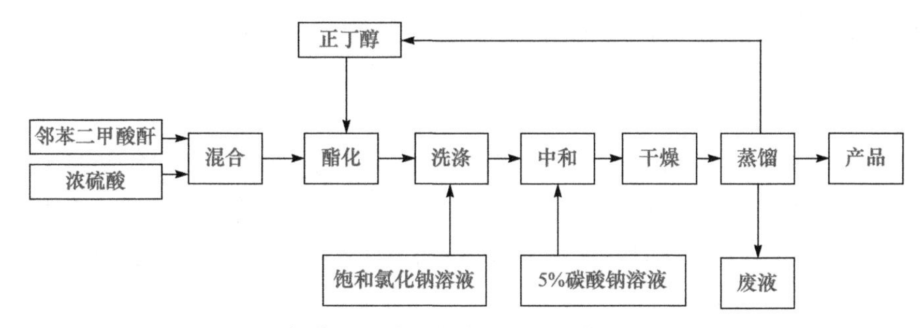

图 4-11　邻苯二甲酸二辛酯间歇式生产工艺流程框图

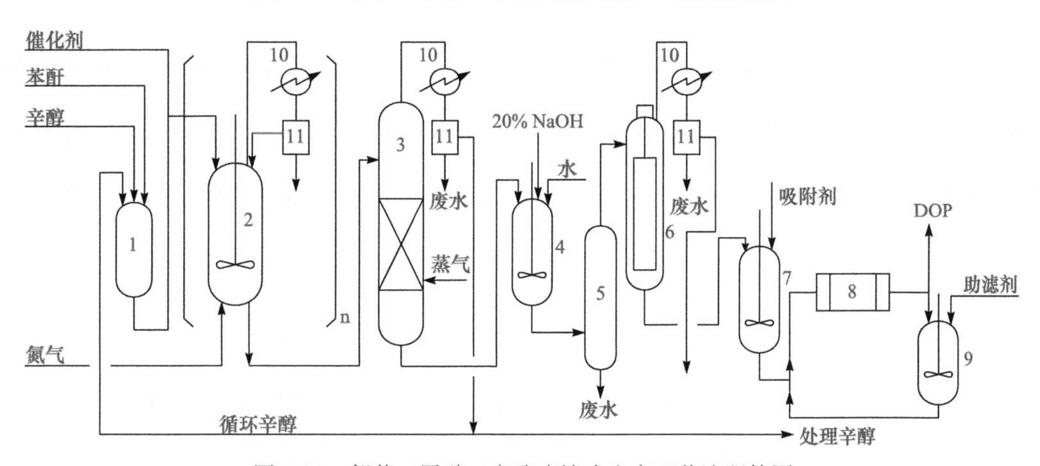

图 4-12　邻苯二甲酸二辛酯连续式生产工艺流程简图

1. 单酯化釜；2. 阶梯式串联酯化釜；3. 脱醇塔；4. 中和器；5、11. 分离器；6. 干燥器(薄膜蒸发器)；7. 吸附槽；8. 叶片式过滤器；9. 助滤剂槽；10. 冷凝器

回收的辛醇一部分直接循环到酯化部分使用，另一部分需进行分馏和催化加氢处理。生产废水用活性污泥进行生化处理后再排放。

4. 脂肪族二元酸酯生产工艺

脂肪族二元酸酯用量有逐年增加的趋势，其耐水性、耐油性、耐寒性比邻苯二甲酸酯类好。由于脂肪族二元酸的价格比较高，因此其酯的成本也高。己二酸二辛酯生产工艺流程如图 4-13 所示。

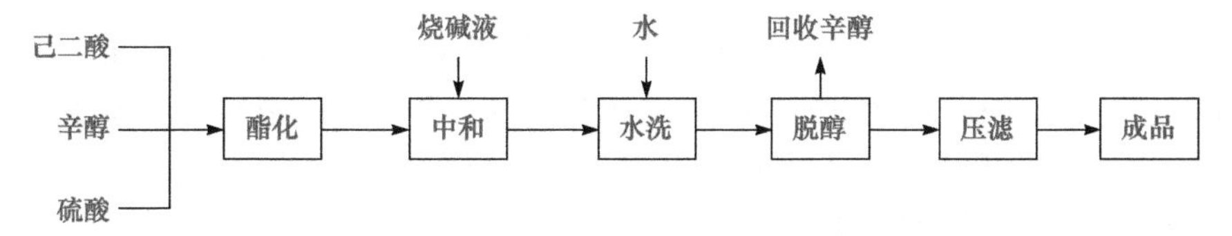

图 4-13　己二酸二辛酯生产工艺流程框图

5. 增塑剂的应用

许多树脂在制成塑料制品时都要加入增塑剂，尤其是聚氯乙烯(PVC)的增塑，而且不仅用一种增塑剂，常几种配合使用。例如，在电缆绝缘料上的应用，电缆料、电缆护套料大多都采用 PVC，存在塑料、橡胶容易发脆的问题，用增塑剂可以解决这个问题。耐高温增塑剂可用偏苯三甲酸三辛酯、邻苯二甲酸双十三醇酯等。低温情况下，可使用己二酸酯和邻苯二甲

酸二辛酯等。增塑剂还可用于涂料、胶黏剂、塑料薄膜等的增塑。

4.5.2 阻燃剂及其生产工艺

能够提高可燃材料难燃性的助剂称阻燃剂。合成材料除 PVC 外，其绝大多数都是有机树脂类，均具有可燃性。阻燃剂的加入使得合成材料在接触火源时燃烧速率很慢，离开火源时能很快停止燃烧而熄灭。随着合成材料的广泛应用，有关防火阻燃安全方面的规章制度不断完善，对阻燃剂应用及用量的要求会越来越高。

1. 阻燃剂的分类

阻燃剂可按组成分类或按使用方法分类。按组成分为有机和无机两类。有机类的分为磷系、氮系、卤素系有机物等；无机类的有硼化物、三氧化二锑、氢氧化铝等。按使用方法可分为添加型和反应型：添加型是将阻燃剂(有机或无机型)与聚合物混合后加工成型，使材料具有阻燃性；反应型则是通过在聚合物中引入阻燃单体，形成共聚物，使材料具有阻燃性。

2. 阻燃剂的合成与应用

1) 氯系阻燃剂

氯化石蜡是氯系阻燃剂中最重要的一种，其化学稳定性好，价格低廉，用途非常广泛，可作为聚乙烯、聚苯乙烯、聚酯、合成橡胶的阻燃剂。氯化石蜡是以固体石蜡或液体石蜡为原料用氯气氯化而成的。当氯含量达 50%左右时，反应混合物变得黏稠，使氯化反应难以继续下去。因此，含氯量 40%～50%的氯化石蜡常作为 PVC 的阻燃剂及辅助增塑剂，如氯烃-42、氯烃-45、氯烃-50，而氯烃-70 主要作为阻燃剂。若想得到氯烃-70，需将氯烃 40～50 用 CCl_4 稀释后进一步氯化，待反应终了时，将 HCl、游离 Cl_2、溶剂等除去，蒸馏固化，真空干燥，即得到氯烃-70。产品为白色粉末，不溶于水，溶于大多数有机溶剂，与天然树脂、塑料、橡胶相容性好。

2) 溴系阻燃剂

溴代烃是一类高效阻燃剂，阻燃性能通常是氯代烃的 2～4 倍。芳香族溴化物热稳定性较脂肪族溴化物好，用途更广泛。这类产品有四溴双酚 A(TBA)、十溴二苯醚(DBDPO)、八溴二苯醚(OCTA)、三溴苯酚(TBP)。

四溴双酚 A 是多种用途的阻燃剂，既可作为添加型阻燃剂，又可作为反应型阻燃剂，它的合成可由双酚 A 溴化得到。例如，在 PS、ABS、AS 树脂及酚醛树脂中作为添加型阻燃剂，在环氧树脂、不饱和聚酯中可作为反应型阻燃剂。

十溴二苯醚由二苯醚溴化得到：

$$C_6H_5-O-C_6H_5 + 10Br_2 \xrightarrow{\text{催化剂}} C_6Br_5-O-C_6Br_5 + 10HBr$$

十溴二苯醚生产可用过量溴化法和溶剂法，其生产工艺如图 4-14 所示。

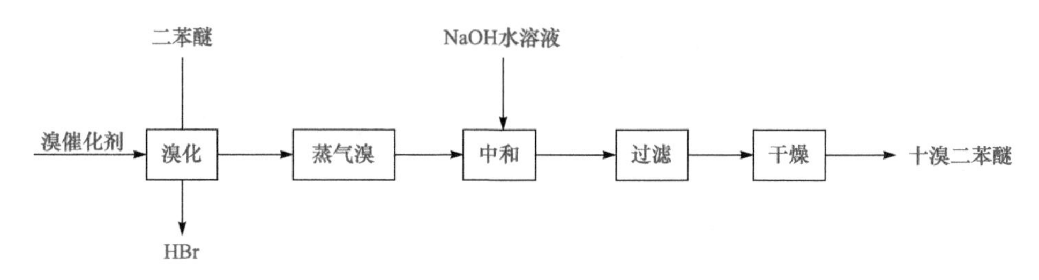

图 4-14　十溴二苯醚生产工艺流程框图

3) 磷系阻燃剂

磷系阻燃剂的主要品种有磷酸三甲酚酯、磷酸三苯酚酯、磷酸甲苯酚二苯酚酯等。

可将两种系列的阻燃剂结合起来，如磷-氯、磷-溴、磷-氮系复合阻燃剂，甚至三种复合，如磷-氮-硅系复合型阻燃剂，均可用于合成材料，效果更好。

4.5.3　抗氧剂及其生产工艺

合成材料在加工、贮存、使用过程中，不可避免地会与氧气、臭氧作用，发生氧化降解反应，而且在受热、光照或有重金属离子的存在下，反应会加速进行，造成材料性能变坏，甚至不能使用，如橡胶、塑料制品变硬。为了避免或延缓合成材料的氧化，通常需要在材料中加入抗氧剂。在橡胶工业中，抗氧剂被称为防老剂。

1. 抗氧剂的种类

抗氧剂主要有两大类：链终止型抗氧剂、预防型抗氧剂。

1) 链终止型抗氧剂

按其作用方式可分为三种类型：

(1) 氢原子给予体，如芳香仲胺和受阻酚类。

$$POO\cdot + Ar_2NH \longrightarrow POOH + ArN\cdot$$

$$POO\cdot + Ar_2OH \longrightarrow POOH + ArO\cdot$$

芳香仲胺结构式：

N-苯基-1-萘胺(防甲)　$C_{16}H_{13}N$

N-苯基-2-萘胺(防丁)　$C_{16}H_{13}N$

NN-苯基-*N'*-环己基对苯二胺(4010)　$C_{18}H_{22}N_2$

受阻酚类抗氧剂结构式：

2, 6-二叔丁基-4-甲酚(264), $C_{15}H_{24}O$

苯乙烯苯酚(sp), n=1~3

(2) 自由基捕剂：能与自由基反应，切断氧化链反应的物质。所产生的稳定自由基可以发生如下的链终止反应：

$$Ar_2N\cdot + POO\cdot \longrightarrow Ar_2NOOP$$

$$ArO\cdot + POO\cdot \longrightarrow ArOOOP$$

(3) 电子给予体。叔胺化合物虽不含 N—H 官能团，但有抗氧化能力，是因为它与自由基相遇时发生电子转移，使活性自由基终止。

2) 预防型抗氧剂

这类化合物有硫醇、二烷基二硫代氨基甲酸盐、二烷基二硫代磷酸盐、亚磷酸酯类等，也称其为氢过氧化物分解剂。这类抗氧剂在聚合物中用量很少，一般为 0.01%～0.5%，常与链终止型抗氧剂并用，具有协同效应。

2. 抗氧剂 4010NA 的生产工艺

抗氧剂 4010NA 的化学名称为 *N*-异丙基-*N'*-苯基对苯二胺($C_{15}H_{18}N_2$)，是天然橡胶、合成橡胶、乳胶的通用型防老剂，其分散性好，对硫化无影响，具有优越的热、氧、光老化的防护作用，并能抑制有害金属的催化老化，是目前抗氧剂最好品种之一。

其生产方法有芳构化法、羟氨还原烃化法、烷基磺酸酯烃化法、加氢还原烃化法等。加氢还原烃化法最常见，反应式如下：

$$C_6H_5{-}NH{-}C_6H_4{-}NH_2 + H_3C\overset{\displaystyle O}{\overset{\|}{C}}CH_3 + H_2 \xrightarrow[150℃压力]{CuCr触媒} C_6H_5{-}NH{-}C_6H_4{-}NHHC(CH_3)_2 + H_2O$$

拜耳公司连续生产 4010NA 的工艺流程：以对氨基二苯胺、丙酮、氢气为主要原料，铜-铬为催化剂，在一定的温度和压力下反应，如图 4-15 所示。该工艺简单、收率高、质量好、三废少。

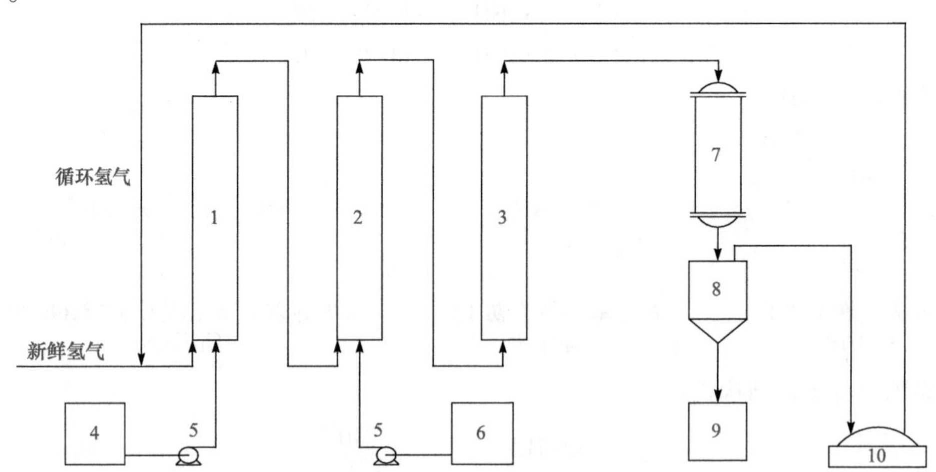

图 4-15　拜耳公司连续生产 4010NA 的工艺流程简图

1、2、3. 高压反应器；4. 配制槽；5. 高压泵；6. 丙酮贮槽；7. 冷却器；8. 分离器；9. 后处理中间贮罐；10. 氢气循环泵

对氨基二苯胺、丙酮、催化剂在配制槽中混合，通过高压泵连续送至高压反应器 1、2、3，三个反应器的温度控制在 200℃左右，压力为 15.2～20.3MPa，新鲜氢气和循环氢气从反

应器1底部进入，反应产物从反应器3出来，经冷却器后，用分离器分离出产物至储罐，分离出的氢气经处理后由循环泵循环氢气返回使用。该反应中氨基二苯胺和丙酮用量比为1∶1.5～4，过量的丙酮循环使用，最终的产品可用蒸馏法或结晶法进一步提纯。

4.5.4　热稳定剂及其生产工艺

热稳定剂是用于抑制和防止高分子材料在加工或使用过程中，因受热而发生降解或大分子交联，从而延长制品使用寿命的一种化学品。

许多高分子材料在加工时，由于加工温度高于其分解温度，所以热稳定剂是必不可少的。例如，聚氯乙烯加热到160℃才能塑化，而在100℃就发生降解放出HCl，颜色逐渐变黄、变棕直至变黑、变脆，失去使用价值，而且脱下来的HCl对进一步降解有催化作用。热稳定剂的功能就是抑制和防止聚合物的降解。

1. 热稳定剂的主要品种

1) 铅稳定剂

铅稳定剂具有很强的结合氯化氢的能力，盐基性铅盐是应用最早最广泛的一类，如三盐基硫酸铅($3PbO \cdot PbSO_4 \cdot H_2O$)、盐基性亚硫酸铅($nPbO \cdot PbSO_3$)、二盐基亚磷酸铅($2PbO \cdot PbHPO_3 \cdot 0.5H_2O$)。PbO有很强的结合HCl的能力，本身也可作为热稳定剂，但它带有黄色，会使制品着色。铅稳定剂具有毒性大、相容性和分散性差、所得制品不透明、缺少润滑性等缺点。

2) 金属皂类稳定剂

主要是高级脂肪酸的钙、镁、锌、钡、镉等金属盐，常用的脂肪酸有硬脂酸、月桂酸，此外也可以是芳香族酸盐。热加工时，一方面是HCl的接受体，另一方面有机羧酸与氯发生置换反应生成酯，使PVC稳定。

3) 有机锡稳定剂

有机锡稳定剂是各种羧酸锡和硫醇锡的衍生物，典型的有机锡稳定剂是二月桂酸二丁基锡、马来酸二丁基锡，二者常并用。脂肪酸盐型特点是加工性能好、耐候性好、透明性好、用量少(约2%)，缺点是价格较高。

有机锡稳定剂可与氯化氢、氯自由基、高分子链的自由基反应，生成更稳定的产物，具有热稳定作用。

二月桂酸二丁基锡合成反应方程式如下：

$$2C_4H_9I + Sn \longrightarrow (C_4H_9)_2SnI_2$$

$$(C_4H_9)_2SnI_2 + 2RCOONa \longrightarrow (C_4H_9)_2Sn(OOCR)_2 + 2NaI$$

4) 稀土稳定剂

稀土稳定剂是新型的热稳定剂，稀土元素包括原子序数从57～71的15个镧系元素及钇、钍等。它们可以是稀土的氧化物、氢氧化物和有机弱酸盐(硬脂酸盐、脂肪酸盐、柠檬酸盐、水杨酸盐、酒石酸盐等)，其中稀土氢氧化物热稳定性最好，有机酸中水杨酸稀土盐优于硬脂酸稀土盐。稀土稳定剂的热稳定性优于铅盐及金属皂类，效率是铅盐的三倍。另外，与环氧化物、亚磷酸酯等辅助热稳定剂并用有协同作用，能提高物料的稳定性。特点是无毒、透明、价廉，但无润滑作用，常与润滑剂一起加入合成材料中。

5) 辅助稳定剂

本身不具备热稳定作用，只有与主稳定剂一起并用才会产生热稳定效果，并促进主稳定剂的稳定效果。例如，亚磷酸酯(亚磷酸三辛酯、亚磷酸三芳酯、亚磷酸三壬苯酯等)、环氧化物(环氧大豆油、环氧脂肪酸酯等)，与金属皂类有协同作用；多元醇(季戊四醇、木糖醇、山梨醇等)与 Cu/Zn 复合热稳定剂并用，可提高热稳定性。

2. 二月桂酸二丁基锡生产工艺流程

二月桂酸二丁基锡生产工艺流程如图 4-16 所示，常温下将红磷和丁醇投入反应釜，然后分批加入碘，加热使反应温度逐渐上升，当温度达到 127℃左右时停止反应，水洗、蒸馏得到精制的碘丁烷。再将一定配比的碘丁烷、正丁醇、镁粉、锡粉加入锡化反应釜内，强烈搅拌下在 120～140℃反应一定时间，蒸出正丁醇和未反应的碘丁烷，得到碘代丁基锡粗品，粗品在酸洗釜内用稀盐酸于 60～90℃洗涤得到精制的二碘代正丁基锡。在缩合釜中加入水、碱液，升温到 30～40℃时，逐渐加入月桂酸，随后加入二碘代正丁基锡，于 80～90℃反应 1.5h 后静置 10～15min，分离出碘化钠，将反应液送至脱水釜减压脱水、冷却、压滤即得产品。

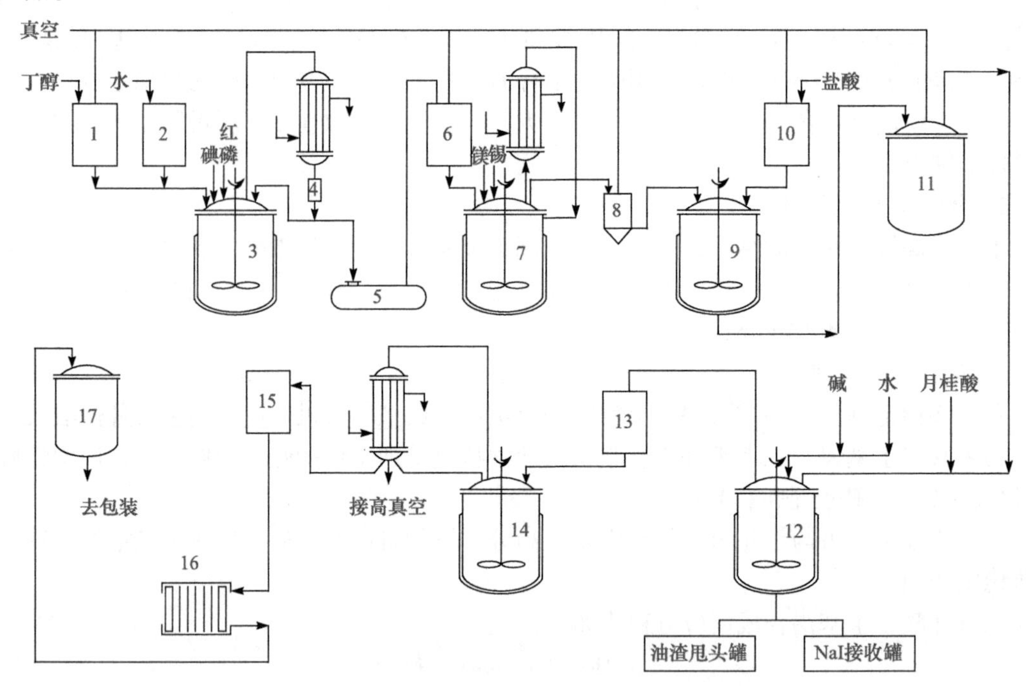

图 4-16　二月桂酸二丁基锡生产工艺流程简图

1、2、10、11、13、15、17. 储罐；3. 反应釜；4. 冷却分离；5. 储罐；6. 高位槽；7. 锡化反应釜；8. 粗产品储罐；9. 酸洗釜；12. 缩合釜；14. 脱水釜；16. 压滤器

4.6　胶黏剂及其生产工艺

凡是依靠界面作用把同种或不同种的固体材料表面连接在一起的媒介物质统称为胶黏剂[5]。胶黏剂也称黏合剂、黏结剂、黏着剂，简称胶。

4.6.1　胶黏剂的分类和组成

胶黏剂的品种繁多，组分差异很大，可按不同的方式分类。

1. 胶黏剂的分类

1) 按黏料分类

按黏料可分为有机、无机两大类。有机胶黏剂进一步可分为天然胶黏剂和合成高分子胶黏剂，天然胶黏剂分为动物类胶黏剂和植物类胶黏剂，合成高分子胶黏剂分为树脂型、橡胶型和复合型，树脂型胶黏剂分为热塑性胶黏剂和热固性胶黏剂。无机胶黏剂包括：热熔型(低熔点金属，锡、铅)、干燥型(水玻璃)、水硬型(水泥、石膏)、反应型(磷酸-硅酸盐等)胶黏剂。

2) 按外观形态分类

按外观形态分类有溶液型(溶剂型、水溶型)、乳液型、压敏型、反应型、热熔型(固体胶)等。

3) 按固化方式分类

有低温固化、室温固化、高温固化、吸湿固化、热熔固化、压敏固化、厌氧固化、挥发固化、辐射固化(电子束、紫外线、放射线)等胶黏剂。

也可按应用情况分为结构胶、非结构胶和特种胶。

2. 胶黏剂的组成

1) 黏料

黏料也称为基料或主剂。它是胶黏剂的主要成分，也是决定胶黏剂性能的主要物质。天然胶黏剂的黏料为淀粉、纤维素、动物骨、皮胶、天然橡胶等。无机胶黏剂黏料为硅酸盐、磷酸盐等。有机合成胶黏剂黏料有热塑性树脂、热固性树脂、合成橡胶等，如丙烯酸树脂、聚乙酸乙烯酯、环氧树脂、酚醛树脂、脲醛树脂、氯丁橡胶、聚异丁烯等。

2) 固化剂和促进剂

固化剂是反应型胶黏剂最主要的配合材料，通过催化剂或促进剂与黏料物质进行反应。固化结果是把固化剂分子引入树脂中，使原来的线性体聚合物变为网状或体型结构。引入固化剂后，胶黏剂的各种性能才会发生明显变化。促进剂也是一种主要的配合剂，它可加速交联速率，缩短固化时间，降低固化温度。

3) 溶剂、稀释剂

溶剂极性应与黏料的极性相近，能溶解黏料或使黏料等均匀分散为均一体系的液体。稀释剂主要用于提高胶液的黏度，提高胶的浸透力，延长胶的使用期。它有活性和非活性两种：活性稀释剂结构中含有活性基团，在稀释胶黏剂过程中能参与反应；非活性稀释剂分子中不含活性基团，不参与反应，只起降低黏度的作用。

4) 助剂

(1) 增塑剂。增塑剂在胶黏剂中的作用是削弱分子间的作用力，增加胶层的柔韧性，提高胶层的冲击韧性，增加胶黏剂体系的流动性能、浸润性、扩散和吸附能力。

(2) 增韧剂。增韧剂是一种带有能与主体聚合物起反应的官能团的化合物。在胶黏剂中成为固化体系的一部分，从而改变胶黏剂的剪切强度、剥离强度、低温性能与柔韧性能等。

(3) 填料。根据胶液的物理性能，可加入适量的填料以降低热膨胀系数和收缩率，改善黏结性和操作性，从而提高硬度、机械强度、耐热性和导电性等。一般来讲，纤维填料如短纤维石棉可提高抗冲击性能、抗压屈服强度等，石墨粉、滑石粉等可提高耐磨性，金属粉可提高导热性，一些填料还有着色性能。

(4) 其他。为满足某些特殊要求，改善胶黏剂的某些性能，需要在胶黏剂中加入一些其他助剂，如防老剂、增稠剂、防霉剂、稳定剂、着色剂、阻燃剂、偶联剂等。

4.6.2　溶液型和乳液型胶黏剂

溶液型胶黏剂是指黏料溶于其溶剂中，配以填料、助剂等制成的一类胶黏剂。乳液型胶黏剂一般是指黏料分散在某种分散介质(通常为水)中，加入填料、助剂等配制而成的一类胶黏剂。聚丙烯酸酯及其共聚物、聚乙酸乙烯酯及其共聚物、乙烯基类树脂常作为这两类胶黏剂的黏料。

1. 丙烯酸树脂胶黏剂

丙烯酸树脂胶黏剂是指以丙烯酸、甲基丙烯酸及其酯类衍生物为主体的聚合物或共聚物所配制的胶黏剂，聚丙烯酸酯有热塑性的，也有热固型的。丙烯酸系列胶黏剂性能独特、应用范围广，包括的种类很多，按其形态和应用特点大致分为溶液型、乳液型、反应型、压敏型、瞬干型、厌氧型、热熔型。

丙烯酸树脂胶黏剂的黏料一般不用均聚物，而是用共聚物或共混物。早期的丙烯酸树脂胶黏剂通常以甲基丙烯酸甲酯、甲基丙烯酸及其酯为单体，乙酸乙酯、乙酸丁酯等为溶剂进行自由基聚合，其代表性的结构如下

$$x\,\underset{\substack{|\\ \mathrm{COOR}}}{\mathrm{H_2C{=}CH}} + y\,\mathrm{H_2C{=}C}(\mathrm{CH_3})(\mathrm{COOCH_3}) + z\,\underset{\substack{|\\ \mathrm{COOH}}}{\mathrm{H_2C{=}CH}} \longrightarrow \left[\mathrm{CH_2}\underset{\substack{|\\ \mathrm{COOR}}}{\mathrm{CH}}\right]_x \left[\mathrm{CH_2}\overset{\mathrm{CH_3}}{\underset{\mathrm{COOCH_3}}{\mathrm{C}}}\right]_y \left[\mathrm{CH_2}\overset{\mathrm{COOH}}{\mathrm{CH}}\right]_z$$

R：乙基、丁基、异辛基、羟乙基

1) 溶液型丙烯酸树脂胶黏剂的生产工艺

溶液型丙烯酸树脂胶黏剂典型配方：

甲基丙烯酸甲酯	51.0	过氧化苯甲酰(50%DOP 糊)	3.0
甲基丙烯酸丁酯	10.0	乙二醇顺酐不饱和聚酯	1.0
甲基丙烯酸乙二醇双酯	6.67	气相二氧化硅	0.67
苯乙烯	33.0	石蜡	0.2
N-N 二异羟丙基对甲基苯胺	0.54	氯丁胶	2.95
对苯二酚	0.005	混合溶剂若干	

在带有搅拌的反应釜内按配方将反应单体溶于混合溶剂，加入过氧化物引发剂，在一定温度下进行聚合，得到高分子溶液，再加入增韧剂、填料等助剂混合而制成溶液型胶黏剂。

丙烯酸树脂既可以是溶液聚合，也可以是乳液聚合得到，还可以与苯乙烯、丙烯腈等共聚。由乳液聚合得到高分子乳液，加入增韧剂、填料等助剂混合而制成乳液型胶黏剂。乳液型胶黏剂比溶液型胶黏剂更经济、更环保。

2) 聚丙烯酸树脂乳液型胶黏剂的生产工艺

聚丙烯酸树脂乳液目前主要采用间歇式乳液聚合法、半连续聚合法、预乳化法、种子乳液聚合法等生产。常用的聚丙烯酸树脂乳液生产工艺流程如图 4-17 所示。

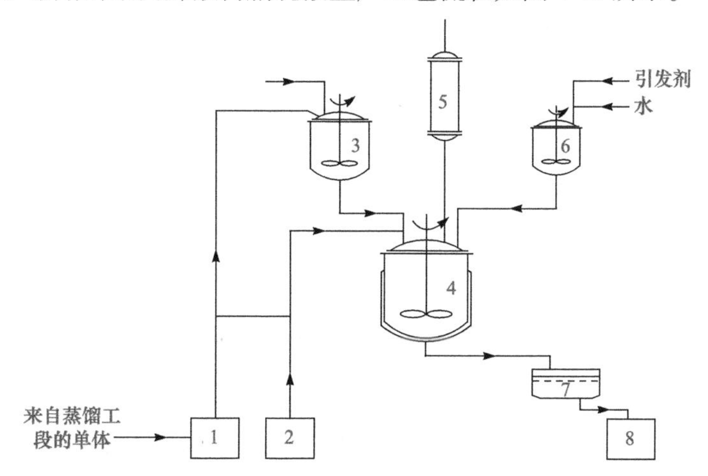

图 4-17　聚丙烯酸树脂乳液的生产工艺流程简图

1. 单体储罐；2. 去离子水储罐；3. 预乳罐；4. 聚合釜；5. 冷凝器；6. 溶解罐；7. 过滤器；8. 成品罐

(1) 间歇式乳液聚合法。在反应器中一次性加入水、乳化剂、单体、缓冲剂及引发剂，搅拌乳化，然后升温至聚合温度进行聚合，达到所要求的转化率，反应结束。

(2) 半连续式聚合法。在反应器中加入一部分水、乳化剂、单体、缓冲剂及引发剂，搅拌乳化，然后升温至聚合温度进行聚合，达到一定程度后，将剩余的单体、引发剂和助剂在一定的时间内按一定的方式连续加入反应器中，达到所要求的转化率，反应结束。

(3) 预乳化法。首先将全部单体、部分乳化剂、水装入预乳化釜中，开动搅拌器，完成预乳化过程，停止搅拌。将部分预乳化液、一定量的引发剂加入聚合釜中，搅拌加热，待温度升高至 75℃时保持温度不变，开始向釜内逐渐加入预乳化液，控制在一定的时间内加完，保温反应 2.5h 后开始降温，待温度降至 45～50℃时，用氨水调 pH 为 7～8，再快速搅拌 20～30min，停止搅拌，得到产品。

(4) 种子乳液聚合法。将乳化剂、引发剂、缓冲剂和水加入反应器中，搅拌均匀，加入种子单体，升温至聚合温度，反应一段时间形成种子乳液，然后再逐渐加入剩余单体继续反应至反应结束。

在图 4-17 聚丙烯酸树脂乳液的生产工艺中，首先合成聚丙烯酸树脂乳液，再增加一个混合釜，即由聚丙烯酸树脂乳液为黏料，配以各种助剂，生产聚丙烯酸酯乳液型胶黏剂。这类胶黏剂主要用于纸张、织物、塑料、皮革等的黏结，聚丙烯酸酯乳液也可用于压敏型胶黏剂的生产。

2. 聚乙酸乙烯及其共聚物胶黏剂

1) 聚乙酸乙烯胶黏剂

在我国合成胶黏剂中，聚乙酸乙烯或其共聚物的胶黏剂的产量仅次于脲醛胶居第二位。乙酸乙烯与乙烯、丙烯、丙烯酸酯、丙烯酰胺等可以共聚合。这类黏料具有良好的初始黏结强度，可任意调节黏度，易于和各种添加剂混溶，配制成性能优异、品种繁多、用途广泛的胶黏剂。

聚乙酸乙烯(PVAc)是以乙酸乙烯为单体，过硫酸盐作引发剂，通过乳液聚合、溶液聚合或本体聚合得到的。反应式为

$$n\mathrm{H_2C{=}CH(O{-}C({=}O){-}CH_3)} \xrightarrow{\text{乳液聚合}} \left[\mathrm{H_2C{-}CH(O{-}C({=}O){-}CH_3)}\right]_x + \left[\mathrm{H_2C{-}CH(O{-}C({=}O){-}H_2C{-}H_2C{-}HC(O{-}C({=}O){-}CH_3){-})}\right]_y$$

(1) 聚乙酸乙烯胶黏剂的组成及应用。聚乙酸乙烯为热塑性树脂，作为黏料，添加必要的助剂，可配制成溶液型、乳液型、热熔型胶黏剂。例如，乳液聚合得到聚乙酸乙烯作为黏料，加入助剂增塑剂、抗氧剂、消泡剂、防腐剂、填料等制成乳白胶。

聚乙酸乙烯乳液胶黏剂(乳白胶)配方：

PVAc	31	邻苯二甲酸二丁酯	3.5
黏土	10	防腐剂	0.3
消泡剂	0.2	去离子水	50
聚乙烯醇(PVA)1788	5		

聚乙酸乙烯胶黏剂具有固化速率快、使用方便、无毒、价格低廉、耐稀酸、耐稀碱、贮存期较长等特点。特别是对多孔材料，如木材、纸张、棉布、皮革、陶瓷等有很强的黏合力。因此，广泛用于木材加工、家具制造、皮革加工、建筑装修、书籍装订、织物处理、卷烟制造业、汽车内装饰、标签固定、文教用品、乳胶涂料的制造等领域。

(2) 聚乙酸乙烯乳液的生产工艺(图 4-18)。将 PVA-1788 和水加入溶解釜，升温 80～85℃，搅拌溶解 2h，配成 10%的 PVA 溶液。再将 PVA 水溶液过滤后投入聚合釜，加入 OP-10、打底单体乙酸乙烯(约为总单体量的 14%)以及 10%的过硫酸铵水溶液。关闭加料孔，开通冷凝水。在 30min 内升温至 65℃左右，当视镜出现液滴时，停止加热，温度可自行升高至 75～80℃。当回流正常时，开始滴加乙酸乙烯单体(8～9h 滴完)，同时加入用 10 倍蒸馏水溶解的过硫酸铵溶液，加入速率控制均匀。反应温度控制在 75～80℃，可通过单体加入量调节。单体加完之后，加入余下的过硫酸铵(以 10 倍水溶解)，液料温度自行升高至 90～95℃，保温 30min。冷却至 50℃以下，加入 10%的碳酸氢钠溶液调节 pH。确认乳液外观合格后，加入增塑剂邻苯二甲酸二丁酯(DBP)，搅拌混合 1h，冷却至 40℃，过滤出料。

聚乙酸乙烯胶黏剂缺点：耐水性差，尤其是不耐沸水；易吸湿，潮湿环境易开胶，不耐久；耐热性差，固化后的胶层具有热塑性；软化点低(40～80℃)，随着温度升高，强度急剧下降，也易出现蠕变现象，不能用于使用温度较高的场合；乳液耐冻融性差，−5℃以下冻结，产生破乳现象。近年来有采用乙酸乙烯与其他乙烯基单体(如丙烯酸酯、乙烯等)共聚合的方法，对其某些性能进行了改进。

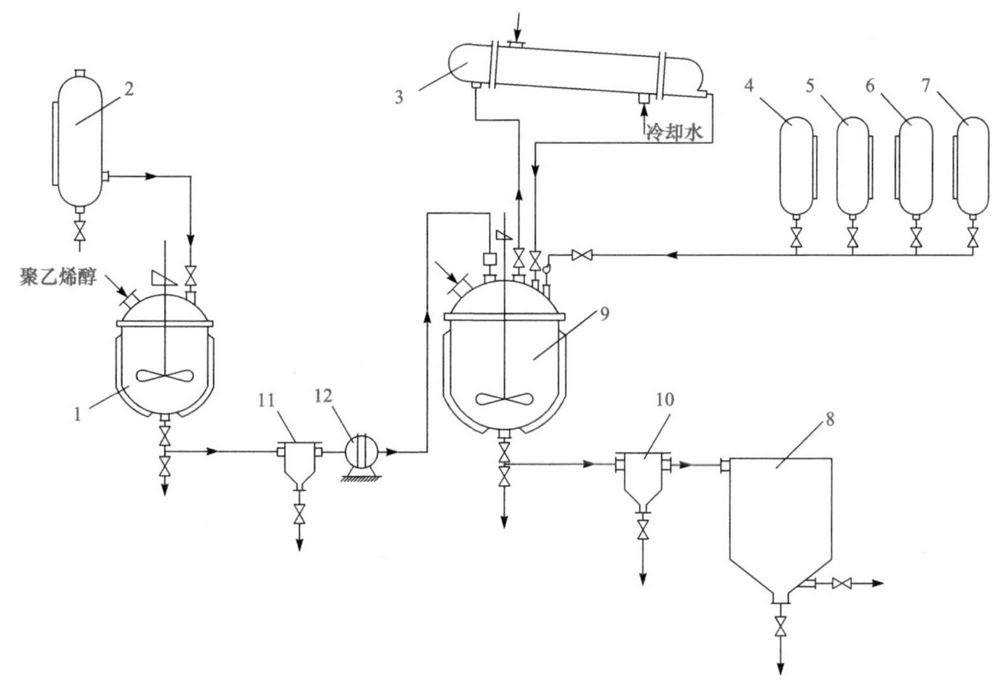

图 4-18　聚乙酸乙烯乳液的生产工艺流程简图

1. PVA 溶解釜；2. 软水计量罐；3. 冷凝器；4. 单体计量槽；5. 增塑剂计量槽；6. pH 调节剂计量槽；7. 引发剂计量槽；8. 产品槽；9. 聚合釜；10、11. 过滤器；12. 隔膜泵

2) 乙烯-乙酸乙烯共聚物胶黏剂

聚乙酸乙烯共聚物包括：乙烯-乙酸乙烯共聚物(VAE 或 EVA)、乙酸乙烯-羟甲基丙烯酰胺共聚乳液、乙酸乙烯酯-丙烯酸酯共聚物乳液(乙-丙乳液或乙-丙乳液)、乙酸乙烯酯-丙烯酸酯-氯乙烯共聚物乳液等。

与 PVAc 相比，VAE 乳液分子引入了乙烯链段，减少了乙酸基团的空间位阻，即乙烯起到了内增塑作用，使大分子变得柔顺，同时改善了聚乙酸乙烯乳液的耐水性能。其他性能也有了很大提高，如玻璃化温度低、成膜温度低、耐酸碱、对氧和紫外线稳定性高、贮存稳定性好、耐水、固化速率快、机械性能好、黏结性高、无毒、无味、与其他物质混溶性好等，因此应用面也随之变宽。

一般来说，乙烯-乙酸乙烯共聚物中乙酸乙烯酯(VAC)含量低于 40%时多作为树脂，称为 EVA，它还可作为热熔胶的黏料；乙酸乙烯含量为 40%～70%时，用作弹性体；VAE 是指乙酸乙烯含量为 70%～95%的共聚乳液。VAE 乳液加入其他助剂作为胶黏剂使用。

(1) 乙烯-乙酸乙烯共聚物乳液的生产工艺。

配方：

乙酸乙烯	100	去离子水	120
乙烯	14～18	聚乙烯醇 1788	3
过硫酸铵	0.2～0.4	OP-10	3
还原剂	0.2	杀菌剂	0.2～0.3
硫酸氢钠	0.1～0.2		

制备工艺为先将部分乙酸乙烯单体和表面活性剂加入高压反应釜中，升温至 50～60℃，加入初始引发剂，进行乳液聚合。温度控制在 75～85℃，压力控制在 5.8～6.2MPa，几分钟

后连续加入定量的单体 VAC、引发剂过硫酸铵，同时通入定量的乙烯单体，反应过半时，逐步降低乙烯的通入量，当残存的 VAC 含量达到规定值时，反应中止，出料。乙烯-乙酸乙烯共聚物生产工艺流程如图 4-19 所示。

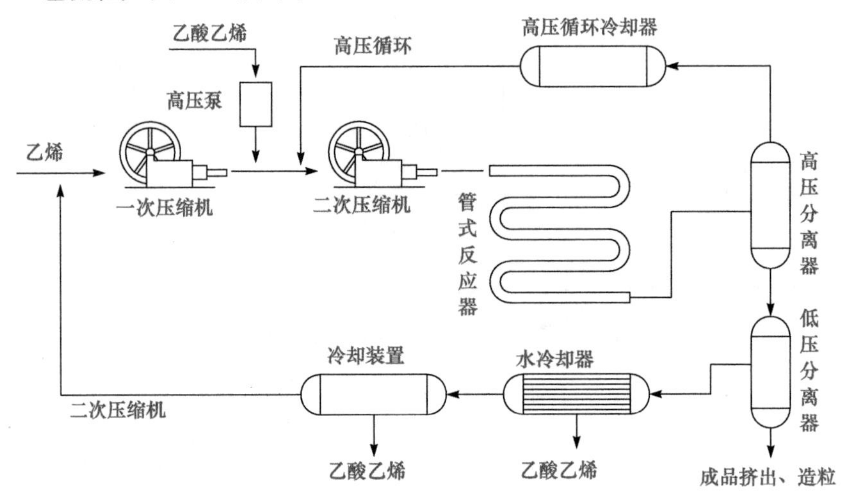

图 4-19 乙烯-乙酸乙烯共聚物生产工艺流程简图

(2) 乙烯-乙酸乙烯共聚物胶黏剂配方。

VAE	100	稳定剂	4
松香	20	增稠剂	7
非离子表面活性剂	1	消泡剂	适量
聚乙烯醇 1780	2.5		

4.6.3 反应型胶黏剂

1. α-氰基丙烯酸酯胶黏剂

常用的“瞬干胶”501、502、503、504 胶就是α-氰基丙烯酸酯胶黏剂，即α-氰基丙烯酸酯单体为主要成分，再加入增稠剂、稳定剂、增塑剂、阻聚剂，还可加入弹性填料(胶)等配制而成。

由于氰基和羧基具有很强的吸电子性，在弱碱或水的存在下，可快速进行阴离子聚合而完成固化黏结过程，甚至在数秒内就可以完成。除了聚乙烯、聚四氟乙烯，它几乎可以黏结所有物质，因此有“万能胶”之称。它的电气性能、耐老化性能、耐溶剂性能均优良，固化收缩率低，固化后胶层透明，外观平整，适合首饰、工艺品、精密仪器的黏结；医学上可用于皮肤、血管、骨组织的黏结。缺点是韧性差、耐冲击性差、耐热性不好，不能实施大面积黏结，存储期短，而且价格较贵。

实际上所有的材料表面都吸附有湿气，氰基丙烯酸酯胶黏剂与吸附水分子接触使阴离子快速形成，发生阴离子聚合，几乎是瞬时完成固化。因此，配胶时尽可能与水隔绝，包装容器要密不透气。

1) 502 胶黏剂配方

α-氰基丙烯酸乙酯	94%
甲基丙烯酸甲酯-丙烯酸共聚物	3%
磷酸三甲酚酯	3%
对苯二酚	微量

在胶黏剂配方中，为了减少胶在使用过程中的流失，添加甲基丙烯酸甲酯-丙烯酸共聚物增稠、增黏，加入磷酸三甲酚酯或邻苯二甲酸酯增塑，加入对苯二酚作为阻聚剂，防止单体在储存中聚合。

2) 聚α-氰基丙烯酸酯胶黏剂的生产工艺

工业上大多采用氰基乙酸酯与甲醛缩合制得聚合物，再通过热解聚制取α-氰基丙烯酸酯，所得产物纯度较差，还需要在酸性阻聚剂的存在下进行精制，酸性物质二氧化硫常作为稳定剂，工艺流程如图 4-20 所示。

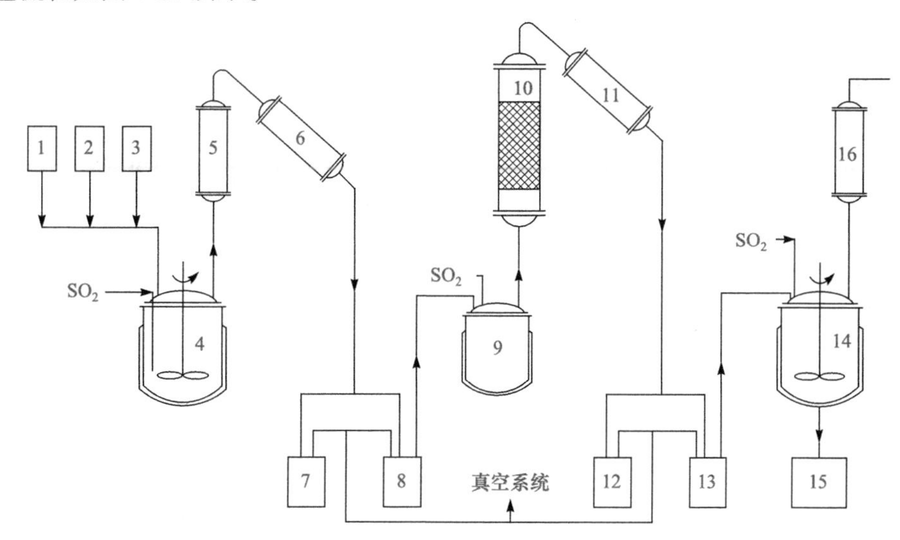

图 4-20　聚α-氰基丙烯酸酯胶黏剂生产工艺流程简图

1. 氰乙酸乙酯高位槽；2. 二氯乙烷高位槽；3. 甲醛液高位槽；4. 缩聚裂解釜；5、6、11、16. 冷凝器；7、12. 受器；8. 粗单体受器；9. 精馏釜；10. 精馏塔；13. 单体受器；14. 配胶釜；15. 成品槽

反应式如下：

$$n\underset{\displaystyle COOR}{\underset{|}{\overset{\displaystyle CN}{\overset{|}{CH_2}}}} + nHCHO \xrightarrow[\triangle]{\text{碱}} \left[CH_2 - \underset{\displaystyle COOR}{\underset{|}{\overset{\displaystyle CN}{\overset{|}{C}}}} \right]_n \xrightarrow[\triangle]{P_2O_5} nH_2C = \underset{\displaystyle COOR}{\underset{|}{\overset{\displaystyle CN}{\overset{|}{C}}}} \xrightarrow[\text{聚合黏结}]{\text{弱碱或}H_2O} \left[CH_2 - \underset{\displaystyle COOR}{\underset{|}{\overset{\displaystyle CN}{\overset{|}{C}}}} \right]_n$$

(α-氰基丙烯酸酯)

2. 酚醛树脂胶黏剂

酚醛树脂胶黏剂是三醛胶黏剂之一，所谓三醛胶黏剂是指酚醛胶黏剂、脲醛胶黏剂和三聚氰胺甲醛胶黏剂，主要用于木材加工时的黏结。

酚醛树脂是由酚类、醛类缩合而成的。常用的酚类有苯酚、甲酚、二甲酚、叔丁基酚、间苯二酚、双酚 A 等；醛类有甲醛、乙醛、糠醛等。最常用的是苯酚和甲醛缩合而成的酚醛树脂。

酚醛树脂可作为模塑粉、砂轮、灯泡、胶合板、铸造砂模、高级刨花板的黏结剂的黏料。由于酚醛胶黏剂固化后胶层脆，常用其他高分子进行改性，如酚醛-缩醛胶、酚醛-丁腈胶、酚醛-环氧胶、酚醛-有机硅胶等，可以黏结金属、塑料、橡胶、皮革、蜂窝结构的材料、刹车片、复合材料等。

酚醛热固性胶黏剂是在热、催化剂的作用下形成化学键(交联)，常用的固化剂有盐酸乙醇溶液、磷酸乙二醇溶液、石油磺酸等。它固化后不溶不熔，可作为结构胶，具有耐热、耐低温、耐潮湿、耐辐射、耐化学腐蚀等优点。

1) 酚醛树脂的合成

随着酚和醛的种类不同，反应产物也不同，也就是说酚醛树脂的性能随着反应物性质不同而有差异，即使反应物相同，酚与醛的物质的量比不同时，产物性能也不同。当酚：醛＜1(物质的量比)，在碱性条件下并有催化剂存在时，最终可生成热固性树脂。当酚：醛＞1(物质的量比)，在酸性条件下并有催化剂存在时，生成线型热塑性酚醛树脂，如下所示。

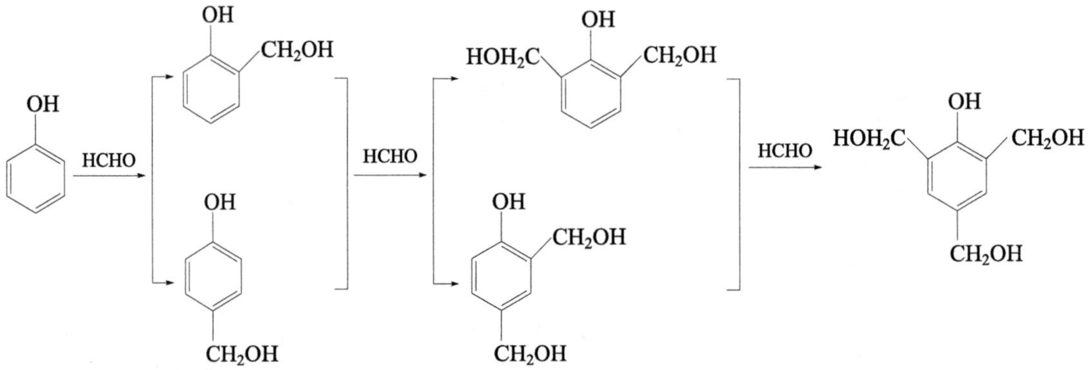

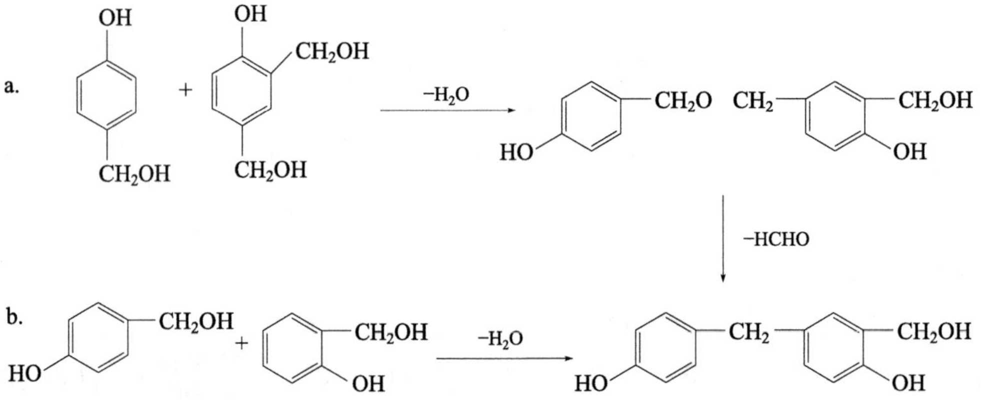

2) 酚醛树脂生产工艺

酚醛树脂是合成树脂中最先实现工业化生产的品种。酚醛树脂可以制成粉状、水溶性、水乳状以及酒精与水的混合溶液等，大量用于木材加工，生产工艺如图 4-21、图 4-22 所示。将融化的苯酚加入反应釜中，搅拌均匀，在 40～50℃加入碱；加入甲醛，缓慢升温至 90～95℃进行反应，待回流物折光指数达到要求范围，即达到缩聚终点；降温至 70℃，减压脱水至反应液黏度达到 1.4Pa · s 时停止脱水；加入乙醇，搅拌均匀后，冷却至 40℃，出料包装。

3) 酚醛树脂胶黏剂配方

配方一		配方二	
2127 酚醛树脂	100	203 酚醛树脂	90
石油磺酸	7～8	六次甲基四胺	10
邻苯二甲酸二丁酯	10～12	乙醇	适量
石英粉(120 目)	120		

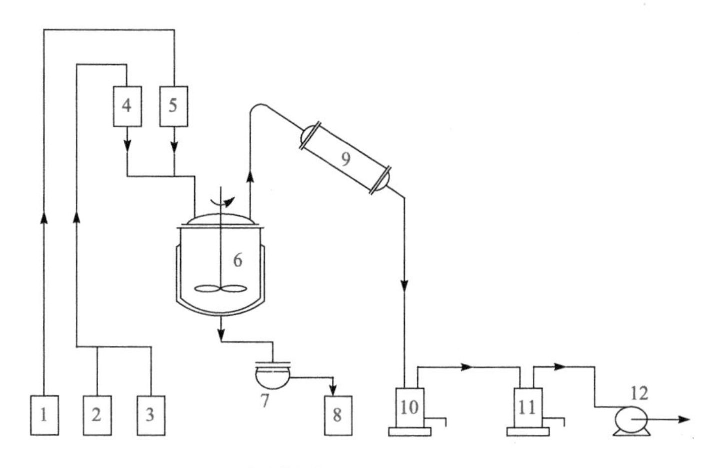

图 4-21　酚醛树脂间歇式生产工艺流程简图

1. 熔酚桶；2. 甲醛桶；3. 氨水桶；4、5. 高位计量罐；6. 缩聚釜；7. 过滤器；8. 成品罐；9. 冷凝器；10. 贮水罐；11. 安全罐；12. 真空泵

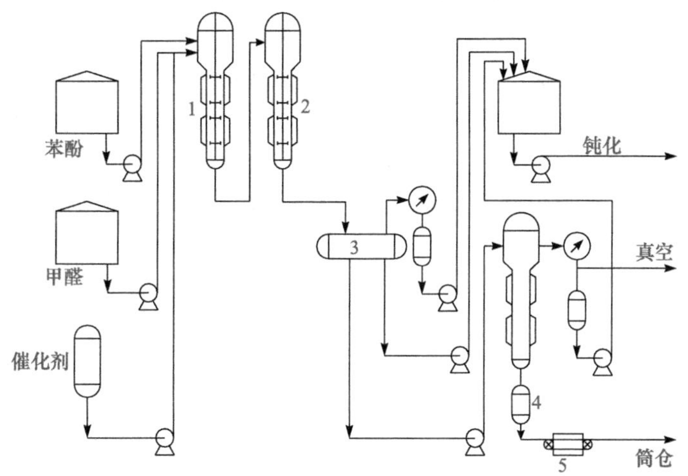

图 4-22　酚醛树脂连续式生产工艺流程简图

1. 级反应器；2. 二级反应器；3. 闪蒸釜；4. 真空蒸发器；5. 冷却输送带

3. 环氧树脂胶黏剂

环氧树脂胶黏剂黏结性能良好，应用广泛，曾有“万能胶”、“大力胶”之称。环氧树脂胶黏剂是由环氧树脂、固化剂、增韧剂、增塑剂、稀释剂、促进剂、填料、偶联剂等组成。环氧树脂、固化剂、增韧剂是不可缺少的组分，所用的环氧树脂相对分子质量一般比较小，需要交联固化才能达到使用要求，由于交联固化后的胶很脆，通常需要加入增塑剂或弹性体改性。环氧胶黏剂广泛用于金属、合金、陶瓷、玻璃、石材、混凝土、木材等材料的黏结，还可用于灌注、密封、堵漏、防腐、固定、修补等领域，但是对橡胶、织物、皮革等软质材料黏结能力差。

1) 环氧树脂胶黏剂的组成

(1) 环氧树脂。环氧树脂是分子中含有两个或两个以上环氧基团，而相对分子质量较低的高分子化合物。环氧树脂的种类很多，按其化学结构分主要有两大类：①缩水甘油基型环氧树脂，包括缩水甘油醚类、缩水甘油酯类、缩水甘油胺类；②环氧化烯烃型环氧树脂。工业上应用最多的是双酚 A 型环氧树脂，属于缩水甘油醚类。这类环氧树脂都是由环氧氯丙烷与双酚 A 缩合而成，反应式如下。

$$HO-C_6H_4-C(CH_3)_2-C_6H_4-OH + 2H_2\underset{\diagdown O \diagup}{C-CH}-CH_2Cl \xrightarrow{NaOH}$$

$$H_2\underset{\diagdown O \diagup}{C-CH}-CH_2-O\left[-C_6H_4-C(CH_3)_2-C_6H_4-O-CH_2-\underset{OH}{CH}-CH_2-O-\right]_n-C_6H_4-C(CH_3)_2-O-\underset{\diagdown O \diagup}{CH-CH_2}$$

其聚合度 $n=0\sim20$，当 $n=0$ 时，相对分子质量为 340，外观为黏稠液体；当 $n>2$ 时，在室温下为固态，如果在反应中适当控制环氧氯丙烷和双酚 A 的比例，则可生成相对分子质量较高的树脂，这样交联点将减少，而不适合用作胶黏剂。因此，用作胶黏剂的环氧树脂的相对分子质量一般低于 700，软化点低于 50℃。

(2) 固化剂。对于环氧树脂胶黏剂，固化剂是不可缺少的重要组分。如果没有固化剂，环氧树脂不会发生固化反应。固化剂是将可溶可熔的线型结构高分子化合物转变成不溶不熔的体型结构的一类物质。

环氧树脂固化剂按固化机理可分为反应型固化剂和催化型固化剂两大类。反应型固化剂主要是通过“活泼氢”与环氧基反应使树脂交联固化。催化型固化剂主要使环氧基开环，使环氧树脂进行均聚。

固化剂的用量很重要，用量过少，固化不完全，胶黏剂的固化产物性能不佳；固化剂用量过多时，胶层脆性大，强度降低，残留的固化剂也会损害胶的性能。固化剂加入量一定要适当，一般可先计算，再通过实验最后确定用量。环氧树脂胶黏剂用的固化剂主要有胺类、酸酐、聚酰胺类等。

(3) 固化促进剂。固化促进剂可加速环氧树脂的固化反应、降低固化温度、缩短固化时间。加入量一般不超过 5%，否则会降低固化物的耐热性等。常用的固化促进剂主要有取代酚(苯酚、双酚 A、间苯二酚)和催化性固化剂。

(4) 稀释剂。稀释剂有活性和非活性两种。非活性稀释剂有丙酮、甲苯、环己酮、二甲苯、正丁醇等，加入量一般为树脂质量的 5%～15%，加多会影响胶的强度等性能。活性稀释剂是含有活性基团、能参与固化反应的低分子化合物，如环氧丙基丁基醚、乙二醇双缩水甘油醚等，加入量也要控制，一般为树脂质量的 5%～20%，同时要考虑活性稀释剂对固化剂的消耗。

(5) 增塑剂。增塑剂可以改善环氧树脂的脆性，提高其韧性和抗冲击强度。常用的非活性增塑剂有邻苯二甲酸二丁酯(二辛酯)、磷酸三苯酯等，一般为树脂质量的 5%～20%。活性增塑剂为带有活性基团的聚合物，如端羟基聚醚等。

(6) 填料。加入量可在 5%～300%，常用的填料有石棉、石英粉、氧化铝、钛白粉、高岭土、硅粉等。

单组分胶的配方

E-51 环氧树脂　　　　120

邻苯二甲酸二丁酯	20
氧化铝粉(200 目)	100
二乙烯三胺	11

双组分胶的配方

甲组分：		乙组分：	
711 环氧树脂	55.6	703 固化剂	36
712 环氧树脂	44.4	DMP30	3
聚硫橡胶	20	配比：甲组分：乙组分 =3：1	
铝粉	10		

2) 环氧树脂胶黏剂的生产工艺

环氧树脂的生产工艺流程如图 4-23 所示。环氧树脂配以适当的固化剂、各种助剂即为环氧树脂胶黏剂。

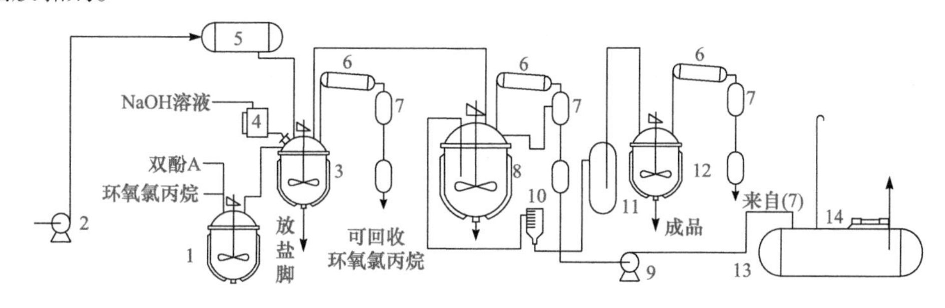

图 4-23 环氧树脂的生产工艺流程简图

1. 溶解釜；2. 齿轮泵；3. 反应釜；4. 氢氧化钠溶液高位计量槽；5. 苯高位槽；6. 冷凝器；7. 接收器；8. 回流脱水釜；10. 过滤器；11. 苯树脂沉降贮槽；12. 脱苯釜；13. 苯地下贮槽；14. 蒸气泵

4.6.4 橡胶型胶黏剂

橡胶型胶黏剂是以橡胶或弹性体为黏料，加入适量的助剂、溶剂等制成的。具有优良的弹性，耐冲击与耐震动性，特别适合黏结柔软的或膨胀系数相差悬殊的材料，如橡胶与橡胶、橡胶与金属、橡胶与塑料、橡胶与皮革、橡胶与木材等材料之间的黏结。橡胶型胶黏剂主要分两大类：结构型和非结构型胶黏剂，非结构胶黏剂又分为溶液型和乳液型两大类，结构胶黏剂多为复合体系，如橡胶-酚醛、橡胶-环氧等胶黏剂。

氯丁橡胶胶黏剂属于橡胶型胶黏剂，此外有丁腈橡胶、丁苯橡胶、丁基橡胶、氟橡胶、硅橡胶等橡胶型胶黏剂，其中氯丁橡胶胶黏剂是应用最广、用量最大的品种。

1. 氯丁橡胶胶黏剂

氯丁橡胶胶黏剂主要分为溶液型、乳液型两大类。

1) 溶液型胶

由聚氯丁二烯、增黏树脂、稳定剂、金属氧化物、防老剂、填充剂、促进剂、交联剂等经混炼(或不混炼)，按一定比例溶于溶剂中，可配制成单组分或双组分溶液型胶黏剂。

氯丁胶配方：

氯丁橡胶	100	防老剂 D	2
萜烯树脂	2	氧化锌	10
氧化镁	8	混合溶剂	408
碳酸钙	100		

这类胶还有接枝型氯丁胶，黏料是聚氯丁二烯与甲基丙烯酸甲酯(接枝单体)或苯乙烯等接枝共聚物，经配制后可用于黏结尼龙、塑料底、合成革等，还可黏结金属、织物和橡胶。

2) 乳液型胶

以氯丁二烯经乳液聚合生成的乳胶为黏料，再按比例配以其他助剂，如稳定剂、氧化锌、防老剂、增塑剂等制成乳液型胶。耐热性、耐老化性都比天然乳胶好，这种乳液型胶水为分散介质，节能、环保，因此具有很好的应用前景，能够黏结织物、皮革、纸等。

2. 丁腈橡胶胶黏剂

丁腈橡胶胶黏剂是以丁腈橡胶为主体，加入增黏剂、增塑剂、防老剂、溶剂等配制而成的 15%～30%的胶液。分单组分、双组分，溶液型和乳液型，室温固化和高温固化。

1) 丁腈橡胶胶黏剂的组成

(1) 丁腈橡胶。丁腈橡胶由丁二烯和丙烯腈自由基共聚制得：

$$n\mathrm{CH_2{=}CH{-}CN} + m\mathrm{CH_2{=}CH{-}CH{=}CH_2} \longrightarrow \left[\mathrm{H_2C{-}HC{=}CH{-}CH_2}\right]_m\left[\mathrm{CH_2{-}\underset{\displaystyle CN}{\underset{|}{CH(CN)}}}\right]_n$$

随着丙烯腈含量的增加，耐油性、耐磨性、耐水性、抗拉强度和硬度提高，但是耐寒性、弹性和透气性降低。

(2) 硫化剂。硫化剂可使橡胶分子交联，提高胶的耐热性，硫化剂有两类，一类是硫磺和硫载体，另一类是有机过氧化物。

(3) 补强剂。炭黑、氧化铁、氧化锌、钛白粉、陶土等。

(4) 增塑剂。邻苯二甲酸二辛酯、磷酸三苯酯、脂肪酸二元酯等。

(5) 增黏剂。提高初始黏结力，提高黏结强度，加入少量的酚醛树脂、古马隆树脂、过氯乙烯树脂、石油树脂等。

(6) 防老剂。没食子酸丙酯等。

(7) 溶剂。丙酮、丁酮、甲苯、二氯乙烷、氯苯、乙酸乙酯、乙酸丁酯或混合溶剂。

2) 丁腈橡胶胶黏剂的配方

丁腈橡胶	100	促进剂 M 或 DM	1
氧化锌	5	没食子酸丙酯	1
硬脂酸	0.5	炭黑	适量
硫磺	2		

丁腈橡胶胶黏剂适用于合成橡胶、塑料、皮革、织物、木材、橡胶与金属、橡胶与皮革的黏结，尤其是聚氯乙烯板、塑料、膜、软质材料的黏结。

3. 橡胶型胶黏剂生产工艺

如图4-24所示，氯丁橡胶胶黏剂或丁腈橡胶胶黏剂经切胶机切割，通过计量且加入定量的辅助原料于炼胶机中炼制，压片，切片，最后加入装有混合溶剂和助剂的混合釜中，搅拌至混合均匀，得到橡胶型胶黏剂。

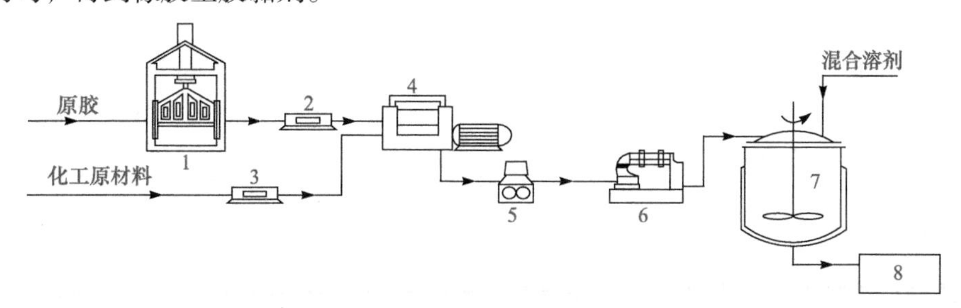

图4-24 橡胶型胶黏剂生产工艺流程简图

1. 切胶机；2、3. 称量计；4. 炼胶机；5. 压片机；6. 切片机；7. 混合釜；8. 成品罐

4.6.5 热熔型胶黏剂

热熔型胶黏剂简称热熔胶，是一种无溶剂、固化快的胶黏材料，室温下呈固态，加热到一定温度后融化成液态流体的热塑性材料。热熔胶在使用时需将其熔融后涂敷于被粘物表面，叠合冷却至室温，被黏物可黏接在一起，且具有较高的黏结强度。

无线胶黏装订工艺中将书页黏联成册所用的胶黏剂主要是EVA热熔胶黏剂，而织物的黏结多使用聚酰胺类热熔胶。使用时，只要将热熔胶加热熔融成液体，涂布于被黏物的表面，经压合冷却，几秒钟内即可完成黏结，几分钟内可完全固化。

1. 热熔胶的组成

热熔胶的种类很多，其中EVA型热熔胶应用最广泛，由乙烯与乙酸乙烯在高压下共聚而成。随着乙烯与乙酸乙烯的配料比例不同，可得到性能不同的热熔胶，以适应各种不同场合的需求。在使用中，为了调节热熔胶的流动性、渗透性、软化点、防氧化性以及降低成本，除采用基本树脂外，可酌量加一些添加剂。热熔胶是由树脂、增黏剂、黏度调节剂、增塑剂、抗氧剂、填料等原材料经适量配比组成的。

2. 热熔胶生产工艺

将树脂、各种助剂在混合釜中混合，经混炼机挤出成型(粒、片、块、棒、丝等)，或进一步冷冻、粉碎成粉，加工成其他形状。工艺流程如图4-25所示。

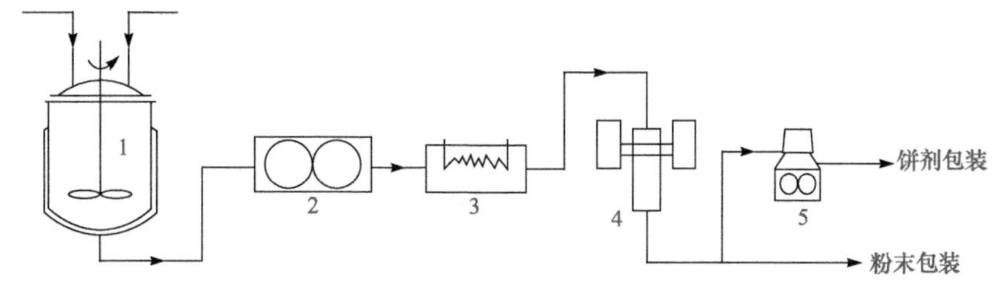

图4-25 热熔型胶黏剂生产工艺流程简图

1. 混合釜；2. 混炼机；3. 冷冻设备；4. 粉碎机；5. 打饼机

4.6.6 压敏型胶黏剂

压敏胶对压力敏感，是通过施加适当的压力就可实现黏结的胶黏剂，这类胶黏剂俗称不干胶。压敏胶一般先涂于塑料薄膜、织物、纸张或金属箔上，做成胶带或胶膜。可多次重复使用，有一定剥离强度，不污染被黏物表面，对各种材料都有一定的黏结力，特别是对难黏结物的黏接，无毒、安全、易贮运，但耐久性、耐热性、耐溶剂较差。分橡胶型(如天然橡胶、聚异丁烯、丁基橡胶等为黏料)、树脂型(如丙烯酸酯、硅树脂或硅橡胶等为黏料)两类[6]。

压敏胶用于各种包装，电气绝缘带、透明胶带、单面胶、双面胶、不干胶贴、标签纸、粘钩、蟑螂屋、卫生巾和尿不湿的背胶、桌椅腿胶贴等。

1. 压敏胶黏剂的组成

(1) 黏料：聚异丁烯、丁基胶、天然橡胶、聚丙烯酸酯溶液(或乳液)、硅树脂、聚氨酯等。
(2) 增黏剂：松香脂、酚醛树脂、石油树脂、萜烯树脂等。
(3) 增塑剂：邻苯二甲酸酯、脂肪二元酸酯等。
(4) 填料：氧化锌、二氧化钛、二氧化硅、黏土等。
(5) 黏度调节剂：蓖麻油、大豆油、液体石蜡。
(6) 防老剂：防老剂甲、防老剂丁。
(7) 硫化剂：硫磺、过氧化物。
(8) 溶剂：汽油、甲苯、乙酸乙酯、丙酮等。

2. 压敏胶带的组成

(1) 压敏胶，赋予胶带压敏黏附性，如图 4-26 所示①。
(2) 底层处理剂(底涂剂)，防止脱胶，胶与基材黏结好时可不用，如图 4-26 所示②。
(3) 基材，支撑压敏胶的基本材料，如布、塑料膜、纸等，如图 4-26 所示③。
(4) 背面处理，便于胶带成卷起隔离作用，如图 4-26 所示④。
(5) 隔离纸，涂有处理剂的纸、塑料薄膜等，如图 4-26 所示⑤。

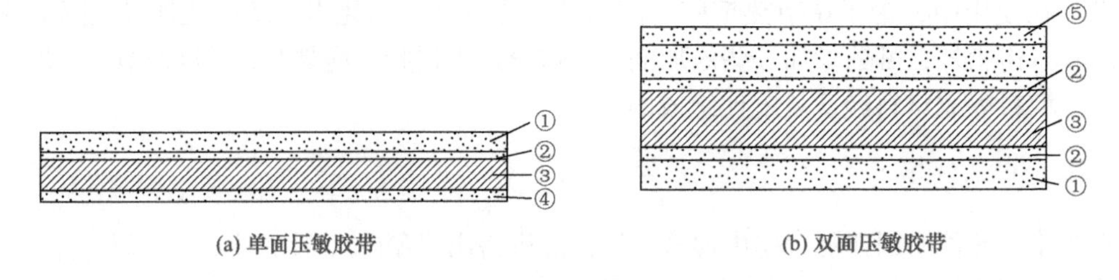

图 4-26 单、双面压敏胶带的组成

4.7 涂料及其生产工艺

涂料是一种流动状态或粉末状态的物质，把它涂敷在物体表面上能干燥固化，形成一层连续的具有一定强度的良好附着在物体表面上的薄膜，不论其中是否有颜料或填料，统称为涂料。

4.7.1 涂料的分类和组成

1. 涂料的分类

(1) 根据涂料的组成和形态分类：水性涂料(水溶水乳)，溶剂型涂料，粉末涂料，无溶剂涂料。

(2) 根据涂料是否含有颜填料分类：色漆，即含有颜填料的涂料；清漆，即不含颜填料的涂料。

(3) 根据用途分类：建筑用(内、外墙)、木器用、船舶用、汽车用、绝缘用涂料，特种涂料等。

(4) 根据施工方法分类：刷用、喷涂、烘漆、浸漆、电泳漆。

(5) 根据施工工序分类：底漆、腻子、头道漆、面漆、二道漆。

(6) 根据漆膜外观分类：有光、无光、亚光、半亚光。

(7) 根据效果分类：绝缘、防锈、防污、防腐蚀、防雷、阻燃、导电等。

(8) 根据成膜物质分类：醇酸树脂涂料、丙烯酸树脂涂料、聚氨酯涂料、环氧树脂涂料、聚酯涂料等。

2. 涂料的组成

涂料主要由四部分组成：成膜物质、颜料和填料、助剂、溶剂或分散介质。

1) 成膜物质

成膜物质是牢固附着于被涂物质表面形成一层连续的薄膜物，是构成涂料的基础，决定着涂料的基本特性，因此也称其为基料。分类如下：

(1) 油脂：亚麻子油、鱼油、桐油等。

(2) 天然树脂：松香及其衍生物、虫胶、天然沥青等。

(3) 合成树脂：醇酸树脂、丙烯酸树脂、聚氨酯、环氧树脂、硝基纤维素、聚乙烯类树脂等。

2) 颜料和填料

颜料和填料本身不能成膜，主要用于着色和改善涂膜的性能，增强涂膜的保护，装饰和其他作用(防锈、遮盖、防腐蚀)，也可降低成本。常用的颜料和填料：二氧化钛、二氧化硅、碳酸钙、黏土、氧化铝、滑石粉等。特殊颜料如铝粉、锌粉等。

3) 助剂

助剂一般不成膜，但对基料形成涂料膜的过程及耐久性起重要作用，用量通常很少，但作用大。

(1) 催干剂：能加速漆膜的干燥，对膜吸氧、聚合、交联起催化作用，如铅、铁、锰、钙等氧化物。

(2) 增塑剂：邻苯二甲酸二丁(辛)酯，增加漆膜的弹性。

(3) 表面活性剂：卵磷酸酯类、低黏度硅油，用以改善涂料的性能。

(4) 防霉剂：可针对霉菌的类型选择，常用的有氧化锌、环烷酸锌等。

(5) 防紫外线吸收剂：二苯甲酮类。

(6) 防结皮剂：如肟类，丁醛肟、甲乙酮肟，可防止漆表面在贮存时结皮。

(7) 消光剂：如硬脂酸铝二甲苯溶液，加入其可使漆面光泽降低，亚光漆、无光漆，此外还有消泡剂、流平剂、防沉淀剂。

4) 溶剂或分散介质

溶剂或分散介质通常为有机溶剂或水，作用在于使成膜物质(基料)等溶解或分散成黏稠液体，有助于施工和改善漆膜的某些性能。

3. 涂料的配方

涂料中各组分的组成及用量组合称为涂料的配方。

涂料配方设计的原则：根据涂料的使用场合、主要作用、施工要求确定配方。首先确定涂料的类型和主要性能，成膜物质的品种主要是由被涂物体的材质及其使用环境决定，包括聚合物种类和形态(溶液、乳液或固体等)，然后选择合适的组分，使每种组分本身的性能均能满足涂料的使用要求。根据施工要求和已选定的聚合物树脂来确定溶剂或分散介质，确定所需各种助剂及其用量，最后拟定各组分的相对比例，即确定涂料的配方。对于溶剂型涂料，溶剂的组分将主要影响涂料的干燥时间、成膜性能和施工特性，同时可控制和改进涂料的流平性、调节涂料的黏度。

4.7.2 涂料的固化机理

1. 物理固化机理

(1) 溶剂或分散介质蒸发而得到干硬的涂膜，如溶液型涂料，基料为高分子溶液的成膜；乳胶涂料，基料为高分子乳胶液的成膜。

(2) 热融成膜，如粉末涂料。

2. 化学固化机理

(1) 涂料中的树脂是低聚物或不饱和化合物聚合物，干燥时基料与空气中的氧或水作用发生交联反应的固化，所以贮存时要密封。例如，干性植物油与氧气发生作用，异氰酸酯与水能发生缩聚。

(2) 涂料组分之间发生的交联固化：组分之间在常温下或无辐射情况下不发生反应，只有加热、有辐射才发生反应固化；双组分涂料，用时混在一起，组分之间发生反应，交联固化。

4.7.3 溶液型涂料及其生产工艺

溶液型涂料由成膜物质、颜填料、溶剂、助剂等组成。成膜物质大多为合成树脂，如醇酸树脂、丙烯酸树脂、聚乙烯类树脂、聚酯、有机硅树脂、氟碳树脂等。溶剂通常指的是有机溶剂，如烃、醇、酮、酯、醇醚类物质，一般为它们中几种溶剂的混合物，当溶剂挥发后，溶解的高聚物和分散在涂料中的颜填料、助剂形成均匀的涂层，使用混合溶剂利于其保持适当的挥发速率，涂料形成连续、平滑的涂膜。

溶液型涂料有两大类：无颜填料的清漆和有颜填料的色漆。由于清漆不含有颜填料，生产过程比较简单，主要包括成膜物质(基料)的合成或溶解、与助剂混配、净化三个工序。对于以溶液或乳液形式存在的成膜物质，可直接加入助剂混配、净化后作为清漆使用，而对于固体或高黏度的成膜物质(树脂和油料)，需要以一定的溶剂溶解(溶解工序)。由于所得到的清漆可能含有杂质，如不溶性的杂质、具有化学反应活性的可溶性杂质及胶体粒子的悬浮物，这些杂质可造成清漆在储存时形成不溶性的颗粒杂质，影响涂膜的质量，需要通过净化工序除去杂质，杂质的类型不同，净化方法也不同。对于不溶性颗粒杂质和反应性化学物质的杂质，应先经熟化再过滤的方法。熟化是将体系中具有反应活性的物质，如单体、引发剂或低聚物继续反应，形成成膜物质或不溶性杂质的过程。不溶性颗粒杂质可直接通过离心和过滤进行分离。其工艺流程如图 4-27 所示[7]。

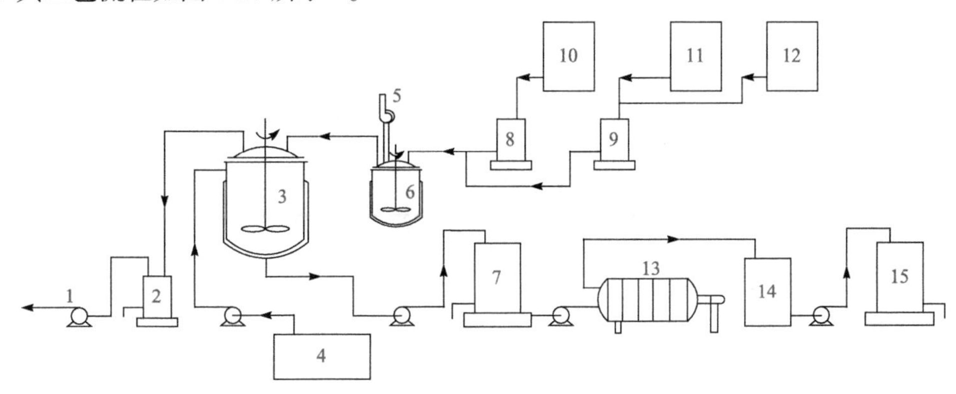

图 4-27　溶液型涂料生产工艺流程简图

1. 真空泵；2. 缓冲罐；3. 稀释罐；4. 地下溶剂罐；5. 排风机；6. 炼漆釜；7. 中间贮藏罐；8、9. 计量槽；10、11、12. 聚合油及软树脂贮罐；13. 板框压滤机；14. 计量罐；15. 成品贮槽

色漆在品种和产量上都是第一位的，色漆是通过在基料溶液或分散液中加入颜料和填料配制而成的。为获得所需的颜色或色调，有色涂料中经常含有多种颜料，其配制有三种方法：

(1) 单颜料法。将分别制备的各种单色色浆按一定比例混合制得所需要有色涂料的方法。单颜料法能以为数不多的单色色浆配制各种颜色的涂料，其配制颜色可自动化进行，但是需要大量的色浆罐、色浆输送泵，该法适用于生产颜色较多、产量大的工厂。

(2) 多颜料法。将各种颜料混合后经高速分散、研磨制成色浆，经调漆后制备有色涂料的方法。多颜料法不需要大量的储浆罐及输送泵，但涂料配方和色调难以校正，适用于生产颜色牌号较少的中型厂家。

(3) 混合法。将某几种颜料制得混合色浆，再将个别颜料制成单色色浆，然后再混合制备有色涂料的方法。适用于制造其主颜色为白色色浆的浅色涂料。

溶液型色漆生产的一般过程包括树脂合成、色浆的制备、调漆三部分，其中色浆的制备是颜料的分散过程，包括高速搅拌分散和研磨两个工序。调漆是按涂料配方、工艺生产出最终产品。

4.7.4　乳液型涂料及其生产工艺

合成树脂乳液涂料也称乳胶漆，多用于内墙和外墙涂料。生产方法与溶液型色漆相似，只是乳胶漆的成膜物质是聚合物乳液，生产过程一般包括聚合物乳液的合成、色浆的制备、调漆三部分。为了防止破乳，乳胶涂料配制时的加料顺序、搅拌速率都有一定的要求[8]。

1. 水乳型涂料生产工艺

首先合成聚合物乳液，如聚乙酸乙烯酯乳液、聚丙烯酸酯乳液(纯丙乳液)、乙酸乙烯酯-

丙烯酸酯共聚物乳液、丙烯酸酯-苯乙烯共聚物乳液(苯丙乳液)、氯乙烯-偏二氯乙烯共聚物乳液(氯偏乳液)、乙酸乙烯酯-乙烯共聚物乳液(VAE 乳液)、乙酸乙烯酯-丙烯酸酯-氯乙烯共聚物乳液等。其生产工艺可参见合成树脂胶黏剂部分的图 4-17、图 4-18、图 4-19。乳胶漆的调配不发生化学反应，只是依照配方将聚合物乳液与助剂、色浆等进行物理分散混配，生产工艺流程如图 4-28 所示[9]。

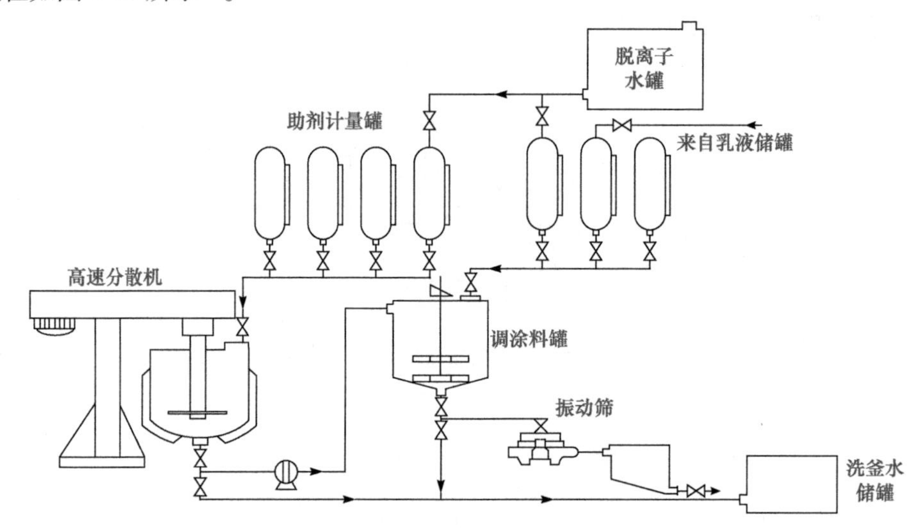

图 4-28 水乳型涂料生产工艺流程简图

2. 乙酸乙烯酯-乙烯共聚物乳胶涂料配方

46%VAE 乳液	340.0	群青	1.0
聚乙烯醇	100.0	乙二醇	6.5
钛白粉	80.0	乳化硅油	1.0
立德粉	80.0	苯甲酸钠	1.5
碳酸钙	90.0	去离子水	300.0

4.7.5 粉末型涂料及其生产工艺

粉末型涂料是一种由树脂、颜填料、助剂等组成的粉末状物质，以粉末形态进行涂装的涂料，在一定条件下可以固化成膜。粉末涂料在配方、生产工艺、施工过程及涂膜性能等方面，与传统的液态涂料都有很大的差别，安全环保、利用率为 100%、性能优异、操作简单，但是其制造工艺复杂，施工需要涂装设备，应用具有一定的局限性。粉末型涂料是近几年来发展最为迅速的一种新型涂料，广泛应用于家电设备、化工设备、金属板材的涂装[10]。

1. 粉末型涂料的分类

1) 热塑性粉末涂料

这类涂料的成膜物质为热塑性树脂，再配以颜填料、助剂经一定的工艺制成。热塑性成膜物质的相对分子质量较高，具有良好的柔韧性，这些聚合物很难破碎成粉末，必要时需要冷冻后粉碎。成膜机理为物理变化，固化时不形成交联网状结构。热塑性粉末涂料的品种有聚乙烯、聚氯乙烯、聚丙烯、聚酰胺、聚酯、EVA、聚氟乙烯等。

2) 热固性粉末涂料

这类涂料的成膜物质为热固性树脂，再配以颜填料、助剂经一定的工艺制成。热固性成膜物质相对分子质量比较小，本身没有成膜性能，只有在加热条件下，与固化剂发生化学反应生成交联的网状结构或体型结构，才能得到涂膜。热固性粉末涂料的品种有环氧、聚酯、聚氨酯、聚丙烯酸酯、聚酯/丙烯酸酯、环氧/丙烯酸酯等。

2. 粉末型涂料的生产工艺及其施工

1) 粉末型涂料的生产工艺

粉末型涂料的生产方法主要有两大类：干法和湿法。首先是颜料的分散，与成膜物质、助剂的混合，再进行制粉工序，即粉碎、过筛或喷雾干燥等。粉末型涂料的五种生产工艺流程如图 4-29 所示[11]。

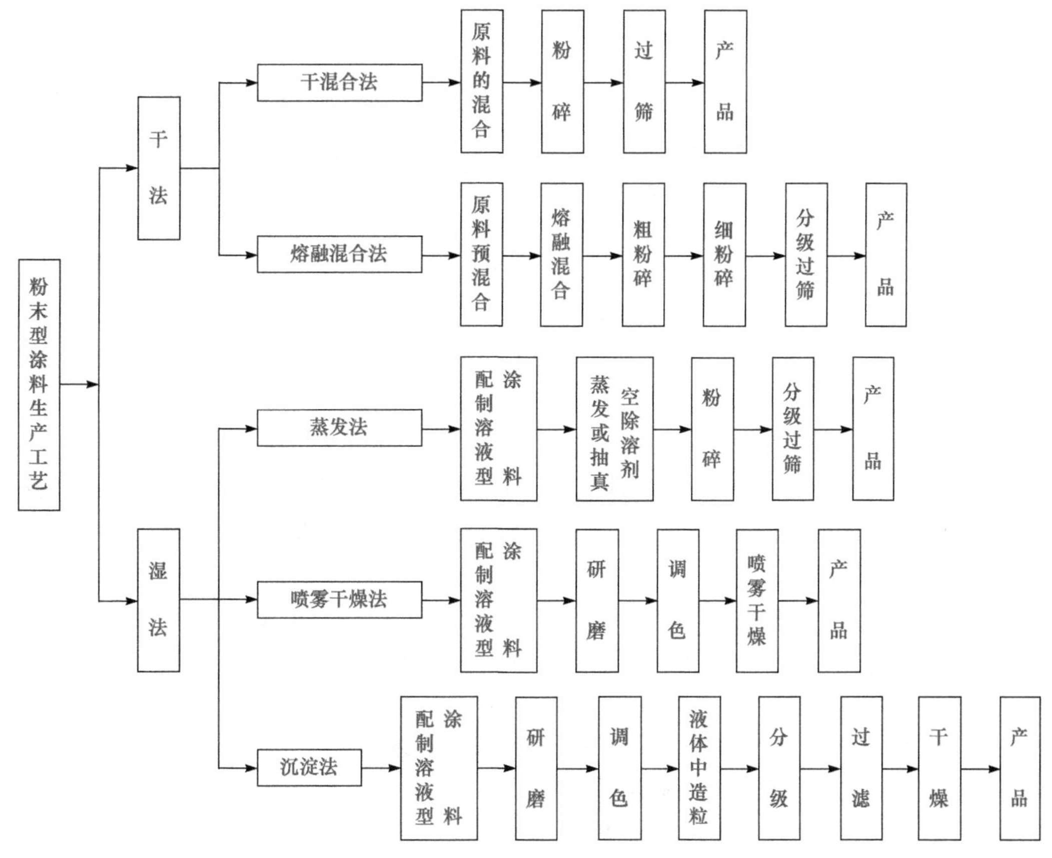

图 4-29　粉末型涂料生产工艺流程框图

2) 粉末型涂料的施工

粉末型涂料的施工与传统涂料差异很大，用特殊的喷雾器或所谓的流化床技术，粉末在容器中的空气或惰性气流中进行流化，加热的被涂物浸入该流化床中，粉末聚集在被涂物表面，然后烘烤、熔融、冷却，形成光滑的涂层。

4.8 染料、颜料的生产工艺

染料是指在一定介质中能使纤维或其他物质牢固着色的化合物。合成的原染料一般不直接用于染色，要经过混合、研磨、加入一定量的添加剂(如稀释剂、润湿剂、扩散剂、稳定剂、助溶剂等)加工成商品染料，这一标准化过程称为染料的商品化。

颜料与染料不同，颜料是不溶性的小颗粒，它不像染料那样被基质所吸附，而是常分散悬浮于具有黏合能力的高分子材料中[12]。这种有色混合物就能被基质所吸附或与基质黏接，使物质着色。

4.8.1 染料的分类

染料的分类有两种方法：按照染料的应用分类，按照染料的化学结构分类。

1. 按染料的应用分类

(1) 酸性染料。酸性媒介染料及酸性络合染料。染料结构上带有酸性基团，如磺酸基、羧基的水溶性染料大多为磺酸基钠盐的形式。在酸性介质中使羊毛、蚕丝、聚酰胺纤维及皮革、墨水、化妆品着色。酸性染料色谱齐全，色泽鲜艳，是染料中品种最多的一种染料。

(2) 活性染料。染料分子中含有活性基团，能够与纤维上的羟基、氨基或酰氨基发生化学反应，形成染料与纤维的共价键，故称为活性染料。主要用于棉、麻、蛋白质纤维、和聚酰胺纤维的染色。这类染料是发展最快的染料类别。

(3) 分散染料。一类不含水溶性基团、疏水性强的非离子染料，用分散剂将染料分散成极细的颗粒进入纤维内部而染色。主要用于合成纤维中的疏水纤维，如聚酯(涤纶)、聚酰胺、醋酸纤维等的染色。

(4) 碱性染料。染料分子中含有碱性基团，如氨基或取代氨基，能与蛋白质纤维上的羧基成盐而染色。用于聚丙烯腈纤维的染料是碱性染料的一个分支，被称为“阳离子染料”，因为这类染料溶于水成阳离子而得名。

(5) 直接染料。直接染料的分子较大，有较多的偶氮基，并含有磺酸基和羧基，容易被染色基质吸附。染色分子与染色基质以范德华力和氢键结合而直接染色。主要用于纤维素纤维、蚕丝、纸张、皮革的染色。

(6) 不溶性偶氮染料。染料偶合组分和重氮组分在纤维上进行偶合反应，生成不溶性的偶氮染料。早期使用这类染料时，重氮化过程需要冰，故又称“冰染染料”。主要用于棉纤维的染色和印花，其颜色以浓见长，耐洗耐晒。

(7) 还原染料。还原染料不溶于水，在使用时，用还原剂($Na_2S_2O_4$ 保险粉)在碱性溶液中还原成无色可溶性隐色体染色，染色后的纤维经空气氧化，隐色体在纤维中变成不溶于水的染料而显色。主要用于纤维素纤维的染色。

(8) 媒介染料。媒介染料与酸性染料相类似，分子中除含有水溶性磺酸基、羧基等基团外，还含有能与金属媒染剂络合的基团，在染色时能在纤维上形成不溶性金属络合物。优点是牢度好，缺点是染色废水污染严重。

(9) 功能染料。具有特殊性能的染料，其种类繁多，应用广泛，主要包括红外和近红外吸收染料、液晶显示染料、激光染料、压热敏染料、毛发染料、光导材料用染料、生物化学染料等。

2. 按染料的化学结构分类

(1) 偶氮染料。含有偶氮基(—N═N—)的染料。

(2) 硝基和亚硝基染料。含—NO_2的染料为硝基染料，含—NO的染料为亚硝基染料。

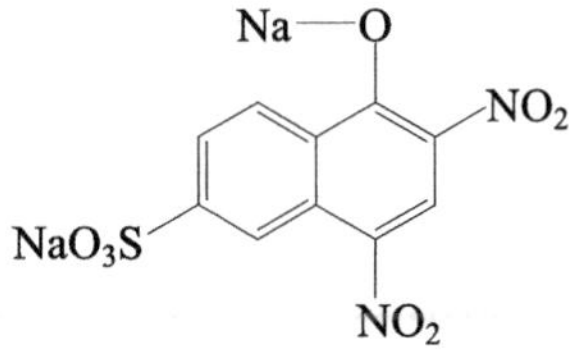

Na—O NO$_2$ NaO$_3$S NO$_2$

(3) 芳甲烷染料。包括二芳甲烷、三芳甲烷。

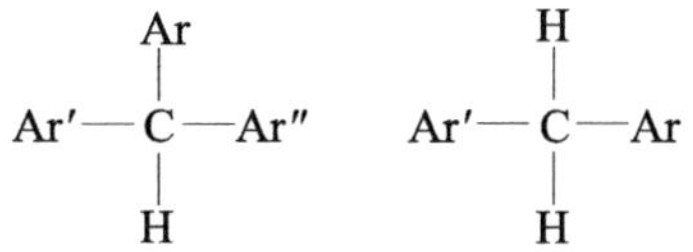

Ar Ar′—C—Ar″ H   H Ar′—C—Ar H

(4) 蒽醌染料。含有蒽醌结构的染料。仅次于偶氮染料，色谱齐全。分为芳胺基蒽醌、氨基羟基蒽醌和杂环蒽醌三种。

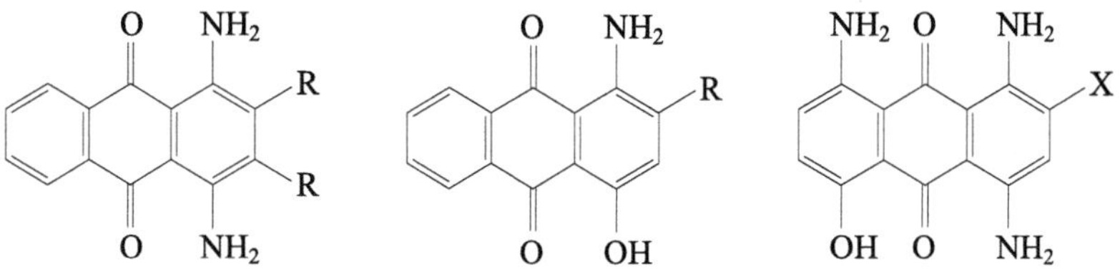

O NH$_2$ R R O NH$_2$ O NH$_2$ R O OH   NH$_2$ O NH$_2$ X OH O NH$_2$

(5) 靛族。分子中含有两端连接不饱和环状有机物(苯基为主)的染料。

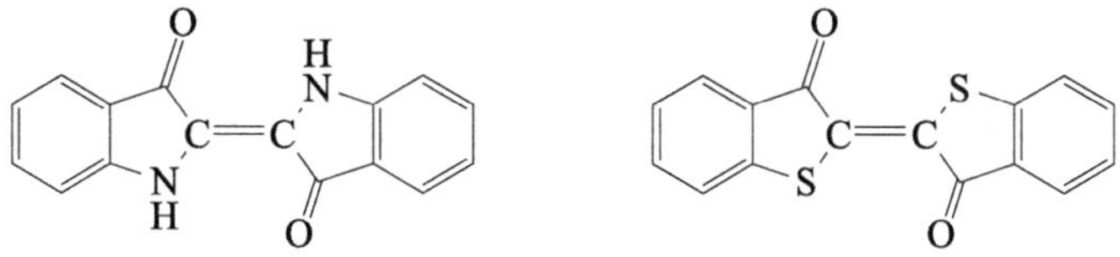

O H N C═C N H O   O S C═C S O

(6) 酞菁染料。含有酞菁金属络合物结构的染料。

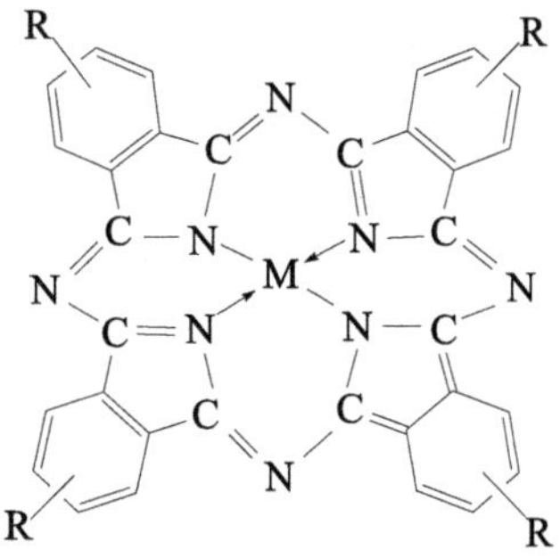

R R N C C C N N C N M N C═N N C N C C N R R

(7) 硫化染料。结构难以确定，有的是一种混合物，借S的硫化作用制成染料。

(8) 活性染料。含有与纤维发生反应的反应性基团，与纤维形成共价键结合的染料，如活性染料艳红 X-3B，结构式中的氯原子可与纤维上的羟基发生反应形成化学键。

4.8.2　染料的生产工艺

直接耐晒黑 G 是四偶氮染料(结构如下)，生产过程分三次偶合完成，所用原料为对硝基苯胺、间苯二胺、亚硝酸钠、H 酸、硫化钠、碳酸钠、盐酸。生产工艺如图 4-30 所示。

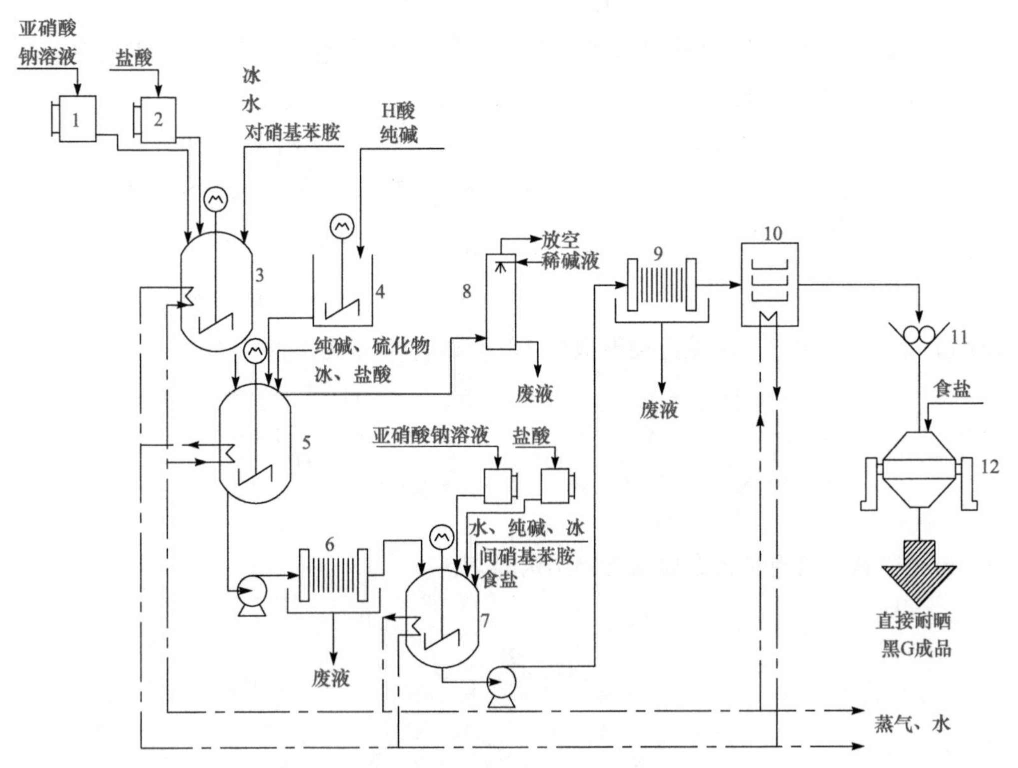

图 4-30　直接耐晒黑 G 的生产工艺流程简图

1、2. 计量槽；3. 重氮化釜；4. H 酸溶解槽；5. 偶合釜；6. 压滤机；7. 第三次偶合釜；8. 吸收塔；9. 压滤机；10. 干燥箱；11. 粉碎机；12. 拼混机

1) 对硝基苯胺的重氮化

将对硝基苯胺、盐酸、水加入重氮化釜中，升温溶解，再加冰冷却至 10℃，迅速加入亚

硝酸钠溶液进行重氮化反应，得到对硝基苯胺重氮盐溶液。

$$O_2N-C_6H_4-NH_2 + 2HCl + NaNO_2 \longrightarrow O_2N-C_6H_4-N_2Cl + NaCl + 2H_2O$$

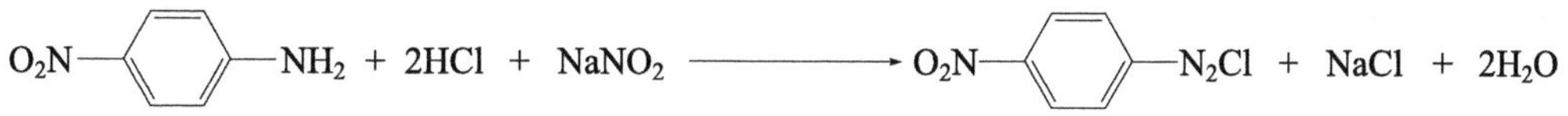

2) 第一次偶合反应

在 H 酸溶解槽中，将 H 酸和纯碱溶液配成 H 酸溶液。将重氮化釜中的对硝基苯胺重氮盐溶液的一半加入偶合釜中，加冰降温至 10℃以下，在强烈的搅拌下加入 H 酸溶液，进行第一次偶合反应。

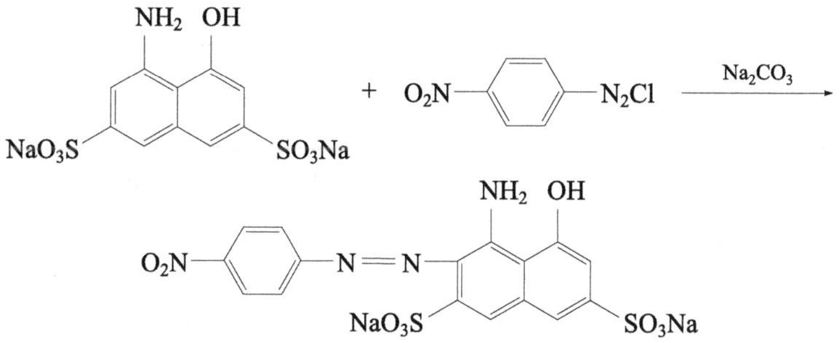

NH₂ OH
NaO₃S SO₃Na
+ O₂N—⟨苯环⟩—N₂Cl —Na₂CO₃→
NH₂ OH
O₂N—⟨苯环⟩—N=N—
NaO₃S SO₃Na

3) 第二次偶合反应

第一次偶合反应完成后，加入碱调节偶合反应的 pH 至 7.0～7.5 时，再将重氮化釜剩余的另一半对硝基苯胺重氮盐溶液缓慢加入，同时加入纯碱溶液保持 pH 不变，加毕，使 pH 等于 8，继续搅拌至反应完全。

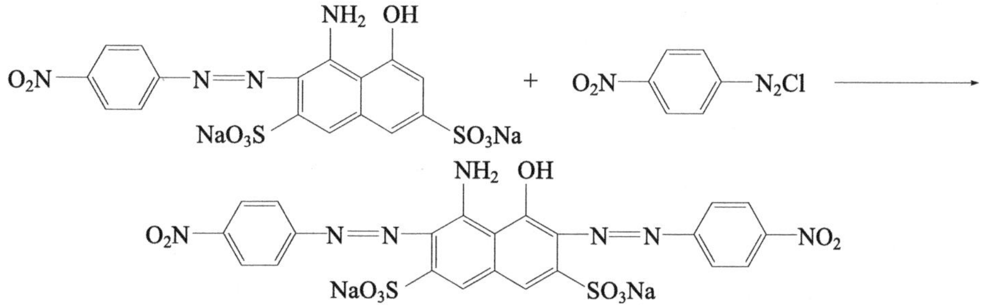

NH₂ OH
O₂N—⟨苯环⟩—N=N—
NaO₃S SO₃Na
+ O₂N—⟨苯环⟩—N₂Cl ⟶
NH₂ OH
O₂N—⟨苯环⟩—N=N— —N=N—⟨苯环⟩—NO₂
NaO₃S SO₃Na

4) 还原

将二次偶合反应物料加热升温至 25℃，加入硫化钠溶液进行还原，反应到达终点后，加入盐酸，使物料的 pH 为 1～2 进行酸析，并升温到 60℃，使染料析出呈悬浮状，趁热过滤。加酸时产生的二氧化硫和硫化氢气体引入吸收塔中用稀碱吸收。

将滤饼和水加入第三次偶合釜中，加纯碱使 pH=8，搅拌使滤饼全部溶解，立即进行第二次重氮化反应。

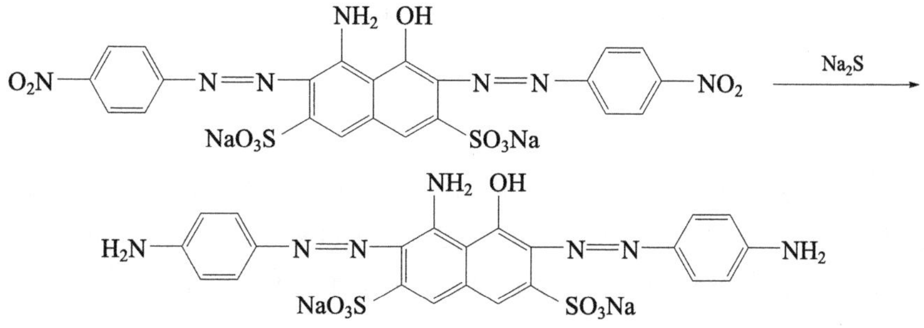

NH₂ OH
O₂N—⟨苯环⟩—N=N— —N=N—⟨苯环⟩—NO₂ —Na₂S→
NaO₃S SO₃Na
NH₂ OH
H₂N—⟨苯环⟩—N=N— —N=N—⟨苯环⟩—NH₂
NaO₃S SO₃Na

5) 第二次重氮化反应

待上述滤饼溶解后，加入亚硝酸钠溶液，搅拌均匀，缓慢加入盐酸，同时加入冰保持温度在 10℃以下，进行第二次重氮化反应。

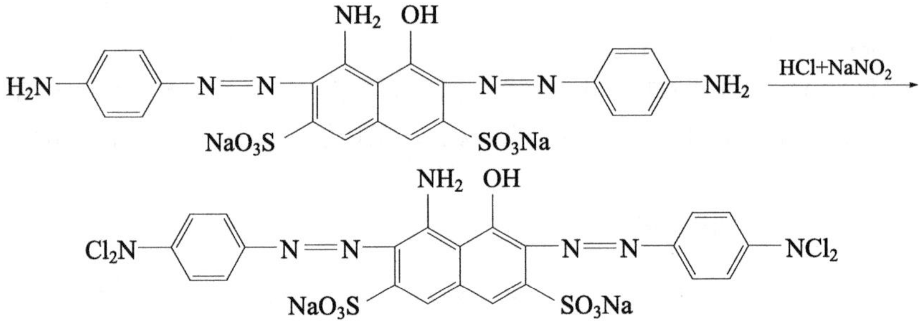

NH_2 OH

H_2N—⟨苯环⟩—N=N—(萘环，NaO_3S，SO_3Na)—N=N—⟨苯环⟩—NH_2 $\xrightarrow{HCl+NaNO_2}$

NH_2 OH

Cl_2N—⟨苯环⟩—N=N—(萘环，NaO_3S，SO_3Na)—N=N—⟨苯环⟩—NCl_2

6) 第三次偶合反应

将重氮盐溶液用纯碱中和至 pH=7，立即将已调好的间苯二胺加入，并加入纯碱调节 pH=9，偶合反应完成后，加热升温至 70℃，加入食盐使染料全部析出。

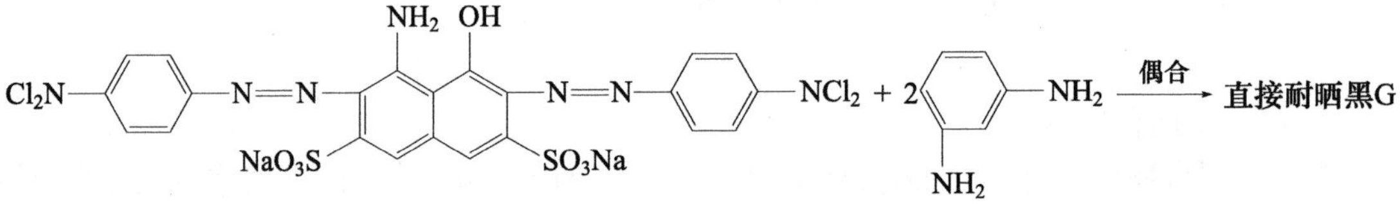

NH_2 OH

Cl_2N—⟨苯环⟩—N=N—(萘环，NaO_3S，SO_3Na)—N=N—⟨苯环⟩—NCl_2 + 2(间苯二胺，NH_2，NH_2) $\xrightarrow{偶合}$ **直接耐晒黑G**

7) 后处理

染料悬浮物经活塞泵压入压滤机进行过滤，滤饼在干燥箱中干燥后，经粉碎机粉碎，在拼混机内加入食盐拼混成直接耐晒黑 G。

4.8.3 颜料的生产工艺

1. 颜料的分类

颜料可分为有机和无机两大类。有机颜料色谱比较宽，颜色齐全，鲜艳，色调明亮，着色力比较强，化学稳定性较好，有一定的透明度，适用于织物印染、调制油墨和高档涂料。无机颜料色光大多数偏暗，不够艳丽，品种少，色谱不齐全，部分无机颜料有毒，但是无机颜料生产较简单，价格便宜，大部分无机颜料有比较好的机械强度和遮盖能力，这些优点是有机颜料无法相比的。所以目前无机颜料的产量仍大大超过有机颜料[14]。

有机颜料的分类有多种方法，按色谱分为红、黄、蓝等，按用途分为涂料用、塑料用、油墨用等，按发色团的不同分为偶氮颜料、酞菁颜料等。

有机颜料的应用主要有两种途径：①涂色，将颜料分散于成膜剂中涂于物体表面，使其表面着色，用于油漆、油墨、印花、浆染织物；②着色，在物体形成最后的固态以前，将颜料混合分散于该物体的组成成分中，成型后得到有颜色的物体，通常用于塑料、橡胶制品以及化纤纺丝前的着色。

2. 颜料的商品化

仅经过化学过程得到的产物大多不能满足作为颜料的各种要求，必须经过某种特定的加工过程才能成为符合要求的有机颜料商品。这样的加工过程称为颜料化，也称商品化。它包括转变晶形，调整粒径及其分布，颗粒表面处理，加入研磨助剂等。颜料化是有机颜料中极其重要的工序。

有机颜料所呈现的颜色不仅取决于其化学结构，还与其物理状态及应用时的介质密切相关。颜料的颗粒形状、粒径大小及分布、分散状态、颗粒表面性质对其色调、色光、着色力、遮盖力、迁移性、稳定性等均有显著的影响。

颜料粒子变小时，光在粒子与空气界面上的反射作用加强，其遮盖力和明度显著提高。但是颜料粒径小于可见光波长时，光将透过颗粒而不折射，颜料就变为透明。有机颜料光褪色过程是受激发的氧攻击基态颜料的分子发生光氧化降解反应，反应速率与颜料的比表面积有关，比表面积增大，颜料与氧及光接触增多，褪色加快，即颜料颗粒越小，相对耐光性能越差。粒度影响颜料的耐光性能，因此颜料要有适宜的粒度。

3. 颜料酞菁蓝B的生产工艺

1) 酞菁蓝B分子结构式

颜料酞菁蓝B不溶于水，也不溶于乙醇及烃类溶剂，溶于98%的浓硫酸中为橄榄绿色，是蓝色颜料中的重要品种，耐晒牢度为7～8级，广泛用于油漆、油墨、塑料、橡胶等工业，也可以用于合纤原浆着色和涂料印花浆等。粗品能作为原料进一步制造酞菁绿、直接耐晒翠蓝GL、活性翠蓝K-GL等。其结构式如下：

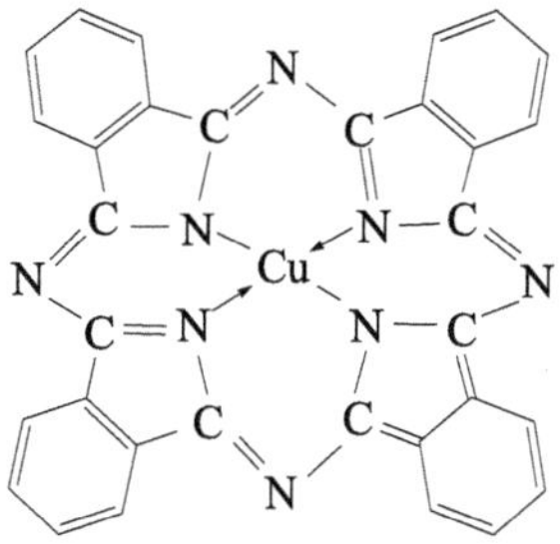

2) 反应方程式

$$NH_2CONH_2 \longrightarrow HN{=}C{=}O + NH_3$$

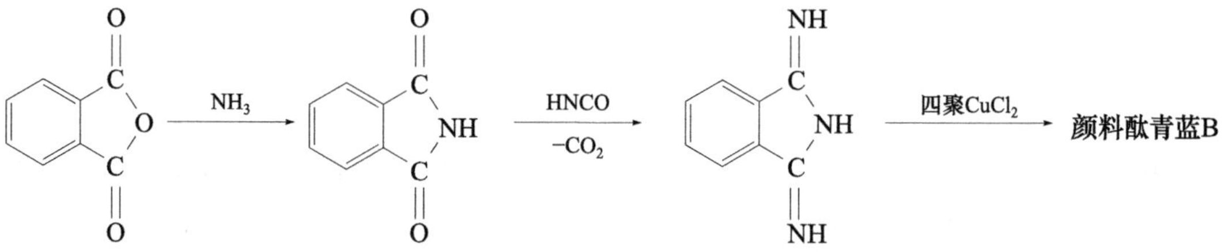

$$\xrightarrow{NH_3} \quad \xrightarrow[-CO_2]{HNCO} \quad \xrightarrow{四聚CuCl_2} \textbf{颜料酞青蓝B}$$

3) 酞菁蓝B生产工艺

工业上生产酞菁蓝B主要有苯酐-尿素法和邻苯二腈法两种。下面主要介绍苯酐-尿素法，该法以苯酐、尿素、氯化亚铜为原料，在催化剂钼酸铵的作用下，在三氯苯中缩合而成，生产工艺如图4-31所示。

(1) 缩合。先将三氯苯加入缩合釜中，在搅拌下依次投入苯酐、尿素，升温至170℃，再投入氯化亚铜、钼酸铵，逐渐升温至(200±5)℃，继续搅拌至反应完全，如图4-31所示。

在生产过程中产生的气体经冷凝器进入吸收塔被稀硫酸洗涤，洗液送至回收工段回收硫酸铵，废气回收处理。

(2) 吹蒸。缩合反应完毕将物料投入吹蒸釜内，加碱液并通入蒸气，蒸出三氯化苯(回收)。

当蒸至釜内物料呈黏稠状时，放入热水漂洗，抽去上层废液，再加入碱液继续蒸馏，至物料呈颗粒状时，放入热水连续漂洗数次至物料 pH = 7～8 为终点，抽去上层废液继续蒸馏至三氯苯不再吹蒸为止。放物料于吸滤器中过滤，滤液送回收工段回收三氯苯和废碱液。滤饼经干燥、粉碎得到酞菁蓝粗品。

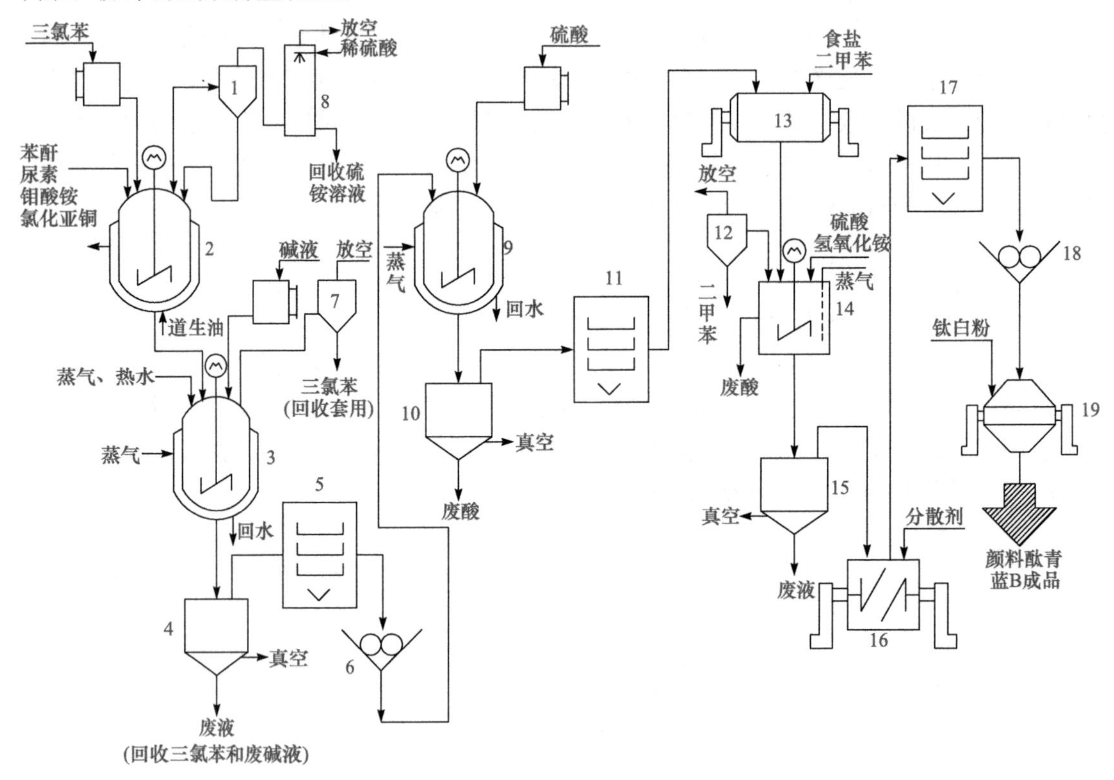

图 4-31 酞菁蓝 B 生产工艺流程简图

1. 冷凝器；2. 缩合釜；3. 吹蒸釜；4. 吸滤器；5. 干燥箱；6. 粉碎机；7. 冷凝器；8. 吸收塔；9. 酸溶釜；10. 吸滤器；11. 干燥箱；12. 冷凝器；13. 球磨机；14. 洗涤桶；15. 吸滤器；16. 捏合机；17. 干燥箱；18. 粉碎机；19. 拼混机

(3) 酸溶。在酸溶釜中投入硫酸，搅拌下加入粉状粗品酞菁蓝，保持温度在 35℃左右，搅拌至完全溶解。

(4) 后处理。将酸溶釜中的物料放入吸滤器过滤，用清水洗至滤液呈中性为止。将滤饼在干燥箱内烘干，在球磨机中加食盐、二甲苯等研磨，随后放入洗涤桶内，加入硫酸，用直接蒸气法进行水蒸气蒸馏，除去二甲苯后静置沉降。从洗涤桶中部放出废酸，用水反复洗涤至洗液无色透明为止，最后用氨水洗涤一次。用清水搅拌成悬浮液，放到吸滤器中过滤，滤饼在捏合机中加入分散剂混合均匀，在 75℃下的干燥箱中干燥，再经粉碎和混拼得到成品酞菁蓝 B。

4.9 香料、香精的生产工艺

香料也称香原料，指能被嗅觉和味觉感觉出芳香气味或滋味的物质。在香料工业中，香料用于调制香精[15]。

4.9.1 香料的分类

香料按照来源分为天然香料和人造香料。天然香料分为动物性和植物性天然香料。人造香料可分为单离香料和合成香料，单离香料来自成分复杂的天然复体香料，而合成香料是通过化学反应合成的，原料来自石油、煤焦油。

1) 动物性天然香料

动物性天然香料是少数几种动物的腺体分泌物或排泄物，实际应用的商品有麝香、灵猫香、海狸香、龙涎香等。

2) 植物性天然香料

植物性天然香料是从芳香植物的花、草、叶、枝、干、根、茎、皮、果实或树脂提取出来的有机混合物。根据形态和制法通常称为精油、浸膏、酊剂和香脂等。

3) 单离香料

单离香料是用物理或化学方法从天然香料中分离提纯的单体香料化合物。

4) 合成香料

合成香料是以石油化工及煤化工基本原料等为起始物，通过有机合成的方法制取的香料化合物。如果以单离香料为原料或植物性天然香料为原料经化学反应制得其衍生物，则称为半合成香料。

4.9.2 植物性天然香料及其生产工艺

植物性天然香料性状大多数呈油状或膏状，少数呈树脂或半固态。植物性天然香料的生产方法通常有五种：水蒸气蒸馏法、压榨法、浸提法、吸收法和超临界流体萃取法。其中，水蒸气蒸馏法有三种形式：水中蒸馏、水上蒸馏、水气蒸馏。除了在沸水中发香成分易溶解或分解的植物原料以外，大多数植物香料都是用水蒸气蒸馏法提取的。

1. 水蒸气蒸馏法

薄荷油的生产采取蒸馏法，如图4-32所示。

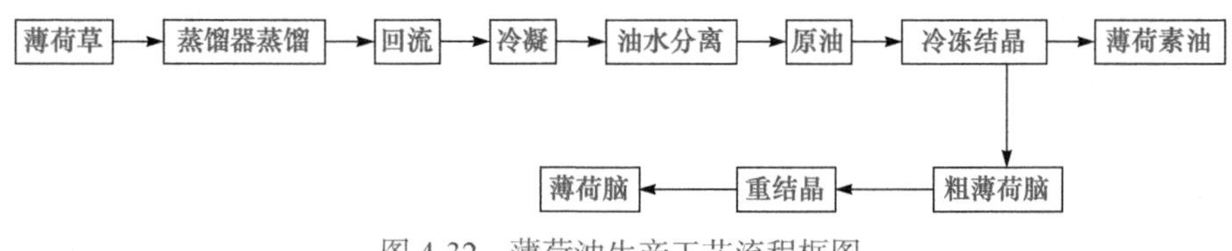

图4-32 薄荷油生产工艺流程框图

2. 压榨法

压榨法主要用于柑橘类精油的生产，这类精油遇高温易发生氧化、聚合等反应，导致精油变质、香气失真。压榨法在室温下进行，其工艺流程如图4-33所示。设备有螺旋压榨机(橘皮)、平板磨桔机和激振磨桔机(整果加工)等。

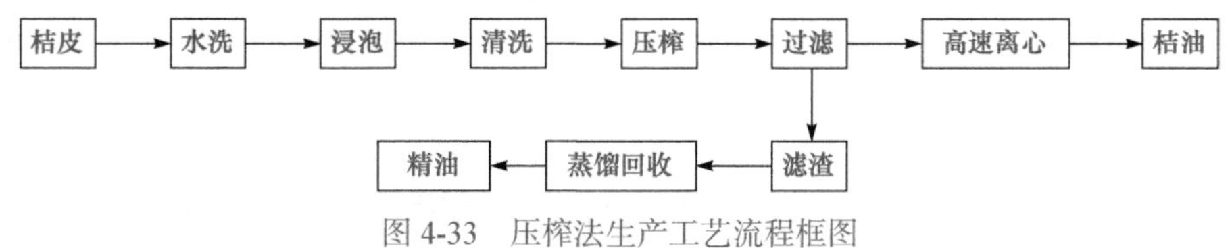

图4-33 压榨法生产工艺流程框图

3. 浸提法

浸提法也称液固萃取法，是利用挥发性的有机溶剂将原料中的某些成分(发香成分、植物蜡、色素、脂肪、淀粉、糖类等)萃取出来，然后蒸发浓缩回收溶剂，得到呈膏状的浸膏。用乙醇溶解浸膏，过滤除去杂质后再经减压蒸馏回收乙醇，可得到精油。直接用乙醇浸提芳香物质，所得产品称为酊剂。浸提法一般是在常温下进行的，因此可以更好地保留植物芳香成分的固有香韵。

4. 吸收法

1) 非挥发性溶剂吸收法

有两种主要形式：温浸法和冷吸收法。

(1) 温浸法，类似搅拌浸提法，在 50～70℃下，以动物油脂、麻油、橄榄油为溶剂。

(2) 冷吸收法，以精制的猪油和牛油为溶剂，如将一份牛油和两份猪油小火加热搅拌使其互溶，冷却到室温得到脂肪基，将脂肪基涂在一定尺寸的木质花框中多层玻璃板的上下两面，在玻璃板上铺满鲜花，鲜花释放出的芳香成分被脂肪基所吸收，铺花、摘花反复多次，待脂肪基被芳香成分饱和时，刮下即得到香脂。

2) 固体吸附剂吸收法

该法使用活性炭、硅胶等多孔性物质为吸附剂，吸附鲜花释放出的芳香成分，用石油醚洗脱吸附剂中吸附的芳香成分，然后再将石油醚蒸除，得到精油产品。吸附法一般用于芳香成分易于释放的花种，如兰花、茉莉花、晚香玉、水仙花等。

4.9.3 单离香料的生产方法

单离香料的生产是指用物理或化学方法从天然香料中分离提纯单体香料成分。单离香料生产方法分为物理方法(分馏、冻析和重结晶)和化学方法(硼酸酯法、酚钠盐法等)，其具体生产工艺如下。

1) 分馏法

分馏法是从天然香料中单离出某一化合物最普遍采用的一种方法。例如，从芳樟油中单离芳樟醇，从香茅油中单离香叶醇。分馏法生产的关键设备是分馏塔，为防止分馏过程中温度过高引起香料组分的分解、聚合、相互作用，故均用减压蒸馏。

2) 冻析法

冻析法是利用低温使天然香料中某些化合物呈固体析出，然后将析出的固体化合物与其他液体成分分离，从而得到较纯的单离香料。例如，从薄荷油中提取薄荷脑，从柏木油中提取柏木脑等。

3) 硼酸酯法

硼酸酯法是从天然香料中单离醇的主要方法。例如，芳樟油、玫瑰木油中均含有 80%左右芳樟醇。粗芳樟醇与硼酸或硼酸丁酯反应，能生成高沸点的硼酸芳樟酯，经减压蒸馏除去低沸点的有机杂质，剩下高沸点的硼酸芳樟酯，经加热水解使醇游离出来，再经减压蒸馏即可得到纯芳樟醇。

4) 酚钠盐法

在丁香油中含有 80%左右的丁香酚，经分馏后可分离出粗丁香酚。向粗丁香酚中加入氢氧化钠水溶液，可生成溶于水的丁香酚钠。经分离除去不溶于水的有机杂质后，再用硫酸溶液处理，即可分离出不溶于水的丁香酚。

4.9.4 合成香料

1) 半合成香料

以单离香料或植物性天然香料为原料，经化学反应深度加工制得的香料产品称为半合成香料。主要品种有：以松节油合成α-松油醇；以柠檬桉叶油合成羟基香茅醛；以山苍子油合成紫罗兰酮；以丁香油合成香兰素。

2) 合成香料

合成香料是指以石油化工及煤化工基本原料等为起始物，通过有机合成的方法制取的香料化合物。分类如下：

(1) 萜类化合物：代表性的合成香料，如无环萜烯、β-月桂烯，由异戊二烯为原料合成。天然植物性香料中的大部分有香成分是萜类化合物。

(2) 醇类香料：正辛醇、2-己烯醇、苯乙醇、橙花醇等。

(3) 醛类香料：甲基壬基乙醛、香兰素(3-甲氧基-4-羟基苯甲醛)、香茅醛(3，7-二甲基-6-辛烯醛)等。

(4) 酮类香料：甲基壬基酮、对甲基苯乙酮、香芹酮、二氢茉莉酮等。

(5) 酯类香料：甲酸戊酯、甲酸芳樟酯、乙酸异戊酯、苯甲酸甲酯、苯甲酸苄酯等。

(6) 酚类及醚类香料：丁香酚、百里香酚、二苯醚、茴香醚等。

4.9.5 香精

1. 香精的分类

根据香精的用途分为：日用香精、食用香精、工业用香精。根据香精的形态分为：水溶性香精、油溶性香精、乳化香精、粉末香精。

2. 香精的组成和作用

香精是数种或数十种香料的混合物。好的香精留香时间长，且自始至终香气圆润纯正，绵软悠长，香韵丰润，给人以愉快的享受。为了了解在香精配制过程中各香料对香精性能、气味及生产条件等方面的影响，首先需要仔细分析它们的作用和特点。

1) 香料在香精中的作用

(1) 主香剂，又称主香香料，是决定香气特征的重要组分，是形成香精主体香韵和基本香气的基础原料，在配方中用量较大。

(2) 和香剂，又称协调剂，用于调和香精中各种成分的香气，使主香剂香气更加突出、圆润和浓郁。

(3) 修饰剂，又称变调剂，使香精香气变化格调，增添某种新的风韵。

(4) 定香剂，又称保香剂。定香剂不仅本身不易挥发，而且使全体香料紧密结合在一起，能抑制其他易挥发香料的挥发速率，使整个香精的挥发速率减慢，留香时间长，香气特征或香型始终保持一致，是保持香气稳定性的香料。

(5) 稀释剂，使香料达到较佳发香效果浓度所添加的有机溶剂。常用的是乙醇，此外还有苯甲醇、二辛基己二酸酯等。

2) 香气感觉的观点

(1) 头香，又称顶香，是对香精嗅辨时最初片刻感觉到的香气，即人们首先能通过鼻腔嗅感到的香气特征。一般是由挥发度、香气扩散力好的香料组成。

(2) 体香，又称中香，是在头香之后立即被嗅感到的中段主体香气。它能使香气在相当长的时间中保持稳定和一致。

(3) 基香，又称尾香，是在香精的头香和体香挥发之后，留下来的最后香气。一般可保持数日之久，相当于定香剂。

3. 香精的调配加工

香精配方的拟定及香精的生产工艺过程如下。

1) 不加溶剂的液体香精

天然香料 ↘

称量 → 混合搅拌 → 静置 → 过滤 → 放置熟化 → 检验 → 包装 → 产品

合成香料 ↗

其中熟化是重要环节，经过熟化后的香精香气变得和谐、圆润而柔和。熟化是复杂的化学过程，目前尚无科学解释。常采取的方法是将配好的香精在罐中放置一段时间，令其自然熟化。

2) 水溶性和油溶性香精

水性溶剂 ↓

天然香料 ↘

称量 → 混合搅拌 → 香基 → 溶解 → 静置 → 过滤 → 熟化 → 检验 → 灌装产品

合成香料 ↗

油性溶剂 ↑

水溶性香精一般易挥发，不适宜在高温下使用。油溶性香精一般较稳定，适合在较高温度下使用，如用于糕点等需烘烤的食品中。

3) 乳化香精

乳化香精一般是水包油型的乳化体，分散介质是蒸馏水，成本较低。常用于乳液状果汁、冰淇淋、奶制品等食品，洗发膏、粉蜜等化妆品中。常用的乳化剂有单硬脂酸甘油酯、大豆磷脂、山梨醇酐脂肪酸酯、聚氧乙烯木糖醇酐硬脂酸酯等。

4) 粉末香精

粉末香精的生产方法有：粉碎混合法，熔融体粉碎法，载体吸附法，微粒型快速干燥法，微胶囊型喷雾干燥法。

4 调香的方法

(1) 作为调香师既要具备香料的应用知识、丰富的经验，又要有灵敏的嗅觉和丰富的想象力，还要充分了解加香制品的性能。

(2) 调香师是根据使用者或加香制品的要求，借助经验对各种香料筛选、配制，最终用产品的香气来表现美丽的自然和美好的理想。

(3) 目前主要的调香过程有“创香”和“仿香”两种。

4.10　食品添加剂及其生产工艺

为改善食品质量(如色、香、味)、防腐或为加工工艺的需要而加入食品中的物质称为食品添加剂。随着食品工业的发展，食品添加剂已成为加工食品不可缺少的基本原料，其对于改善食品质量、档次，原料和成品保鲜，提高食品的营养价值，加工工艺的顺利进行都起着极为重要的作用[16]。

4.10.1　食品添加剂的分类

1) 按来源分类

(1) 天然产物：利用动植物或微生物的代谢产物等为原料经提取得到。

(2) 半天然产物：天然产物经过一定的化学处理得到的产品。

(3) 化学合成物质：经化学反应等手段制成的。

2) 按用途分类

防腐剂、抗氧剂、乳化剂、调味剂、甜味剂、消泡剂、疏松剂、增稠剂、着色剂、护色剂、食品强化剂、香精香料等十七类。下面只介绍防腐剂、食用色素两类食品添加剂及其生产工艺。

4.10.2　防腐剂及其生产工艺

防腐剂是一种防止由微生物的作用引起食品腐败变质，延长食品保存期限的一种食品添加剂，分为有机防腐剂和无机防腐剂两类。常用的有机防腐剂有苯甲酸及其盐、山梨酸及其盐、对羟基苯甲酸酯类、丙酸及其盐类；常用的无机防腐剂有硝酸盐、亚硝酸盐及二氧化硫等。我国主要使用前三类(有机类)，下面分别作介绍。

1. 苯甲酸及其盐

苯甲酸又名安息香酸，其抑菌的最适宜 pH 为 2.5～4，pH 5.5 以上时对很多霉菌和酵母基本没有效果。目前工业上主要采用甲苯为原料，在钴催化剂存在下，用液相空气氧化法生产。实际上作为防腐剂多使用其盐类，如苯甲酸钠，易溶于水，在空气中稳定。苯甲酸钠由苯甲酸与氢氧化钠或碳酸钠中和制得，其大多用于酱油、清凉饮料、葡萄酒、食醋、果酱、果汁等中。将苯甲酸钠溶于水后加入食品中，可转化为防腐剂的有效形式苯甲酸，它可与人体内的氨基乙酸结合生成马尿酸，少量与葡萄糖醛酸化合，都可以经尿排出，这两种作用都是在肝脏中进行的，肝功能不好者，不能使用。

2. 山梨酸及其盐

山梨酸化学名为 2, 4-己二烯酸。其对霉菌、酵母菌和好氧性细菌的生长发育起抑制作用，而对厌氧性细菌几乎无效。为酸型防腐剂，在酸性介质中对微生物有良好的抑制作用。随 pH 增大，防腐效果减小，pH 为 8 时丧失防腐作用，适用于 pH 5.5 以下的食品的防腐。其毒性很低或无毒，与食盐相似，防腐效果是苯甲酸钠的 5～10 倍，是常用的安全性最好的防腐剂。山梨酸通常以其钠盐和钾盐作为防腐剂使用，山梨酸钠可用于鱼、肉制品罐头、果酱、果酒、果汁、糕点、饮料中。

1) 合成方法

(1) 丁烯醛和丙二酸法。

$$\begin{array}{c} COOH \\ | \\ CH_2 \\ | \\ COOH \end{array} \xrightarrow[90\sim100^{\circ}C, 5h]{[缩合][消除][脱羧] \; CH_3CH=CHCHO, 吡啶} CH_3CH=CHCH=CHCOOH$$

(2) 巴豆醛与乙烯酮法。将巴豆醛和乙烯酮溶于含有催化剂的溶剂中，在 0℃左右反应，然后加入硫酸，去除溶剂，在 80℃下加热 3h 以上，冷却后得山梨酸粗品，经重结晶得精品。

$$CH_3CH=CHCHO + CH_2CO \xrightarrow{BF_3等} CH_3CH=CHCH=CHCOOH$$

(3) 巴豆醛与丙酮法。以巴豆醛和丙酮为原料，$Ba(OH)_2 \cdot 8H_2O$ 为催化剂，在 60℃缩合成 30% 的缩醛树脂和 70% 的 3，5-二烯-2-庚酮，后者用次氯酸钠氧化成 1, 1, 1-三氯-3, 5 二烯-2-庚酮，再与氢氧化钠反应得到山梨酸，收率 90%，同时得到氯仿。

$$CH_3CH=CHCHO + CH_3COCH_3 \xrightarrow{OH^-} CH_3(CH=CH)_2COCH_3 \xrightarrow{NaOCl}$$

$$CH_2(CH=CH)_2COCCl_3 \xrightarrow{NaOH} CH_2(CH=CH)_2COONa + CHCl_3$$

2) 山梨酸的生产工艺流程

在反应釜中依次投入 175 份 2-丁烯醛(巴豆醛)、250 份丙二酸、250 份吡啶，室温搅拌 1h 后缓慢升温至 90℃，维持 90～100℃反应 5h，反应完毕降温至 10℃，缓慢加入 10%稀硫酸，控制温度不超过 20℃，至反应呈弱酸性、pH 4～5 为止，冷冻过夜，过滤，结晶用水洗，得山梨酸粗品，再用 3～4 倍量的 60%乙醇重结晶，得山梨酸约 75 份。如果用氢氧化钾或碳酸钾中和得山梨酸钾。巴豆醛和丙二酸法生产山梨酸的工艺流程如图 4-34 所示[17]。

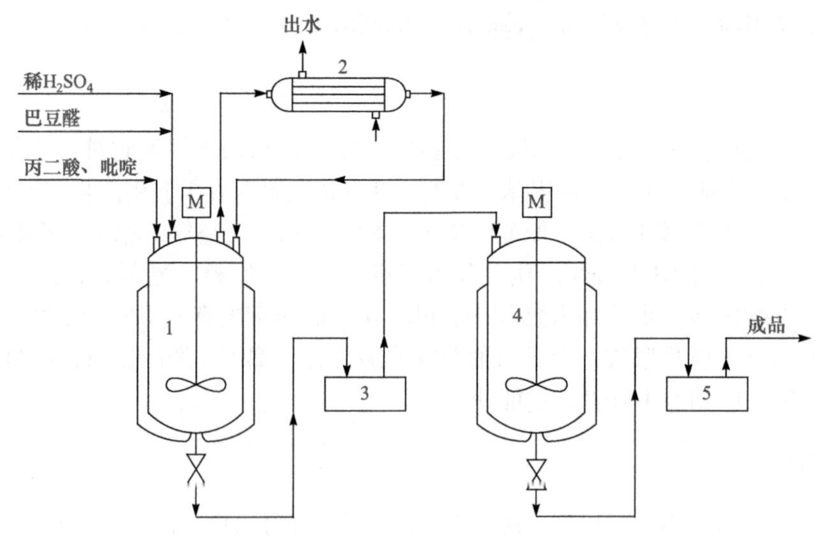

图 4-34 巴豆醛和丙二酸法生产山梨酸工艺流程简图

1. 反应釜；2. 冷凝器；3、5. 离心机；4. 结晶釜

3. 对羟基苯甲酸酯

对羟基苯甲酸酯主要有对羟基苯甲酸甲酯、乙酯、丙酯、丁酯、庚酯等。由于对位羧基的影响，羟基的酸性增加，所以它对生物机体有强烈的刺激性和腐蚀性，即使羧酸被酯化，其刺激作用也不会减弱。它对霉菌和酵母菌有抗菌作用。

随着酯中烷基的增大，毒性降低，抗菌性增高，水溶性减弱，脂溶性增大，异烷烃的毒性要比正烷烃的毒性大。在使用中经常将丁酯和甲酯混用，可以提高溶解度并有增效作用。其特点是毒性比苯甲酸类低，抗菌作用与 pH 无关。

合成工艺：以苯酚为原料，与氢氧化钾和碳酸钾共热生成苯酚钾，然后在高压釜中脱水干燥，再于 200℃左右通入二氧化碳反应，即得到对羟基苯甲酸。采用相应的醇，在酸催化剂下反应得到相应的酯。

化学反应方程式：

$$C_6H_5OH \xrightarrow[\text{少量水}]{KOH, K_2CO_3} C_6H_5OK \xrightarrow[(2)\ HCl]{(1)\ CO_2} HO{-}C_6H_4{-}COOH \xrightarrow{ROH} HO{-}C_6H_4{-}COOR$$

对羟基苯甲酸生产工艺流程如图 4-35 所示。从贮槽来的苯酚在混合器中与氢氧化钾、碳酸钾和少量水混合，加热生成苯酚钾，然后送到高压釜中，在真空中加热至 130～140℃，完全除去过剩的苯酚和水分，得到干燥的苯酚钾盐，并通入二氧化碳，进行羧基化反应。开始时因反应激烈，反应热可通过冷却水除去，后期反应减弱，需要外部加热，温度控制在 180～210℃，反应 6～8h。反应结束后，除去二氧化碳，通入热水溶解得到对羟基苯甲酸钾溶液。溶液经木制脱色槽用活性炭和锌粉脱色，趁热用压滤器过滤后，在木制沉淀槽中用盐酸析出对羟基苯甲酸。析出的浆液经离心分离、洗涤、干燥后即得工业用对羟基苯甲酸。

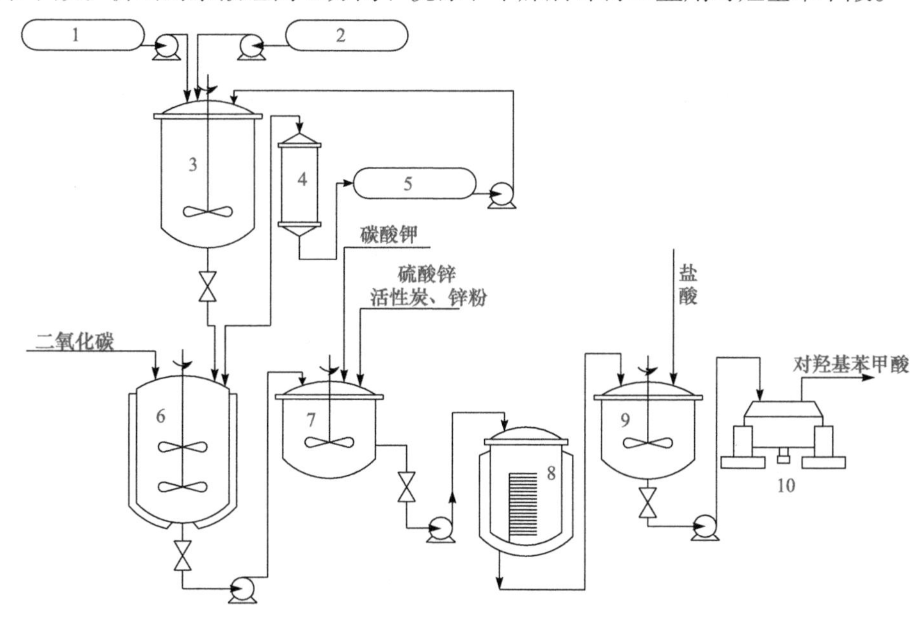

图 4-35　对羟基苯甲酸生产工艺流程图

1. 苯酚贮槽；2. 碱贮槽；3. 混合器；4. 冷凝器；5. 回收苯贮槽；6. 高压釜；7. 脱色槽；8. 压滤器；9. 沉淀槽；10. 离心机

对羟基苯甲酸、乙醇、苯和浓硫酸依次加入到酯化釜内，搅拌并加热，蒸气通过冷凝器冷凝后进入分水器，上层苯回流入酯化釜内，当馏出液不再含水时，即为酯化终点。切换冷凝器流出开关，蒸出残余的苯和乙醇，当反应釜内温度升至 100℃后，保持 10min 左右，当无冷凝液流出时趁热将反应液放入装有水并不断快速搅拌的清洗锅内。加入 NaOH，洗去未反应的对羟基苯甲酸。离心过滤后的结晶再回到清洗锅内用清水洗两次，移入脱色锅用乙醇加热溶解后，加入活性炭脱色，趁热进行压滤，滤液进入结晶槽结晶，结晶后过滤，得到产品对羟基苯甲酸乙酯。

4.10.3 食用色素及其生产工艺

食用色素是用于食品着色、改善色泽、增加食欲的食品添加剂，分为天然色素和合成色素两大类。天然色素主要是从动物、植物组织中提取的色素，合成色素通常是毒性较小的染料。

合成食用色素一般比天然色素色彩鲜艳、性质稳定、着色力强而牢固，能任意调色，且成本低、使用方便，但随着食用色素安全要求的提高，目前允许使用的合成色素品种不断减少。天然色素因其安全性高，有的还具有一定的营养价值和药理作用，逐渐被重视和采用。

我国允许使用的合成色素有苋菜红、胭脂红、赤藓红、新红、柠檬黄、日落黄、靛蓝、亮蓝等。食品添加剂 ADI 值指对某种食品添加剂，人一生连续摄入而不影响健康的每日最大允许摄入量，以每日每千克体重的质量(mg/kg)表示。常用七种食用色素结构和 ADI 值如下：

(1) 苋菜红：ADI = 0～0.75mg/kg。

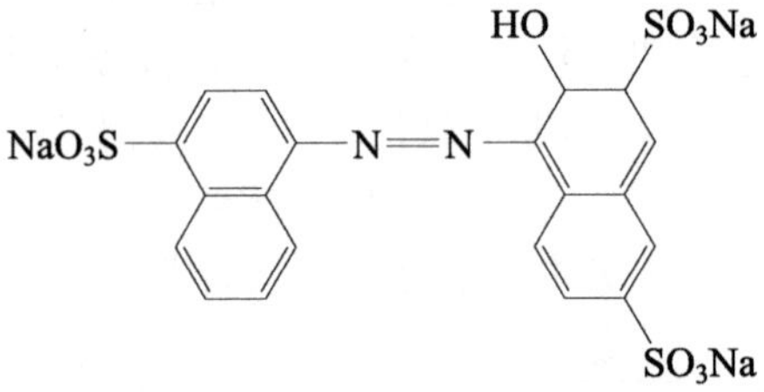

(2) 胭脂红：ADI = 0～0.125mg/kg。

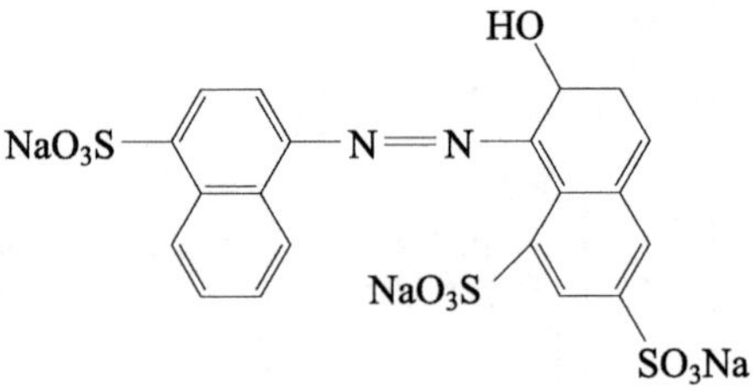

(3) 赤藓红：ADI = 0～0.25mg/kg。

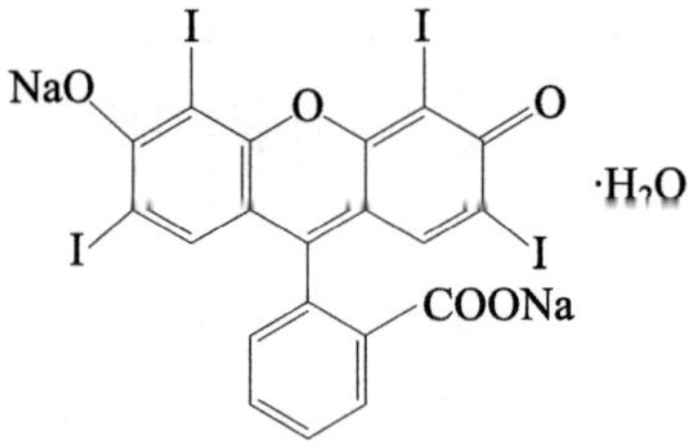

(4) 柠檬黄：ADI = 0～0.075mg/kg。

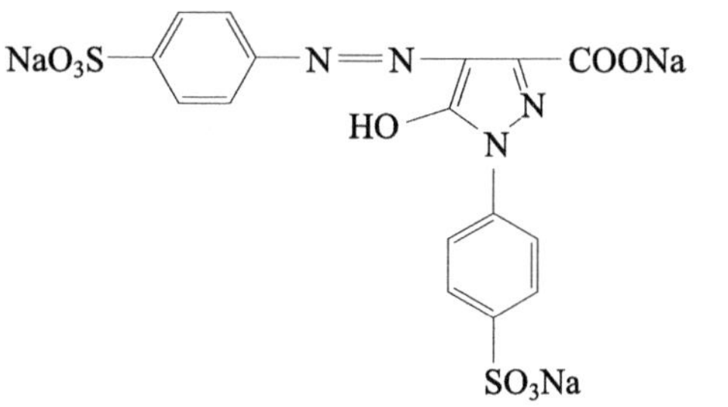

(5) 日落黄：ADI = 0～0.25mg/kg。

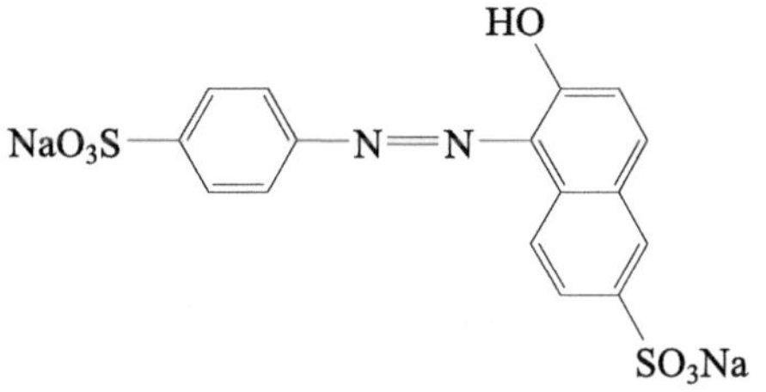

(6) 靛蓝：ADI = 0～0.25mg/kg。

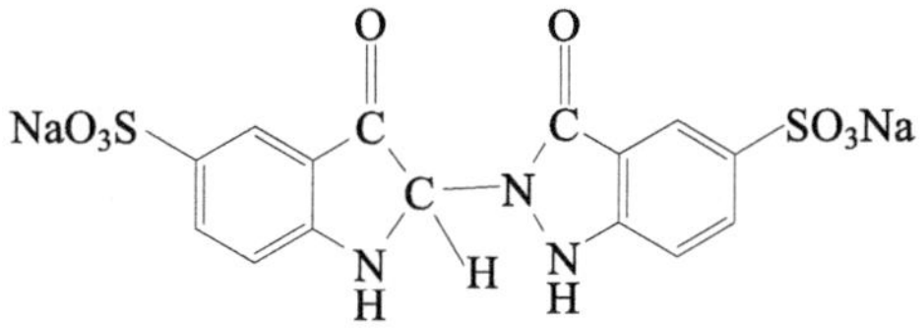

(7) 亮蓝：ADI = 0～12.5mg/kg。

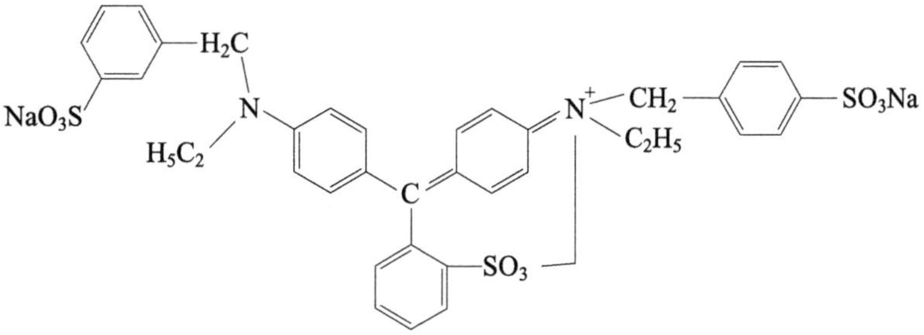

上述结构的色素实际上对人体都是有害无益的，它们大多为偶氮染料，一般不被人体吸收。但是—N═N—键在人体肠内可能发生断裂，当裂解的碎片带有水溶性基团(如磺酸基)时，染料碎片易被排泄掉，毒性下降，如果碎片为脂溶性物质，则会残留在人体中。

偶氮类色素的生产工艺可参见图 4-30 偶氮染料的合成。

4.11　生物精细化学品的生产工艺

生物技术与化学工程相结合形成了化学工业的新方向——生物化工。它是研究生化产品工业生产规律性的科学，目的是以技术上最先进、经济上最合理的方式来组织生产，包括生产方法、原理、流程和设备。生物技术具有反应条件温和、能耗低、效率高、选择性强，投资少、三废少、可利用再生资源为原料等特点，生物化工的发展及其广泛应用，对化学工业具有重大的影响。

生物技术是利用生物有机体或组成部分发展新产品、新工艺的一种体系。生物化学工程包括四个方面内容：基因工程、细胞工程、酶工程、发酵工程。其中生物催化剂的大规模制备，生化反应器的开发、放大和设计，生物反应过程的检测与控制，目的产物的提取与精制都是其研究的内容。

某些精细化学品采用化学方法合成，或是反应步骤冗长，或是副反应太多，反应速率过慢，或是产物的分离精制极其困难，如果采用生物催化剂——酶，特别是经过基因工程获得的“工程菌”所提供的生物酶，即利用酶对底物高度选择的结果，很多精细化学品的合成、分离、精制是可以顺利实现的，且产率很高。

生物化工产品主要包括：溶剂类，如发酵法生产酒精、丙酮、丁醇等；小分子有机类，如柠檬酸、乳酸、苹果酸、维生素 C、己二酸、癸二酸、琥珀酸、丙烯酰胺、生物色素、L-赖氨酸、L-天门冬氨酸、L-丙氨酸、味素等；大分子有机物，如酶制剂、果糖、葡萄糖醛酸、多糖、黄原胶；生物农药，如细菌杀虫剂、真菌杀虫杀满剂、病毒农药、抗生素类农药等。

上述产品除溶剂类，大多属于精细化学品。微生物发酵是生物技术的基础，有些产品的生产只适用于发酵的方法，如抗生素(青霉素、链霉素、四环素等)、味素(L-谷氨酸及其钠盐)、维生素 C、可的松都是通过发酵的方法制得的。提供适当的养分，发酵可以使单细胞微生物(酵母、霉菌、真菌等)繁殖并增多，在繁殖时，各种副产物的新陈代谢聚集，但微生物本身排泄的废料是低浓度的，在一定的环境中，可将这些废料浓缩并加以利用，这一过程称为微生物的转化或发酵，它是微生物在养分机制的作用下所产生的各种酶的催化作用的结果。图 4-36 是一般发酵工艺示意图。

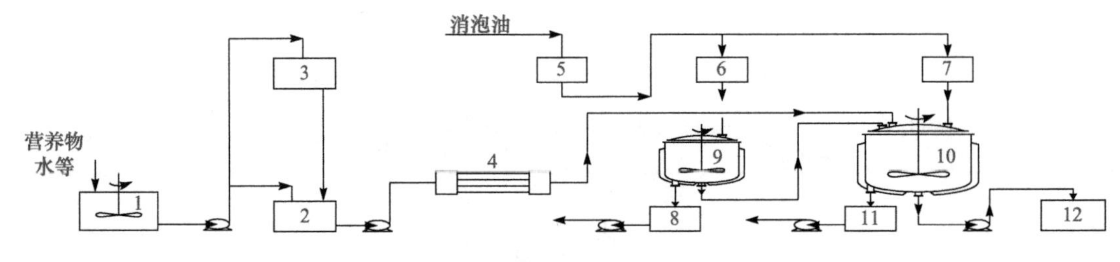

图 4-36 一般发酵工艺流程简图

1. 配料罐；2. 中间罐；3. 高位槽；4. 连消器；5、6、7. 消泡油罐；8、11. 空气过滤器；9. 种子罐；10. 发酵罐；12. 储槽

基质通常是碳水化合物，近年来有利用粗柴油或其他烃类物质，来产生单细胞蛋白质，这对蛋白质短缺的国家是有意义的。微生物发酵、动植物细胞的大规模培养等生化过程，都需要在生化反应器中进行。利用生物细胞或酶作为催化剂进行物质转化，设备主要有发酵罐、酶反应器和固定化催化剂反应器。我国利用一种微生物(水合酶)能使丙烯腈转化为丙烯酰胺，并且建成了数套生产装置，解决了一系列产业化问题。

生物化工产品较多，这里只简单介绍柠檬酸和味素的生产工艺。

4.11.1 柠檬酸的生产工艺

以赋予食品酸味为主要目的的食品添加剂称为酸味剂。酸味能促进唾液、胃液、胆汁等消化液分泌，具有促进食欲和助消化作用，具有调节食品的 pH，用作抗氧化剂的增效剂，防止食品酸败或褐变、抑制微生物生长及防止食品腐败等功能。常用的酸味剂有柠檬酸、乳酸、磷酸、乙酸、酒石酸、富马酸、苹果酸等，它们多用于饮料、果酱、糖类、酒类、酸牛奶、冰淇淋、果酒等的制作中。柠檬酸是常用的一种酸味剂，可用生物法生产。

柠檬酸化学名称为2-羟基丙烷-1, 2, 3-三羧酸，为无色透明结晶或白色粉末，有温和爽快的酸味，能抑制微生物生长，具有防腐功能，有助于溶解纤维素和钙、磷等矿物质，促进消化吸收，是世界上用量最大的酸味剂，占酸味剂总量的三分之二，主要由发酵法制得。

柠檬酸可由糖质发酵法制取，原料为甜菜、甘蔗、糖蜜、葡萄糖结晶母液等，也可用含柠檬酸的果汁提取。工业上以淀粉为原料经黑酵母菌发酵生产，如图4-37所示。

$$(C_6H_{10}O_5)_n+2nO_2 \longrightarrow 2nC_6H_8O_7 \cdot H_2O$$

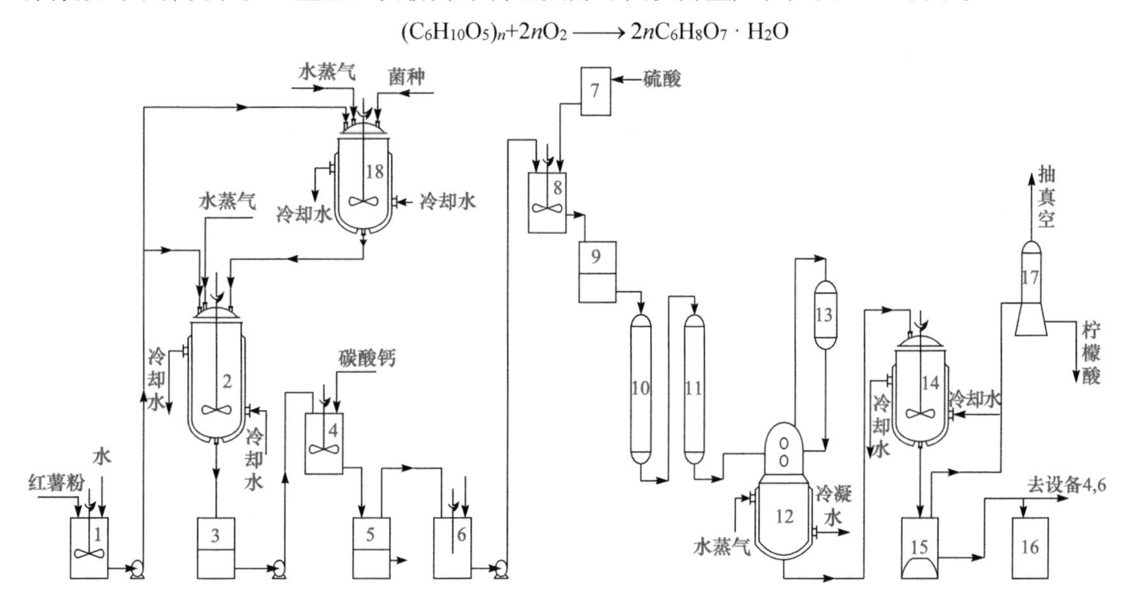

图4-37 柠檬酸的生产工艺流程简图

1. 搅拌桶；2. 发酵罐；3、5、9. 过滤桶；4. 中和桶；6. 稀释桶；7. 硫酸计量槽；8. 酸解桶；10. 脱色柱；11. 离子交换柱；12. 真空浓缩锅；13. 冷凝器；14. 结晶锅；15. 离心机；16. 母液槽；17. 烘房；18. 种母罐

柠檬酸还可以作抗氧剂，增加防腐功效，在工业上用于制表面活性剂原料，生产金属清洗剂，调节化妆品酸性等。在医药方面，其钠盐作为血液防凝剂和利尿剂。还可用于烟草中，以增加其香味，并能促进烟草的完全燃烧。

4.11.2 味素的生产工艺

生活中最常见且用量最大的鲜味剂是味素，也称味精，学名为L-谷氨酸单钠，其性状为无色至白色结晶或晶体粉末，无臭，微有甜味或咸味，具有特别的鲜味，易溶于水，微溶于乙醇，不溶于乙醚和丙酮等有机溶剂。

L-谷氨酸单钠用3000倍的水稀释仍有鲜味。pH对其影响很大，在pH 6～7.2时，鲜味最高。pH＜5时加热能发生吡咯烷酮化，形成焦谷氨酸，味道下降。pH＞7.2时，由于形成二钠盐，鲜味降低，因为在碱性条件下加热能发生消旋化。味素加热至120℃开始失去结晶水，150℃时完全失去结晶水，210℃时发生吡咯烷酮化，生成焦谷酸钠，270℃左右时分解。因此，烹调时味素不宜在高温下加入。

味素有两种制法：合成法和发酵法。目前合成法用得很少，主要用发酵法。由薯类、玉米、淀粉等的淀粉水解糖或糖蜜，借助专用菌，以铵盐、尿素等提供氮源，在大型发酵罐中，在通气搅拌下发酵 30～40h，保持 30～40℃，pH 为 7～8。发酵完毕，除去细菌，将澄清液进行浓缩、结晶，即可得到味素，其工艺流程如图 4-38 所示。所得结晶体谷氨酸含量在 99%。

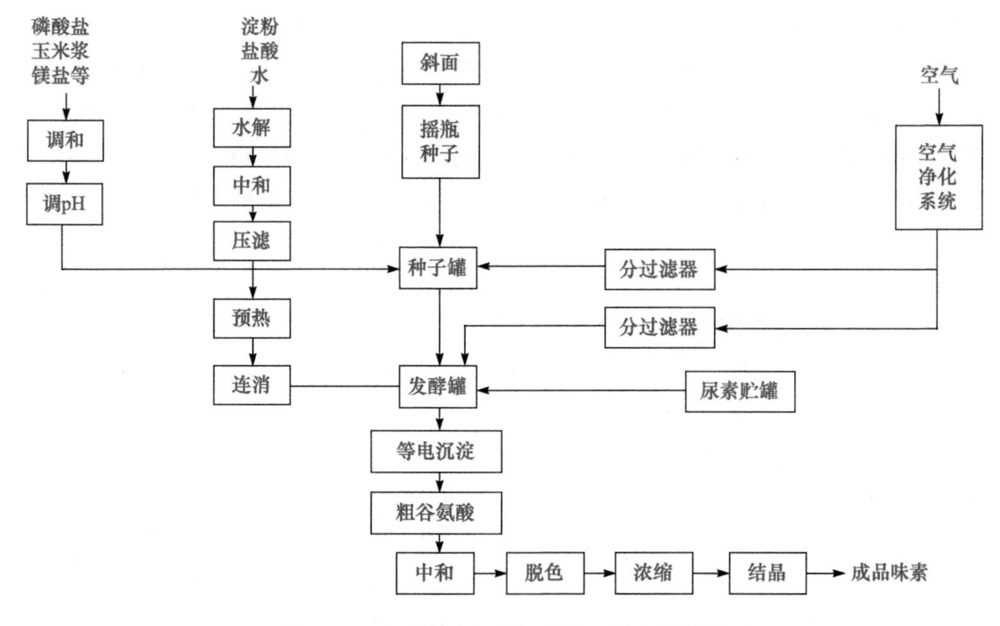

图 4-38 发酵法生产谷氨酸钠工艺流程框图

在食品中，味素的 ADI = 120mg/kg，每人日允许摄入量 = ADI×体重，即 50kg 体重的成人每天允许摄食味素量不超过 6g。

参 考 文 献

[1] 宋启煌, 王飞镝. 精细化工工艺学[M]. 北京: 化学工业出版社, 2015.
[2] 李国庭. 化工设计概论[M]. 2 版. 北京: 化学工业出版社, 2015.
[3] 赵国玺, 朱涉瑶. 表面活性剂应用原理[M]. 北京: 中国轻工业出版社, 2003.
[4] 马榴强. 精细化工工艺学[M]. 北京: 化学工业出版社, 2008.
[5] 程侣柏. 精细化工产品合成与应用[M]. 大连: 大连理工大学出版社, 2008.
[6] 夏晓哨, 宋之聪. 功能助剂——塑料、涂料、胶粘剂[M]. 北京: 化学工业出版社, 2005.
[7] 杨春晖, 郭亚军. 精细化工过程与设备[M]. 哈尔滨: 哈尔滨工业大学出版社, 2010.
[8] 尹卫平, 吕本莲. 精细化工产品及工艺[M]. 上海: 华东理工大学出版社, 2009.
[9] 林宣益. 乳胶漆[M]. 北京: 化学工业出版社, 2004.
[10] 朱志庆. 化工工艺学[M]. 北京: 化学工业出版社, 2011.
[11] 童忠良. 涂料生产工艺实例[M]. 北京: 化学工业出版社, 2010.
[12] 韩长日, 刘红, 方正东. 精细化工工艺学[M]. 北京: 中国石化出版社, 2011.
[13] 陈孔常. 有机染料合成工艺[M]. 北京: 化学工业出版社, 2002.
[14] 曾繁涤, 杨亚江. 精细化工产品及工艺学[M]. 北京: 化学工业出版社, 2005.
[15] 孙保国, 何坚. 香料化学与工艺学[M]. 2 版. 北京: 化学工业出版社, 2004.
[16] 韩长日, 宋小平. 食品添加剂生产与应用技术[M]. 北京: 中国石化出版社, 2006.
[17] 陈声宗. 化工设计[M]. 2 版. 北京: 化学工业出版社, 2008.

第 5 章　精细化学品的绿色合成新技术

5.1　概　　述

5.1.1　精细化学品的清洁生产

精细化学品不同于普通化学品，其工业化生产常需要多步单元反应进行合成，并且由于精细化学品通常直接面向用户，所以需要对合成产物进行更深入的复配、剂型化、商品化，才能实现产品的高效能和专用性。过去精细化工行业主要关注产品的性能、功能如何满足需要，对生产过程的耗能、三废排放等的重视程度则相对不足，高耗能高污染的情况比较常见。而当前整个化学化工行业都在倡导“绿色化学”的发展理念，在环境友好、生态相容的前提下追求技术的高效、专一，并实现资源和能源节约。由于精细化工在化工行业中所占的比重越来越大，因此精细化工的绿色化变革，实现环境友好、可持续性发展成为普遍关注的焦点。

“绿色化学”的宗旨是从源头上防止环境污染，这个词最早出现于 1990 年“防止污染行动”的美国联邦政府法令中，其定义为采用最少的资源和能源消耗，产生最小废物排放的化学工艺过程。在已经过去的二十多年里，“绿色化学”的内涵不断丰富，新概念、新技术层出不穷，而且在化工生产中得到广泛应用。相应的，“绿色精细化工”的理念也不断深入人心，包括两大方面：一是安全的精细化学品；二是精细化学品的清洁生产。

精细化学品的应用绝不能单单考虑其功能性，必须严格评价其安全性。众所周知，医药、农药、日用化学品、食品添加剂、染料、颜料等，这些精细化学品与人类的日常生活、生态环境息息相关，而工业表面活性剂、助剂等这些精细化学品则大量应用于各种工业生产中。一旦某种有毒有害的化学品大规模使用，很可能造成难以估量的生态灾难，在这方面人们已经有非常深刻的教训。例如，早期的化学农药 DDT，杀虫效果好，短时间内解决了病虫害的防治问题，然而 DDT 难以生物降解，长期积存在生态环境中，伤害人体，造成土壤、水质和大气的严重污染。因此，开发无毒无害、环境友好、生态相容的安全、高性能产品是当前绿色精细化工的重要原则。在产品研发的早期，分子设计上就应充分考虑，而不仅仅是后期的安全性评价。美国总统绿色化学挑战奖的其中一个奖项就是更绿色的化学品设计奖(designing greener chemicals award)。

绿色精细化工的第二方面是精细化学品的清洁生产，也就是产品的合成及分离过程中的每个环节遵循安全、环保、节能、减排等原则。

1. 绿色原材料

要尽量避免使用有毒有害、稀缺昂贵的原材料，而选用安全廉价、最好是可再生的原材料。在石油资源日趋紧张的形势下，特别值得关注的是生物质材料，如纤维素、甲壳素、淀粉、木质素等，来源极广，成本低廉，生物相容性好，安全可降解。目前大量的生物质衍生或转化的精细化学品开发出来，构成对石油资源精细化学品的冲击[1]。以淀粉为例，在淀粉分子中，羟基含量达 31.5%，羟基是化学活性很高的有机基团，可发生醚化、酯化、氧化、交联、接枝共聚反应。因此，以淀粉为原料，经过化学方法改性可以制得很多具有特定功能的精细化学品，广泛用于胶黏剂、超吸水材料、水处理絮凝剂、发泡材料和生物降解塑料等领域[2]。此外，要尽量使用氢气、氧气、过氧化氢、二氧化碳、氨气等原料直接作为有机合成的氢、氧、碳、氮源(当然，这需要发展相应的催化剂来活化、转化这些小分子)。

例如，目前普遍关注的利用二氧化碳制造新型精细化学品相关技术，是当前绿色精细化工的研究热点，二氧化碳为温室气体，人们竭力要降低其排放，如能将其作为 C1 资源加以有效利用，转化为有用的化学品，其意义深远。二氧化碳与各种环氧烷烃的催化反应可制备具有高附加值的聚碳酸酯、环状碳酸酯；也可与氮杂环丙烷反应制备聚氨酯和噁唑啉酮类化合物[3]。大连理工大学吕小兵课题组在 CO_2 化学转化为精细化学品方面在国际上作出了系列开创性的贡献，特别是最近提出二氧化碳与各种环氧烷烃的立体选择性可控聚合策略，合成出各种具有立体结构规整性的聚碳酸酯，发现了系列结晶性二氧化碳共聚物(图 5-1)，并实现对其结晶性和功能性的调控[4]。

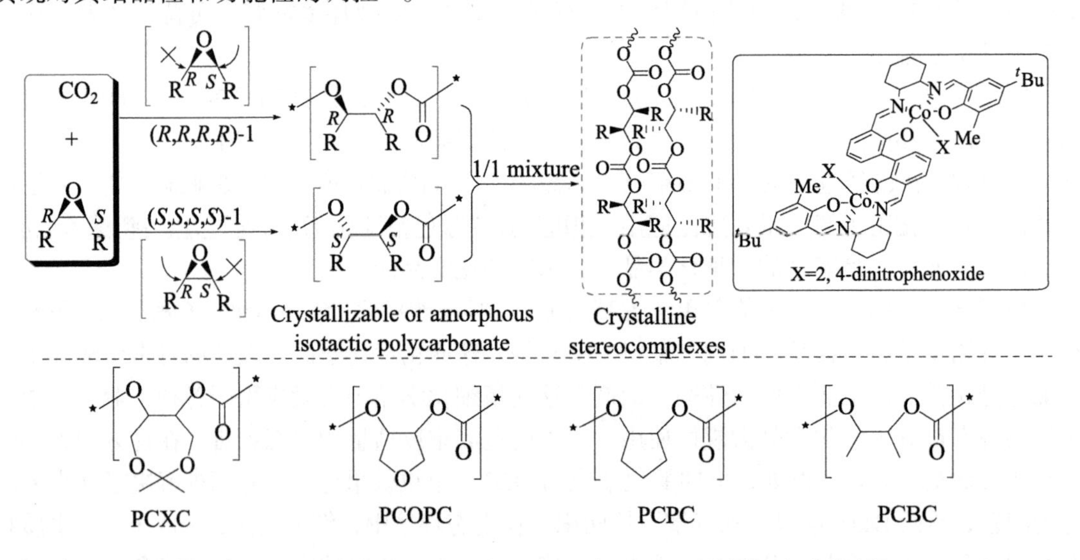

图 5-1 二氧化碳与手性环氧烷烃催化合成一系列结晶性聚碳酸酯[4]

2. 绿色溶剂

无溶剂合成反应是一些特例，大多数的有机合成反应需要溶剂，因为只有在合适的流动性介质中，传热、传质、反应选择性等才能得到有效促进，才能获得高的反应产率。不止是在精细化学品合成反应中，产品纯化过程往往也大量使用各种有机溶剂。据统计，制药工业中所使用的化学品重量 85%以上来自有机溶剂，然而通常只有部分(50%～80%)溶剂能够回收利用，而且即使是蒸馏回收溶剂或蒸发去除产品中残余溶剂，也会消耗能源，增加成本。既然使用溶剂作为介质往往是化学品生产过程中不可避免的，那么“绿色溶剂”问题的关键就成为选用何种溶剂，一个考量因素是对人体毒害尽量低，另一个因素是该溶剂容易与产品分离，有利于简化溶剂的回收和实现溶剂循环利用[5]。后文(5.2节)会专门介绍精细化学品合成中的绿色溶剂/介质。

3. 绿色催化技术(包括化学催化和生物催化)

在精细化学品及其中间体的生产中涉及的氧化、加氢、烷基化、酯化、缩合、氯化、磺化、氨基化、硝化、氧氯化、异构化、拆分等多种反应，都是依赖催化技术的反应类型。80%的精细化工反应过程都与催化技术密切相关。显然，高效、高选择性的催化技术是精细化学品清洁生产的技术核心。理想的“绿色”催化剂能够大大提高产品效率，简化生产步骤，避免产生有害的副产品，而且催化剂本身应容易再生利用。绿色催化剂的典型例子是固体酸催化剂：芳烃的烷基化是最重要的精细化工单元反应之一，早期工艺中常采用三氯化铝作酸性均相催化剂，其严重腐蚀设备、难以与产物分离，并且产生大量酸性废液；固体酸催化剂的问世是一个重大转折，实现了多相催化，避免了传统工艺的高污染问题，并且具有更广泛的应用范围[6]。

随着我国精细化工率的不断提高，催化技术对发展绿色精细化工的关键核心作用越来越得到重视。2014年，精细化工催化产业技术创新战略联盟由中国石油和化学工业联合会联合国内18家单位发起成立，旨在全面提升精细化工催化产业的技术创新能力，将针对精细化工行业的共性关键问题，从构建新型、高效催化技术体系和实现源头创新入手，加大典型精细化学品及清洁生产成套工艺的创新开发力度[7]。此外，生物催化作为绿色催化技术的分支，在精细化学品生产中的应用也得到很大扩展，成为精细化工的重要发展趋势之一。生物技术利用酶催化，不仅具有条件温和、转化率和选择性高、环境友好等特点，并且在手性化合物特别是一些结构复杂生物活性分子的合成方面具有化学催化不可比拟的优势[8]。近年来，还兴起了化学催化-生物催化过程的耦合/复合，是精细化学品清洁生产的新亮点[9]。

4. 合成过程强化技术和非常规反应器

有一些精细化学品的合成反应，在常规条件下(如搅拌反应釜)，需要长时间的高温加热，不仅能耗高，而且往往导致副产物多。研究者们针对这样的合成反应提出了一些过程强化的新思路，包括采用微波、超声波来促进反应，或者连续流动微通道反应器来强化传热传质等，这些技术的目的是减少能耗和排放，符合绿色化工的特点。

微波加热的原理是利用微波电磁场的作用使极性分子从原来的热运动状态转向依照电磁场的方向交变而排列取向，在此过程中交变电磁场能转化为介质内的热能，从而使介质温度出现宏观上的升高[10]。微波加热速率快、加热均匀、节能高效、便于控制。微波辅助法被广泛应用于精细化学品合成反应，能够极大地缩短反应时间，并提高产率。超声波引起液体的空化现象，在极短时间和空化泡的极小空间内产生高温、高压，并伴生强烈的冲击波和高速微射流，导致分子间强烈的相互碰撞，可以极大提高反应速率[11]。目前商用小型微波反应器、小型超声反应器已经很常见，甚至二者耦合的新型反应器也已出现，但如何放大以适应精细化学品工业化生产，还需要大量的研究，目前这样大型的反应器的设计进展仍然缓慢。

另外一种合成过程强化技术是连续流动微通道反应器(简称微反应器)，也就是流体流动通道尺度在数百微米范围内的反应器。具有狭窄规整的微通道、非常小的反应空间和非常大的比表面积，很短的扩散路径，可以强化传质传热，控制反应温度和反应停留时间。通过在微通道的内表面改性，或者设计固定床式的微反应器等方法，催化剂可以装载到微通道中，使得各种催化反应甚至生物催化反应都可以有效进行。已经证实能在微反应器中进行许多类型的有机合成反应，并且收率比传统反应器更高[12]。此外，由于微反应器传热效果好，可精细地控制放热，而且体积很小，对于涉及高毒性或高爆炸性化学品的合成反应，可有效提高安全性，典型例子是氟气氟化反应，其生成高毒性的氟化氢气体[13]。有意思的是，要提高精细化学品的产量，可以简单地通过增加微反应器数量来实现，避免传统反应釜规模“放大效应”。美国康宁公司已经推出了单台年通量高达 2000 多吨的微通道连续流反应器，为精细化学品合成提供了具有生产成本优势的工业化利器[14]。

5. 绿色化工分离技术

精细化学品的纯度对其功能有重要影响，而且一些精细化学品直接面对消费者，必须严格保证质量。获得高质量、高纯度精细化学品的关键在于分离技术，因此，分离技术是精细化学品清洁生产的重要组成部分。针对不同应用，化工分离技术多种多样，如蒸馏、结晶、萃取、吸附等。近年来发展迅速的几种主要的绿色分离技术包括膜分离、超临界流体萃取、分子蒸馏等。

(1) 膜分离。这种技术借助于外界能量或化学位差的推动，通过特定膜的渗透作用，实现对两组分或多组分混合的液体或气体进行分离、分级、提纯以及浓缩富集。过程简单、节能、高效，并特别适合于分离对热不稳定的精细化学品[15]。在医药领域，膜分离成功用于各类抗生素、酶制剂、维生素、氨基酸、核苷酸等的脱盐、浓缩精制。分离膜的种类包括有机高分子膜和无机膜两大类，前者应用更为广泛，但热稳定性不及后者。开发耐高温的有机高分子材料并用于制作化工分离膜是研究热点，在这方面大连理工大学蹇锡高院士等取得重要进展，他们成功开发了 PPESK 耐高温可溶解高分子膜材料[16]。

(2) 超临界流体萃取。这种技术以超临界状态下的流体作为溶剂，利用它对溶质溶解能力随温度与压力改变而在相当宽的范围内变动这一特性达到分离溶质的目的。在超临界状态下，流体对萃取物中的目标组分进行选择性提取，然后借助减压、升温的方法，使超临界流体变为普通气体，被萃取物则基本或完全排出，从而达到分离提纯的目的[17]。二氧化碳在超临界流体萃取中最常见，因为它溶解能力强，有较小的临界压力与临界温度，安全、无毒，而且成本低。相比于传统提取技术，超临界流体萃取法最大的优点是可以在近常温的条件操作，有利于热敏性物质和易氧化物质的萃取，而且几乎保留产品中全部有效成分，产物没有有机溶剂残留，产品纯度高。超临界流体萃取技术在生物医药领域应用极为广泛，如在较低温度下提取中药中的有效药用成分，避免有效药用成分中的热敏性物质在加热中被破坏；应用于动植物原料中提取生物碱、生育酚等药用成分。此外，在酶及维生素的精制方面效果也很好。

(3) 分子蒸馏。这是一种在高真空下操作的蒸馏方法，这时蒸气分子的平均自由程大于蒸发表面与冷凝表面之间的距离，从而可利用料液中各组分蒸发速率的差异，对液体混合物进行分离。由于分子蒸馏是在高真空远低于沸点的温度下进行的，蒸馏时间短，条件温和，特别适合于分离纯化低挥发度、高相对分子质量、高沸点、高黏度、热敏性和具有生物活性的化学品，而这些特殊物质不能用普通的减压蒸馏法进行分离。这种绿色分离技术在精细化工领域中有广阔应用前景。例如，以植物油的脱臭馏出物为原料，采用多级分子蒸馏技术将天然维生素 E 分离出来；利用分子蒸馏技术从废润滑油中回收润滑油，其质量可达到或超过原有质量标准，而且保护环境；再如，聚氨酯涂料中往往含有异氰酸酯单体(有毒)，采用分子蒸馏可将异氰酸酯单体除去，达到安全使用的国际标准[18]。

5.1.2 精细化学品生产中的生物技术

生物技术应用于精细化学品生产是 21 世纪世界范围内的高新技术领域之一。首先，依托生物技术可以发展出一些新型精细化学品，如生物农药、天然食品添加剂、可生物降解的新材料等，它们在功能上可以替代传统化学品，而且具有环境友好的优势；此外，生物技术为精细化学品合成制备提供了高效、高选择性、条件温和的生物催化方法，特别是由于其立体、区域和化学等选择性优势，在高附加值精细化学品制造中展示出重要应用价值。目前，脂肪酶、氰水解酶、氧化还原酶、裂合酶等在医药和农药中间体、食品添加剂等规模化生产中得到广泛应用，而酶催化对光学纯药物生产的贡献率已超过了 20%。生物技术对精细化学品生产的支撑作用，源于生物领域自身的不断突破并与工业制造领域的交叉融合，主要表现在两个方面，一是精细化学品合成用工具酶的定向开发，二是合成生物学的兴起和发展。

1. 精细化学品合成用工具酶定向开发[19-21]

生物催化技术是用酶或微生物来催化化学反应，以合成用工具酶的定向开发为核心。从自然界中筛选所需要的菌种是目前工业生物催化剂技术的主要特点，大部分成功的高产工业化菌株是从自然界筛选得到的野生型菌株。传统筛选获得的酶催化剂需要在较温和的条件下使用以维持其活性，而在实际应用中(如高热、高酸、高盐等)，酶的耐受性较差，容易失活从而导致反应效率下降，极大地限制了其推广和应用。拓展菌种筛选范围是一个可能解决方案，目前人类筛选生物催化剂的范围十分有限，仅占微生物总数的 0.1%～1%，因此一些新来源的菌种(包括极端微生物与未培养微生物)，特别是耐热、耐酸碱、耐盐和耐有机溶剂等的极端微生物引起了人们巨大的兴趣，期望从它们中筛选得到更适合工业生物催化的新酶。

然而，传统筛选方法周期较长，成功率较低。随着基因测序技术的飞速发展，生物数据库中基因和基因组序列数据呈爆炸式增长，而这其中蕴含着大量的工业酶基因资源，这也使得人们可以利用基因挖掘技术，在很短时间内从大量的基因数据库中获得所需的目标酶基因和活性酶蛋白。基因挖掘就是根据所选定的探针酶基因序列，在数据库中检索结构和功能类似的同源酶的编码序列，并依据所选定的目标酶基因序列设计引物，利用 PCR 技术从相应的微生物基因组中扩增目标基因。近年来，华东理工大学许健和等通过基因挖掘方法，获得多种新型高效水解酶、氧化酶，在手性药物等精细化学品合成中取得很好的效果[20]。

对已知酶进行化学修饰可以提高其稳定性和催化活性。酶的化学修饰中最常见的是用聚乙二醇(PEG)与酶分子上的羧基等基团进行反应，目前普遍认为 PEG 的两亲性可以提高酶分子的构象动力学，从而提高其在高温、有机溶剂等逆境下的稳定性。此外，酶的固定化通常也可以提高酶分子构象的刚性，从而提高其热稳定性[19]。

近年来发展起来的体外定向进化技术，加速了人类改造酶原有功能和开发新功能的步伐。定向进化通过模拟自然进化机制(随机突变、重组和自然选择)，以改进的诱变技术结合确定进化方向的选择方法，在体外改造基因，定向选择有价值的非天然蛋白分子，获得某性能优化的突变体。这种技术的最大优点是不需事先了解蛋白分子的空间结构和机制就可以获得满足需要的突变体，但缺点在于突变体文库较大，因此依赖于高通量的筛选方法[22]。

随着越来越多的酶晶体结构得到解析，结合酶晶体结构以及催化特性的半理性以及理性的酶分子改造方法也发展起来。半理性设计以对酶分子结构与功能有一定的理解为基础，将目标集中在少量的位点上，与定向进化相比，其优势在于突变体文库较小，不需要高通量的筛选方法，更容易获得正向突变结果。理性设计则是在对酶蛋白结构与功能深刻认识的基础上，以定点突变技术和定点饱和突变技术为主，对酶分子进行改造的方法[23]。

2. 合成生物学

合成生物学是后基因组时代生命科学研究的新兴领域，代表了精细化学品绿色制造技术的另一个重要发展趋势。合成生物学在阐明并模拟生物合成的基本规律的基础上，通过将工程学科的理念应用到生物学领域，达到人工设计并构建新的、具有特定生理功能的生物系统，并利用人工生物系统开辟廉价工业产品的生物制造途径[24]。合成生物学与生物酶催化技术虽有相关性，但本质上不同。后者基于传统微生物发酵生产模式，依赖于对产物天然合成菌株的筛选和优化。而合成生物学技术突破自然进化的限制，主要从原料到菌种再到过程进行全链条设计和优化，不是对天然合成菌株的改造，而是以“人工设计与编写基因组”为核心，合成全新的人工生物体系，将原料以较高的速率最大限度地转化为产物。

合成生物学对化学品绿色制造技术创新具有革命性、颠覆性的影响[25-27]。利用合成生物学设计、构建化学品，合成人工生物体系，实现高效利用传统工艺不能利用的生物质资源，尤其是工业、农业、生活废弃物，降低对化石资源的依赖，减少废弃物的排放，以利于环境资源的保护。在化学品制造领域，合成生物学在不断创造新分子、创建新的代谢通路以及丰富可异源表达的化学品种类。同时，对相应化学品的产业化也有极大的促进作用，已经有很多项目达到或者接近产业化水平[27]。世界各国政府和权威评估机构日益关注和重视合成生物学对精细化学品以及高附加值的生物医药产品的推动作用。目前，人工重新构建的细菌和酵母已用于制造一些分子结构复杂、用化学与生物合成方法都难以获得的药物，如青蒿素、紫杉醇、抗生素、降胆固醇药。

合成生物学在重大产品的工业制造应用中的一个标志性突破是人工微生物合成疟疾治疗药物青蒿素。这种天然产物从草药中提取工艺复杂，产量稀少，成本很高；其分子结构复杂，是一种带有过氧基团的倍半萜内酯分子，化学合成很难。2003 年加州大学伯克利分校 Keasling 教授研究组通过在大肠杆菌中表达青蒿酸合成酶的编码基因并引入异源的酵母菌甲羟戊酸等途径，构建了青蒿酸新的合成途径[28]。随后该小组于 2006 年将大肠杆菌青蒿酸合成的若干基因导入酵母 DNA 中，导入的基因与酵母自身基因组相互作用产生青蒿酸，再由 P450 基因表达酶将青蒿酸转化为青蒿素[29]。此研究成果目前已成功实现利用微生物高效、低成本生产青蒿素，对全世界疟疾治疗的发展将起到巨大的促进作用。

另一个合成生物学应用于制造重大产品的进展是强效抗癌药物紫杉醇的微生物合成。2015 年美国麻省理工学院的 Stephanopoulos 教授课题组将萜类代谢途径构建到大肠杆菌-酿酒酵母的人工混菌体系中，成功实现了抗癌药物紫杉醇的重要前体紫杉二烯的大量积累，产量达到 33mg/L，为最终实现紫杉醇的异源生物合成奠定了坚实的基础[30]。

5.1.3　精细化学品生产中的纳米技术

纳米技术是设计、加工、组装、制造纳米材料，研究和应用其特殊性质的技术。纳米材料是指尺寸处于 1～100nm 的微小粒子组成的材料。纳米尺度处于微观与宏观之间的介观系统，纳米材料常因其表面效应、量子尺寸效应、体积效应以及宏观量子隧道效应而具有传统物质所不具备的特殊性质。因此，纳米材料既是纳米技术研发的物质基础，也是纳米技术最直接、最广泛的应用。

精细化学品不同于大宗石化产品，其生产全过程不仅包括合成，通常还需要对产品进行复配、剂型加工等商品化处理，才能保证产品的专用性能。纳米技术在精细化学品生产中有广泛应用，主要包括三方面，即精细化学品纳米化制备技术，精细化学品剂型、配方中纳米增效技术，合成过程中的纳米催化技术等。

1. 精细化学品纳米化制备技术

材料结构和功能千差万别,因而材料的纳米化制备方法非常丰富,其中常用的有水热法、再沉淀法、溶胶-凝胶法、气相沉积法、微乳液法等[31]。应该指出的是，越来越多的新材料在不断出现，以及旧材料的新功能不断发现，因此各种材料的合成、组装、精细调控其微观形貌的纳米制备技术也会不断涌现。以下为纳米材料制备的典型实例。

溶剂交换法也称为再沉淀法，是制备有机/高分子纳米材料的常见方法。利用有机化合物或聚合物在不同溶剂中溶解度的不同来制备有机/高分子纳米晶。例如，把苝酰亚胺染料衍生物(PTCDI)溶解在良溶剂二氯甲烷中，取少许溶液加入到不良溶剂甲醇中，由于 PTCDI 分子骨架的平面刚性，具有很强的π-π堆积效应，很容易聚集，而侧链疏水相互作用引导 PTCDI 分子纳米聚集体形成一维方向的自组装，因而形成单晶纳米带，这种形貌有利于电子传输，因而得到一种优异的有机 *N*-型半导体材料[32]。

微乳液法适用范围广，用于有机、无机、杂化纳米颗粒的制备都取得很大成功。其原理为在均一、稳定的微乳液中，以微小的液滴作为“纳米反应器”进行化学反应，析出固相，可使成核、生长、聚集等过程局限在液滴内，从而确保形成球形纳米颗粒。例如，纳米镍催化剂的制备：在油(正己醇)包水微乳液中，氯化镍被水合肼还原，形成单分散型的镍纳米颗粒，改变两种反应原料的浓度比例，可以精准地调控最终镍纳米颗粒的尺寸[33]。

溶胶-凝胶法以无机物或金属醇盐作前驱体，在液相将这些原料均匀混合，并进行水解、缩合反应，在溶液中形成稳定的透明溶胶体系，溶胶经陈化，胶粒间缓慢聚合，形成三维空间网络结构的凝胶，凝胶网络间充满了失去流动性的溶剂。凝胶经干燥、烧结固化制备出分子乃至纳米亚结构的材料。这种方法条件温和，尤其在多组分杂化纳米材料的制备上有独特的优势。例如，大连理工大学贺高红教授等采用溶胶-凝胶法，以正硅酸乙酯为无机前驱体，γ-甲基丙烯酰氧丙基三甲氧基硅烷为偶联剂，氨水为催化剂，制备了纳米 SiO_2 环氧树脂杂化材料，实现了无机成分和有机环氧树脂在分子级别上的复合，相比普通环氧树脂，这种杂化材料的拉伸和弯曲强度显著提升[34]。

2. 精细化学品剂型、配方中纳米增效技术

纳米材料在机械性能、磁、光、电、热等方面与普通材料有很大不同，具有辐射、吸收、催化、吸附等新特性，因此将纳米材料作为添加剂加入精细化学品的配方中，可以增强其应用效果或增加新的功能。将精细化学品通过纳米制备技术形成纳米微乳液、纳米悬浊液、纳米粉体等剂型，也可以提高精细化学品的应用性能，如医药、农药、日用化学品等。

在医药领域，纳米材料得到了成功应用。最引人注目的是以纳米材料作为药物载体的纳米药物输送技术，具有高度靶向、药物控制释放、药物的生物利用度提高和毒副作用降低的特点。例如，纳米乳剂，将水溶性低的药物制成纳米水包油乳液，迅速到达人体内的药物吸收区域，此过程中药物以分子状态分散于微小液滴中，而且由于纳米液滴的巨大接触面积，纳米乳剂释放药物的吸收率和利用度比常规药物制剂(药片、胶囊等)高几倍。免疫制剂环孢素 A、抗癌药紫杉醇、麻醉剂异丙酚钠等都已采用纳米乳剂技术来改善药效。再如，纳米粒载药，将药物包封于可生物降解的纳米脂质体、纳米球、纳米囊、纳米聚合物胶束等纳米粒子中，利用包封材料的特性调节药物释放速率、增加生物膜的透过性、改变药物的体内分布等[35]。

同样，纳米技术与农药的研制相结合，形成了新兴的纳米农药领域，真正体现了农药使用浓度低、药效好、不易产生抗药性、对人畜低毒、残留少、对环境污染小等诸多优点[36]。例如，在农药配方中加入纳米 TiO_2 颗粒，并且将其作为载体吸附农药分子，形成环境相容性好的农药制剂，一方面可以提高农药的生物活性，这种纳米农药同常规农药相比，粒径小，比表面积大，对靶标组织的接触能力大，可望提高农药的生物利用度，降低农药用量；另一方面纳米 TiO_2 颗粒在太阳光作用下光催化原位降解残留农药，是解决农药污染、实现高效利用的有效途径之一。再如，农药微乳剂是一种新型的农药剂型，即将农药有效成分分散到水包油微乳液的纳米液滴中。相比普通农药乳剂，优势非常明显：药物成分的扩散速率增加，有助于有效成分传递穿过动植物组织的半透膜，提高药效；高的传递效率提高使用效果或减少喷施用量；安全性好，微乳制剂中水为连续相，降低了制剂对人经皮毒性；微乳剂中以水代替大量的有机溶剂，减少了在作物中有毒物质的残留。

纳米化妆品指的是采用纳米技术对化妆品进行处理，可使活性物质功效得到充分发挥，从而提高化妆品的性能[37]。例如防晒剂，以往多使用有机紫外线吸收剂，会增加发生皮肤癌和皮肤过敏等问题，如今多添加 TiO_2 纳米粒子，安全无毒，其阻隔紫外线的能力很强。再如，传统工艺乳化得到的化妆品膏体内部结构为胶团状或胶束状，其直径为微米级，对皮肤渗透能力很弱，不易被表皮细胞吸收；纳米技术处理可使化妆品膏体微粒达到纳米级，对皮肤渗透性大大增加，皮肤选择吸收功能物质的利用率随之大为提高，有效地发挥护肤、疗肤作用。

3. 纳米催化技术

纳米微粒表面所占的体积分数大，表面键态和电子态与颗粒内部不同，表面原子配位

不全等导致表面的活性位置增加，这使其具备了作为催化剂的基本条件。而且，随着粒径的减小，纳米微粒表面光滑程度变差，形成凸凹不平的原子台阶，增加了化学反应的接触面。

纳米催化剂可分为非负载型和负载型。非负载型主要指将金属(金、钯、铂、铑、镍等以及合金)或金属化合物(如氧化物等)的纳米晶、纳米簇、纳米线等用作催化剂。通常这些材料的宏观固体形式是很稳定的惰性物质，如黄金，而一旦形成纳米化的金微粒，则具备独特的催化活性。然而矛盾的是，高反应活性的纳米粒子很容易团聚并失活，实际上比较难以获得尺寸很小而又相对稳定的纳米催化剂，因此多数情况下是将高活性纳米粒子分散负载到其他载体材料(如活性炭、分子筛、高聚物等)上，在保证催化活性位点的纳米结构特性的前提下提高稳定性，则形成负载型纳米催化剂。

纳米催化剂在精细化学品合成中发挥了重要的作用。纳米金催化剂是最典型的例子。黄金以往被认为不具备催化作用，但是20世纪80年代，日本学者发现负载在氧化物载体上的小尺寸金颗粒(<5nm)对CO低温氧化反应具有极高的催化活性，从此引发了大量关于纳米金催化合成精细化学品的研究，并取得很大进展[38]。目前纳米金及金与其他金属的合金催化剂已被成功用于某些精细化学品(如甘油酸、乙醇酸甲酯、乙酸乙烯酯等)的生产。选择氧化与选择加氢是精细化学品合成中的两类重要的反应，清华大学徐柏庆等主要研究纳米金催化剂在这两类反应中的应用，以空气或氧气为氧化剂，实现对环烯烃的环氧化，醇和醛的选择氧化和糖类的选择氧化，并实现硝基芳烃和卤代硝基苯的选择加氢，α,β-不饱和醛、酮的选择加氢等重要反应，展示纳米金催化剂在精细化学品清洁生产的良好前景[39]。

5.2　精细化学品的绿色合成介质

5.2.1　无溶剂合成

最好的溶剂就是不要溶剂。无溶剂合成反应中，至少有一种主要原料在反应温度下是液态，其既是反应物，又是溶剂，保证其他反应物、催化剂的溶解分散，实现有效地传热、传质。无溶剂合成提高了设备的生产能力，也减少挥发性有机物(VOC)的排放，因此是一种“绿色化学”方法。在精细化学品合成中，采用无溶剂法的实例很多。

醛是基本、重要的精细化工中间体，而且是香料工业中的关键部分，所以由醇选择性氧化合成醛是精细化学品合成中的一类重要反应。以往常采用重铬酸盐、高锰酸盐等作为剂量型氧化剂，不仅成本高，而且毒性大。用氧气或双氧水催化氧化，代替以往剂量型氧化剂是非常有必要的。2006年这一技术取得重大突破，Hutchings等实现了温和、无溶剂条件下，以氧气为氧化剂，利用Au-Pd/TiO_2负载型纳米催化剂(金和钯合金的纳米晶负载到二氧化钛上)将各种醇类(苄醇、脂肪醇等)高效氧化为相应的醛[40]。

无溶剂反应还有一个特征是反应速率相比有溶剂(稀释)的反应更快，这可以解释为无溶剂条件下反应原料的浓度更大。香豆素类化合物是重要的精细化学品，具有抗肿瘤、降血压、抗菌等生物活性以及良好的荧光特性，广泛应用于医药、香料、染料、生物荧光探针等，以往通常在有机溶剂中用Knoevenagel缩合反应制备，效率较低。最近曾育才等在无溶剂条件下加热反应，以水杨醛类化合物和丙二酸二乙酯或乙酰乙酸乙酯为原料，无水碳酸钾为碱性催化剂，只需15～18min，快速、简便、高效地获得了一系列3-取代香豆素[41]。

5.2.2 水相合成

除无溶剂外，水是首选的绿色溶剂，水分子是高极性的，具有配位能力，有可能对于某些金属催化合成反应的活性、选择性等发挥促进作用。当然，水也可能会使某些催化剂分解、失活。非均相催化剂从水中回收会比较方便，而水溶性的均相催化剂很难回收。因此，研制在水相中稳定的非均相催化剂是非常关键的。

芳胺是染料、制药、农用化学品、聚合物以及其他各类重要的精细化学品的关键原料，通常由芳香硝基化合物还原而得。尽管已经有很多成熟的还原方法，包括催化加氢等，然而传统的还原技术存在各种局限，需要有机溶剂或者高温或者贵金属催化剂。很长时间以来都没有能同时满足在水相中、非贵金属催化、常温条件下、使用低成本还原剂等完美的“绿色”催化加氢反应。直到最近才取得突破，Singh 等开发了非贵金属催化剂，亲水性高分子(聚乙烯基吡咯烷酮)稳定的 Ni 纳米颗粒和 Co 纳米颗粒，如图 5-2 所示。在纯水中，以它们作为非均相催化剂，水合肼为还原剂，常温条件下，快速高效还原各类芳香硝基、脂肪硝基化合物，即便在有卤素、醛基等基团存在下，依然高选择性、高收率地得到相应胺类。只需要进行离心分离，就可将纳米催化剂回收再利用[42]。

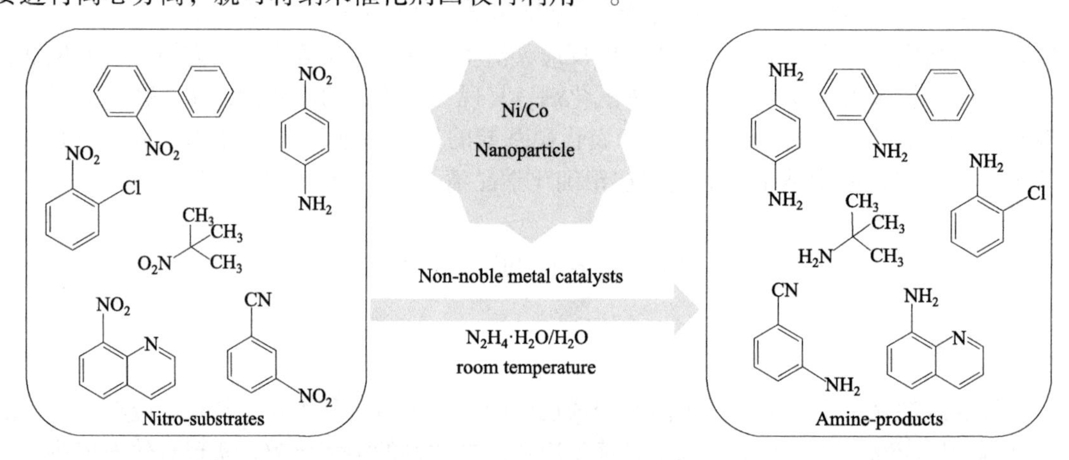

图 5-2 非贵金属镍(或钴)纳米颗粒催化水相中硝基化合物还原制备芳香胺[42]

5.2.3 聚乙二醇或聚丙二醇中合成

聚乙二醇(PEG)和聚丙二醇(PPG)是重要的绿色溶剂。与多数有机溶剂相比，PEG、PPG 几乎无毒性，可生物降解，而且相对廉价。常用在制药、化妆品等行业中，也被允许添加到饮料中。它们在催化反应中作为溶剂是很有优势的。值得一提的是，PEG 可以通过配位稳定金属纳米颗粒，较大相对分子质量的 PEG 不溶于水、不挥发、热稳定性高，理论上很容易在产物分离之后再循环利用。

钯催化的 C—C 键偶联是很重要的合成反应。大连理工大学刘春教授课题组对 PEG 中的这类催化反应做了深入研究，取得系列重要成果[43]。如图 5-3 所示，他们以 PEG-400 为溶剂，乙酸钯为催化剂，研究了苯硼酸与各种取代氯苯的 Suzuki 偶联反应，发现可以在空气条件下高效地发生偶联，产率极高。氮气反而不利于催化反应，原因是在有氧条件下，PEG 可以稳定原位生成的钯纳米颗粒。此合成不需要任何配体，也不需要惰性气体保护，可称作“绿色”反应。因为钯催化的 C—C 键偶联反应中，氯苯本来不活泼，因此常需要加入结构特殊而昂贵的辅助配体来提高钯的催化活性。该课题组还采用 PEG 为溶剂，进行钯催化芳卤与各种取代烯烃的 Heck 偶联反应，同样取得了很好的效果[44]。

Ph-B(OH)$_2$

PEG中氧气促进的钯催化各种氯苯与苯硼酸偶联反应

反应条件：0.5mmol芳卤，0.75mmol苯硼酸，乙酸钯(2mol%)，1.0mmol碳酸钾，4g PEG，常温反应

序号	R	X	条件	时间	产率/%
1a	2-Me, 6-Me	Br	空气	50min	91
1b	2-Me, 6-Me	Br	N_2	6.5h	92
2a	4-CF_3	Cl	空气	2h	96
2b	4-CF_3	Cl	N_2	2h	40
3a	4-COMe	Cl	空气	2h	97
3b	4-COMe	Cl	N_2	2h	54
4a	2-CN	Cl	空气	5h	90
4b	2-CN	Cl	N_2	5h	60
5a	2-CN_2	Cl	空气	1.5h	96
5b	2-CN_2	Cl	N_2	4h	88
6	H	Cl	空气	3h	91
7	3-MeO	Cl	空气	3h	82
8	4-NO_2	Cl	空气	20min	96
9	4-NO_2	Cl	空气	1h	98

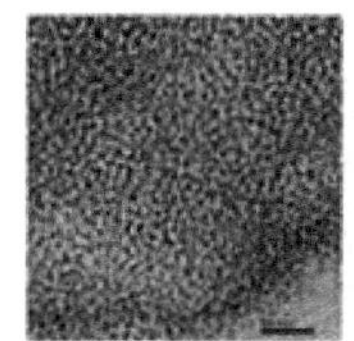
(a) 空气5min

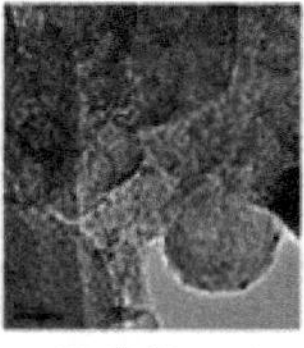
(b) 空气75min

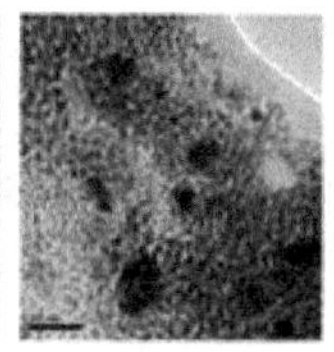
(c) 氮气75min

透射电镜证明空气有利于原位生成催化活性PEG

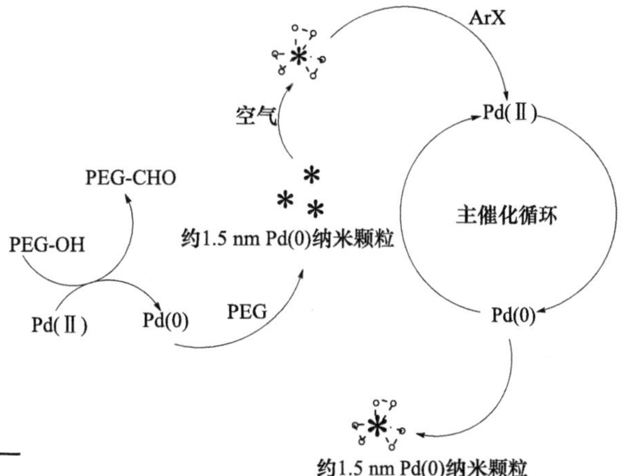

PEG稳定纳米零价钯颗粒及其催化偶联反应的机理

图 5-3

5.2.4 超临界二氧化碳

超临界流体是指处于临界温度和临界压力以上的流体，具有独特的物理化学性质，兼具气体和液体的优点：黏度小，近似于气体；密度大，接近于液体；扩散系数是液体的几十倍甚至上百倍。因此，它具有很强的溶解能力和良好的流动性及传递性。常用的超临界流体有二氧化碳、水、氨气、乙醇等，而工业上最常用的是超临界二氧化碳(supercritical CO_2, 简称 $scCO_2$)，是典型的绿色介质：安全无毒、价格便宜、操作安全、节能环保；其临界温度较低(31℃)，临界压力适中(7.4 MPa)，反应后二氧化碳很容易与产品分离，无残留，尤其适合于热敏物质；二氧化碳不可燃，化学性质不活泼，还原、氧化、氢甲酰化、傅-克烷基化等很多类型的精细有机合成反应都可以在 $scCO_2$ 中顺利进行，而且 $scCO_2$ 并不是简单意义上的有机溶剂替代品，在其中的合成反应常发现新现象、新规律[45]。

$scCO_2$ 催化加氢反应很受关注，因为氢气与 $scCO_2$ 有很好的相容性，扩散速率快，可以大大提高加氢反应的速率和选择性。例如，苯酚加氢合成环己酮。Chatterjee 等在 $scCO_2$ 中利用 Pd/Al-MCM-41 催化苯酚加氢合成环己酮。在 50℃、H_2 压力 4MPa、CO_2 压力 12MPa 条件下反应 4h，苯酚的转化率可达 98.4%，而环己酮的选择性高达 97.8%[46]。

在 $scCO_2$ 中合成结构复杂的手性化合物的例子也很多。最近，Zlotin 等将喹啉衍生的手性有机碱Ⅱ作为催化剂，在 $scCO_2$ 中以及在另一种超临界流体(三氟甲烷)中，催化合成

(2*R*, 3*S*, 4*R*)四氢喹啉杂环衍生物，如图 5-4 所示，取得很高的反应收率(95%)和对映选择性(ee 95%)。其反应过程是两个串联的不对称 Michael 加成反应，具有很好的原子经济性[47]。

序号	1	R_2	3	收率/%	ee. /%
1	b	*p*-MeC_6H_4	ba	95	95
2	c	*p*-$MeOC_6H_4$	ca	76	96
3	d	*p*-BrC_6H_4	da	88	93
4	e	*p*-ClC_6H_4	ea	81	93
5	f	*o*-ClC_6H_4	fa	76	79

图 5-4 $scCO_2$ 条件下手性催化剂Ⅱ催化的不对称反应合成(2*R*, 3*S*, 4*R*)四氢喹啉衍生物及催化剂Ⅱ的结构[47]

5.2.5 离子液体

离子液体是指在室温范围内(一般为 100℃下)呈现液态的完全由离子构成的物质体系，一般由有机阳离子(如季铵盐、季鏻、咪唑、吡啶等)和四氟硼酸根、六氟磷酸根、三氟甲基磺酸根等无机或有机阴离子组成。阳离子和阴离子共同决定离子液体的性质。图 5-5 中列出部分典型的离子液体结构。离子液体具有不易挥发、热稳定性高、溶解能力强的优势，而且可通过结构设计调控其功能(如酸碱性、催化活性等)，故又被称作“可设计的溶剂”。以离子液体为介质的反应，后处理较简单，通常用非极性溶剂萃取就可以将有机产物与离子液体分离。因此，为研究开发高效、清洁精细有机合成工艺带来了新机遇。

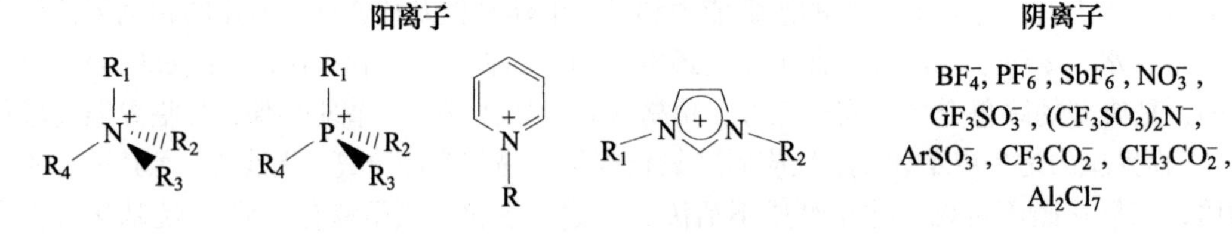

图 5-5 典型的离子液体结构[48]

离子液体作为新型溶剂被广泛应用到各种精细有机合成单元反应中。例如，芳烃的硝化反应。工业上硝化普遍采用的是混酸硝化工艺，存在选择性差(生成的异构体和副产物多)、产生大量废酸、设备腐蚀、安全性差等问题。因此，离子液体中的芳烃硝化反应得到了广泛关注，人们采用不同的离子液体，利用各种硝化试剂，取得了一些重要进展。离子液体中的绿色硝化工艺虽然目前还没有完全达到工业化规模，但已奠定良好的基础[48]。

对于酸/碱催化的反应，离子液体可以兼作介质和催化剂。例如，Hardacre 等采用双(三氟甲磺酰)亚胺负离子($[NTf_2]^-$)作为离子液体的阴离子部分，这种离子液体具备强酸性，可代替 Lewis 酸来催化傅-克酰基化反应。他们将这种离子液体作溶剂兼催化剂，考察了甲醚与苯甲酸酐之间的傅-克酰基化反应，在体系中加入沸石，其与离子液体发生离子交换，原位生成酸性极强的 $HNTf_2$ 作为实际上的均相催化剂。该反应选择性高，只生成对位苯甲酰化的产物，很容易通过萃取分离出来，而离子液体-沸石反应体系可以再利用[49]。

更有价值的是，离子液体对许多合成反应有新颖、独特的影响，可能涉及反应过程中产生的高极性、离子化的过渡态物种与离子液体间的相互作用，尤其在一些金属催化反应中，离子液体对反应的选择性、催化活性等发挥显著的促进作用。以 Heck 反应为例，这是一种钯催化芳卤与烯烃间的偶联反应，是重要的 C—C 键生成反应。如图 5-6 所示，单取代乙烯

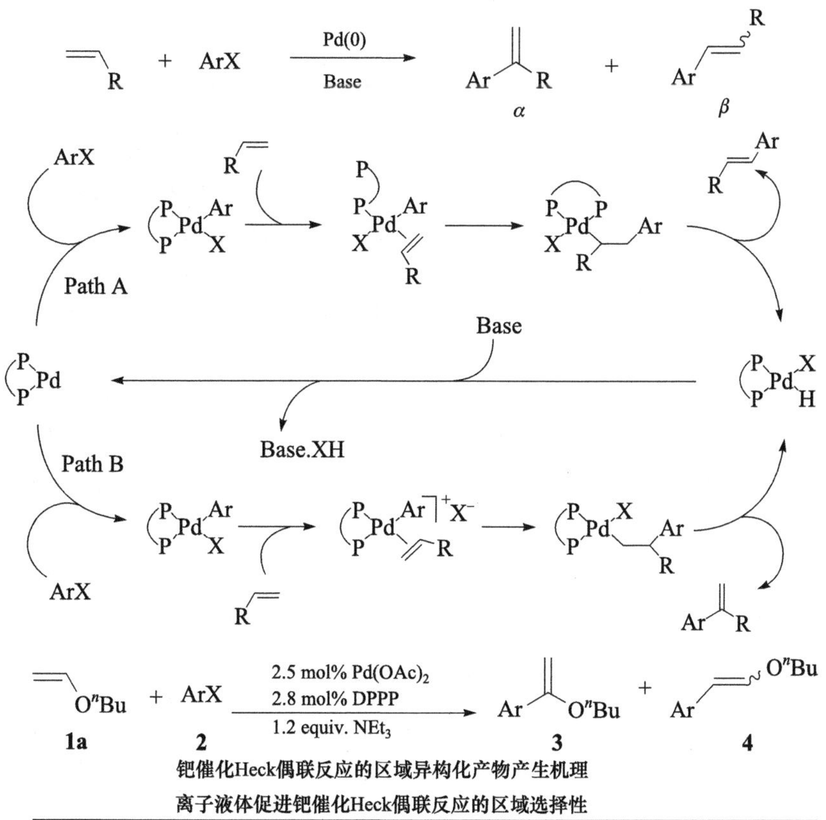

钯催化Heck偶联反应的区域异构化产物产生机理

离子液体促进钯催化Heck偶联反应的区域选择性

ArX	solvent	T/℃	time/h	conv./%	α/β	E/Z	yield/%
p-CHOPh 2a	[bmim] [BF$_4$]	100	24	100	>99/1		90
p-NCPh 2b	[bmim] [BF$_4$]	100	36	61	>99/1		57
p-MeOCPh 2c	[bmim] [BF$_4$]	120	24	21	>99/1		
p-FPh 2e	[bmim] [BF$_4$]	100	24	30	>99/1		25
1-naph 2x	[bmim] [BF$_4$]	80	36	45	>99/1		40
2a	DMF	100	24	100	47/53	80/20	30
2b	DMF	120	18	100	61/39	77/23	54
2c	DMF	120	24	100	46/54	76/24	54
2e	DMF	100	18	100	63/37	64/36	59
2x	DMF	80	24	100	69/31	66/34	54

图 5-6[50]

与芳卤偶联反应时，如果乙烯上的取代基为吸电性基团，则主要产生β-位偶联产物，而如果取代基为供电性的，则会产生α-和 β-位偶联的混合产物，二者比例相当，难以分离。因此，要选择性得到单一的α-位偶联产物是合成方法学中的难点。Xiao 等在离子液体[bmim][BF_4]中实现了乙烯丁醚与芳卤偶联，以极高的选择性(>99%)和高收率得到β-位偶联产物，几乎没有α-位产物；而对比反应中以 DMF 为溶剂，则产生很大比例的α，β-区域异构体。β-位偶联机理中，会经过一个离子型的过渡态中间体，离子液体有利于此离子化路径；而 α-位偶联机理不涉及离子型的过渡态中间体[50]。

人们常在离子液体中采用一锅多步法合成较复杂的精细化学品，如医药、香料、食品添加剂等，中间体无需分离，操作过程连续进行，可降低成本。很多实例可参见赵地顺等的综述[51]。

5.2.6 氟碳溶剂

氟碳溶剂包括：高度氟化的烷烃类、醚类、叔胺类溶剂。氟碳化合物的性质与相应的碳氢化合物差别很大，因此氟碳溶剂在室温下与常见的有机溶剂不相容，然而当温度升高时，它们却变得相容。基于这种特性，Hovrath 等提出了氟两相催化反应的概念：合适的氟碳溶剂/有机溶剂体系中，将催化剂固定在氟相，反应物溶于有机相，加热使两相体系变成均相促进催化反应，反应结束后降低温度，又分成两相，通过简单的相分离就能方便地分出产物和回收催化剂(氟相)，不需进一步处理就可将含催化剂的氟相用于新的反应循环[52]。

氟两相催化技术成功应用于各类精细有机合成反应，如硝化、酯化、傅-克烷基化与酰基化、缩合、氧化等[53]。其中，由于氟碳溶剂对氧气具有很高的溶解性，因此氟两相体系特别适合进行催化氧化反应。例如，2000 年，Knochel 等第一次在氟两相中利用催化氧化技术将苄醇转化为相应的苯甲醛类或酮类。如图 5-7 所示，为了使亚铜配合物类催化剂可以固定在氟相中，该课题组发展了全氟烷基取代的联吡啶配体；在全氟辛烷-氯苯中，以氧气为氧化剂，氟两相催化高产率制备对硝基苯甲醛等氧化产物。而且溶有催化剂的氟相重复使用了 8 次，依然保持良好的催化氧化活性，成功地展示了氟两相催化技术的应用价值[54]。

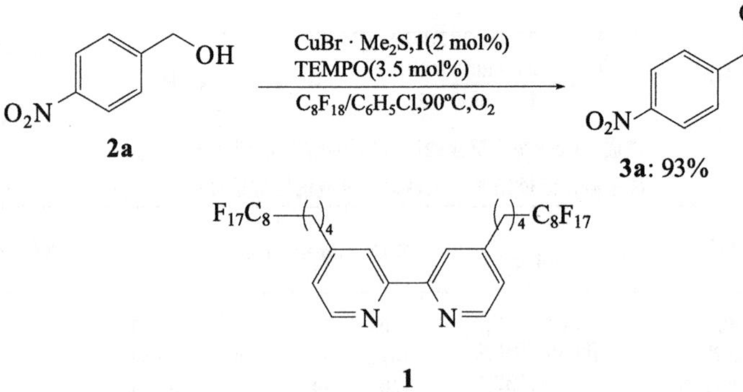

图 5-7 氟两相催化选择性氧化苄醇制备苯甲醛及氟碳链取代的联吡啶配体结构[54]

5.3 精细化学品的合成催化剂

合成反应在精细化学品生产过程中起着决定性作用，而催化剂则是反应的核心。本节主要介绍精细化学品合成中使用的各类催化剂及其催化的有机合成反应，类型主要包括：固体酸碱催化剂、金属络合物催化剂、纳米金属催化剂、手性催化剂、协同催化反应的催化剂、石墨烯类催化剂、光催化反应的催化剂、仿生催化剂和生物酶催化剂。其中，基于石墨烯类的催化剂和光催化反应的催化剂是近些年发展起来的催化剂体系，虽然目前还处在探索阶段，实际应用到工业化生产还面临着一些困难，但是由于其高效、绿色和高选择性等优势，有望在未来绿色低碳化的精细化学品生产中占有一席之地。

5.3.1　固体酸碱催化剂

按照布朗斯特和路易斯的定义：固体酸具有给质子或得电子对的倾向，而固体碱具有得质子或给电子对的倾向[55,56]。经过 50 多年的发展，已有 300 多种固体酸碱被报道，它们的表面性质和结构通过新的仪器和技术得到了进一步的发展和阐释。固体酸碱作为高活性和高选择性的催化剂被广泛应用于大量反应中，已成为一种经济实用、环境友好的重要催化剂。固体酸碱相较于液体酸碱和路易斯酸碱催化剂有着显著的优点，如较小的腐蚀性和低环境污染、易于分离套用。作为典型的非均相催化剂，固体酸碱在化学工业很多领域中替代了传统酸碱催化剂[57]。

本节主要分别介绍固体酸催化剂和固体碱催化剂的类别及应用。

1. 固体酸催化剂

重要的固体酸催化剂主要有沸石分子筛、氧化物和复氧化物、杂多酸化合物、阳离子交换树脂、固体磷酸和磷酸盐。

1) 沸石分子筛催化剂[58, 59]

沸石分子筛是一种晶体硅铝酸盐，由二氧化硅或氧化铝四面体连接成的三维骨架构成，每个四面体中心有一个硅或铝原子，氧原子由相邻的四面体所共用(图 5-8)。这些四面体可以按各种比例和不同方式排列。沸石分子筛可用下列经验式表示：

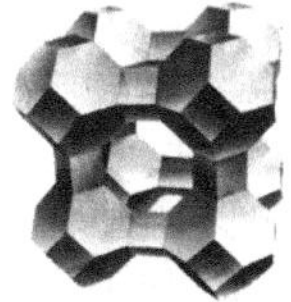
(a) A型分子筛

(b) B型分子筛

图 5-8　沸石分子筛结构

$$M_{x/m}[(Al_2O_3)_x \cdot (SiO_2)_y] \cdot zH_2O$$

沸石分子筛具有完整的晶体结构和孔结构，孔的排列规整、大小均匀，很高的比表面积，不同方法可以制备不同性能和结构的沸石分子筛并在较高温度下保持原有晶体结构，晶离子交换后可改变其酸性并改变其催化性能。这些结构特性使分子筛成为良好的催化剂和催化载体。由于分子筛结构中有均匀的内部空腔，催化剂反应的选择性常取决于分子与孔径的大小，这种选择性称为择型催化选择性。择型催化共有四种形式：①反应物的择型催化；②产物的择型催化；③过渡状态限制的择型催化；④分子交通控制的择型催化。

1948 年以来，从第一种人工合成的丝光沸石型分子筛到目前广泛应用的 ZSM-5 分子筛已有几百种人工合成的沸石分子筛出现[60]。同时，在精细化工合成过程中广泛应用的还有磷酸硅铝系分子筛(SAPO)，其晶体估计呈电中性，不具有离子交换性能，表面无强酸中心，直接用作催化剂仅具有弱酸性。该类分子筛具有良好的热稳定性和水热稳定性。随后通过对结构和骨架元素杂原子化的调变合成了磷酸硅铝分子筛(SAPO-*n*)、杂原子分子筛(MeSAPO-*n*)等。其中，杂原子分子筛中的 Me 指金属离子 Fe、Mg、Mn、Zn 等。该类分子筛具有带负电的阴离子骨架，具有阳离子交换能力和产生质子酸中心的潜力。SAPO-5 是用于芳烃、芳胺烷基化反应的一种具有 18 元环的中孔分子筛。另外，由 Mobil 公司在 1992 年报道的新型沸石族 M41S 其孔径在 1.5～20nm 可调，具有很高的热稳定性、水热稳定性和耐酸碱性，并被作为良好的介孔材料用于开发新型的固体碱催化剂。此外对各类分子筛进行适当的化学修饰，如插入各种无机或有机化合物、改善孔径及结构、调控酸强度和酸中心密度，有望开发出新型的分子筛催化剂。

近些年来，越来越多的分子筛择型催化剂被开发利用。2011 年，Jiri Cejka 等[61]利用二环己基膦或吡啶作为连接配体，成功将 Grubbs 催化剂嫁接到固定介孔的分子筛上，能够有效地提高催化剂的催化活性。Grubbs 催化剂是一类含有金属钌原子和特定有机配体的催化剂，广泛应用于烯烃的复分解反应中。相比于直接使用该催化剂，将 Grubbs 催化剂负载于无机或有机载体上使用具有三个优点：①反应结束后复合催化剂易于分离；②可以回收重复使用，降低反应成本；③为催化剂能够应用于流动反应器之上创造了条件。最近，包信和等[62]创造性地将部分还原的 $ZnCrO_x$ 和介孔磷酸硅铝分子筛(MSAPO)复合物作催化剂，可将煤气化产生的合成气(纯化后 CO 和 H_2 的混合气体)直接转化，高选择性地一步反应获得低碳烯烃，这一成果被同行誉为“煤转化领域里程碑式的重大突破”、“令人惊奇的选择性”(surprised by selectivity,《科学》评述)，颠覆了 90 多年来煤化工一直沿袭的费-托(简称为 F-T)路线，为高效催化剂和催化反应过程的设计提供了指南。

另外，众多具有选择性、酸性和较大比表面积的类分子筛的介孔物质，如 SiO_2-Al_2O_3、SiO_2-TiO_2、SiO_2、ZrO_2、Nb_2O_3 等也有望成为某一特定反应的酸催化剂。

2) 酸性氧化物

硅铝催化剂是一类酸性氧化物，包括天然和合成两种，其中天然的有沸石、硅藻土、膨润土、铝矾土等。单一的二氧化硅和三氧化二铝的催化活性都比较小，不是很好的催化剂。当二者以适当的比例配合并含有少量结构水时，其催化活性得到较大的增强，被广泛应用于催化气相烷基化反应。

在由硅氧四面体组成的氧化硅晶格中，若一个三价的铝离子同晶取代一个四价硅离子，晶格中的净负电荷必须由邻近的正离子来稳定。质子可以由水解离产生，并在铝原子上形成一个羟基，从而生成一个质子酸的结构。将这种结构加热后失去结构水，质子酸部位变为路易斯酸部位。

$$-Si-O-\underset{\underset{\underset{-Si-}{|}}{O}}{\overset{\overset{H}{O-H}}{Al}}-O-Si- \quad \underset{}{\overset{-H_2O}{\rightleftharpoons}} \quad -Si-O-\underset{\underset{\underset{-Si-}{|}}{O}}{Al}-O-Si-$$

上述两类酸都可以与烯烃反应形成吸附的碳正离子；

$$RCH{=}CH_2 + H^+\underset{O}{\overset{\overset{H}{O}}{Al}}-O- \longrightarrow (RC^+HCH_3)\underset{O}{\overset{\overset{H}{O}}{Al}}-O-$$

$$RCH{=}CH_2 + \underset{O}{\overset{O}{Al}}-O- \longrightarrow (RC^+HCH_3)\cdots H-\underset{O}{\overset{O}{Al}}-O-$$

同理，对于其他含有不同价态金属原子的混合氧化物，其酸性可用类似上述的机理解释。

工业硅铝氧化物通常含有 Al_2O_3 10%～15%、SiO_2 85%～90%，催化活性与催化剂表面水合或吸附质子状况密切相关。一般认为是活性的 $HAlSiO_4$ 负载在非活性的二氧化硅上，只有表面上的氢才是有效的催化活性中心。

3) 杂多酸化合物

杂多酸是由杂原子和多原子胺以一定的结构通过氧桥配位组成的一类含氧多酸，其负离子结构通式为

$$(X_xM_mO_y)^q \quad (x \leqslant m)$$

式中，X 是杂原子；M 是配原子。常见的杂原子是高价氧化态的 P^{5+}和 Si^{4+}等，常见配原子是高价氧化态的 Mo^{6+}和 W^{6+}等。q 为负电荷数。

杂多酸负离子可以和质子形成杂多酸，也可以和 H^+、金属正离子、NH_4^+或有机碱正离子等形成杂多酸盐。

杂多化合物的晶体结构类型较多，在催化剂中常见的结构为 1∶12 系列 A 型的 Keggin 结构。Keggin 结构中，杂原子 X 与 4 个氧原子呈现四面体配位结合的 XO_4，位于结构中心，每个配原子 M 与 6 个氧原子呈现八面体配位结合的 MO_6，每三个八面体共边相连成为三金属簇 M_3O_{10}，三金属簇碱及三金属簇与中心四面体共角相连。

杂多酸和杂多酸盐形成离子型晶体，其结构分为三级：一级结构，杂多负离子结构；二级结构，杂多负离子与抗衡正离子组成的杂多酸或杂多酸盐的晶体结构；三级结构，由杂多负离子、抗衡正离子和结晶水组成的晶体结构。由于杂多化合物的多样性，其结构空间呈现多样分布，因此杂多化合物在催化反应中呈现多样性。

杂多酸在水溶液中可以完全解离，是一类很强的质子酸。在固体杂多酸中有两种类型的质子——水合质子和非水合质子。水合质子有较高的迁移性，致使杂多酸晶体具有较高的质子传递性。因而杂多酸在诸多酸催化反应中成为一类优良的催化剂，杂多化合物在均相和非均相体系中，可作为性能优异的酸碱、氧化还原或双功能催化剂。杂多酸催化剂被广泛应用于水合、聚合、烷基化以及异构化反应中，在工业催化领域具有深远和广泛的意义。

杂多酸具有确定的结构、溶于极性溶剂、同时具有酸性和氧化性、独特的反应场及杂多阴离子的软性等优异的特点，使其成为备受关注的新型催化剂。例如，异丁烯直接水合至叔丁醇、乙酸和乙烯制乙酸乙酯、苯酚和丙酮的烷基化制双酚 A 等过程均可以通过杂多酸催化实现。Ganapati D. Yadav 等通过固体杂多酸催化剂 $Cs_{2.5}H_{0.5}PW_{12}O_{40}$/K-10 从苯甲酸酐合成苯甲酮，选择性可达 100%，在 90℃反应 2h，原料转化率可达 89.3%(图 5-9)。

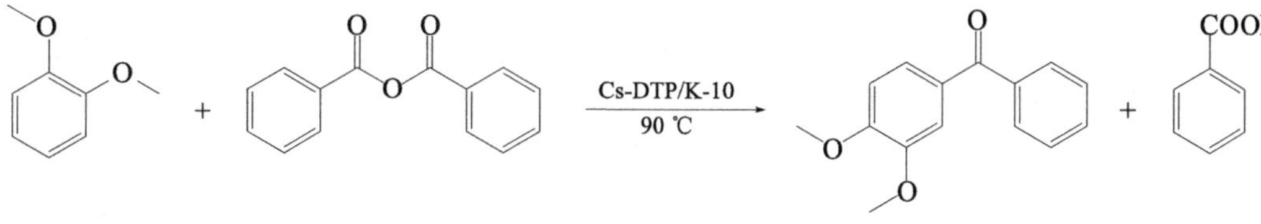

Cs-DTP/K-10
90 ℃
COOH

图 5-9　苯甲酮的合成

环氧环已烷是重要的精细化工中间体，其活泼的环氧基能与多种物质反应生成高附加值的下游化工产品。其传统的合成方法主要有氯醇法、空气催化环氧化法、过氧化物催化环氧

化法等，具有选择性不高、设备腐蚀严重、环境污染严重等缺点。目前以杂多酸离子/相转移催化剂通过复合相转移技术由环己烯为原料合成环氧环己烷已经获得成功。

4) 阳离子交换树脂

目前应用最广泛、最普通的离子交换树脂是聚苯乙烯树脂，该树脂由苯乙烯-二乙烯基苯共聚形成，主要有两种类型：凝胶型和大网络型。两者制备方法不同，性能不同。大网络型树脂比表面积较大，使用温度较高，可通过磺化苯环得到强酸性阳离子交换树脂。

强酸性阳离子交换树脂是烯烃、卤烷或醇进行苯酚烷基化反应的有效催化剂。该类催化反应具有副反应少的特点。催化剂通常不会与任何反应物或产物形成络合物，反应后处理简单，通过简单过滤回收可循环使用。但该类催化剂使用温度不能过高，芳烃类有机物能使阳离子交换树脂发生溶胀，失效后不易再生，同时价格较高。

5) 磷酸或多磷酸[66]

无水磷酸室温下为固体，凝固点为42.4℃。多磷酸是各种磷酸多聚体的混合物。多磷酸为液体，是许多类型的有机物的良好溶剂。

工业上常将磷酸或多磷酸负载在硅藻土、二氧化硅或氧化铝等酸性氧化物上，制成固体磷酸催化剂，用于烯烃气相催化烷基化。该类催化剂在烷基化时没有氧化副反应，且不会发生芳环上类似磺化的取代反应，尤其是当芳烃分子中含有敏感性基团(如羟基)时，催化效果优于三氯化铝和硫酸。但由于磷酸或多磷酸的价格高于三氯化铝和硫酸，限制了它的应用。

固体磷酸催化剂中的活性成分为焦磷酸。磷酸在200℃时大多脱水为焦磷酸，在300℃时大多脱水为偏磷酸。偏磷酸没有催化活性，遇水又会水合为焦磷酸或磷酸。为防止磷酸脱水成偏磷酸失活，常在烷基化原料中加入少量的水分，但水分过多又会使固体催化剂破碎、结块或软化成泥状而失活。

6) SO_4^{2-}/M_nO_m型固体超强酸[67]

SO_4^{2-}/M_nO_m型固体超强酸是酸强度强于100%硫酸的酸，其酸度函数$H_0 < -11.93$。其中，M_nO_m是金属氧化物，如ZrO_2、TiO_2、SnO_2、ZrO_2-TiO_2等。该类超强酸的酸强度特别高，制备简单，成本低，热稳定性好，调变性好，可回收利用，不污染环境，可用作多种酸催化反应的催化剂，其众多优点引起了人们广泛关注和研究，有良好的工业化前景。例如，任波等[68]开发的$SO_4^{2-}/ZrO_2/Fe_3O_4/WO_3$固体超强酸催化剂被应用于乙酰乙酸乙酯、乙二醇缩酮的合成，催化活性较高，原料转化率可达到88.76%。

2. 固体碱催化剂[69,70]

固体碱催化剂可分为有机固体碱、有机无机复合固体碱及无机固体碱催化剂。有机固体碱主要指端基为叔胺或叔膦基团的碱性树脂，如端基为三苯基膦的苯乙烯和对二乙烯基苯共聚物。有机固体碱具有碱强度均一的特点，但其热稳定性差，只适用于低温反应，且制备复杂成本高。有机无机复合固体碱主要为负载有机胺或季铵碱的分子筛，由于其活性位为有机碱，故不适用于高温反应，且无法制备出强碱性固体碱。无机固体碱具有制备简单、碱强度分布宽、热稳定性好等优点，成为固体碱发展的主要方向。无机固体碱主要包括金属氧化物、水合滑石类阴离子黏土和负载型固体碱。

固体碱催化剂在精细化工领域有着较为广泛的应用，主要应用于烷基化、异构化，对于烯烃双键异构化和芳烃支链烷基化反应有着显著的催化活性。固体碱催化剂在烯丙胺异构化、脑文革缩合、羟醛缩合、迈克尔加成、环氧化合物开环等反应中起着重要的作用。

3-甲氨基-1, 2-丙二醇作为造影剂碘普罗胺的关键原料，其生产技术一直被国外医药公司垄断。张恭孝等[71]通过负载三乙胺的固体碱催化 3-氯-1, 2-丙二醇的氨解合成了 3-甲氨基-1, 2-丙二醇，其产率可达 91.9%(图 5-10)。

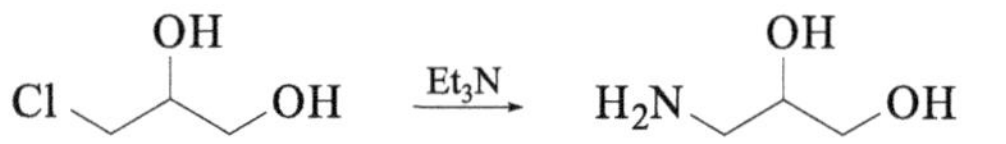

$$Cl\!\!-\!CH_2CH(OH)CH_2\!-\!OH \xrightarrow{Et_3N} H_2N\!-\!CH_2CH(OH)CH_2\!-\!OH$$

图 5-10　三乙胺催化合成 3-甲氨基-1, 2-丙二醇

另外，固体碱催化剂在制备新型生物柴油领域也有广泛的应用[72]。负载型固体碱、阴离子交换树脂、分子筛固体碱催化剂以及碱金属固体催化剂都被广泛应用于新型生物柴油的合成。郭祥峰等通过氧化钙和氟化钾负载高岭土固体碱由月桂酸甲酯和乙二醇单甲醚酯交换反应制备新型生物柴油，产率可达 91%。

随着科学研究的进一步深入，自介孔硅材料 M41S 被开发应用以来，新型介孔固体碱催化剂应运而生，成为人们广泛关注并深入研究的对象。在过去的十几年里，介孔固体碱催化剂不仅能够替代原有固体碱催化剂在双键迁移、脑文革缩合、迈克尔加成、酯基转移以及烷基化等反应中的催化作用，而且在合成生物柴油、二氧化碳催化转移等领域取得了显著的成果。

3. 酸碱双功能催化作用[73-75]

由于部分固体酸碱催化剂结构特殊，能够同时提供酸中心和碱中心，因而具有酸碱双功能的催化剂在精细化工中有着重要的意义和广泛的应用前景。酸碱双功能催化剂一般分为两类：一类是酸中心和碱中心同时对底物进行作用，另一类是酸中心和碱中心交替对底物进行作用。在许多情况下，酸碱双功能催化剂能够提高反应速率、增加反应选择性以及延长催化剂寿命，从而达到节能环保高效的目的。

常用于工业生产中的固体酸碱双功能催化剂按照作用机制分类主要有几种。通过协同机制催化反应的催化剂主要包括改性氧化锆、改性 Cs-P-SiO_2 以及掺杂硫酸等，主要应用于精细化工中的加氢、氨化、脱水等过程中。通过连续机制催化反应主要包括酸催化步骤和碱催化步骤，如通过丙酮合成甲基异丁基甲酮、羟醛缩合等过程均为已知的酸碱分步催化的过程。该催化机制在精细化工产品合成过程中同样占有重要地位，而相应的催化剂如吡啶盐酸盐、碱性氧化锆、碱性二氧化钛等也备受青睐。

氮丙啶作为重要的精细化工原料，被广泛应用于合成药物、胺及胺类功能高聚物等。旧法生成氮丙啶以乙醇胺为原料，经硫酸催化和碱催化两步液相反应完成，该过程收率低，副产物多。新法改用酸碱双功能催化剂(Si-Ba-Cs·P-O)，通过气-固相接触催化，乙醇胺转化率达 86%，氮丙啶选择性为 81%(图 5-11)。

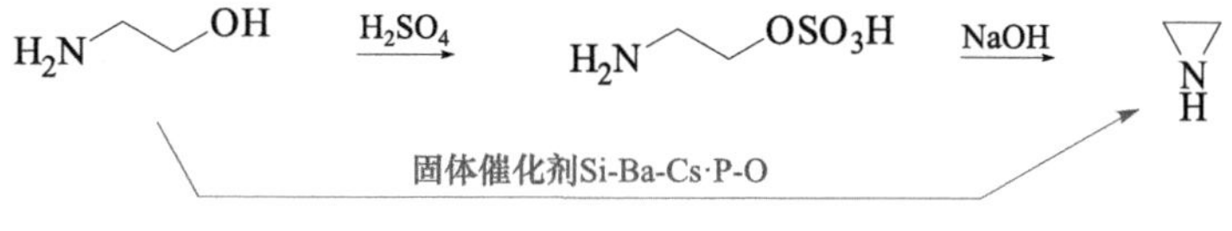

$$H_2N\!-\!CH_2CH_2\!-\!OH \xrightarrow{H_2SO_4} H_2N\!-\!CH_2CH_2\!-\!OSO_3H \xrightarrow{NaOH} \text{氮丙啶 (NH)}$$

固体催化剂Si-Ba-Cs·P-O

图 5-11　氮丙啶的合成

酸碱双功能催化剂的弱酸和弱碱中心较少生成副产物，不会由于积碳失活，因而具有较广阔的工业应用前景。另外，高硅沸石在一定程度上具有弱酸和弱碱中心，也可以看成双功能催化剂；酶几乎是中性的，但同时具有弱酸和弱碱中心，从简单的酸碱催化角度看也是双功能催化剂。

4. 固体酸碱催化剂的应用

1) 烷基化反应

烷基化反应是在有机分子中引入烷基的重要过程，在精细化工和石油化工中占有重要地位。尤其是在石油化工中生成高辛烷值油品、油品脱硫等工业过程中极其重要。催化剂对烷基化反应起着决定性的作用。烃的传统的烷基化以液体硫酸或氢氟酸作催化剂，具有选择性好、价格低等优点，但该类催化剂毒性较大、腐蚀设备、对环境有较大的危害。环境友好的固体酸催化剂逐步替代了液体酸催化剂。

随着我国聚酯产能的增长，二甲苯作为基本化工原料显得尤为重要。目前以苯和甲醇直接烷基化合成二甲苯工艺正逐步成为主流。大量研究表明，HY、Hβ 沸石和 HZSM-5 等固体酸催化剂对苯和甲醇的烷基化有着较好的催化活性，但各类固体酸催化剂的性能不尽相同，其中 HZSM-5 分子筛对该反应的催化活性最高，苯的转化率可达 45%，二甲苯选择性可达 26%(图 5-12)。

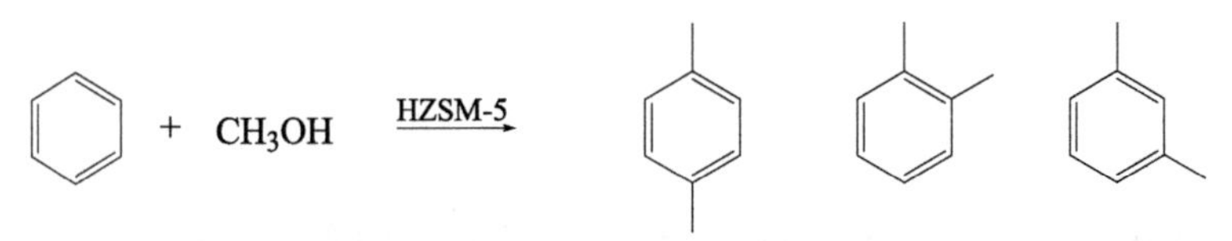

图 5-12 苯和甲醇合成二甲苯

2) 环合反应

环合反应是有机分子中形成新的碳环或杂环的反应，通常通过分子内的羟醛缩合、酰基化、烷基化、迈克尔加成反应成环，所以环合反应通常采用酸催化剂，如使用盐酸和大量的金属氯化物，但这种方法易产生大量无机副产物，影响催化剂的回收利用，造成成本的增加，因而近年来改用固体酸催化剂，如固载杂多酸、多聚磷酸、氟化离子交换树脂、固体超强酸等。

3) 缩合反应

缩合反应是形成新的碳-碳、碳-杂原子、杂原子-杂原子键的反应，是精细有机化工中重要的单元反应，在香料、农药和染料等精细化工生产中有广泛应用。

酸催化在缩合反应中有着重要的地位。近年来固体酸催化剂在缩合反应中展示出其优异的催化性能。例如，异佛尔酮是一种性能优良的高沸点溶剂，在医药、香料以及塑料等行业中广泛使用。由丙酮合成异佛尔酮是较为成熟的工艺，可通过传统的固体碱催化剂如碱性水滑石、镁铝催化剂及修饰氧化镁催化剂进行催化，但该方法丙酮的转化率和异佛尔酮的选择性均不高。苑丽质等[76]采用浸渍法制备酸碱复合固体催化剂，由丙酮缩合生成异佛尔酮，其丙酮转化率和异佛尔酮选择性分别可达 13.4%和 33%(图 5-13)。

4) 水合反应

环已醇作为制造环已酮、已二酸、已内酰胺等化工品的原料在精细化工中有着重要的地位，

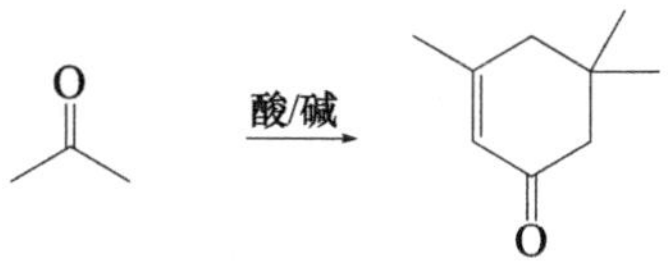

图 5-13 固体酸碱催化合成异佛尔酮

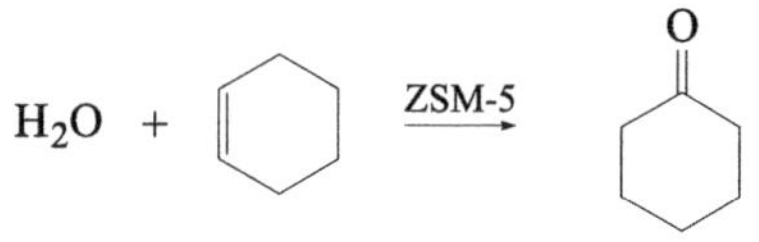

图 5-14 沸石分子筛催化合成环己酮

同时它还可以作为增塑剂、乳化剂和溶剂。通常由环己烯水合制备环己醇以高浓度硫酸为催化剂。近年来以沸石分子筛催化环己烯合成环己醇的方法已获得成功。环己烯水合在改性 ZSM-5 分子筛为催化剂的环境中可以提高水合反应速率，且能限制副产物的生成(图 5-14)。

5) 酯化反应

酯化反应是醇或酚和含氧酸反应生成酯和水的过程，产物酯的种类较多，广泛应用于香料、医药、农药、增塑剂等精细化学品的合成。

传统的酯化反应多以无机酸如浓硫酸为催化剂，对设备腐蚀严重、副反应多、生产周期长、工艺复杂、催化剂难回收、后处理复杂、环境污染严重。目前，固体酸催化剂克服上述缺点成为酯化反应重要的催化剂。离子交换树脂尤其是磺酸型阳离子交换树脂和氟化离子交换树脂，已被广泛应用于酯化反应中。

此外，沸石分子筛也是良好的酯化催化剂。不同类型的酯化反应所要求的催化中心的酸强度不同，酸强度较低，催化活性不够，可能更利于醇脱水、醚化等副反应；酸强度过强，则易引发裂解结焦等副反应致使催化剂失活。一般来说，对于酯化反应中等强度酸催化剂能够得到较好的催化效果。

除上述反应，固体酸催化剂还在诸如氨化反应、硫化反应脱水、环氧加成开环等反应中占有重要地位。

5. 固体酸碱催化剂在精细化学品工业生产中的应用实例

1) 贝克曼重排反应生产ε-己内酰胺

催化环己酮肟的贝克曼重排反应是生产ε-己内酰胺的关键。传统工艺采用浓硫酸或发烟硫酸作催化剂，对设备和管线材质要求高，反应放出的大量热量移除困难，并且在反应后需要使用氨来中和硫酸，产生大量低附加值的硫酸铵。在提倡绿色化工的今天，化学家力图开发出经济环保的ε-己内酰胺的新工艺，其关键在于以无污染的非均相催化剂取代硫酸。通过大量研究发现，MFI 型沸石催化剂的性能最好。

日本住友化学工业公司开发的催化环己酮肟的贝克曼重排反应制备己内酰胺的催化剂已经用在工业装置上。该催化剂是用硝酸铵和氨水混合溶液处理过的 MFI 型沸石分子筛。环己酮肟的转化率为 99.8%，己内酰胺的选择性为 96.9%。催化剂在氮气、空气和甲醇蒸气的混合气体氛围中于 430℃再生 23h，再生性能良好。反复 30 次后，反应转化率和选择性均在 95%以上。由于催化剂需要不断再生，不适合固定床反应器，日本住友公司还开发出连续反应-再生循环流化床工艺。

中国石油化工集团公司也开发出有机胺溶液处理的 MFI 型硅分子筛催化剂，具备独特的结构和物化性质，该催化剂用于贝克曼重排反应，可采用固定床反应器，可以提高环己酮肟的转化率和己内酰胺的选择性，而且在原料中加入适量水，可以延长催化剂寿命。该生产工艺的特点是反应时间或催化剂运行时间长，再生时间短；每个反应周期，每单位催化剂生产己内酰胺的产量高。例如，在保证环己酮肟的转化率为 99.5%，己内酰胺的选择性为 95.5%的前提下，反应温度为370℃，常压，质量空速为2 h^{-1}，环己酮肟：乙醇：水：氮气为1：3.2：0.2：4.5(mol)；催化剂再生温度430℃，再生24h，反应运转1600h；平均每个反应周期，每克催化剂产己内酰胺2865g。

2) 丙酮缩合生产异佛尔酮

异佛尔酮是高分子材料的良好溶剂，也是高附加值的精细化工中间体，能用于制造很多重要产品，在塑料、农药、医药、涂料等工业中具有广泛的用途。我国丙酮的产能过剩，因此丙酮的缩合制备异佛尔酮可以实现丙酮的高附加值利用，对我国精细化工产业具有重要意义。目前，我国仅宁波千衍新材料科技有限公司为较大规模的生产厂家，其投资建设的1万吨/年异佛尔酮生产装置已于2011年投产，并于2012年4月在宁波建设6万吨/年的异佛尔酮生产装置。

目前国内外异佛尔酮的主要生产方法是在碱性溶液中加压液相缩合法，多采用碱金属氢氧化物作催化剂，近期也有少量镁铝复合氧化物作催化剂的报道。例如，壳牌公司早在1944年就采用20%的NaOH溶液作催化剂的液相缩合法，反应温度控制在150℃，反应压力1.1MPa，时间3h，丙酮转化率为17%，异佛尔酮选择性为39%。高浓度碱溶液虽然可以加快反应速率，但会生成大量副产物，导致异佛尔酮选择性降低。经过优化，目前通用的碱浓度约1%、反应温度约250℃，反应时间0.5～4h，在该反应条件下异佛尔酮选择性大于80%。

气相法丙酮缩合制异佛尔酮的关键在于固体碱催化剂的选择。镁铝复合氧化物催化剂由于其较好的催化效果及较低的成本，被认为是丙酮缩合制异佛尔酮最有工业化应用前景的催化剂。例如，美国钢铁化学公司以拟薄水铝石和氧化镁等为原料合成了镁铝固体碱催化剂，对丙酮的单程转化率约25%，异佛尔酮选择性约75%，催化剂单程寿命大于1200h。中国石油吉化集团等通过共沉淀法制备了镁铝固体碱催化剂，丙酮的转化率约20%，异佛尔酮选择性约80%，催化剂寿命800h，并且发现催化剂的失活与催化剂结晶度变差、催化剂表面发生团聚和积炭等有关。宁波千衍新材料科技有限公司通过共沉淀法制备了钙锆掺杂的镁铝复合氧化物，对丙酮的转化率为34%，异佛尔酮选择性大于90%，催化剂单程寿命大于1000h；随后又合成了镧、钕掺杂的镁铝水滑石催化剂，该催化剂对异佛尔酮具有较高的选择性，异佛尔酮收率为47.15%。

综上，尽管工业化装置大多采用液相加压缩合法，但气-固相接触催化丙酮缩合制备异佛尔酮的方法具有诸多优点，易于自动化、生产效率高、环境友好，代表了当今的发展趋势。

5.3.2 金属络合物催化剂

金属络合物催化剂是指通过配位作用而使底物分子活化的催化剂。在这类催化剂中至少含有一个金属离子或原子，无论本身是否是络合物，但在起作用时，催化活性中心是以配位结构出现，通过改变金属配位数或配位基，至少有一种底物分子进入配位状态而被活化，从而促进反应的进行。

络合催化的一个重要特征是，在反应过程中催化剂活性中心与反应体系始终保持着化学结合(配位络合)，能够通过在配位空间内的空间效应和电子效应以及其他因素对其过程、速率和产物分布等，起选择性调变作用，故络合催化又称为配位催化。其催化机理一般包含三个步骤：配合、插入反应和空间恢复。

按照催化剂在反应体系中的存在形式，可以分为均相催化剂和非均相催化剂。均相络合催化较非均相催化具有活性中心确定、分布均匀、活性高、反应条件温和、选择性好的优点，但是催化剂的热稳定性差及难以回收套用。

目前，研究最多的金属络合物催化剂一般有过渡金属络合物催化剂和稀土络合物催化剂。由于金属元素在原子结构上的差别，过渡金属属于 d 区元素，而稀土金属属于 f 区元素，即原子在电子填充时最后一个电子分别填充在 d、f 轨道上，因此其催化剂性质及应用范围有很大的差别。目前这两种络合物催化剂均已广泛应用于精细化学品的生产中。

1. 过渡金属络合物催化剂

过渡金属(transition metal)是指元素周期表中 d 区的一系列金属元素。一般来说，这一区域包括 3～12 一共 10 个族的元素，但不包括 f 区的内过渡元素。过渡金属由于空的 d 轨道的存在，很容易形成配合物。金属原子采用杂化轨道接受电子以达到 16 或 18 电子的稳定状态。当配合物需要价层 d 轨道参与杂化时，d 轨道上的电子就会发生重排，有些元素重排后可以使电子完全成对，这类物质称为反磁性物质。相反，当价层 d 轨道不需要重排，或重排后还有单电子时，生成的配合物就是顺磁性的。

过渡金属络合物催化剂是研究最早的一类络合物催化剂。1938 年，自 Roelen 开发了羰基钴氢甲酰化催化剂，到 1955 年的α-烯烃和二烯烃定向聚合的齐格勒-纳塔(Ziegler-Natta)催化剂的问世，再到 1960 年的 Wacker 工艺的发展，自此，金属络合物催化剂得到了迅猛发展，并取得了令人震撼的成果。例如，1963 年，为了表彰 K. K. Ziegler 和 G. Natta 在此领域做出的卓越贡献(Ziegler-Natta 催化剂)，他们共同获得了诺贝尔化学奖；1973 年，为了表彰 E. O. Fisher 在 1964 年开发的第一个金属卡宾络合物(金属卡宾络合物催化剂)和 Wilkinson 在 1965 年发明的用于烯烃催化氢化的 Rh 络合催化剂(Wilkinson 催化剂)，他们共同获得了诺贝尔化学奖。2010 年，为了表彰 Richard F. Heck(Heck 反应)、Ei-ichi Negishi(Negishi 反应)及 Akira Suzuki(Suzuki 反应)在应用过渡金属 Pd 络合物催化剂在“钯催化交叉偶联反应”研究领域做出的杰出贡献，授予他们当年的诺贝尔化学奖。

目前，过渡金属络合物催化剂已经非常成熟地应用于各类化学反应、精细化学品的生产中，下面主要介绍两种比较新颖的过渡金属络合物催化剂：手性金属络合物催化剂和高分子金属络合物催化剂。

手性金属络合物催化剂在不对称催化中始终扮演着极其重要的角色，2001 年度诺贝尔化学奖授予三位从事手性合成的化学家 Knowles、Noyori 和 Sharpless，就是因为他们发明了几类优异的手性金属络合物催化剂并将其成功用于工业催化过程。不对称催化是手性增殖过程，即用少量催化剂(其手性源为不对称催化剂的手性配体)为模板，控制反应的对映选择性，通过催化循环产生大量的光学活性物质，因而是实现不对称合成最有效的手段。近年来，不对称催化在不对称加氢、不对称环氧化、不对称环丙烷化、不对称异构化、不对称氢氰化等反应中已取得了重要成果，其对映体过量百分数已超过 90%，有的甚至接近 100%，包括左旋多巴、薄荷醇和拟除虫菊酯等已成功实现工业化。不对称催化在药物、农药、香料合成等方面的用途正日益扩大。迄今为止，所报道的不对称催化反应绝大多数为均相催化反应，所用催化剂为过渡金属手性配合物。1980 年，Noyori 等[77]合成了被誉为超手性配体的联萘膦 BINAP，这是一种旋转受阻异构体，且能与中心金属形成环状结构，因此具有一定的刚性，其 C(l)-C(1′)轴可适当旋转和调整，双膦与中心金属原子螯合生成的是七元环，故而又有一定的柔韧性和结构可调整性。因此，用此配体设计合成的手性金属络合物催化剂是对映选择性加氢、加氢硅烷化等反应的最有效的手性催化剂。

高分子金属络合物催化剂的主要特点是活性高、选择性高、易与产物分离、能重复使用，缺点是金属易流失、活性中心结构不明确。高分子金属络合物催化剂独特的特点，决定了它具有广阔的应用前景，特别在一些精细化学品和药物合成中，更显示出其优越性。目前利用天然高分子制备具有特殊功能的催化剂及人工合成模拟酶的研究已成为一个热点，其在专用精细化学品合成、药物合成、生物制品合成及光化学反应中的应用显示出极大的潜力。例如，壳聚糖(chitosan)[(1, 4)-2-氨基-2-脱氧-β-D-葡萄糖, CS]是自然界迄今所发现的唯一天然碱性多糖，具有复杂的双螺旋结构，它的胺基极易形成季铵正离子，有弱碱性阴离子交换作用。它对一些金属离子尤其是过渡金属离子有良好的螯合作用，特别是在碱性金属离子存在时，不影响其螯合能力，这已经引起国内外研究者的重视。Guibal[78]和 Macquarrie 等[79]对早期壳聚糖及其衍生物负载的金属催化剂的形态结构、催化反应的研究进行了详细地综述。例如，烯烃的氢甲酰化反应是一类重要的均相催化反应，有着广泛的工业前景，对于农药、香料、药物以及天然产物合成具有重要意义。Smith 等[80]合成了壳聚糖席夫碱 Rh(Ⅰ)配合物催化剂，催化 1-辛烯的加氢甲酰化反应(图 5-15)。这类催化剂相比于[$Rh(CO)_2$-$(acac)_2$]催化剂有着相似的活性和更高的选择性，在循环使用 4 次后，仍然能够获得 75%～79%的转化率。

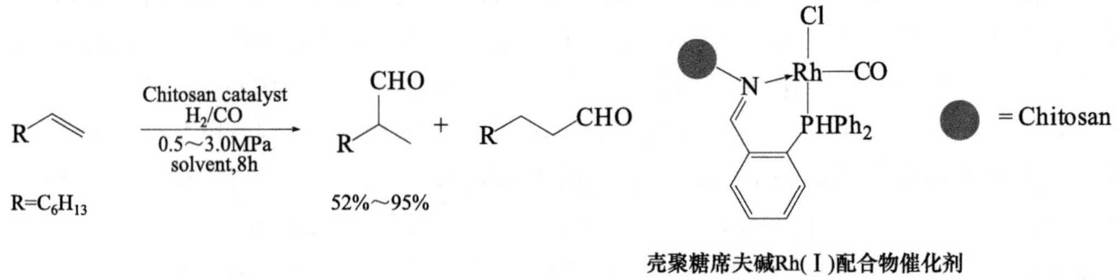

壳聚糖席夫碱Rh(Ⅰ)配合物催化剂

图 5-15　壳聚糖席夫碱 Rh(Ⅰ)配合物催化 1-辛烯的加氢甲酰化反应

Li 等[81]通过固相法制备出壳聚糖负载树状锡配合物催化剂，用于酮类的 Baeyer-Villiger 氧化重排反应。该催化剂在双氧水的存在下催化金刚烷酮的 Baeyer-Villiger 氧化反应，最高转化率可达 99%，选择性可达 100%(图 5-16)。由于催化剂不溶于有机溶剂，可以多次回收利用。

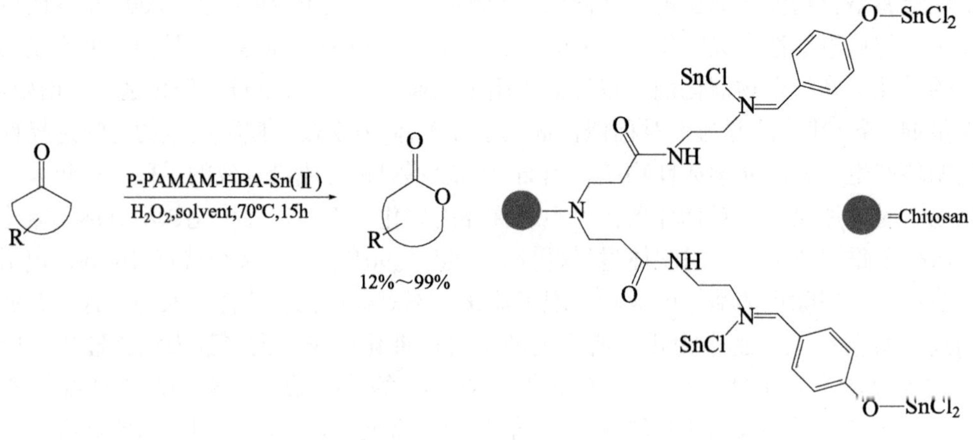

图 5-16　壳聚糖锡配合物催化金刚烷酮的反应

2. 稀土金属络合物催化剂

稀土金属(rare earth metal)又称稀土元素，是元素周期表ⅢB族中钪、钇、镧系17种元素的总称，在元素周期表中属于f区元素，常用R或RE表示。稀土元素的显著特点是大多数稀土离子含有能级相近且未充满的4f电子，并且4f电子处于原子结构的内层，受到$5s^2 5p^6$电子对外场的屏蔽，因此其配位场效应较小。稀土材料不仅在光、电、磁等方面具有独特的性质，而且具有丰富的电子能级和长寿命的激发态，它们的能级跃迁达20万余次，可以产生多种多样的辐射，构成广泛的发光和激光材料，被誉为新材料的宝库。我国稀土资源丰富，约占世界已探明储量的80%以上，居世界之首，而且矿物种类最多，稀土组分最全。深入开展稀土化合物的应用研究对将稀土资源优势转化为经济技术优势起着十分重要的作用。

由于这种特殊的电子构型，稀土金属络合物催化剂已在许多重要的化学过程、精细化工产品的生产中得到广泛应用。稀土金属络合物的辅助配体从环戊二烯基、五甲基环戊二烯基、茚基发展到各种非茂配体，如双酚、β-二亚胺、胍基、脒基等。配合物催化剂的种类从简单的三茂稀土配合物发展到各种形式的二茂稀土配合物和单茂稀土配合物等。

1954年，Wilkinson等[82]报道通过稀土氯化物与茂钠在THF中反应获得三茂稀土金属有机配合物(图5-17)，首次实现了稀土金属有机配合物的合成。三茂稀土配合物结构简单，反应活性较低，较长时间里人们忽视了其催化性能。直到1987年，钱长涛等[83]发现Cp_3Ln/NaH双组分体系是优良的还原剂和有效的催化剂，在温和条件下能顺利还原烯烃，且对多烯烃还原有良好的区域选择性，有效还原有机杂原子氧化物，催化芳烃卤化物与乙烯基卤化物还原脱卤，有效催化末端烯烃异构化生成内烯烃，对含硫底物也不失活。自此，稀土金属络合物作为高效催化剂单元，用于发展二元催化和三元催化的催化体系得到了蓬勃发展。

$$3CpNa + LnCl_3 \xrightarrow{THF} \xrightarrow{升华} Cp_3Ln$$

Ln=Sc、Y、La、Ce、Pr、Nd、Sm、Gd

图5-17　三茂稀土配合物催化剂的合成过程

稀土金属络合物主要用于催化共轭双烯烃高选择性聚合方向，国内如张学全[84]、崔冬梅[85]、陈耀锋[86]、李扬[87]、侯召民[88]等，都做出了卓有成效的工作。例如，2008年，崔冬梅等[85]合成了苯基双亚胺钳型稀土金属络合物(图5-18)。在氯苯中，该系列配合物与Al^iBu_3和$[Ph_3C][B(C_6F_5)_4]$组成的均相催化体系在25℃下便可高选择性催化共轭双烯烃聚合。催化剂对丁二烯的选择性高达99.9%，对异戊二烯的选择性达98.8%。此配合物在80℃下对丁二烯的选择性仍能保持在96.9%。该催化体系对中心金属具有一定的普适性，除易被还原的Sm、Eu、Yb外，稀土金属的种类(Y、La、Nd、Gd、Tb、Dy、Ho、Lu)只影响催化活性，几乎不影响选择性。另外，稀土金属络合物的高分子化也引起了人们的重视，如陈瑞战等[89]采用高分子负载稀土络合物催化剂——聚(苯乙烯-丙烯酸)钕配合物，能够有效地催化非极性单体苯乙烯和极性单体4-乙烯基吡啶的共聚。

稀土金属有机配合物有很多独特、重要的化学和物理性能，特别是可以催化多种有机反应，如烯烃聚合、极性单体聚合等；稀土金属有机配合物在有机合成中还被作为新型Lewis酸催化剂。

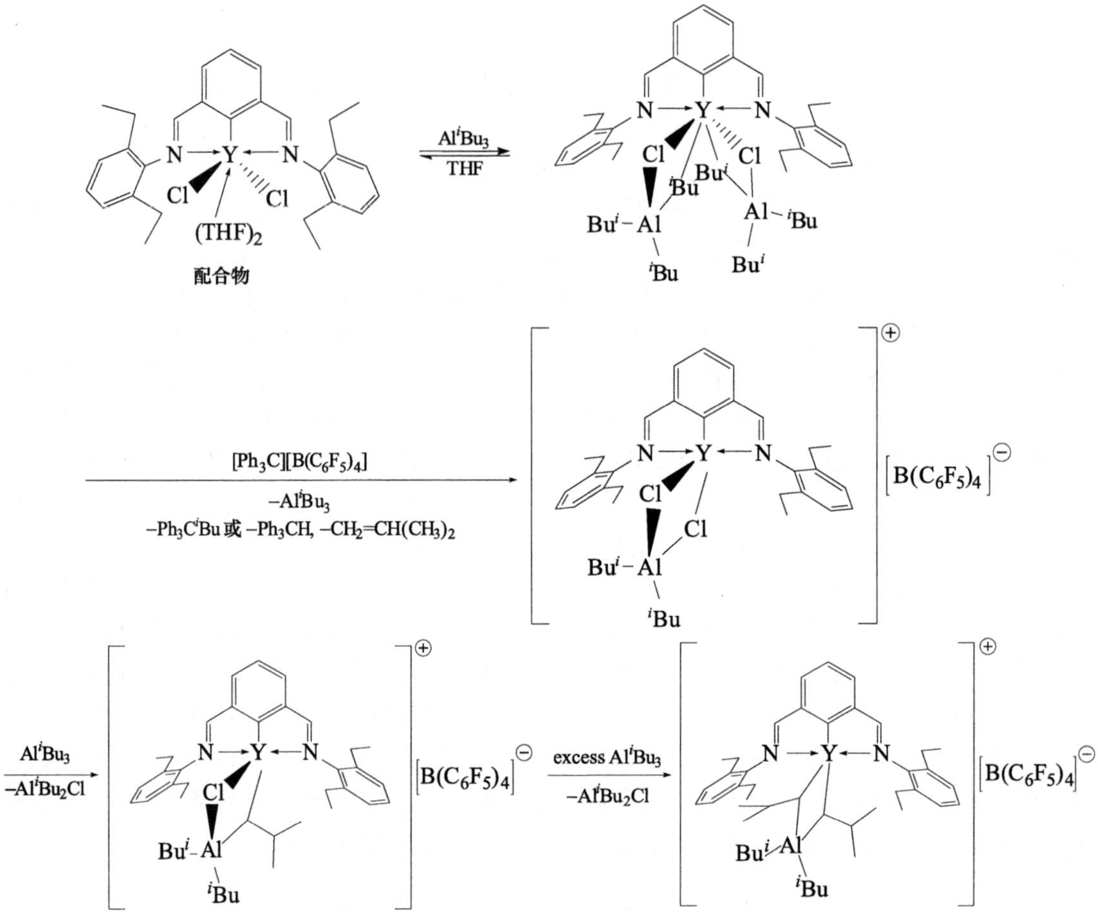

图 5-18　配合物的结构式及活性物种生成的可能途径

5.3.3　纳米金属/合金催化剂

当粒子尺寸达到纳米范围内，材料显示出明显的纳米效应。纳米效应是指纳米材料具有传统材料所不具备的奇异或反常的物理或化学特性。这是由于纳米材料具有颗粒尺寸小、比表面积大、表面能高、表面原子所占比例大等特点，以及其特有的三大效应：表面效应、小尺寸效应和宏观量子隧道效应。基于纳米技术构建的纳米材料到达了材料本身所能达到的最小极限，使得纳米材料的界面处于一种无序到有序的中间状态，导致其具有量子效应、尺寸效应、表面与界面效应、宏观量子隧道效应和介电限域效应，表现出较高的化学反应活性、优异的催化性能、线性光学性质与特殊电磁效应。

近年来随着纳米科学和表征技术的发展，人们发现之前很多的负载型催化剂都属于纳米金属材料，同时随着纳米材料制备技术的发展，越来越多的纳米金属材料被应用到催化领域[90]。纳米金属催化剂近年来发展迅猛，在石油化工、光催化、电化学、新能源、氧化还原等领域已逐渐显示出巨大的应用前景[91]。对于纳米金属催化剂的大量研究表明，纳米金属粒子作为催化剂，表现出非常高的催化活性和选择性[92]。

纳米金属催化剂主要分为纳米贵金属(金、钯、银、铂、铑、铱等)催化剂与纳米非贵金属(钴、铜、铁等)催化剂。按照不同的分类标准，纳米金属催化剂还可以分为单金属催化剂、双金属合金和三金属合金催化剂，或分为纳米纯金属和负载型纳米金属催化剂。除了金属单质外，一些具有催化能力的金属化合物也被纳米材料化，形成纳米金属化合物催化剂，在广义上也可归入纳米金属催化剂类别中。与传统过渡金属催化剂相比，纳米金属催化剂具有更高的催化活性和产物选择性，可控制反应速率和产物选择性，促进反应更加高效地进行，在催化加氢、氧化、氨解、偶联等许多有机反应中都显示出独特的优越性[93]。

1. 纳米单金属催化剂

纳米金属催化剂作为催化领域的研究热点，研究工作者设计合成了大量结构新颖、性能优良的纳米金属催化剂。纳米金属催化剂可以催化直链烯烃、环烯烃、炔烃、苯及其衍生物、α,β-不饱和醛、酮等的加氢反应，呈现出良好的活性和选择性。例如，Mayer 等[94]用纳米 Pt 和 Pd 催化环己烯加氢，显示出较高的活性，环己烯的转化率达到 100%。刘汉范等[95]用纳米 Pt 催化肉桂醛的选择性加氢，在优化条件下，肉桂醛转化率为 83%，肉桂醇的选择性为 98.8%。Kazuhiko Sato 等[96]报道了非晶态镍纳米粒子催化碳碳单键生成反应。由乙酰丙酮铂与配体合成的非晶态铂金属纳米颗粒，应用于乌尔曼偶联反应和芳醛还原反应中，表现出良好的催化活性。在甲苯作为溶剂加热条件下，乌尔曼偶联反应和芳醛还原反应都表现出极高的反应转化率。

最近 Jin 等[97]报道了金原子纳米团簇催化剂。这种纳米团簇是由精确数量的金原子(n)和配位体(m)组成，表示为 $Au_n(SR)_m$，其中 n 取值范围高达几百个原子(相对尺寸为 2～3nm)，可以催化多种氧化还原反应，如图 5-19 所示。与传统的纳米金属催化剂相比，$Au_n(SR)_m$ 纳米团簇具有几个明显的特点。首先，金纳米颗粒通常采取面心立方(FCC)结构，而 $Au_n(SR)_m$ 纳米团簇(<2nm)往往采取不同原子堆积的结构。其次，其超小的团簇尺寸导致很强的电子能量量子化作用，与金纳米粒子或金块中存在连续导带的特性并不相同。因此，$Au_n(SR)_m$ 纳米团簇可认为是半导体，并且具有相当大的带隙。此外，$Au_n(SR)_m$ 可以与其他金属的单原子进行掺杂，而这种不同种类原子之间确定结构的掺杂，能够进一步改善纳米簇催化剂的催化性能。总体而言，具有明确精细结构的金原子纳米团簇催化剂有望成为一种新型的明星催化剂。准确表征纳米团簇的结构，将会促进研究者对金属纳米催化剂的深刻理解，并且可以进一步认识到纳米团簇大小和分子活化、活性中心之间的相关性，催化机理与纳米团簇结构之间的相互关系等。明确精细结构的原子纳米团簇催化剂的研究，将有助于某些特定的化学过程中高选择性催化剂的设计与合成。

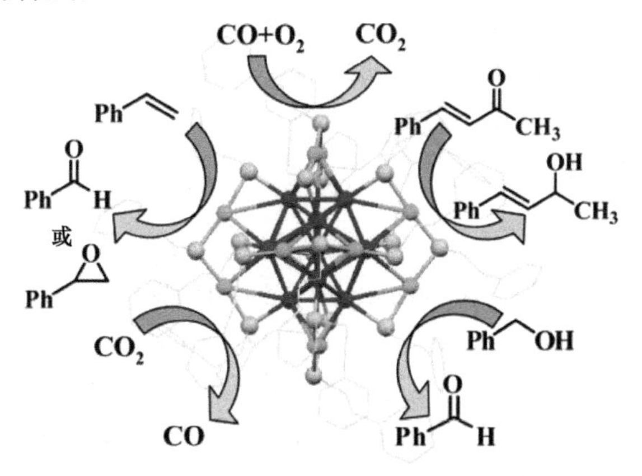

图 5-19 明确精细结构的金原子纳米团簇催化剂催化的有机反应

2. 纳米合金催化剂

在多金属纳米合金催化剂方面，Zhang 等[98]利用高效的合成方法制备了尺寸小于 5nm 由单一(铁、钴、镍)或者复合(钴镍合金)金属组分构成的过渡金属氢氧化物纳米片，再通过金属与硼键联自组装形成了具有催化 Heck 反应的纳米金属微球(图 5-20)。纳米微球增加了催化剂的比表面积，进一步增强了催化剂的吸附能力。相比于常用的钯催化剂，新型纳米微球催化剂的催化活性和选择性更高。

李亚栋等[99]发现双金属纳米粒子催化剂对于硝基芳烃加氢具有较高的催化活性和选择性。他们利用贵金属诱导还原的策略，成功设计合成了一系列不同比例的铑镍双金属纳米粒子。其中三铑一镍双金属纳米粒子催化剂(图 5-21)，因其良好的双金属协同催化作用，在室温下对于取代硝基芳烃化合物都表现出很高的催化活性，选择性最高可达 93%。

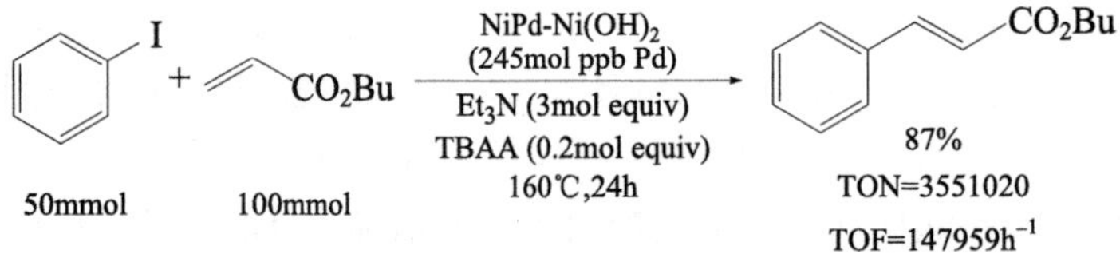

图 5-20 纳米金属微球催化剂催化的 Heck 反应

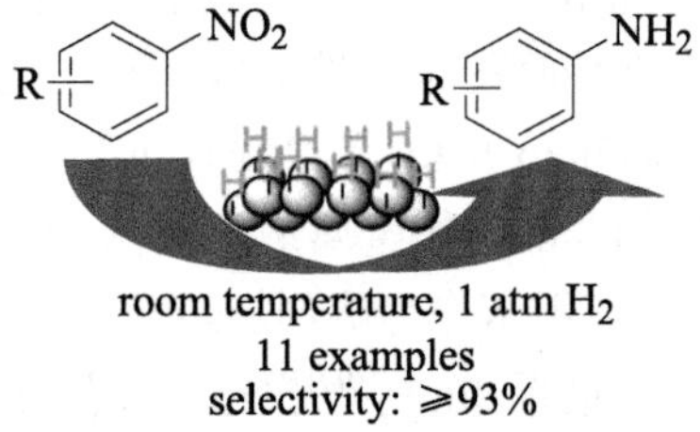

图 5-21 三铑一镍双金属纳米粒子催化硝基芳烃加氢还原反应

3. 负载型纳米金属催化剂

纳米金属颗粒往往容易团聚失活，因此常将纳米金属颗粒锚定在非均相载体上，限制其团聚，保持催化活性，形成负载型纳米金属催化剂。同时兼具金属催化剂和载体的优点、具有较高的活性和选择性、容易回收套用且稳定性好等优点，使得负载型纳米金属催化剂备受人们的青睐。Golovko 等[100]将两种不同配体比例的金纳米团簇负载于二氧化硅颗粒上，研究了在环己烯氧化反应中，金纳米粒子尺寸的变化对催化性能的影响。发现当分子尺寸大于 2nm 的零价金纳米团簇生成后，催化剂显现出良好的催化活性，但是分子尺寸小于 2nm 的零价金纳米团簇对于环己烯氧化反应没有催化活性。Jones 等[101]将钯纳米粒子负载于微孔二氧化硅中树枝状聚乙烯亚胺上，研究了该种新型负载型纳米金属催化剂对于炔烃选择性加氢反应的影响。该催化剂在室温下就具有很高的催化活性和选择性，能够有效地将二苯基乙炔选择性加氢得到顺式的二苯基乙烯，选择性最高可以达到 92 %(图 5-22)。该催化剂的催化能力可以和常用于炔烃液相加氢的钯催化剂相媲美，并且可以循环套用。

4. 纳米金属化合物催化剂

点击化学(click chemistry)反应是一类非常理想的高效快速合成反应，其典型代表为铜催化的叠氮-炔基 Husigen 环加成反应(copper-catalyzed azide-alkyne cycloaddition，CuAAC)，广泛应用于诸多化合物的合成或转化。近期，Francisco Alonso 等[102]报道了负载型铜纳米粒子(CuNPs)催化剂在点击化学中的应用。经过氧化预处理的 CuNPs(氧化亚铜/氧化铜，6.0±2.0nm)活性碳负载型催化剂(CuNPs/C)和磁化重复使用的 CuNPs(3.0±0.8nm)磁化硅胶颗粒负载型催化剂，都能够有效催化多组分和具有区域选择性的 CuAAC，在水相或非均相体系中合成具

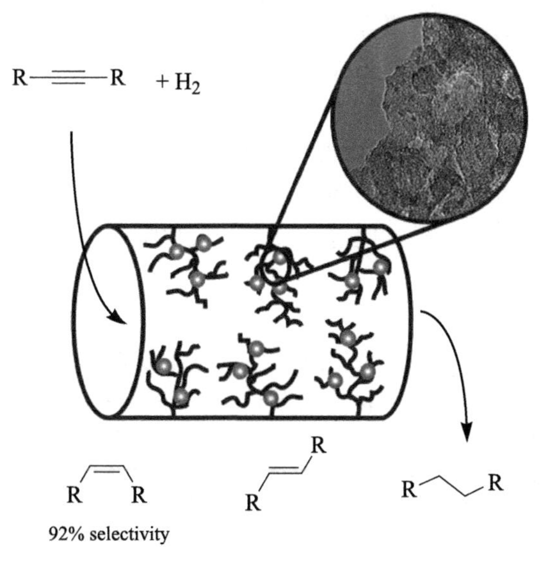

图 5-22 负载型钯纳米粒子催化炔烃的加氢反应

有 1, 4-二取代的 1, 2, 3-三唑衍生物，如图 5-23 所示。利用相同的 CuNPs / C 催化剂，可以催化芳基重氮盐或苯胺类作为叠氮基前体的 CuAAC，从而得到 1 位被芳香基团取代的三唑衍生物。在水相体系中，使用 CuNPs / C 催化环氧乙烷作为前体、具有区域选择性的双点击反应，从而合成 β-羟基-1, 2, 3-三唑衍生物。此外，烯烃可以通过 CuNPs / C 催化的叠氮甲硫基化-烯烃环加成反应，一锅法得到具有立体和区域选择性的 β-甲硫基-1, 2, 3-三唑衍生物。在以上点击反应的研究中，CuNPs / C 相比一些已经商业化的金属铜催化剂，在金属负载量、反应时间、有效产率和可回收性方面表现出更好的性能。

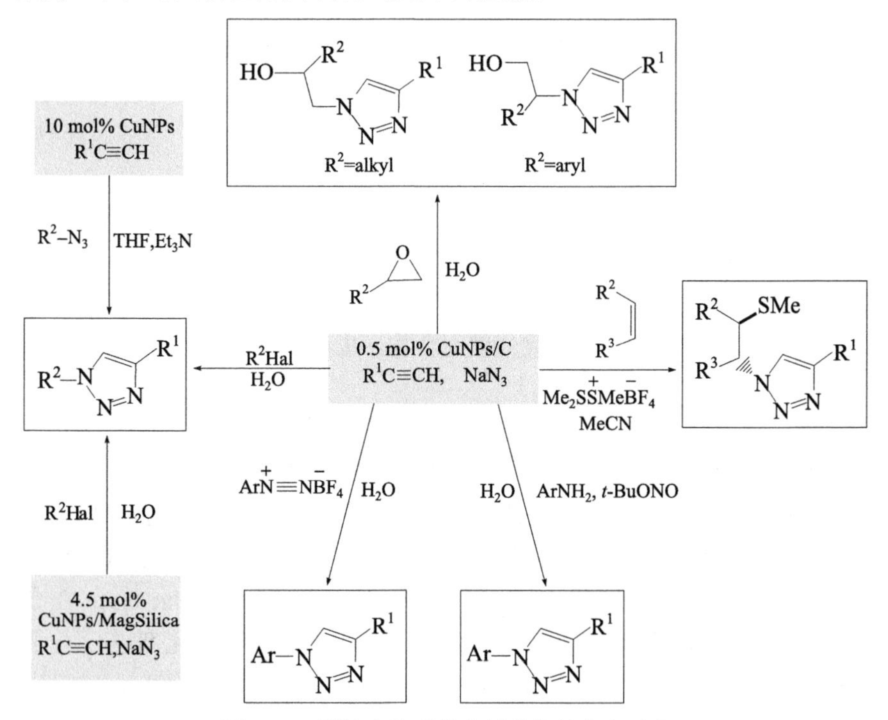

图 5-23 铜纳米粒子催化剂催化的点击反应

纳米金属材料在催化剂领域的研究与应用都是当前和未来材料与化工领域的研究热点。纳米金属催化剂在催化反应中都表现出极高的催化活性和产物选择性。为了建立更多优异的催化体系，人们在纳米金属材料的制备方面进行了许多尝试，从初期简单的制备到后期精细结构的控制，制备出了大量具有优良活性的纳米金属催化剂，建立了具有理论和应用意义的催化体系，解决了诸多有机合成领域的问题，解释了一系列催化反应中的机理问题，对绿色化学的发展起到了重要的作用，极大促进了有机合成化学的进步。

5.3.4 手性催化剂

手性是指物质的一种不对称性，是三维物体的基本属性。如果某物体与其镜像不同，则被称为“手性的”，这两种可能的形态称为对映体(enantiomorph)，彼此是相互对映的。互为对映体的两个分子结构从平面上看是一模一样，但在空间上完全不同，就如同左手和右手互为镜像而无法叠合，科学上把这种现象称为手性，而具有这种特性的分子称为手性分子。手性是自然界的基本属性之一，与生命休戚相关，构成生命体的生物大分子绝大多数是不对称的。例如，DNA 和 RNA 的脱氧核糖和核糖及其他的天然糖类化合物大多是 D 型结构，而构成蛋白质的 20 多种天然氨基酸中除甘氨酸外都是 L 型的，可以说没有具有生物活性的手性化合物，就没有自然界多种多样的生命形态。

近年来，人们对单一手性化合物(如手性医药和农药等)及手性功能材料的需求推动了手性科学的蓬勃发展。手性物质的获得，除了来自天然以外，人工合成是主要的途径。外消旋体拆分、底物诱导的手性合成和手性催化合成是获得手性物质的三种方法，其中，手性催化是最有效的方法，因为它能够实现手性增殖。一个高效的手性催化剂分子可以诱导产生成千上万乃至上百万个手性产物分子，达到甚至超过了酶催化的水平。例如，美国 Knowles 教授首次发明了不对称的催化氢化反应，而 Noyori 对其工作又进行了发展。Knowles 在孟山都公司利用不对称合成的氢化技术成功研制出治疗帕金森病的 L-多巴这一手性药物。Noyori 教授将不对称氢化反应提高到一个很高的程度。Sharpless 教授发明的不对称环氧化反应和双羟化反应，已经成为世界上应用最广泛的化学反应。生产部门在研制治疗心脏病药物过程中应用了这个发明，Noyori 教授的方法也在消炎药和抗菌素的合成中得到了应用。2001 年诺贝尔化学奖授予了 Knowles、Noyori 和 Sharpless，以表彰他们在手性催化氢化和氧化方面做出的卓越贡献，同时也彰显了这个领域的重要性以及对相关领域如药物、新材料等产生的深远影响。

手性催化剂主要是手性过渡金属配合物，它们主要由过渡金属、手性配体、非手性配体和(或)配基组成，其分子可以是中性的手性过渡金属配合物，也可以是离子型的过渡金属配合物盐。

1. 手性配体

手性配体是合成手性催化剂领域的核心。事实上，手性催化合成的每一次突破性进展总是与新型手性配体的出现密切相关。大量研究表明，优秀的手性配体通常是具有 C2 对称轴的磷、氮和氧的单齿或多齿配体，最经典的如 2, 2′-双(二苯膦基)-1, 1′-联萘(BINAP)和 2, 2′-二羟基-1, 1′-联萘(BINOL)的衍生物(图 5-24)。2003 年，美国哈佛大学 Jacobsen 在 *Science* 的视点栏目上发表论文，对 2002 年以前发展的为数众多的手性配体及催化剂进行了评述，共归纳出八种类型的“优势手性配体和催化剂(privileged chiral ligands and catalysts)”[103]。

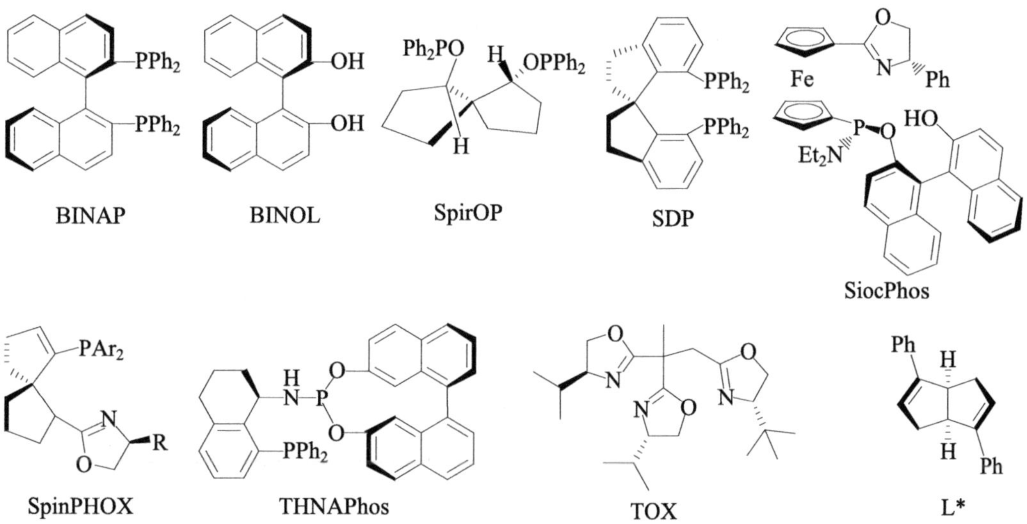

图 5-24　手性催化剂的经典配体和新配体

近些年，我国科学家在手性配体的设计与合成研究中也取得了十分出色的成绩(图 5-24)。1997 年，陈新滋和蒋耀忠等报道了基于螺环骨架的手性双亚膦酸酯配体(SpirOP)[104]，并成功应用于铑催化的脱氢氨基酸衍生物的不对称氢化，这是我国第一个具有自主知识产权的手性配体及催化剂。周其林等基于螺二氢茚骨架设计合成了包括手性膦、氮膦和噁唑啉等在内的系列新型手性配体(如 SDP)[105]，并成功应用于多种过渡金属催化的不对称反应，该类螺环手性配体也逐渐形成一类“优势手性配体”。戴立信和侯雪龙等报道的系列二茂铁手性配体(SiocPhos)在不对称烯丙基取代及 Heck 等反应中取得了优异的区域选择性、非对映和对映选择性[106]。丁奎岭等发展了一系列基于新型螺环骨架的手性膦氮配体(SpinPHOX)，其在前手性亚胺尤其是烷基亚胺的催化氢化中显示出十分优异的对映选择性[107]。郑卓等设计合成了系列非对称性手性膦-亚磷酰胺酯配体(THNAPhos)，发现其在铑催化的α-烯醇酯磷酸酯的氢化反应中显示出优异的对映选择性[108]。唐勇等设计合成了假 C3 对称的三噁唑啉配体(如 TOX)，在多类催化反应中，该类配体表现出优于双噁唑啉配体的催化性能，并提出用“边臂效应”来指导进一步的催化剂设计与合成[109]。最近，林国强和徐明华等报道的新型双烯配体(L*)在铑催化的硼酸酯对磺酰亚胺的加成反应中取得了很好的结果[110]，该配体合成方便，具有潜在的工业应用价值。

2. 手性催化剂的种类及应用

按照手性催化剂在反应体系中的存在形式，可分为手性均相催化剂和手性非均相催化剂。

1) 手性均相催化剂

目前，手性均相催化剂在精细化学品的生产中已经取得了突破性进展。不对称催化氢化反应是研究最早、成果最突出的领域之一。早在 20 世纪 60 年代，美国孟山都公司的 Knowles 就利用手性膦铑配合物催化剂成功地进行了烯烃的不对称催化氢化，于 20 世纪 70 年代中期实现了工业化。而且孟山都公司将有机电合成和不对称催化氢化相结合，开发了一条合成布洛芬(ibuprofen)和萘普生(naproxen)的绿色工艺。整个合成过程中水是唯一的副产物，原子经济性非常高。以布洛芬为例，其合成路线如图 5-25 所示。

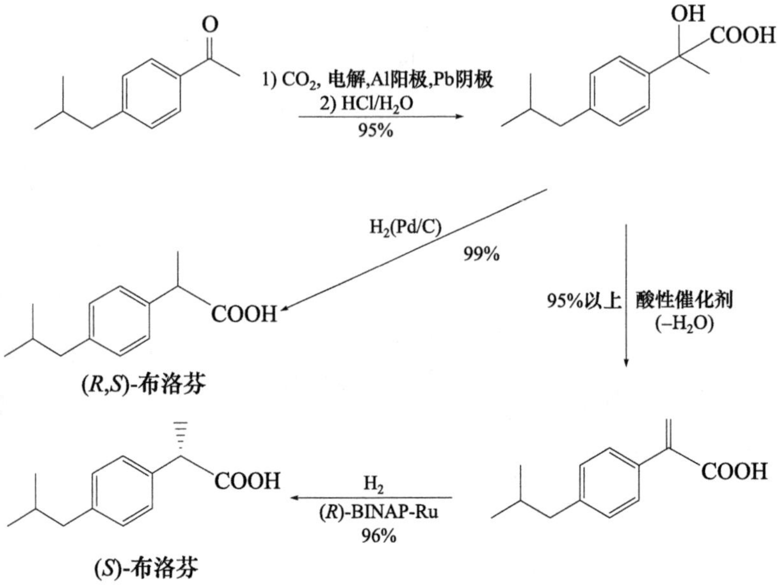

1) CO_2, 电解,Al阳极,Pb阴极
2) HCl/H_2O
95%

H_2(Pd/C)
99%

95%以上 酸性催化剂 ($-H_2O$)

COOH
(*R*,*S*)-布洛芬

H_2
(*R*)-BINAP-Ru
96%

(*S*)-布洛芬

图 5-25 通过电合成和不对称氢化合成(*S*)-布洛芬的路线

采用 BINAP-Rh(Ⅰ)和 MeO-BIPHEP(联苯型手性二膦配体)-Rh(Ⅰ)络合物作为催化剂，烯丙胺的不对称异构化反应具有很高的对映选择性，生成的手性烯胺水解后转化为手性醛，它已成为合成光学活性化合物的重要方法。例如，(–)-薄荷醇作为一种精细化工产品，主要用于烟草工业、制造口香糖和医药，全球每年至少要消耗 4500t。从植物中提取数量有限，不能满足需要，因此它主要来自人工合成。1983 年，日本高砂(Takasago)公司利用 BINAP-Rh(Ⅰ)使烯丙胺(二乙基香叶胺)不对称异构化，工业生产(–)-薄荷醇(图 5-26)，这是目前手性催化反应在工业生产中应用规模较大的实例。

月桂烯 —Li, $(C_2H_5)_2NH$→ 二乙基香叶胺 —[Rh(*S*)-BINAP]$^+$→ (*R*)-香茅醇烯胺

—H_3O^+→ (*R*)-香茅醇 —$ZnBr_2$→ 异长叶薄荷醇 —H_2, Ni催化剂→ (–)-薄荷醇

图 5-26 通过不对称异构化生产薄荷醇

另外，手性均相催化剂还被用来实现不对称环氧化反应、不对称羰基化反应、不对称 Diels-Alder 反应、不对称生成碳碳键的反应以及不对称二羟化和氨羟化反应等。

2) 手性非均相催化剂

手性均相催化剂具有活性高、选择性好和反应条件温和等特点，但是催化剂与产品分离较困难，使这些昂贵的催化剂难以回收再利用。而手性非均相催化剂易与产品分离套用、生产流程简单和可操作性强等特点，目前已成为本领域的研究热点之一。已报道的手性非均相催化剂主要有以下几种：

(1) 负载型手性过渡金属配合物催化剂。利用物理或化学方法将手性过渡金属配合物负载在载体上，所用载体有无机物(如硅胶、氧化铝、活性炭等)和有机高分子或者大分子。但是将手性催化剂负载在载体上往往降低了催化剂的催化活性及立体选择性，因此，近年来人们对一些新的负载方法进行了研究。例如，李灿和杨启华等[111]发展了在纳米笼中封装手性催化剂的新方法[图 5-27(a)]，并实现了固体材料上的协同手性催化，这是微、纳米尺度多相手性催化的一个重要进展。另外，他们还成功合成了新型手性纳米孔材料，发现纳米孔的限域效应可以显著影响分子的手性识别与传递过程，获得比相应的均相催化更好的结果。范青华等[112]发展了可溶性手性聚合物催化剂[图 5-27(b)]，以可溶性树状大分子为载体，发展了三维有序、结构精确可控的负载催化剂，实现了“一相催化，两相分离”，获得了比均相催化更好的催化性能，如在铱催化喹啉的不对称氢化中显示出极高的活性和优异的对映选择性，催化剂可以方便地回收和循环使用。丁奎岭等[113]突破传统思路，提出了手性催化剂“自负载”的概念[图 5-27(c)]，利用手

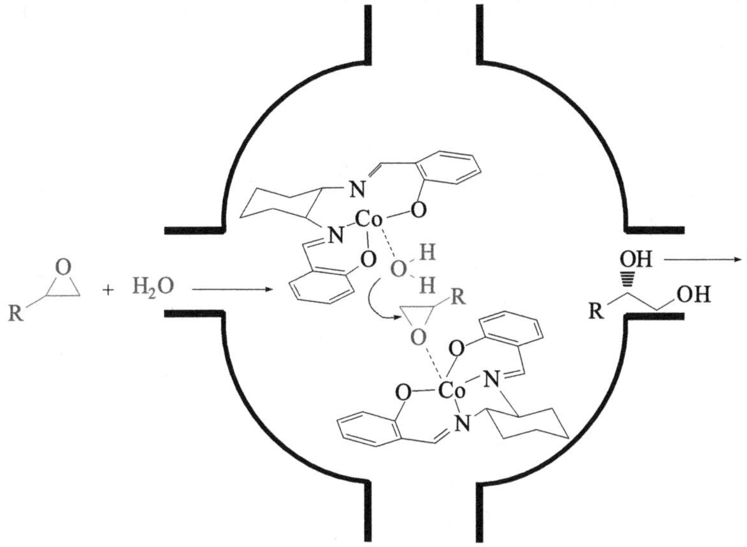

(a) 纳米笼中实现手性催化剂的催化反应

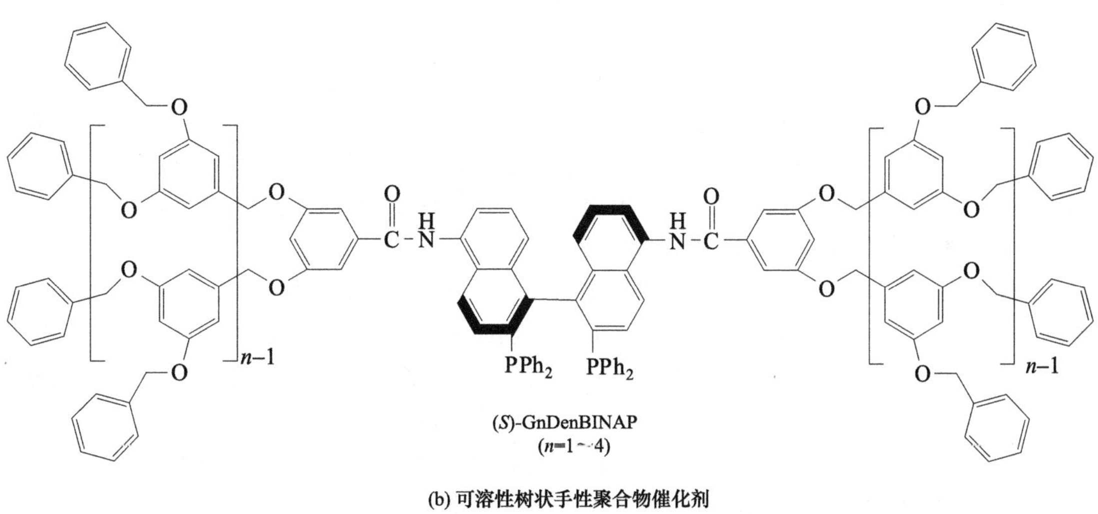

(S)-GnDenBINAP
(n=1～4)

(b) 可溶性树状手性聚合物催化剂

图 5-27

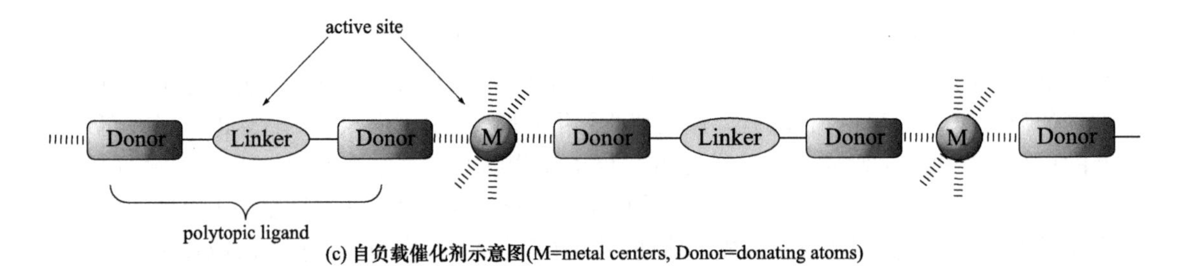

(c) 自负载催化剂示意图(M=metal centers, Donor=donating atoms)

图 5-27(续)

性有机-金属组装体的手性环境、催化活性以及在有机溶剂中的难溶性，高选择性地实现了羰基-烯、氧化和不对称氢化等反应，为手性催化剂的负载化开辟了新的思路。

(2) 手性配体修饰型金属催化剂。在非均相催化剂中引入手性修饰分子作为不对称反应的立体控制官能团，是制备手性固相催化剂的又一重要方法。例如，用酒石酸修饰骨架镍/硅树脂催化剂，以及金鸡纳碱/氧化铝催化剂，这些催化剂大量用于酮酸酯类化合物的不对称氢化反应，对映选择性明显提高。

(3) 手性夹层催化剂。它是将手性过渡金属配合物嵌入层状化合物的层间而制成的一种多功能催化剂，具有手性过渡金属配合物的高催化活性、高选择性以及夹层催化剂的择型催化等优点，是实现手性过渡金属配合物固相化的一种新技术。

(4) 手性沸石分子筛催化剂。以沸石分子为主体，通过桥键引入手性过渡金属配合物，可以制得手性沸石分子筛催化剂，这种催化剂可以同时具有沸石分子筛和手性过渡金属配合物两者的优点。例如，Corma 等[114]利用 L-脯氨酸衍生出来的含氮配体与 Rh 形成络合物，在支载官能团三乙氧基硅的作用下桥联到具有超微孔结构(孔径 1.2～3nm)的 USY 分子筛上，制成手性沸石分子筛催化剂。用于 *N*-酰基脱氢苯丙氨酸类化合物的不对称氢化，e.e.值高达 95%；若将 Rh 换成 Ni，用于烯酮类化合物的不对称烷基化反应，e.e.值也高达 95%。因此，具有手性的沸石分子筛催化剂的问世，使此类催化剂的使用价值大大增加。

一般地，手性非均相催化剂的催化活性和立体选择性不如均相催化剂，为了在不降低催化剂活性和立体选择性的前提下，有效地回收和再利用催化剂，需要人们不断地总结和发展新概念和新方法。

另外，手性鎓盐类催化剂属于手性相转移催化剂，包括手性季铵盐、手性季鏻盐和手性季锍盐等，其中手性季铵盐类催化剂是目前不对称催化反应中研究最多的一类催化剂，而其中又以金鸡纳碱和麻黄碱衍生而得的季铵盐最受重视。它们在烷基化反应、Aldol 反应、Micheal 加成反应、Darzens 反应、α, β-不饱和酮的环氧化反应等一系列反应中都表现出较高的产率和立体选择性，典型结构如图 5-28 所示。

手性冠醚类催化剂也是手性相转移催化剂。手性冠醚的研究起始于 70 年代初，80 年代被进一步用于不对称催化反应，特别是 Michael 加成反应，取得了令人瞩目的成绩。根据手性源的不同，通常手性冠醚有以下一些结构类型：以联二萘基为手性源的手性冠醚[图 5-29(a)]，以酒石酸为手性源的手性冠醚[图 5-29(b)]和以单糖为手性源的手性冠醚[图 5-29(c)]。以上三类是最常见的手性冠醚，此外，还有以手性氨基醇为手性源的冠醚，以氨基酸为手性源的冠醚，以樟脑为手性源的冠醚及以富马酸为手性源的冠醚。

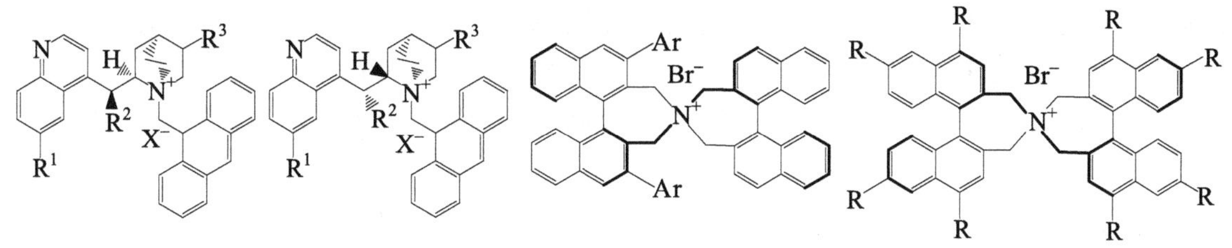

图 5-28　典型的手性季铵盐催化剂的分子结构

R^1=H 或 OMe; R^2=OH, OMe, OBn 或 OCH_2Ph; R^3=OH, Cl, Br 或 HF_2；Ar=H 或芳香基；R=$SiMe_2(CH_2CH_2C_8F_{17})$

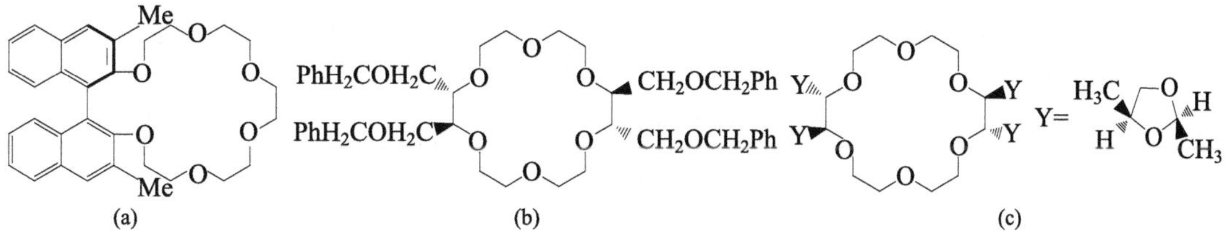

(a)　(b)　(c)

图 5-29　手性冠醚类催化剂的典型结构

在目前普遍使用的季铵盐和冠醚两类手性催化剂中，前者的结构对反应对映选择性影响较大，而手性冠醚对大多数反应(尤其是 Michael 加成)都具有较好的对映选择性，影响手性冠醚对映选择性催化效果的因素主要是冠醚环的大小及金属离子种类，但是其毒性较大、合成困难及价格昂贵等，其工业应用受到限制。因此，用手性相转移催化反应进行不对称合成是一项具有潜在应用价值的新技术，进一步改良手性催化剂，探索手性相转移催化机理，据此设计高效率和高选择性的催化剂反应体系，有利于促进这一技术的发展与应用。

5.3.5　协同催化反应催化剂

1. 协同催化原理

由多种催化剂或者多个催化循环共同作用形成一个新化学键的过程，称为协同催化或协同催化作用(synergistic catalysis/cooperative catalysis)[115]。如图 5-30 所示，协同催化根据其催化过程不同可以分为四种催化过程。当同一种催化剂分别对亲核和亲电反应物进行催化，这种过程可以称为双功能催化(bifunctional catalysis)；当一种反应底物被两种催化剂同时催化，这种催化过程称为双激活催化(double activation catalysis)；当一种底物被两种催化剂顺序催化，这种催化过程称为级联催化(cascade catalysis)；仅有两种催化剂分别对两种底物进行催化，这种过程属于严格定义的协同催化。

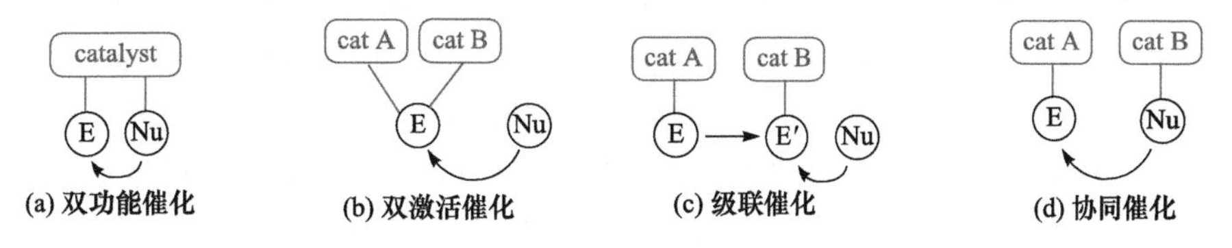

图 5-30　协同催化剂系统的分类

协同催化过程常是两种催化剂对反应的两种底物分别进行催化，通过提高亲核反应物的最高占据轨道(HOMO)，降低亲电反应物的最低未占有轨道(LUMO)，最终达到降低整个反应的能量，实现催化化学转化的过程。简而言之，两种催化剂共同催化形成了合力作用，达到1+1>2 的效果。利用协同催化能够完成新的化学转化、提高已知化学反应的转化率并且改善化学反应的空间选择性。

协同催化中催化剂可以是常见的重金属或者过渡金属催化剂、纳米颗粒、离子液体、酸碱混合催化剂，甚至可以是光和超声波等物理手段。但对于协同催化，最关键的过程是催化剂选配过程,不恰当的配对并不能产生协同效应甚至会导致催化剂失活。以酸碱催化剂为例，当选用不合适的酸和碱进行配对时，因为酸碱的中和反应，催化剂失活，而选用硬 Lewis 酸和软 Lewis 碱催化剂进行配对，则可以缓解这个问题[116]。另一方面，协同催化剂的空间距离也将极大影响催化剂的活性[117]。以硫醇/磺酸酸碱配对催化剂为例，当巯基与磺酸基的空间距离在 3 个碳原子左右时，这种催化剂能对双酚 A 的合成过程产生最佳的催化效应，这种协同催化比随机混合的相同配对催化剂催化活性高出约 3 倍[118,119]。

2. 协同催化的功能及应用实例

协同催化的作用主要体现在三个方面：①提高化学反应的转化率；②完成新的化学转化；③提高催化过程的空间立体选择性。

1) 提高反应的转化率

对于传统的由亚氨基酯和酮通过［2+2］环加成生成 β-内酰胺的过程，利用 BQ(结构如图 5-31 右所示)催化剂可以完成高选择性的转化，其 e.e.可超过 95%，但是它的反应整体转化率仅在 50%左右。如果加入 $In(OTf)_3$ 作为其协同催化剂，则可以在保持原有高选择性的同时提高其转化率至 90%以上[116]。

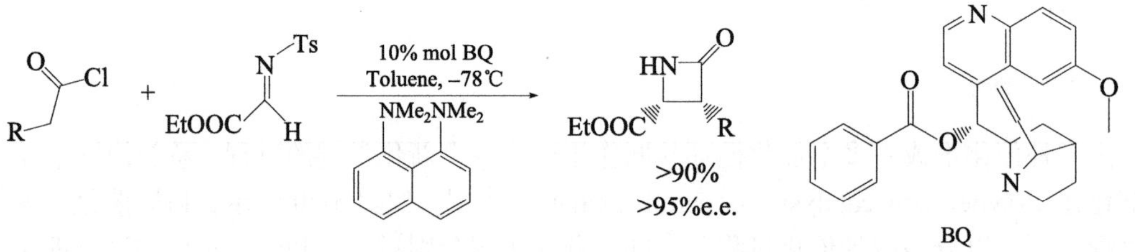

Cl
R
+
Ts
N
EtOOC
H
10% mol BQ
Toluene, –78℃
NMe2NMe2
HN
O
EtOOC
R
>90%
>95%e.e.
N
O
O
N
BQ

图 5-31 β-内酰胺的生成反应及 BQ 催化剂的结构

另外一种十分有效的例子是金属和有机协同催化系统(metal-organic cooperative system，MOOC)对醛基 α 碳的碳-碳偶联(hydroacylation)反应转化率的提升[120]。如图 5-32 所示，巧妙地利用一种酰亚胺的形成，避免传统的金属催化过程中可能发生的脱羰基过程。

传统的利用乙酸胺催化烯醛和肟缩合生成吡啶的反应通常产率很低(<5%)，但是通过 CuI 与$(i\text{-Pr})_2NH$ 协同催化，可以将这一过程的转化率大幅提高[121]。在这一过程中，CuI 首先还原肟的 N—O 键，形成具有亲核能力的亚胺铜，另一半烯醛同时与胺发生缩合反应，形成亚胺类化合物，两者缩合后形成二氢吡啶类(dihydropyridine)化合物，经过脱氢即可生成吡啶类化合物(图 5-33)。

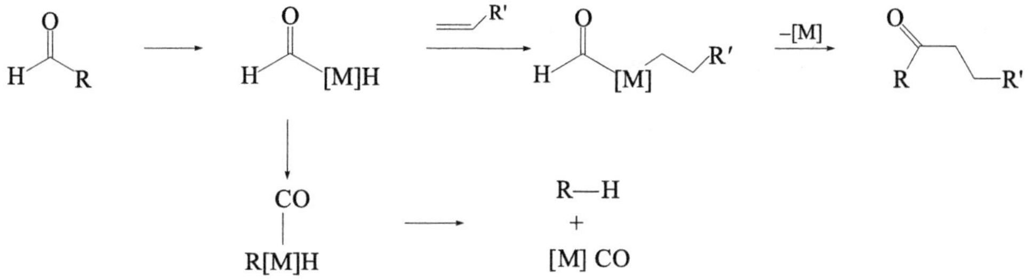

(a) 传统的通过金属催化的醛基α碳的碳-碳偶联过程

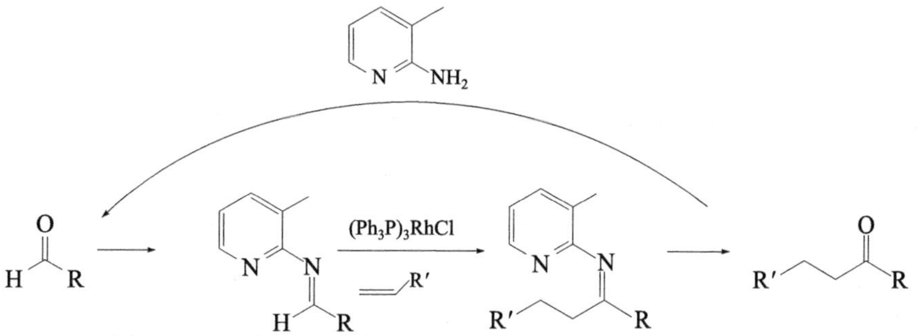

(b) 改善后加入3-甲基-2-氨基吡啶与金属催化剂协同催化醛基α碳的碳-碳偶联过程

图 5-32

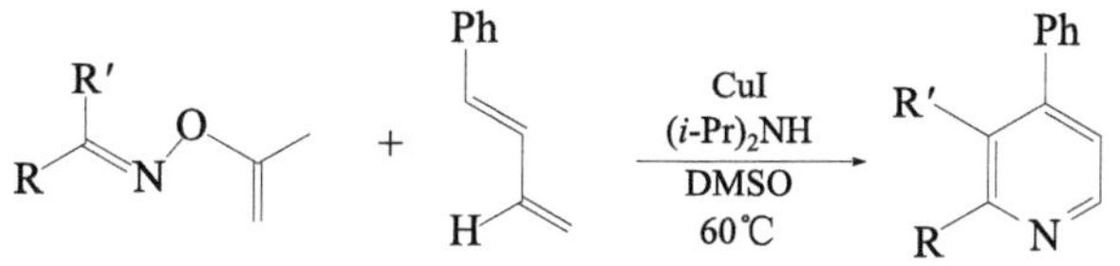

图 5-33　烯醛和肟在 CuI 和(*i*-Pr)$_2$NH 的协同催化下发生［3+3］缩合形成吡啶类化合物

2) 完成新的化学转化

某些反应在非协同催化的条件下无法完成，它们只有在利用两种合适的催化剂协同催化时，才能发生有效的转化，并得到相应的产物。例如，多取代环戊醇类化合物的生成反应[122]，利用 Lewis 酸催化剂[Ti(O*i*-Pr)$_4$]和 *N*-杂环卡宾(*N*-heterocyclic carbene)的协同催化作用，可以使得图 5-34 的反应十分有效地向产物多取代环戊醇转化，转化率可以达到 50%以上。而去掉当中的 Lewis 酸催化剂后，反应将无法向产物转化。

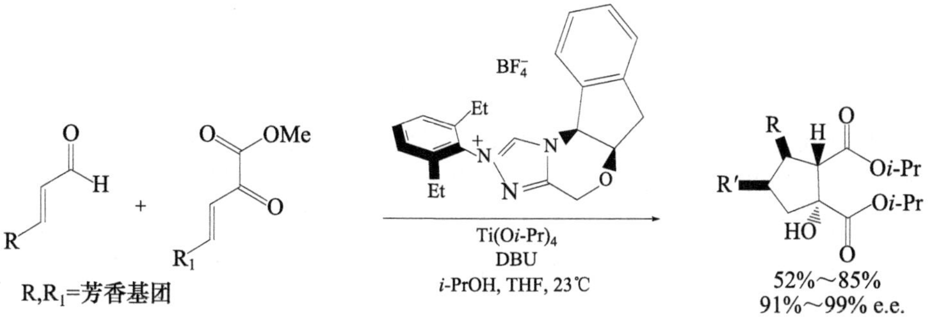

R,R$_1$=芳香基团

Ti(O*i*-Pr)$_4$
DBU
i-PrOH, THF, 23℃

52%～85%
91%～99% e.e.

图 5-34　多取代环戊醇的协同催化合成方法

有些反应只能在用两种催化剂协同催化时才能发生，当单独用其中任意一种催化剂时，均不会向协同催化的产物转化。一个很有意思的例子是炔醇和烯醇的偶联反应，如图 5-35 所示[123,124]。如果用 V 单独催化，会发生 Meyer-Schuster 重排，生成对应的酮；如果用 Pd 单独催化，则烯醇的碳(与羟基直接相连的碳)会取代炔醇的羟基氢；而当使用 Pd/V 协同催化时，才能生成烷基烯酮产物(allylated enone)。

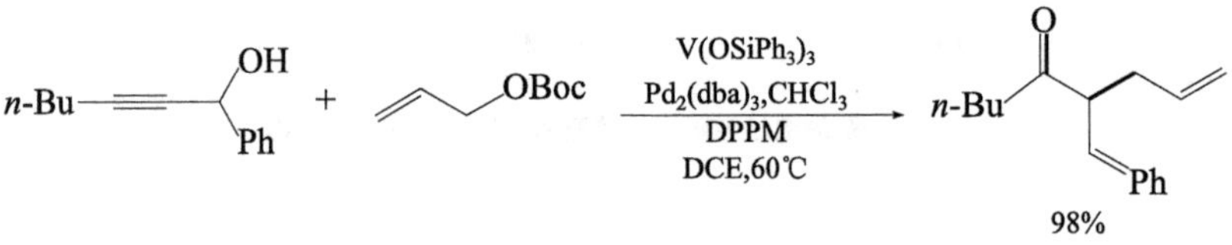

图 5-35 Pd/V 协同催化的炔醇与烯醇偶联反应

协同催化可以将某些需要多步完成的化学反应转化为一步完成，如图 5-36 所示，利用 Lewis 酸催化剂(AgOTf)和有机小分子催化剂(脯氨酸)协同催化作用，将炔苯甲醛(alkynylbenzaldehydes)、胺与酮类化合物同时反应，生成 1, 2-二氢异喹啉类衍生物[125]。

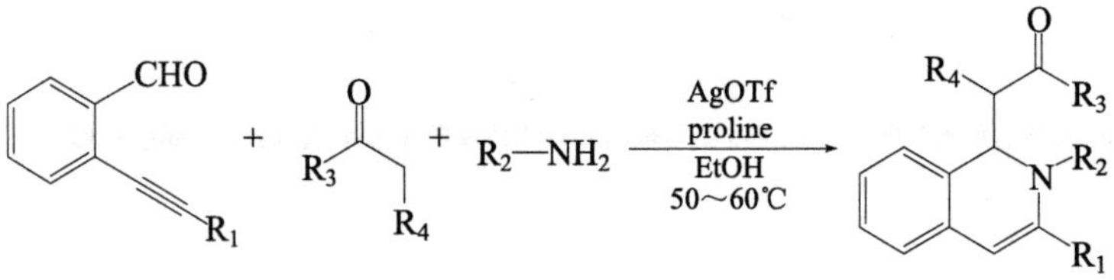

图 5-36 Lewis 酸催化剂与有机小分子催化剂协同催化多组分反应

3) 提高反应的选择性

协同催化能够有效地改善手性产物的收率，利用 2,6-二甲基吡啶(2,6-lutidine)和手性 HBArF 催化剂(图 5-37)可以有效地对硝基苯乙烯进行巯基加成，获得手性产物，其 e.e.值可超过 94%[126]。

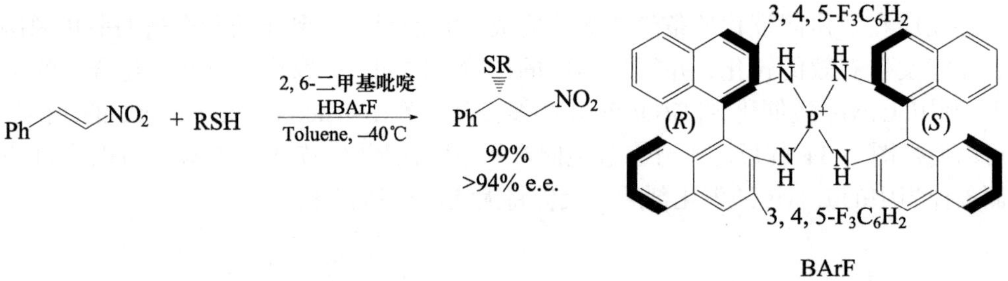

图 5-37 手性布朗斯特酸与非手性布朗斯特碱协同催化对硝基苯乙烯的手性加成

利用手性咪唑啉酮催化剂(IMC)与 $FeCl_3$ 协同催化可以有效地对醛基 α-碳进行氧化，这个反应需要用到一个单电子转移试剂(TEMPO)。如图 5-38 所示，这种协同效应使得原先不仅不易发生的醛基 α-碳氧化具有较高的收率，同时 e.e.值可达到 32%～90%。有意思的是最先发现这个氧化反应的研究者[127]并不认为 $FeCl_3$ 在反应中起到催化作用，这个协同机理直到 3 年后才由另一研究者揭示[128]。

另外一个协同催化提升空间选择性的反应是醛基 α-碳烷基化。如图 5-39 所示，利用手性磷酸衍生物(PA)和 $Pd(PPh_3)_4$ 协同催化，可以将反应的 e.e.值提升至 70%～98.5%[129]。催化剂手性磷酸衍生物具有双重作用：作为布朗斯特酸提供质子，同时失去质子后形成的共轭碱可以作为Pd的配体促进催化反应进行。

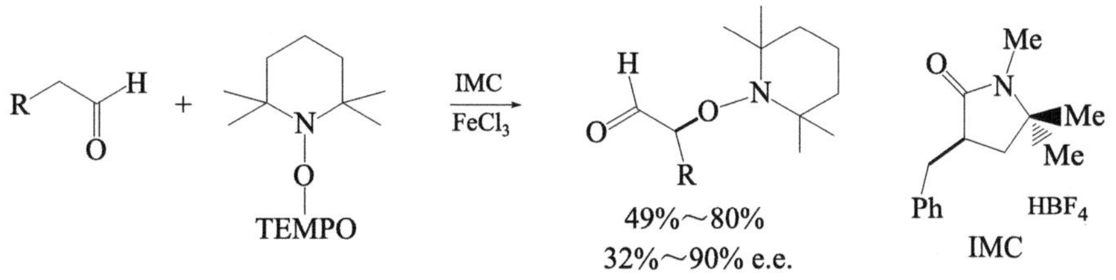

$$\text{R-CH}_2\text{-CHO} + \text{TEMPO} \xrightarrow[\text{FeCl}_3]{\text{IMC}} \text{OHC-CH(R)-O-N(TMP)} \quad 49\%\sim80\%,\ 32\%\sim90\%\ \text{e.e.}$$

IMC: HBF$_4$ salt (Me, Me, Me, Ph)

图5-38 手性咪唑啉酮催化剂与$FeCl_3$协同催化醛基α-碳氧化

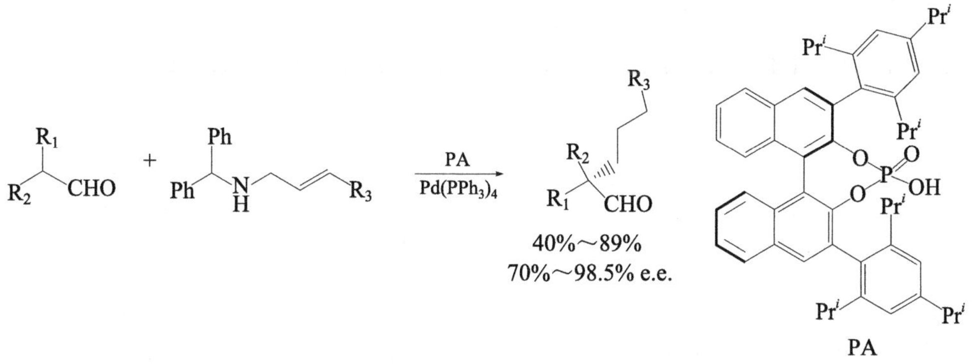

$$R_1R_2CH\text{-CHO} + \text{Ph}_2\text{CH-NH-CH}_2\text{CH=CH-R}_3 \xrightarrow[\text{Pd(PPh}_3)_4]{\text{PA}} R_1R_2C(\text{CHO})\text{-CH}_2\text{CH}_2\text{CH}_2R_3 \quad 40\%\sim89\%,\ 70\%\sim98.5\%\ \text{e.e.}$$

PA (Pr^i, Pr^i, Pr^i; O, P, O, OH)

图5-39 手性磷酸衍生物和Pd(0)协同催化醛基α-碳烷基化

总之，协同催化是两种或多种催化剂在同一化学转化过程中共同发挥功能的过程。从功能上而言，协同催化可以有效提升化学反应转化率，提高化学反应的空间选择性，实现新的化学转化。同时多功能协同催化作为一种新型催化方法，仍有许多具有潜力的催化剂配对期待着研究者进行更多的研究。

*5.3.6 生物酶催化剂

生物催化是指使用有生物活性的酶或活细胞作为催化剂的合成反应。生物催化主要是用酶作催化剂。酶是一类具有效率高、专一性强、活性可调节的生物催化剂，其反应具有五大显著特征：极高的专一性，也就是选择性强；很高的催化效率，远远超过一般的化学催化剂；反应条件温和，常温、常压、接近中性，活性能够自动调节；适合进行均相或非均相催化。

生物催化技术经过了最初的利用酶来催化化学反应，到20世纪80～90年代以蛋白质工程为基础的目标酶基因的挖掘时期，以及始于现在的基于分子生物技术的蛋白质定向进化技术时期。目前，生物催化已由最初的根据酶的特性来设计反应过程，转变为根据反应过程的需要来改造生物催化剂以满足反应的需要。下面分别予以介绍。

1) 生物催化的传统筛选

微生物是生物催化剂最主要的来源，微生物种类繁多。生物催化剂的筛选就是寻找能够产生生物催化剂的微生物细胞。筛选流程主要包括土样采集、富集培养、纯种分离、生物转化和菌种鉴定。

2) 目标生物催化剂基因的挖掘

随着基因测序技术的飞速发展，生物数据库中基因和基因组序列数据非常多，研究人员可以从大量的基因数据库中获得自己想要的目标酶基因。所谓基因挖掘就是根据所选定的探针酶基因序列，在数据库中检索同源酶的编码序列，根据选定的基因序列设计引物，利用PCR技术从相应的微生物基因组中扩增目标基因，并进行重组表达。

3) 生物催化剂的定向进化和理性改造

通过对酶分子的修饰(改造和创造)以满足工业规模生产的需求，一直是化学生物学家的梦想。起初，科学家们对催化剂分子的基因序列进行随机突变，通过大规模的筛选步骤，最终获得活性及稳定性得到改善的生物催化剂。随着越来越多的蛋白质晶体结构被解析，生物催化剂的改造从定向进化进入构建更加精简突变体库的理性设计以及半理性设计，并通过快速、精准的突变体库筛选方法选出目标突变体。

酶催化具有温和的反应条件、节省能源、转化率高以及选择性好、环境友好等特点，不仅可以用于制造精细化工关键中间体，特别是手性中间体，如手性胺、醇、氨基酸、醛、酮等，还可以用于合成复杂的多个手性中心的药物、生物活性大分子。因此，酶催化成为精细化学品合成关键技术之一，其广泛应用将成为绿色精细化工的重要发展趋势。

酶催化剂不仅包括从生物体(动物、植物和微生物)中提取的各种酶，还包括可直接作为酶源使用的各种生物细胞，也包括固定化酶和固定化细胞。酶是由活细胞产生的，其主要成分为蛋白质，是催化各种生物化学反应的生物催化剂，具有很高的催化效率，而且往往对催化底物具有专一选择性。按照催化反应的类型，酶的种类很多，常用于有机合成的酶包括水解酶、裂解酶、异构酶、转移酶、氧化还原酶等几大类。

1. 水解酶类

水解酶(hydrolase)是指在有水参加下，把大分子物质底物水解为小分子物质的酶，大多不可逆，一般不需要辅助因子。此类酶的数量日增，是目前应用最广的一种酶，据估计生物转化利用的酶三分之二为水解酶。在水解酶中，又可以按照其底物来分类，包括脂肪酶、酰胺酶、腈水解酶和环氧水解酶等。

1) 环氧水解酶

环氧水解酶(epoxide hydrolase)能立体选择性地将水分子加到环氧底物上形成相应的手性物质，应用此酶，能够得到具有光学活性的物质，该酶在生物体内的外源性化合物代谢中起着重要的作用。环氧水解酶在生物体内尤其是微生物体内普遍存在。由于一种酶只能专一地催化一种对映异构体的反应，另一种对映异构体则不反应，因而可以实现对映异构体动力学拆分。Alain Archelas 等[130]利用各种环氧水解酶对不同的环氧衍生物消旋体混合物进行动力学拆分(图 5-40)，目标产物光学纯度很高。

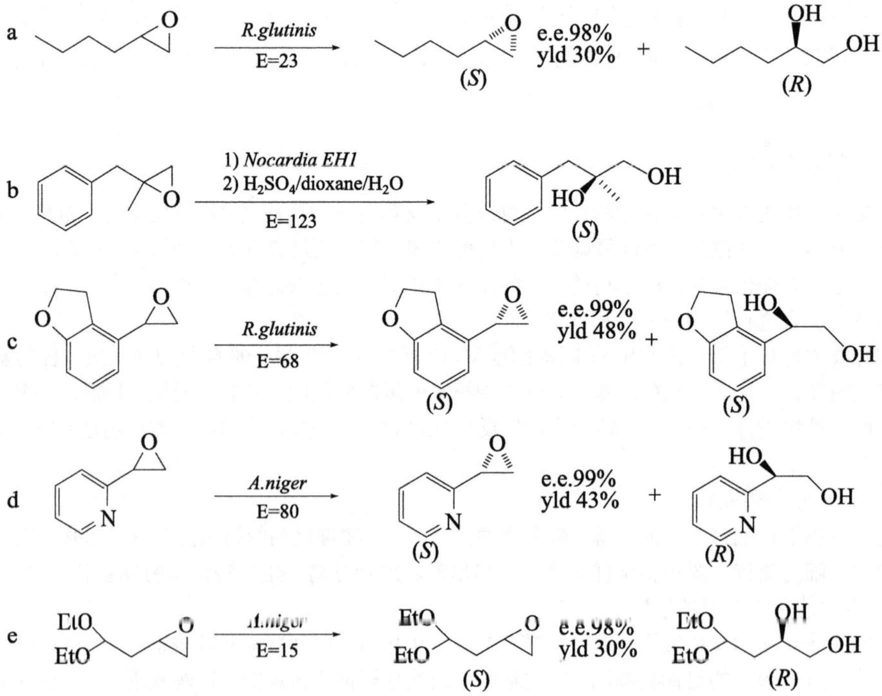

a *R.glutinis*, E=23: (*S*) e.e.98% yld 30% + (*R*)

b 1) *Nocardia EH1* 2) H_2SO_4/dioxane/H_2O, E=123: (*S*)

c *R.glutinis*, E=68: (*S*) e.e.99% yld 48% + (*S*)

d *A.niger*, E=80: (*S*) e.e.99% yld 43% + (*R*)

e *A.niger*, E=15: (*S*) e.e.98% yld 30% (*R*)

图 5-40 各种环氧水解酶对不同环氧化合物的动力学拆分

2) 腈水解酶[131]

腈基水解得到羧酸的反应，广泛应用于精细化工、医药中间体等；然而，化学水解反应的条件苛刻且伴随有大量盐类形成，为后续的分离纯化带来困难，也造成一定的环境污染。腈水解酶(nitrilase)直接催化腈生成相应羧酸，因反应条件温和、环境污染少、成本低、高选择性而备受关注。腈类水解酶可以通过一步法把腈类转化为相应的酸。例如，Ram Singh 等利用从红球菌属物质中提取的腈水解酶催化外消旋萘普生腈类化合物的水解合成非甾体抗炎(*S*)-萘普生，产物效率非常高，具有很好的工业生产价值(图 5-41)。

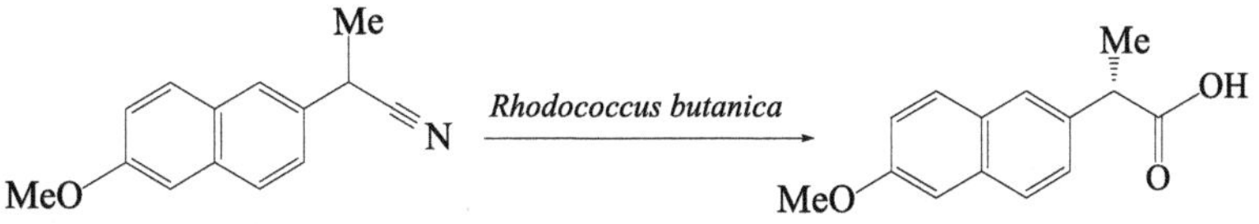

Me MeO N *Rhodococcus butanica* Me OH MeO O

图 5-41 腈水解酶合成非甾体抗炎(*S*)-萘普生

2. 裂解酶类[132]

裂解酶(lyases)也称裂合酶，指所有能催化从底物上移去一个基团而形成双键的反应或其逆反应的酶，种类很多。

1) 羟氰裂解酶

羟氰裂解酶(hydroxynitrile lyases)能够催化氰醇断裂为氢氰酸和相应的醛或酮，或者其逆反应，即醛(酮)与氢氰酸反应产生手性氰醇。高纯度的手性氰醇是合成很多医药和农药的中间体，由手性氰醇可以进一步选择性水解为手性羟基乙酰胺或羟基乙酸。各种羟氰裂解酶大都来自植物界，作用条件温和。例如，从木薯中获得的 *S*-羟氰裂解酶[(*S*)-MeHNL]，可以催化各种脂肪和芳香醛类与氢氰酸的反应，产物为 *S*-氰醇(图 5-42)。

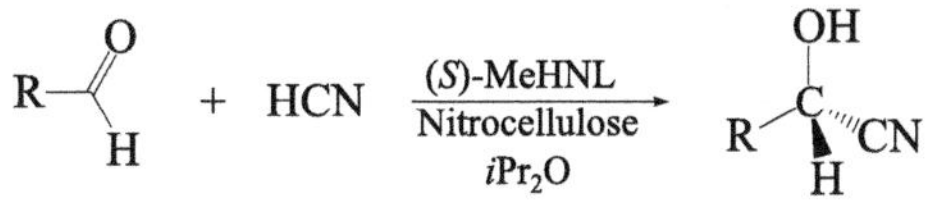

R O H + HCN (*S*)-MeHNL Nitrocellulose *i*Pr_2O OH R C CN H

图 5-42 *S*-羟氰裂解酶催化合成 *S*-氰醇

2) 酪氨酸酚裂合酶和脱羧酶

多巴胺是哺乳动物中枢神经系统的神经传递质，也是激素降肾上腺素和肾上腺素的前体。临床上用于治疗急性循环系统不全和低血压。两种裂合酶分两步，将转化为多巴胺。首先经过酪氨酸酚裂合酶催化邻苯二酚与丙酮酸反应得到 3, 4-二羟基-L-苯丙氨酸(L-DOPA)，L-DOPA 再经脱羧酶催化合成多巴胺(图 5-43)[133]。

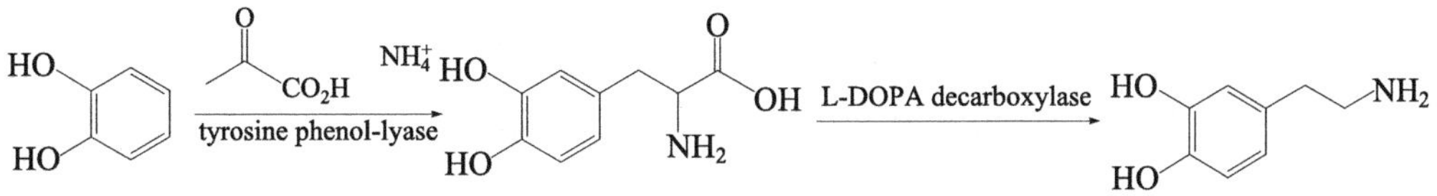

HO HO O CO_2H NH_4^+ tyrosine phenol-lyase HO HO O OH NH_2 L-DOPA decarboxylase HO HO NH_2

图 5-43 两步裂合酶法催化合成多巴胺

3. 异构酶

异构酶(isomerase)能催化顺反异构化、消旋化和差向异构化等多种异构化反应。例如，葡萄糖异构酶、木糖异构酶、丙氨酸消旋酶等。

单糖分子中带有多个手性中心，是药物研发中的重要合成砌块。如图 5-44 所示，通过各种单糖异构酶，实现基团的区域异构或旋光异构。特别有意义的是可以通过对常见的单糖(如葡萄糖等)异构化转化为其他自然界罕见的单糖，其中有些罕见单糖是重要的精细化学品。例如，D-psicose 糖是 FDA 授权的可在食品工业中广泛使用的功能甜味剂，而 D-allose 糖在医药领域具有重要价值，已被发现具有抗肿瘤、抗炎等药物活性[134]。

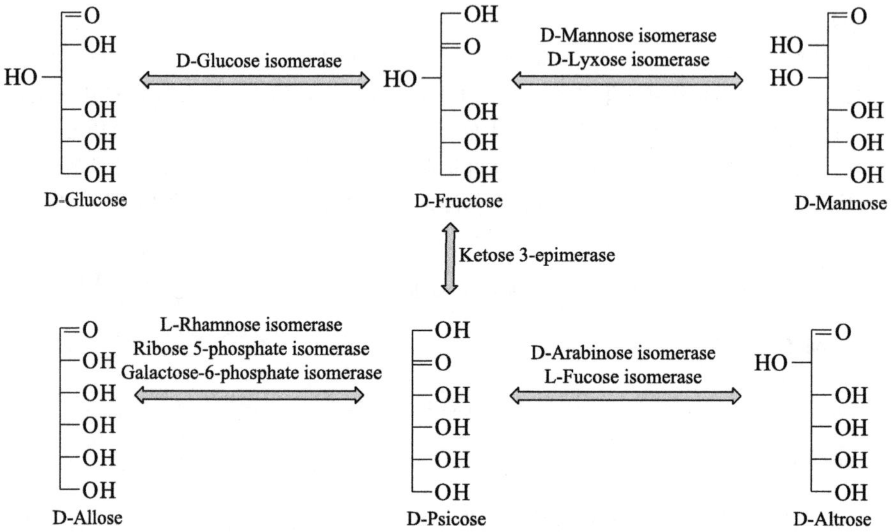

图 5-44 六元单糖异构酶使单糖互相转化

4. 转移酶

转移酶(transferase)催化一种底物分子上的特定基团(如酰基、糖基、氨基、磷酰基、甲基等)转移到另一种底物分子上，在很多场合，供体是一种辅酶，它是被转移基团的携带者，所以大部分转移酶需有辅酶的参与。在转移酶中，转氨酶是应用较多的一类酶，已被用于大规模合成非天然手性氨基酸。

转氨酶催化氨基酸与酮酸之间的相互转化具有可逆性，因此关键要驱使反应平衡向目标非天然氨基酸移动。一种方法是利用两种转氨酶，如图 5-45 所示，其中一种转氨酶 AT1 负责催化生成目标氨基酸，另一种转氨酶 AT 2 则负责将生成的另一酮酸产物转化为容易分解的羰基丁二酸(释放二氧化碳)，从而有利于提高目标氨基酸的产率。当然也可以用一种转氨酶与另一种非转氨酶配合的方法，非转氨酶的辅助作用在于将生成的酮酸转化、消耗[135]。

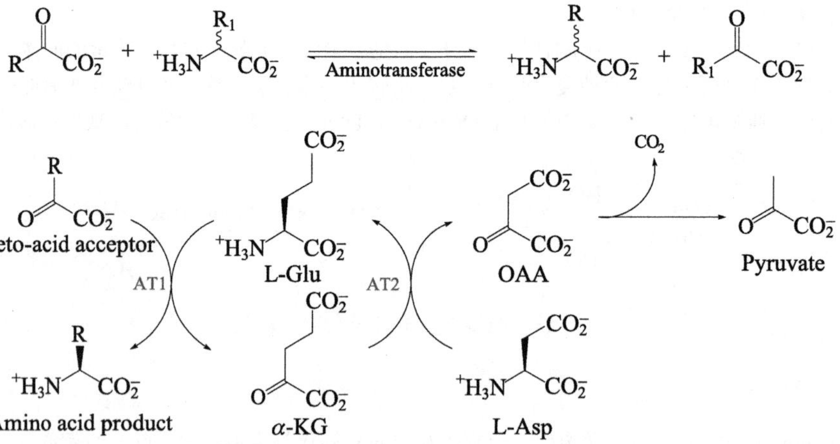

图 5-45 转氨酶催化酮酸与氨基酸的相互转化平衡反应和两种转氨酶联用有利于生成目标氨基酸

5. 氧化还原酶

氧化还原酶(oxidoreductases)是一种能够催化物质进行氧化/还原反应的酶，反应时需要电子供体或受体，多数需要辅助因子的参与。根据受氢体的不同可将其分为 4 类，分别是氧化酶、脱氢酶、过氧化物酶和加氧酶。例如，氧化酶(oxidase)具有能催化物质被氧气氧化的作用，脱氢酶(dehydrogenase)具有能催化从物质分子脱去氢的作用。

Pilar Hoyos 等[136]提出了用不同的生物催化转化策略合成不对称 α-羟基酮。一是采用 α-二酮为原料，利用立体选择性脱氢酶；二是以 α-羟基酮的外消旋体为原料，采用氧化酶只选择性地转化其中一种对映异构体(如 *R* 型)为 α-二酮，未转化的另一种单一的对映异构体就被拆分出来(图 5-46)。

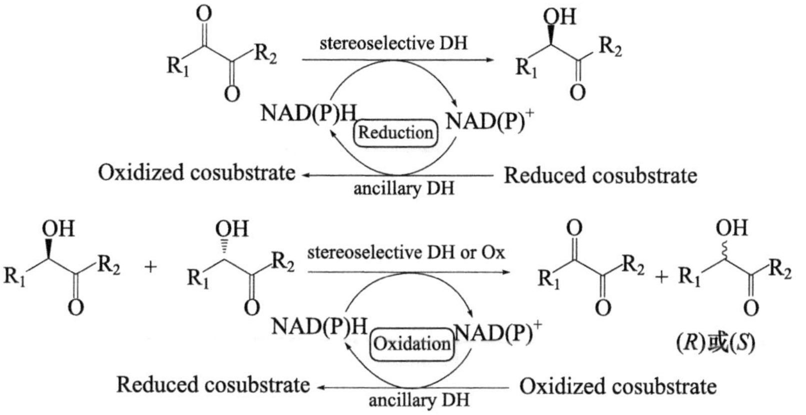

图 5-46　氧化还原酶参与的不对称 α-羟基酮两种合成方式

6. 复杂手性药物分子合成——以 Omapatrilat 为例[137]

多个手性中心的药物合成非常复杂，往往需要很长的步骤，尤其困难的是手性中心的构筑。采用生物酶催化技术，极大地简化了手性合成的难度和成本。以血管肽酶抑制剂 Omapatrilat 为例(图 5-47)，分子中含有四个手性中心。

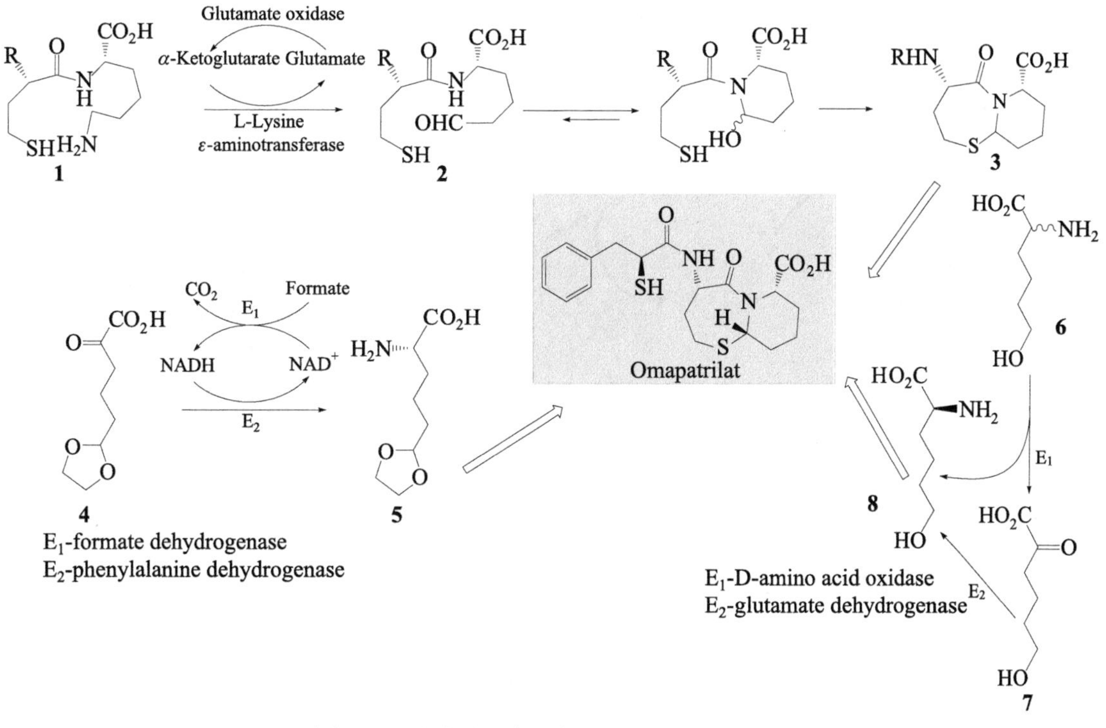

图 5-47　多步酶法合成高血压药物 Omapatrilat

合成 Omapatrilat 涉及三个关键中间体，三个关键中间体的合成都采用了酶催化：①采用转氨酶将原料二肽 1 中的氨基转化，得到醛中间体 2，2 再经过环合转化为关键中间体 3；②苯丙氨酸脱氢酶催化将原料酮酸 4 转化为手性氨基酸 5(e.e.> 98%)，而生成的副产物甲醛用甲醛脱氢酶氧化成二氧化碳除去；③对于另一种原料，外消旋体氨基酸 6，采用 D-氨基酸氧化酶将 D-氨基酸氧化从而获得关键中间体 L-氨基酸 8，或者也可以将氧化产物酮酸用脱氢酶还原得到 L-氨基酸 8。由中间体 3、5 和 8 采用化学合成，拼接得到最终产物。

Omapatrilat 合成中两个手性中心的构筑方式，是通过不同的酶催化策略来拆分或合成手性氨基酸。这个例子表明生物酶催化技术对于药物合成具有不可替代的重要性。

*5.3.7 石墨烯类催化剂

石墨烯(graphene)是一种由 sp^2 碳原子组成的呈六角形蜂巢晶格的平面薄膜，其厚度仅为一个碳原子层的厚度(约 0.335nm)，是构筑零维富勒烯、一维碳纳米管、三维石墨的基本单元(图 5-48)。2004 年，英国曼彻斯特大学物理学家 Andre Geim 和 Konstantin Novoselov 成功从石墨中分离出石墨烯，证实它可以单独存在，两人也因此共同获得 2010 年诺贝尔物理学奖。

目前，石墨烯应用的研究层出不穷，已经成功应用到众多领域。本节主要从石墨烯作为催化剂和催化剂载体两个方面来论述功能化石墨烯在精细化学品合成中的应用。

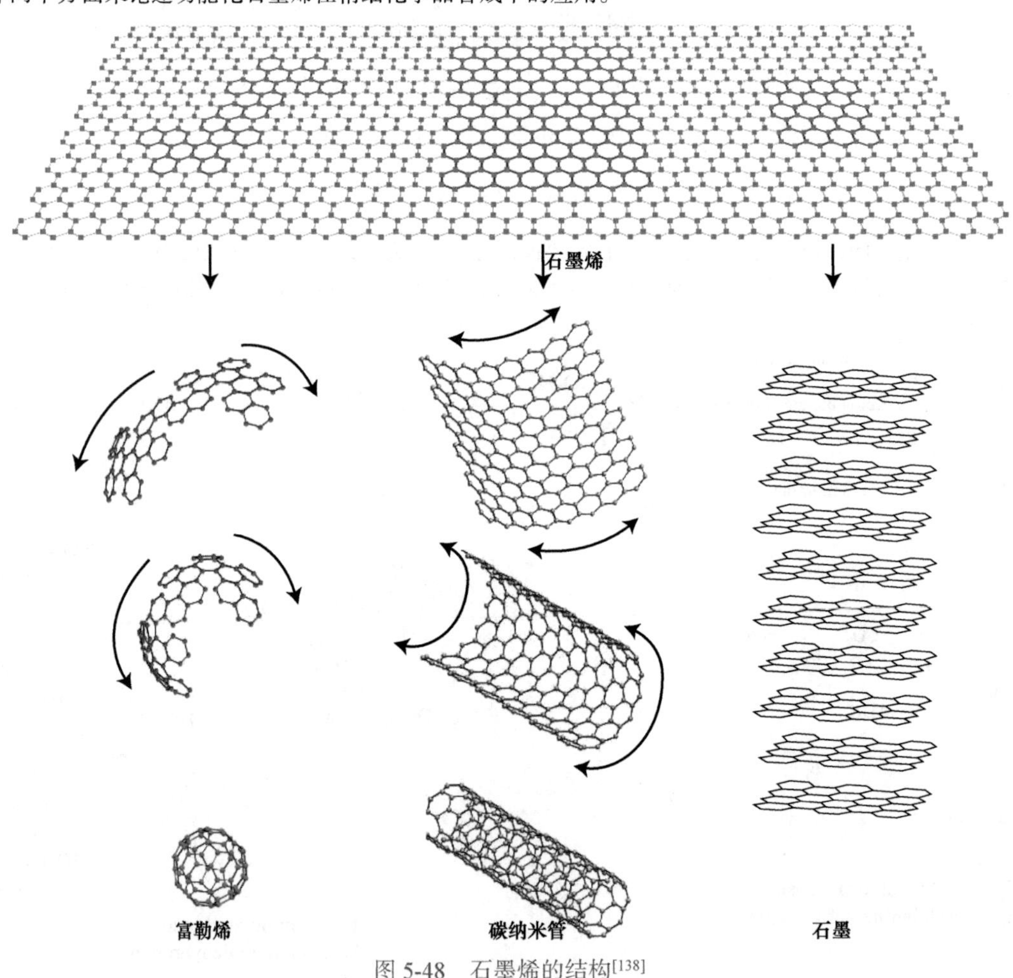

图 5-48 石墨烯的结构[138]

1. 石墨烯作为催化剂

石墨烯所具备的高比表面，良好机械性能，优异的导热、导电能力使得它在催化方面存在巨大的潜能。石墨烯的前体氧化石墨烯(GO，图 5-49)具有和石墨烯同样的二维结构，除此之外，氧化石墨烯表面存在大量的含氧官能团，官能团的总质量甚至可以达到氧化石墨烯自身质量的一半以上。这些官能团之间存在着排斥力，为氧化石墨烯稳定存在提供了条件。另外，这些官能团多数比较容易去除和衍生，使得氧化石墨烯很容易修饰改性，为氧化石墨烯自身作为一种优异的催化剂做好了铺垫。

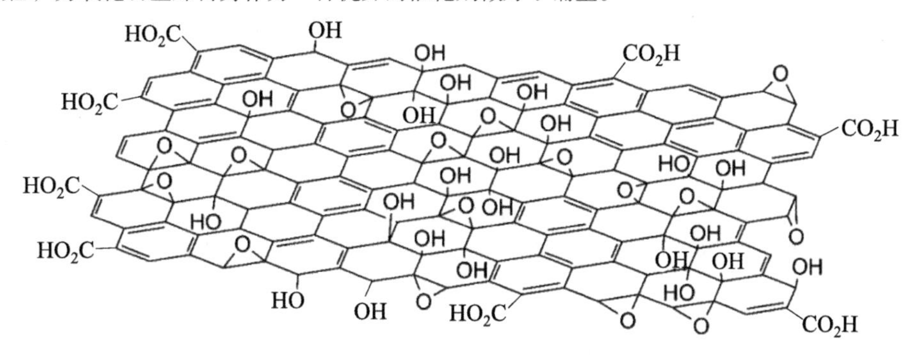

图 5-49 氧化石墨烯的结构

2010 年，Bielawski 等[139]发现氧化石墨烯可以催化苯甲醇的氧化随后，他们又通过控制反应条件，将醇类和炔烃同时氧化成相应的醛和酮(图 5-50)，再继续在氧化石墨烯的催化作用下促使醛和酮发生缩合反应生成烯酮。这是首次报道使用非金属催化剂通过醇和炔一步法制备烯酮，转化率达到 60%以上[140]。

Rao 等[141]用氧化石墨烯催化 Friedel-Crafts 反应。在装载量为 50wt%时，反应 2h 即可得到 90%以上的转化率，而纳米 CuO 装载量为 10mol%时反应 24h，转化率为 24%，Al_2O_3 装载量为 50wt%时反应 10h，转化率才为 14%，MgO 纳米颗粒装载量为 10mol%时反应 24h，转化率仅 9%(图 5-51)。在此反应中，氧化石墨烯可以循环使用，且活性变化不大，相对于金属催化剂，氧化石墨烯的活性有了数量级的提高，并且具有良好的稳定性。

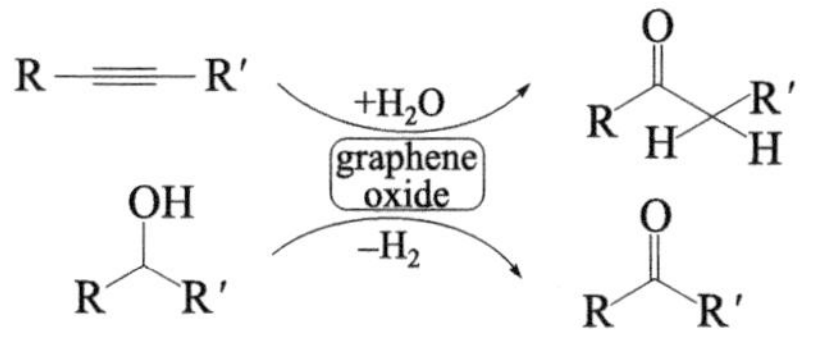

图 5-50 炔烃和醇类同时氧化成相应的酮和醛的反应

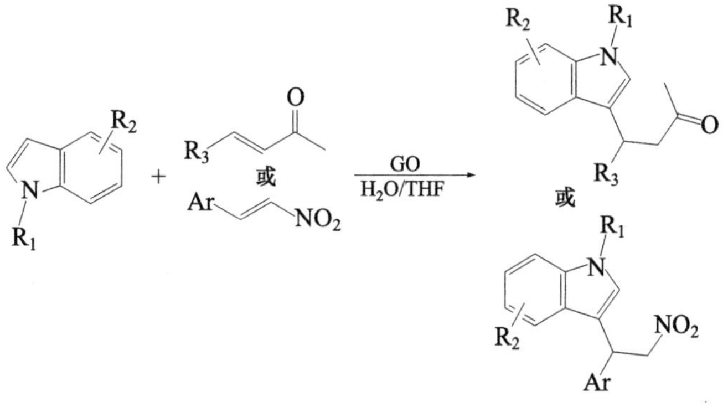

图 5-51 氧化石墨烯催化的 Friedel-Crafts 反应
R_1=H, Me; R_2=H, I, Br, CN, NO_2, OMe, Me; R_3=H, CH_3; Ar=aryl; 16 examples, 0～92% yields

Chauhan 等[142]用氧化石墨烯催化合成联吡咯甲烷和 4-吡咯环，转化率高达 90%以上，选择性高于 95%，此反应在室温下就可以进行。类似还有 Long 等[143]将氧化石墨烯通过冷冻干燥的技术制备成柱形的多孔泡沫状固体，此固体可吸附 SO_2 气体，被吸附的 SO_2 在常温下就可以被固体的氧化石墨烯氧化生成 SO_3。在此过程中，黄棕色的氧化石墨烯固体缓慢变成了黑色，表明氧化石墨烯自身被还原，这与 Bielawski 的结果类似，即氧化石墨烯在催化氧化的过程中，自身既充当催化剂，也充当氧化剂。

综上，氧化石墨烯作为催化剂用量较大，且稳定性较金属催化剂为差，但氧化石墨烯作为一种非金属催化剂可以避免重金属污染，而且在氧化石墨烯失活后，只需要通过原氧化方法再氧化一次，氧化石墨烯又可以恢复活性，氧化石墨烯这一系列的优势为非金属催化开辟了道路。

与氧化石墨烯相比，石墨烯表面没有那么多的氧化基团，在改性和氧化方面不具备氧化石墨烯的优势，但正因为石墨烯表面的基团量较少，相对于氧化石墨烯，石墨烯的导电性能更好，机械强度更高，在一些复合物和一些电化学材料中有更好的应用。Wang 等[144]在 2011 年用石墨烯与聚合物氮化碳(g-C_3N_4)形成一种复合物 graphene/g-C_3N_4(GSCN)，此两种物质在环己烷的氧化中单独使用均没有催化活性，但当两种复合之后，石墨烯优良的导电性以及与 C_3N_4 互相匹配的导带和价带，可以大大地降低反应的活化能，使得环己烷可以顺利被氧化成相应的酮和醇。除此之外，此催化剂对其他的烃类(如环辛烷、苯乙烯、二苯甲烷等)都有一定的催化活性。

2. 石墨烯作为催化剂载体

石墨烯具有超高的比表面、良好的导电性和机械强度，作为催化剂载体具有良好的潜质。从石墨烯问世至今，石墨烯作为催化剂载体应用在很多有机反应中，如加氢/还原、氧化、偶联、酸碱催化等。

1) 加氢/还原反应

Gao 等[145]发现 RGO 可以作为一种无金属催化剂用于硝基苯的还原。在使用水合肼为还原剂时，室温下苯胺的产率可高达 97.4%。Marquardt 等[146]以离子液体为溶剂，微波加热制得石墨烯负载高分散的 Ru 和 Rh 催化剂(M-NP/CDG)。该催化剂能够在无溶剂条件下高效地催化苯加氢(图 5-52)。Zhang 等[147]先在石墨烯表面负载 Pt 纳米颗粒，紧接着利用模板法生成了一层介孔 SiO_2 薄膜。借助外加介孔形成的限域效应，提升了 Pt 在苛刻条件下的抗烧结能力和加氢活性。该方法针对一系列金属组分(如 Pd、Ru 等)均有效。

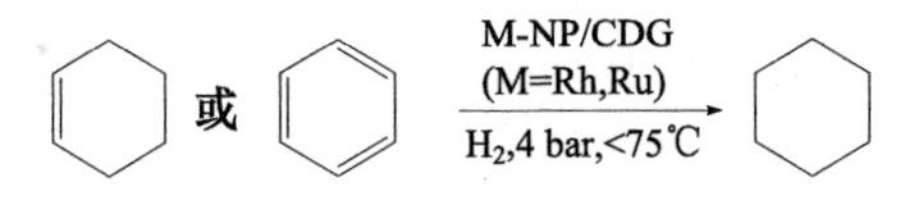

图 5-52　环己烯和苯的高效催化加氢反应

2) 氧化反应

Ma 等[148]通过气相沉积法制备了氮掺杂的石墨烯片(LC-N)，并用于乙苯的选择性氧化。结果发现：随着 N 含量的不断增加，乙苯的转化率和苯乙酮的选择性不断提升，分别高达 98.6%和 91.3%。通过分子动力学模拟发现：石墨烯中起主要作用的是石墨型 N，它将导致邻位 C 带正电，有利于活性氧物种的形成，这对乙苯的 C—H 氧化起着至关重要的作用。Kim 等[149]采用干法合成石墨烯负载的 Ru 纳米颗粒催化剂(GNS-RuNPs)，该催化剂能高效氧化各类醇；通过简单的焙烧得到氧化态的催化剂(GNS-RuO_2NRs)，可用于各类酮的转移加氢反应，催化剂表现出高活性、高选择性和高稳定性(图 5-53)。

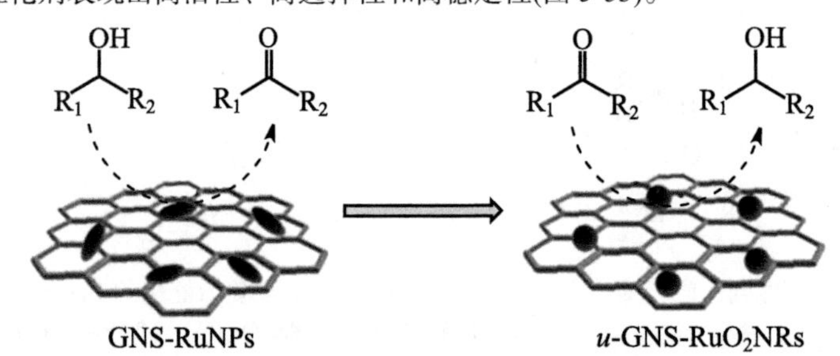

图 5-53　纳米颗粒催化剂催化的氧化/还原反应

3) 偶联反应

最近，石墨烯和氧化石墨烯被认为是 Pd 催化碳碳偶联反应非常有潜力的载体，Scheuermann 等[150]利用氧化石墨烯表面的氧化官能团来研究 Pd 纳米粒子的固定和嵌入。与 Pd/C 相比，以氧化石墨烯和石墨烯为载体的催化剂在 Suzuki-Miyaura 反应中显示出更高的催化活性和非常低的 Pd 流失(<1ppm)。催化剂可以循环使用，但是催化活性有所降低。在另一项工作中，Pd/GO 催化剂被证明在 Suzuki 和 Heck 碳碳偶联反应中都具备优良的催化活性，Pd/GO 催化剂被循环使用了 8 次，Suzuki 反应中 TOF 高达 108000h^{-1}，作者认为这是 Pd(0)在石墨烯载体上的高分散度所导致的(颗粒尺寸 7～9nm)。Li 等[151]使用十二烷基磺酸钠作为表面活性剂和还原剂制备 Pd/GO 催化剂，Pd 颗粒尺寸为 4nm，在空气条件下的水溶液中对 Suzuki 反应具有良好的催化性能。Zhang 等[152]报道了 AuNPs/GO 纳米复合物在催化氯苯和芳香硼酸的 Suzuki 反应中具有非同一般的活性(产率高达 98%)，而且可循环利用(循环 6 次产率还高于 90%)(图 5-54)。

$$\text{Ph—Cl} + (HO)_2B\text{—Ph} \xrightarrow[NaOH,H_2O]{AuNPs/GO} \text{Ph—Ph}$$

Use	1st	2nd	3rd	4th	5th	6th
Yield(%)	96	94	94	93	92	92

图 5-54　AuNPs/GO 催化的 Suzuki 反应及循环次数的效率表

4) 酸碱催化反应

Fan 等[153]采用 RGO 为载体，通过自由基反应嫁接苯磺酸，赋予了石墨烯液体酸的性质。该复合物被用作高效耐水型催化剂水解乙酸乙酯，不仅催化效率可与液体酸相提并论，而且重复使用活性优异。Yan 等[154]同样采用石墨烯为载体，通过连续的去质子化/碳金属化和亲电取代反应制得了石墨烯复合物(NEt₃-G)。该复合物能作为一种无金属、环保、价格低廉的固体碱用于乙酸乙酯的水解(图 5-55)。

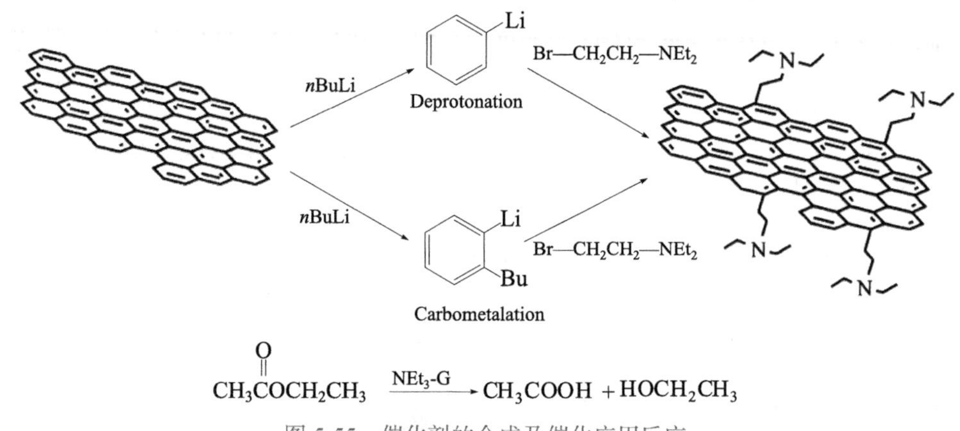

图 5-55　催化剂的合成及催化应用反应

总之，与传统催化体系相比，目前石墨烯基催化反应体系的转化率还较低，尚不足以广泛应用于工业生产。但是，石墨烯催化剂性质稳定，易与反应产物分离，循环利用率高，可以在较低的反应温度下活化有机小分子的 C—H 键，并且转化率和选择性都比较高。此外，在某些反应体系中石墨烯可以替代贵金属催化剂，还可以实现化学反应的绿色化。今后，在积极开发石墨烯催化反应体系的同时，还应该合成更多类型的石墨烯复合催化材料，并将其用于开发更多绿色、高效的催化反应体系。

*5.4　精细化学品清洁合成新技术展望——超分子化学

从前文不难发现，精细化学品清洁合成的核心是高效的催化技术。新兴的纳米技术、生物技术等都是主要通过提供高效催化剂来对绿色精细化工做出贡献。因此，发展新型高效、高选择性、低成本、可回收利用的绿色催化剂，是精细化工实现可持续发展的重要途径。

在寻找新的高效绿色的合成方法中，自然界中的生物体给出了最佳的典范。细胞在极温和的条件下很轻松地完成一些在化学实验室不可能或很难进行的反应，细胞也能够制造许多复杂的产物。我们向自然学习，可以了解到生物体合成物质的奥秘，其本质就在于多个生物大分子之间的相互识别、组装、协同。并非是单个分子的不同功能单元以共价键的形式连接在一起，而是不同分子依靠分子间弱键作用而形成一个具有规整结构和特定功能的整体，而这正是超分子化学所研究的内容。

超分子化学利用各种分子间弱键相互作用，包括氢键、静电引力、配位、范德华力、疏水作用、π-π 堆积、阳离子-π 吸附等，组装出新型的超分子催化剂就像精巧的机器。超分子化学将一个个不同功能模块作为零件，装配成排列规整、比表面积高的空腔或孔道等微纳米结构，强化催化活性、选择性；或者构筑智能分子开关，通过化学刺激，控制催化反应的“开-关”等。超分子化学为催化剂的开发提供了新的视角和新的策略。超分子化学与催化技术的结合是当前绿色化学研究的前沿和焦点。

5.4.1　分子自组装催化体系

高效不对称催化反应往往受多组分共同调控，除了催化中心，还需手性配体和其他功能基团。在催化过程中，如何确保这些基团的协同作用，对于催化性能的影响十分关键。分子自组装的策略可以很方便地使不同功能模块组装在一起构筑超分子催化体系，实现高活性和高立体选择性。

分子自组装依赖于分子间的各种弱的相互作用[155]。尽管单重这些作用力不如共价键稳定，然而如果存在多重相互作用的自组装体系就有足够的稳定性。自组装催化剂正是依靠多重弱相互作用将催化活性部分和其他的功能模块集成在一起。有利于构筑多功能催化体系，提高催化活性、选择性等。

当然，分子间相互作用的“弱”也可能是自组装催化剂的独特优势，因为自组装过程可以是可逆的相变过程，促进自组装体的催化功能，并有利于其回收利用。

1. 小分子模块化自组装手性催化剂

手性催化剂要求立体化学控制单元与催化活性单元或者是一体的，或者空间上非常接近。要在单个分子内实现二者的集成，往往催化剂的合成会比较复杂，成本高，而且单分子手性催化剂常出现较高的转化率和较高立体选择性不可兼得的情况。而自组装催化剂的设计，可以对不同功能单元分别进行精确设计和优化，形成功能模块；再利用自组装将各个模块集成起来，形成超分子催化剂，在保持良好催化活性和转化率的同时，获得高的立体选择性。

2007 年 Clarke 等[156]利用分子间氢键作用设计了一例模块化自组装型的有机催化剂，它由手性中心和催化剂两部分组成，催化剂和手性中心通过分子间氢键结合在一起(图 5-56)，并首次用于催化 Michael 反应，

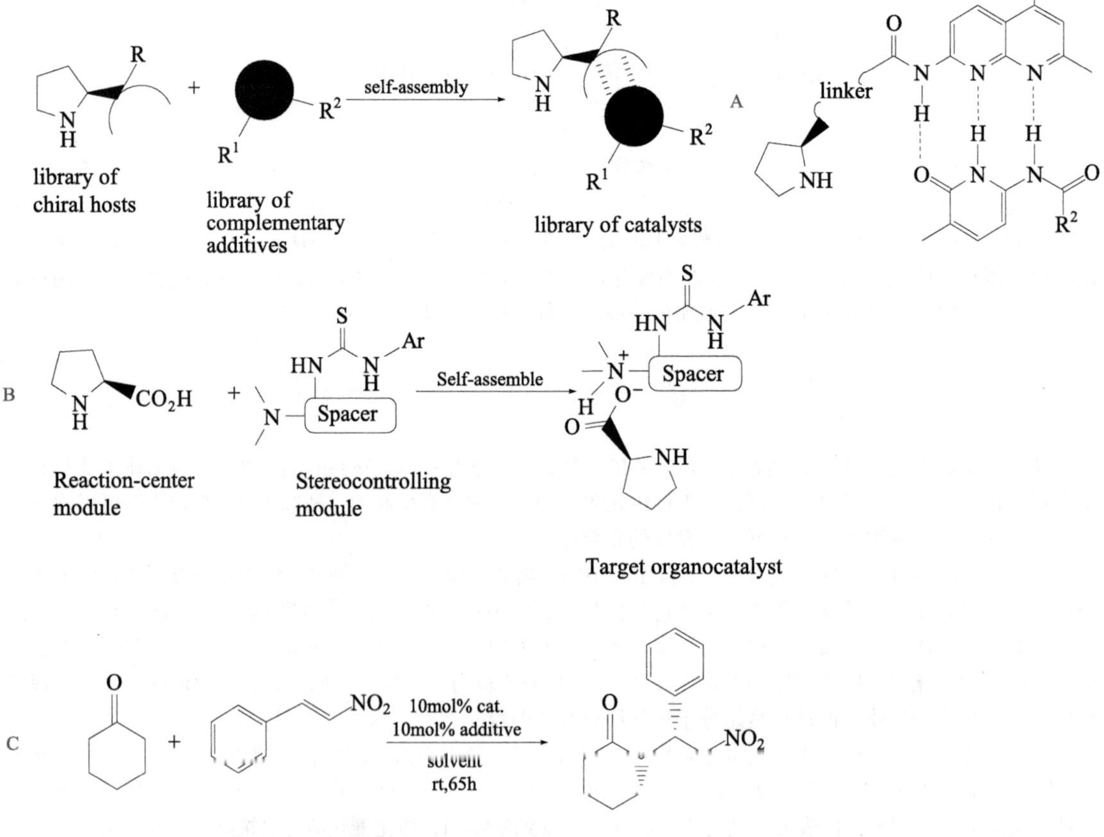

图 5-56　不对称反应催化剂的催化模块和立体控制模块的组装方式：(A)氢键作用，(B)电荷吸引，它们被用于催化不对称 Nitro-Michael 反应(C)

不仅提高了反应的立体选择性，并且能够实现构型的绝对反转，这是单一的催化剂不能实现的。Zhao 等[157]设计了第一例基于离子间弱键结合的自组装催化剂，并用于催化 Michael 反应。它由反应活性中心 L-脯氨酸和立体控制模块两部分构成，设计理念与 Clarke 类似，但这种催化剂的制备方法比较简单，脯氨酸容易得到，能够进行模块化设计一系列自组装催化剂。这一自组装催化体系可有效地催化开链和环状脂肪酮与硝基烯烃的 Michael 反应，转化率和产物的光学纯度较高。

2. 超分子聚合物催化体系

超分子聚合物的结构单元通过多重氢键或配位键连接起来。虽然不同于常规的高分子聚合物，但同样具有高的热稳定性，不溶于不良溶剂等聚合物的特征。例如，由金属离子和多齿配体形成具有催化活性的聚合物，既利用离子与配体的络合作用来“聚合”形成稳定的组装体，又利用金属离子的催化活性。与传统的负载型催化剂相比，制备的催化剂不需要另外的载体，这一使均相催化剂非均相化的方法称作自负载策略，因此超分子聚合物催化剂也可称作自负载催化剂。丁奎岭等[158]将同时含有三联吡啶(tpy)和手性单膦配体 MonoPhos 结构单元的桥联配体与亚铁盐和铑盐选择性自组装，得到了一系列含双金属[Fe(Ⅱ)、Rh(Ⅰ)]的手性聚合物催化剂(图 5-57)。这类超分子聚合物催化剂可用于多种烯烃的非均相不对称催化氢化反应，都取得满意效果。将其悬浮分散在溶剂中，催化 α-脱氢氨基酸衍生物、苯基烯胺和衣康酸二甲酯的不对称氢化反应，对映选择性非常高。而且，这种非均相的超分子聚合物催化剂很容易回收利用。

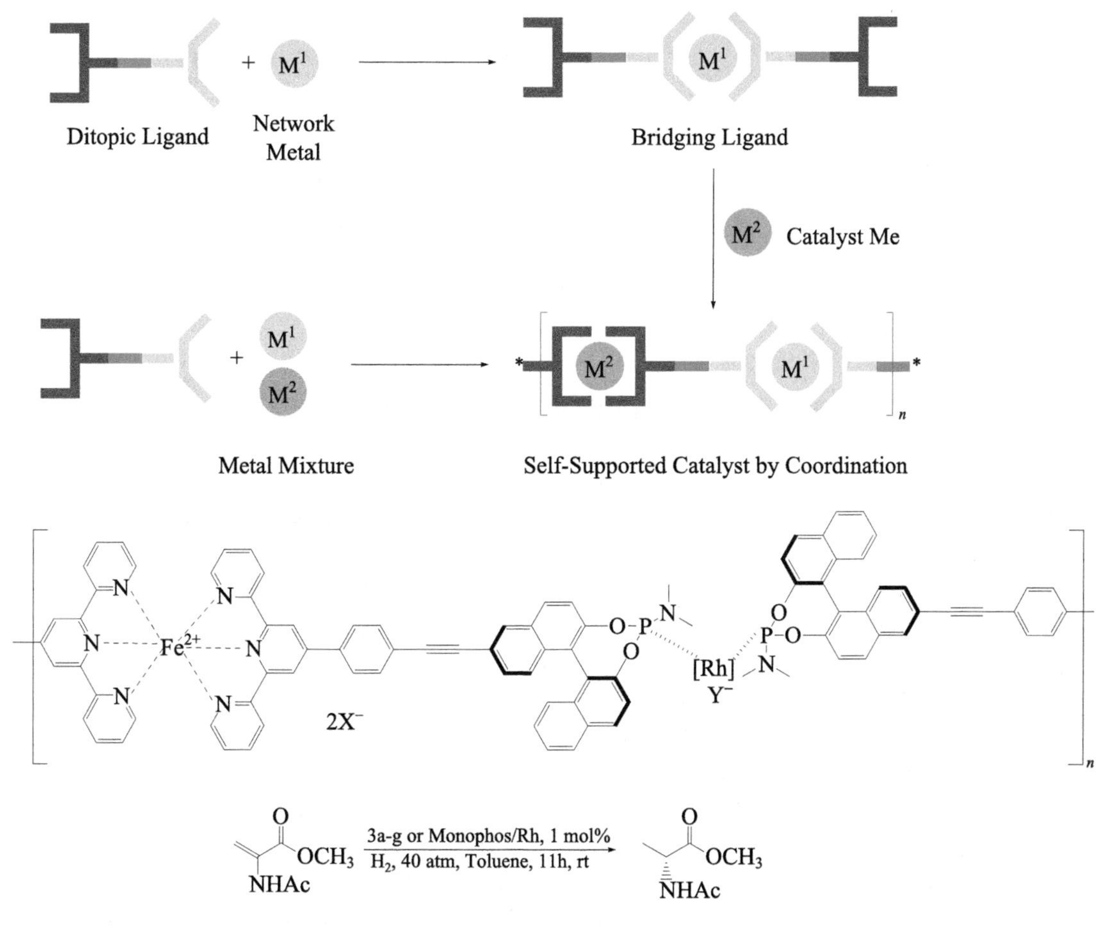

图 5-57　金属络合型超分了聚合物催化剂原理、结构及催化加氢应用

通过多重分子间氢键形成的超分子聚合物的热稳定性不如金属络合超分子聚合物的热稳定性高，升高温度时，氢键会断裂，氢键聚合物就会恢复到可溶性单体的形式。这提供了一种温度控制相分离的途径：氢键

超分子聚合物催化剂在较高的反应温度下，形成可溶的均相催化剂，有利于与底物接触，增强催化活性；而反应结束后，降低温度又重新形成氢键超分子聚合物，则很容易将其回收再利用。所以基于氢键的超分子聚合物催化剂也是一种绿色催化剂。例如，Jun 等[159]设计了两个多重氢键单体，它们相互作用形成氢键超分子聚合物，其中一个单体上带有膦配体并与 Rh 离子形成络合(图 5-58)。该催化剂在反应温度下氢键裂解，形成均相催化体系，催化邻位烷基化反应，收率很高(68%～95%)，通过降温相分离后，催化剂循环利用 8 次以上，催化活性不降低。因此，具有温控相分离特性的氢键超分子聚合物是值得推广的绿色催化剂。

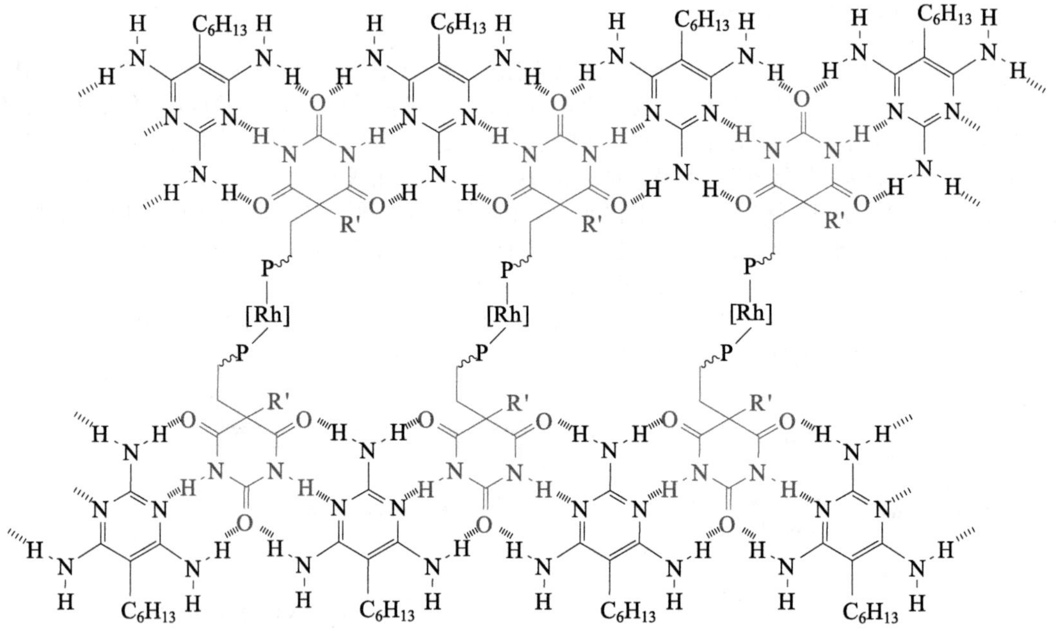

图 5-58 氢键型超分子聚合物催化剂-温控相分离可回收催化剂

3. 超分子自组装胶束催化体系

两亲性分子在疏水作用的驱动下，分子中的疏水部分相互吸引缔结而形成胶束组装体。当其作为催化剂催化水相有机反应时，胶束内部的疏水环境富集有机反应底物，增加局部浓度，因此胶束实际充当了纳米“微反应器”，而且疏水环境还可能发挥稳定反应过渡态的作用。这两方面因素都可以加快化学反应的速率。此外，利用胶束类组装体在空间三维有序排列而形成的特殊纳米结构，同样能够调控有机反应的选择性，特别是立体选择性[160]。

邓金根等设计了一种两亲性并手性的金属铑配合物(图 5-59)，其在水中形成纳米胶束催化体系[161]。他们以甲酸钠为还原剂，实现了在水相中对长链酮类的不对称催化转移氢化，合成手性仲醇，该催化反应显示出优异的转化率和立体选择性。透射电镜证明此两亲性催化剂自组装形成直径约 20nm 的胶束，在催化反应的过程中，组装体的体积虽然增大，但保持了胶束的结构形貌，说明此胶束催化体系具有足够的热稳定性。依据反应产物的立体构型可推测该反应过程中的过渡态结构，其中反应底物脂肪酮的烷基链与催化剂的疏水长链相互作用，并受到 Cp*配体在空间上的位阻效应，这两方面共同控制了反应的立体选择性。

分子自组装策略为催化剂的发展提供了新的途径和方法，它具有更高的催化活性和选择性，回收简单，可利用率高，在不对称催化等领域发挥着越来越重要的作用。但是仍然存在着一些问题亟待解决，如催化剂的表征以及如何从分子层面认识催化剂，因此设计结构清晰并且催化性能高的催化剂十分重要。在未来的发展中，利用自组装的策略将均相催化和非均相催化联系在一起，将自组装的策略用于更广阔的领域，尤其是绿色化工中，争取实现催化过程的绿色化，必将为未来的催化领域提供新的思路和方向。

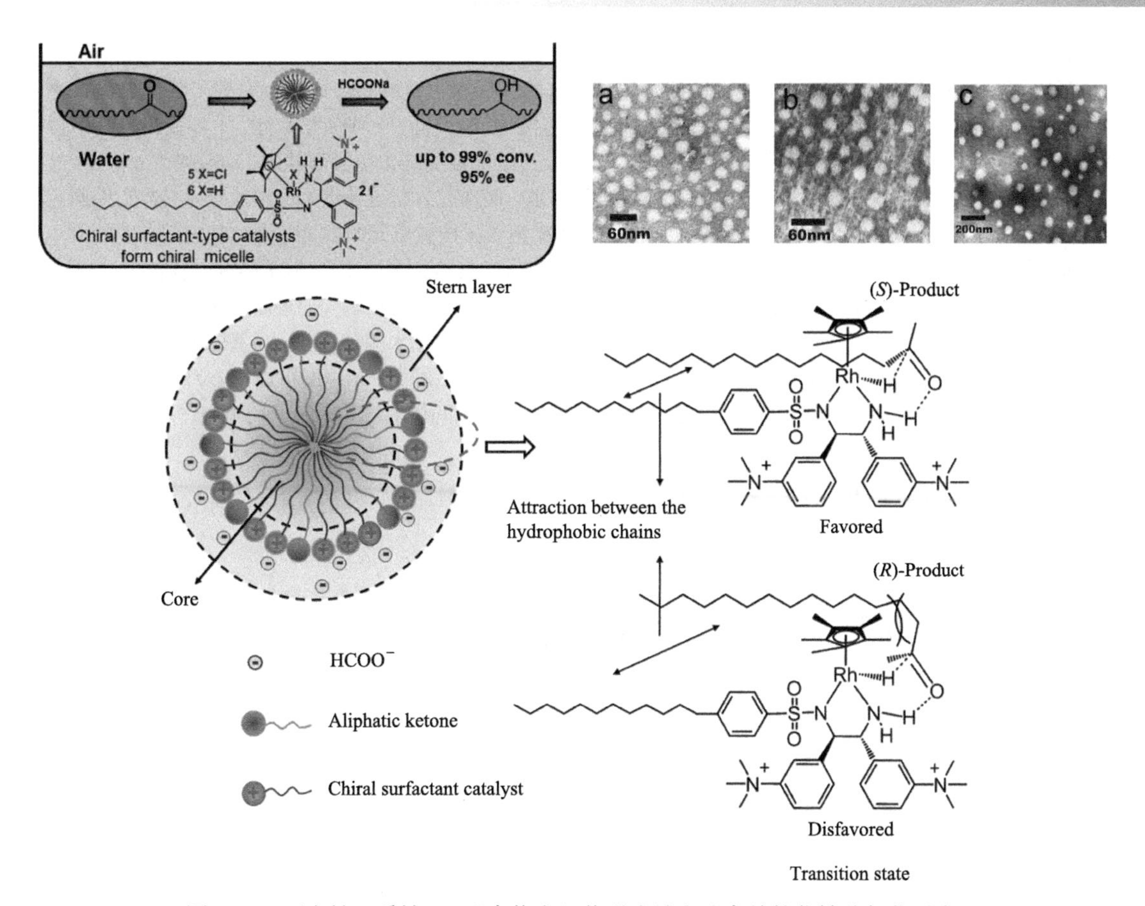

图 5-59 两亲性、手性 Rh 配合物自组装形成纳米胶束并催化转移氢化反应
透射电镜下胶束形貌：(a)催化前；(b)催化剂加底物；(c)反应过程中

5.4.2 仿生催化剂

仿生催化是 20 世纪 70 年代至今逐渐发展起来的化学、化工与生物学交叉的绿色化学技术。仿生催化剂(biomimetic catalyst)又称人工酶(artificial enzyme)或模拟酶(model enzyme)，既是超分子化学的重要研究内容，又是该领域的重要奋斗目标。仿生催化剂是人工方法合成的，在分子水平上模拟酶活性位点的结构、性质、作用机理以及酶在生物体内反应过程的一类催化剂。酶是一类有催化活性的蛋白质，它具有催化效率高、底物专一性强、催化反应条件温和等特点。但是天然酶在体外催化应用的过程中易受到各种物理、化学因素(如温度、盐浓度、pH 等)的影响而失活，所以酶仍然不能广泛取代工业催化剂。

种类繁多的精细化学品一般是以工业化学品为原料经一系列氧化、还原、取代、加成等反应获得。传统化工生产大量采用强酸强碱、高温高压等剧烈条件实现，耗能高，对环境污染严重，同时往往存在反应选择性差，副反应、副产物多的问题。当前的化工生产迫切需要耗能低、环境友好的反应体系。仿生催化的研究旨在通过化学方法模拟酶获得高效、专一性强的新型催化剂，并具备结构稳定、催化反应条件温和的优点。因此，仿生催化剂在精细化学品生产中具有巨大的应用价值。目前仿生催化剂的研究主要有：模拟酶与底物的相互作用、模拟酶的活性功能基和金属辅基等。下面分别介绍这些模拟酶结构的策略及其在精细化学品合成中的应用。

1. 模拟酶与底物的相互作用

在酶催化反应的过程中，底物分子通过与催化活性位点结合产生邻近效应最终发挥催化作用，酶结构中的非活性位点也往往提供空腔等环境因素辅助酶与底物的紧密结合。在仿生催化的研究中，模拟酶的结构也常采用空间限域的策略(如环糊精、杯芳烃、葫芦脲等的空腔)，使催化剂与底物分子发生紧密的相互作用，这些发挥空间限域功能的分子扮演着类似于微反应器的角色。

1) 环糊精

环糊精(cyclodextrins，CD)是由环糊精葡萄糖基转移酶作用于直链淀粉生成的一系列环状低聚糖，通常由 6、7、8 个 D-(+)-吡喃葡萄糖单元通过 α-1, 4-糖苷键连接构成，它们分别称为 α、β、γ-环糊精。其中每个 D-(+)-吡喃葡萄糖单元均为椅式构象，使得整个环糊精分子呈现锥形的中空圆环状(图 5-60)[162]。

环糊精从结构上与酶有众多的相似性。其外缘羟基亲水，而内腔含醚键及碳氢键形成疏水结构，因而它能够像酶一样提供一个疏水的结合部位。同时，α、β、γ-环糊精由于构成单元的数量差异，其内部空腔的大小不同，可以作为主体容纳各种不同大小的非极性客体(如有机分子、气体分子等)，形成的主-客体复合物与酶-底物的特异性结合十分相似。环糊精柱体开口大的一端含有仲羟基，开口小的一端含伯羟基。这些羟基可以与疏水空腔络合的客体分子的基团相互作用形成氢键，并对特定分子发挥催化水解等功能。羟基还可以通过化学修饰引入不同的催化活性基团，因此环糊精常被用作模拟酶的模型分子。例如，苯甲醚可以与 α-环糊精结合，通过羟基对氯原子的转移实现苯甲醚对位的选择性氯化合成常用有机中间体对氯苯甲醚(图 5-61)[163, 164]。

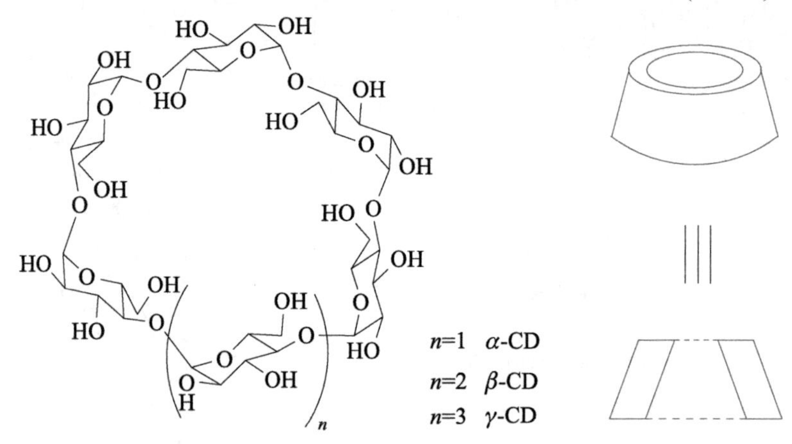

图 5-60 环糊精的结构式和锥形的环状示意图

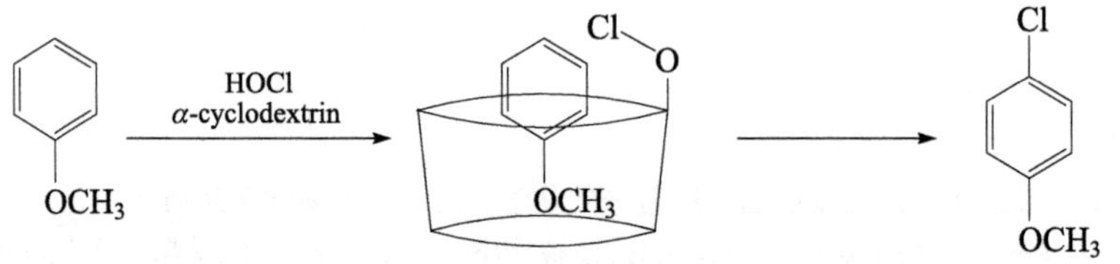

图 5-61 苯甲醚通过 α-环糊精催化的对位选择性氯化

环糊精结构应用于催化研究已经有近五十年的历史，作为仿生催化剂在精细化学品的合成中应用广泛。例如，药物中间体喹喔啉的合成(图 5-62)，使用环糊精催化，其羟基可活化 2-溴代苯乙酮，促进亲核反应的发生，大幅提高反应效率及产物收率[165]。

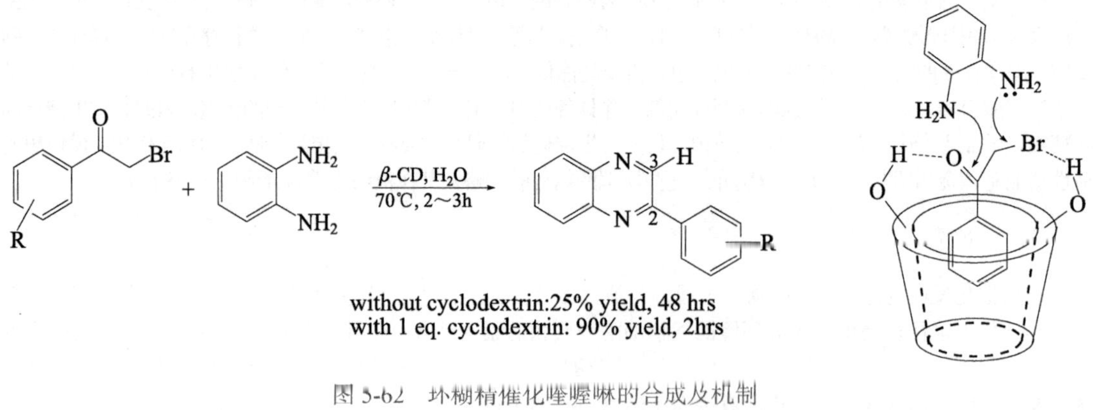

图 5-62 环糊精催化喹喔啉的合成及机制

不同功能的化学修饰如活性基团、催化剂、辅酶等通过羟基位点引入环糊精体系，这些活性基团通过环糊精的结合与底物分子发生紧密的相互作用，进而发挥催化作用。例如，吡哆醛修饰的 β-环糊精可模拟色氨酸合成酶催化吲哚与脱氢丙氨酸合成色氨酸(图 5-63)[162,166]。

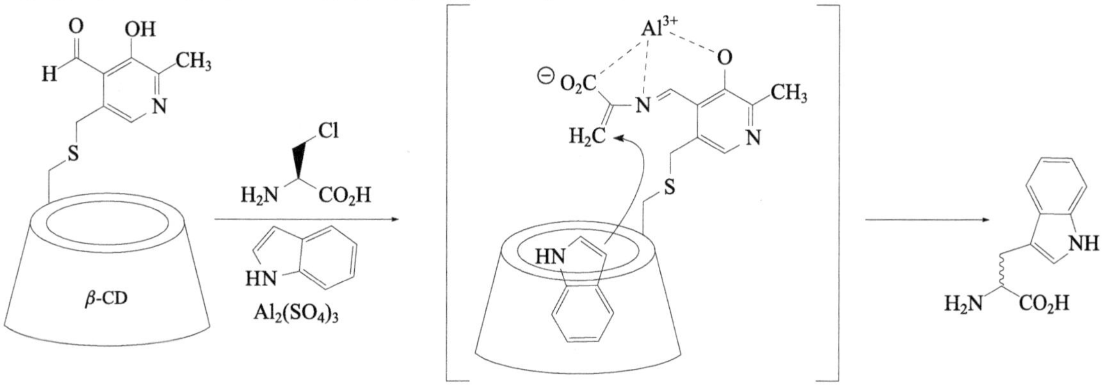

图 5-63　吡哆醛修饰 β-环糊精催化吲哚合成色氨酸

除单一环糊精及其化学修饰衍生物外，环糊精二聚体及多聚体和修饰衍生物也常用于仿生催化，多个环糊精的环可以协同作用，对于发展环糊精在更多复杂体系的仿生催化应用具有重要意义。

2) 杯芳烃

杯芳烃(calixarene)是由亚甲基桥连若干个苯酚单元所构成的大环化合物，因其结构呈杯状而称为杯芳烃。杯芳烃具有大小可调节的空腔，能够与多种分子和离子形成主-客体复合物。同时，杯芳烃上端的苯环、下端的酚羟基以及亚甲基连接单元都可以作为化学修饰位点，可以调控构象、改善其分子性质及主-客体络合能力，还可以引入不同的催化活性基团发展多种多样的催化应用[167]。例如，可通过对苯酚单元的酚取代衍生构建杯芳烃配体，用于构建金属配合物催化剂，可催化环己烯的环氧化或苯甲醛硅腈化等多种反应(图 5-64)[168]。

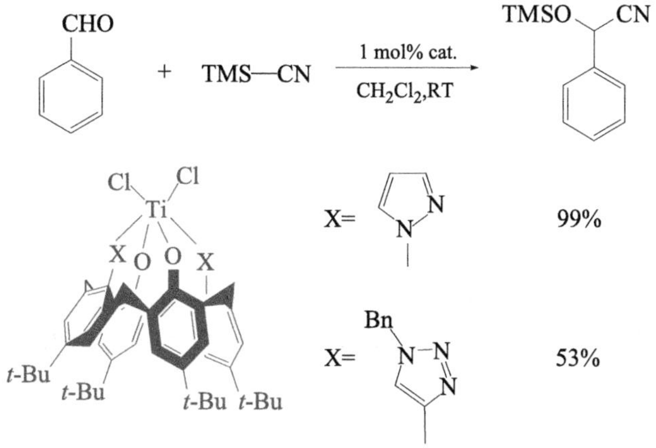

图 5-64　*N,O*-型杯芳烃配合物催化苯甲醛硅腈化

多样化的修饰赋予了杯芳烃广泛的适应性，在一些复杂催化体系展现了优异的性能。例如，多羧酸衍生的杯芳烃可催化一步合成一系列复杂吖啶化合物(图 5-65)[169]。

3) 冠醚

冠醚(crown ether)常被用于分子识别与相转移催化体系，也被用作仿生催化剂的研究。它们的环状结构也会形成不同大小的空穴，空穴呈现内部亲水、外部疏水的特点，较容易络合阳离子，因此可通过空穴络合离子客体进行催化反应。例如，5-氨基戊酸的铵盐可以通过与冠醚的配位结合，经由冠醚 18-冠-6 连接的

2-氨基-1, 3, 5-三嗪模拟环转移酶催化转化为戊内酰胺(图 5-66)[170]。

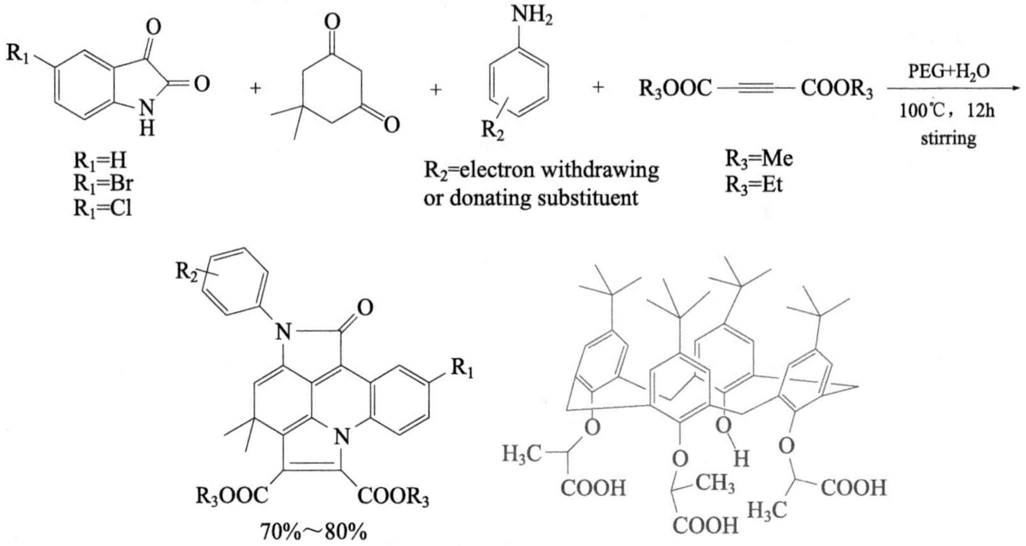

图 5-65　多羧酸衍生杯芳烃催化合成吖啶衍生物

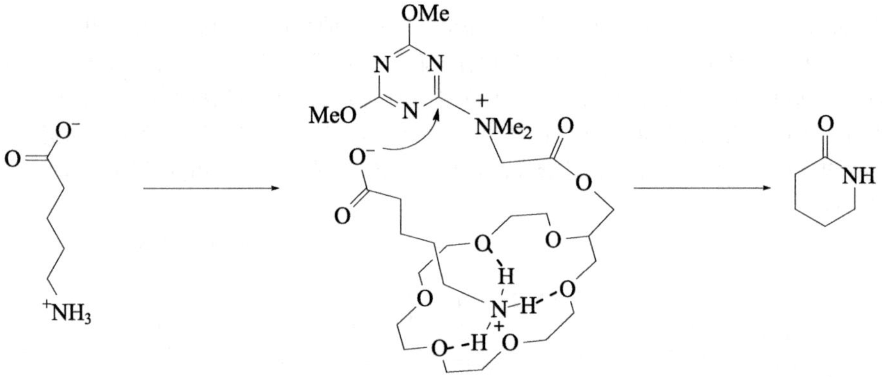

图 5-66　化学修饰 18-冠-6 催化 5-氨基戊酸铵盐合成戊内酰胺

冠醚的金属络合物或 N 杂、S 杂的冠醚金属络合物也常用来模拟金属酶，通过冠醚的络合实现金属作为催化位点的效果。例如，利用偶氮-苯并-18-冠-6 配合物催化酰基苯胺的醇解反应，冠醚钡离子配合物中一个钡离子对底物起锚定作用，另一个钡离子激活乙氧基对羰基的醇解反应(图 5-67)[171]。

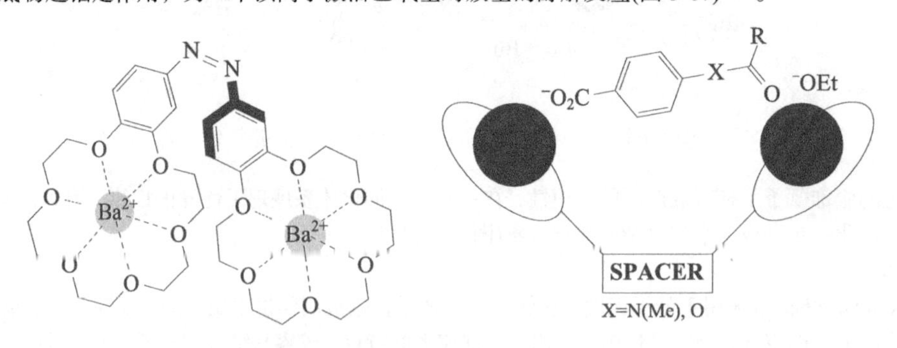

图 5-67　冠醚-Ba^{2+}配合物催化酰胺的醇解制备苯胺衍生物

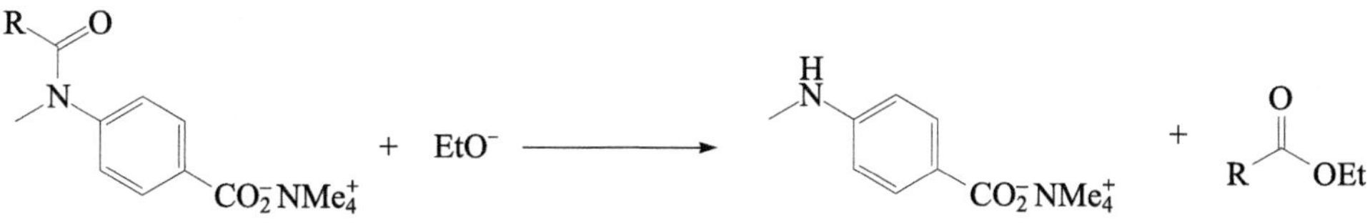

图 5-67(续)

2. 模拟酶的活性功能基和金属辅基

仿生催化剂发挥核心作用的是活性中心如活性功能基或金属辅基。从酶的结构中提炼出其催化的核心并进行改造是仿生催化的又一重要方向。目的是获得结构更加简单，性质更加稳定，催化条件更加温和，适用范围更广的新型催化剂。

1) 金属卟啉

卟啉(porphyrin)化合物是自然界中广泛存在的分子，大环结构的四个吡咯的氮原子可以与几乎所有的金属离子形成稳定的配合物即金属卟啉(metalloporphyrin)。如图 5-68 所示，叶绿素、血红素、维生素 B_{12} 的骨架结构都是由金属卟啉构成的。其中血红素是由亚铁原卟啉生成的，它作为辅基广泛存在于血红蛋白、肌红蛋白、细胞色素、过氧化氢酶、一氧化氮合酶等蛋白中，铁卟啉活性中心可以与氧结合，活化氧分子，调控生物体内多种与氧化还原相关的过程。这些蛋白中如单加氧酶细胞色素 P450(cytochromes P450)可以在温和条件下(生理条件)发挥活化氧分子、氧化惰性碳氢键的作用。

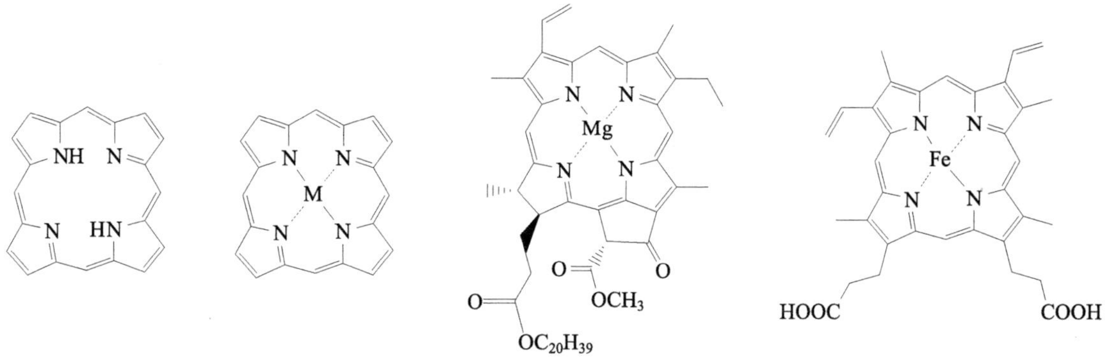

卟啉 **金属卟啉** **叶绿素** **血红素**

图 5-68 卟啉及金属卟啉衍生物结构

细胞色素 P450 的活性中心铁卟啉可以活化氧分子形成铁-氧物种的中间体，与氧化底物分子的 C—H 键相互作用，将氧原子插入 C—H 键最终得到氧化产物(图 5-69)[172]。铁卟啉作为催化的活性中心引起了广泛的关注，自 20 世纪 80 年代至今已有数千种金属卟啉的类似物被研究用作仿生催化氧化剂。

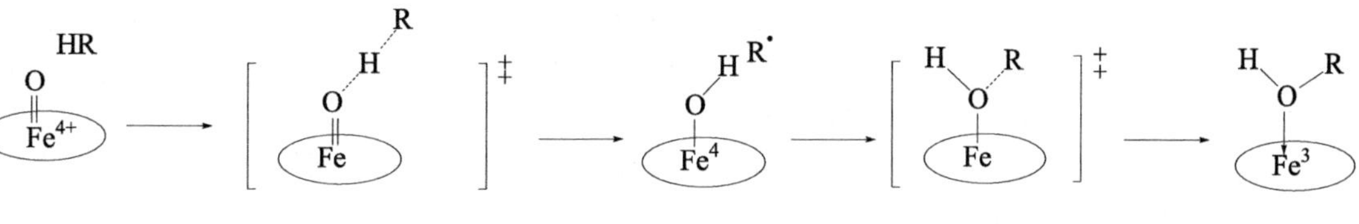

图 5-69 细胞色素 P450 铁卟啉活性中心催化氧化的分子机制示意图

金属中心的多样性大大丰富了金属卟啉仿生催化剂的种类[172, 173]。目前常采用的金属中心主要有 Fe、Co、Mn、Ni、Ru、Rh、Zn 等。不同金属卟啉衍生物可催化不同类型底物的氧化反应。如图 5-70 所示的钌卟啉可以催化各种苄基 C—H 键的选择性氧化合成取代苄醇，并具有一定的空间选择性[173]。

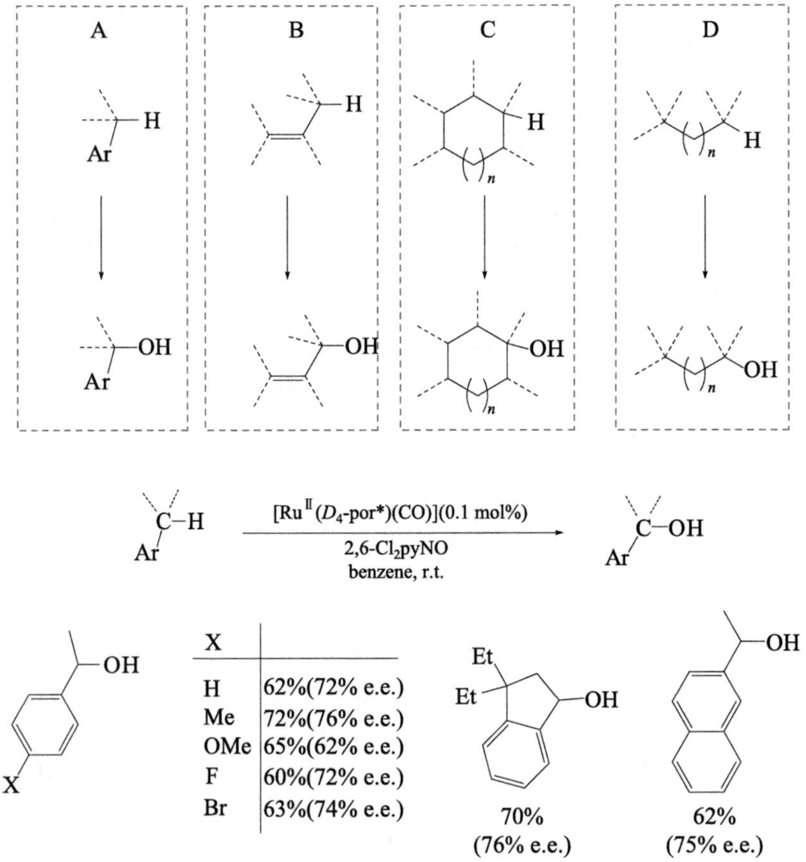

A　B　C　D

$[Ru^{II}(D_4\text{-por*})(CO)](0.1\ mol\%)$

2,6-Cl_2pyNO

benzene, r.t.

X	
H	62%(72% e.e.)
Me	72%(76% e.e.)
OMe	65%(62% e.e.)
F	60%(72% e.e.)
Br	63%(74% e.e.)

70% (76% e.e.)　62% (75% e.e.)

图 5-70　钌卟啉催化 C—H 键氧化的反应及实例

卟啉环上众多的衍生位点为其分子设计与化学修饰提供了无限可能。卟啉环的化学修饰主要为实现改善金属卟啉的分子聚集态和分散性、改善稳定性、提高催化选择性、提升催化效率、发展多功能应用等。例如，亲水/疏水基团以调控金属卟啉分子的聚集态和分散性；供电子/吸电子基团以调控金属卟啉分子与配位中心金属的相互作用，改善催化性能；其他修饰如多肽、糖基、环糊精等以改变催化剂的空间结构使其更接近天然酶的结构，获得更加优异的催化性能。

将金属卟啉与具有空间限域功能的大分子结合为更真实的模拟细胞色素 P450 的结构提供思路，使用环糊精等结构模拟血红素结合的蛋白结构，为底物分子提供疏水的空腔结构，限定底物与金属卟啉活性中心的相互作用，提高催化的选择性，改善底物的分散性，并稳定金属卟啉的分子结构，可大大提高金属卟啉仿生催化剂的空间选择性。例如，结构复杂的甾体化合物的合成，如何实现特定位点 C—H 键向羟基的转化是难点，通过 C-3 和 C-17 位点衍生磺酸基团与金属卟啉-环糊精催化剂相互作用，使甾体母环与金属卟啉发生紧密相互作用，反应生成高度空间选择性的羟基(图 5-71)[174]。

这一策略同样适用于烯烃的环氧化反应。例如，环糊精对位取代或四取代的金属卟啉空间选择性催化烯烃环氧化(图 5-72)[162]。这是由于底物分子的烯烃结构位于分子中间，两端苯环衍生位置可以与处于对位的卟啉相互作用，迫使烯烃与金属卟啉活性中心发生紧密的相互作用而发生氧化反应。

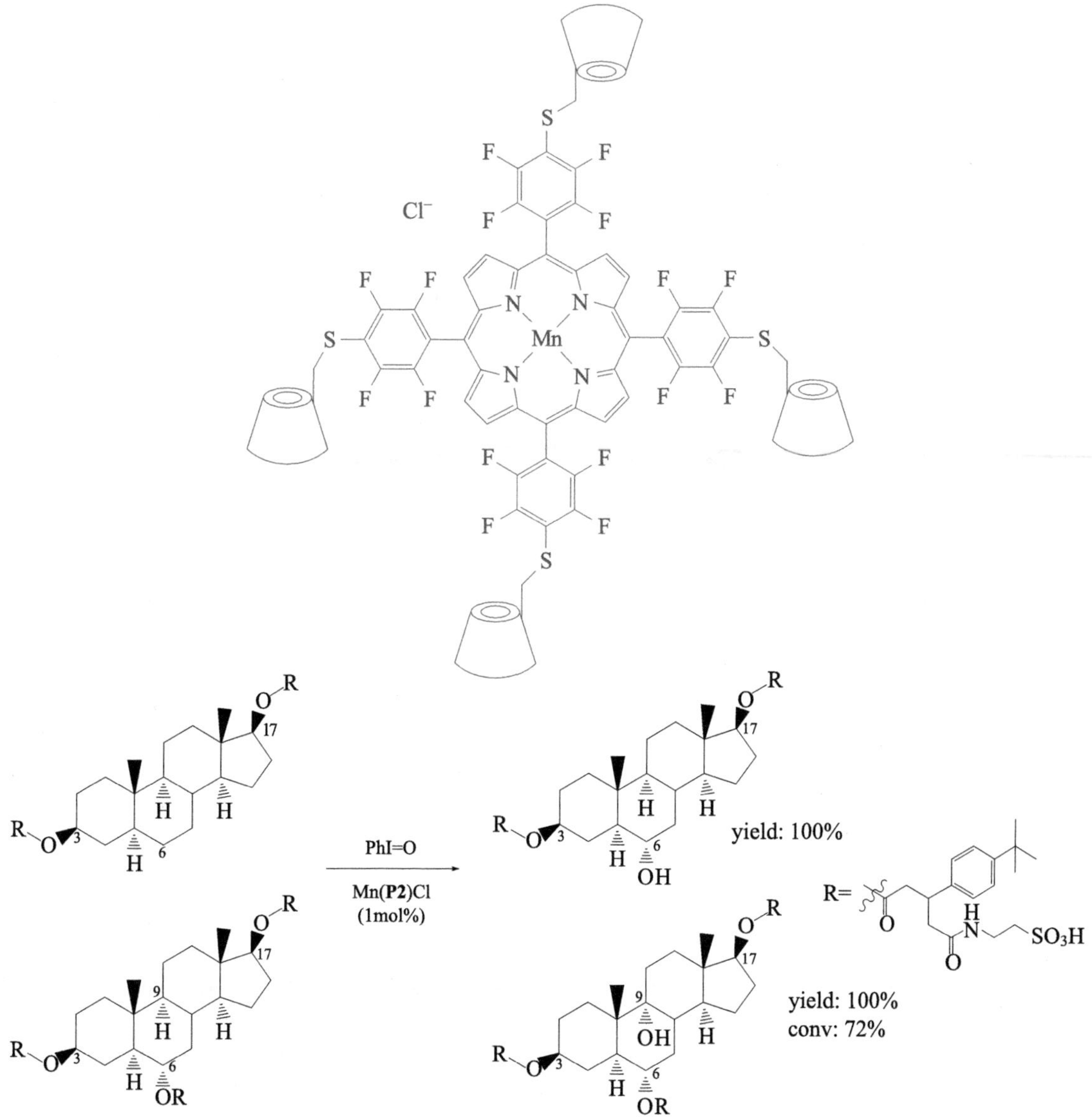

Cl⁻

PhI=O

Mn(**P2**)Cl
(1mol%)

yield: 100%

yield: 100%
conv: 72%

R=

SO_3H

图 5-71　环糊精衍生的金属卟啉催化甾体化合物的选择性氧化

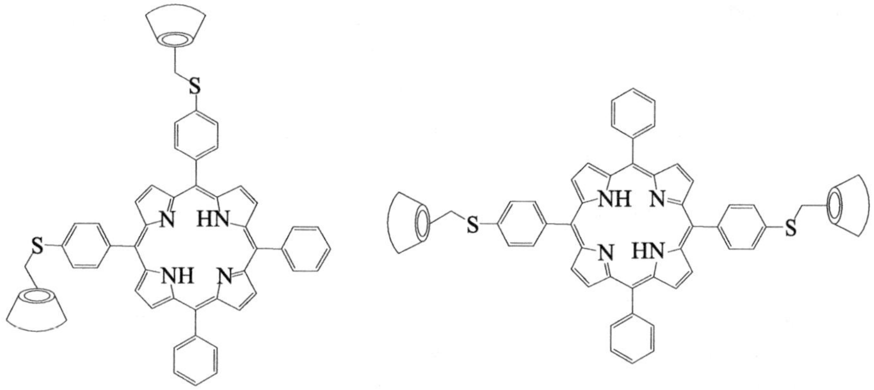

图 5-72　环糊精衍生的金属卟啉催化烯烃的选择性环氧化反应

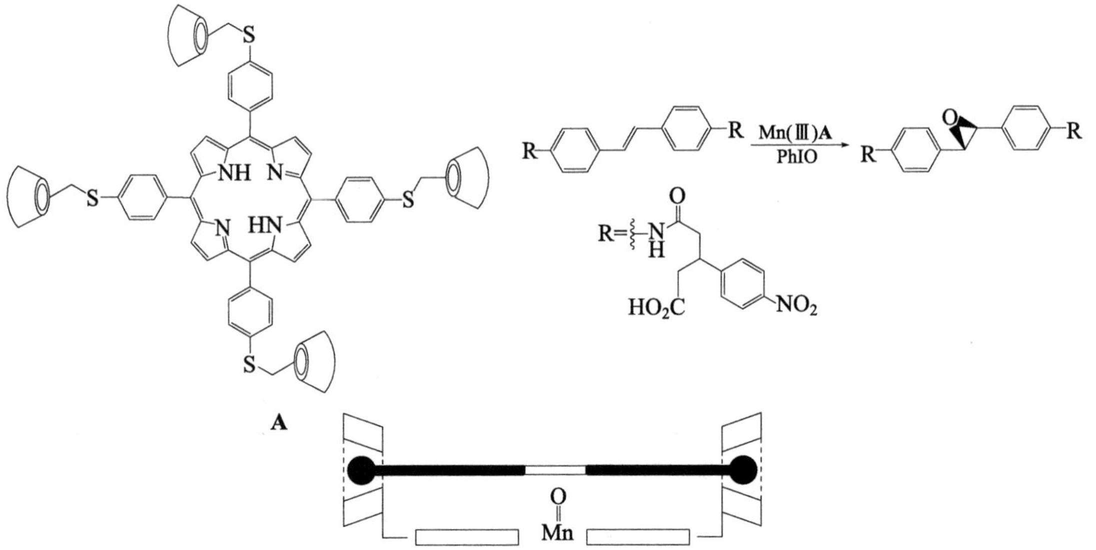

图 5-72(续)

2) 金属酞菁

酞菁(phthalocyanine)是卟啉的结构类似物，它是在卟啉的吡咯环上衍生四个苯环得到。它同样是平面的大环化合物，四个吡咯形成的空穴也可以络合众多的金属离子形成金属酞菁(图 5-73)。并联的苯环提供了更多的衍生位点，苯环上共有 16 个氢原子位点可供取代，多种取代基的引入为调控金属酞菁催化性能创造了条件。与金属卟啉一样，引入取代基可以改善金属酞菁的分散性和聚集形式，也可以针对不同的催化反应通过引入吸电子/供电子基团调控其催化性能。

MPc: R^n=H

$MPcR_4$: R^2 or R^3, R^9 or R^{10}, R^{16} or R^{17}, R^{23} or R^{24}=R

$MPcR_8$: R^2, R^3, R^9, R^{10}, R^{16}, R^{17}, R^{23}, R^{24}=R

$MPcR_{16}$: R^n=R; R为官能团

图 5-73 金属酞菁及衍生物结构[175]

金属酞菁化合物的结构非常稳定，配位的中心金属可以通过轴向与底物分子配位催化底物发生不同的反应，不同配位金属的应用以及酞菁环不同的结构修饰都可以调控金属酞菁的催化性能[175]。

氧化反应是金属酞菁化合物可催化的主要反应类型。烃类化合物除最常见的氧化为羟基，还可以通过使用不同的金属卟啉催化剂氧化为酮、醛、酸、环氧化合物等。例如，钴-酞菁和铁-酞菁的磺酸衍生物分别使用不同负载材料(壳聚糖、二氧化钛)负载的多相催化体系可以催化氧化 β-异佛尔酮合成香料的前体 4-氧代异佛尔酮(图 5-74)[175-178]。

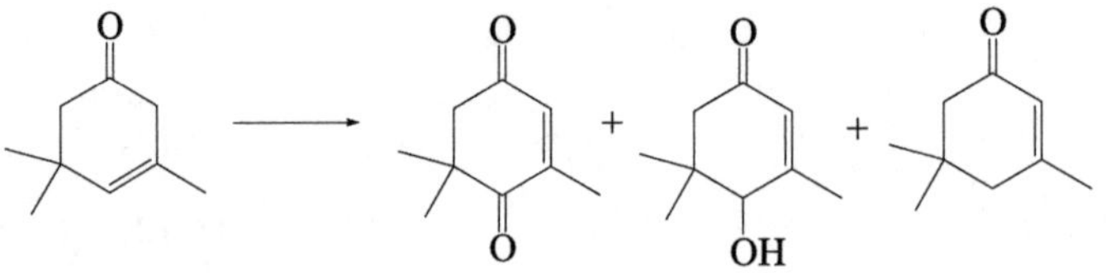

条件	4-氧代异佛尔酮	羟基产物	异构产物
1 mol% CoPcS-chitosan, O_2, MeCN, 60℃, 24h	转化 62% 30%	2%	6%
1 mol% FePcS-TiO_2, O_2, Et_3N, DMSO, 60℃, 24h	转化 99% 57%	21%	10%

图 5-74 金属酞菁配合物催化合成 4-氧代异佛尔酮

相比于金属卟啉，金属酞菁催化剂的催化应用范围更广，除氧化反应外，还有还原、取代、加成、聚合反应等多种反应类型。例如，使用硼氢化钠为还原剂，以钴-酞菁配合物为催化剂可高选择性地将黄酮还原为重要的药物黄烷-4-醇(图 5-75)[179]。

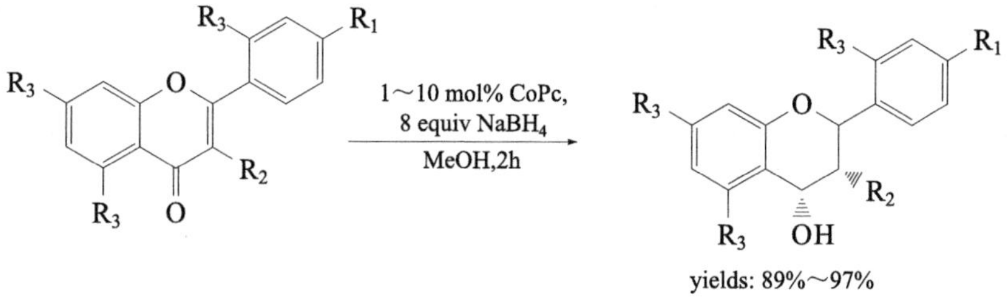

图 5-75　钴-酞菁催化黄酮还原为黄烷-4-醇

R_1=H, OCH_3, CH_3, Cl; R_2=R_3=H

使用铜-酞菁催化缩合成环反应制备含氮杂环化合物，如药物中间体 3, 4-二氢嘧啶酮(图 5-76)[175, 179]。

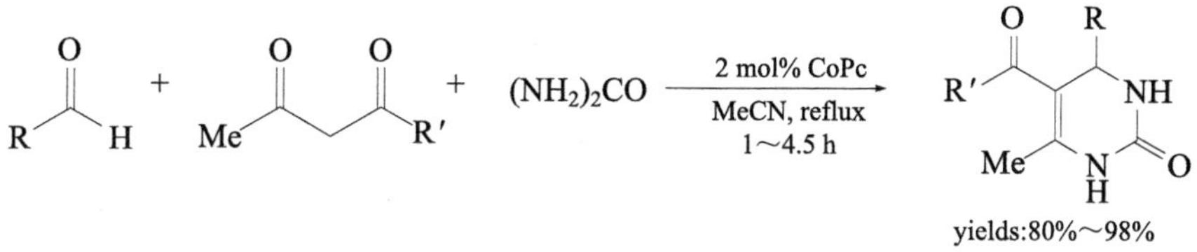

图 5-76　铜-酞菁催化合成 3, 4-二氢嘧啶酮

R=Ar, alkyl; R′=Me, OMe, OEt

经过多年的发展，大量的分子与材料被开发用作仿生催化剂，如金属-Salen 配合物、多肽、纳米材料[180]等也被用于仿生催化的研究。通过模拟天然酶催化体系的反应过程，人工构建催化体系，相比于天然酶结构，仿生催化剂结构相对简单、稳定，适用范围更广，不过大多数仿生催化剂的催化活性仍有待提高。众多的仿生催化剂凭借良好的选择性和温和的催化条件在精细化学品合成中有较大的应用前景。

5.4.3　金属-有机框架材料催化剂

1. 金属-有机框架材料催化剂的定义及特点

金属-有机框架材料(metal-organic-frameworks，MOFs)是指由金属中心(metal sites)和有机配体(organic ligands)通过配位键自组装成具有一维、二维或三维结构的聚合物材料，被认为是一类新的催化材料，介于沸石类的活性三维无机骨架和表面有机金属化合物之间。由于多核过渡金属在许多化学催化和生物催化过程中发挥了关键作用，因此 MOFs 可以通过精巧设计它们的多金属节点和交联剂来模仿这些复杂的活性中心。

MOFs 作为催化剂具有三个显著的特点：①多孔性，具有非常大的比表面积和孔体积，具有很高的孔隙率。如此特殊的结构可以为催化反应提供高密度的活性中心以及巨大的反应空间。②稳定的配位键，由于金属与配体的强烈作用，得到足够刚性的多孔框架，保证客体分子的进、出均不会改变孔结构，因此 MOFs 催化剂可以多次循环使用。③MOFs 的孔径、形状、维度以及化学环境等可以通过选择组件(金属中心和有机配体)和它们之间的连接方式精确控制。这就允许 MOFs 像分子筛一样，可以选择允许在孔道中扩散的分子；可以调整吸收时主体与客体之间的相互作用；或者也可以影响孔内反应的过渡态，进而影响产物的分布；此外，通过传统的有机合成方法修饰、官能化 MOFs 中的有机配体可以引入新的活性中心。

2. MOFs 催化剂的分类及应用

根据催化的活性中心，MOFs 催化材料主要分为以下四种类型：以不饱和金属位点作为活性中心的 MOFs 材料，以金属配体为活性中心的 MOFs 材料，以功能有机配体为活性中心的 MOFs 材料，MOFs 作为催化剂载体或反应腔类材料。

1) 以不饱和金属位点作为活性中心的 MOFs 材料

这类材料的催化活性与构建 MOFs 框架的金属离子直接相关，即金属组分既作为材料的结构构造单元，又作为催化活性中心。可以直接合成具有配位不饱和金属离子的 MOFs 作为催化剂，但是多数 MOFs 中的金属离子完全被有机配体配位饱和，因此可以在合成过程中加入一种不稳定的配体，这种配体在催化反应前的活化阶段脱掉，使金属离子产生空位，得到配位不饱和的金属离子活性中心。这类 MOFs 催化剂可参与基质的还原反应(如加氢脱硫)、氧化反应(如 CO 氧化成 CO_2)、光引发的催化反应以及配位聚合反应等。例如，1994 年，Fujita 研究小组[181]首次应用$[Cd(4, 4'\text{-bpy})_2(H_2O)_2](NO_3)_2\cdot(H_2O)_4$实现了高效苯甲醛的硅腈化反应，展现出良好的择型选择性。

2006 年，Alaerts 等[182]探索了 $Cu_3(btc)_2$ 的 Lewis 酸性和催化特性，并将其作为催化活性中心，被应用于香茅醛环化反应、α-松萜氧化物的异构化和含有 2-溴苯丙酮的乙烯缩醛重排中，表现出优异的择型催化。2012 年，苏成勇等[183]通过使用一种吡啶基双磷 4-[3, 5-bis (diphenylphosphino)phenyl]-pyridine 与亚铜盐合成了一系列阳离子金属-有机骨架材料(图 5-77)。这种 MOFs 材料具有一维手性孔道，另外由于存在不饱和配位的一价铜，这种 MOFs 材料表现出路易斯酸催化活性。加入 0.2%的这种 MOFs 材料可以催化 2-丁酮/环己酮与乙二醇之间发生的缩酮反应，可以达到 93%的收率。更有趣的是，它不能催化乙二醇与体积大的二苯甲酮之间的反应，这充分说明这种 MOFs 具有择型效果。

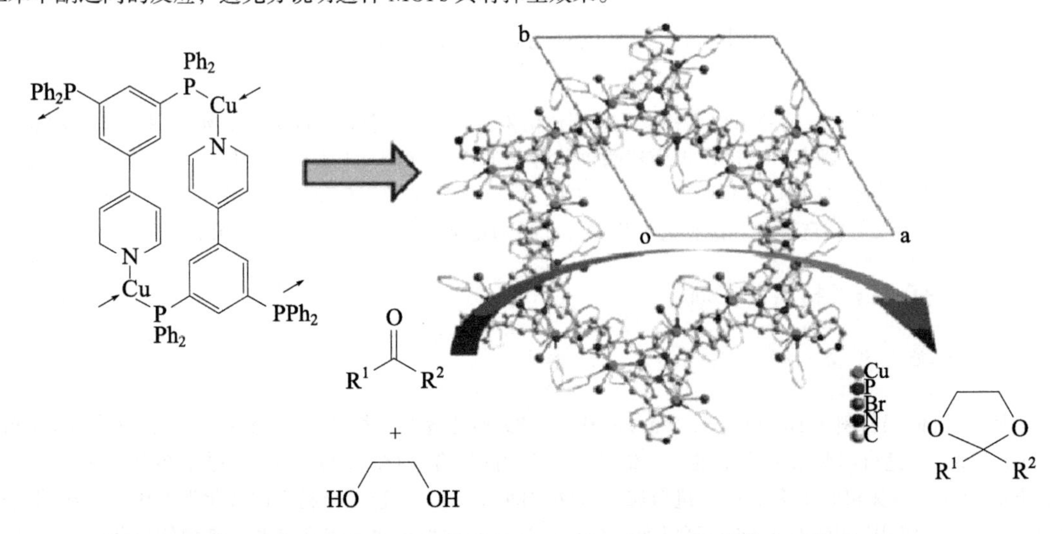

图 5-77 基于吡啶基双膦配体构筑的 Cu(Ⅰ)-MOFs 及其催化的缩酮反应

2) 以金属配体为活性中心的 MOFs 材料

由于金属卟啉自身具备刚性骨架和催化活性，将其组装到金属-有机骨架材料中可以得到效果很好的催化材料。近几年，Hupp[184]、马胜前[185]、吴传德[186]等研究组制备了一系列嵌入锰、钴、钯、铁等金属卟啉构筑的金属-有机骨架材料，并研究了它们在氧化反应中的催化活性。2013 年，周宏才等[187]合成了一系列由卟啉羧酸配体与锆簇构筑的 MOFs 材料，其中 PCN-224 的比表面积高达 2600m²/g，该材料本身化学稳定性非常高，其在 pH 为 0～11 内结构依然稳定。当这种材料的卟啉环中嵌入钴离子时，将其用于环氧化物与二氧化碳的环加成反应中，经过三次循环测试，结果表明 PCN-244(Co)表现出非常高的反应活性(图 5-78)。

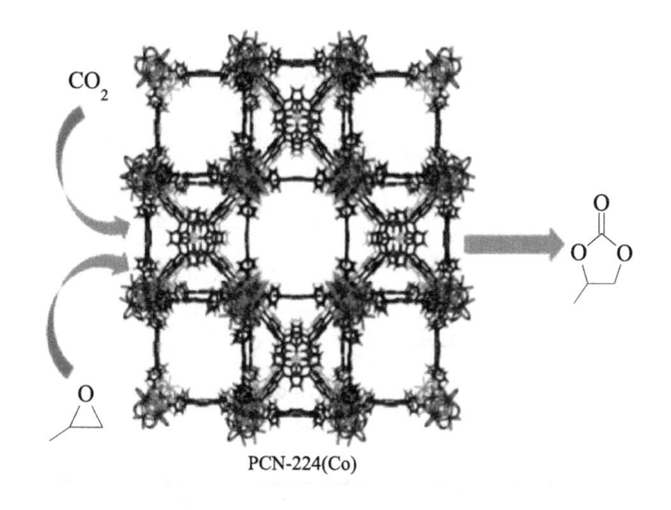

图 5-78 PCN-224(Co)的结构示意图及其催化应用

3) 以功能有机配体为活性中心的 MOFs 材料

相比以金属配体为活性中心的 MOFs 材料得到十分广泛的研究，以功能有机配体为活性中心的 MOFs 材料的报道不是很多，这可能是因为在自组装过程中金属离子很容易与配体的有机官能团(如氨基酸、酒石酸等活性基团等)配位，因而难以得到客体分子可靠近的活性位点。Kitagawa 等[188]使用 $Cd(NO_3)_2 \cdot 4H_2O$ 和三联胺配体合成了一种三维多孔配位聚合物，$\{Cd(4\text{-btapa})_2(NO_3)_2\} \cdot 6H_2O \cdot 2DMF\}_n$ {4-btapa 为三[*N*-(4-吡啶基)]-1，3，5-苯三甲酰胺}。如图 5-79 所示，高度有序的酰胺基位于 4.7 × 7.3Å^2 孔道的表面，可以通过氢键和客体分子相互作用，影响吸附过程。140℃下真空加热 7.5h 后除去所有溶剂分子，得到活化的 MOFs 催化剂，结构式为$[Cd(4\text{-btapa})(NO_3)_2]_n$。结构中的酰胺基可以作为碱性催化剂，用于 Knoevenagel 缩合反应，如苯甲醛和一系列活化的亚甲基化合物之间的反应，结果发现只有丙二腈发生了反应，说明反应发生在 MOFs 的孔内而不是外表面，因此反应物的尺寸以及 MOFs 孔的窗口大小都会影响活性和选择性。他们还研究了该 MOFs 的稳定性以及可回收性，客体分子除去后晶形能够完全恢复，而且二次循环活性和首次一样。

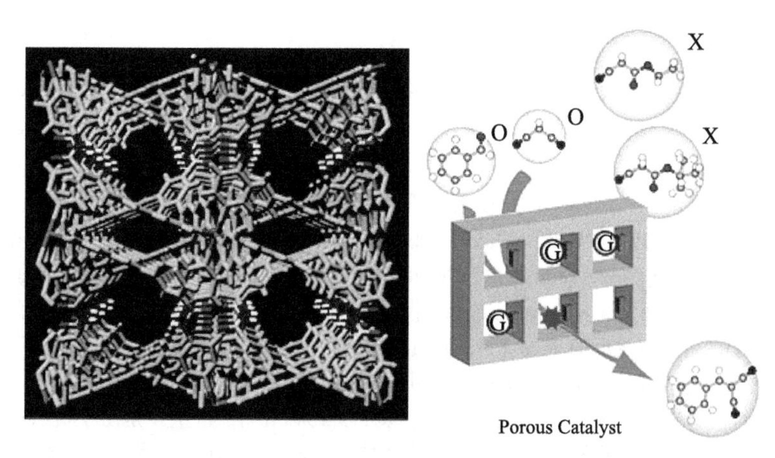

图 5-79 三维多孔配位聚合物 MOFs 催化剂及 Knoevenagel 缩合反应

2012 年，段春迎等[189]通过合成过程中直接引入手性有机功能分子 L-bcip(pyrrolidin- 2-ylimidazole)得到一例具有手性的金属-有机骨架材料。该材料沿[100]方向具有大小为 12 × 16 的一维孔道，其中吡咯衍生物小分子分布在孔道的内部[图 5-80(a)]。该材料经过处理后作为催化剂应用到醛类的不对称的α-烷基化反应中。优化条件下，苯丙基醛与溴代丙二酸二乙酯α-烷基化反应的产率为74%，对映选择性达到92%e.e.。另外，该材料作为异相催化剂便于回收使用，三次循环反应活性和对映选择性基本不降低。2015年，他们[190]将有机功能配体(有机配体同时具有二氧化碳吸附、烯烃选择性氧化、配位不饱和金属中心Lewis催化以及不对称催化单元)同时融合于一个结构中[图 5-80(b)]，实现从简便易得的化工原料烯烃出发，通过多个催化过程的串联，一步合成单一手性环状碳酸酯。该非均相不对称催化剂易于分离和重复使用，具有明确的应用前景。

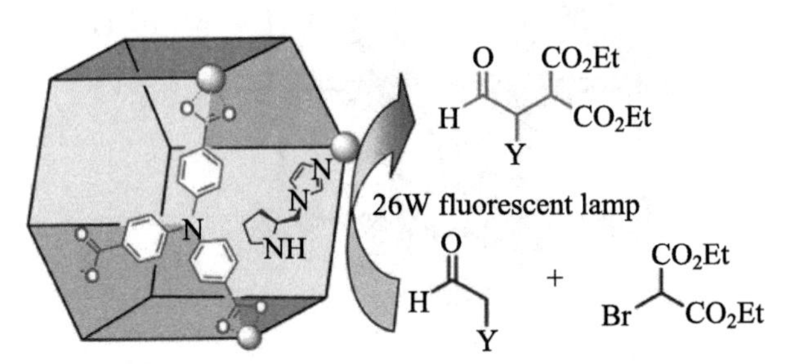

(a) Zn-pyi的晶体结构示意图及其对醛类化合物α-烷基化反应的催化应用

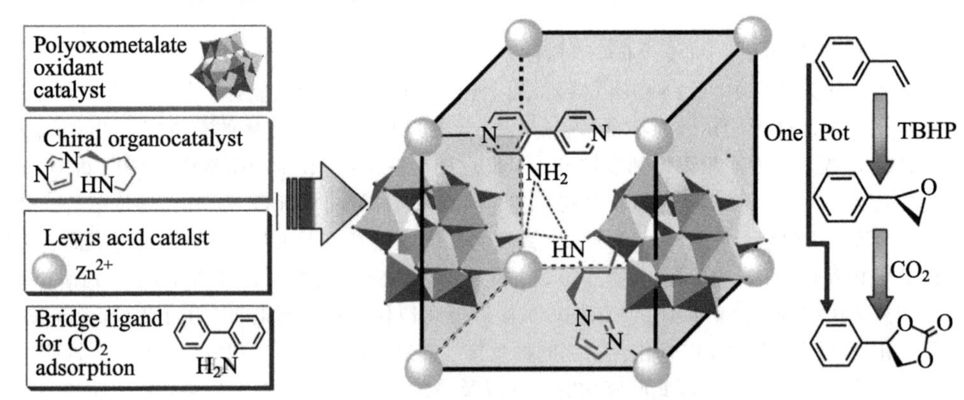

(b) 多功能型的MOFs结构示意图及一步催化合成手性环状碳酸酯

图 5-80

4) MOFs作为催化剂载体或反应腔类材料

通过吸附、沉积、浸渍、沉淀等物理化学方法将催化剂(如纳米金属粒子、纳米金属氧化物粒子等)负载到MOFs的表面或孔道中，利用MOFs结构特点制得具有特殊性质的催化剂。由于MOFs材料具有高比表面积、规则的孔道结构和不饱和配位位点，作为载体它可以实现对纳米粒子迁移和聚集的限制，进而得到高分散的纳米粒子催化剂。例如，Chou等[191]以无水乙醇为溶剂，$Ni(acac)_2$为前驱体，MOF-5为载体制得非均相的金属Ni催化剂，Ni@MOF-5。H_2还原后催化剂的XRD图与MOF-5相同，表明该催化剂中MOFs结构仍然保持完整。金属Ni粒子为2～6nm，大于MOF-5的孔径(1.02nm)，因此Ni纳米粒子应该均匀分布在MOFs的表面。负载后比表面积从821.6m^2/g略降到619.9m^2/g，体积率也从0.28cm^3/g略降到0.22cm^3/g。上述催化剂用于巴豆醛的催化加氢反应(图 5-81)，40min后转化率达到91.59%，主要产物为丁醛(99.45%)，伴有少量丁醇或其他副产物，没有出现巴豆醇。而相同条件处理得到的Ni/SiO_2为催化剂，原料转化率只有83.06%，丁醛选择性也只有94.38%，明显低于Ni@MOF-5(154.6h^{-1})，这主要是由于负载在MOF-5上的Ni纳米粒子具有较大的比表面积。此外，Ni@MOF-5循环使用3次后，晶形、活性和选择性均没有明显变化。Kempe[192]、Li[193]和曹荣[194]等研究组分别采用不同的方法制备了粒径在1.2～3.1nm的钯纳米粒子负载于MIL-101(Cr)上的催化剂，将其应用于烯烃加氢、Suzuki-Miyaura、Heck反应、合成吲哚以及芳香酮的还原反应。这类催化剂的共同特点是钯纳米粒子分散均匀，在钯负载量很少的情况下具有较高的催化活性和稳定性(图 5-82)。

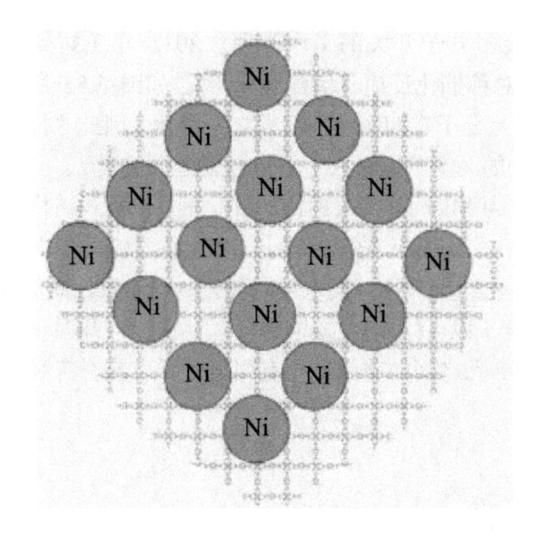

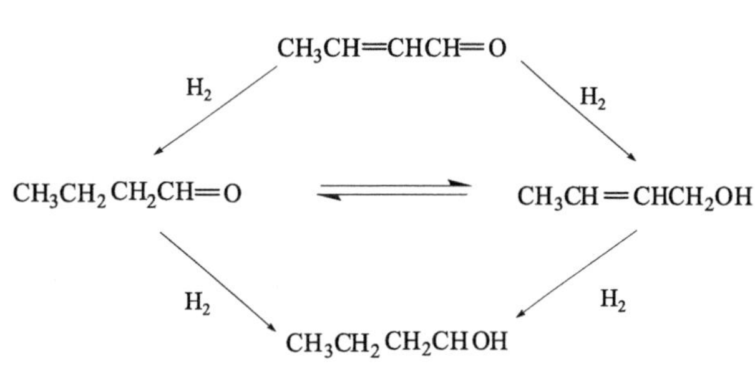

图 5-81　Ni@MOF-5 催化剂及巴豆醛的催化加氢反应

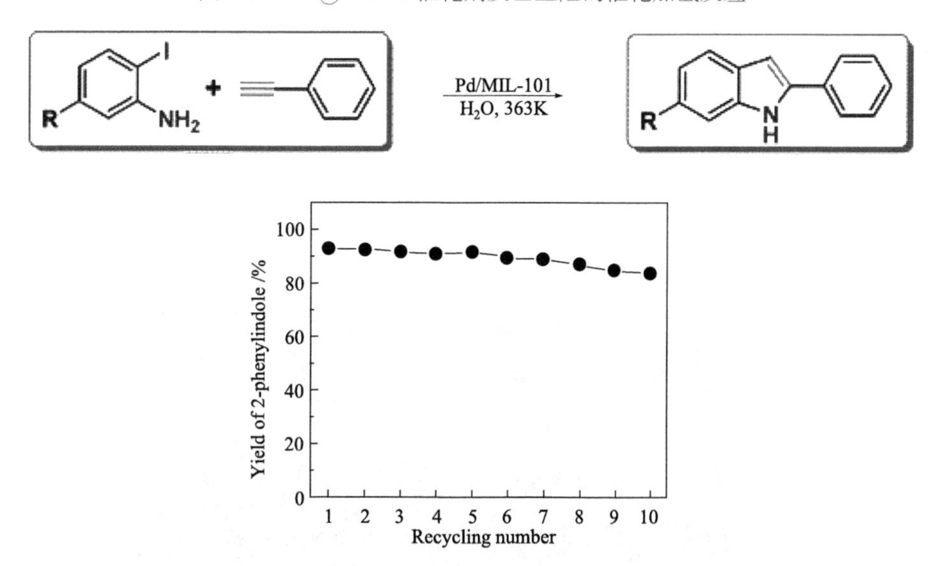

图 5-82　应用 Pd 负载的 MOFs 催化合成吲哚及催化剂的高重复性

尽管目前 MOFs 催化材料在绿色精细化工中的应用还比较少，但已显示出良好的应用前景。

5.4.4　分子开关催化体系

分子开关是一种由单个分子构成的精巧机器，在外界刺激(光、电、化学物质等)下，能够可逆地发生分子结构变化，使得分子能在不同的稳态之间切换。设计和利用分子开关来控制其他重要的化学、生物学过程，是超分子化学领域的重要课题。近年来，有机合成与超分子化学的融合，催生了分子开关催化技术，研究如何利用分子开关来调控催化反应的活性、选择性等。分子开关催化体系，将具有催化活性的功能单元集成到分子开关的特定位置；分子开关在不同稳态中的构造、构型、构象变化，除了会影响催化功能单元的化学性质之外，也会改变其与底物之间距离、取向、位阻、作用方式等，从而能够控制催化反应的“开-关”。特别是在不对称催化反应的立体选择性方面，分子开关催化体系是非常新颖而有重要应用价值的前沿课题[195-197]。

光照是最常见的分子开关驱动方式之一，光致异构化是很多分子开关的工作原理。2011 年王娇炳和 Feringa 在 *Science* 上报道了一例利用光致分子开关调控的不对称催化反应，堪称经典[198]。如图 5-83 所示，他们选用的分子开关称为光驱动分子马达，光照和温度调控此分子在四个结构稳态之间转化，因此“打开”或“关闭”催化活性，并产生不同的立体化学产物。马达分子的两端分别引入了不同的催化功能单元，一端是 Brönsted 碱(二甲胺基吡啶)，另一端则是氢键供体(硫脲)，作为 Michael 加成的协同催化剂；在反式结构的马达分子中，两个催化单元空间距离很远，无法实现协同催化；在 312nm 光照条件下，发生化学键的单向旋转，形成顺式的马达分子使得二者空间上靠近，分别结合和活化两个底物，实现协同催化，Michael 加成产物产率提高；对顺式的马达分子改变温度，在 20℃下，马达分子以(*M*，*M*)顺式结构形态存在，当升温到 70℃，则以(*P*，*P*)顺式存在；因此在不同温度下，协同催化功能单元之间的空间结构有明显差异，前者有利于产生 *R* 型对映异构体加成产物，而后者有利于产生 *S* 型产物。

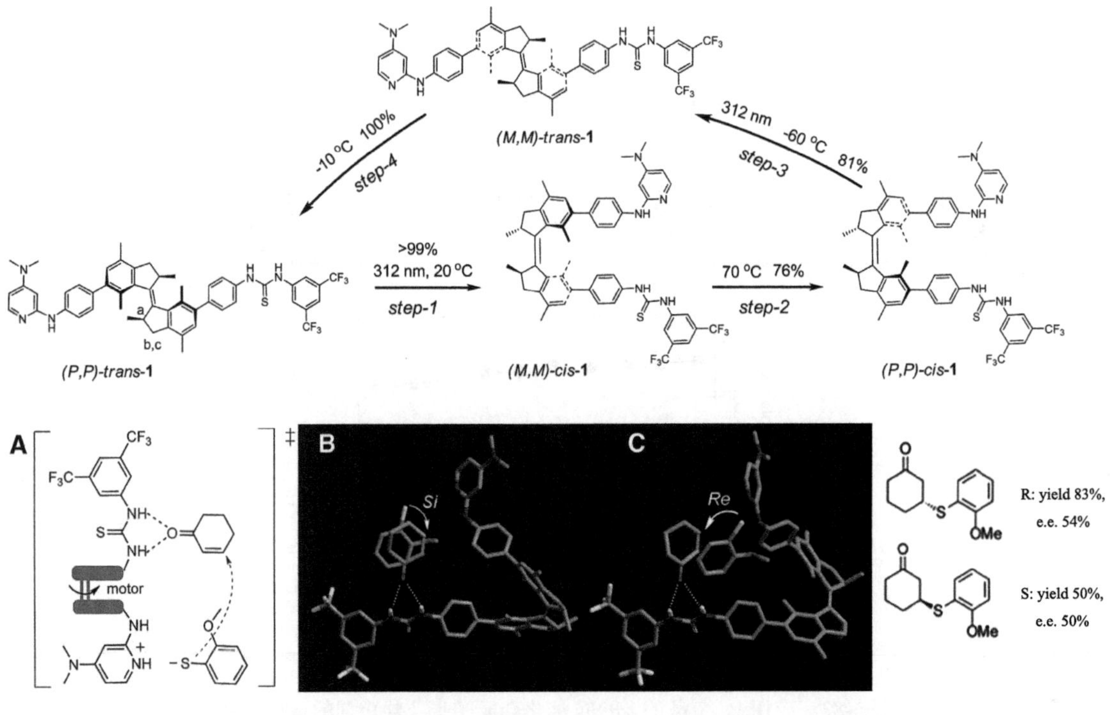

图 5-83 光驱动分子马达控制的不对称 Michael 加成反应的协同催化

另一种常见的分子开关是分子轮烷，其超分子构造方式是将线性结构的棒状分子穿到环形结构分子(索套)，二者之间通过氢键、电荷吸引等超分子相互作用，使得后者稳定停留在某个位置，但是外界刺激改变相互作用时，后者可以滑动，之后稳定停留到其他位置；线性分子两端基团体积较大，使得索套不会滑出。常用 pH 变化来驱动索套在线性分子的不同位置间滑动和停留。Leigh 课题组设计了基于分子轮烷的开关型催化剂，由 pH 变化来控制[199]。如图 5-84 所示，由大环冠醚作为索套，并在线性分子中引入有机胺作为催化剂，酸性条件下，胺结构单元被质子化成盐，与冠醚有很强的相互作用，因此冠醚“套住”胺，并会停留在该位置；此时胺由于不能暴露出来，不能催化 Michael 加成反应，因为反应底物不能靠近催化剂，产物收率为 0%；而当提高 pH 时，胺上发生去质子化，冠醚离开，胺暴露出来，可高效催化反应，产率达到 83%；对比反应中，用(不带冠醚的)线性分子作催化剂，酸性或碱性条件下，产物收率相差不大，均为中等，更说明分子轮烷的超分子结构变化对催化反应的开关控制有重要影响。

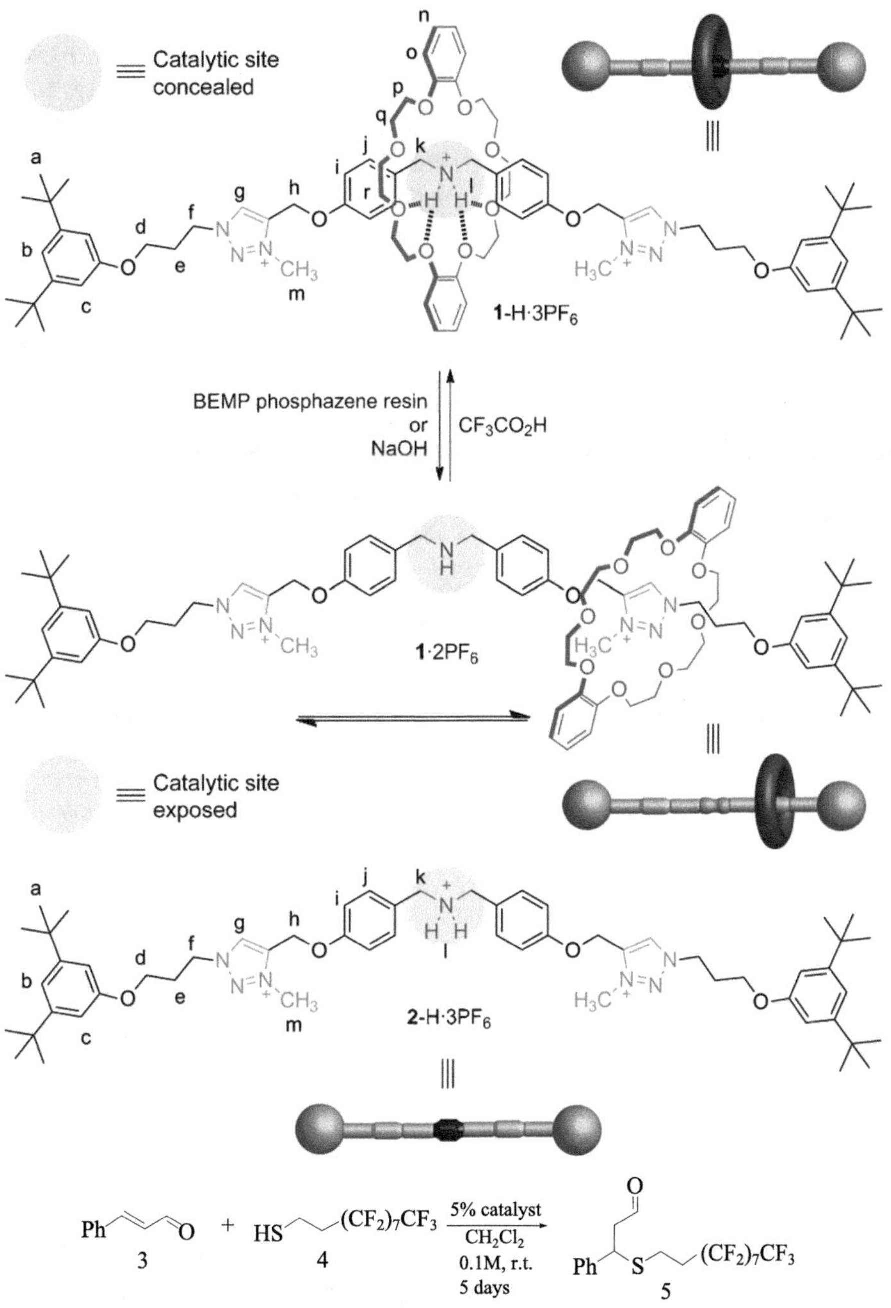

Entry	Catalyst	Yield
1	no catalyst	no reaction
2	dibenzylamine	69%
3	$2 \cdot 2PF_6$	30%
4	$2\text{-H} \cdot 3PF_6$	49%
5	$1 \cdot 2PF_6$	83%
6	$1\text{-H} \cdot 3PF_6$	no reaction
7	$1 \cdot 2PF_6/1\text{-H} \cdot 3PF_6$+10 min $NaOH_{(aq)}$wash	66%
8	no catalyst+10 min $NaOH_{(aq)}$ wash	traces

图 5-84 pH 变化驱动的分子轮烷控制的催化反应

最近过渡金属络合催化不对称合成也开始采用分子开关的催化设计理念。Fan 等利用金属阳离子与冠醚的主-客体相互作用来控制不对称催化氢化反应[200]。如图 5-85 所示，他们设计带有氮杂冠醚的不对称膦配体，用两个这种膦配体络合一个 Rh 离子，从而巧妙构筑了一个夹心状的 Rh 催化剂。由于冠醚处在临近位置，与 Rh 形成螯合，使 Rh 不能与催化底物作用，因而“关闭”了催化反应，脱氢氨基酸酯不能被还原为相应的氨基酸(转化率小于 1%)。然而，加入钠离子，其与 Rh 竞争与冠醚结合，从而使冠醚从 Rh 上分开，Rh 催化活性位点暴露出来，因此不对称催化氢化活性被激活，脱氢氨基酸酯 100%转化，而且 *S*-型的苯丙氨酸酯光学活性达到 96%。此外，催化剂重复利用第二次其催化效果没有降低。

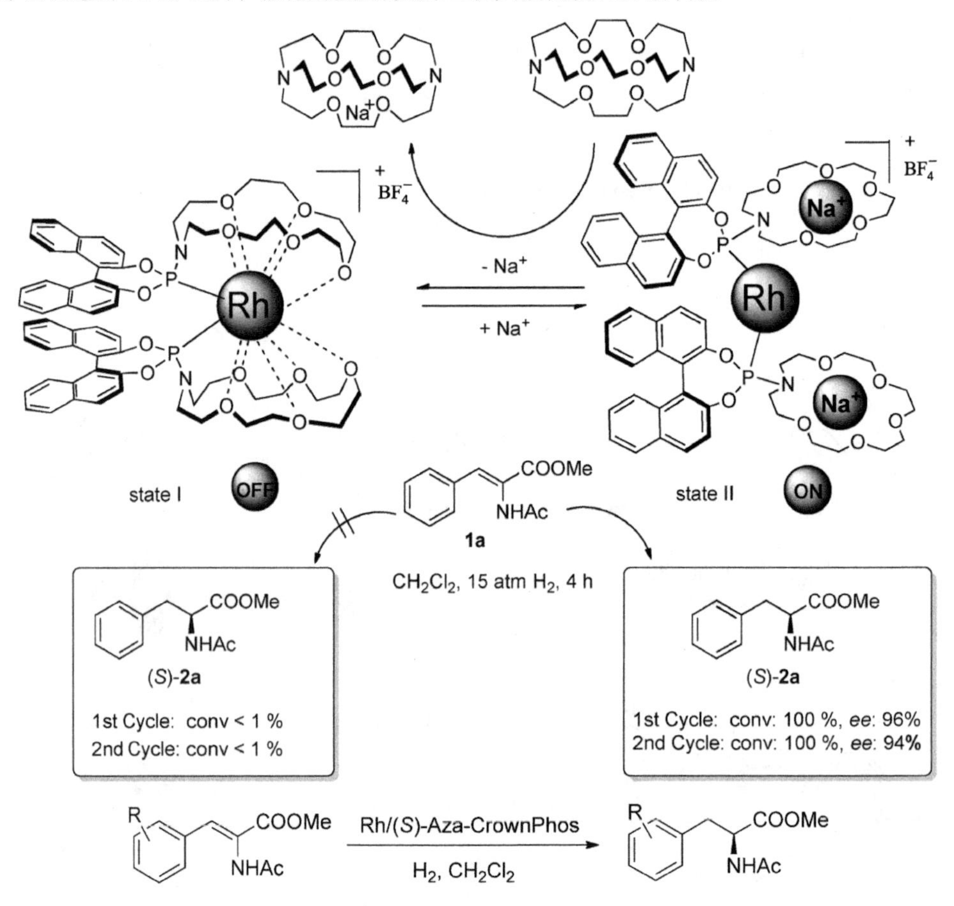

图 5-85 Na+驱动的夹心型分子开关催化剂及催化加氢反应

参考文献

[1] 张淑芬, 杨锦宗. 生物质精细化学品的发展机遇[J]. 现代化工, 2006, 26(4):1-5.

[2] 陈强, 黄萍, 罗彦卿, 等. 林木生物质化学品的开发利用研究进展[J]. 生物质化学工程, 2012, 46(6): 40-46.

[3] 刘安华, 何良年, 高健, 等. 二氧化碳化学:二氧化碳的催化转化反应[J].全国第 16 届有机和精细化工中间体学术交流会, 2006: 80-91.

[4] Liu Y, Ren W M, Wang M, et al. Crystalline stereocomplexed polycarbonates: hydrogen-bond-driven Interlocked orderly assembly of the opposite enantiomers [J]. Angew Chem Int Ed, 2015, 54: 2241-2244.

[5] Sheldon R A. Green solvents for sustainable organic synthesis: state of the art[J]. Green Chem, 2005, 7(5): 267-278.

[6] 付宁. 催化技术对绿色化学的影响研究[J]. 环境科学与管理, 2013, 18(7): 192-194.

[7] 刘雅文. 催化精细化工产业如何迎头而上[J]. 化工管理, 2014, (12): 26-29.

[8] 陈振明, 刘金华, 陶军华. 生物催化在绿色化学和新药开发中的应用[J]. 化学进展, 2007, 19(12): 1919-1927.
[9] 肖竹钱, 欧阳洪生, 葛秋伟, 等. 化学/酶复合催化法制备生物基化学品研究进展[J]. 应用化工, 2015, 44(2): 349-354.
[10] 司伟, 黄妙言, 丁思齐, 等. 微波法辅助合成无机纳米材料的研究进展[J]. 硅酸盐通报, 2013, 32(5): 868-877.
[11] 王娜, 李保庆. 超声催化反应的研究现状和发展趋势[J]. 化学通报, 1999, (5): 26-32.
[12] 刘兆利, 张鹏飞. 微反应器在化学化工领域中的应用[J]. 化工进展, 2016, 35(1): 10-17.
[13] Wiles C, Watts P. Continuous flow reactors: a perspective[J]. Green Chem, 2012, 14(1): 38-54.
[14] 钱伯章. 微反应器开启高效精细化工时代[J]. 化工装备技术, 2011, (8): 61.
[15] 陈玲芳, 吴礼光, 高从堦. 膜分离技术在精细化工中的应用[J]. 精细与专用化学品, 2005, 13(17): 1-4.
[16] 杨大令, 邱芳, 张守海, 等. PPESK 复合纳滤膜在核苷酸溶液脱盐中的应用研究[J]. 食品科技, 2007, (7): 162-165.
[17] 王菊, 李春, 刘晓华, 等. 超临界萃取分离技术及其在精细化工领域的应用[J]. 应用科技, 2009, 17(14): 18-20.
[18] 杨村, 冯武文, 于宏奇. 分子蒸馏技术与绿色精细化工[J]. 精细化工, 2005, 12(5): 321-323.
[19] 冯旭东, 吕波, 李春. 酶分子稳定性改造研究进展[J]. 化工学报, 2016, 67(1): 277-284.
[20] 张志钧, 许国超, 许建和. 精细化学品绿色合成用工具酶的定向开发[J]. 生物产业技术, 2013, (6): 12-19.
[21] 郑裕国, 薛亚平, 柳志强, 等. 腈转化酶在精细化学品生产中的应用[J]. 生物工程学报, 2009, 25(12): 1795-1807.
[22] Denard C A, Ren H Q, Zhao H M. Improving and repurposing biocatalysts via directed evolution[J]. Curr Opin Chem Biol, 2015, 25: 55-64.
[23] Wijma H J, Floor R J, Janssen D B. Structure-andsequence-analysis inspired engineering of proteins for enhanced thermostability[J]. Curr Opin Struct Biology, 2013, 23(4): 588-594.
[24] Blake W J, Isaacs F J. Synthetic biology evolves[J]. Trends Biotechnol, 2004, 22: 321-324.
[25] 肖文海, 王颖, 元英进. 化学品绿色制造核心技术——合成生物学[J]. 化工学报, 2016, 67: 119-128.
[26] 林章凛, 张艳, 王胥, 等. 合成生物学研究进展[J]. 化工学报, 2015, 66: 2863-2871.
[27] Jullesson D, David F, Pfleger D, et al. Impact of syntheticbiology and metabolic engineering on industrial production of finechemicals[J]. Biotechnol Adv, 2015, 33(7): 1395-1402.
[28] Martin V J, Pitera D J, Withers S T, et al. Engineering a mevalonate pathway in Eescherichia coli for production ofterpenoids[J]. Nat Biotechnol, 2003, 21(7): 796-802.
[29] Ro D K, Paradise E M, Ouellet M, et al. Production of the antimalarial drug precursor artemisinic acid in engineered yeast[J]. Nature, 2006, 440(7086): 940-943.
[30] Zhou K,Qiao K J, Edgar S, et al. Distributing a metabolicpathway among a microbial consortium enhances production ofnatural products[J]. Nat Biotechnol, 2015, 33(4): 377-383.
[31] 胡仲禹,赵维峰, 范丛斌. 有机纳米材料的研究进展[J]. 化工新型材料, 2011, 39(2): 16-19.
[32] Balakrishnan K, Datar A, Oitker R, et al. Nanobelt self-assembly from an organic *n*-type semiconductor: Propoxyethyl-PTCDI[J]. Am Chem Soc, 2005, 127(30): 10496-10497.
[33] Chen D H, Wu S H. Synthesis of nickel nanoparticles in water in oilmicroemulsions[J]. Chem Mater, 2000, 12(5): 1354-1360.
[34] 刘丹, 贺高红, 孙杰, 等. 溶胶-凝胶法制备纳米 SiO_2 环氧树脂杂化材料[J].热固性树脂, 2008, 23(4): 19-21.
[35] 张阳德. 纳米药物学[M]. 北京: 化学工业出版社, 2006.
[36] 江兰, 郑飞, 冷鹏飞, 等. 纳米农药的研究进展[J]. 广东农业科学, 2010, (5), 97-100.
[37] 陈文革, 段希萌. 纳米化妆品及其研究进展[J]. 中国粉体技术, 2007,(6): 41-44.

[38] Zhang Y, Cui X J, Shi F, et al. Nano-Gold catalysis in fine chemical synthesis[J]. Chem Rev, 2012, 112: 2467-2505
[39] 徐柏庆，施慧. 黄金催化剂与精细化学品合成的绿色化[J]. 第十四届全国催化学术会议论文集, 2008: 142.
[40] Enache D I, Edwards J K, Landon P, et al. Solvent-free oxidation of primary alcohols to aldehydes using Au-Pd/TiO_2 catalysts[J]. Science, 2006, 311(5759): 362-365.
[41] 曾育才, 刘小玲, 邱晓艳, 等. 碳酸钾催化无溶剂合成 3-取代香豆素衍生物[J]. 精细化工, 2014, 31(7): 923-926.
[42] Rai R K, Mahata A, Mukhopadhyay S, et al. Room-temperature chemoselective reduction of nitro groups using non-noble metal nanocatalysts in water[J]. Inorg Chem, 2014, 53: 2904-2909.
[43] Han W, Liu C, Jin Z L. In situ generation of palladium nanoparticles: a simple and highly active protocol for oxygen-promoted ligand-free suzuki coupling reaction of aryl chlorides[J]. Org Lett, 2007, 9(20): 4005-4007.
[44] Han W, Liu N, Liu C, et al. A ligand-free Heck reaction catalyzed by the in situ-generated palladium nanoparticles in PEG-400[J]. Chin Chem Lett, 2010, 21(12): 1411-1414.
[45] 戚朝荣, 江焕峰. 超临界二氧化碳介质中的有机反应[J]. 化学进展, 2010, 22(7): 1274-1285.
[46] Chatterjee M, Kawanami H, Sato M, et al. Hydrogenation of phenol in supercritical carbon dioxide catalyzed by palladium supported on Al-MCM-41: a facile route for one-pot cyclohexanone formation[J]. Adv Synth Catal, 2009, 351: 1912-1924.
[47] Filatova E V, Turova O V, Kuchurov I V, et al. Asymmetric catalytic synthesis of functionalized tetrahydroquinolines in supercritical fluids[J]. J Supercrit Fluid, 2016, 109: 35-42.
[48] 刘攀, 陈永乐, 胡兴邦, 等. 离子液体催化甲苯绿色硝化研究进展[J]. 化工进展, 2013, 32(增刊 1): 127-132.
[49] Hardacre C, Nancarrow P, Rooney D W, et al. Friedel-crafts benzoylation of anisole in ionic liquids: catalysis, separation and recycle studies[J]. Org Process Res Dev, 2008, 12: 1156-1163.
[50] Mo J, Xu L J, Xiao J L. Ionic liquid-promoted, highly regioselective heck arylationof electron-rich olefins by aryl halides[J]. J Am Chem Soc, 2005, 127: 751-760.
[51] 孙智敏, 刘宝友, 赵地顺. 离子液体在精细化学品合成中的应用[J]. 精细化工, 2008, 25(3): 212-216.
[52] Hovrhat T H, Rabai J. Facile catalyst separation without water: fluorousbiphase hydroformylation of olefins[J]. Science, 1994, 266(7): 72-75.
[53] 易文斌. 氟两相体系中的有机合成反应[D]. 南京: 南京理工大学, 2006.
[54] Betzemeier B, Cavazzini M, Quici S, et al. Copper-catalyzed aerobic oxidation of alcohols underfuorous biphasic conditions[J]. Tetrahedron Lett, 2000, 41: 4343-4346.
[55] Saito S, Yamamoto H. Design of acid-base catalysis for the asymmetric direct aldol reaction[J]. Acc Chem Re, 2004, 37(8): 570-579.
[56] Stewart P A. Modern quantitative acid-base chemistry[J]. Can J Physiol Pharmacol, 1984, 61(12): 1444-1461.
[57] Tanabe K, Hölderich W F. Industrial application of solid acid-base catalysts[J]. Appl Catal A-Gen, 1999, 181(2): 399-434.
[58] Schumacher I, Wang K B. Molecular sieve catalyst[P]: US, 4426543. 1984.
[59] Csicsery S M. Selective disproportionation of alkylbenzenes over mordenite molecular sieve catalyst[J]. J Catal, 1970, 19(3): 394-397.
[60] Zhao R, Ji D, Lv G M, et al. A highly efficient oxidation of cyclohexane over Au/ZSM-5 molecular sieve catalyst with oxygen as oxidant[J]. Chem Commun, 2004, 35(7): 904-905.
[61] Bek D, Balcar H, Žilková N, et al. Grubbs catalysts immobilized on mesoporous molecular sieves via phosphine and pyridine linkers[J]. ACS Catal, 2011, 1(7): 709-718.
[62] Jiao F, Li J J, Pan X L, et al. Selective conversion of syngas to light olefins[J]. Science, 2016, 351(6277): 1065-1068.

[63] Kozhevnikov I V. Catalysis by heteropoly acids and multicomponent polyoxometalates in liquid-phase reactions[J]. Chem Rev, 1998, 98(98): 171-198.

[64] Tiwari M S, Yadav G D. Kinetics of friedel-crafts benzoylation of veratrole with benzoic anhydride using $Cs_{2.5}H_{0.5}PW_{12}O_{40}$/K-10 solid acid catalyst[J]. Chem Eng J, 2015, 266: 64-73.

[65] Yadav G D, Thathagar M B. Esterification of maleic acid with ethanol over cation-exchange resin catalysts[J]. React Funct Polym, 2002, 52(2): 99-110.

[66] Ackermann L, Althammer A. Phosphoric acid diesters as efficient catalysts for hydroaminations of nonactivated alkenes and an application to asymmetric aydroaminations, aheminform[J]. Syn, 2008, 39(7): 995-998.

[67] Wu Y N, Liao S J. Review of SO_4^{2-}/M_xO_y solid superacid catalysts[J]. Frontiers of chemical engineering in China, 2009, 3(3): 330-343.

[68] Ren B, Fan M Q, Wang J, et al. Preparation and application of magnetic solid acid $SO_4^{2-}/ZrO_2/Fe_3O_4/WO_3$ for synthesis of fructone[J]. Solid State Sci, 2011,13(8): 1594-1598.

[69] Weitkamp J. Zeolites and catalysis[J]. Solid State Ionics, 2000, 131(1-2): 175-188.

[70] Sun L B, Liu X Q, Zhou H C. Design and fabrication of mesoporous heterogeneous basic catalysts[J]. Chem Soc Rev, 2015, 44(15): 5092-5147.

[71] 张恭孝, 杨荣华, 陈玉新, 等. 固体碱催化合成 3-甲胺基-1,2-丙二醇[J]. 精细化工, 2015, 10: 1175-1180.

[72] 郭祥峰, 陈娟, 刘聪, 等. 氧化钙和氟化钾负载高岭土固体碱催化制备新型生物柴油[J]. 应用化学, 2015, 32 (7): 788-793.

[73] Motokura K, Tomita M, Tada M, et al. Acid-base bifunctional catalysis of silica-alumina-supported organic amines for carbon-carbon bond-forming reactions[J]. Chem Eur J, 2008, 14(13): 4017-4027.

[74] Setoyama T. Acid-base bifunctional catalysis: An industrial viewpoint[J]. Catal Today, 2006, 116 (2): 250-262.

[75] Tanabe K, Yamaguchi T. Acid-base bifunctional catalysis by ZrO_2 and its mixed oxides[J]. Catal Today, 1994, 20(2): 185-197.

[76] 苑丽质. 酸碱固体催化剂上丙酮气相缩合异佛尔酮[J]. 兰州理工大学学报, 2015, 41(4): 79-82.

[77] Miyashita A, Yasuda A, Takaya H, et al. Synthesis of 2,2'-bis(diphenylphosphino)-1,1'-binaphthyl (BINAP), an atropisomeric chiral bis(triaryl)phosphine, and its use in the rhodium(Ⅰ)-catalyzed asymmetric hydrogenation of α-(acylamino)acrylic acids[J]. J Am Chem Soc, 1980, 102(27): 7932-7934.

[78] Guibal E. Heterogeneous catalysis on chitosan-based materials: a review[J]. Progress Polym Sci, 2005, 30(1): 71-109.

[79] Macquarrie D J, Hardy J J E. Applications of functionalized chitosan in catalysis[J]. Ind Eng Chem Res, 2005, 44(23): 8499-8520.

[80] Makhubela B C E, Jardine A, Smith G S. Rh(Ⅰ) complexes supported on a biopolymer as recyclable and selective hydroformylation catalysts[J]. Green Chem, 2012, 14(2): 338-347.

[81] Li C L, Lei Z Q, Ma H C, et al. Baeyer-villiger oxidation of ketones with hydrogen peroxide catalyzed by chitosan-supported dendritic Sn complexes[J]. J Dispersion Sci Technol, 2012, 33(7): 983-989.

[82] Wilkinson G, Birmingham J M. Cyclopentadienyl compounds of Sc, Y, La, Ce and some lanthanide elements[J]. J Am Chem Soc, 1954, 76(23): 6210-6210.

[83] Paquette L A, Crich D, Fuchs P, et al. Encyclopedia of reagents for organic synthesis[J]. John Wiley & Sons Ltd, 1995, 8: 5429.

[84] Ren C Y, Li G L, Dong W M, et al. Soluble neodymium chloride 2-ethylhexanol complex as a highly active catalyst for controlled isoprene polymerization[J]. Polmer, 2007, 48(9): 2470-2474.

[85] Gao W, Cui D. Highly cis-1,4 selective polymerization of dienes with homogeneous ziegler-natta catalysts based on NCN-pincer rare earth metal dichloride precursors[J]. J Am Chem Soc, 2008, 130(14): 4984-4991.

[86] Chu J X, Kefalidis C E, Maron L, et al. Chameleon behavior of a newly synthesized nitrilimine scandium derivative[J]. J Am Chem Soc, 2013, 135: 8165-8168.

[87] Shi Z H, Meng R, Guo F, et al. Synthesis of high cis-1,4-polybutadiene with narrow molecular weight distribution catalyzed by a half-sandwich scandium catalyst (C_5H_5) $Sc(CH_2C_6H_4NMe_2$-o$)_2$[J]. Acta Polyme Sin, 2014, 10: 1420-1427.
[88] Nishiura M, Hou Z M. Novel polymerization catalysts and hydride clusters from rare-earth metal dialkyls[J]. Nat Chem, 2010, 2: 257-268.
[89] Chen R Z, Li X L, Wu X J, et al. Research on poly(styrene-crylicacid)-supported neodymium complex catalytic copolymerization of styrene and 4-vinylpyridine[J]. J Chin Rare Earth Soc, 2005, 23(6): 663-667.
[90] Chng L L, Erathodiyil N, Ying J Y. Nanostructured catalysts for organic transformations[J]. Acc Chem Res, 2013, 46(8): 1825-1837.
[91] Zhang Q, Lee I, Joo J B, et al. Core-shell nanostructured catalysts[J]. Acc Chem Res, 2013, 46(8): 1816-1824.
[92] Cui C H, Yu S H. Engineering interface and surface of noble metal nanoparticle nanotubes toward enhanced catalytic activity for fuel cell applications[J]. Acc Chem Res, 2013, 46(7): 1427-1437.
[93] Yang X F, Wang A Q, Qiao B T, et al. Single-atom catalysts: a New frontier in heterogeneous catalysis[J]. Acc Chem Res, 2013, 46(8): 1740-1748.
[94] Mayer A B R, Mark J E. Transition metal nanoparticles protected by amphiphilic block copolymers as tailored catalyst systems[J]. Colloid Polym Sci, 1997, 275(4): 333-340.
[95] Yu W Y, Liu H F, Liu M H, et al. Selective hydrogenation of α, β-unsaturated aldehyde to α, β-unsaturated alcohol over polymer-stabilized platinum colloid and the promotion effect of metal cations[J]. J Mol Catal A-Chem, 1999, 138(2-3): 273-286.
[96] Yurino T, Ueda Y, Shimizu Y, et al. Salt-free reduction of nonprecious transition-metal compounds: generation of amorphous Ni nanoparticles for catalytic C–C bond formation[J]. Angew Chem Inter Ed, 2015, 54(48): 14437-14441.
[97] Li G, Jin R C. Atomically precise gold nanoclusters as new model catalysts[J]. Acc Chem Res, 2013, 46(8): 1749-1758.
[98] Fan H, Huang X, Shang L, et al. Controllable synthesis of ultrathin transition-metal hydroxide nanosheets and their extended composite nanostructures for enhanced catalytic activity in the heck reaction[J]. Angew Chem Inter Ed, 2016, 55(6): 2167-2170.
[99] Cai S F, Duan H H, Rong H P, et al. Highly active and selective catalysis of bimetallic Rh_3Ni_1 nanoparticles in the hydrogenation of nitroarenes[J]. ACS Catal, 2013, 3(4): 608-612.
[100] Donoeva B G, Ovoshchnikov D S, Golovko V B. Establishing a Au nanoparticle size effect in the oxidation of cyclohexene using gradually changing Au catalysts[J]. ACS Catal, 2013, 3(12): 2986-2991.
[101] Long W, Brunelli N A, Didas S A, et al. Aminopolymer-silica composite-supported Pd catalysts for selective hydrogenation of alkynes[J]. ACS Catal, 2013, 3(8): 1700-1708.
[102] Alonso F, Moglie Y, Radivoy G. Copper nanoparticles in click chemistry[J]. Acc Chem Res, 2015, 48(9): 2516-2528.
[103] Yoon T P, Jacobsen E N. Privileged chiral catalysts[J]. Science, 2003, 299 (5613): 1691-1693.
[104] Chan A S C, Hu W H, Pai C C, et al. Novel spiro phosphinite ligands and their application in homogeneous catalytic hydrogenation reactions[J]. J Am Chem Soc, 1997, 119(40): 9570-9571.
[105] Xie J H, Zhou Q L. Chiral diphosphine and monodentate phosphorus ligands on a spiro scaffold for transition-metal-catalyzed asymmetric reactions[J]. Acc Chem Res, 2008, 41(5): 581-593.
[106] Dai L X, Tu T, You S L, et al. Asymmetric catalysis with chiral ferrocene ligands[J]. Acc Chem Res, 2003, 36(9): 659-667.
[107] Han Z B, Wang Z, Zhang X M, et al. Spiro[4,4]-1,6-nonadiene-based phosphine-qxazoline ligands for iridium-catalyzed enantioselective hydrogenation of ketimines[J]. Angew Chem Inter Ed, 2009, 48(29): 5345-5349.

[108] Wang D Y, Hu X P, Huang J D, et al. Highly enantioselective synthesis of α-hydroxy phosphonic acid derivatives by Rh-catalyzed asymmetric hydrogenation with phosphine-phosphoramidite ligands[J]. Angew Chem Inter Ed, 2007, 46(41): 7810-7813.

[109] Zhou J and Tang Y. Sidearm effect: improvement of the enantiomeric excess in the asymmetric michael addition of indoles to alkylidene malonates[J]. J Am Chem Soc, 2002, 124(31): 9030-9031.

[110] Wang Z Q, Feng C G, Xu M H, et al. Design of C_2-symmetric tetrahydropentalenes as new chiral diene ligands for highly enantioselective Rh-catalyzed arylation of *N*-tosylarylimines with arylboronic acids[J]. J Am Chem Soc, 2007, 129(17): 5336-5337.

[111] Yang H Q, Zhang L, Zhong L, et al. Enhanced cooperative activation effect in the hydrolytic kinetic resolution of epoxides on [Co(salen)] catalysts confined in nanocages[J]. Angew Chem Inter Ed, 2007, 46(36): 6861-6865.

[112] Wang Z J, Deng G J, Li Y, et al. Enantioselective hydrogenation of quinolines catalyzed by Ir(BINAP)-cored dendrimers: dramatic enhancement of catalytic activity[J]. Chemical Reviews Org Lett, 2007, 9(7): 1243-1246.

[113] Wang Z, Chen G, Ding K L. Self-supported catalysts[J]. Chem Rev, 2009, 109(2): 322-359.

[114] Corma A, Iglesias M, Pino C D, et al. New rhodium complexes anchored on modified USY zeolites. A remarkable effect of the support on the enantioselectivity of catalytic hydrogenation of prochiral alkenes[J]. Chem Commun, 1991, 18(18): 1253-1255.

[115] Allen A E, MacMillan D W C. Synergistic catalysis: A powerful synthetic strategy for new reaction development[J]. Chem Sci, 2012, 3(3): 633-658.

[116] Paull D H, Abraham C J, Scerba M T, et al. Bifunctional asymmetric catalysis: Cooperative Lewis acid/base systems[J]. Acc Chem Res, 2008, 41(5): 655-663.

[117] Zuend S J, Jacobsen E N. Cooperative catalysis by tertiary amino-thioureas: Mechanism and basis for enantioselectivity of ketone cyanosilylation[J]. J Am Chem Soc, 2007, 129(51): 15872-15883.

[118] Bass J D, Solovyov A, Pascall A J, et al. Acid-base bifunctional and dielectric outer-sphere effects in heterogeneous catalysis: A comparative investigation of model primary amine catalysts[J]. J Am Chem Soc, 2006, 128(19): 3737-3747.

[119] Margelefsky E L, Bendjériou A, Zeidan R K , et al. Nanoscale organization of thiol and arylsulfonic acid on silica leads to a highly active and selective bifunctional, heterogeneous catalyst[J]. J Am Chem Soc, 2008, 130(40): 13442-13449.

[120] Park Y J, Park J W, Jun C H. Metal-organic cooperative catalysis in C-H and C-C bond activation and its concurrent recovery[J]. Acc Chem Res, 2008, 41(2): 222-234.

[121] Wei Y, Yoshikai N. Modular pyridine synthesis from oximes and enals through synergistic copper/iminium catalysis[J]. J Am Chem Soc, 2013, 135(10): 3756-3759.

[122] Cohen D T, Cardinal-David B, Scheidt K A. Lewis acid activated synthesis of highly substituted cyclopentanes by the *n*-heterocyclic carbene catalyzed addition of homoenolate equivalents to unsaturated ketoesters[J]. Angew Chem Inter Ed, 2011, 50(7), 1678-1682.

[123] Trost B M, Luan X J, Miller Y. Contemporaneous dual catalysis: Chemoselective cross-coupling of catalytic vanadium-allenoate and π-allylpalladium intermediates[J]. J Am Chem Soc, 2011, 133(32): 12824-12833.

[124] Trost B M, Luan X J. Contemporaneous dual catalysis by coupling highly transient nucleophilic and electrophilic intermediates generated in situ[J]. J Am Chem Soc, 2011, 133(6): 1706-1709.

[125] Ding Q P, Wu J. Lewis acid and organocatalyst-cocatalyzed multicomponent reactions of 2-alkynylbenzaldehydes, amines and ketones[J]. Org Lett, 2007, 9(24): 4959-4962.

[126] Uraguchi D, Kinoshita N, Nakashima D, et al. Chiral ionic Brønsted acid-achiral Brønsted base synergistic catalysis for asymmetric sulfa-michael addition to nitroolefins[J]. Chem Sci, 2012, 3(11): 3161-3164.

[127] Sibi M P, Hasegawa M. Organocatalysis in radical chemistry. Enantioselective alpha-oxyamination of aldehydes[J]. J Am Chem Soc, 2007, 129(14): 4124-4125.

[128] Van Humbeck J F, Simonovich S P, Knowles R R, et al. Concerning the Mechanism of the $FeCl_3$-catalyzed α-oxyamination of aldehydes: Evidence for a non-SOMO activation pathway[J]. J Am Chem Soc, 2010, 132(29): 10012-10014.

[129] Mukherjee S, List B. Chiral counteranions in asymmetric transition-metal catalysis: Highly enantioselective Pd/Brønsted acid-catalyzed direct α-allylation of aldehydes[J]. J Am Chem Soc, 2007, 129(37): 11336-11337.

[130] Archelas A, Furstoss R. Synthetic applications of epoxide hydrolases[J]. Curr Opin Chem Biol, 2001, 5(2): 112-119.

[131] Singh R, Sharma R, Tewari N, et al. Nitrilase and its application as a 'Green' catalyst[J]. Chem Biodivers, 2006, 3(12): 1279-1287.

[132] Effenberger F, Förster S, Wajant H. Hydroxynitrile lyases in stereoselective catalysis[J]. Curr Opin Biotechnol, 2000, 11(6): 532-539.

[133] Lee S G, Hong S P, Sunga M H. Development of an enzymatic system for the production of dopamine from catechol, pyruvate and ammonia[J]. Enzyme Microb Tech, 1999, 25(3-5): 298-302.

[134] Mu W M, Yu L, Zhang W L, et al. Isomerases for biotransformation of D-hexoses[J]. Appl Microb Biotechnol, 2015, 99(16): 6571-6584.

[135] Taylor P P, Pantaleone D P, Senkpeil R F, et al. Novel biosynthetic approaches to the production of unnatural amino acids using transaminases[J]. Trends Biotechnol, 1998, 16(10): 412-418.

[136] Hoyos P, Sinisterra J V, Molinari F, et al. Biocatalytic strategies for the asymmetric synthesis of α-hydroxy ketones[J]. Acc Chem Res, 2010, 43(2): 288-299.

[137] Zaks A. Industrial biocatalysis[J]. Curr Opin Chem Biol, 2001, 5(2): 130-136.

[138] Geim A K, Novoselov K S. The rise of graphene[J]. Nat mater, 2007, 6(1): 183-191.

[139] Dreyer D R, Jia H P, Bielawski C W. Graphene oxide: A convenient carbocatalyst for facilitating oxidation and hydration reactions[J]. Angew Chem Inter Ed, 2010, 49(38): 6813-6816.

[140] Jia H P, Dreyer D R, Bielawski C W. Graphite oxide as an auto-tandem oxidation-hydration-aldol coupling catalyst[J]. Adv Synth Catal, 2011, 353(4): 528-532.

[141] Kumar A V, Rao K R. Recyclable graphite oxide catalyzed Friedel-Crafts addition of indoles to alpha, beta-unsaturated ketones[J]. Tetrahedron Lett, 2011, 52(40): 5188-5191.

[142] Chauhan S M S, Mishra S. Use of graphite oxide and graphene oxide as catalysts in the synthesis of dipyrromethane and calix 4 pyrrole[J]. Molecules, 2011, 16(9): 7256-7266.

[143] Long Y, Zhang C C, Wang X X, et al. Oxidation of SO_2 to SO_3 catalyzed by grapheme oxide foams[J]. J Mater Chem, 2011, 21(36): 13934-13941.

[144] Li X H, Chen J S, Wang X C, et al. Metal-free activation of dioxygen by graphene/g-C_3N_4 nanocomposites: Functional dyads for selective oxidation of saturated hydrocarbons[J]. J Am Chem Soc, 2011, 133(21): 8074-8077.

[145] Gao Y J, Ma D, Wang C L, et al. Reduced graphene oxide as a catalyst for hydrogenation of nitrobenzene at room temperature[J]. Chem Commun, 2011, 47(8): 2432-2434.

[146] Marquardt D, Vollmer C, Thomann R, et al.The use of microwave irradiation for the easy synthesis of graphene-supported transition metal nanoparticles in ionic liquids[J]. Carbon, 2011, 49(4): 1326-1332.

[147] Shang L, Bian T, Zhang B H, et al. Graphene-supported ultrafine metal nanoparticles encapsulated by mesoporous silica: Robust catalysts for oxidation and reduction reactions[J]. Angew Chem Inter Ed, 2014, 53(1): 250-254.

[148] Gao Y J, Hu G, Zhong J, et al. Nitrogen-doped sp^2-hybridized carbon as a superior catalyst for selective oxidation[J]. Angew Chem Inter Ed, 2013, 52(7): 2109-2113.

[149] Gopiraman M, Babu S G, Khatri Z, et al. Dry synthesis of easily tunable nano Ruthenium supported on graphene: novel nanocatalysts for aerial oxidation of alcohols and transfer hydrogenation of ketones[J]. J Phys Chem C, 2013, 117(45): 23582-23596.

[150] Scheuermann G M, Rumi L, Steurer P, et al. Palladium nanoparticles on graphite oxide and its functionalized graphene derivatives as highly active catalysts for the Suzuki-Miyaura coupling reaction[J]. J Am Chem Soc, 2009, 131(23): 8262-8270.

[151] Li Y, Fan X B , Qi J J, et al. Palladium nanoparticle-graphene hybrids as active catalysts for the Suzuki reaction[J]. Nano Res, 2010, 3(6): 429-437.

[152] Zhang N, Qiu H X, Liu Y, et al. Fabrication of gold nanoparticle/graphene oxide nanocomposites and their excellent catalytic performance[J]. J Mater Chem, 2011, 21(30): 11080-11083.

[153] Ji J Y, Zhang G H, Chen H Y, et al. Sulfonated graphene as water-tolerant solid acid catalyst[J]. Chem Sci, 2011, 2(3): 484-487.

[154] Yuan C F , Chen W F, Yan L F. Amino-grafted graphene as a stable and metal-free solid basic catalyst[J]. J Mater Chem, 2012, 22(15):7456-7460.

[155] 江明, A 艾森伯格, 刘国军, 等. 大分子自组装[M]. 北京: 科学出版社, 2006.

[156] Clarke M L, Fuentes J A. Self-assembly of organocatalysts: fine-tuning organocatalytic reactions[J]. Angew Chem Int Ed, 2007, 46(6): 930-933.

[157] Mandal T, Zhao C G. Modularly designed organocatalytic assemblies for direct nitro-Michael addition reactions[J]. Angew Chem Int Ed, 2008, 47(40): 7714-7717.

[158] Yu L T, Wang Z, Wu J, et al. Directed orthogonal self-assembly of homochiral coordination polymers for heterogeneous enantioselective hydrogenation[J]. Angew Chem Int Ed, 2010, 49: 3627-3630

[159] Yoon J H, Park Y J, Lee J H, et al. Recyclable self-assembly-supported catalytic system for orthoalkylation[J]. Org Lett, 2005, 7: 2889-2893

[160] 赵金, 刘育. 超分子组装体在催化领域中的应用[J]. 化学进展，2015, 27(6): 687-703.

[161] Li J H, Tang Y F, Wang Q W, et al. Chiral surfactant-type catalyst for asymmetric reduction of aliphatic ketones in water[J]. J Am Chem Soc, 2012, 134: 18522-18525.

[162] Breslow R, Dong S D. Biomimetic reactions catalyzed by cyclodextrins and their derivatives[J]. Chem Rev, 1998, 98(5): 1997-2011.

[163] Breslow R, Kohn H, Siegel B. Methylated cyclodextrin and a cyclodextrin polymer as catalysts in selective anisole chlorination[J]. Tetrahedron Lett, 1976, 17(20): 1645-1646.

[164] Marchetti L, Levine M. Biomimetic catalysis[J]. ACS Catal, 2011, 1(9): 1090-1118.

[165] Madhav B, Murthy S N, Reddy V P, et al. Biomimetic synthesis of quinoxalines in water[J]. Tetrahedron Lett, 2009, 50(44): 6025-6028.

[166] Mackay L G, Wylie R S, Sanders J K M. Catalytic acyl transfer by a cyclic porphyrin trimer-efficient turnover without product inhibition[J]. J Am Chem Soc, 1994, 116(7): 3141-3142.

[167] Rebillya J N, Reinauda O. Calixarenes and resorcinarenes as scaffolds for supramolecular metallo-enzyme mimicry[J]. Supramolecular Chemistry, 2014, 26(7-8): 454-479.

[168] Rawat V, Press K, Goldberg I, et al. Straightforward synthesis and catalytic applications of rigid *N,O*-type calixarene ligands[J]. Organic & Biomolecular Chemistry, 2015, 13(46): 11189-11193.

[169] Sarkar S P, Mukhopadhyay C. Single step incorporation of carboxylic acid groups in the lower rim of calix[4]arenes: a recyclable catalyst towards assembly of diverse five ring fused acridines[J]. Green Chemistry, 2015, 17(6): 3452-3465.

[170] Kunishima M, Hioki K, Moriya T, et al. Primary-amine-specific lactamization of omega-amino acids by an artificial cyclotransferase based on [18] crown-6[J]. Angew Chem Int Ed, 2006, 45(8): 1252-1255.

[171] Cacciapaglia R, Stefano S D, Mandolini L G. The bis-barium complex of a butterfly crown ether as a phototunable supramolecular catalyst[J]. Journal of the American Chemical Society, 2003, 125(8): 2224-2227.

[172] Mansuy D. A brief history of the contribution of metalloporphyrin models to cytochrome P450 chemistry and oxidation catalysis[J]. Comptes Rendus Chimie, 2007, 10(4-5): 392-413.

[173] Che C M, Lo V K , Zhou C Y, et al. Selective functionalisation of saturated C-H bonds with metalloporphyrin catalysts[J]. Chemical Society Reviews, 2011, 40(4): 1950-1975.
[174] Lu H J, Zhang X P. Catalytic C-H functionalization by metalloporphyrins: recent developments and future directions[J]. Chemical Society Reviews, 2011, 40(4): 1899-1909.
[175] Sorokin A B. Phthalocyanine metal complexes in catalysis[J]. Chemical Reviews, 2013, 113(10): 8152-8191.
[176] Beyrhouty M, Sorokin A B, Daniele S, et al. Combination of two catalytic sites in a novel nanocrystalline TiO_2-iron tetrasulfophthalocyanine material provides better catalytic properties[J]. New Journal of Chemistry, 2005, 29(10): 1245-1248.
[177] Sorokin A B, Quignard F, Valentin R, et al. Chitosan supported phthalocyanine complexes: Bifunctional catalysts with basic and oxidation active sites[J]. Applied Catalysis a-General, 2006, 309(2): 162-168.
[178] Kumari P, Poonam, Chauhan S M S. Efficient cobalt(Ⅱ) phthalocyanine-catalyzed reduction of flavones with sodium borohydride[J]. Chem Commun, 2009, (42): 6397-6399.
[179] Jain S L, Joseph J K, Singhal S, et al. Metallophthalocyanines (MPcs) as efficient heterogeneous catalysts for Biginelli condensation: Application and comparison in catalytic activity of different MPcs for one pot synthesis of 3,4-dihydropyrimidin-2-(1H)-ones[J]. J Mol Catal A-Chem, 2007, 268(1-2): 134-138.
[180] Wei H, Wang E K. Nanomaterials with enzyme-like characteristics (nanozymes): next-generation artificial enzymes[J]. Chem Soc Rev, 2013, 42(14): 6060-6093.
[181] Fujita M, Kwon Y J, Washizu S, et al. Clathration ability and catalysis of a two-dimensional square network material composed of Cadmium(Ⅱ) and 4,4'-Bipyridine[J]. J Am Chem Soc, 1994, 116(3): 1151-1152.
[182] Alaerts L, Séguin E, Poelman H, et al. Probing the Lewis acidity and catalytic activity of the metal-organic framework $[Cu_3(btc)_2]$ (BTC=benzene-1,3,5-tricarboxylate)[J]. Chem Eur J, 2006, 12(28): 7353-7363.
[183] Tan X, Li L, Zhang J Y, et al. Three-dimensional phosphine metal-organic frameworks assembled from Cu(Ⅰ) and pyridyl diphosphine[J]. Chem Mater, 2012, 24(3): 480-485.
[184] Shultz A M, Farha O K, Hupp J T, et al. A catalytically active, permanently microporous MOF with metalloporphyrin struts[J]. J Am Chem Soc, 2009, 131(12): 4204-4205.
[185] Meng L, Cheng Q G, Kim C, et al. Crystal engineering of a microporous, catalytically active fcu topology MOF using a custom-designed metalloporphyrin linker[J]. Angew Chem Int Ed, 2012, 51(40): 10082-10085.
[186] Zou C, Zhang Z J, Xu X, et al. A multifunctional organic-inorganic hybrid structure based on Mn(Ⅲ)-porphyrin and polyoxometalate as a highly effective dye scavenger and heterogenous catalyst[J]. J Am Chem Soc, 2012, 134(1): 87-90.
[187] Feng D W, Chung W C, Wei Z W, et al. Construction of ultrastable porphyrin Zr metal-organic frameworks through linker elimination[J]. J Am Chem Soc, 2013, 135(45): 17105-17110.
[188] Hasegawa S, Horike S, Matsuda R, et al. Three-dimensional porous coordination polymer functionalized with amide groups based on tridentate ligand: Selective sorption and catalysis[J]. J Am Chem Soc, 2007, 129 (9): 2607-2614.
[189] Wu P Y, He C, Wang J, et al. Photoactive chiral metal-organic frameworks for light-driven asymmetric α-alkylation of aldehydes[J]. J Am Chem Soc, 2012, 134(36): 14991-14999.
[190] Han Q, Qi B, Ren W M, et al. Polyoxometalate-based homochiral metal-organic frameworks for tandem asymmetric transformation of cyclic carbonates from olefins[J]. Nat Commun, 2015, 6: 10007.
[191] Zhao H H, Song H L, Chou L J. Nickel nanoparticles supported on MOF-5: Synthesis and catalytic hydrogenation properties[J]. Inorg Chem Commun, 2012, 15: 261-265.
[192] Hermannsdorfe J, Kempe R. Selective palladium-loaded MIL-101 catalysts[J]. Chem Eur J, 2011, 17(29): 8071-8077.
[193] Li H, Zhu Z H, Zhang F, et al. Palladium nanoparticles confined in the cages of MIL-101: An efficient catalyst for the one-pot indole synthesis in water[J]. ACS Catal, 2011, 1(11): 1604-1612.

[194] Huang Y B, Lin Z J, Cao R. Palladium nanoparticles encapsulated in a metal-organic framework as efficient heterogeneous catalysts for direct C_2 arylation of indoles[J]. Chem Eur J, 2011, 17(45): 12706-12712.
[195] Blanco V, Leigh D A, Marcos V. Artificial switchable catalysts[J]. Chem Soc Rev, 2015, 44: 5341-5370.
[196] Neilson B M, Bielawski C W. Illuminating photoswitchable catalysis[J]. ACS Catal, 2013, 3: 1874-1885.
[197] Schmittel M, Pramanik S, De S. A reversible nanoswitch as an ON-OFF photocatalyst[J]. Chem Commun, 2012, 48: 11730-11732.
[198] Wang J B, Feringa B L. Dynamic control of chiral space in a catalytic asymmetric reaction using a molecular motor[J]. Science, 2011, 331:1429-1432.
[199] Blanco V, Carlone A, Hänni K D, et al. A rotaxane-based switchable organocatalyst[J]. Angew Chem Int Ed, 2012, 51:5166-516.
[200] Ouyang G H, He Y M, Li Y, et al. Cation-triggered switchable asymmetric catalysis with chiral Aza-CrownPhos[J]. Angew Chem Int Ed, 2015, 54(14): 4334-4337.

第6章　精细化学品的商品化

6.1　概　　述

精细化学品是具有特殊属性、特定使用对象、特殊质量要求的综合性较强的技术密集型化工产品，要生产优质的精细化学品，除了先进可靠的生产工艺和设备外，先进的商品化技术是不可或缺的，这必然涉及多学科的交叉与融合。众所周知，精细化学品间的竞争十分激烈，为了提高市场竞争能力，加大商品化的研究开发力度是十分必要的。

6.1.1　精细化学品商品化的内涵

一个合格的精细化学品的上市可以概括为三步，即产品化、商品化和商业化。

精细化学品作为能满足消费者或用户需求的特殊产品被推向市场而成为商品。所谓商品，是指用来交换的劳动产品。既然是交换，就需要使产品带上交换市场上必备的标签与特性，这就是产品的商品化过程。化学合成的产品不是最终的具有实用性的商品，为了把它们转化为具有很好应用特性的商品，必须进行商品化处理。例如，颜料是一种几乎不溶解的有色微粒状物质，化学合成的有机颜料不是最终的具有实用性的商品，为了把它们转化为具有很好应用特性的微细分散体形式的商品，有机颜料必须利用商品化技术进行商品化处理，有机颜料的分散性与分散稳定性成为有机颜料商品化的特定要求。

简单地讲，精细化学品商品化就是将化学合成的产品赋予实用性并推向市场，以实现精细化学品的经济价值的过程。

6.1.2　精细化学品商品化的意义

精细化学品商品化是提高国家或地区精细化工率的前提，是化学工业经济增长的重要推动力，对国民经济的发展起着举足轻重的作用，同时对我国的现代化建设发挥着重要作用，具有不可替代性。

6.1.3　协同效应

协同效应简单地说就是“1+1>2”的效应。协同效应原本为一种物理化学现象，又称增效作用，是指两种或两种以上的组分相加或调配在一起，所产生的作用大于各种组分单独应用时作用的总和。其中对混合物产生这种效果的物质称为增效剂(synergist)。协同效应常用于指导化工产品各组分组合，以求得最终产品性能增强。

6.1.4　配伍性

中药学上根据病情需要和药物性能，有选择地将两种以上的药物结合在一起。正所谓“药有个性之特长，方有合群之妙用”，药物配伍后会出现一定的相互作用关系，达到治愈疾病的目的。中药学的药物配伍也适用于精细化学品。

精细化学品配伍是指根据需求和各化学原料性能，有选择地将两种或两种以上的化学原料通过物理或化学方法结合起来，达到产品性能优化的目的。例如，不同染料对同一纤维的亲和力不同，在纤维内部的扩散速率也不相同，当上染速率差别较大的染料混合染色时，染色过程中容易发生色泽不匀的现象；而上染速率接近的染料混合染色时，它们在染浴里浓度比例基本不变，可使产品的色泽保持一致，染色比较均匀，这种染料的混合染色适合性就称为染料的配伍性。

6.1.5　商品化技术

通常，化学合成或提取出的化学品是不适宜直接投入市场应用的，需要将化学品利用商品化技术进行商品化后才有市场实用性。

复配技术是精细化学品常用的商品化技术之一，由两种或两种以上主要组分或主要组分与助剂经过复配，获得使用时远优于单一组分性能的效果。精细化学品在生产中广泛使用复配技术，获取各种具有特定功能的商品以满足各种专门需要，拓宽了应用范围。例如，黏合剂配方中，除以黏料为主外，还要加入固化剂、促进剂、增塑剂、防老剂等。在一些经过复配的产品中，其组成甚至有十多种，因此经过剂型加工和复配技术所制成的商品数目，远远超过由合成得到的单一产品数目。仅就化妆品而言，常用的脂肪醇不过几种，但经过复配而衍生出来的商品却品种繁多。采用复配技术所得到的商品具有增效、改性和扩大应用范围的功能，其性能也往往超过单一结构的产品。

有机颜料商品化技术包括颜料化技术(特别是颜料表面处理剂的应用)和预分散化技术(特别是机械研磨处理技术、微细分散技术、挤水转相技术与新颖载体树脂等)等[1]。颜料表面处理剂的处理技术是指在颜料粒子表面上沉淀或吸附某种物质，使粒子降低聚集的活性或使晶粒活性中心钝化，这样减少了聚集体的生成且使絮凝体易被粉碎，同时降低了粒子与使用介质之间的表面张力，增加了粒子的易润湿性，也能改进耐光和耐气候等牢度，因此它是目前制造易分散型有机颜料最主要的技术。机械研磨处理技术是在球磨机、砂磨机或捏合机中研磨或捏合粗品颜料时加入无机盐(如 $NaCl$、$CaCl_2$、Na_2CO_3 等)作为助磨剂，依靠强大的机械冲击力和摩擦剪切力的作用改变颜料的晶型和粒径，研磨或捏合后的物料再经过酸碱处理得到适用于使用目的的颜料晶型和粒子。

有机染料的商品化技术是在已有生产的基础上通过商品成型进行改进，使染料商品的发色、上色和应用性能(如得色深度、提升力、染色间的配伍性、溶解度、剂型、防尘等性能)得到改进，满足市场需要[2]。有机染料的商品化技术包括染料间的复配增效、染料与助剂间的增溶技术等。染料间的复配增效技术是指将色相或性能接近、化学结构相近或不同的分散染料按一定比例混合，从而提高染料的染深性和提升力的商品化技术。染料与助剂间的增溶技术是指在染料中加入分散剂和润湿剂等助剂使染料分散成单分子状态，提高溶解度，从而提高上染速率、发色强度和向纤维内部的扩散度的商品化技术。

6.2 典型精细化学品的商品化

6.2.1 染料

众所周知，染料与有机颜料都是有色的有机化合物，可以通过各种不同的方法使纤维或其他底物着色，赋予制品丰富的色彩。按结构染料可分为偶氮染料、蒽醌染料、靛族染料、酞菁染料、芳甲烷染料等；按应用性能可分为酸性染料、活性染料、分散染料、还原染料、阳离子染料、直接染料、冰染染料、硫化染料、缩聚染料等。

1. 分散染料和还原染料

分散染料是一类结构简单、分子中不含水溶性基团的非离子型染料，染色时必须与分散剂共同使用使之成为均匀分散的体系才能进行染色。分散染料早期用于醋酸纤维的染色，1970 年以后发展很快，因为它是唯一适用于聚酯纤维染色的染料，现在也主要用于涤纶纤维的染色。

偶氮类分散染料是具有偶氮结构的分散染料，具有完整的色谱，特别是深色色谱，高发色强度，容易制造和良好的经济性等优点。其结构通式如下：

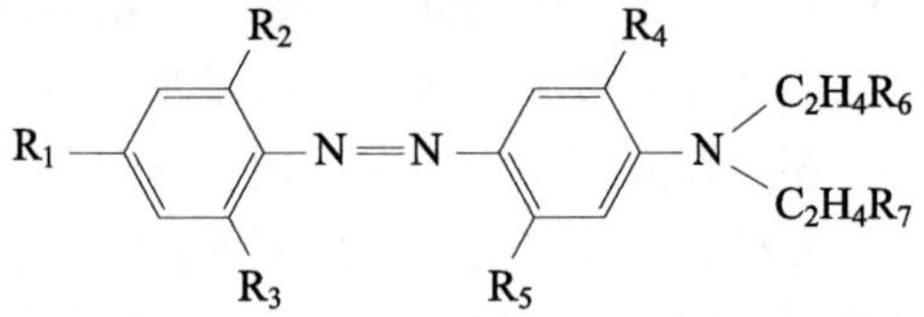

R_1 R_2 R_3 N=N R_4 R_5 N $C_2H_4R_6$ $C_2H_4R_7$

其中，R_1、R_2、R_3为 H 或吸电子基团，如—Cl、—Br、—CN、—CF_3、—NO_2、—$COOCH_3$等；R_4、R_5为 H 或供电子基团，如—CH_3、—NHR、—OCH_3等；R_6、R_7为 H 或—CH_3、—OH、—CN、—$COCH_3$、—OC_2H_5等。

还原染料是染色时要在碱性的强还原液(一般为保险粉，即二亚硫酸钠)中还原溶解成为隐色体钠盐才能上染的染料。还原染料的分子结构中不含有磺酸基、羧酸基等水溶性基团，故还原染料本身不溶于水，但含有两个或两个以上的羰基，能够在碱性水溶液中被保险粉还原为羟基，成为可溶性的隐色体染料，后者对纤维素有亲和力。吸附在纤维素上的还原染料隐色体经空气或其他氧化剂氧化，会转变为初始的不溶性还原染料而固着在纤维上。还原染料主要有蒽醌类和靛族类两大类。

蒽醌类还原染料是一类以蒽醌或蒽醌衍生物合成且具有蒽醌核结构的染料。常见的蒽醌类还原染料如下：

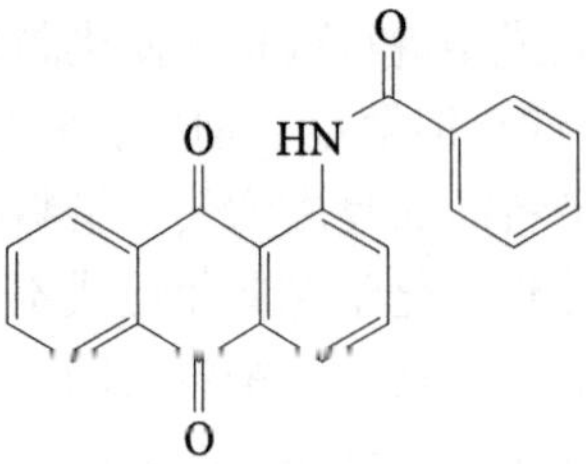

O HN O O

还原黄WG

O NH_2 N N O O O H_2N O

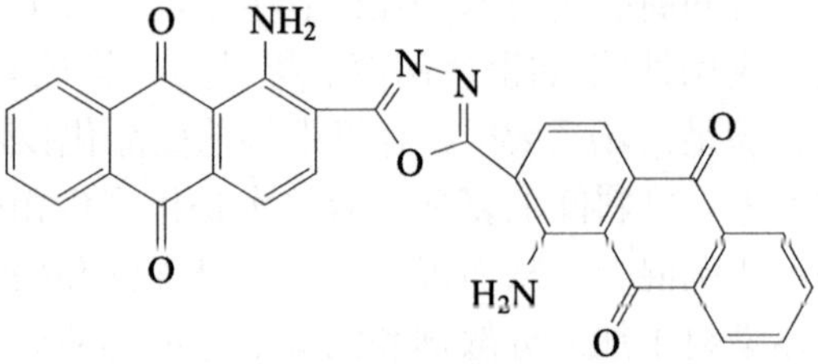

还原红F3B

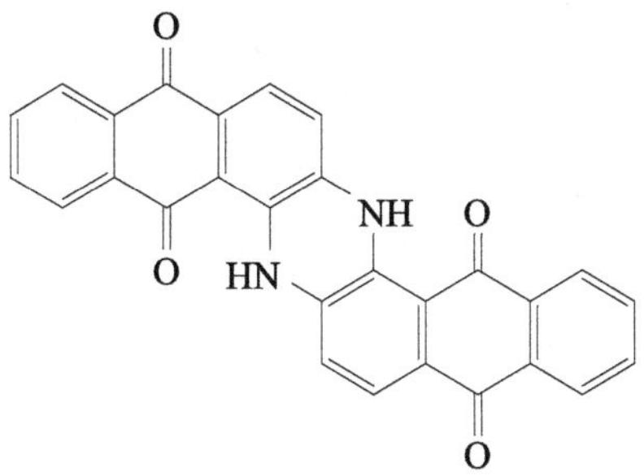

还原蓝RSN 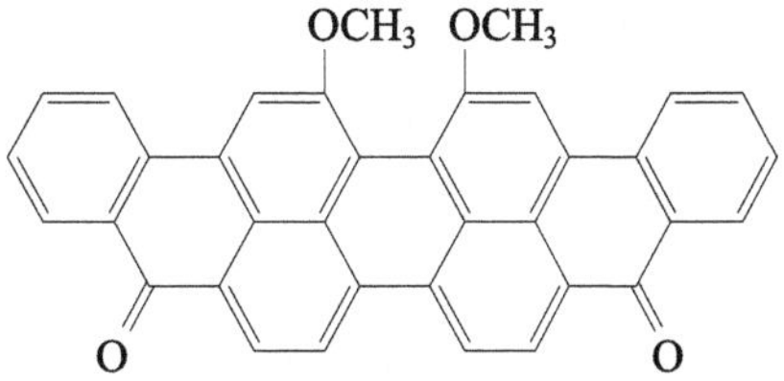　　还原艳绿FFB

还原蓝 RSN(C.I.还原蓝 4)是重要的蓝色品种还原染料，是于 1901 年合成的第一个蒽醌类还原染料，其色泽为宝石蓝色，十分鲜艳，日晒牢度和耐洗牢度优良。还原艳绿 FFB(C.I.还原蓝绿 1)是重要的绿色品种还原染料，日晒牢度和耐洗牢度较好，广泛用于织物的染色和印花，在纱线染色中占很大比重。

靛族类还原染料主要为靛蓝染料。靛蓝又称食用蓝，染料编号为 C.I.还原蓝 1，化学结构如下：

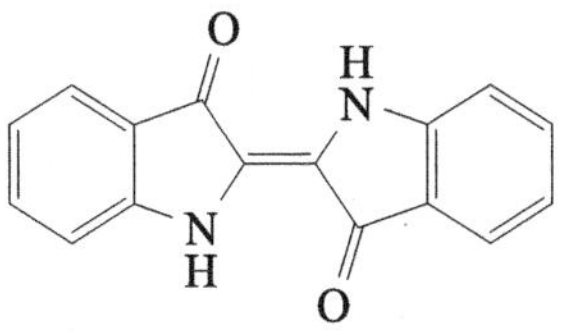

靛蓝是人类所知最古老的色素之一，早期靛蓝是从植物靛草中提取出来的。它的使用已有 3000 多年的历史，古埃及木乃伊穿着的一些服装和我国马王堆出土的蓝色麻织物等都是由靛蓝所染成的，而如今工业上使用的靛蓝都是人工合成的。在食品工业中，靛蓝以其磺酸钠盐用作食用色素，我国称之为“亮蓝”和“亮蓝铝淀”，在美国等以其磺酸钠盐形式为主，被称之为“靛蓝素”。靛蓝是重要的还原染料，具有优良的耐光、耐气候牢度及耐热稳定性，能够给出蓝色调，主要应用于黏胶纤维原浆着色及印染、棉纱、棉布、羊毛或丝绸的染色，还用于生化药剂和指示剂等。

2. 染料的商品化技术

用于印染的染料在水中能迅速分散，成为稳定而又均匀的悬浮体；它们在放置过程或高温染色过程中，不发生凝聚或焦油化现象。为了满足印染行业的要求，原染料必须进行商品化加工，即在适当的助剂存在下将原染料在砂磨设备中研磨，直到细度合格(颗粒粒径在 1μm 左右)或扩散性能合格(扩散度 4 级以上)，方可用于纤维或织物的染色。以下主要介绍分散染料和活性染料的商品化加工技术。

1) 分散染料商品化技术

分散染料在水中的溶解度很低，不能直接用于染色，因此在染料出厂前必须进行商品化加工，主要是在适当助剂的存在下，将染料、分散剂、助分散剂等与水混合均匀，配成浆状液，送入砂磨机研磨，直到细度合格或扩散性能合格，再经过喷雾干燥、混合，得到商品化的染料。

商品化的分散染料必须满足分散性、细度、稳定性三个方面的性能要求(印染行业要求)，必须适当控制研磨时的浓度、温度和分散剂用量。

在研磨过程中，分散剂的作用：一方面促使粗颗粒分散，另一方面防止细颗粒的再凝聚。在染色过程中，分散剂的作用：一方面是稳定作用，保证染液处于高度分散的胶体状态；另一方面是助溶作用，增加染料在染浴中的溶解度。常用的分散剂是萘磺酸与甲醛的缩合产物，如分散剂 NNO，此外木质素磺酸钠也是常用的一种分散剂，是由亚硫酸纸浆废液中制得的，具有一定的保护胶体作用。

分散剂和染料晶面间主要通过分子间作用力相互吸引，随着温度的升高，颗粒热运动加剧，分散剂保护层变薄，染料容易发生集结。因此，制备染液的温度不能太高，搅拌不能过于剧烈。

通常，所谓的染料颗粒粒径达到 1μm 指的是平均粒径，或者是大部分粒子的粒径在 1μm 左右，其内肯定存在大于或小于 1μm 的染料粒子。因颗粒小的染料溶解度较高，而颗粒大的染料溶解度相对较低，故染料进入染浴时，颗粒较小的染料先行溶解。起初所形成的溶液，对小颗粒而言是不饱和的，但是对大颗粒而言却是过饱和的。因此，溶液中存在一种动态平衡，即小颗粒在不断地溶解，而大颗粒却在不断地凝聚，结果是染料颗粒的尺寸逐渐增大。通过周期性的升温和冷却，这种现象加速并加剧。染料结晶增长的情况还会在配制染液时发生。如果染液温度降低，容易变成过饱和状态，已溶解的染料有可能析出或发生晶体增长。如果一种染料能形成几种晶型，则染料还会发生晶型转变，由较不稳定的晶型转变成较稳定的晶型，染料的表观颜色也可能因此发生改变。在实际的染色过程中，由于染浴中的染料不断上染到纤维上而使得染浴中染料的含量不断减小，所以晶体增长情况并不会很严重。但在染深色时，染浴中存在着相当数量的染料，如果染浴温度不是逐渐下降而是突然冷却，那么在饱和染浴中已溶解的染料就会在少量尚未溶解的染料粒子周围结晶出来。染浴中的分散剂能起到稳定作用，并能抑制染料晶体的增长。

染料颗粒外层吸附的电解质、晶型等物理状态会影响分散染料在水溶液中的状态。不同物理状态的染料在水中溶解性、高温分散性均有很大的不同，并直接影响着匀染性、上染率、提升力等染色性能。

吸附在染料表面的少量电解质会影响染料粒子形成表面双电层，阻止带电的分散剂向其表面靠近；除去电解质有利于在水中解离成阴离子的分散剂向染料粒子表面移动和吸附，从而改善染料在水中的分散性和分散稳定性。但染料在生产过程中，电解质的带入是不可避免的，国产分散染料中电解质含量往往较高，因此必须在商品化后处理过程中，通过充分的水洗、膜分离等方法加以去除，来提高分散染料的分散稳定性。而且染料合成和加工用水最好能经过净化，质量越纯越有利于提高产品的分散稳定性。同时分散染料中无机盐很大部分还来自分散剂，因此还必须控制好分散剂的质量。

分散染料粒子在水中易受各种机械力或高温作用，相互碰撞，形成二次集合体粒子，而发生絮凝使分散性变差，造成染色不匀。尤其当两种染料拼混时，染料分子中疏水性基团间的亲和力，使染料分子容易靠拢变成较大分子而絮凝，从而对高温分散性、匀染性的影响更为突出。为此，常在染料后处理过程中加入分散剂，与染料滤饼一起进行粉碎研磨以帮助减小颗粒尺寸，同时围绕在染料颗粒周围形成带电的保护层，阻止染料粒子再凝聚。目前常加入一类与染料分子有一定亲和力、同时在水中有一定溶解能力的表面活性剂作为分散剂，用于避免或削弱染料间的结合絮凝，增加染料的溶解性以提高其高温分散性，并改善匀染性等染色性能。

2) 活性染料的商品化技术[4]

活性染料染色时，大部分染料是以单分子状态与纤维以共价键结合，不是染料的聚集状态，因而透染性好；但活性染料以中浅色为主，深色品种很少，所以染深性不如其他染料。改变活性染料在纤维中的分布状态，特别是深色品种，对其染深性很重要。复配增效是提高活性染料的染深性和提升力的商品化技术，通过染料复配，可以提高提升力、匀染性、染色牢度和耐碱稳定性等。复配染料的基本原理可用两句话加以概括：相似相容易复配，结构相远可互补。

染料提升力主要是由染料上染质点粒径和亲和力决定的，质点的粒径小，染料能充分渗透到狭小的纤维内部微隙中进行固着，则提升力高；大粒径的染料质点难于扩散入纤维内部，导致易在纤维表面吸附，提升力则低。而染料质点的大小取决于其聚集状态，即染料之间的缔合状态，在色度较大和染色温度较低的情况下尤其严重。复配后的混合染料，相同分子之间的缔合体由于相异分子的渗入，上染质点的粒径变小，有利于上染质点向纤维分子内部扩散，从而提高了上染率，在高浓色度下，这种效应体现为提升力的提高。

活性染料复配要求染料的相容性很好，由于活性染料的 SERF 值综合地反映了活性染料的直接性、扩散性和反应性，所以复配时要求各种染料的 SERF 值较接近，相容性对重现性关系密切，合理提高染料之间的相互作用及其在纤维上的相互作用，以产生协同增效作用，可以大大提高提升力和固着率，达到增深效应。一般认为 S 值相差 20%以上的染料相拼混时，相容性差，重现性也差。染料染色性能对温度、pH、电解质等因素的敏感性也应相近，最好选用同类型的活性染料进行拼混。

通过合理的复配可以提高染料的染色性能。例如，C.I.活性黄 145 是应用最广泛的黄色活性染料，具有极好的染色牢度，可与多种活性染料进行拼混，有极好的相容性，如和 C.I.活性黄 27 拼混，两者质量比为 58∶42，可得匀染的深黄色，并可降低光致变色现象，提高上染率。分子结构式如下：

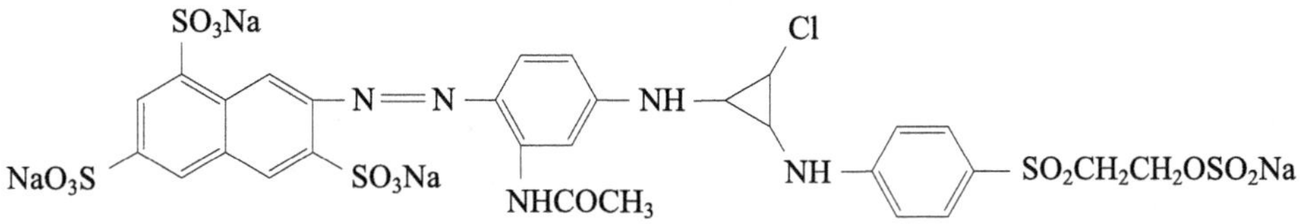

C.I.活性黄145

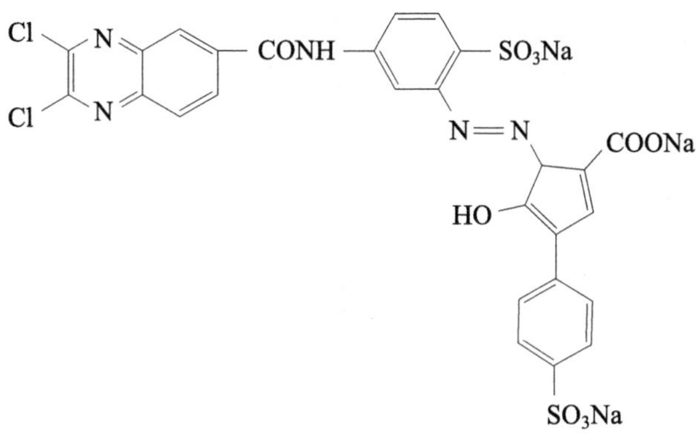

C.I.活性黄27

6.2.2 有机颜料

颜料是一类具有装饰和保护双重作用的有色物质，通常是以细微粒子的分散形式应用于涂料、油墨、塑料、橡胶、纺织品、纸张、建材和搪瓷等制品中。颜料按分子结构和组成的不同，可分为无机颜料和有机颜料。与无机颜料相比，有机颜料的色泽更鲜艳、色调更明亮、着色力更强。同时，大多数有机颜料的毒性比无机颜料的毒性小，因为大多数无机颜料含有重金属。相比于无机颜料，一些高档的有机颜料品种(如喹吖啶酮类颜料)具有优异的耐晒牢度、耐热性能和耐溶剂性能，并且在耐酸、耐碱性能方面的表现更为优异。

有机颜料与染料是关系密切的一类有色化合物，但二者应用对象、使用方法以及着色形态不同。染料对纺织品具有亲和力，可以被纤维分子吸附、固着，因此其应用对象是纺织品，而颜料对着色对象无亲和力，主要靠成膜物质与着色对象物理地结合在一起，其应用对象是非纺织品(如油墨、油漆、涂料、塑料等)；染料在使用过程中一般先溶于使用介质，染料自身的颜色并不代表它在织物上的颜色，而有机颜料在使用过程中不溶于使用介质，自身的颜色就代表了其在底物上的颜色；染料在染色时经历了一个从晶体状态先溶于水形成分子状态后再上染到纤维上的过程，而有机颜料始终以自身的晶体状态存在。在特定情况下，有机颜料与染料是可以通用的，如某些还原染料经过颜料化后可用作颜料。

有机颜料有不同的分类方法，如按色谱不同分为黄橙色谱颜料，红色谱颜料，紫、棕色谱颜料及蓝、绿色谱颜料；按用途不同可分为涂料、印墨、塑料用颜料等。使用最多的是按分子结构的不同来分类，可分为偶氮颜料、酞菁颜料、杂环与稠环酮类颜料及其他颜料。下面主要介绍经典的偶氮颜料和酞菁颜料及其商品化技术。

1. 偶氮颜料和酞菁颜料

偶氮颜料根据分子内偶氮基数目的不同，可以分为单偶氮类、双偶氮类、β-萘酚类、色酚 AS 类、偶氮色淀类和苯并咪唑酮类颜料，颜色主要为黄色、橙色和红色。

1) 单偶氮颜料

单偶氮颜料是指颜料分子中只含有一个偶氮基的颜料，根据色谱又可进一步分为黄橙色和红色两种。单偶氮黄橙色颜料的制造工艺相对较为简单，品种很多，大多具有较好的耐晒牢度、优秀的遮盖力、鲜亮的全色和中性色光，流变性能好，可用于制作具有高含量颜料的涂料而不影响涂料的流动行为。但是由于相对分子质量较小及其他原因，它们的耐溶剂性能和耐迁移性能不太理想，明显限制了单偶氮黄橙色颜料的应用，因此目前主要用于一般档次的气干漆、乳胶漆、印刷油墨及办公用品。以取代的芳胺为重氮部分，以不同结构的乙酰基乙酰苯胺为偶合部分，可合成多种汉沙系列的重要黄色偶氮颜料品种(结构式如下)，如表 6-1 所示。

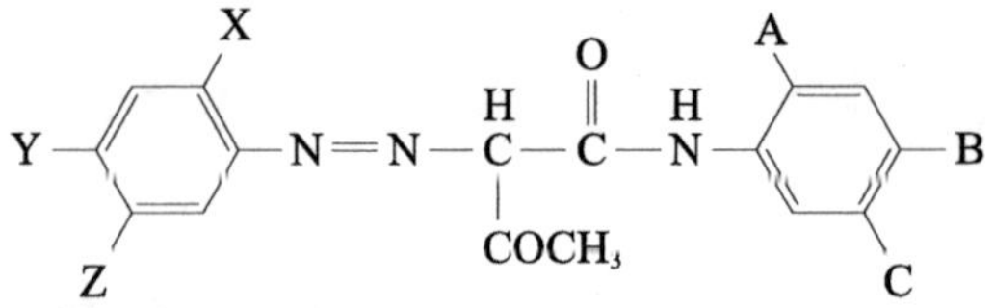

表 6-1　重要的汉沙系列黄色偶氮颜料品种

C.I 名称	CAS 号	X	Y	Z	A	B	C	颜色
P.Y.1	2512-29-0	NO_2	CH_3	H	H	H	H	黄色
P.Y.2	6486-26-6	NO_2	Cl	H	CH_3	CH_3	H	红光黄色
P.Y.3	6486-23-3	NO_2	Cl	H	Cl	H	H	强绿光黄色
P.Y.4	1657-16-5	H	NO_2	H	H	H	H	黄色
P.Y.5	4106-67-6	NO_2	H	H	H	H	H	强绿光黄色
P.Y.6	4106-76-7	NO_2	Cl	H	H	H	H	黄色
P.Y.9	6486-24-4	NO_2	CH_3	H	CH_3	H	H	黄色
P.Y.65	6528-34-3	NO_2	OCH_3	H	OCH_3	H	H	红光黄色
P.Y.73	13515-40-7	NO_2	Cl	H	OCH_3	H	H	黄色
P.Y.74	6358-31-2	OCH_3	NO_2	H	OCH_3	H	H	绿光黄色
P.Y.97	12225-18-2	OCH_3	$PhNHSO_2$	OCH_3	OCH_3	Cl	OCH_3	黄色

注：P 指颜料；Y 指红色；P.Y.74 为颜料红 74。

汉沙黄系列的黄色颜料与其他类型颜料一样，产品粒径大小以及分布直接影响其应用性能。颜料粒子较大，其比表面积降低，在光照下，颜料粒子外层表面发生光化学分解。例如，P.Y.74 比表面积为 40～70m^2/g 时，有很高的着色力，透明度也高，耐光牢度降低；而当其比表面积降至 10～30m^2/g 时，则红光更强，不透明，着色力低，但耐光牢度优良。此外，增大颜料相对分子质量，引入某些极性基团，如—OCH_3、磺酰氨基(—SO_2NH_2)、*N*-烷基取代磺酰氨基(—$SO_2NR_1R_2$)等，不仅可以改变耐光坚牢度，还可以增加耐热稳定性，如 P.Y.73 和 P.Y.74。在分子中含有较多极性基团时，如 P.Y.97，分子中引入极性较强的取代基，如甲酰氨基(—$CONH_2$)、甲氧基、氯基、芳磺酰氨基(—SO_2NHAr)等，可以明显提高耐溶剂稳定性。

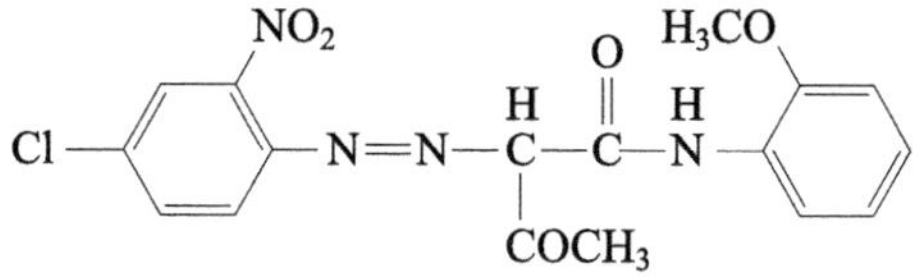

P.Y.73(汉沙黄4GX)

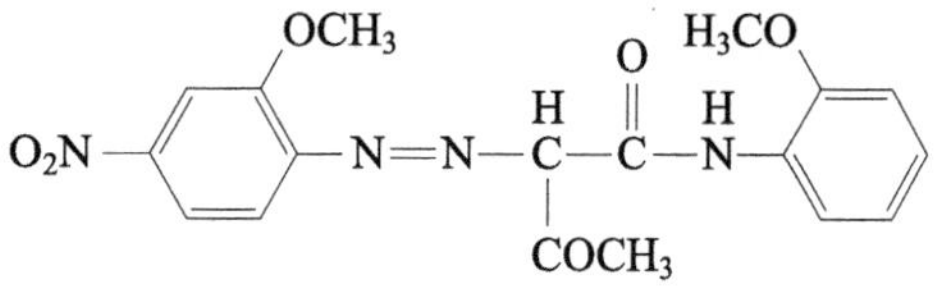

P.Y.74(汉沙黄5GX)

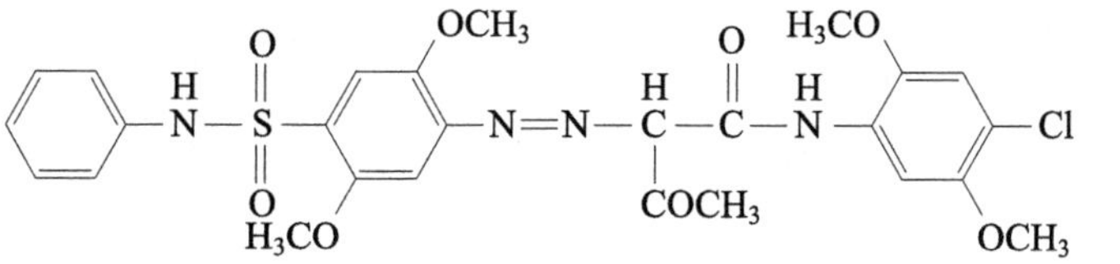

P.Y.97(汉沙黄FGL)

2) 双偶氮颜料

双偶氮颜料是指颜料分子中含有两个偶氮基的颜料。这类颜料的生产工艺相对复杂一些，色谱有黄色、橙色和红色，它们的耐晒牢度不够理想，但是耐溶剂性能和耐迁移性能较好，主要用于一般品质的印刷油墨和塑料，较少用于涂料。

这类颜料的母体大多为联苯胺和对苯二胺：

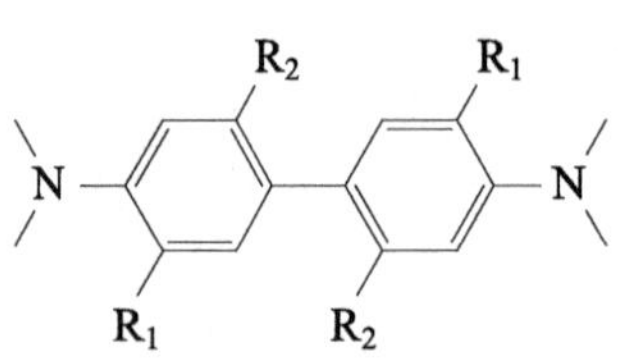

R_1=Cl, OCH_3, CH_3
R_2=H, Cl

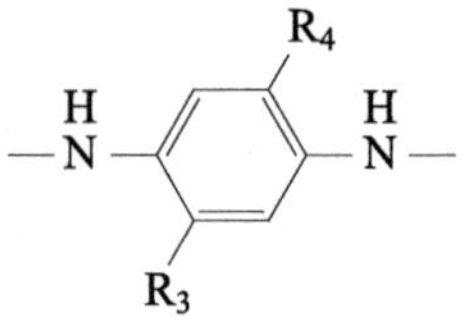

R_3=H, CH_3, OCH_3, Cl
R_4=H, CH_3, OCH_3, Cl

形成的双偶氮化合物为

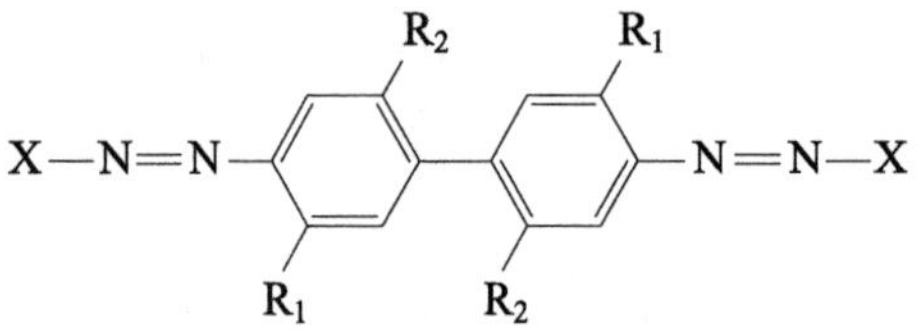

R_1=Cl, OCH_3, CH_3
R_2=H, Cl
X=couplingcomponent

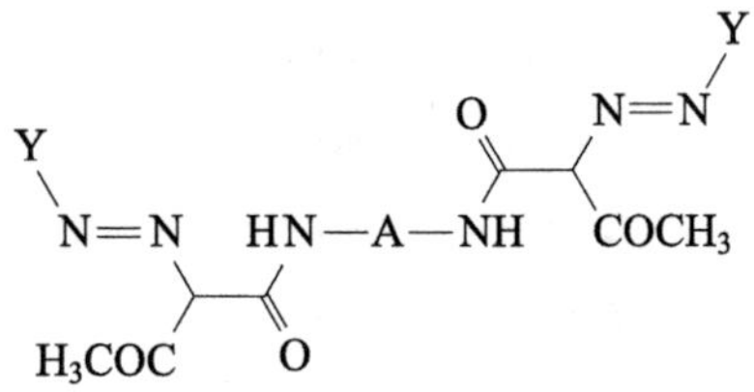

A=Ar, Y=diazocomponent

乙酰乙酰芳胺及其衍生物和1-芳基-5-吡唑啉酮衍生物是合成双偶氮黄色颜料最常用的偶合部分，前者提供双偶氮黄色颜料，后者产生偶氮吡唑啉酮颜料。双偶氮黄色颜料的相对分子质量比单偶氮黄色颜料大得多，因此双偶氮黄色颜料在介质中具有更好的耐有机溶剂能力和耐迁移能力。此外，双偶氮黄色颜料具有更好的着色强度，尤其在印刷油墨中的应用。人们对双芳胺类偶氮结构进行了化学修饰，市场上相继推出了耐晒牢度和耐迁移度好的双芳胺类黄色偶氮颜料，如C.I.颜料黄81、C.I.颜料黄83和C.I.颜料黄113。

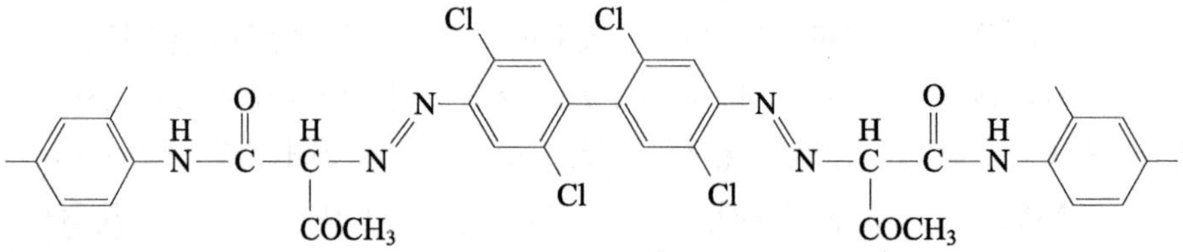

C.I.颜料黄81

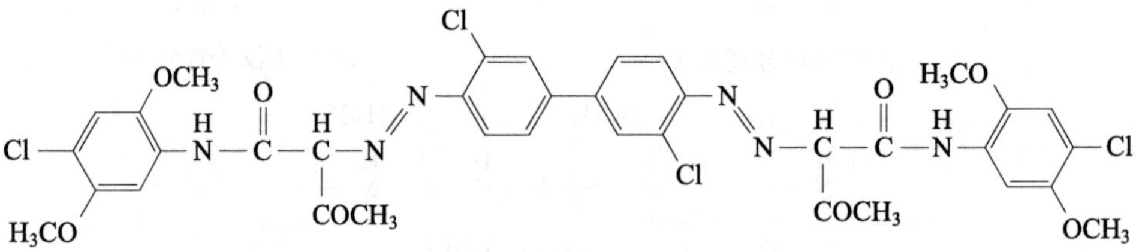

C.I.颜料黄83

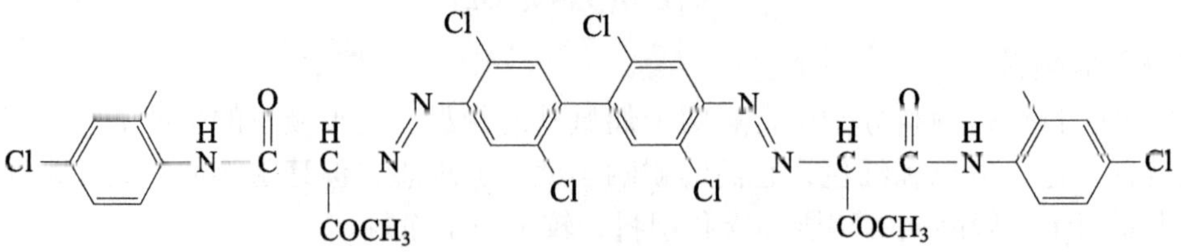

C.I.颜料黄113

3) β-萘酚类颜料

β-萘酚类颜料是指以 β-萘酚为偶合组分的单偶氮颜料，主要为红色，少数为橙色，具有以下结构通式：

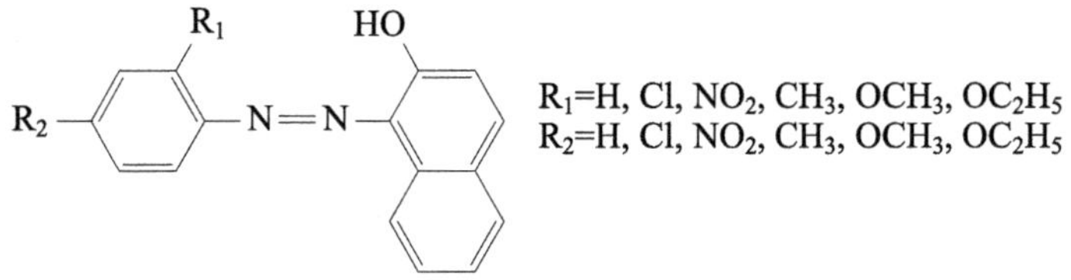
R1
HO
R2
N=N
R1=H, Cl, NO2, CH3, OCH3, OC2H5
R2=H, Cl, NO2, CH3, OCH3, OC2H5

β-萘酚类颜料是早期最重要的红色颜料品种。1885 年有人用对硝基苯胺的重氮盐与 β-萘酚偶合得到 C.I.颜料红 1，商品名称为“对位红”，这也是第一种人工合成的有价值的有机颜料。目前，具有重要的实际生产意义、成本低的品种是 P.R.3，其结构如下，具有良好的耐光牢度，主要适用于空气自干漆着色、柔版墨，在胶印墨中光泽度低，且不耐溶剂。

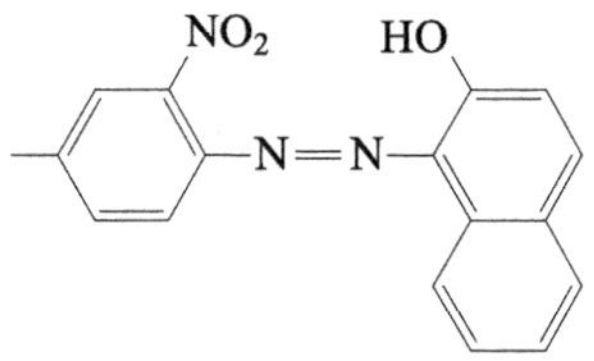
NO2
HO
N=N

4) 色酚 AS 类颜料

色酚 AS 类颜料是色酚 AS(即 2-羟基-3-萘酰胺)及其衍生物为偶合组分与取代芳胺重氮盐偶合制得的颜料。其色谱主要为红色，结构通式如下：

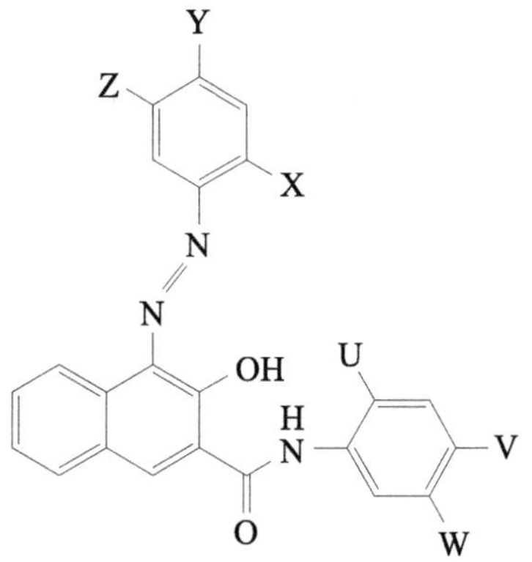
Y
Z
X
N
N
OH
U
H
N
V
O
W

在色酚 AS 类颜料合成过程中，偶合组分的溶解度较低，可用水-乙醇混合物溶解，或用氢氧化钠溶解，但要防止酰胺基的水解，偶合反应多在中性或弱酸性介质中进行，以保证产品具有满意的色光，并添加必要的表面活性剂。重要的色酚 AS 类颜料见表 6-2。

表 6-2　重要的色酚 AS 类颜料

C.I.名称	CAS 号	X	Y	Z	U	V	W	颜色
P.R.2	6041-94-7	Cl	H	H	Cl	H	H	红色
P.R.7	6471-51-8	CH_3	Cl	H	CH_3	Cl	H	蓝光红色
P.R.31	6448-96-0	OCH_3	H	CONHPh	H	H	NO_2	蓝光红色
P.R.146	5280-68-2	OCH_3	H	CONHPh	OCH_3	Cl	OCH_3	洋红色

续表

C.I.名称	CAS 号	X	Y	Z	U	V	W	颜色
P.R.170	2786-76-7	H	H	$CONH_2$	OC_2H_5	H	H	红色
P.R.245	68016-06-8	OCH_3	H	$CONH_2$	H	H	H	蓝光红色
P.R.268	16403-84-2	CH_3	$CONH_2$	H	H	H	H	红色

P.R.146 主要用于印刷油墨、涂料和油漆行业。其结构式如下：

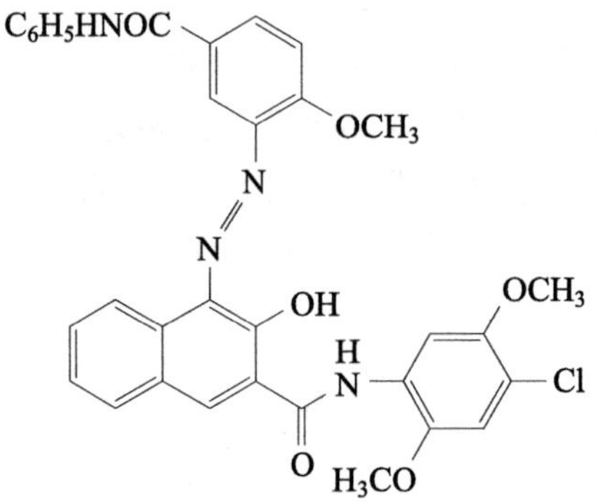

C_6H_5HNOC OCH_3 N N OH OCH_3 H N Cl O H_3CO

在油墨工业，P.R.146 主要用于凸版和胶版墨，也用于包装凹版墨和柔版墨，还有各种特殊用途，如银行票据和证券。它是高档印墨的重要红色颜料品种，具有更强的蓝光、更鲜艳的色光和更优异的耐热性，耐溶剂性很好。在耐热性能方面，颜料 P.R.146 在 180℃ 30 min、200℃ 10min 保持颜色。

除了几个例外，几乎所有色酚 AS 颜料可大量用于纺织品、印刷工业，但不能用于金属装饰墨，也不能用于塑料，因为色酚 AS 颜料的迁移性和热稳定性能差。色酚 AS 颜料在特殊领域有相当用量，如办公用品、清洁剂、洗涤剂(包括肥皂)，用于纸张着色，包括浆内着色和纸张表面涂层。

5) 偶氮色淀类颜料

偶氮色淀类颜料是与沉淀剂作用生成不溶于水的有机颜料，它的前体是含有羧酸基或磺酸基的水溶性偶氮染料，与碱土金属或金属锰的化合物等沉淀剂作用，转化为既在水中不溶又在有机溶剂中不溶或溶解度极小的羧酸盐或磺酸盐。色谱主要为黄色和红色，它们的耐晒牢度、耐溶剂性能和耐迁移性能一般，主要用于印刷油墨。

6) 苯并咪唑酮类颜料

苯并咪唑酮颜料的名称来自于 5-酰氨基苯并咪唑酮，结构式如下：

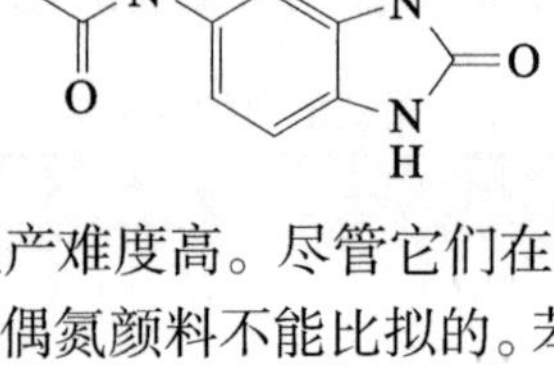

H N O H N O N H

这类颜料的生产工艺复杂，生产难度高。尽管它们在化学分类上属于偶氮类颜料，但是它们的应用性能和各项牢度是其他偶氮颜料不能比拟的。苯并咪唑酮类颜料的色泽十分牢固，但由于价格昂贵，主要用于轿车原始面漆和修补漆、高档塑料制品等高档用品中。

7) 偶氮缩合类颜料

偶氮缩合类颜料是指相对分子质量较大且含有多个酰胺基团的双偶氮颜料。偶氮缩合颜料与普通的双偶氮颜料相比是不同的：①偶氮缩合颜料的分子中两个单偶氮颜料是通过一个芳二酰胺桥连在一起的；②偶氮缩合颜料含有多个酰胺基团。色谱主要为黄色和红色，它们的耐晒牢度、耐溶剂性能和耐迁移性能很好，主要用于塑料和合成纤维的原液着色。

酞菁(H_2Pc)是一个大环化合物，环内有一个空穴，空穴直径约 270pm，可以容纳铁、铜、钴、铝、镍、锌等过渡金属和其他金属。酞菁环是一个具有 18 个 π 电子的大 π 体系，共轭性非常好，其上的电子云分布相当均匀，分子结构呈现高度平面性及对称性。

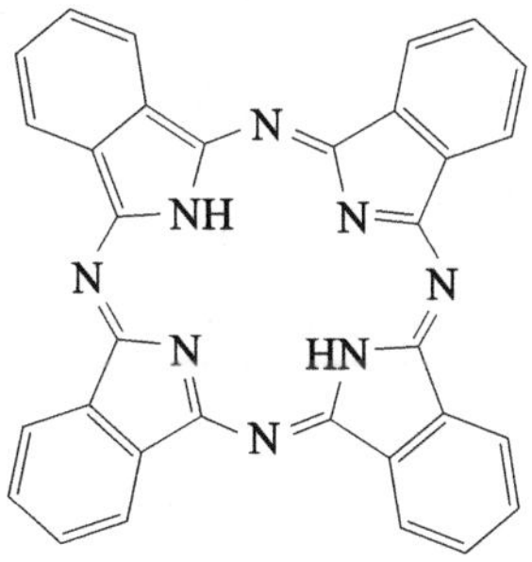

酞菁结构十分稳定，耐酸、耐碱、耐水浸、耐热、耐光以及耐各种有机溶剂。酞菁颜料色谱为蓝色、绿色，且颜色十分鲜艳，着色力强，几乎用到所有着色领域，性价比高，是人工合成染料中最成功的品种之一。

在众多的酞菁化合物中，应用最广泛的有铜酞菁、铝酞菁、钴酞菁及其衍生物。酞菁及其金属衍生物具有不同的晶型变种，通过 X 射线、IR 分析及 ESR 光谱证实，酞菁及其衍生物的晶型变种在颜色、物理性质方面不同。目前为止，人们所发现的铜酞菁晶型有 8 种，工业上具有实际意义的是α和β型，近年来ε型也作为商品出售。

晶型能影响颜料的稳定性、着色强度和色谱等应用性能。依据在苯中的溶解性能(溶解度越大，表示其越不稳定)，5 种晶型的热力学稳定性高低顺序依次为$\beta > \varepsilon > \delta > \gamma > \alpha$。其中$\alpha$型 CuPc 为热力学不稳定型，粒径小，色谱为红光蓝色，在芳烃溶剂(如三甲苯)中加热可转变为β型，色谱变为绿光蓝色，为热力学稳定型。广泛应用的酞菁颜料品种有α型和β型，如表 6-3 所示。

表 6-3　重要的酞菁颜料品种

C.I.名称	CAS 号	结构类型	特性
P.B.15	147-14-8	CuPc	不稳定α晶型，红光蓝色
P.B.15：1	147-14-8	低氯代 CuPc	稳定α晶型，红光蓝色
P.B.15：2	147-14-8	取代 CuPc	NCNFα晶型，红光蓝色
P.B.15：3	147-14-8	CuPc	β晶型，绿光蓝色
P.B.15：4	147-14-8	取代 CuPc	NCNFβ晶型，绿光蓝色
P.B.15：5	147-14-8	CuPc	γ晶型
P.B.15：6	147-14-8	取代 CuPc	ε晶型，红光蓝色
P.B.16	574-93-6	H_2Pc	无金属酞菁 MfPc
P.B.17	67340-41-4	(CuPc)-	色淀类

1) α 型 CuPc 颜料

铜酞菁的工业制法主要是苯酐-尿素法，得到的铜酞菁经过稀酸或稀碱处理后纯度能达到 90%以上，但还是不能作为颜料使用，这就需要对其进行颜料化处理，得到有应用价值的颜料。铜酞菁粗品在过量硫酸中溶解，再将此溶液加入含有表面活性剂的水中使铜酞菁析出，得到细粒子的α型铜酞菁颜料，如果需要可以加入乳化剂。选择合适的有机溶剂，也可以将β型铜酞菁颜料与氯化钠或硫酸钠一起研磨成稳定的α型铜酞菁。

α型 CuPc 颜料包括不稳定α型即 P.B.15，和稳定α型即 P.B.15：1、P.B.15：2，色谱均为红光蓝色。P.B.15 为不稳定晶型，在有机溶剂中加热可转变为β型 CuPc 颜料，因此 P.B.15 不适用于溶剂型凹版包装印墨或涂料中，只适用于油性体系胶印墨中，对酸、碱等有良好的稳定和牢度性能。除此之外，适用领域还有纺织印花、造纸、纸表面处理、纸浆，以及办公用品如彩笔、学校用粉笔、水彩等。相比于其他稳定型颜料，P.B.15 颜料色光更红、更纯净。

2) β 型 CuPc 颜料

β型一般比α型粒子细，由铜酞菁粗品在适当溶剂存在下，与大量的可溶性无机盐(如硫酸钠、氯化钙、亚铁氰化钾等)一起研磨，使颜料粒子的晶型发生转变并细化而得到稳定的β型铜酞菁颜料。常用的溶剂有芳香烃、乙二醇、四氯乙烯或多氯代脂肪碳氢化合物等。如要使产品完全转变为β型铜酞菁，需要在 100～150℃下进行研磨，并加入醇、醛、酮类有机溶剂。

β型 CuPc 颜料包括 P.B.15：3 和 P.B.15：4。其中，P.B.15：3 颜料是β铜酞菁蓝，提供纯净的绿光蓝色，具有高着色力、分散性好和耐溶剂性能好等优点，主要用于油墨、面漆、涂料、塑料、纺织印花、办公用品等。P.B.15：3 颜料是高色力的颜料之一，比α型铜酞菁蓝色力低 15%～20%。近些年来，P.B.15：3 颜料因为分散性能良好而受到相当的重视，这是因为油墨公司使用更经济但效果略差的分散设备来生产网印胶版墨。优异的耐溶剂性使 P.B.15：3 颜料对高加工温度不敏感，既不影响着色能力，也不影响体系的透明性。

P.B.15：4 颜料是抗絮凝β型铜酞菁蓝，与 P.B.15：3 颜料的颜色和牢度性能基本相同，但是流变性更好。经过表面处理后，P.B.15：4 颜料的耐溶剂性降低，对芳香族、醇类、乙二醇醚、酮类溶剂敏感。

2. 有机颜料表面改性及商品化技术

有机颜料的发展大体经历了三代：

第一代是有机颜料本体及其填充颜料，它们的商品化剂型为粉状，前者是颜料粉本身，后者则是颜料粉与填充料、添加剂等进行混合处理制成的粉状颜料，它们易产生粉尘飞扬，既污染生态环境，又影响人体健康，而且最大的缺点是分散性差。

第二代是易分散型有机颜料，它们的商品化剂型为粉状和颗粒状。随着有机颜料的颜料化技术的发展，第二代有机颜料的分散性和着色力明显提高。然而 20 世纪 70 年代之后，由于合成纤维工业和塑料工业的迅猛发展，合成纤维的原液着色以及着色塑料越来越受市场的青睐，它们对有机颜料的分散性要求更高，不仅要求颜料分散微细均匀，而且希望颜料分散稳定性好，不会对纤维和塑料的强度产生有害的影响，这样使用第二代的易分散型有机颜料商品已不能满足需要，除了进一步发展颜料化技术和提高易分散型有机颜料的分散性能外，同时推动了颜料预分散化技术的发展，开发出了第三代有机颜料。

第三代是预分散型有机颜料或称有机颜料制备物，它们是将已经处理得到的微细颜料粒子采用强力捏合或压轧或微细分散或挤水转相等技术预先分散在某种载体如树脂、溶剂等中制成粉状、粒状和浆状等制备物，使已经分散的颜料粒子在载体的作用下得到保护而不再聚集或凝聚，着色时由于载体与被着色物之间的良好相容性，颜料粒子能均匀地分散在应用介质中获得好的着色效果。

合成的有机颜料(部分低档偶氮颜料除外)，通常不具备颜料的使用性能(色光不鲜艳、着色强度低、流动性差)，必须实施不同类别的商品化加工技术以改进或调整颜料的应用特性，调整所需的粒径大小、形状与粒状分布、晶型种类、粒子表面极性的高低，以达到与着色介质具有良好的匹配性或相容性，最终使有机颜料商品具有符合要求的应用性能。其中，有机颜料的分散性与分散稳定性成了有机颜料商品化处理后的突出性能要求。有机颜料商品化技术包括颜料化技术(如颜料表面处理技术)和预分散技术(如微细分散技术、挤水转相技术等)。

1) 颜料表面处理技术

颜料表面处理技术是采用表面处理剂的技术，这种技术是在颜料粒子表面上沉淀或吸附某种物质，使粒子降低聚集活性或使晶粒活性中心钝化，这样减少聚集体的生成且使絮凝体易被粉碎，同时降低粒子与使用介质之间的表面张力即降低颜料吸油量，增加粒子在分散介质中的润湿性和分散性，提高颜料的着色力，改善涂膜的光泽度和保色性，也能改进颜料的耐光、耐气候、耐热、耐水等牢度和对酸碱等的稳定性，同时能减少有害物质的渗出，降低颜料的毒害作用，因此它是目前制造易分散型有机颜料最主要的技术。目前使用的表面处理剂主要有表面覆盖剂和表面活性剂两大类。

表面覆盖剂是覆盖在颜料粒子表面减少或防止粒子受摩擦和高压力影响以及降低絮凝倾向的表面处理剂，能使疏液性粒子变成亲液性粒子。目前主要由天然树脂和合成树脂或聚合物组成。

表面活性剂不仅能改变颜料粒子表面的亲油性或亲水性、降低凝集度，而且能提高分散性，有时还会改变颜料的晶型和粒子大小等，因此这种表面处理技术被认为是一种简单易行的处理技术，应用很广。一般情况下颜料分散时首先加入表面活性剂，使其被吸附的同时被结合，这样效果更好。其中，阳离子表面活性剂中的有机胺化合物是一种较强的极性剂，一般在偶合阶段加入，分子中的氨基指向颜料分子中的某些极性基团，发生化学吸附；另一端烷基或芳烃基等疏水部分向外排列，改变颜料的表面性能，降低颜料表面与使用介质间的表面张力。铵类化合物是一种强极性剂，特别适用于表面极性比较弱的有机颜料，如十二烷基苯磺酸脂肪胺盐用于双偶氮黄颜料和红色淀偶氮颜料的处理效果很好。

2) 预分散技术

预分散型有机颜料是将经过颜料化技术处理得到的微细颜料粒子采用强力捏合或研磨或压轧或挤水转相等商品化技术预先分散在某种载体(树脂、有机溶剂、水等)中，制成粉状、粒状、片状或浆状(或膏状)的有机颜料商品形态。使用时由于载体与被着色物间的良好相容性，颜料粒子很均匀地分散在应用介质中，获得良好的着色效果。最主要的预分散型有机颜料或颜料制备物是色母粒、色母粉、色浆(或色膏)等。

色母粒的主要组分是颜料或染料、载体(树脂)、分散剂，有时也加入其他添加剂。

色母粉是将粉状颜料附着在粉末树脂的表面上制成，颜料含量较低，由于减少了混炼造粒等工艺，既可避免造粒加热使树脂产生降解，又可避免过度混炼使颜料晶型破坏以致影响着色效果等情况。

色浆分为水性色浆、溶剂型色浆和油性色浆或色膏等三种。水性色浆是用水作为液状载体对有机颜料采用微细分散技术制成的水性分散体，如印花涂料色浆和染色涂料色浆是在水介质中将颜料粉末与表面活性剂(如甘油、乙二醇、丙二醇、乳化剂等)进行研磨分散使微细化制成，其颜料量为25%～40%；溶剂型色浆是用具有较高沸点的有机溶剂如增塑剂、多元醇、脂肪酸甘油酯等作为液状载体与粉状颜料等混合，经研磨分散制成；油性色浆是用油性树脂连结料(由树脂如聚环戊二烯树脂、季戊四醇松香酯、醇酸树脂、聚酯类树脂、三聚氰胺树脂、改性酚醛树脂等和油性溶剂如正十三烷、环己基庚烷等组成)作为液状载体，采用挤水转相技术制成。

6.2.3 涂料

涂料是以高分子材料为主体，以有机溶剂、水或空气为分散介质的多种物质的混合物，可用不同的施工工艺涂覆在物件表面，形成黏附牢固、具有一定强度且连续、致密、均匀的固态薄膜(涂层)，从而对物件起到保护、装饰、提升产品价值等功用。

根据涂料的功能和作用，可以将涂料分为防锈涂料、防腐蚀涂料、防火涂料、光功能涂料、磁性涂料、导电涂料、绝缘涂料、防污涂料、示温涂料、耐热涂料、船舶涂料、夜光涂料、隐身涂料等。以下主要介绍防火涂料、防腐蚀涂料。

1. 防火涂料

防火涂料又称阻燃涂料，除具有一般涂料所共有的保护性能和装饰性能外，还具有阻止火焰燃烧和抑制伴随燃烧产生的有害气体的特殊功能，为灭火和人员撤离赢得时间，对它的研究和应用已引起世界各国的广泛关注。防火涂料按照其阻燃机理可分为两大类：膨胀型防火涂料(难燃型)和非膨胀型防火涂料。膨胀型防火涂料的阻燃机理：平常保持普通涂膜状态，遇火时涂层发生软化熔融，膨胀形成海绵状或蜂窝状炭化层从而隔绝氧气阻止物质燃烧。非膨胀型防火涂料的阻燃机理：在火灾发生时，防火涂料自身的特性决定了它会吸收周围的热量，使温度难以升高，其自身燃烧形成一层隔绝氧气的釉状保护层，从而产生相界面的阻滞反应，最大限度地阻滞易燃烧气体的反应，释放不可燃气体，形成隔离区，阻滞火焰燃烧，对物质起到一定的保护作用。

1) 膨胀型防火涂料

膨胀型防火涂料是依靠阻燃剂或难燃树脂进行防火的，其涂层在火焰或高温作用下发生膨胀，形成炭质海绵状隔燃层，同时释放出惰性或难燃性气体，该炭质海绵状隔燃层不仅能有效阻挡热源对基材的作用，而且能隔绝氧气，从而有效地阻止火焰燃烧。例如，磷-氮-木炭膨胀系统的阻燃机理：炭化剂加热分解产生羟基酸；炭化剂(甘油)在酸的催化下脱水分解成二氧化碳。X 射线衍射分析表明，这种炭化层属于无定型碳结构，其实质是石墨的微晶体，所以一旦形成这种泡沫状炭化层，其本身很难燃烧，有很好的隔氧和隔热作用，能有效阻止燃烧继续进行。

膨胀型防火涂料由基料、脱水成炭催化剂、成炭剂、发泡剂、有机难燃剂、着色染料、助剂组成，每种组分不只起一种作用，而是起双重、三重作用，并和其他成分一起具有协同作用(表 6-4)。

表 6-4　膨胀型防火涂料的组成

膨胀型防火涂料组成	分类	举例	备注
基料	水性树脂	聚乙酸乙烯乳液、聚丙烯酸酯乳液、氯丁橡胶乳液、聚乙烯醇、氯乙烯-偏二氯乙烯共聚物乳液，水溶性三聚氰胺甲醛树脂等	水溶树脂与水玻璃和聚合物乳液混合使用可提高涂层的耐热性和难燃性
	含氮树脂	三聚氰胺甲醛树脂、聚酰胺树脂、聚氨基甲酸酯树脂、丙烯腈共聚物等	含氮树脂受热时分解放出不燃性的气体
	含卤树脂	含卤素树脂，如氯化橡胶、氯化环氧、氯化醇酸等	此外还有酚醛树脂、醇酸树脂、环氧聚酰胺树脂
脱水成炭催化剂	—	各种磷酸铵盐、磷酸酯、聚磷酸铵	脱水成炭催化剂的主要功能是促进含羟基有机物脱水炭化，形成难燃的炭质层
成炭剂	—	淀粉、糖类、糊精、季戊四醇、二季戊四醇等	成炭剂是泡沫炭化层的主要组成部分，成炭剂和脱水剂反应生成多孔结构的炭化层
发泡剂	—	三聚氰胺、双氰胺、氯化石蜡、偶氮化合物、聚磷酸铵、蜜胺、六次甲基四胺、聚氨基甲酸酯、双氰胺甲醛树脂和三聚氰胺甲醛树脂等	发泡剂是在涂层变热时能放出大量不燃性气体，并在涂层内形成海绵状结构的有机物
有机难燃剂	—	环氧树脂漆中的卤代环氧树脂，聚氨酯漆中的卤代聚酯、聚醚等	

防火涂料的调制工艺主要包括：①比例配置防火组分和着色颜料浆；②砂磨机或球磨机研磨分散防火浆料；③加入成膜剂，搅拌配置防火涂料；④检验和包装。

以用于钢铁等表面的膨胀型乳胶防火涂料为例，其配方如表 6-5 所示。该涂料的干着色法制造工艺：将表 6-5 全部原料加到搅浆机或捏合机中，搅拌混合均匀即可得到产品。该法操作简单，可制造高浓度涂料，用于后涂层涂料的制造。但该法制造出的涂料的颜料分散不够均匀，不能达到要求的标准。因此，采用标准化的工艺流程来满足标准要求，即将上述配方中除聚乙酸乙烯乳液以外的所有原料加入高速分散机中，高速搅拌预混合，再加入砂磨机中研磨分散至规定细度，将研磨好的涂料浆加入调和机中，加入聚乙酸乙烯乳液，慢速搅拌均匀，必要时可过滤，即可进行产品的包装。

表 6-5　膨胀型乳胶防火涂料的组成

组分	用量(质量分数)	组分	用量(质量分数)
聚磷酸铵	18.9	石棉	16.2
三聚氰胺	5.7	表面活性剂	4.6
氯化石蜡	3.0	聚乙酸乙烯乳液(60%)	18.7
二季戊四醇	5.4	水	27.5

2) 非膨胀型防火涂料

非膨胀型防火涂料基本上是以硅酸钠为基材，掺入石棉、云母、硼化物之类的无机盐。非膨胀型防火涂料按照成膜物质的不同，可分为有机和无机两种类型。在燃烧过程中从周围环境吸收大量热量，但其自身不发生膨胀，并形成一层隔绝氧气的釉状保护层，对物体起到一定的保护作用。非膨胀型防火涂料与膨胀型防火涂料相比，阻燃和隔热保护功能方面较差，但耐水性、耐化学品性能优异，表面硬度高，易于着色，可用于装饰性要求高的场合。

以非膨胀型乳胶防火涂料为例，其配方如表 6-6 所示。

表 6-6 非膨胀型乳胶防火涂料的配方

组分	用量(质量分数)			组分	用量(质量分数)		
	配方一	配方二	配方三		配方一	配方二	配方三
氧化锑	9.2	37	74	云母	39.2	39.2	39.2
五溴甲苯	4.6	18.5	37	羟乙基纤维素	1.7	1.7	1.7
二氧化钛	140	140	140	表面润湿剂	1.8	1.8	1.8
瓷土	35	35	35	内增塑丙烯酸乳液(固体分 56%)	165.5	165.5	165.5
碳酸钙	70	55	40	水	218	218	218

该涂料的制造工艺有如下两种：

(1) 用砂磨机制造防火涂料。将上述配方中除了内增塑丙烯酸乳液以外的各组分加入高速分散机中，高速搅拌混合均匀，所得浆料进入砂磨机研磨分散至规定的细度，调制成颜料浆，再加入低速搅拌机的调浆罐中，加入内增塑丙烯酸乳液，搅拌均匀即可包装出厂。在制造有色非膨胀型防火涂料时，先将各种颜料分色研磨成色浆，然后在制得的白色涂料内加入色浆调制而成。

(2) 用高速分散机制造防火涂料。在乳胶涂料生产中，使用的钛白粉属于极易分散的原料，有关填料也经过超细处理，所以可以使用无级速的高速分散机制造乳胶涂料，即将预分散、分散合二为一，低速运转的高速分散机可供调漆使用。具体工艺流程如下：将上述配方中除内增塑丙烯酸乳液以外的各组分加入无级变速的高速分散机中，高速搅拌进行预分散和分散。分散完毕后，降低转速进行低速搅拌，再加入内增塑丙烯酸乳液，搅拌均匀即可。

2. 防腐蚀涂料

金属、混凝土、木材等物体受周围环境介质的化学作用或电化学作用而损坏的现象称为腐蚀。据相关统计，全世界每年因腐蚀造成的经济损失为 7000～10000 亿美元，占各国国民生产总值(GDP)的 2%～4%，因此防腐蚀研究已越来越受到各国的重视。为了减少腐蚀的损失，多年来人们采取了许多措施，但迄今为止仍以防腐蚀涂料最为有效、最经济、应用最普遍。

防腐蚀涂料的保护机理有三种：①隔离屏蔽作用，通过水性涂料在金属表面形成涂层，隔离介质与金属的接触，达到防腐目的；②钝化缓蚀作用，涂层的钝化缓蚀作用是借助涂料中某些颜料改变金属表面性能，使金属表面钝化，从而达到延缓腐蚀的目的；③电化学保护作用，通过在涂料中添加一些电位比基体金属活泼的金属作为填料，当电解质渗入涂层到达金属基体时，金属基体与电负性金属填料形成腐蚀电池，填料作为阳极首先发生溶解，达到保护基体的作用，这类涂料又称为牺牲型涂料。

按成膜物质进行分类，防腐蚀涂料可分为环氧树脂防腐蚀涂料、聚氨酯防腐蚀涂料、氯化聚烯烃防腐蚀涂料等。

1) 环氧树脂防腐蚀涂料

环氧树脂防腐蚀涂料是防腐蚀涂料中应用最广泛的品种。环氧涂料对于金属、混凝土、木材、玻璃等均有优良附着力，这是由于其分子中含有极性的羟基、醚键等，即使在潮湿环境中也有一定的附着。固化后的环氧树脂的玻璃化温度较高，有利于其耐水性。环氧树脂分子中没有酯键，耐碱性优良。环氧树脂中含有醚键，漆膜经日光紫外线照射后易降解断链，所以环氧涂料不耐户外日晒，漆膜易失去光泽，然后粉化，不宜用作面漆。若必须用作户外面漆，则需加入足量能遮蔽紫外线的颜料，如铝粉、炭黑、云母氧化铁、石墨等，可阻缓粉化的速率。

环氧树脂防腐蚀涂料主要由环氧树脂及固化剂两种组分组成，该类漆涂层的性能往往取决于固化剂，常用的固化剂有胺类、多异氰酸酯、酚醛和氨基树脂等。固化剂和环氧树脂都是中、低相对分子质量化合物，涂料黏度低，容易配成无溶剂或高固体成分的厚膜涂料，应用于海洋重防蚀环境，或用作贮槽衬里，耐腐蚀性液体的浸渍。

以聚酰胺固化环氧沥青防腐蚀漆为例，其配方见表 6-7。

表 6-7　聚酰胺固化环氧沥青防腐蚀漆的配方

组分		用量(质量分数)			
		清漆	面漆	中层漆	底漆
树脂组分	环氧树脂(E-20)	28.0	19.6	11.2	11.3
	轻质碳酸钙	—	15.8	31.5	30.2
	铁红	—	5.2	10.5	11.3
	氧化锌	—	—	—	7.5
	煤焦沥青	35.0	24.5	14.0	6.7
	混合溶剂	23.0	25.1	27.2	27.4
固化剂组分	聚酰胺 300 号	7.0	4.9	2.8	2.8
	二甲苯	7.0	4.9	2.8	2.8
	环氧/沥青(质量比)	0.8	0.8	0.8	1.7
	颜料/树脂(质量比)	—	0.43	2.33	2.35
	环氧/聚酰胺(质量比)	4	4	4	4
	固体分/%	70	70	70	70

该涂料属于环氧沥青防腐蚀涂料，综合了煤焦沥青的耐酸性、耐碱性、耐水性好和环氧树脂附着力强、机械强度高、耐溶剂性好等特点，其施工性能比胺固化环氧防腐蚀漆好，价格也较低。该涂料是优良的防腐蚀涂料品种，广泛应用于地下管线外壁、水利工程设施及化工设备和管道内壁，但该涂料色暗、不耐暴晒。

2) 聚氨酯防腐蚀涂料

聚氨酯是指分子结构中含有氨基甲酸酯键的高聚物。聚氨酯防腐蚀涂料一般是双组分配方，一个含有异氰酸酯基—NCO，另一个含有羟基。施工时将两组分混合而反应固化生成聚氨基甲酸酯，简称聚氨酯。聚氨酯防腐蚀涂料的性质接近于环氧涂料，能在室温交联，漆膜能耐石油、盐液等浸渍，具有优良的防腐蚀性能。聚氨酯防腐蚀涂料还可以制成无溶剂涂料，或高固体涂料，一次施工获得厚膜；也可制成粉末涂料；也可与煤焦沥青混合，制得既抗盐水等又价格较低的防腐蚀涂料(但色黑，缺乏装饰性)。

以聚醚固化聚氨酯防腐蚀涂料为例，其工艺配方见表 6-8。

表 6-8 聚醚固化聚氨酯防腐蚀涂料的配方

组分		用量(质量分数)	
		面漆	底漆
羟基组分	聚醚氨酯(50%)	33.5	22.3
	钛白粉	10.7	
	石墨	2.2	
	滑石粉	2.7	
	云母粉	1.9	3.0
	高岭土	2.7	3.0
	铁红		24.1
	环己酮/甲苯=1	20.0	30.1
异氰酸酯组分	油醚聚合物(50%)	26.3	17.5
	固体分/%	50	50
	NCO/OH 当量比	1.2	1.2
	颜料/树脂(质量比)	4/6	6/4

该涂料属于多羟基化合物固化型，有实用价值的聚醚是聚氧化丙烯醚，聚醚固化比聚酯固化的漆更耐化学介质，特别是耐碱性有显著提高。常温下能迅速固化，固化后耐化学大气(周期性的湿、热、氯、和氨气作用)性能优于聚酯固化聚氨酯型和过氯乙烯漆，而与环氧酚醛烘漆相当。

3. 涂料的商品化技术

为提高涂料上染率以及染色牢度等性能，在将涂料应用到织物的印染加工前，需进行涂料分散、涂料超细化改性和涂料阳离子化等商品化加工[11,12]。

在涂料分散体系中，涂料颗粒细小，比表面积大，表面能较强，在后续的加工和存放过程中极易发生聚集，仅依靠外力很难维持体系的稳定性，需应用涂料衍生物或具有特殊结构的表面活性剂(如线状高分子聚合物、树枝状聚合物等)来提高涂料的分散稳定性。当采用涂料衍生物对涂料进行表面处理时，涂料衍生物通过分子间作用力、范德华力和极性作用力与涂料结合实现改性。表面活性剂能通过胶束作用将涂料颗粒包裹在疏松的胶束内，经表面处理后的涂料，其分散稳定性和印花匀染性有较大程度的提高；树枝状聚合物可将涂料颗粒束缚在疏水性内腔中，而其外层富集的大量—COO^-、—SO_3^{2-}等极性基团，可通过离子键、氢键、范德华力等将涂料锚固，通过空间位阻作用，保持涂料颗粒稳定，并减少涂料印花受热时泳移现象。例如，一种十六碳酰氯改性超支化聚酰胺树枝状聚合物，可用于涂料分散以阻止颗粒聚集，同时可形成利于涂料颗粒“栖息”的蜂巢状大分子多孔薄膜，并改善涂层材料柔韧性和附着力。孙妍、黄静红等应用自制的超支化聚(酰胺-酯)分散剂 HPD 制备超细涂料，具有较好的分散稳定性，涂料染色织物皂洗牢度较好，超支化聚合物 HPD 为开发新型水性高分子分散剂提供了新思路。

涂料颗粒粒径及粒径分布对织物印染品质影响很大，一般粒径越小，蓝绿光越强，粒度分布越窄，着色强度高，颜色鲜艳纯正，可显著改善涂料印染效果。而涂料颗粒较大，会使涂料表面光散射减弱，涂料着色力降低，同时降低印染织物的摩擦牢度；涂料粒径分布范围宽，其反射光中白光比例增大，导致织物颜色饱和度下降，色泽萎暗。因此，以减小涂料粒径及其分布宽度为目的的涂料超细化技术在涂料加工中尤为重要。涂料超细化技术是一个复杂的胶体化学过程，基本方法有气相沉积法、溶解析出法和超细粉碎法，前两种方法对装置要求高、反应条件苛刻、产率低，限制其发展和应用。涂料超细粉碎法通过砂磨、球磨、三辊磨、涂料振荡、高速搅拌、超声波、捏合处理等将涂料颗粒研磨、剪切。近年来出现的新型高压高剪切微射流粉碎设备可以制备出粒径 200nm 左右的超细颜料，克服了球磨机、砂磨机时间长、效率低、能耗高、除杂困难的缺点。通常涂料细化和表面活性剂改性同时进行，使得涂料粒子以较小粒径均匀分散，不发生聚集或沉淀。

涂料阳离子表面改性可有效降低表面活性剂与呈负电性纤维间的静电斥力，并通过空间位阻效应对涂料颗粒进行分散。制备阳离子涂料的方法主要有两种：一是直接用阳离子表面活性剂对涂料进行改性。周海银以丙烯酸丁酯、苯乙烯、阳离子单体 D 为原料，通过自由基聚合反应制备阳离子聚合物 SBD，采用高压高剪切微射流粉碎机分散制备阳离子超细涂料，涂料颗粒小，分散均匀。在涂料浓度 1.0%(o.w.f)、黏合剂浓度 10g/L 时，上染率可达 99.4%，K/S 值 7.33，干摩擦牢度为 3～4 级，湿摩擦牢度为 2～3 级，皂洗褪色和沾色牢度分别为 4～5 级和 5 级，且染色均匀性好。二是用非离子和阳离子表面活性剂共同对涂料进行改性。王潮霞、李小丽等用非离子分散剂制备超细涂料，以阳离子表面活性剂调节涂料表面电荷，制备阳离子型超细涂料。所制备的阳离子型超细涂料粒径小，Zeta 电位由负变正，离心稳定性高，对温度、电解质、pH 的稳定性较好，染色织物的 K/S 值明显增大，颜色更深。

6.2.4　农药

农药又称农用药剂，是指具有杀害农作物病、虫、草害和鼠害以及其他有毒生物，或能调节植物或昆虫生长，从而保护农作物、提高农作物产量的化学物质。

农药的品种很多，按照用途分类可分为杀虫剂、杀菌剂、除草剂、植物生长调节剂。杀虫剂是用于防治害虫的药剂，包括杀虫剂、杀螨剂、昆虫生长调节剂、昆虫激素、引诱剂、不育剂、趋避剂等，如敌百虫、乐果、溴氰菊酯等。杀菌剂是用于防止病害的药剂，包括保护性杀菌剂、内吸性杀菌剂以及杀线虫剂，如波尔多液、多菌灵、富美砷等。除草剂是用于消灭杂草的药剂，包括选择性除草剂和非选择性除草剂或灭生性除草剂，如敌稗、杀草丹、百草枯等。植物生长调节剂是用于调节植物生长的药剂，包括促进植物生长和抑制植物生长的药剂，如矮壮素、萘乙酸等。按农药的化学结构来分类，可分为有机磷、有机氯、氨基甲酸酯、拟除虫菊酯、苯甲酰脲、吡啶类、酰胺类、氮杂环类等。

1. 杀虫剂和杀菌剂

传统杀虫剂包括有机磷、有机氯等品种。

有机磷农药已问世半个多世纪，无论是品种或产量，在杀虫剂中仍居首位。目前，有机磷杀虫剂占杀虫剂近30%的市场，品种147个，主要品种有对硫磷、敌百虫、敌敌畏、氧乐果。对硫磷的开发成功是农药研究史上的一大成就，它开创了有机磷杀虫剂结构与活性关系的研究，虽然对硫磷有很高的毒性，但只要磷原子上所连基团稍加变化就可以获得各种结构、种类、药效、毒性等不同的有机磷杀虫剂，如甲基对硫磷、马拉硫磷、内吸磷、氯硫磷、倍硫磷、杀螟松等。敌百虫是1952年由联邦德国推出，是高效、低毒及低残留的杀虫剂，大鼠急性经口LD50为630mg/kg，可防治棉铃虫、黏虫、草地螟、菜青虫、刺蛾等；除了作为有机磷农药使用，它还是家畜内服、外抹、药浴等常用的一种驱虫药，并且可以对鱼体内外寄生的吸虫、线虫有良好的杀灭作用。氧乐果属于高毒农药，具有触杀、胃毒和内吸作用，对已经对氧乐果产生抗性的蚜类、螨类害虫有较好的效果，主要用于防治棉花、观赏植物等多种植物的害虫。

有机氯杀虫剂是具有杀虫活性的氯代烃的总称，杀虫谱广、急性毒性低、残效期长，生产方法简便、价格低廉。有机氯农药分为两大类，一类是氯苯类，另一类是氯代脂环类。氯苯类农药包括六六六和滴滴涕等，这两种有机氯农药是最突出的杀虫剂品种，在第二次世界大战期间，在植物保护和防治人类疾病上发挥了极其重要的作用。氯代脂环类农药包括狄氏剂、艾氏剂、毒杀芬、六氯环戊二烯等。

与杀虫剂相比，杀菌剂应用开发较晚、市场占有率小。一般将杀菌剂按作用原理分为非内吸性杀菌剂和内吸性杀菌剂。非内吸性杀菌剂是指不能被植物传导、扩散、存留，停留在植物表面，只有保护作用，不能深入植物体内杀死病菌的杀菌剂。最著名的波尔多液即石灰和硫酸铜的混合溶液，作为土壤消毒用于马铃薯的晚疫病。代森类和福美类是典型的非内吸性杀菌剂。代森锰锌是国内外销量最大的保护性杀菌剂，也是内吸性杀菌剂复配的主要拌药，杀菌广谱，用于蔬菜和果树防治各种叶面病害如炭疽病、黑星病、疫病和斑点病等。福美双是福美类杀菌剂的代表，用于蔬菜，防治禾谷类白粉病，是种子和土壤处理剂，也可用于叶面治疗。内吸性杀菌剂能被植物的叶、茎、根、种子等吸收进入植物体内，随着植物体液在植物体内传导、扩散，存留或产生代谢物，可防治一些进入到植物体内或种子胚乳内的病害，保护作物不受病原物的浸染或对已染病的植物进行治疗，具有治疗和保护的作用。内吸性杀菌剂的主要品种有萎锈灵、多菌灵、嗪氨灵等。

2. 农药的商品化技术

农药加工和施用是将少量原药稀释和分散的过程，以达到最佳的防治效果，因此粉碎是农药加工中最重要的关键技术。此过程需要消耗大量的能量，尤其是制备超微细粉体。为了达到最佳防治效果，又要节约能耗，必须了解药粒的粒度和药效的关系。加工农药可湿性粉剂、水分散粒(片)剂的基料、泡腾粒(片)剂的基料、悬浮剂、干悬浮剂、粉剂时，影响其生物活性的主要因素是原药的粒径。一般说来，原药粉碎得越细，使其比表面积增大，有利于接触靶标，能充分发挥药效。

在考虑制剂的粒度时，必须同时考虑制剂的平均直径和粒度分布。注意理化性能、作用机理和生物活性不同的原药制剂的粒度对药效的影响，选择适宜的粉碎设备和加工工艺，以节省能耗。原药稳定性好，水中溶解度小，粉碎微细化能增加对靶标的黏着性和耐雨水冲刷能力，从而提高药效，适当延长持效期。原药稳定性差，水中溶解度大，易光解和蒸气压高，微细化会使光分解加速，挥发性增强，溶解度增大和耐雨水冲刷能力减弱，从而使药效降低，持效期缩短，故不宜粉碎得过细。触杀性原药制剂的粒度要求比内吸性原药制剂的粒度更小。高生物活性的超高效、超低用量原药制剂的粒度比活性一般的常规用量原药制剂的粒度要求更细。应综合考虑固体制剂的粒度和生物活性的关系，具体品种具体对待，不宜片面追求纳米级制剂而过分耗能。

对于不同粒度要求的固体制剂要采用不同的粉碎设备，对于超微可湿性粉剂，一般采用二级粉碎工艺，第二级粉碎应采用气流粉碎机，以节省能耗。粉碎设备确定后，选用相应的输送、混合、喂料、分级和微粉捕集等设备与之相配套，组成农药制剂加工生产线。粉碎、分级、混合等设备和工艺路线的选择至关重要，它直接影响着产品的质量和能耗。粉体加工设备的大型化、多样化、节能、自动化和产品的微细化是国内外粉体工业的发展趋势。随着科学技术的发展，尤其是信息处理技术和微电子技术的迅速发展，利用信息技术、控制技术与测试技术对传统粉体装备进行改造和提升，带动粉体工程技术研究内容的深入和应用开发水平的提高，粉体设备的智能化应用将日臻完善，必将促进农药固体制剂加工技术水平的提高，能耗进一步降低，更突显农药固体制剂的优点。

母粉稀释混合工艺、“中间浓度粉末”稀释混合工艺和高浓度悬浮剂浆料混合分散工艺是农药加工中最常见的节能工艺。

母粉稀释混合工艺是指将原药加工成高浓度母粉，再用已粉碎的填料稀释混合成低浓度制剂，比直接生产低浓度制剂节省能耗。例如，安徽省化工研究院生产的4.5%高效氯氰菊酯可湿性粉剂，是先将高效氯氰菊酯原药、助剂和填料加工成18%高效氯氰菊酯可湿性粉剂的母粉(含稍过量的助剂)，再将它和填料以1∶3混合均匀制成4.5%高效氯氰菊酯可湿性粉剂，这比直接生产4.5%高效氯氰菊酯可湿性粉剂节省能耗一半之多。

“中间浓度粉末”稀释混合工艺：将一些超高效农药加工成有效成分含量很低的制剂时，往往采用“中间浓度粉末”稀释混合工艺以节省能耗。例如，生产0.5%阿维菌素可湿性粉剂时，先将阿维菌素原药、助剂和填料加工成40%阿维菌素可湿性粉剂的母粉，以1份母粉和4份填料(已粉碎至320目的粉末)混合制成8%阿维菌素可湿性粉剂的“中间浓度粉末”，再将它和填料以1∶5进行混合，制得0.5%阿维菌素可湿性粉剂。这比以1∶79进行混合时，达到同样混合均匀度的时间缩短很多。

高浓度悬浮剂浆料混合分散工艺：将原药、助剂和填料加工成高浓度悬浮剂浆料，再用溶剂稀释成低浓度悬浮剂，比直接生产低浓度悬浮剂可节省能耗。例如，要生产4%烟嘧磺隆悬浮剂，可先将烟嘧磺隆原药、助剂和溶剂经砂磨机加工成20%烟嘧磺隆悬浮剂浆料，再将它和溶剂(含适量助剂)以1∶4在高剪切均质混合机中分散混合制成4%烟嘧磺隆悬浮剂，可节省大量能耗。

质优、广谱、价位适中的50%多菌灵超微可湿性粉剂和敌杀死乳油上市20多年来一直受到欢迎。1992年安徽省化工研究院和河北宣化农药厂研发的40%乙草胺·莠去津悬乳剂，属经济、适用的水基性制剂，至今仍然是玉米地除草的主要品种之一。

6.2.5 化妆品

化妆品是研究化妆品的配方组成、工艺制造、性能评价、安全使用和科学管理的一门综合性学科。现代化妆品是在化妆品学和皮肤学的基础上，结合药理学、微生物学、毒理学、物理学等学科研发制造的化学制品。除某些特种制品外，化妆品的生产一般不经过化学反应过程，而是将各种原料经过混合使之产生新的性能，因此化妆品原料和配方技术左右着产品的性能。

根据化妆品原料的性能和用途，可将其分为保湿剂、香精香料和色素、油质原料、粉质原料、胶质原料、溶剂原料以及表面活性剂等。

1. 保湿剂

角质层是人体最外层的表皮，正常健康皮肤的角质层中应保持10%～20%的水分以维持皮肤的湿润和弹性。正常皮肤依靠皮脂膜和天然保湿因子(NMF)维持水分。NMF 的组成比较复杂，主要由吡咯烷酮羧酸(钠盐)、氨基酸类、乳酸盐、尿素等组成，它是一种有吸附性的水溶性物质，能够有效控制皮肤中的水分，保持皮肤水分光滑，是皮肤最理想的天然保湿剂。如何保持皮肤适当的生理水分，为正常生理肌肤提供适度润湿，防止皮肤缺水、干燥和角质化，一种是在皮肤表面形成能与水结合的保水物质，使角质层保湿；另一种是使用水不溶物质，在皮肤表面形成一种润滑膜，对皮肤表层起封闭作用，防止水分蒸发从而使角质层含有一定量的水分。

常见的作为化妆品原料的保湿剂有吡咯烷酮羧酸钠、透明质酸、甘油、聚乙二醇、丙二醇、山梨醇等。

1) 吡咯烷酮羧酸钠

吡咯烷酮羧酸钠化学名为α-吡咯烷酮-5-羧酸钠，简称 PCA-Na，化学结构式如下：

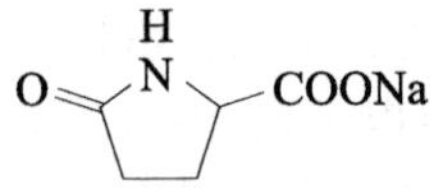

H
O N COONa

吡咯烷酮羧酸钠是由谷氨酸得到的天然保湿成分，也是天然保湿因子中的重要保湿成分，但只有以盐的形式才能发挥其保湿吸湿功效。市售产品为无色至微黄色、50%左右活性含量的液体，无臭，略带咸味，易溶于水。较其他保湿剂而言，手感清盈舒爽，无黏腻厚重。安全性高，对皮肤及眼黏膜几乎没有刺激，能赋予皮肤和毛发良好的湿润性、柔软性和弹性。与其他产品具有很好的协同效果，长期保湿性较强，是真正的角质层柔润剂。

2) 透明质酸

透明质酸又称糖醛酸，简称 H.A，是由两个双糖单位 D-葡萄糖醛酸及 *N*-乙酰葡糖胺组成的超过 30000 重复单位的直链多聚糖大分子聚合物，为白色无定型海绵状固体，无臭，有较强的吸湿性，易与水形成黏液，即使在低浓度下也具有较高的黏度以及高的黏弹性和渗透性，有很强的保水性和润滑作用，对人体和皮肤无任何刺激，是一种性能极佳的理想保湿剂。

作为一种功效性化妆品原料，透明质酸已在护肤面膜、爽肤水、膏霜、乳液、精华类产品及洗护发产品和洗面奶等化妆品中得到了广泛的应用。化妆品对透明质酸相对分子质量和添加量的要求，常因产品的特性不同而有所差异。透明质酸相对分子质量越大，成膜性能越好，但渗透性越差，因此应根据化妆品的不同用途选择合适相对分子质量的透明质酸。其添加量一般为 0.01%～0.5%，特殊用途化妆品的添加量可高达 0.5%以上。此外，透明质酸还具有修复受损细胞的作用。

透明质酸发现于 20 世纪 30 年代，它最早是从牛眼睛的玻璃状液中发现的。目前生产透明质酸的主要方式有两种：一种是从动物组织中进行提炼(一般从鸡冠中提取的较多)，另一种方法是利用微生物发酵得来。随着现代科学的发展，现代工艺中生物发酵工艺应用较为广泛，它能通过基因重组从而生产出透明质酸。

3) 甘油

甘油即丙三醇。甘油是化妆品中最早使用的保湿剂，是动植物油脂进行皂化(制造肥皂)时的副产物，经脱脂、脱臭及脱色后精制(减压蒸馏)得到，另外也可从蔗糖发酵制得。纯甘油是一种无色、无臭、澄清并具有甜味的黏稠液体，接触皮肤后会有温热感产生，与水和乙醇能以任意比例混合，其水溶液(1%～10%)显中性，在氯仿或乙醚中均不溶。产品来源广，价格低，具有特定功效，是化妆品的优良保湿剂，主要应用于O/W型乳状液中，也可用于牙膏、化妆水等化妆品中。但由于甘油的吸湿性太强，当气候干燥时，不但会从空气中吸收一定量的水分，还会从皮肤中吸收一定量的水分，对皮肤也会造成一定伤害，目前皮肤用化妆品在逐步采用其他保湿剂替代甘油。

4) 聚乙二醇

聚乙二醇简称PEG，是由环氧乙烷与水或乙二醇经聚合得到的相对分子质量较小的一类水溶性聚醚，分子式为$HOCH_2CH_2(OCH_2CH_2)_nOH$。其平均相对分子质量从200～20000不等，相对分子质量在200～600时为液体，相对分子质量在600以上时为半固体或固体。一般无色无臭，且随着相对分子质量的增加，溶解性降低，稀释能力也相应降低。

PEG最突出的特性是具有与各种溶剂的广泛相容性、广泛的黏度范围和吸湿性；也具有良好的润滑性、热稳定性；并以低毒性、难挥发和良好的色泽而深受欢迎。一般低相对分子质量的PEG在化妆品中可替代甘油和丙二醇，作为保湿剂、增溶剂或润滑剂，可用在膏霜和香波等制品中；高相对分子质量的PEG广泛应用于日化、医药、纺织等工业中，多用作润滑剂和柔软剂。

5) 丙二醇

1, 2-丙二醇结构与甘油相似，是无色、无臭、略带甜味的黏稠液体，黏度比甘油低。在化妆品中，丙二醇与甘油并用或替代甘油成为保湿剂或润滑剂。此外，还可以作为色素、香精油的良性溶剂。

6) 山梨醇

山梨醇又称山梨糖醇，化学结构式如下：

$$HOCH_2-\underset{OH}{\overset{|}{C}H}-\underset{OH}{\overset{|}{C}H}-\underset{OH}{\overset{|}{C}H}-\underset{OH}{\overset{|}{C}H}-CH_2OH$$

它是一种存在于许多水果中的多羟基化合物。纯山梨醇为白色、无臭的结晶粉末，略带甜味，无毒，有吸湿性，化学性质稳定，不易被氧化，耐热性好，无刺激性。山梨醇是生产非离子表面活性剂的重要原料，在日化行业中有广泛应用，尤其是膏霜类制品的优良保湿剂。此外，作为甜味剂、软化剂被广泛用于食品和药品的生产。

以一款保湿霜为例，其主要成分如表6-9所示。

表6-9 保湿霜的组成

	成分	含量/%
A相	山梨醇橄榄油酯	4.00
	角鲨烷	17.50
	氢化橄榄油 / 橄榄油不可皂化物	3.00
	聚异丁烯/混合烷烃	10.00

续表

	成分	含量/%
B 相	硫酸镁	0.50
	去离子水	60.00
	甘油	4.00
	丙二醇 / 尿素醛 / 对羟基苯甲酸甲酯	1.00
C 相	香精	适量

该保湿霜的工艺过程：混合 A 相各组分，加热到 75℃，用推进式混合器混合。混合 B 相各组分，倒入单独的容器中。加热到 75℃，直至所有组分完全溶解。相同温度下缓慢将 A 相加入 B 相中，均质，用推进式混合器混合至室温，按需要添加香料。

2. 香料、香精

大多数化妆品都具有一定的优雅舒适的香气，这种香气是通过在配制时加入一定量的香精所散发的愉悦气味。香精是由多种香(原)料按一定比例调配混合而成的。因此，香料是制备香精的原料。到目前为止，世界上的香料品种约六千种，我国生产的香料有一千多种，成为最大的香精香料生产国之一。

除香水之外，香料在不同加香产品中的用量只有 0.3%～3%，但它对产品质量优劣起着极其重要的作用，因此香料被称为加香产品的“灵魂”。

香料可分为天然香料和人造香料两大类。

(1) 天然香料是指从天然含香动植物的某些器官/组织或分泌物中提取出来的含有发香成分的物质，是具有复杂成分的天然混合物。常见的动物型天然香料有麝香、灵猫香、海狸香、龙涎香、麝香鼠香等。

植物型香料是从植物的花、茎、叶、枝、皮、果实、种子或树脂、草类、苔衣等提取得到的有机混合物，主要有萜类、芳香族、脂肪族和含氮含硫化合物。由于植物型香料的主要成分是具有挥发性和芳香性的油状物，是植物芳香的精粹，因此也将植物型香料统称为精油。目前，绝大多数植物型精油供调香精使用。

精油往往以游离态或苷的形式积聚于细胞或细胞组织间隙中。它们的含量不但与植物种类有关，同时随着土壤成分、气候条件、生长季节、生成年龄、收割时间、贮运情况而异。因此，芳香植物的选种和培育对于植物型香料生产至关重要。

(2) 人造香料是指具有某种化学结构的单一香料有机物，包括单离香料和合成香料。单离香料即采用物理、化学方法把天然香料分离为各种单一的香料化合物。合成香料即通过化学合成的方法，将各种化工原料制备成化学结构明确的单一香料化合物。常见的单离香料有芳香脑油中的芳香醇、柠檬草油中的柠檬油醛、丁香油中的丁香酚等。常见的合成香料如表 6-10 所示。

表 6-10　常见的合成香料

化学结构分类		香料名	香气
烃类		柠檬烯	具有类似柠檬或甜橙的香气
醇类	脂肪族醇	1-壬醇	具有玫瑰似的香气
	萜类醇	薄荷脑	具有强的薄荷香气和凉爽的味道

续表

化学结构分类		香料名	香气
醇类	芳香族醇	β-苯乙醇	具有玫瑰似的香气
醚类	芳香醚	茴香脑	具有茴香香气
	萜类醚	芳樟醇甲酯醚	具有香柠檬香气
酯类	脂肪酸酯	乙酸芳樟酯	具有香柠檬、薰衣草似的香气
	芳香酸酯	苯甲酸丁酯	具有水果香气
内酯类	脂肪族羟基酸内酯	γ-十一内酯	具有桃子似的香气
	芳香族羟基酸内酯	香豆素	具有新鲜的干草香气
	大环内酯	十五内酯	具有强烈的天然麝香的香气
	含氧内酯	12-氧杂十六内酯	具有强烈的麝香的香气
醛类	脂肪族醛	月桂醛	具有紫罗兰似的强烈而持久的香气
	萜类醛	柠檬醛	具有柠檬似的香气
	芳香族醛	香兰素	具有独特的香荚兰豆似的香气
	缩醛	柠檬醛二乙缩醛	具有柠檬似的香气
酮类	脂肪族酮	α-紫罗兰酮	具有强烈的花香，稀释时有类似紫罗兰的香气
	萜类酮	香芹酮	具有留兰香似的香气
	芳香族酮	甲基-β-萘基甲酮	具有微弱的橙花香气
	大环酮	环十五酮	具有强烈的麝香香气
硝基衍生物类		葵子麝香	具有类似天然麝香的香气
杂环类		吲哚	在极度稀释时具有茉莉花似的香气

具有相似香气，但用于不同化妆品的香精配方是不同的，如配制茉莉香精的配方：

(1) 用作香水类化妆品的茉莉香精配方如表 6-11 所示。

表 6-11　用作香水类化妆品的茉莉香精配方

成分	含量	成分	含量	成分	含量
大花茉莉净油	9.0	苯乙醇	4.0	羟基香茅醛	8.0
乙酸苄酯	15.0	麝香	5.0	甲基紫罗兰酮	6.0
苄醇	1.0	环十五酮	2.0	除萜香柠檬油	5.0
白兰叶油	3.0	十五内酯	3.0	灵猫香膏(10%乙醇溶液)	1.0
橙花油	5.0	吲哚(10%乙醇溶液)	1.0	海狸浸膏	1.0
依兰油	3.0	乙酸对甲酚酯(20%乙醇溶液)	1.0	麝香酊(10%乙醇溶液)	10.0
树兰油	1.0	甲位戊基桂醛席夫碱	2.0	水杨酸苄酯	5.0
橙叶油	5.0	晚香玉香精	1.0	甲基壬基乙醛	1.0
玫瑰油	1.0	二甲基苄基原醇	1.0		

(2) 用作液洗类化妆品的茉莉香精配方如表 6-12 所示。

表 6-12　用作液洗类化妆品的茉莉香精配方

成分	含量	成分	含量	成分	含量
乙酸苄酯	30.0	紫罗兰酮	3.0	甲位戊基肉桂醛席夫碱	8.0
芳樟醇	6.0	卡南加油	5.0	甲位戊基肉桂醛二苯乙缩醛	5.0
甲基戊基肉桂醛	4.0	灵猫香精	0.3	乙酸桂酯	2.5
白兰叶油	3.0	乙酸芳樟酯	10.0	丁子香酚	0.5
乙酸对甲酚酯	0.2	二氢茉莉酮酸甲酯	5.0	葵醛(10%苄醇溶液)	1.0
苯乙醇	6.0	二氢茉莉酮(10%苄醇溶液)	0.5	麝香 105	5.0
松油醇	5.0				

(3) 用作乳剂类化妆品的茉莉香精配方如表 6-13 所示。

表 6-13　用作乳剂类化妆品的茉莉香精配方

成分	含量	成分	含量	成分	含量
大花茉莉浸膏	1.0	茉莉酯	6.0	甲位戊基肉桂醛席夫碱	1.0
小花茉莉浸膏	1.0	芳樟醇	8.0	二氢茉莉酮酸甲酯	13.0
依兰油	5.0	乙酸芳樟酯	3.0	乙酸对叔丁基环己酯	5.0
白兰叶油	4.0	苯乙醇	8.0	苯乙酸对甲酚酯(10%苄醇溶液)	1.0
酮麝香	2.0	香叶醇	2.0	甲基紫罗兰酮	2.0
麝香 105	2.0	甲位己基肉桂醛	4.0	乙酸三环癸烯酯	6.0
乙酸苄酯	26.0				

3. 其他化妆品原料

用于化妆品的油质原料种类繁多，主要分为天然油质原料和合成油质原料两大类。

天然油质原料主要包括动物性油脂、植物性油脂、动物性蜡、植物性蜡、烃类等，如表 6-14 所示。

表 6-14　天然油质原料的类别

分类	举例	来源	主要成分	性状	作用	应用
植物性油脂	橄榄油	橄榄树的果实经机械冷榨或溶剂提取而得	油酸甘油酯、棕榈酸甘油酯及少量角鲨烯、亚油酸	淡黄色或黄绿色透明液体，有特殊香味	润肤养肤、抑制水分蒸发及防晒作用	按摩油、发油、防晒油、各类护肤膏及唇膏
	蓖麻油	蓖麻种子经压榨而得	蓖麻油甘油酯	无色或淡黄色透明黏性油状液体，有特殊芳香，溶于乙醇；比重大，黏度高，凝点低		口红、发蜡、膏霜、乳液、透明香皂、指甲油

续表

分类	举例	来源	主要成分	性状	作用	应用
植物性油脂	鳄梨油	鳄梨果肉脱水后压榨或溶剂萃取而得	油酸甘油酯、棕榈酸甘油酯，维生素、甾醇、卵磷脂	外观有荧光，光反射呈深红色，光透射呈强绿色，可漂白成无色，略带榛子味	对皮肤无毒、无刺激，对眼睛也无害，有较好的润滑性、乳化性，稳定性好	乳液、膏霜、洗发水、香皂等
	可可脂	可可豆经压榨或溶剂提取而得	油酸、硬脂酸、棕榈酸	白色或淡黄色固态蜡，有可可的芳香	滋润皮肤，但可能引起粉刺	唇膏及其他膏霜类制品
动物性油脂	水貂油	水貂背部皮下脂肪取得的脂肪粗油经加工精制而得	油酸、亚油酸、棕榈油酸和棕榈酸	无色或淡黄色透明油状液体	对皮肤有很好的亲和性、渗透性、富有弹性、预防皮肤皱裂和衰老	营养霜、润肤脂、发油、发水、唇膏、防晒霜等
	羊毛脂油	无水羊毛脂经分级蒸馏制得		黄色至淡黄色黏稠油状液体，略带特殊气味	对皮肤有亲和性、渗透性、扩散性好，润滑柔软、易于吸收	无水油膏、乳液、卸妆油、浴油、发油
	罗非鱼油	罗非鱼的皮、皮下脂肪或头部经熬煮、脱水而得	C16～20的不饱和脂肪酸和C18～22的不饱和脂肪醇组成的酯、甘油三酯、游离脂肪酸、脂肪醇等	橙黄色油状液体	无油腻感，用后使皮肤清爽、润滑、舒适	
植物性蜡类	卵磷脂	蛋黄、大豆和谷类等提取而得	硬脂酸、棕榈酸、油酸双甘油酯、磷酸胆碱酯	淡黄色蜡状物质	乳化、抗氧化、滋润皮肤	润肤膏霜和油
	巴西棕榈蜡	南美洲巴西的卡纳巴棕榈树的叶或叶柄中提取的蜡	蜡酸蜂花醇酯、蜡酸蜡酯	白色或淡黄色脆硬蜡状固体，具有愉悦的香气		唇膏、睫毛膏、脱毛膏等需要较好成型的制品
	霍霍巴蜡	霍霍巴的种子提取而得	二十碳以上的脂肪酸和脂肪醇构成的蜡酯	透明、无臭的浅黄色液体	易于吸收、保湿性好	润肤膏、面霜、洗发水、头发调理剂、唇膏、指甲油、婴儿护肤用品、清洁剂等
动物性蜡类	蜂蜡	蜜蜂腹部蜡腺体分泌物	棕榈酸蜂蜡酯、固体的虫蜡酯、碳氢化合物	淡黄色至棕褐色无定形蜡状固体	抗菌、促进愈合创伤	冷霜、发蜡、胭脂、唇膏、眼影棒、睫毛膏、洗发水等
	羊毛脂	羊毛上的油脂分泌物	甾醇类、脂肪醇类和三萜烯醇类及其脂肪酸脂、游离醇及少量的游离脂肪酸		很好的乳化作用和渗透作用，易为皮肤和头发吸收，配伍性好	气雾化妆品、发油

续表

分类	举例	来源	主要成分	性状	作用	应用
烃类	液体石蜡	石油分馏的高沸点馏分经碳化、中和、脱色、脱蜡等处理而得	$C_{16}H_{34}$～$C_{21}H_{44}$的正异构烷烃混合物	无色透明、无味的黏稠状液体，化学惰性、对光、热较稳定、不易被微生物分解	低黏度白油洗净和润湿效果好，柔软效果好；高黏度白油洗净与润湿效果差，柔软效果好	发油、发蜡、发乳、雪花膏、冷霜、婴儿霜、剃须膏等各种膏霜和乳液化妆品
	凡士林	石油原油真空蒸馏后的残油部分经硫酸、加氢、活性白土精制而成		白色或淡黄色均匀膏状物	无味、化学惰性好、黏附性好、价格低廉、亲油性和精度高，对皮肤无不良作用	清洁霜、营养霜、美容膏、发蜡、染发膏、脱毛膏、唇膏和眼影膏等

合成油质原料是指从各种油质或经过加工合成的改性油脂或蜡，主要包括角鲨烷、羊毛脂衍生物、脂肪酸、脂肪醇、脂肪酸酯、聚硅氧烷等，如表6-15所示。

表6-15 合成油质原料的类别

分类	举例	来源	主要成分	性状	作用	应用
角鲨烷	角鲨烷	角鲨鱼肝油中提取的角鲨烯加氢而得	肉豆蔻酸、肉豆蔻酯、鱼鲨烯、角鲨烷	无色透明、无臭、无味的油状液体	对皮肤无刺激，使皮肤柔软，加速活性物渗透皮肤	各类护肤膏霜、乳液、化妆水、唇膏、眼影膏和护发素
羊毛脂衍生物	羊毛脂酸	羊毛脂的水解产物经脱臭制得		黄色蜡状固体	对皮肤有良好的滋润作用	粉类化妆制品的润湿剂、分散剂，尤其适用于剃须膏
	羊毛脂醇	羊毛脂水解而得		无色或微黄色蜡状固体	对皮肤有良好的润湿性、渗透性、柔软性	婴儿制品、干性皮肤护肤品、各类膏霜、乳液及美容化妆品
	乙酰化羊毛脂	无水羊毛脂经乙酰化后精制而得		象牙色至黄色半固体	具有羊毛脂所有的优点，并有较好的抗水性、油溶性，具有增溶、分散作用	乳液、膏霜类护肤及防晒化妆品
聚硅氧烷	二甲基聚硅氧烷/二甲基硅油/硅酮			无色无味透明液体，疏水性强	柔软头发，增强皮肤爽滑细腻感	护肤膏霜、乳液、洗发水、防晒油等化妆制品
	环状聚硅氧烷		八甲基环四硅氧烷、十甲基环五硅氧烷	无色透明液体，黏度低，挥发性、流动性和铺展性好	使化妆品快干、光滑、光泽好，使皮肤干爽、柔软	护肤膏霜、乳液、浴油、香水、古龙水、防晒品、喷发胶、护发素、指甲油等
	聚醚-聚硅氧烷	聚硅氧烷改性而得		具有非离子性，明显降低表面张力，具有较好水溶性	作调理剂，改善头发梳理性，防尘防静电，稳定泡沫，使皮肤爽滑柔软	洗发水、发胶、浴液、须后液、剃须摩丝、护肤乳液、香水等

续表

分类	举例	来源	主要成分	性状	作用	应用
脂肪酸	月桂酸	取自椰子油、棕榈油		白色结晶性蜡状固体	水溶性、起泡性好，泡沫稳定细腻	香皂、洗面膏、剃须膏
	肉豆蔻酸	椰子油、棕榈油皂化水解分离而得		白色结晶性固体		香皂、洗面膏、剃须膏
	棕榈酸	棕榈油水解分离而得		白色结晶性蜡状固体		膏霜、乳液，表面活性剂、酯类的重要原料
	油酸			无色或淡黄色油状液体，具有特殊油臭味	对头发、皮肤具有柔软性、渗透性，杀菌	雪花膏、剃须膏、冷霜、发油、指甲光亮剂等，也是表面活性剂的重要原料
脂肪醇	月桂醇			无色或白色半透明固体，有油脂的特殊气味		表面活性剂的原料
	硬脂醇			白色无味蜡状小片晶体	稳定性好，能够调节制品的稠度和软化点	膏霜、乳液、唇膏
	油醇	抹香鲸等鱼肝油中制得		白色或淡黄色透明液体	渗透性好，对头发和皮肤有柔软作用，使皮肤润滑柔软	发用制品、乳液制品和唇膏
脂肪酸酯	硬脂酸丁酯			无色或淡黄色液体或结晶	作增塑剂、溶剂、润滑剂	指甲油、唇膏
	肉豆蔻酸异丙酯			无色透明油状液体	良好的延展性，与皮肤相容性好，是良性的润肤剂、润滑剂	护发、护肤及美容化妆品
	棕榈酸异丙酯			无色或淡黄色的透明液体，无臭无毒	良好的渗透性，对皮肤良好的相容性、延展性	各种护肤、护发及美容化妆品

粉质原料作为重要的基质原料，在化妆品中的应用也很广泛。粉质原料主要分无机粉质原料和有机粉质原料两大类(表 6-16)。

表 6-16　粉质原料的类别

分类	举例	作用	应用
无机粉质原料	滑石粉	延展性好，润滑皮肤，有滑腻感	香粉、爽身粉、胭脂、粉饼等各类粉类化妆品
	高岭土粉	有滑腻感，对皮肤黏附性好，抑制皮脂及吸收汗液	香粉、粉饼、水粉、胭脂、粉条及眼影等

续表

分类	举例	作用	应用
无机粉质原料	碳酸钙	良好的吸收性	香粉、粉饼、胭脂爽身粉等
	钛白粉	极强的遮盖力和着色力，对紫外线透过率小，吸油性和附着性好	防晒化妆品、香粉、粉饼、水粉、粉条、粉乳等
有机粉质原料	硬脂酸锌	对皮肤具有柔软、润滑和黏附性	香粉、粉饼、爽身粉
	纤维素微珠	吸油性、吸水性、化学稳定性好，与其他化妆品原料配伍使产品有平滑的感觉，清洁作用优良	香粉、粉饼、湿粉等粉类化妆品的填充剂，磨砂洗面奶的摩擦剂
	聚四氟乙烯微粉	黏结性，对皮肤黏着力好、赋予皮肤光泽和润滑感	粉饼
	聚乙烯粉	遮盖力好	各类粉质化妆品
其他粉质原料	尿素甲醛泡沫	吸水吸油能力强	皮肤制品的塑胶粉末制品
	微结晶纤维素	吸油率、透气性高，柔软皮肤，发散皮脂和汗液	粉底霜、修颜膏
	混合细粉	涂布性、透明度、透气性高	粉底霜
	丝粉	易于涂抹，黏附性、吸收力高	香粉

胶质原料大多是水溶性高分子化合物，在水中膨胀成凝胶，是一类重要的化妆品基质原料。在化妆品中可以用作胶合剂，使固体粉质原料黏合成型；可以用作乳化剂、分散剂或悬浮剂，对乳状或悬浮液起稳定作用；除此之外，还具有增稠或胶化作用以及成膜性、保湿性和稳泡性等功能。它主要分为天然胶质原料和合成胶质原料两大类(表 6-17)。其中，天然胶质原料不稳定，易受到气候、地理位置等因素的影响，还易受细菌、霉菌的作用而变质，但由于具有独特的纯天然特性，在化妆品中仍具有极其重要的作用；而合成胶质原料性质稳定，对皮肤刺激性低且价格低廉，具有取代天然胶质原料的趋势。

表 6-17 胶质原料的类别

分类	举例	性状	应用
天然胶质原料	淀粉	白色无味细粉	香粉的部分粉剂原料、胭脂的胶合剂和增稠剂
	果胶	白色粉末或糖浆状的浓缩物	乳化制品稳定剂，化妆水、面膜、酸性牙膏的黏胶剂
	琼脂	半透明白色至浅黄色的薄膜带状或碎片或颗粒或粉末，无气味或稍有特殊气味	作甘油啫喱和凝胶类制品的胶凝剂、乳化剂、分散剂、胶体稳定剂和絮凝剂
	褐藻酸钠	白色、淡黄色的无味、无臭粉末	化妆品的增稠剂、稳定剂、成膜剂
	明胶	黄色胶体，无臭无味	护肤膏霜、乳液、护发制品、剃须摩丝等制品的增稠剂、成膜剂、乳化剂和乳液稳定剂
合成胶质原料	甲基纤维素	白色纤维状固体粉末，无味无臭	作化妆品的黏胶剂、增稠剂、成膜剂
	羧甲基纤维素钠	白色的粉末或颗粒，无味无臭	化妆品的胶合剂、增稠剂、乳化稳定剂、分散剂等

续表

分类	举例	性状	应用
合成胶质原料	聚乙烯醇	白色或淡黄色粉末	润肤剂面膜和喷发胶等，乳液的稳定剂
	聚乙烯吡咯烷酮(PVP)	白色或淡黄色粉末或透明溶液，无味无臭	摩丝、喷发胶、啫喱水、膏霜及乳液等
	聚氧乙烯	白色或淡黄色粉末，无臭无味	乳霜、剃须膏的胶合剂、增稠剂和成膜剂

溶剂是化妆品制品中不可或缺的原料，与配方中其他原料互相配合制成不同性状的制品(表 6-18)。

表 6-18　溶剂原料的类别

分类	举例	性状	应用
水	去离子水	纯净、无色透明液体	各类化妆制品
醇类	乙醇	无色透明液体，易挥发，易燃，有酒味	香水、花露水、发水
	异丙醇	无色透明液体，可燃	可替代乙醇作溶剂和指甲油中的偶联剂
	正丁醇	无色透明液体，有芳香性和挥发性，易燃	指甲油
酮类	丙酮	无色透明液体，有特殊气味，易挥发，易燃，有毒	指甲油去除剂，油脂、蜡的溶剂
	丁酮	无色透明液体，易挥发，易燃	油脂、蜡等的溶剂
醚类	二乙二醇单乙醚	无色透明液体，有芳香气味	染料、树脂的溶剂，也可用于指甲油
酯类	乙酸乙酯	无色液体，易挥发，无毒，易燃，有香蕉芳香	指甲油
	乙酸丁酯	无色透明液体，有果实芳香	指甲油
	乙酸戊酯	无色透明中性油状液体，具有梨和香蕉芳香气味	指甲油
芳香族	甲苯	无色液体，易挥发，易燃，有臭味，有毒	指甲油
	二甲苯	无色透明液体，有毒	指甲油

4. 化妆品生产工艺及商业化

膏霜类护肤化妆品是以保持水分平衡为目的的化妆品。膏霜类护肤化妆品由油性成分、水性成分、表面活性剂、防腐剂、螯合剂、香精和药物有效成分等组成。它是一种典型的乳化类产品，其生产工艺流程可简单表述如下：首先，分别把油相和水相加热到 70～80℃而且全部溶解/融化，然后在搅拌水相的同时把油相加到水相中进行乳化。根据产品特性，有时需要抽真空，接下来在冷却过程中加入香精，最后把半成品过滤转移到贮缸，并灌装到包装容器里。

膏霜类护肤化妆品的生产规模基本在数百公斤到数吨之间。其单元操作大致可分为：加热、乳化、冷却、过缸和灌装。数吨的大规模生产可能会因为夹套比表面积(夹套面积/物料重)的减小而增加加热时间。为缩短加热时间，有时可以通过热交换器加热循环到缸内。

1) 加热

在乳化前，油相和水相一定要彻底混合和溶解。热传递和搅拌是重要操作。一般以夹套加热来完成热传递，加热介质一般是高温热水或水蒸气。为避免局部过热而原料变质，不要用电炉或煤气加热。

为有效地完成热传递并彻底混合和溶解/融化，搅拌也是非常重要的工艺参数。由于混合和溶解/融化的简单性，工艺放大便显得相对容易。在工艺放大时，一般以保持圆周速度一定来计算搅拌器转速。但是，在不带来负影响(如搅入大量空气、飞溅等)的前提下，为缩短时间，可以选择比计算值更大的转速。

2) 乳化

乳化过程是控制产品分散相粒子大小的关键工艺。它也决定产品的外观光泽度和使用感觉，有时也影响产品的稳定性。机械乳化过程是依靠机械作用的剪切力将分散相剪切成微粒而分散在连续相中。剪切力的大小直接影响分散相颗粒直径和分布。对于护肤化妆品生产，国内外大部分采用剪切力很大的真空乳化机或者管线式磨机。真空乳化机在缸内抽成真空，进行混合和乳化，具有防止气泡、消除气泡、防止蒸发等优点。在真空乳化机缸内，通常装有高速剪切搅拌机而达到分散乳化。常用的高剪切搅拌机有美国式均质搅拌机和欧洲式超速搅拌机。利用均质搅拌机和超速搅拌机一般可以获得 0.3～5μm 的粒径，具有很好的可放大性，所以被广泛利用。高剪切搅拌机转速决定分散相粒子大小。分散相粒径随均质搅拌机转速的增加而减少。当转速增加到一定值后，粒径变化趋于平衡。为满足在大规模也能获得与小规模同样的粒径，应保持高剪切搅拌机所提供的剪切力一定。因剪切力与圆周速度成正比，在工艺放大时保持圆周速度一定，能提供同样的剪切力。管线式磨机是把高剪切搅拌机安装在管道内的搅拌设备，而且可以安装多级高剪切搅拌机。流体通过管线式磨机时，可以获得传统高剪切同样的均质。与传统的缸内高剪切搅拌机不同，需要用泵把缸内的流体泵到管线式磨机内而完成混合分散，因此与传统的缸内高剪切搅拌机相比管线式磨机具有很好的工艺放大性。当需要放大到数吨规模时，它的工艺放大性尤其显得突出。

3) 冷却

不同的冷却速率会直接影响膏霜类护肤化妆品液晶的形成和黏度等物性的变化。为得到同样的产品，最佳的放大设计是满足冷却过程中物料温度随时间的变化冷却，但是缸的传热比表面积随缸的增大而减小，夹套冷却时间增长。为了缩短冷却时间并提高工艺放大性，可采用板式热交换器。板式热交换器由一组长方形的金属传热片组成，具有传热系数高、结构紧凑、易工艺放大等优点。按照生产规模的增加而成比例增加板片数目以增加传热面积，便可以得到同样的冷却曲线。冷却过程中的剪切力也是工艺放大的重要因素，以保持同样的搅拌器圆周速度而达到剪切力相同，但是剪切时间往往受冷却时间的限制而很难控制，因冷却放大而达不到要求的产品质量时，可以调节搅拌转速来保持单位面积搅拌机所提供的能量一定。

4) 过缸

在冷却后，也许很容易把小规模的半成品转移到储缸里。对数吨的生产，一般用泵把半成品泵到储缸而缩短时间。有时也利用泵和磨机的剪切达到最后分散颗粒。但泵的剪切有时也会破坏已形成的产品结构。泵的型号和过缸时的流量是工艺放大时应考虑的重要因素，可以在实验室用同型的小泵测试。

5) 灌装

这道最后的工艺和冷却一样也是不可忽视的工艺。这是因为泵和灌装嘴所产生的剪切有时也会破坏产品结构。和用泵过缸一样，也可以在实验室小试而决定包装线设备和参数。和传统的化工工艺一样，化妆品生产工艺放大设计目前还停留在半经验阶段。这是因为还没有成熟的放大理论。要从数公斤放大到数吨的艰难便可想而知。最保守的办法是逐级放大，而且一般每级都不超过十倍。因化妆品工艺所具有的特殊经验性，一个有丰富经验的工程师有时也能从数公斤放大到数吨规模。

生产系统应具备容易操作和维修特性。但对于工程师来说，具有良好可放大性也是不可缺少的条件，要使不同规模兼有可放大性，应选择同一供应商的设备或同型的设备。有的设备厂家还为顾客提供小试和中试设备测试而决定大规模生产的参数，这大大降低了化妆品厂家工艺放大的成本，同时也缩短了工艺开发的时间，使产品能在很短时间出现在市场。

小试一般为数公斤规模，而且设备厂商提供与中试类似的小试设备。通过改变工艺及参数可以用很少的原料而得到工艺和参数对产品物性的影响。具有规模小、操作容易等优点，而且有的还可以和电脑连接并把搅拌机转速、搅拌机电流、物料温度、冷却(热水)温度、真空度等重要参数记录到电脑里。它是研究工艺和放大强有力的试验工具。

中试一般为数十公斤规模，有时也用于生产销售量不大的产品。有时也不一定非要在中试上测试，经验丰富的工程师可能在小试上彻底了解工艺后，直接测试数吨规模。

到工业规模后，有可能第一次测试的结果需要调节，这时可以根据小试和中试的规律调节直到获得满意结果。

参 考 文 献

[1] Zhang J. Development and application of commercial technologies of organic pigments[J]. Shanghai Dyestuffs, 2014, 42(5): 38-52.
[2] Chen R Q. Advance of the reactive dye commercialization techniques[J]. Textile Auxiliaries, 2005, 22(1): 1-9.
[3] 张兴华, 戴东强. 浅谈活性染料结构与性能的关系[J]. 染料与染色, 2011, 48(3): 14-18.
[4] 陈荣圻. 浅谈分散染料与活性染料复配技术(三)[J]. 染料与染色, 2010, 36(5): 5-14.
[5] 田禾, 苏建华, 孟凡顺, 等. 功能性色素在高新技术中的应用[M]. 北京: 化学工业出版社, 2000.
[6] 梁小蕊, 张勇, 张立春. 可逆热致变色材料的变色机理及应用[J]. 化学工程师, 2009, 23(5): 56-58.
[7] 全国印染料技信息中心. 活性染料的发展及其应用(二)[J]. 印染, 2015, 7: 53-55.
[8] 章杰. 加快我国分散染料商品化进程[J]. 染料与染色, 2004, 41(1): 47-48.
[9] 陈荣圻. 分散染料六十年发展概述(一)[J]. 染料与染色, 2014, 51(6): 2-3.
[10] 章杰, 晓琴. 还原染料现状和发展[J]. 印染, 2005, 20: 43-47.
[11] 郭珊, 王春梅. 纺织品涂料染色研究进展[J]. 纺织导报, 2014, (10): 93-96.
[12] 王潮霞, 王可众, 殷允杰. 纺织品涂料染印加工技术研究进展[J]. 纺织导报, 2013: 42-46.

第7章　精细化学品生产安全与环保

7.1　精细化学品生产与安全

7.1.1　精细化学品生产的特点

精细化学品种类繁多、用途广泛，是新兴材料和高科技产品基础原料的重要组成部分。精细化学品已成为世界化学工业最具活力和前景的领域之一，其产品已经并将继续渗透到国民经济的各个领域。从安全的角度分析，化工生产不同于其他行业的生产，精细化学品生产过程的主要特点有以下几个方面。

1) 精细化学品生产涉及的危险品多

精细化学品生产使用的原料、半成品和成品种类繁多，且绝大部分是易燃、易爆、有毒、有腐蚀的化学危险品。这些物质又多以气体和液体状态存在，极易泄漏和挥发，生产中的贮存和运输等有其特殊的要求。

2) 精细化学品生产要求的工艺条件苛刻

精细化学品生产过程中，有些化学反应在高温、深冷、高压、真空等条件下进行，工艺操作条件苛刻，许多加热温度都达到和超过了物质的自燃点，一旦操作失误或因设备失修，极易发生火灾、爆炸事故。

3) 生产相互依赖，操作要求严格

一种精细化学品的生产往往由多个化工单元操作和若干台特殊要求的设备和仪表联合组成生产系统，常用管道互通，原料产品互相利用，形成工艺参数多、要求严格的生产线，这就要求在生产过程中任何人不得擅自改动工艺参数和技术，要严格遵守操作规程，注意上下工序联系，及时消除隐患，否则容易导致事故的发生，并且任何一个车间或一道工序发生事故，都会影响全局。

4) 生产方式日趋先进

现代化工企业的生产方式已经从过去的手工操作、间歇生产转变为高度自动化、连续化生产，生产装置大型化明显加快。生产操作由分散控制变为集中控制，同时也由人工手动操作和现场观测发展到由计算机遥测遥控等。

5) 设备要求日益严格

精细化学品生产离不开高温高压设备，这些设备能量集中，如果在设计制造中不按规范进行，存在材质和加工缺陷及腐蚀，质量不合格，就会发生灾害性事故。

6) 三废多，污染严重

精细化学品在生产中产生的废气、废水、废渣、副产物多，导致的有害物质排放也相应增多，是环境污染中的大户。排放的三废中，许多物质具有可燃性、易燃性、有毒性、腐蚀性以及有害性，这都是生产中不安全的因素，如果处理不当将对人类和环境产生严重影响。

7) 事故多，损失重大

化工生产中的许多关键设备，当进入设备寿命周期的故障频发阶段时，常会出现多发故障的情况。故障处理不当往往造成事故。精细化工行业每年都有重大事故发生，事故中有 70%以上是违章指挥和违章作业造成的。因此，进行安全教育和专业技能教育是非常重要的[1]。

7.1.2 精细化学品生产中的危险性分析

精细化工生产存在诸多危险性，其发生泄漏、火灾、爆炸等重大事故的可能性比其他行业大。瑞士在保险公司统计了化学工业和石油工业的 102 起事故案例，分析了 9 类危险因素所起的作用，表 7-1 为统计结果。血的教训充分说明，在精细化工生产中如果没有完善的安全防护设施和严格的安全管理，即使有先进的生产技术和现代化的设备，也难免发生事故。而一旦发生事故，人民的生命和财产将遭到重大损失，生产无法进行，甚至整个装置毁于一旦。因此，安全工作在化工生产中有非常重要的作用，是化工生产的前提和保障。

表 7-1 化工行业的危险因素

类别	危险因素	危险因素的比例/%	
		化学工业	石油工业
1	工厂选址问题	3.5	7.0
2	工厂布局问题	2.0	12.0
3	建筑物结构问题	3.0	14.0
4	对加工物质的危险性认识不足	20.2	2.0
5	化工工艺问题	10.6	3.0
6	物料输送问题	4.4	4.0
7	误操作问题	17.2	10.0
8	设备缺陷问题	31.1	46.0
9	防灾计划不充分	8.0	2.0

9 类危险因素分析如下：

1) 工厂选址

(1) 易遭受地震、洪水、暴风雨等自然灾害。

(2) 水源不充足。

(3) 缺少公共消防设施的支援。

(4) 有高湿度、温度变化显著等气候问题。

(5) 受邻近危险性大的工业装置影响。

(6) 邻近公路、铁路、机场等运输设施。

(7) 在紧急状态下难以把人和车辆疏散至安全地带。

2) 工厂布局

(1) 工艺设备和贮存设备过于密集。

(2) 有显著危险性和无危险性的工艺装置间的安全距离不够。

(3) 昂贵设备过于集中。

(4) 对不能替换的装置没有有效的防护。

(5) 锅炉、加热器等火源与可燃物工艺装置之间距离太小。

(6) 有地形障碍。

3) 建筑物结构

(1) 支撑物、门、墙等不是防火结构。

(2) 电气设备无防护措施。

(3) 防爆、通风、换气能力不足。

(4) 控制和管理的指示装置无防护措施。

(5) 装置基础薄弱。

4) 对加工物质的危险性认识不足

(1) 在装置中原料混合，在催化剂作用下自然分解。

(2) 对处理的气体、粉尘等在其工艺条件下的爆炸范围不明确。

(3) 没有充分掌握因误操作、控制不良而使工艺过程处于不正常状态时的物料和产品的详细情况。

5) 化工工艺

(1) 没有足够的有关化学反应的动力学数据。

(2) 对有危险的副反应认识不足。

(3) 没有根据热力学研究确定爆炸能量。

(4) 对工艺异常情况检测不够。

6) 物料输送

(1) 各种单元操作时对物料流动不能进行良好控制。

(2) 产品的标示不完全。

(3) 送风装置内的粉尘爆炸。

(4) 废气、废水和废渣的处理。

(5) 装置内的装卸设施。

7) 误操作

(1) 忽略关于运输和维修的操作教育。

(2) 没有充分发挥管理人员的监督作用。

(3) 开车、停车计划不适当。

(4) 缺乏紧急停车的操作训练。

(5) 没有建立操作人员和安全人员之间的协作体制。

8) 设备缺陷

(1) 因选材不当而引起装置腐蚀、损坏。

(2) 设备不完善，如缺少可靠的控制仪表等。

(3) 材料的疲劳。

(4) 对金属材料没有进行充分的无损探伤检查或没有经过专家验收。

(5) 结构上有缺陷，如不能停车而无法定期检查或进行预防维修。

(6) 设备在超过设计极限的工艺条件下运行。

(7) 对运转中存在的问题或不完善的防灾措施没有及时改进。

(8) 没有连续记录温度、压力、开停车情况及中间罐和受压罐内的压力波动。

9) 防灾计划不充分

(1) 没有得到管理部门的大力支持。

(2) 责任分工不明确。

(3) 装置运行异常或故障仅由安全部门负责，只是单线起作用。

(4) 没有预防事故的计划，或即使有也很差。

(5) 遇有紧急情况未采取得力措施。

(6) 没有实行由管理部门和生产部门共同进行的定期安全检查。

(7) 没有对生产负责人和技术人员进行安全生产的继续教育和必要的防灾培训[2]。

7.1.3 安全生产的重要性

安全是指客观事物的危险程度能够为人们普遍接受的状态，也就是说安全是不存在能够导致人身伤害和财产损失的状态。安全生产是为了使生产过程在符合物质条件和工作秩序下进行，防止发生人身伤亡和财产损失等生产事故，消除或控制危险、有害因素，保障人身安全与健康，使设备和设施免受损坏，使环境免遭破坏的总称。自古以来，哪里有生产活动，哪里就存在危险(危及人身健康和财产损失)因素。安全生产管理的目标是减少和控制危害，减少和控制事故，尽量避免生产过程中由于事故造成的人身伤害、财产损失、环境污染等。安全在精细化学品生产中的地位如下。

1) 安全生产是精细化学品生产的前提条件

由于精细化学品生产中具有易燃、易爆、有毒、有腐蚀性的物质多，高温、低温、高压、真空设备多，接触高温、毒物的岗位多，生产流程复杂，形成了多种不安全因素。爆炸、急慢性中毒等各种人身和设备事故屡有发生，给职工生命和国家财产带来很大威胁。随着生产技术的发展和生产规模的大型化，安全生产已成为社会问题。因为如果管理不善，操作失误，就可能造成废气、废水、废渣超标排放，一旦发生火灾和爆炸事故，就会造成生产链中断，影响生产的正常进行，而且还会造成人身伤亡，产生无法估量的损失和难以挽回的影响。

2) 安全生产是精细化学品生产的保障

设备规模大型化，生产过程连续化，过程控制自动化，是精细化学品生产的发展方向。但要充分发挥现代化工生产的优越性，必须实现安全生产，确保设备长期、连续、安全运行。操作失误、设备故障、仪表失灵、物料异常，均会造成重大安全事故。例如，2005年，某石化公司双苯厂发生爆炸事故，造成一定的经济损失、人员伤亡等影响，此次事故直接原因是硝基苯精制岗位操作人员违反操作规程操作，导致硝基苯精馏塔发生爆炸，并引起其他装置、设施连续爆炸。

3) 安全生产是精细化学品生产的关键

精细化学品的开发、新产品的试生产必须解决安全生产的问题。我国要求化工新产品的研究开发项目，化工建设的新建、改建、扩建的基本建设工程项目，技术改造的工程项目等的安全生产措施应符合我国规定的标准，否则不能投入实际生产。

总之，离开安全生产这一前提条件，精细化学品生产就不能正常进行，更谈不上发展。因此，安全生产成为精细化学品生产发展的关键问题。必须树立“安全第一，预防为主”的思想，贯彻“管生产必须同时管安全”的原则，生产必须安全，安全才能促进生产。

7.2 精细化学品生产安全基础

7.2.1 案例

以南昌油脂化工厂液氯残液泄漏事故为例。

2004 年 4 月 20 日 21 时左右，江西南昌油脂化工厂发生液氯残液泄漏事故，造成 282 人出现中毒反应，其中住院治疗 128 人，留院观察 154 人。由于该事故救援应急措施迅速有效，紧急处置有力，2 小时内排除了险情，从而没有造成人员伤亡，中毒人员也已经康复。

1. 事故经过

南昌油脂化工厂为南昌市市属国有企业，原有职工总数 1700 多人。由于企业效益不好，该企业在改制后处于半停产状态。

2000 年 8 月，油脂化工厂从南昌电化厂购进一瓶质量为 450kg 的液氯，用于该厂自来水厂的水质处理。液氯购进后，正常使用了 2 个多月，后因该厂启动自来水工程建设而断断续续使用。2002 年 9 月不再供应生活用水，停止使用液氯。液氯瓶仍放在加氯间。此后的一天，主管水场工作的叶某到水场检查工作时，看到液氯瓶露天放在空场上，就问水场负责人毕某：“这个瓶子里面还有没有液氯？”毕某回答说：“还有一些。”问完后，叶某就去检查其他工作了。直到 2003 年 1 月叶某因改制分流不再主管水场工作时，该瓶一直放在原地未动，叶某也未再过问液氯瓶的事。其间叶某未向任何人交代或报告过液氯瓶的事，也未向谁移交过液氯瓶。2003 年 10 月，因水场拆迁，付某通知叶某到现场去处理液氯瓶，付某、叶某和设备科林某一道来到水场后，在液氯瓶旁边，叶某向付某汇报了液氯的情况，说瓶里残存的液氯不多，付某当时就交代林某先把液氯瓶移动一下位置，不要影响拆迁。第二天，林某安排人员把液氯瓶搬到厂几十米开外的一块空地上。过了几天，付某交代油化厂退休返聘人员肖某去跟江西造纸厂联系能否把液氯瓶中残存的液氯用掉。肖某与造纸厂进行了联系，造纸厂答复不用液氯。肖某将这一情况向付某做了汇报。同年 11 月，付某交代赵某把放置在水场的液氯瓶处理一下，赵某当时就答应下来了。同年 12 月，赵某安排人员把液氯瓶运到洗涤厂锅炉房，2004 年 3 月，赵某和邹某等人把液氯瓶移至锅炉房前院内围墙边的一棵树下。

2004 年 4 月 20 日 21 时许，该液氯瓶发生泄漏，造成多人中毒。

2. 事故原因分析

这起液氯残液泄漏事故发生后，有关部门组成事故调查组，经过认真深入地调查、分析，确认这起液氯残液泄漏事故是一起责任事故。造成这起事故的直接原因是液氯钢瓶的瓶阀出气口及阀杆严重腐蚀，气温升高使瓶内气体膨胀，将阀门腐蚀堵塞物冲出，导致液氯残液泄漏。

事故发生后，经九江化工厂气瓶检验站检测，出现泄漏的液氯瓶瓶体完好，水压和气密性试验证明瓶体无泄漏点。经南昌大学材料科学与工程学院测试分析，液氯瓶的 2 个减压阀均为黄铜材质，由于脱锌而改变颜色为紫红色。脱锌是由于黄铜发生了腐蚀，合金表面的锌发生溶解，铜变得较疏松，强度下降。泄漏闸阀有 32mm×19mm 的椭圆形缺口，缺口四边及内壁凹凸不平，符合酸性物质腐蚀的特征。

3. 事故教训与防范措施

这起事故发生后，对有关责任人员进行了处理，有的被辞退，有的受到党纪政纪处分。值得庆幸的是，事故发生的时间不是深夜，人们大多没有入睡，加上应急救援及时，没有发生人员死亡。如果液氯残液泄漏发生在深夜，其后果难以设想。

为了吸取事故教训，防止同类事故发生，做好危险化学品的安全管理工作，消除各类事故隐患，有关企业应注意以下事项：

(1) 严格执行《中华人民共和国安全生产法》(以下简称《安全生产法》)和国务院《危险化学品安全管理条例》，危险化学品管理要严格把好生产、经营、使用、储存、运输、报废等环节的安全管理关。凡涉及这些环节的企业，都要严格按照《危险化学品安全管理条例》加强管理。对废弃处置的危险化学品，要按照《危险化学品安全管理条例》第 25 条规定的要求落实到位。

(2) 危险化学品生产企业要对包括设备在内的各个生产环节进行全面彻底检查，尤其要注重检查危险化学品的储存容器、传送管道和受压阀门；相关生产人员要严格按照操作规程生产，特别是要把好禁火区的动火关，防止因设备故障或操作失误引起危险化学品的泄漏或爆炸；严禁使用明令淘汰的生产工艺和设备，对不符合安全生产条件的生产企业要限期整改，对非法生产危险化学品的企业要坚决取缔。

(3) 危险化学品使用单位要做好危险化学品(剧毒品)的清理工作。对使用的危险化学品要按照有关规定进行逐一登记并建立台账。特别是处于改制、拆迁、搬迁、停产或半停产的企业，要逐步对企业各个环节、地点，特别是死角进行排查清理。对所有清理出来的危险化学品，如果仍需使用的要妥善保存，并张贴警示标志；如果不继续使用的，要逐一登记造册，上报主管部门和同级安全生产监督管理部门。由安全生产管理部门会同有关部门统一组织，集中处理。

(4) 装危险化学品的容器要定期检查，合格后可继续使用。任何单位或个人均不得擅自随意处置废弃危险化学品及其包装容器，在未经安全生产监督管理部门等相关部门统一安全处置并出具安全证明前不得随意当废品出售，各废品回收单位或个人不得收购。

(5) 各企业要建立健全安全生产管理体系和制度。所有企业包括新设立企业和处于改制当中的企业，均不得放松对安全生产管理体系和制度的建设。要严格按照《安全生产法》的要求设立安全生产管理机构，配备安全生产管理人员。凡未建立安全生产责任制、安全生产管理制度的企业要及时建立，对已建立安全生产责任制、安全生产管理规章、制度、标准和操作规程的企业要及时更新和完善。

(6) 安全生产监督管理部门要加强对危险化学品危害性的宣传和教育工作。努力提高危险化学品生产、经营、管理和使用人员，特别是企业各领导对危险化学品危害性的认识，增强企业各级领导、职工和广大市民的自我保护意识和防范意识。

(7) 加强重特大事故应急救援的协调和预案的建立。应急救援成员单位应加强应急救援工作的协调和配合，以提高应急救援成效，减少事故灾害的扩大。安全、环保、消防等部门要加强对重特大事故应急救援的技术装备建设，以提高应急救援技术水平。要严格按照国家有关规定和要求，建立和完善重特大事故应急救援预案，同时加强对应急救援的训练，提高应急救援水平。

(8) 相关企业都应认真总结事故发生的教训，全面整改企业的各项管理工作制度，不仅要建立和完善安全生产的管理网络和制度，而且要认真监督落实，防止事故发生。

7.2.2 危险化学品的分类与特性

危险化学品是指具有易燃、易爆、有毒、有害及腐蚀性，对人员、设施、环境造成伤害或损害的化学品。危险化学品在一定的外界环境下是安全的，但当其受到一些因素的影响，就可能引发严重事故，甚至会引发灾害事故。危险化学品安全问题应引起特别的重视。

依据我国危险性分类的两个国家标准：《危险货物分类和品名编号》(GB 6944—2012)[3]和《常用危险化学品的分类及标志》(GB 13690—2009)[4]，危险化学品按其危险特性可分为 8 大类。

1. 爆炸品

该类化学品指在外界作用下(如受热、受压、撞击等)能发生剧烈的化学反应，瞬时产生大量的气体和热量，使周围的压力急剧上升，发生爆炸，对周围环境造成破坏的物品。也包括无整体爆炸危险，但具有燃烧、抛射及较小爆炸危险或仅产生热、光、音响或烟雾等一种或几种作用的烟火物品。

爆炸品的主要特性为爆炸性，这类物品都具有化学不稳定性，在一定外界因素的作用下，会进行猛烈的化学反应，主要有以下 4 个特点：①化学反应速率极快；②爆炸时产生大量的热；③产生大量的气体，造成高压，形成的冲击波对周围建筑物有很大的破坏性；④产生巨大的声响。

有的爆炸品如 TNT、硝化甘油、雷汞等还具有一定的毒性。有的爆炸品与酸、碱、盐、金属能发生反应，反应的生成物是更容易爆炸的化学品。例如，苦味酸遇某些碳酸盐能反应生成更易爆炸的苦味酸盐。由于爆炸品具有以上特性，因此在储运中要避免摩擦、撞击、颠簸、振荡，严禁与氧化剂、酸、碱、盐类、金属粉末和钢材料器具等混储混运。

2. 压缩气体和液化气体

该类化学品是指压缩、液化或加压溶解的气体，并符合下面两种情况之一者：第一种情况是临界温度低于 50℃时，其蒸汽压大于 294kPa 的压缩或液化气体。第二种情况是温度在 21.1℃时，气体的绝对压力大于 275kPa，或在 54.4℃时，气体的绝对压力大于 715kPa 的压缩气体；或在 37.8℃时，雷德蒸汽压力大于 275kPa 的液化气体或加压溶解气体。

该类物品当受热、撞击或强烈震动时，容器内压会急剧增大，致使容器破裂爆炸，或导致气瓶阀门松动漏气，酿成火灾或中毒事故。按其性质分为以下 3 类：

(1) 易燃气体。此类气体极易燃烧，与空气混合能形成爆炸性混合物。在常温常压遇明火、高温即会发生燃烧或爆炸，如氢气、一氧化碳、甲烷等。

(2) 不燃气体。不燃气体是指无毒不燃气体，包括助燃气体，但高浓度时有窒息作用。助燃气体有强烈的氧化作用，遇油脂能发生燃烧或爆炸，如压缩空气、氮气等。

(3) 有毒气体。此类气体有毒，毒性指标与第6类毒性指标相同。对人畜有强烈的毒害、窒息、灼伤、刺激作用。其中有些还具有易燃、氧化、腐蚀等性质，如一氧化碳、氯气、氨等。

所有压缩气体都有危害性，因为它们是在高压之下，有些气体具有易燃、易爆、助燃、剧毒等性质，在受热、撞击等条件下，易引起燃烧爆炸或中毒事故。

3. 易燃液体

该类化学品是指易燃的液体、液体混合物或含有固体物质的液体，但不包含由于其危险性已列入其他类别的液体。其闭杯闪点等于或低于61℃。

该类物质在常温下易挥发，其蒸气与空气混合能形成爆炸性混合物。按闭杯闪点分为3类：①低闪点液体，指闭杯闪点低于−18℃的液体，如乙硫醇(闪点为−45℃)、乙醛(闪点为−38℃)等；②中闪点液体，指闭杯闪点在−18～23℃的液体，如苯(闪点为−11℃)、乙醇(闪点为12℃)等；③高闪点液体，指闭杯闪点在23～61℃的液体，如丁醇(闪点为35℃)、氯苯(闪点为28℃)等。

易燃液体具有以下特点：

(1) 高度易燃性。易燃液体的主要特性是具有高度易燃性，遇火、受热以及和氧化剂接触时都有发生燃烧的危险，其危险性的大小与液体的闪点、自燃点有关，闪点和自燃点越低，发生着火燃烧的危险越大。

(2) 易爆性。由于易燃液体的沸点低，挥发出来的蒸气与空气混合后，浓度易达到爆炸极限，遇火源往往发生爆炸。

(3) 高度流动扩散性。易燃液体的黏度一般都比较小，不仅本身易流动，还因渗透、浸润及毛细现象等作用，即使容器只有极细小的裂纹，易燃液体也会渗透出容器壁外，泄漏后极易蒸发，形成的易燃蒸气比空气重，能在坑洼的地方聚集，从而增加燃烧爆炸的危险性。

(4) 易积聚电荷性。部分易燃液体，如苯、甲苯、汽油等，电阻率都很大，很容易积聚静电而产生静电火花，造成火灾事故。

(5) 受热膨胀性。易燃液体的膨胀系数比较大，受热后体积容易膨胀，同时其蒸气压力亦会随之升高，从而使密封容器内部压力增大，造成“鼓桶”甚至爆炸，在容器爆炸时会产生火花而引起燃烧爆炸。因此，易燃液体应避热存放；灌装时，容器内应留有5%以上的空隙。

(6) 毒性。大多数易燃液体及其蒸气均有不同程度的毒性，因此在操作过程中应做好劳动保护。

4. 易燃固体、自燃物品和遇湿易燃物品

(1) 易燃固体。该类化学品指燃点低，对热、撞击、摩擦敏感，易被外部火源点燃，燃烧迅速，并可能散发出有毒烟雾或有毒气体的固体，但不包括已列入爆炸品的物质，如红磷、硫磺等。具有以下特点：①易燃固体的主要特性是容易被氧化，受热易分解或升华，遇明火常会引起强烈、连续的燃烧；②与氧化剂、酸类等接触，反应剧烈而发生燃烧爆炸；③对摩擦、撞击、震动也很敏感；④许多易燃固体有毒，或燃烧产物有毒或有腐蚀性。

(2) 自燃物品。该类化学品指自燃点低，在空气中易发生氧化反应，放出热量，而自行燃烧的物品，如白磷、三乙基铝等。

(3) 遇湿易燃物品。该类化学品指遇水或受潮时发生剧烈化学反应，放出大量的易燃气体和热量的物品，有些不需要明火即能燃烧或爆炸，如钠、钾等。遇湿易燃物品除遇水反应外，遇到酸或氧化剂也能发生反应，而且比遇到水发生的反应更加强烈，危险性也更大。因此储存、运输和使用时，注意防水、防潮，严禁火种接近，与其他性质相抵触的物质隔离存放。遇湿易燃物质起火时，严禁用水、酸碱泡沫、化学泡沫扑救。

5. 氧化剂和有机过氧化物

(1) 氧化剂指处于高氧化态、具有强氧化性、易分解并放出氧和热量的物质。包括：含有过氧基的有机物，其本身不一定可燃，但能导致可燃物的燃烧；与松软的粉末状可燃物能组成爆炸性混合物，对热、震动或摩擦较为敏感，如过氧化钠、高锰酸钾等。氧化剂具有较强的得电子能力，有较强的氧化性，遇酸碱、高温、震动、摩擦、撞击、受潮或与易燃物品、还原剂等接触能迅速分解，有引起燃烧、爆炸的危险。

(2) 有机过氧化物指分子组成中含有过氧基的有机物，其本身易燃易爆、极易分解，对热、震动和摩擦极为敏感，如过氧化苯甲酰、过氧化甲乙酮等。

6. 毒害品和感染性物品

(1) 毒害品。该类化学品指进入肌体后，累积达一定的量，能与体液和组织发生生物化学作用或生物物理学变化，扰乱或破坏肌体的正常生理功能，引起暂时性或持久性的病理改变，甚至危及生命的物品，如氰化钠、氰化钾、砷酸盐等。

(2) 感染性物品。该类化学品是指含有致病的微生物，能引起病态甚至死亡的物质。

7. 放射性物品

该类化学品指放射性比活度大于 7.4×10Bq/kg 的物品。按其放射性大小细分为一级放射物品、二级放射物品和三级放射物品。

8. 腐蚀品

该类化学品指能灼伤人体组织并对金属等物品造成损坏的固体或液体。与皮肤接触在 4h 内出现可见坏死现象，或在温度 55℃时，对 20 号钢的表面均匀年腐蚀 6.25mm 的固体或液体。按化学性质分为 3 类：①酸性腐蚀品，如硫酸、硝酸、盐酸等；②碱性腐蚀品，如氢氧化钠、氢氧化钾、乙醇钠等；③其他腐蚀品，如亚氯酸钠溶液、氯化铜、氯化锌等。

腐蚀品主要有以下特性：

(1) 强烈的腐蚀性，在化学危险物品中，腐蚀品是化学性质比较活泼，能和很多金属、有机化合物、动植物机体发生化学反应的物质。这类物质能灼伤人体组织，对金属、动植物机体、纤维制品等具有强烈的腐蚀作用。

(2) 强烈的毒性，多数腐蚀品具有不同程度的毒性，有的还是剧毒品。

(3) 易燃性，许多有机腐蚀物品都具有易燃性，如甲酸、冰醋酸、苯甲酰氯、丙烯酸等。

(4) 氧化性，如硝酸、硫酸、高氯酸、溴素等，当这些物品接触木屑、食糖、纱布等可燃物时，会发生氧化反应，引起燃烧。

7.2.3 危险化学品造成化学事故的主要特征

危险化学品事故是指导致一种或几种有害物质释放的意外事件或危险事件，能在短期或较长时间内损害人类健康或危害环境，包括可引起疾病、损伤、残废或死亡的有毒物质的释放、泄漏、火灾或爆炸等。

危险化学品事故的主要特征：

(1) 突发性。危险化学品事故往往是在没有先兆的情况下突然发生的，在很短时间内或瞬间即产生危害。

(2) 复杂性。事故的发生机理常非常复杂，许多着火、爆炸事故并不是简单地由泄漏的气体、液体引发，而往往是由腐蚀等化学反应引起的，事故的原因也很复杂。

(3) 严重性。事故造成的后果往往非常严重，一个罐体的爆炸会造成整个灌区的连环爆炸，可能进而造成全厂性爆炸。由于一些化工厂生产工艺的连续性，装置布置紧密，会在短时间内发生厂毁人亡的恶性爆炸。

(4) 持久性。事故造成的后果往往在长时间内都得不到恢复，具有事故危害的持久性。例如，人员严重中毒，常会造成终身难以消除的后果；对环境造成的破坏，往往需要几十年的时间进行治理。

(5) 社会性。危险化学品事故往往造成惨重的人员伤亡和巨大的经济损失，影响社会稳定。危险化学品大量排放或泄漏后，可能引起火灾、爆炸，造成人员伤亡，亦可污染空气、水、地面、土壤或食物。同时可以经呼吸道、消化道、皮肤或黏膜进入人体，引起群体中毒甚至死亡事故，还可能对子孙后代造成严重的生理影响。

7.2.4 危险化学品事故发生机理

危险化学品发生泄漏时的事故发生机理及过程如下[5]：

(1) 易爆易燃化学品→泄漏→遇到火源→火灾或爆炸→人员伤亡、财产损失、环境破坏等。

(2) 有毒化学品泄漏→急性中毒或慢性中毒→人员伤亡、财产损失、环境破坏等。

(3) 腐蚀品泄漏→腐蚀→人员伤亡、财产损失、环境破坏等。

(4) 压缩气体或液化气体→物理爆炸→易燃易爆、有毒化学品泄漏。

(5) 危险化学品→泄漏→发生变化→财产损失、环境破坏等。

危险化学品没有发生泄漏时的事故发生机理及过程如下：

(1) 生产装置中的化学品反应失控→爆炸→人员伤亡、财产损失、环境破坏等。

(2) 爆炸品→受到撞击、摩擦或遇到火源等→爆炸→人员伤亡、财产损失等。

(3) 易燃易爆化学品→遇到火源→火灾、爆炸或放出有毒气体或烟雾→人员伤亡、财产损失、环境破坏等。

(4) 有毒有害化学品→与人体接触→腐蚀或中毒→人员伤亡、财产损失等。

(5) 压缩气体或液化气体→物理爆炸→人员伤亡、财产损失、环境破坏等。

7.2.5 精细化学品生产中危险化学品的贮存安全

1. 危险化学品贮存的安全要求

危险化学品仓库是贮存易燃、易爆等危险化学品的场所，仓库选址必须适当，建筑物必须符合规范要求。在危险化学品的贮存保管中要把安全放在首位。其贮存保管的安全条件要求如下：

(1) 化学物质的贮存限量，由当地主管部门与公安部门规定。

(2) 交通运输部门应在车站、码头等修建专用贮存危险化学品的仓库。

(3) 贮存危险化学品的地点及建筑结构，应根据国家有关规定设置，并充分考虑对周围居民区的影响。

(4) 危险化学品露天存放时应符合防火、防爆的安全要求。

(5) 安全消防卫生设施，应根据物品危险性质设置相应地防火、防爆、泄压、通风、温度调节、防潮、防雨等安全措施。

(6) 必须加强出入库验收，避免出现差错。特别是对爆炸物质、剧毒物质和放射性物质，应采取双人收发、双人记账、双人双锁、双人运输和双人使用的“五双制”方法加以管理。

(7) 经常检查，发现问题及时处理，根据危险化学品库房物性及灭火方法的不同，应严格按表 7-2 的规定分类贮存。

表 7-2 危险化学品分类贮存原则

组别	物质名称	贮存原则	附注
爆炸性物质	叠氮铅、雷汞、三硝基甲苯、硝化棉(含氮量在 12.5%以上)、硝铵炸药等	不准与任何其他种类的物质共同贮存，必须单独贮存	
易燃和可燃气液体	汽油、苯、二硫化碳、丙酮、甲苯、乙醇、石油醚、乙醚、甲乙醚、环氧乙烷、甲酸甲酯、甲酸乙酯、乙酸乙酯、煤油、丁烯醇、乙醛、丁醛、氯苯、松节油、樟脑油等	不准与其他种类的物质共同贮存	如数量很少，允许与固体易燃物质隔开后共存
压缩气体和液化气体	可燃气体：氢气、甲烷、乙烯、丙烯、乙炔、丙烷、甲醚、氯乙烷、一氧化碳、硫化氢等	除不燃气体外，不准与其他种类的物质共同贮存	氯气兼有毒害性
	不燃气体：氮气、二氧化碳、氖、氩、氟利昂等	除可燃气体、助燃气体、氧化剂和有毒物质外，不准与其他种类的物质共同贮存	
	助燃气体：氧气、压缩空气、氯气等	除不燃气体和有毒物质外，不准与其他种类的物质共同贮存	
遇水生成气体、能自燃物质	钾、钠、磷化钙、锌粉、铝粉、黄磷、三乙基铝等	不准与其他种类的物质共同贮存	钾、钠须浸入石油中，黄磷须浸入水中
易燃固体	赛璐珞、赤磷、萘、樟脑、三硝基苯、二硝基萘、三硝基苯酚等	不准与其他种类的物质共同贮存	赛璐珞必须单独贮存
氧化剂	能形成爆炸性混合物的氧化剂：氯酸钾、氯酸钠、硝酸钾、硝酸钠、硝酸钡、次氯酸钙、亚硝酸钠、过氧化钠、过氧化钡、30%的过氧化氢等	除惰性气体外，不准与其他种类的物质共同贮存	过氧化物有分解爆炸危险，应单独贮存；过氧化氢应贮存在阴凉处；表中的任意两类氧化剂应隔离贮存
毒害物质	氯化物、光气、五氧化二砷、氰化钾、氰化钠等	除不燃气体和助燃气体外，不准与其他种类的物质共同贮存	

2. 危险化学品分类贮存的安全要求

1) 爆炸性物质贮存的安全要求

(1) 爆炸性物质的贮存，按原公安、铁道、商业、化工、卫生和农业等部门关于《爆炸性物质管理规则》的规定办理。

(2) 爆炸性物质的贮存必须存放在专用仓库内。贮存爆炸性物质的仓库禁止设在城镇、市区和居民聚居的地方，并且应当与周围建筑、交通要道、输电线路等保持一定的安全距离。

存放爆炸性物质的仓库，不得同时存放相抵触的爆炸性物质，并不得超过规定的贮存数量，如雷管不得与其他炸药混合贮存。

(3) 一切爆炸性物质不得与酸、碱、盐类以及某些金属、氧化剂等同库贮存。

(4) 为了通风、装卸和便于出入检查，爆炸性物质堆放时，堆垛不应过高过密。

(5) 爆炸性物质仓库的温度应加强控制和调节。

2) 压缩气体和液化气体贮存的安全要求

压缩气体和液化气体不得与其他物质共同贮存；易燃气体不得与助燃气体、剧毒气体共同贮存；易燃气体和剧毒气体不得与腐蚀性物质混合贮存，氧气不得与油脂混合贮存。

3) 液化石油气贮罐区的安全要求

液化石油气贮罐区应布置在通风良好且远离明火或散发火花的露天地带。不宜与易燃、可燃液体贮罐同组布置，更不应设在一个土堤内。压力卧式液化气罐的纵轴不宜对着重要建筑物、重要设备、交通要道及人员集中地场所。

液化石油气罐既可单独布置，也可成组布置。成组布置时，组内贮罐不应超过两排，一组贮罐的总容量不应超过 6000m^3。

贮罐与贮罐组的四周可设防火堤。两相邻防火堤外侧的基脚线之间的距离不应小于 7m，堤高不超过 0.6m。

液化石油气贮罐的罐体基础的外露部分及贮罐组的地面应为非燃烧材料，罐上应设有安全阀、压力计、液面计、温度计以及超压报警装置。无绝热措施时，应设淋水冷却设施。贮罐的安全阀及放空管应接入全厂性火炬。独立贮罐的放空管应通往安全地点放空。安全阀和贮罐之间安装有截止阀，应常开并加铅封。贮罐应设置静电接地及防雷设施，罐区内的电气设备应防爆。

4) 对气瓶贮存的安全要求

贮存气瓶的仓库应为单层建筑，设置易揭开的轻质屋顶，地坪可以用沥青砂浆混凝土铺设，门窗都向内外开启，玻璃涂以白色。仓库温度不宜超过 35℃，有通风降温措施。气瓶库应用防火墙分隔为若干单独分间，每一分间有安全出入口。气瓶仓库的最大贮存量应按有关规定执行。

对直立放置的气瓶应设有栅栏或支架加以固定，以防止倾倒。卧放气瓶应加以固定，以防滚动。气瓶的头尾方向在堆放时应一致。高压气瓶的堆放高度不宜超过五层。气瓶应远离热源并旋紧安全帽。对盛装易发生聚合反应气体的气瓶，必须规定贮存限期。随时检查有无漏气和堆垛不稳的情况，如检查有漏气时，应首先做好人身保护，站立在上风处，向气瓶倾浇冷水，使其冷却后再去旋紧阀门。若发现气瓶燃烧，可以根据所盛气体的性质使用相应的灭火器具，但最主要的是用雾状水喷射，使其冷却，再进行扑灭。

扑灭有毒气体气瓶的燃烧时，应注意站在上风向，并使用防毒面具，切勿靠近气瓶的头部或尾部，以防发生爆炸造成伤害。

5) 易燃液体贮存的安全要求

易燃液体应贮存于通风阴凉处，并与明火保持一定的距离，在一定的区域内严禁烟火。

沸点低于或接近夏季气温的易燃液体，应贮存于有降温设施的库房或贮罐内，盛装易燃液体的容器应保留不少于5%容积的空隙，夏季不可暴晒。易燃液体的包装应无渗漏，封口要严密，铁桶包装不宜堆放太高，防止发生碰撞、摩擦而产生火花。

闪点较低的易燃液体，应注意控制库温。气温较低时容易凝结成块的易燃液体，受冻后易使容器胀裂，应注意防冻。

易燃、可燃液体贮罐分地上、半地上和地下三种类型。地上贮罐不应与地下或半地下贮罐布置在同一贮罐组内，且不宜与液化石油气贮罐布置在同一贮罐组内。贮罐组内贮罐的布置不应超过两排。地上和半地下的易燃、可燃液体贮罐的四周应设置防火墙。

贮罐高超过17m，应设固定的冷却和灭火设备；低于17m时，可采用移动式灭火设备。

闪点低、沸点低的易燃液体贮罐应设置安全阀并有冷却降温设施。

贮罐的进料管应从罐体下部接入，以防止液体冲击飞溅产生静电火花引起爆炸。贮罐及其有关设施必须设有防雷击、防静电设施，并采用防爆电气设备。

易燃、可燃液体桶装库应设计为单层仓库，可采用钢筋混凝土排架结构，设防火墙分隔数间，每间应有安全出口。桶装的易燃液体不宜于露天堆放。

6) 易燃固体贮存的安全要求

贮存易燃固体的仓库要求阴凉、干燥，要有隔热措施，忌阳光照射，易挥发、易燃固体应密封堆放，仓库要求严格防潮。

易燃固体多属于还原剂，应与氧气和氧化剂分开贮存。有很多易燃固体有毒，故贮存中应注意防毒。

7) 自燃物质贮存的安全要求

自燃物质不能与易燃液体、易燃固体、遇水燃烧物质混放贮存，也不能与腐蚀性物质混放贮存。

自燃物质在贮存中，对温度、湿度的要求比较严格，必须贮存于阴凉、通风干燥的仓库中，并注意做好防火、防毒工作。

8) 遇水燃烧物质贮存的安全要求

遇水燃烧物质的贮存应选用地势较高的地方，在夏令暴雨季节保证不进水，堆垛时要用干燥的枕木或垫板。

贮存遇水燃烧物质的库房要求干燥，要严防雨雪的侵袭。库房的门窗可以密封。库房的相对湿度一般保持在75%以下，最高不超过80%。

钾、钠等应贮存于不含水分的矿物油或石蜡油中。

9) 氧化剂贮存的安全要求

一级无机氧化剂与有机氧化剂不能混放贮存；不能与其他弱氧化剂混放贮存；不能与压缩气体、液化气体混放贮存；氧化剂与有毒物质不得混放贮存。有机氧化剂不能与溴、过氧化氢、硝酸等酸性物质混放贮存。硝酸盐与硫酸、发烟硫酸、氯磺酸接触时都会发生化学反应，不能混放贮存。

贮存氧化剂应严格控制温度、湿度。可以采取整库密封、分垛密封与自然通风相结合的方法。在不能通风的情况下，可以采用吸潮和人工降温的方法。

10) 有毒物质贮存的安全要求

有毒物质应贮存在阴凉通风的干燥场所，要避免露天存放，不能与酸类物质接触。

严禁与食品同存一库。

包装封口必须严密，无论是瓶装、盒装、箱装或其他包装，外面均应贴(印)有明显名称和标志。

工作人员应按规定穿戴防毒面具，禁止用手直接接触有毒物质。贮存有毒物质的仓库应有中毒急救、清洗、中和、消毒用的药物等备用。

11) 腐蚀性物质贮存的安全要求

(1) 腐蚀性物质应贮存在冬暖夏凉的库房里，保持通风、干燥、防潮、放热。

(2) 腐蚀性物质不能与易燃物质混合贮存，可用墙分隔同库贮存的不同的腐蚀性物质。

(3) 采用相应的耐腐蚀容器盛装腐蚀性物质，且包装封口要严密。

(4) 贮存中应控制腐蚀性物质的贮存温度，防止受热或受冷造成容器胀裂。

由于上述危险化学品的贮存安全要求，因此危险化学品的贮存必须严格执行以下几点：

(1) 放射性物品不能与其他危险物品同库贮存。

(2) 炸药不能和爆炸性药品及起爆器材同库贮存。

(3) 所有爆炸性物质不得与酸、碱、盐类、活泼金属和氧化剂等同库贮存。

(4) 遇水燃烧、易燃、易爆及液化气体等危险物品不能在露天场地贮存。

(5) 各类危险品不得与禁忌物料混合贮存，灭火方法不同的危险化学品不能同库贮存。

(6) 危险化学品必须贮存在专用仓库或专用槽罐区域内，且不能超过规定贮存量，应与生产车间、居民区、交通要道、输电和电信线路留有适当的安全距离[1]。

7.3　精细化学品生产安全管理

7.3.1　案例

以沧州炼油厂检修催化装置凝缩油喷出窒息事故为例。

1998 年 7 月 31 日，河北沧州炼油厂工程公司一公司钳工六班在检修催化装置凝缩油泵时，大量凝缩油从泵入口经泵壳喷出，在封闭的泵房内形成白色浓雾，现场作业的 4 人被冲击窒息，经抢救无效死亡。另有 2 名钳工和 4 名参加抢救的人员轻度中毒。

1. 事故原因分析

(1) 催化装置 7 月 28 日临时停工小修。检修前，出、入口阀应关严，物料倒空排净，但实际并没有落实。

(2) 施工作业人员违章操作，没有按规定复核、检查，实际泵入口阀门没关，也没有发现。更有甚者，该作业票的签发人竟是车间安全员冒充车间副主任签字，施工单位负责人也是由班组其他人冒名签字。

(3) 安全管理不严，安全教育不足，安全管理制度落实不到位。

2. 事故教训与防范措施

化工生产企业的设备检修作业危险性很大，尤其是在边生产边检修的情况下危险性更大，经常发生火灾爆炸事故或有毒物质泄漏伤害事故。在化工生产企业所发生的各类事故中，因设备检修作业而引发的事故数量最多、事故发生概率最高，占事故总数的 80%以上，所以做好安全检修作业十分重要。

在企业的日常设备检修作业中，往往由于责任不明，监护、确认不到位，安全措施不完善，不能超前预防等，极易造成事故的发生。为防止事故的发生，有的企业采取“检修项目安全措施落实卡”制度，通过这一制度的实施，起到了遏制事故、保障安全的作用。

“检修项目安全措施落实卡”的实行以班为单位，班长为负责人，下设监护人，挂、摘牌人，联系人，岗位人(所属设备操作工)及检修工种成员。所要填写和学习的内容有单位、时间、检修项目、危险源点情况和预防事故措施。所要检查的内容有人员的精神状态、劳保着装情况及所用工具、器材是否完好等。最后一项是组长检查签字，车间考核评比。

“检修项目安全措施落实卡”有以下几方面作用：

(1) 项目明确。每班必须按检修先后顺序填写检修任务，提前做好检修的准备工作。由于填写的作业项目全、层次清，检修人员对工作任务一目了然，心中有数。

(2) 责任到人。班长为第一责任人，做到合理分工，监管人，挂、摘牌人，上下、左右、前后工序之间的联系人，实行签字确认。

(3) 相互确认。检修前，不但要确认岗位的环境、设备，而且要与岗位操作人员见面，告知所要检修的项目，经操作人员确认后，在落实卡上签字，避免误操作发生事故。

(4) 安全措施有针对性。每个检修项目要制定有针对性的安全措施，检修前组织全班人员学习、讨论、补充、完善，知道不该干什么，应该注意什么。

(5) 预知危险源点。对每个检修项目要有超前的预知性，充分考虑其检修的特性和可能发生的危害，制定出相应的安全防护措施，做到防患于未然。

(6) 认真检查。进入现场前，责任人要对检修人员的精神状态、劳动保护用品及所用工具、器材等进行认真检查，消除安全隐患。

(7) 严格考核。检修期间，安全员实行全员、全过程、全范围的跟踪监督、检查，发现问题立即纠正，并计入考核栏，按本单位的安全制度或安全生产责任制考核办法进行考核。

以这起事故为例，如果采取“检修项目安全措施落实卡”制度，检修前对出、入口阀门进行检查确认，事故就有可能避免。因此，需要增强检修人员的工作责任心和安全意识，严格执行各项安全规章制度，坚决改变管理粗放状态，消除管理混乱的危险状况，克服麻痹思想，杜绝违章作业，特别要加强直接作业环节的安全监督。

7.3.2 精细化学品生产事故的特点

精细化学品生产事故的特点主要由所用精细化学品生产原料特性、加工工艺方法和生产规模所决定。为了预防事故，必须了解精细化学品生产事故的特点。

1. 事故多发生在正常生产时

精细化学品生产中有许多副反应，且精细化工工艺中影响各种参数的干扰因素很多，设定的参数很容易发生偏移，有些则是在危险边缘如爆炸极限附近进行生产的，生产条件稍微波动就会发生严重事故。参数的偏移是事故的根源之一，即使在自动调节的过程中也会产生失调或失控现象，人工调节更易发生事故。

由于工作人员素质或人机工程设计欠佳，可能造成误操作，如看错仪表、开错阀门等。特别是现代化的生产中，人是通过控制台进行操作的，发生误操作的可能性更多。

根据统计资料，正常生产活动时发生事故造成死亡的人数占因工死亡总数的 66.7%，而非正常生产活动时仅占 12%。

2. 材质缺陷、加工缺陷以及腐蚀易造成事故

化工厂的工艺设备大多是在非常苛刻的生产条件下运行的。腐蚀介质的作用、震动、压力波造成的疲劳、高低温度影响材质的性质等都是在安全方面应该引起重视的问题。

制造化工设备时，要选择正确的材料，实施正确的加工方法。如果焊接不良或热处理不当，设备材质受到制造时的残余应力、运转时拉伸应力的作用，在腐蚀的环境中就会产生裂纹并发展扩大，产生应力腐蚀裂纹。在特定的条件下，如压力波动、严寒天气就会引起脆性破裂，造成巨大的灾难性事故。

3. 设备故障导致事故集中多发

化工装置中的许多关键设备，特别是高负荷的塔槽、压力容器、反应釜、经常开闭的阀门等运转一定时间后，设备进入寿命周期的故障频发阶段，常出现多发故障或集中发生故障的情况，精细化学品生产常遇到事故多发的情况，给生产带来波动。所以必须采取预防措施，加强设备检测，及时更换到期设备，不断完善安全措施，安全问题才能得到较好的解决。

4. 火灾爆炸、中毒事故多

许多化工原料具有易燃性、反应性和毒性，本身会造成恶性事故的频繁发生。由于管线破裂或设备破坏，大量易燃气体或液体瞬间泄放，会迅速蒸发形成蒸气云团，一旦遇到明火即爆炸，后果难以想象。

多数化学品对人体有害，容易造成操作人员的急性和慢性中毒，甚至发生因缺乏氧气窒息而死。根据统计资料，化工厂的火灾爆炸事故死亡人数比例为因工死亡总人数的 13.8%，占化工事故的第一位；中毒窒息事故致死人数为总人数的 12%，占化工事故第二位；其他为高空坠落和触电，分别占三、四位。

7.3.3　精细化学品生产事故的主要原因

由于精细化学品生产的特殊性，在生产中发生事故的原因是多方面的，通过对精细化工生产系统特征进行分析，主要有以下五种原因。

(1) 设计上的不足。例如，厂址选择不好，设备设计存在缺陷，厂区平面布置不合理，安全距离不符合要求，生产工艺不成熟等，从而给生产带来难以克服的先天性隐患。

(2) 设备上的缺陷。例如，设计上考虑不周，材质选择不当，焊接不过关，制造安装质量低劣，缺乏日常维护，设备已到寿命周期但没有及时更换等。

(3) 操作上的错误。例如，员工培训不到位，违反操作规程，不遵守安全规章制度，甚至操作错误等。

(4) 管理上的漏洞。例如，生产与安全规章制度不健全，隐患不及时消除、治理，人事管理上不足，工人缺乏培训和教育，作业环境不良，领导指挥不当等。

(5) 不遵守劳动纪律，对工作不负责任，缺乏主人翁责任感等[2]。

可见，精细化学品生产系统危险源事故有五大类主要致灾因素，如图 7-1 所示。

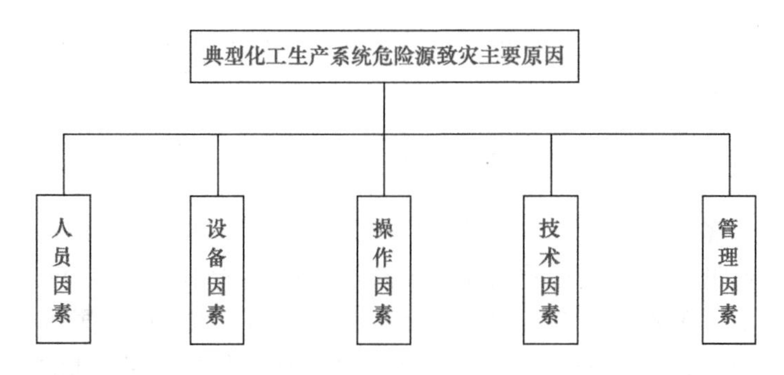

图 7-1 五大主要致灾因素

综上所述，造成事故的根本原因主要在于人的过错。上述列举的 5 条事故起因，无不与人相关。因此，做好人的安全教育工作是预防事故发生的重要手段。

7.3.4 精细化学品生产安全评价

为了实现全过程安全控制，有效地预防事故发生，减少财产损失、人员伤亡和伤害，企业必须对生产过程中的危险有害因素进行识别与分析，查找生产过程中的事故隐患，进行安全评价。安全评价是安全生产管理的一个重要组成部分。“安全第一，预防为主”是我国安全生产的基本方针，安全评价作为预测、预防事故的重要手段，在贯彻安全生产方针中起着十分重要的作用。安全评价的分类按照不同的规则有不同的分法，其中根据评价内容的不同阶段分类如表 7-3 所示。

表 7-3 安全评价类别(按评价内容分类)

序号	评价类型	评价内容
1	工厂设计的安全性评价	工厂设计和应用新技术、开发新产品，在进行可行性研究的同时进行安全评价，通过评价在规划设计阶段就对危险因素进行控制和消除
2	安全管理的有效性评价	对企业现有的安全管理结构效能、事故伤害率、损失率、投资效益等进行系统的安全评价，找出薄弱环节，从技术措施和安全管理上加以改进
3	人行为的安全性评价	对人的不安全心理状态和人机工程要点进行行为测定，评定其安全性
4	生产设备的安全可靠性评价	对设备、装置、部件的故障，应用系统安全工程分析方法进行可靠性评价
5	作业环境条件评价	评价作业环境和条件对人体健康的危害
6	化学物质危险性评价	对化学物质生产、储存、运输过程中存在的危险性，以及可能发生的火灾、爆炸、中毒、腐蚀等事故进行评价，并提出这类事故的防范措施

安全评价的目的是查找、分析和预测生产经营活动中存在的危险有害因素及可能导致的事故的严重程度，提出合理可行的安全对策措施，指导危险源监控和事故预防，以达到最低事故率、最少损失和最优的安全投资效益[6]。

7.3.5 安全生产管理

安全生产管理是以安全为目的，进行有关决策、计划、组织和控制方面的活动。安全生产管理就是通过管理的手段，实现控制事故、消除隐患、减少损失的目的，使整个企业达到最佳的安全水平，给劳动者创造一个安全舒适的工作环境。

1. 安全生产管理方针

根据《安全生产法》第三条规定“安全生产工作应当以人为本，坚持安全发展，坚持安全第一、预防为主、综合治理的方针”。“安全第一、预防为主”是人们从无数伤亡事故的血泪教训中总结出来的安全生产管理方针。在生产经营活动中，始终把安全放在首要位置，实行“安全优先”原则，优先考虑从业人员和其他人员的人身安全，把主要思想和精力用在落实预防措施上，做到防患于未然，将事故消灭在萌芽状态。

安全生产管理方针内容：

(1) 必须坚持以人为本。

(2) 安全是生产经营活动的基本条件。

(3) 把预防事故的发生放在安全生产工作的首位，责任重于泰山。安全生产工作重在防范事故的发生，防范胜于救灾。

(4) 依法追究生产安全事故责任人的责任。

安全生产，重在预防。关于预防为主的规定主要体现为“六先”，即安全意识在先，安全投入在先，安全责任在先，建章立制在先，隐患预防在先，监督执法在先。

2. 安全生产的基本制度

安全生产的基本制度是指为实现《安全生产法》的目的、任务，依据《安全生产法》的基本原则而规定的，调整某一类或者某一方面安全生产法律关系的法律规范的总称。

安全生产基本制度的建立与实施对保证安全生产工作的顺利进行是十分有效和必要的。根据我国《安全生产法》的规定，我国安全生产的基本制度包括:

(1) 安全生产监督制度。

(2) 生产经营单位安全保障制度。

(3) 高危生产企业安全许可制度。

(4) 生产经营单位主要负责人安全责任制度。

(5) 从业人员安全生产的权利和义务制度。

(6) 安全中介服务制度。

(7) 事故应急和调查处理制度。

(8) 安全生产违法行为责任追究制度。

3. 安全生产责任制

所谓安全生产责任制是各级领导应对本单位安全工作负总的领导责任，以及各级工程技术人员、职能科室和生产工人在各自的职责范围内，对安全工作应负的责任。在我国，实行安全生产责任制，做到职责明确，责任到人。企业安全生产工作人人有责，企业应有安全生产责任制度和监督制度，实行自上而下的行政管理和自下而上的群众监督，以达到安全生产的目的[5]。

7.3.6 安全生产目标管理

安全生产目标管理是目标管理在安全管理方面的应用，是企业确定在一定时期内应该达到的安全生产总目标，并分解展开、落实措施、严格考核，通过组织内部自我控制达到安全生产目的的一种安全管理方法。它以企业总的安全管理目标为基础，逐级向下分解，使各级安全目标明确、具体，各方面关系协调、融洽，把企业的全体职工都科学地组织在目标之内，使每个人都明确自己在目标体系中所处的地位和作用，通过每个人的积极努力来实现企业安全生产目标。

1. 安全管理目标的制定

制定安全管理目标要有广大职工参与，领导与群众共同商定切实可行的工作目标。安全目标要具体，根据实际情况可以设置若干个，如事故发生率指标、伤害严重度指标、事故损失指标或安全技术措施项目完成率等。但是，目标不宜太多，以免力量过于分散。应将重点工作首先列入目标，并将各项目标按其重要性分成等级或序列。各项目标应能数量化，以便考核和衡量。

安全管理目标确定之后，还要把它变成各科室、车间、工段、班组和每个职工的分目标。安全管理目标分解过程中，应注意下面几个问题：

(1) 要把每个分目标与总目标密切配合，直接或间接地有利于总目标的实现。

(2) 各部门或个人的分目标之间要协调平衡，避免相互牵制或脱节。

(3) 各分目标要能够激发下级部门和职工的工作欲望和充分发挥其工作能力，应兼顾目标的先进性和实现的可能性。

安全管理目标展开后，实施目标的部分应该对目标中各重点问题编制一个“实施计划表”。实施计划表中，应包括实施该目标时存在的问题和关键，必须采取的措施项目，要达到的目标值，完成时间，负责执行的部门和人员，以及项目的重要程度等。

2. 安全管理目标的实施

根据目标展开情况相应地对下级人员授权，使每个人都明确在实现总目标的过程中自己应负的责任，行使这些权力，发挥主动性和积极性去实现自己的工作目标。采用控制、协调、提取信息并及时反馈的方法进行管理，加强检查与指导，从而保证完成预期的整体目标[6]。

7.3.7 安全生产检查

安全生产检查是一项综合性的安全生产管理措施，是建立良好的安全生产环境、做好安全生产工作的重要手段之一，也是企业防止事故、减少职业病的有效方法。精细化学品生产企业的安全检查可分为日常性检查、专业性检查、节假日前后的检查和不定期检查。

(1) 日常性检查。班组每天进行检查，班组长和工人严格履行交接班检查和班中检查；车间每月至少一次检查；企业一年中进行 2～4 次检查。专职安全人员进行日常安全检查。

(2) 专业性检查。针对特种作业、特种设备、特种场所进行的检查，如电焊、起重设备、压力容器、压力管道等。

(3) 节假日前后的检查。节前对危险性大、重点监控的岗位进行安全生产检查，节后对遵守安全规章制度的检查。

(4) 不定期检查。生产线及装置系统开车停车前后检查、检修后设备的试运行检查、到寿命周期的设备检查。

7.4 精细化学品生产安全技术措施

7.4.1 案例

以还原反应事故[1]为例。

1996 年 8 月 12 日，山东省某化学工业集团总公司制药厂在生产山梨醇过程中发生爆炸事故。该制药厂新开发的山梨醇生产工艺装置于 7 月 15 日开始投料生产。8 月 12 日零时山梨醇车间乙班接班，氢化岗位的氢化釜处在加氢反应过程中。4 时取样分析合格，4 时 10 分开始出料，至 4 时 20 分液糖和二次沉降蒸发工段突然出现一道闪光，随着一声巨响，发生空间化学爆炸。1 号、2 号液糖高位槽封头被掀裂，3 号液糖高位槽被炸裂，封头飞向房顶，4 台互次沉降槽封头被炸挤压入槽内，6 台尾气分离器、3 台缓冲罐被防爆墙掀翻砸坏，室内外的工艺管线、电气线路被严重破坏。

1. 事故直接原因

氢化釜在加氢反应过程中，随氢气不断加入，调压阀处于常动状态(工艺条件要求氢化釜内的工作压力为 4MPa)，由于尾气缓冲罐下端残糖回收阀处于常开状态(此阀应处于常关状态，在回收残糖时才开此阀，回收完后随即关好，气源是从氢化釜调压出来的氢气)，氢气被送至 3 号高位槽后，经槽顶呼吸管排到室内。因房顶全部封闭，又没有排气装置，致使氢气沿房顶不断扩散积聚，与空气形成爆炸混合气，达到了爆炸极限。二层楼平面设置了产品质量分析室，常开的电炉引爆了混合气，发生了空间化学爆炸。

2. 事故间接原因

(1) 企业建立的新产品安全技术操作规程没有经过工程技术人员的论证审定，没有尾气回收罐回收阀操作程序规定。管理人员的安全素质差，不熟悉工艺安全参数，对安全操作规程生疏，对作业人员规程执行情况指导有漏洞，而工人对其操作不明白，以致氢气缓冲罐回收阀处于常开状态，发生多班次连续氢气漏至室内。

(2) 山梨醇工艺设计不安全可靠(如 3 号高位槽只安装 1 根高 0.6m 的呼吸管，标准规定放空高度高于建筑物、构筑物 2m 以上)，其厂房布置设计不符合规范要求(如山梨醇产品分析室离散发可燃气体源仅 15m，规范规定不小于 30m)。

(3) 新产品安全操作规程不完善，缺乏可靠的操作依据，反映出厂领导对新产品安全生产责任制没有落到实处。

(4) 山梨醇是该企业新建项目，没有按国家有关新建、改建、扩建项目安全卫生“三同时”要求进行安全卫生初步设计、审查和竣工验收。制造安装尾气缓冲罐(属压力容器)时没有装配液位计，山梨醇车间也没有设置可燃气体浓度检测报警装置。厂房上部为封闭式，未设排气装置，这些均违反了《建筑设计防火规范》的规定。

7.4.2　典型化学反应的安全技术[6]

1. 氧化反应生产过程安全技术

氧化反应生产过程重点监控的工艺参数：氧化反应釜内温度和压力、搅拌速率、氧化剂流量、反应物料的配比、气相氧含量、过氧化物含量等。氧化反应控制的方式有以下几种：

1) 氧化温度的控制

通常氧化反应开始时需要加热，反应过程又会放热，特别是催化气相氧化反应一般都是在 250～600℃的高温下进行。有些物质的氧化(如氨、乙烯和甲醇蒸气在空中的氧化)，其物料配比接近于爆炸下限，倘若配比失调，温度控制不当，极易爆炸起火。因此，反应温度应控制在操作范围内，并用一定温度的水进行换热。

2) 氧化物质的控制

氧化剂具有火灾危险性，如高锰酸钾、氯酸钾、铬酸酐等，由于具有很强的助燃性，遇高湿或受撞击、摩擦以及与有机物、酸类接触，均能引起燃烧或爆炸。有机过氧化物不仅具有很强的氧化性，而且大部分是易燃物质，有的对温度特别敏感，遇高温则爆炸。因此，在氧化反应中，一定要严格控制氧化剂的配料比。氧化剂的加料速率也不宜过快，要有良好的搅拌和冷却装置，防止升温过快、过高。使用空气时一定要净化，除去空气中的杂质。如果被氧化物质与空气混合易形成爆炸性混合物，生产装置要密闭，通过惰性气体保护，防止空气进入系统和物料跑冒滴漏。

氧化产品有些也具有火灾危险性，某些氧化过程中还可能生成危险性较大的过氧化物，如乙醛氧化生产乙酸的过程中有过氧乙酸生成，性质极不稳定，受高温、摩擦或撞击便会分解或燃烧。

3) 氧化过程的控制

在采用催化氧化过程时，无论是均相或是非均相的，一般以空气或纯氧为氧化剂，反应物料的配比应尽量控制不要达到爆炸范围。空气必须经过气体净化装置，清除空气中的灰尘、水气、油污以及可使催化剂活性降低或中毒的杂质，才能进入反应器，以防止催化剂的失活，减少起火和爆炸的危险。

在催化氧化过程中，对于放热反应，应控制适宜的温度、流量，防止超温、超压和混合气处于爆炸范围。为了防止氧化反应器在发生爆炸或燃烧时危及人身和设备安全，在反应器前后管道上应安装阻火器，阻止火焰蔓延，防止回火，使燃烧不致影响其他系统。为了防止反应器发生爆炸，应有泄压装置。对于工艺控制参数，应尽可能采用自动控制或自动调节，以及警报联锁装置。使用硝酸、高锰酸钾等氧化剂进行氧化时，要严格控制加料速率，防止多加、错加。固体氧化剂应该粉碎后使用，最好呈溶液状态使用，反应时要不间断地搅拌。

使用氧化剂氧化无机物，如使用氯酸钾氧化制备铁蓝颜料时，要用清水洗涤产品，将氧化剂彻底除净，防止未反应的氯酸钾引起烘干物料起火，控制产品烘干温度不超过燃点。在设备及管道内产生的焦化物，应及时清除以防自燃，清焦必须在停车时进行。

氧化反应使用的原料及产品，应按有关危险品的管理规定，采取隔离存放、远离火源、避免高温和日晒、防止摩擦和撞击等。如是电介质的易燃液体或气体，应安装能消除静电的接地装置。在设备系统中宜设置氮气、水蒸气灭火装置，以便能及时扑灭火灾。

2. 还原反应生产过程安全技术

1) 利用初生态氢还原的安全控制

利用铁粉、锌粉等金属和酸作用产生初生态氢，起还原作用。铁粉和锌粉在潮湿空气中遇酸性气体时可能引起自燃，在贮存时应特别注意。例如，硝基苯在盐酸溶液中被铁粉还原成苯胺。反应时酸的浓度要控制适宜，浓度过高或过低均使产生初生态氢的量不稳定，使反应难以控制。反应温度也不宜过高，否则容易突然产生大量氢气而造成冲料。反应过程中应注意搅拌效果，以防止铁粉、锌粉下沉。一旦温度过高，底部金属颗粒翻动，将产生大量氢气而造成冲料。反应结束后，反应器内残渣中仍有铁粉、锌粉在继续作用，不断放出氢气，很不安全，应放入室外贮槽中，加冷水稀释，槽上加盖并设排气管以导出氢气。待金属粉消耗殆尽，再加碱中和。若急于中和，则容易产生大量氢气并生成大量的热，将导致燃烧爆炸。

2) 在催化剂作用下加氢的安全控制

有机合成等过程中，常用雷尼镍(Raney-Ni)、钯炭等催化剂使氢活化，然后加入有机物质进行还原反应。催化剂雷尼镍和钯炭在空气中吸潮后有自燃的危险。钯炭更易自燃，平时不能暴露在空气中，要避光干燥保存。即使没有火源存在，它们也能使氢气和空气的混合物发生燃烧、爆炸。进行还原反应前必须用氮气置换反应器的全部空气，经测定证实含氧量降低到符合要求后，方可通入氢气。反应结束后，应先用氮气把氢气置换干净方能开阀出料，催化剂回收并充氮气保存。

无论是利用初生态氢还原，还是用催化加氢，都是在氢气存在下，并在加热、加压条件下进行。氢气的爆炸极限为 4%～75%，操作失误或设备泄漏都极易引起爆炸。操作中要严格控制温度、压力和流量等工艺参数。

厂房的电气设备必须符合防爆要求，且应采用轻质屋顶，开设天窗或风帽，使氢气易于飘逸。尾气排放管要高出房顶并设阻火器。加压反应的设备要配备安全阀，反应中产生压力的设备要装设爆破片。

高温高压下的氢对金属有渗透作用，易造成氢腐蚀，所以对设备和管道的选材要符合要求，定期检测设备和管道，以防发生事故。

3) 使用其他还原剂还原的安全控制

常用还原剂硼氢类、四氢化锂铝、氢化钠、保险粉(连二亚硫酸钠 $Na_2S_2O_4$)、异丙醇铝等火灾危险性大。常用的硼氢类还原剂为硼氢化钾和硼氢化钠。硼氢化钾通常溶解在碱液中比较安全。它们都是遇水燃烧物质，在潮湿的空气中能自燃，遇水和酸即分解放出大量的氢，同时产生大量的热，可使氢气燃爆。要贮存于密闭容器中，置于干燥处，生产中调节酸碱度时要特别注意防止加酸过多、过快。

保险粉是一种还原效果不错且较为安全的还原剂，它遇水发热，在潮湿的空气中能分解析出黄色的硫黄蒸气。硫黄蒸气自燃点低，易自燃。使用时应在不断搅拌下，将保险粉缓慢溶于冷水中，待溶解后再投入反应器与物料反应。

四氢化锂铝有良好的还原性，但遇潮湿空气、水和酸极易燃烧，应浸没在煤油中贮存。进行还原反应时，应先将反应器内空气用氮气置换干净，并在氮气保护下投料和反应。由油类冷却剂将反应热带走，不能用水，防止水漏入反应器内发生爆炸。

用氢化钠作还原剂与水、酸的反应与四氢化锂铝相似，它与甲醇、乙醇等反应相当激烈，有燃烧、爆炸的危险。

异丙醇铝常用于高级醇的还原，反应较温和。但在制备异丙醇铝时需加热回流，将产生大量氢气和异丙醇蒸气，如果铝片或催化剂三氯化铝的质量不佳，反应就不正常，往往先是不反应，温度升高后又突然反应，引起冲料，增加了燃烧、爆炸的危险性。

3. 硝化反应生产过程安全技术

1) 硝化反应温度控制

温度控制是硝化反应安全的基础。硝化剂加料应采用双阀控制，控制好加料速率，安装温度自动调节装置，反应中应持续搅拌，保持物料混合良好，防止超温发生爆炸，达到严格控制硝化反应温度的目的。同时有必要的冷却水源备用系统，并备有保护性气体搅拌和人工搅拌的辅助设施。搅拌机应有自动启动的备用电源，以防止机械搅拌在突然断电时停止而引起事故。

2) 防氧化控制操作

严格按照配比配制反应所需的混合物，并除去其中易氧化的组分、调节温度及连续混合是防止硝化过程中发生氧化的主要措施。因为硝化过程中最危险的是有机物质的氧化，当其氧化时，放出大量氧化氮的褐色蒸气并使混合物的温度迅速升高，造成硝化混合物从设备中喷出，甚至引起爆炸事故。

3) 硝化反应过程控制技术

二硝基苯酚在高温下无危险，当形成二硝基苯酚盐时，则变为危险物质。三硝基苯酚盐的爆炸力就更大了。在蒸馏硝基化合物(如硝基甲苯)时，必须特别小心。这是因为在真空下进行蒸馏时，硝基甲苯蒸馏后余下的热残渣与空气中氧相互作用，能发生爆炸。由于硝基化合物具有爆炸性，因此必须特别重视此类物质反应过程中的危险性，注意合理处理生产工艺。

4) 进料与出料操作控制技术

向硝化器中加入固体物质，必须采取自动进料器将物料沿专用的管路加入。为了防止外界杂质进入硝化器中，应仔细检查并密闭进料。硝化器上的加料口关闭时，应当采用抽气法或利用带有铝制透平的防爆型通风机对设备进行通风。加压卸料时必须真空卸料，以防有害蒸气泄入操作厂房。硝化器应附设相当容积的紧急放料槽，以备在万一发生事故时，立即将料放出。

5) 取样分析安全操作

未完全硝化的产物突然着火会引起烧伤事故。取样口应安装特制的真空仪器，使取样操作机械化。

6) 设备使用与维护技术

搅拌轴采用硫酸作润滑剂，温度套管用硫酸作导热剂，不可使用普通机械油或甘油，防止机械油或甘油被硝化而形成爆炸性物质。由填料函漏入硝化器中的油能引起爆炸事故，因此在硝化器盖上不得放置用油浸过的填料。搅拌器的轴上应备有小槽，以防止齿轮上的油落入硝化器中。

由于设备易腐蚀，必须经常检修更换零部件。硝化设备应确保严密不漏，防止硝化物料溅到蒸气管道等高温表面上而引起爆炸或燃烧。车间内严禁带入火种，电气设备要防爆。当设备需动火检修时，应拆卸设备和管道，并移至车间外安全地点，用水蒸气反复冲刷残留物质，经分析合格后，方可施焊。如果管道堵塞，可用蒸气加温疏通，千万不能用金属棒敲打或用明火加热。

4. 氯化生产过程安全技术

在氯化过程中，不仅原料与氯化剂发生反应，而且所生成的氯化衍生物与氯化剂也发生反应。影响氯化反应的因素有被氯化物及氯化剂的化学性质、反应温度及压力(压力影响较小)、催化剂及反应物的聚集状态等。氯化过程往往伴有氯化氢气体的生成，为促使气体氯化氢逸出，通常在氯化氢排出导管上设置喷射器。

1) 氯气的安全使用

在化工生产中，氯气是最常用的氯化剂，储运的基本形态是液氯，通常灌装于钢瓶和槽车中。要密切注意外界温度和压力的变化。一般氯化器前应设置氯气缓冲罐，防止氯气断流或压力减小时形成倒流。一般情况下不能把储存氯气的钢瓶或槽车当储罐使用，否则被氯化的有机物质可能倒流进入钢瓶或槽车，引起爆炸。

2) 氯化反应过程的安全技术

氯气的毒性较大，储存压力较高，一旦泄漏则非常危险。反应过程所用的原料大多是有机物，易燃易爆。氯化反应是放热过程，若高温下进行氯化，反应更为剧烈，生产过程有燃烧爆炸危险，应严格控制各种火源，电气设备应符合防火防爆的要求。

为了避免因氯气流量过快、温度剧升而引起事故，一般氯化反应设备应有良好的冷却系统，并严格控制氯气的流量。应备有氯气的计量装置，从钢瓶中放出氯气时可以用阀门调节流量。液氯的蒸发气化装置一般采用气水混合物，其流量可以采用自动调节装置，加热温度不超过 50℃。例如，环氧氯丙烷生产中，丙烯预热至 300℃左右进行氯化，反应温度可升至500℃，在这样高的温度下，如果物料泄漏就会造成燃烧或引起爆炸。

氯化反应大多有氯化氢气体生成，设备、管路等应合理选择防腐蚀材料。氯化氢气体极易溶于水，通过采用吸收和冷却装置回收氯化氢气体制取盐酸，除去尾气中绝大部分氯化氢，是较为经济的工艺路线。为了使逸出的有毒气体不致混入周围的大气中，可采用分段碱液吸收器将有毒气体吸收。

5. 重氮化生产过程安全技术

(1) 重氮化反应的主要火灾危险性在于所产生的重氮盐，它们在温度稍高或光的作用下极易分解，有的甚至在室温时亦能分解，一般温度每升高 10%，分解速率加快两倍。在干燥状态下，有些重氮盐不稳定，活性大，受热摩擦或撞击能分解爆炸。例如，重氮盐酸盐($C_6H_5N_2Cl$)、重氮硫酸盐($C_6H_5N_2HSO_4$)，特别是含有硝基的重氮盐，如重氮二硝基苯酚[$(NO_2)_2N_2C_6H_2OH$]等。含重氮盐的溶液若洒落在地上、蒸气管道上，干燥后亦能引起火灾或爆炸。在酸性介质中，有些金属如铁、铜、锌等能促进重氮化合物剧烈地分解，甚至引起爆炸。

(2) 作为重氮剂的芳胺化合物都是可燃有机物质，在一定条件下也有着火和爆炸的危险。

(3) 重氮化生产过程所使用的亚硝酸钠是无机氧化剂，于 175℃时分解，能与有机物反应发生着火或爆炸。亚硝酸钠并非氧化剂，所以当遇到比其氧化性强的氧化剂时，又具有还原性，故遇到氯化钾、高锰酸钾、硝酸铵等强氧化剂时，有发生着火或爆炸的可能。在重氮化的生产过程中，若反应温度过高、亚硝酸钠的投料过快或过量，均会增加亚硝酸的浓度，加速物料的分解，产生大量的氧化氮气体，有引起着火爆炸的危险。

6. 磺化生产过程安全技术

(1) 三氧化硫是氧化剂，遇到比硝基苯易燃的物质时会很快引起着火；三氧化硫的腐蚀性很弱，但遇水则生成硫酸，同时会放出大量的热，使反应温度升高，不仅会造成沸溢或使磺化反应导致燃烧反应而起火或爆炸，还会因硫酸具有很强的腐蚀性，增加对设备的腐蚀破坏。

(2) 由于生产所用原料苯、硝基苯、氯苯等都是可燃物，而磺化剂浓硫酸、发烟硫酸(三氧化硫)、氯磺酸(列入剧毒化学品名录)都是氧化性物质，且有的是强氧化剂，所以在二者相互作用的条件下进行磺化反应是十分危险的，因为已经具备了可燃物与氧化剂作用发生放热反应的燃烧条件。一般在磺化锅中先加磺化物，然后缓慢加入磺化剂，这种磺化反应若投料顺序颠倒、投料速率过快、搅拌不良、冷却效果不佳等，都有可能造成反应温度升高，使磺化反应变为燃烧反应，引起着火或爆炸事故。

(3) 磺化反应是放热反应，若在反应过程中得不到有效的冷却和良好的搅拌，都有可能引起反应温度超高，以致发生燃烧反应，造成爆炸或起火事故。

7. 烷基化生产过程安全技术

(1) 被烷基化的物质大都具有着火爆炸危险，如苯是甲类液体，闪点–11℃，爆炸极限1.5%～9.5%；苯胺是丙类液体，闪点 71℃，爆炸极限 1.3%～4.2%。

(2) 烷基化剂一般比被烷基化物质的火灾危险性更大，如丙烯是易燃气体，爆炸极限2%～11%；甲醇是甲类液体，爆炸极限 6%～36.5%；十二烯是乙类液体，闪点 35℃，自燃点 220℃。

(3) 烷基化过程所用的催化剂反应活性强，如三氯化铝是忌湿物品，有强烈的腐蚀性，遇水或水蒸气分解放热，放出氯化氢气体，有时能引起爆炸，若接触可燃物，则易着火；三氯化磷是腐蚀性忌湿液体，遇水或乙醇剧烈分解，放出大量的热和氯化氢气体，有极强的腐蚀性和刺激性，有毒，遇水及酸(主要是硝酸、乙酸)发热、冒烟，有发生起火爆炸的危险。

(4) 烷基化反应都是在加热条件下进行，如果原料、催化剂、烷基化剂等加料次序颠倒、速率过快或者搅拌中断停止，就会发生剧烈反应，引起跑料，造成着火或爆炸事故。

(5) 烷基化的产品亦有一定的火灾危险，如异丙苯是乙类液体，闪点 35.5℃，自燃点 434℃，爆炸极限 0.68%～4.2%；二甲基苯胺是丙类液体，闪点 61℃，自燃点 371℃；烷基苯是丙类液体，闪点 127℃。

7.4.3 生产工艺参数的安全控制

1. 温度控制

温度是精细化学品生产中的主要控制参数之一。不同的化学反应都有其最适宜的反应温度，化学反应速率与温度有着密切关系。如果超温、升温过快会造成剧烈反应，温度过低会使反应速率减慢或停滞，造成未反应的物料过多或物料冻结，造成管路堵塞或破裂泄漏等而引起爆炸。因此，必须防止工艺温度过高或过低。

1) 控制反应温度

化学反应一般伴随有热效应，放出或吸收一定热量。例如，基本有机合成中的各种氧化反应、氯化反应、聚合反应等均是放热反应，而脱氢反应、脱水反应等则为吸热反应。通常利用热交换设备来调节装置的温度。

2) 防止搅拌意外中断

搅拌可以加速热量的传递，使反应物料温度均匀，防止局部过热。生产过程中如果由于停电、搅拌器脱落而造成搅拌中断，可能造成散热不良或发生局部剧烈反应而导致危险。因此，必须采取措施防止搅拌中断。可采取双路供电、增设人工搅拌装置、自动停止加料设置及有效的降温手段等。

3) 正确选择传热介质

充分了解热载体性质，进行正确选择，对加热过程的安全十分重要。精细化学品生产中常用的热载体有水蒸气、热水、过热水、碳氢化合物(如矿物油、二苯醚等)、熔盐、烟道气及熔融金属等。

在精细化学品生产中，避免使用和反应物料性质相抵触的介质作为传热介质。例如，不能用水来加热或冷却环氧乙烷，因为极微量水也会引起液体环氧乙烷自聚发热而爆炸。此种情况可选用液体石蜡作为传热介质。同时要防止传热面结疤，在精细化学品生产中设备传热面结疤现象是普遍存在的。结疤不仅影响传热效率，还可能因物料分解而引起爆炸。

2. 投料控制

投料控制主要是指对投料速率、配比、顺序、原料纯度以及投料量的控制。

1) 投料速率

对于放热反应，投料速率不能超过设备的传热能力。投料速率过快会引起温度急剧升高而造成事故。投料速率若突然减小，会导致温度降低，使一部分反应物料因温度过低而不反应。因此，必须严格控制投料速率。

2) 投料配比

对于放热反应，投料配比十分重要，应严格控制，参加反应的物料浓度、流量等要准确地分析和计量。例如，松香钙皂的生产是把松香投入反应釜内加热至 240℃，缓慢加入氢氧化钙反应制得。反应生成的水在高温下变成蒸气，投入的氢氧化钙量增大，蒸气的生成量也增大，如果控制不当会造成物料溢出，一旦与火源接触就会着火。

3) 投料顺序

投料顺序是根据物料性质、反应机理等要求而进行的，必须按照一定的顺序投料。例如，氯化氢合成时，应先通氢后通氯；磷酸酯与甲胺反应时，应先投磷酸酯，再滴加甲胺。反之，就容易发生爆炸事故。又如，用 2, 4-二氯酚和对硝基氯苯加碱生产除草醚时，三种原料必须同时加入反应罐，在 190℃下进行缩合反应。假若忘加对硝基氯苯，只加 2, 4-二氯酚和碱，结果生成二氯酚钠盐，其在 240℃下能分解爆炸。如果只加对硝基氯苯与碱反应，则生成对硝基钠盐，其在 200℃下分解爆炸。

4) 原料纯度

反应物料中含有的过量杂质、有害杂质在物料循环过程中会越聚越多，易引起燃烧爆炸。因此，对生产原料、中间产品及成品应有严格的质量检验制度，以保证原料的纯度。例如，用于生产乙炔的电石，其含磷量不得超过 0.08%，因为电石中的磷化钙遇水后生成易自燃的磷化氢，磷化氢与空气燃烧易导致乙炔-空气混合物爆炸。

5) 投料量

反应设备或贮罐都有一定的安全容积，贮罐、气瓶要考虑温度升高后液面或压力的升高。带有搅拌器的反应设备要考虑搅拌开动时的液面升高；若投料过多，超过安全容积系数，往往会引起溢料或超压。投料量过少，可能使温度计接触不到液面，导致温度出现假象，由于判断错误而发生事故；也可能使加热设备的加热面与物料的气相接触，使易于分解的物料分解，从而引起爆炸。

3. 压力控制

压力是生产装置运行行程的重要参数。当管道某些部分阻力发生变化或有扰动时，压力将偏离设定值，影响生产过程的稳定，甚至引起各种重大生产事故。因此，必须保证生产系统压力的恒定，才能维持生产的正常运行。

4. 溢料和泄漏的控制

物料的溢出和泄漏通常是由人为操作错误、反应失去控制、设备损坏等造成的。

造成溢料的原因很多，如投料速率过快，加热速率过快，或物料黏度大、流速快时均产生大量气泡，夹带物料溢出。在进行工艺操作时，应充分考虑物料的构成、反应温度、投料速率以及消泡剂用量、质量等。

精细化学品生产中的大量物料泄漏可能会造成严重后果。可从工艺指标控制、设备结构形式等方面采取相应的措施。操作人员要精心操作，稳定工艺指标，加强设备维护。例如，重要部位采取两级阀门控制；对于危险性大的装置设置远距离遥控断路阀，以备一旦装置异常，立即和其他装置隔离；为了防止误操作，重要控制阀的管线应涂色以示区别，或挂标志、加锁等；此外，仪表配管也要以各种颜色加以区别，各管道上的阀门要保持一定距离。

在精细化学品生产中还存在反应物料的跑、冒、滴、漏现象，原因较多，加强维护管理是非常重要的。

特别要防止易燃、易爆物料渗入保温层。由于保温材料多数为多孔和易吸附性材料，容易渗入易燃、易爆物，在高温下达到一定浓度或遇到明火时，就会发生燃烧爆炸。因此，对于接触易燃物的保温材料要采取防渗漏措施。在苯酐的生产中，就曾发生由于物料漏入保温层中引起爆炸事故。

5. 自动控制与安全保护装置

1) 自动控制

精细化学品自动化生产中，大多是对连续变化的参数进行自动调节。对于在生产控制中要求一组机构按一定的时间间隔做周期性动作，如合成氨生产中原料气的制造，要求一组阀门按一定的要求做周期性切换，就可采用自动程序控制系统来实现。它主要是由程序控制器按一定时间间隔发出信号，驱动执行机构动作。

2) 安全保护装置

(1) 信号报警装置。在出现危险状态时，信号报警装置可以警告操作者及时采取措施消除隐患。发出信号的形式一般为声、光等，通常都与测量仪表相联系。需要说明的是，信号报警装置只能提醒操作者注意已发生的不正常情况或故障，但不能自动排除故障。

(2) 保险装置。保险装置能在发生危险状况时自动消除不正常状况。例如，锅炉、压力容器上装设的安全阀和防爆片等安全装置。

(3) 安全联锁装置。所谓联锁是利用机械或电气控制依次接通各个仪器及设备，并使之彼此发生联系，达到安全生产的目的。安全联锁装置是对操作顺序有特定安全要求、防止误操作的一种安全装置，有机械联锁和电气联锁。例如，需要经常打开的带压反应器，开启前必须将器内压力排除，而经常连续操作容易出现疏忽，可将打开孔盖与排除器内压力的阀门进行联锁。

精细化学品生产中常见的安全联锁装置有以下几种情况：①同时或依次放两种液体或气体时；②在反应终止需要惰性气体保护时；③打开设备前预先解除压力或需要降温时；④当两个或多个部件、设备、机器由于操作错误容易引起事故时；⑤当工艺控制参数达到某极限值，开启处理装置时；⑥某危险区域或部位禁止人员入内时。

例如，在硫酸与水的混合操作中，必须首先往设备中注入水再注入硫酸，否则会发生喷溅和灼伤事故。将注水阀门和注酸阀门依次联锁起来，就可达到此目的。如果只凭工人记忆操作，很可能因为疏忽使顺序颠倒，发生事故[7]。

7.5　精细化学品生产与环境保护

7.5.1　案例[7]

以精细化学品废水处理为例。

江苏某精细化学品公司主要生产电子用高科技化学品及精细化工助剂，其排放的废水 COD 高(2～30g/L)，水质复杂(含芳香族难降解聚合物、盐分多)。随着该公司生产规模扩大，废水量增多，水质波动较大。废水处理系统长期超负荷运行，仍不能满足生产要求，出水难以达标排放。加上原工艺本身存在诸多问题，各工段处理效率低，某些工艺段甚至无法正常发挥作用，导致资源浪费，系统频繁出现各种事故。现对原有废水处理工艺进行升级改造，调整原有废水处理工艺结构，采用“物化-好氧”工艺进行精细化工废水处理，工艺的组合方式为进水—调节—混凝气浮—水解酸化—好氧法。

(1) 水质、水量。生产废水为 $80m^3/d$，COD 在 5000～6000mg/L，对废水的处理系统进行改造，并完成系统的调试，改造后的出水达到《污水综合排放标准》(GB 8979—1996)中的三级排放标准，系统进出水质量如表 7-4、表 7-5 所示。

表 7-4　原有工艺各段出水 COD 去除效果

项目	平均 COD/(mg/L)	COD 累计去除率/%
原水	3000	
水解酸化池	2300	23.33
好氧池 A	170	94.33
好氧池 B	160	94.67
出水	138	95.4

表 7-5　改造工艺各段出水 COD 去除效果

项目	平均 COD/(mg/L)	COD 累计去除率/%
原水	5578	
混凝气浮池	5273	5.47
水解酸化池 1 #	4663	16.4
水解酸化池 2 #	3768	31.91
水解酸化池 3 #	2898	48.05
好氧池 A	1141	79.54
好氧池 B	158	97.15
出水	142	97.45

(2) 工艺流程如图 7-2 所示。

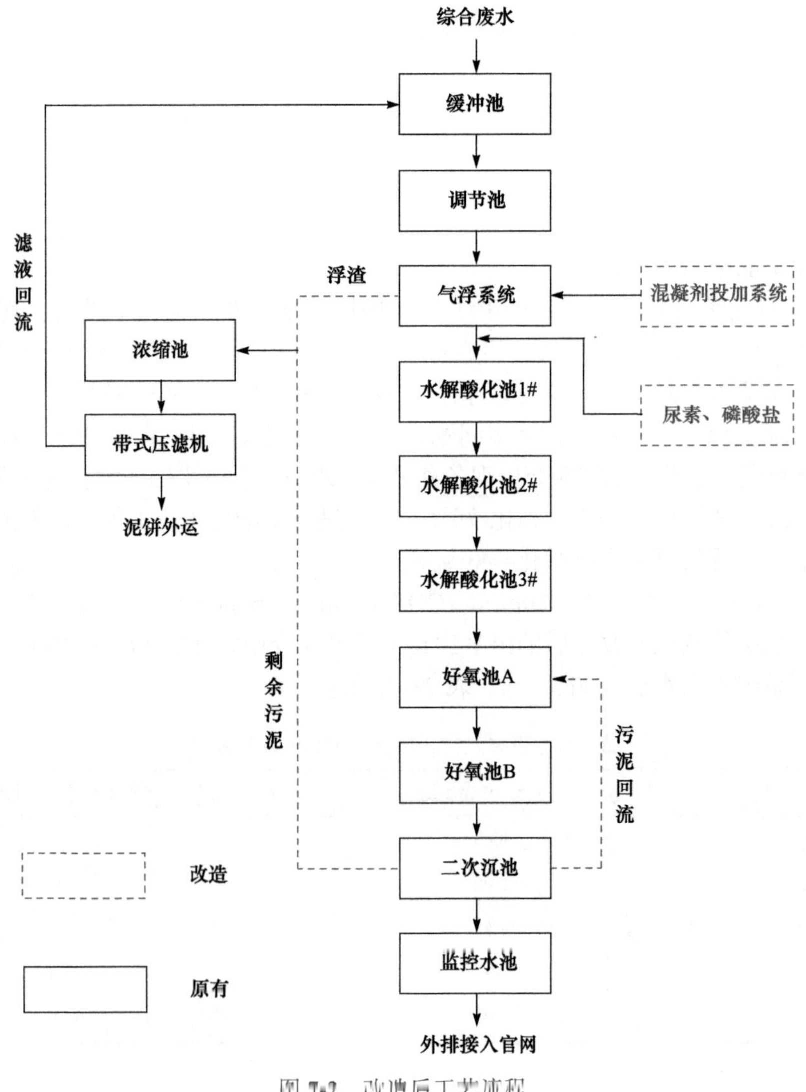

图 7-2　改造后工艺流程

(3) 对比表数据可以看出，工艺改造基本达到预期目的。系统处理废水量由 60m^3/d 提高到 80m^3/d，原水 COD 由 3000mg/L 提高到 5578mg/L。水解酸化出水 COD 降解率由 23.33%提高到 48.05%。

(4) 主要经济技术指标。改造后处理水量 80m^3/d，包括电费、药剂费、人员工资等费用在内的运行费用共计 10.47 元，该项目实施后，COD 去除率与 B/C 值明显增加(表 7-6)。

表 7-6 改造各段工艺 B/C 情况

项目	原水	气浮出水	水解酸化池出水
B/C	0.31～0.35	0.35～0.45	0.45～0.52

(5) 总结与讨论。

(ⅰ) 增加物化预处理单元——混凝气浮池，对 COD 的去除率仅为 5.47%，但对 SS 的平均去除率能达到 97.09%，同时 B/C 由 0.33 提高到 0.40，改善了废水的可生化性，有利于后续的工艺处理。

(ⅱ) 水解酸化池 HRT 由 1.55d 提高到 2.70d，COD 去除率由 23.33%提高到 48.05%，B/C 由 0.40 提高到 0.49；好氧池 HRT 由 6.50d 减少到 3.25d，好氧池 A 出水 COD 由 170mg/L 增加到 1141mg/L，而好氧池 B 出水 COD 浓度基本不变，维持在 160mg/L 左右，这样使得好氧池 B 能够发挥作用，避免了活性污泥的过度氧化以及曝气动力的浪费。

(ⅲ) 采用混凝气浮—水解酸化—好氧工艺处理精细化工废水，对 COD、SS 的平均去除率分别为 97.45%、94.51%，达到了改造的要求，出水水质符合《污水综合排放标准》(GB 8979—1996)三级排放标准。

7.5.2 精细化学品生产污染的种类和来源

在现代生活中，精细化学品的使用量越来越大，而精细化学品工业的蓬勃发展不仅给人类带来了福音，也给社会环境带来了负面影响。由于精细化学品生产的特性：工艺复杂、原料多样化、连续生产、品种多，形成的污染物多种多样，产生的废弃物量大，排放到环境中，使环境受到污染。精细化工污染物的种类，按污染物的形态可分为废气、废水和废渣。精细化工生产中的三废，实际上是生产过程中流失的原料、中间体、副产品，甚至是宝贵的产品，其主要原料利用率一般只有 30%～40%。因此，对三废的有效处理和利用，既可创造经济效益，又可减少环境污染。精细化学品生产污染物都是在生产过程中产生的，但其产生的原因和进入环境的途径则是多种多样的。污染的途径主要有以下几种。

1) 因化学反应不完全产生化工污染物

对几乎所有的化工生产来说，原料是不可能全部转化为半成品或成品的。未反应的原料虽有一部分可以回收再用，但最终总有一部分因回收不完全或不可能回收而被排放。若精细化学品生产所需原料为有害物质，排放后便会造成环境污染。

2) 因原料不纯产生化工污染物

精细化学品生产所需原料有时含有杂质，因杂质一般不参与化学反应，最后会被排放掉，大多数的杂质为有害的化学物质，对环境会造成污染。有些化学杂质即使参与化学反应，生成的反应产物对所需产品而言仍是杂质，对环境而言，也是有害的污染物。

3) 因“跑、冒、滴、漏”产生化工污染物

由于生产设备、管道等封闭不严密，或者由于操作水平和管理水平跟不上，物料在储存、运输以及生产过程中，往往会发生原料、产品的泄漏，习惯上称为“跑、冒、滴、漏”现象。这些情况可能会造成环境污染事故，甚至会带来难以预料的后果。

4) 燃烧过程中排放出的废弃物

精细化学品生产过程一般需要在一定的压力和温度下进行，从而要使用大量的燃料，而在燃料燃烧过程中会排放大量的废气和烟尘，也会对环境造成危害。

5) 冷却水

精细化学品生产过程中许多反应是放热反应，为了稳定温度，需要大量的冷却水。在生产过程中，用水冷却一般有直接冷却和间接冷却两种方式。采用直接冷却时，冷却水直接与被冷却的物料进行接触，很容易使水中含有化工原料，从而成为污染物质。采用间接冷却时，因为在冷却水中往往加入防腐剂、杀藻剂等化学物质，排放后也会造成污染，即使没有加入有关的化学物质，冷却水也会对周围环境带来热污染问题。

6) 副反应产物

精细化学品生产中，主反应进行的同时还经常伴随着一些副反应和副反应产物。副反应产物虽然有的经过回收可以成为有用的物质，但由于副产物的数量不大，成分又比较复杂，要进行回收存在许多困难，需要耗用一定的经费，所以副产物往往作为废料排弃，从而引起环境污染。

7) 生产事故造成的化工污染

因为原料、成品、半成品很多都具有腐蚀性，容器管道等很容易被腐蚀。如果检修不及时，就会出现“跑、冒、滴、漏”等污染现象，流失的原料、成品或半成品就会对周围环境造成污染。比较偶然的事故是工艺过程事故，由于精细化学品生产条件的特殊性，如反应条件没有控制好，或催化剂没有及时更换，或者为了安全而大量排气、排液，或生成了不需要的物质，就会造成污染。

7.5.3 三废处理的主要原则

1. 精细化学品生产中废水控制原则

在控制精细化学品生产企业水污染时，主要考虑以下原则：

(1) 采用绿色环保生产工艺。采用环境友好的原料，尽量不用或少用易产生污染的原料、设备和生产方法，选择不用水或少用水的生产工艺流程，以减少废水的排放量。

(2) 采用重复用水和循环用水系统，使废水排放量减至最少。根据不同生产工艺对水质的不同要求，可将前一个工段排出的废水输送到后一工段使用，实现重复用水，或将化工废水经过适当处理后，送回本工段再次利用，即循环用水，达到排放标准的废水也可以用来浇灌厂区花木，达到一水多用的目的。废水的重复利用已经作为一项解决环境污染和水资源贫乏的重要途径。

(3) 回收有用物质，变废为宝。可以将废水中的污染物质通过萃取法等方法加以回收利用，化害为利，既防止了污染危害又创造了财富，变废为宝。例如，在含酚废水中用萃取法或蒸气吹脱法回收酚等。也可以在工业园内，通过厂际协作，变一厂废料为它厂原料，综合利用，降低成本，减少污染。对无回收价值的废水，必须加以妥善处理，使其无害化，不致

污染环境。

(4) 采用先进的废水处理工艺和技术。根据精细化学品生产企业的类别，选择合理的处理工艺与方法，做到经济合理，并尽量采用先进技术。对大多数能降解和易集中处理的污染物，应集中到废水处理站经过适当处理达到规定的有关排放标准后排放，达到规模效应和对环境的改善。对于一些特殊的污染物，如难降解有机物和重金属应以厂内处理为主。

2. 精细化学品生产中废气控制原则

精细化学品生产中大气污染控制主要考虑以下几个原则：

(1) 合理利用环境的自净作用。将工厂合理分散布设，充分考虑地形、气象等环境条件，提高烟囱有效高度以利于烟气的稀释扩散，发挥环境的自净作用，可减少废物对大气环境的污染危害。

(2) 控制污染物的排放。控制或减少污染物的排放有多种途径，如改革能源结构、发展集中供热、进行燃料的预处理以及改革工艺设备和改善燃烧过程等。开发利用洁净的能源，利用集中供热取代分散供热的锅炉，是综合防治大气污染的有效途径。结合技术改造和设备更新，改善燃烧过程，提高烟气净化效率，从根本上减少大气污染物特别是尘和二氧化硫污染的排放，是控制大气污染的一项重要措施。

(3) 生产过程中废气处理。精细化学品生产中产生的空气污染物，可通过废气净化装置，通过除尘除去气溶胶污染物，如粉尘、烟尘、雾滴和尘雾等颗粒状污染物；通过冷凝、吸收、吸附、燃烧、催化等方法进行处理 SO_2、NO_x、CO、NH_3、H_2S、有机废气等气态污染物。例如，尾气处理方式可采用除尘，填料塔吸收，然后电除雾，排放到大气。

3. 精细化学品生产中废渣处置原则

采用新工艺、新技术、新设备，最大限度地利用原料资源，使生产过程中不产生或少产生废渣；综合利用废物资源，将未发生变化的原料和副产物，回收利用。例如，废催化剂含有 Au、Ag、Pt 等贵金属，只要采取适当的提取方法，就可以将其中有价值的物质回收利用。在工业园区可以通过物质循环利用工艺，使第一种产品的废物成为第二种产品的原料，第二种产品的废物又成为第三种产品的原料等，最后只剩下少量废物进入环境，以取得经济、环境和社会综合效益。无法处理的废渣，采用焚烧、填埋等无害化处理方法，以避免和减少废渣的污染。

7.5.4　精细化学品生产三废处理技术

1. 精细化学品生产中有机废气治理技术

精细化学品生产中有机废气的净化治理技术可大体分为两类：回收方法和破坏性方法。回收方法是指利用有机废气自身的理化特性，将其从废气源中分离回收以重新利用，主要方法有吸收法、吸附法、冷凝法、膜分离法等。破坏性方法是指通过化学、生物、光、等离子体等方法，将有机物转化为二氧化碳、水等对环境无害的或者危害相对较低的物质，主要方法有直接氧化焚烧、催化燃烧、生物处理、光催化分解、低温等离子体等[8]。有机废气净化技术如图 7-3 所示。

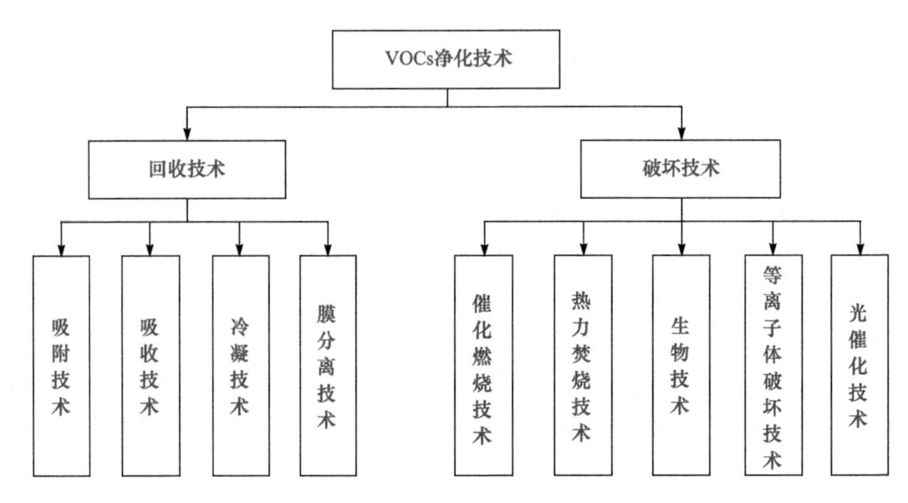

图 7-3 有机废气净化单元技术图

近年来随着有机废气污染的逐渐加剧，有机废气治理新技术不断的改进和推陈出新，如生物处理技术、电晕技术、光催化氧化技术、低温等离子技术以及膜技术在 VOCs 治理逐渐得到应用和推广。不同有机废气治理技术的原理与特点如表 7-7 所示。

表 7-7 有机废气处理技术比较

处理技术		工艺条件	优点	缺点
燃烧技术	直接燃烧	700～1000℃	净化效率高(99%)、装置简单	投资大、运行费用高、NO_x、SO_x 等二次污染严重、有燃烧爆炸危险
	热力燃烧	540～820℃	结构简单、投资费用少、可处理多种有机废气	燃烧条件苛刻、运行费用高、有二次污染
	催化燃烧	250～300℃	净化效率高(90%)、起燃温度低	运行条件苛刻、投资大、运行费用高、催化剂易中毒失活，也存在二次污染
活性炭吸附技术		常温	净化效率达 95%、操作简单	活性炭再生困难、使用寿命短、运行费用高
生物技术		常温	设备简单、运行费用低、无二次污染	处理设备庞大、一次性投资大，不适合处理高、中浓度有机废气
吸收技术	溶剂吸收法	以柴油等作为吸收剂	吸收效率高、可回收废气中的有用物质	溶剂本省具有挥发性、可燃性，对有机成分选择性高，运行费用高，易出现二次污染
	水+添加剂吸收法	添加适合的表面活性剂提高水的吸收效率	吸收剂价格低廉、吸收效率高、投资小、运行费用低、无二次污染	不同成分有机物需选择不同添加剂，需针对实际废气进行中试
高级氧化技术	光分解法、电晕法、臭氧氧化法、等离子体法、光电催化法	利用高级氧化过程产生的 OH 强氧化作用降解污染物	降解效率高，反应速率快	设备投资大，技术尚未成熟，目前均未实现工业化应用
膜分离技术		选择性渗透膜	流程简单，能耗低，无二次污染	开发难度大，选择性强，投资成本大
高压冷凝技术		高压、低温	设备操作简单	投资运行费用高，净化效率低，设备庞大

2. 精细化学品生产中废水处理技术

精细化学品生产的特点决定精细化工污染的普遍性和复杂性，生产每一种精细化工产品所产生的废水都不同，即使是生产同一种精细化工产品，由于各个生产厂家所采用的原料、工艺、配方等不同，所产生废水的水量和水质也有很大差别。而生产工艺的先进程度和管理水平的高低更决定了废水量的高低。因此，每个化工企业的废水处理都具有独特性。目前，几乎所有的废水处理方法都用到了精细化学品生产过程中废水的处理上。

1) 废水评价指标

工业废水中的污染物种类繁多，污染物的物质类型、组成特性(极性、酸碱性、分子量等)和毒性效应对废水的处理特性及其水质安全有很大影响。因此，工业废水水质评价不仅需要重视 COD_{α}、BOD_5 等常规指标，也要关注和重视废水中有机物组分的化学性质和生物效应，即“有机污染物特征指标”和“综合生物毒性指标”。具体水质评价指标体系如图 7-4 所示。

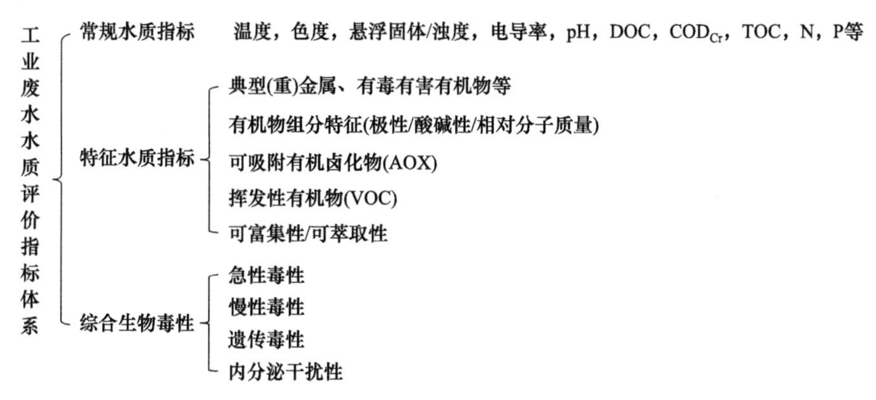

图 7-4 面向水质安全管理的工业废水水质评价指标体系

2) 废水处理方法

精细化学品生产中废水的处理方法很多，按其处理原理可分为物理法、化学法、物理化学法和生物处理法(表 7-8)。

表 7-8 废水处理方法分类

基本方法	基本原理	单元技术
物理法	物理或机械的分离过程	过滤、沉淀、离心分离、上浮等
化学法	加入化学物质与污水中的有害物质发生化学反应的转化过程	中和、氧化、还原、分解、混凝、化学沉淀等
物理化学法	物理化学的过程	吸附、离子交换、萃取、电渗析、反渗透等
生物法	微生物在污水中对有机物进行氧化、分解的新陈代谢过程	活性污泥、生物滤池、生物转盘、氧化塘、厌气消化、膜分离等

处理方法的选择必须根据以下几点：废水的水质和水量；用途或排放去向；处理过程产生的污泥残渣处置；可能产生二次污染；混凝剂的回收利用。

鉴于精细化学品生产中的废水有机污染物浓度高(COD_{Cr} 一般在几万 mg/L 以上)、成分复杂、色度高、难生化降解及毒性大的特性，精细化学品生产的废水中有机污染物按其是否有毒性和可生化性大致可分为以下 4 类：第Ⅰ类，无毒、可生化性好的有机物；第Ⅱ类，无毒，可生化性差的有机物(或称难降解有机物)；第Ⅲ类，有毒、低浓度时可被微生物降解，但高浓度时会抑制微生物活性的有机物；第Ⅳ类，有毒、低浓度时对微生物产生抑制作用的有机物。污水处理工艺可以根据所产生的精细化学品的废水特点来选择处理工艺。各种污水处理工艺的特征对比如表 7-9 所示。

表 7-9 污水处理工艺特征对比

项目	工艺特征
导流曝气生物滤池(CCB)	(1) 采用 U 型双锥结构，使污水在同一个处理单元内实现两次曝气，两次沉淀 (2) 在连续进水的同时完成进水—曝气—沉淀—出水的间隙曝气过程，其他污水处理需要四个池子，而导流曝气生物滤池在同一个池就能完成 (3) 滤池滤料的比表面积是 BAF 等生物滤池的 2 倍以上，具有同向流和异向流的双倍功效 (4) 生物膜活性较 BAF 等生物滤池提高 2 倍左右，氧利用率是 BAF 的 1.5 倍
曝气生物滤池(BAF)	曝气生物滤池分为下向流曝气生物滤池和上向流曝气生物滤池两大类。滤料比表面积大，生物膜活性高；气水同向流，滤层阻力小，可得到较高的滤速；抗阻塞能力强，氧利用效率高；独特的反冲洗形式，自动化程度高
传统活性污泥法	原废水从池首端进入池内，回流污泥也同步注入，废水在池内呈推流形式流动至池的末端，经历了第一阶段的吸附和第二阶段代谢的完整过程，活性污泥也经历了对数增长、经衰减增长到池末端的内源呼吸期的完全增长周期
完全混合活性污泥法	污水与回流污泥进入曝气池后，立即与池内混合液充分混合，可以认为池内混合液是已经处理而未经泥水分离的处理水
SBR 法	间歇式活性污泥法由流入、反应、沉淀、排放和闲置 5 个工序组成。5 个工序都在同一池中进行
氧化沟	氧化沟的曝气装置的功能是供氧，使有机污染物、活性污泥、溶解氧充分混合、接触，推动水流以一定的流速循环流动
A/O 法	厌氧阶段和好氧阶段串联，好氧阶段产生的剩余污泥回流到厌氧池。厌氧池中有一定的污泥停留时间，污泥可以在厌氧阶段部分消化，污泥产率低
生物接触氧化法	在池内设置填料，已经充氧的污水浸没全部填料，并以一定的流速流经填料，填料上长满微生物，污水与生物膜相接触，在生物膜微生物的作用下，污水得以净化

电化学处理有机废水以无二次污染、环境友好等优点在处理生物难降解有机废水领域受到广泛关注。电化学氧化技术包括微电解技术、电催化氧化技术以及电 Fenton 技术等。采用微电解-电解-电 Fenton 组合工艺处理混合型精细化工废水，以观其脱色效果和 COD 去除效果；或者将膜分离和电催化二者结合起来处理高盐有机废水，缓解膜污染现象，同时使有机物和盐实现有效分离，还能够浓缩、回收染料；以及微生物和电化学结合处理废水。

膜生物反应器(MBR)集膜的高效分离和生物降解于一体，是将污水生物处理技术与膜分离技术相结合的新型污水处理工艺。其用膜组件代替了传统活性污泥工艺中的二沉池，可进行高效固液分离，达到净化水的目的，克服了传统工艺中出水水质欠稳定、污泥易膨胀等不足。例如，A^2/O-MBR 组合工艺处理高浓度有机废水，该组合工艺兼有 A^2/O 和 MBR 工艺各自的特长，具有出水水质好、占地面积小、剩余污泥近零排放等优点。系统对 COD、NH_3-N、SS 的去除率分别达到 97%、96.8%、95.3%，在 MBR 中设置缺氧区和泥水回流装置可提高 MBR 对污染物的去除效果，如图 7-5 所示。

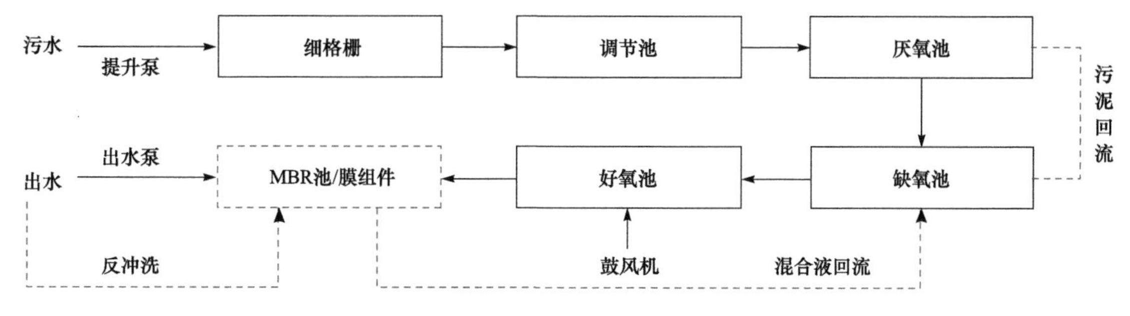

图 7-5 A^2/O-MBR 组合工艺流程

针对精细化学品生产中废水的处理是不可能单靠一种处理技术就能使其达到废水的排放标准，因此在对其处理时往往也是多种处理技术的结合。例如，对于 COD 高、可生化性差的有机废水，单独使用生物法或物化法往往难以达到理想的处理效果，研究几种处理方法相结合，并尽可能降低处理成本进而在实践中得到有效推广，也是当前解决此类废水污染的一个重要突破方向。目前，国内外精细化学品生产中废水的处理工艺研究除了对传统物理和化学方法进行改进外，对于精细化学品生产中废水组合处理工艺的研究方案有混凝-水解酸化-二级接触氧化、分类收集-分类预处理-强化生化处理、臭氧催化氧化、气浮-水解-二级 AO 工艺、铁碳微电解-AO、混凝气浮-悬浮填料 AO-催化铁内电解-混凝沉淀、两级物化-生化工艺、厌氧-好氧生化-Fenton 化学氧化、UASB-好氧工艺、集成膜分离技术、多相组合膜生物技术和气浮-微电解-催化氧化-生化-MBR 工艺等废水处理工艺。

采用预处理-UASB-生物接触氧化法相结合的处理废水工艺，处理高 COD_{Cr}、高氨氮、难生物降解物质多等特点的有机废水，UASB 提高了厌氧生物处理效率。例如，选用 UASB-生物接触氧化联合工艺处理某精细化学有限公司生产废水，生物接触氧化处理工艺在 pH 为 7.1～8.0，容积负荷 0.7kgCOD/mM，出水平均 COD_{Cr} 浓度为 190mg/L，氨氮浓度为 30mg/L，平均去除率均达到 80%以上。

3. 精细化学品生产中废渣处理技术

精细化学品生产中废渣种类繁多、成分复杂，如生产过程中排出的不合格产品、副产物、废催化剂、废溶剂、蒸馏残液以及废水处理产生的污泥，治理方法和综合利用的工艺多种多样，对固体废弃物以适当的处理技术从中回收有用的物质，达到固体废物资源化。通过合适的技术手段和绿色生产工艺，减少固体废物的产生量和排放量，达到固体废物减量化、无害化。固体废物处理技术有下面几种。

(1) 物理处理技术包括各种相分离及固化法。利用其重力沉降，通过蓄液池贮存分离技术，污泥在干化床中的干化技术，在贮存槽延长贮存时间的分离技术达到分离目的。

(2) 常用的化学处理技术包括化学氧化、沉淀及絮凝、沉降、重金属沉淀、化学还原、中和、油水分离、溶剂和燃料回收等。

(3) 生物处理技术可用于石油精炼、工业有机化学品、木材防腐、石油生产、塑料废料以及同类产品生产过程中的废渣处理。

(4) 通过固化稳定化技术将废渣与能聚结成固体的材料结合，将危险废渣变成高度不溶性的稳定物质，将有毒有害污染物转变为低溶解性、低迁移性和低毒性物质。

4. 废物循环利用，建立生产闭合圈

实现清洁生产，建立从原料投入到废物循环回收利用的生产闭合圈，使工业生产不对环境构成任何危害。精细化学品生产企业内物料循环可分为以下几种情况：

(1) 将流失的物料回收后作为原料返回流程。

(2) 将生产过程中的废料经适当处理后作为原料或替代物返回生产流程中。

(3) 将生产过程中生成的废料经适当处理后作为其他生产过程的原料回用或作为副产品回收。

因此，对废物的有效处理和回收利用，既可创造财富，又可减少污染[9-10]。

7.5.5 精细化学品生产难降解废水的治理技术

根据废水中所含有机物的种类及特性，寻找合适的废水治理方法，并在此基础上研究其综合治理的技术。常见精细化学品生产中废水的处理技术如下[10]。

1. 废水中烃的处理技术

烃在废水中最常出现的形式为油。由于其来源不同，可能其中混有各种杂质。此外在使用油或加工油的过程中，往往添加了一定的助剂，如清洗剂、乳化剂一类表面活性剂，除石油制品外，含油废水中的油有时还包括动植物的油脂、蜡以及可以被己烷等溶剂萃取的物质。因此，这些助剂及杂质的存在往往会给含油废水的治理带来一定的困难。

(1) 物理法。含油废水中的漂浮油是以一种连续相的形式浮于水面(如密度大于 1g/mL，则沉于水底)，这类污染物一般可通过机械或物理的方法去除。可采用自然浮上法处理。含油废水可以采用水平波纹板组系统处理，还可以用斜板(管)隔油池处理法处理。

(2) 混凝沉降与气浮。混凝沉降或气浮法主要用于分散油及乳化油的废水处理，特别是乳化油。在用药剂处理进行混凝沉降或气浮时，可以破坏微油滴表面的双电层或表面保护膜而取得较好的处理效果。

对含油较高的含油废水，通常使用铝盐作为无机混凝剂来处理含油废水；铁盐也是常用的除油混凝剂，常用的有聚合硫酸铁、三氯化铁、硫酸铁和硫酸亚铁等。其他作为无机混凝剂使用的盐类还有钙盐、镁盐及锌盐，其中尤以前二者使用较多。有机絮凝剂按其分子的电荷特性可区分为非离子、阳离子、阴离子及两性离子四种类型，在处理含油废水中，尤以前三类用得较广。有机絮凝剂与无机混凝剂的配合应用，最大特点是可以获得最大颗粒的絮体，并把油滴凝集或吸附而去除。

(3) 吹脱与蒸馏法。吹脱或蒸馏主要用来处理废水中低沸点、高挥发性的烃类化合物。在精细化学品生产废水中的苯、甲苯、乙苯、苯乙烯、异丙苯甚至萘均可用此法处理而得到良好的效果。含苯废水如用汽提法进行处理，可使废水中苯浓度降低到 10mg/L 以下。制备乙苯的工业废水，经过蒸馏法处理，可回收有用的芳烃，使废水中的乙苯含量降低到 5mg/L 以下。

(4) 膜分离法。膜技术用于含油废水较多的是超滤或反渗透，通过膜技术处理后的水质一般较好，经过滤的水可以达到工业回用的标准。3000mg/L 的乳化液用一种新的膜技术来处理，当处理液透过微滤膜后，可因凝集而使油去除，油的含量可降到 30mg/L。

(5) 氧化还原法。烃类化合物的化学稳定性较好，高浓度的含油废水处理，采用湿式氧化及催化氧化等治理，可取得较好的效果。

2. 废水中卤烃的处理技术

烃类化合物分子中的氢原子被卤素原子取代所形成的化合物称卤烃。根据取代卤素的不同，卤烃又可分为氯代烃、溴代烃、碘代烃及氟代烃四类。

(1) 混凝沉降法。绝大部分卤烃在水中的溶解度很小，大部分液态水不溶性的卤烃，可以用混凝沉降法处理。例如，废水中的三氯乙烯或三氯乙烷可用三氯化铁作混凝剂去除。

(2) 吸附法。废水中的工业卤烃可用吸附法去除。一般来说如果卤烃的沸点小于 200℃，则吸附饱和后很容易用蒸气解吸再生。二氯乙烷、二氯甲烷、1, 1, 1-三氯乙烷、四氯乙烯、氯苯等均可用此法处理。除活性炭外，还可以用大孔树脂如 Amberlite XAD-4 吸附去除。这种吸附剂再生方便、去除率高。

(3) 燃烧法。对含有机卤素化合物多的废水或高 COD 值的含卤烃废水，可以考虑用燃烧法处理。但这类废水在燃烧时均会产生氯化氢气体，必须加碱中和或回收氯化氢或盐酸。

(4) 蒸馏、汽提及吹脱法。废水中如果含有沸点低于水或易挥发的或与水能形成最低共沸物的有机物质，用蒸馏法、汽提法或吹脱法来处理是比较理想的。利用这类方法可从废水中回收二氯乙烷、三氯乙烯、过氯乙烯及氯苯等。

(5) 氧化还原法。卤烃废水还可用化学氧化法处理，如用臭氧、过氧化氢或 Fenton 试剂，二氧化钛的光催化氧化分解，但这些方法在工业实际应用上目前还有一定距离。还原法主要利用金属的还原作用去除污染物质分子中的卤原子。

3. 废水中醇及醚的处理技术

(1) 混凝沉降法。对于水溶性的醇，如果沸点较低而挥发性高的醇可用蒸馏法或汽提法回收去除。一些酚醛树脂的生产废水中往往含有甲醇(含量 2%)，可用蒸馏法回收，当废水被加热到 90～95℃时，一般可回收 81%～92%的甲醇。

(2) 蒸馏法。一些甲醇浓度较低的生产废水，如果工艺允许，可以套用多次，使甲醇累积到一定浓度，再进行蒸馏回收。一些在甲醇生产中产生的废水，还可直接导致汽烃重整器中，并在重整催化剂上转化成一氧化碳与氢。

(3) 氧化法。醇类化合物易用湿式氧化法分解；用于处理含醇废水的化学氧化剂主要有臭氧、过氧化氢、氯系氧化剂以及其他一些氧化剂。还有不少的含醇废水可以由电解氧化法予以去除。

(4) 生化法。常见的醇类化合物，工业中均可用生化法予以降解。例如，甲醇、乙醇、环己醇、2-乙基己醇、甲基苄醇、乙二醇、丙二醇、二甘醇、三甘醇、季戊四醇等，在一般情况下既可用活性污泥法处理，也可用厌氧处理法处理。含醚类的废水，因为醚类化合物的生化降解性较差，因此用物化或化学方法进行处理或预处理是合适的。

(5) 吸附法。聚醚类化合物可以用活性炭进行吸附处理，而黏土类吸附剂的效果也非常理想。例如，用蒙脱土可以吸附聚乙二醇，吸附可在 30min 内达到平衡。

(6) 膜分离法。由于聚乙二醇及其醚类化合物相对分子质量较大，醚类化合物的生化降解性能差，故用膜技术处理醚类废水。可用反渗透、超滤及微滤等方法。常用的膜材料为醋酸纤维素或芳香聚酰胺膜。

4. 废水中醛及酮的处理技术

含醛废水中最常见、对环境危害也最大的要算含甲醛废水。甲醛废水中最常见的是由酚醛树脂生产中排出的含甲醛、酚废水，这种废水对人类危害较大。

1) 醛-酚废水处理

(1) 缩合法。是甲醛-酚废水处理的最常用方法之一。原理是利用酸碱催化及加热，使甲醛进一步与酚类物质缩合，产生不溶性的物质而去除。

(2) 空气催化氧化法。催化剂可用经硫酸活化过的软锰矿(颗粒直径为5～10mm)，以空气作氧化剂，可去除其中的甲醛与苯酚。用软锰矿作催化剂，并当pH小于7时，甲醛与酚的催化氧化与废水的pH无关。

2) 含醛(不含酚)废水处理

(1) 回收法。高浓度的含甲醛(不含酚)废水可用回收法处理，是一种比较经济的方法。

(2) 缩合法。利用缩合法处理含甲醛废水可分两类：第一类为在催化剂存在下自身缩合聚合，第二类是用其他缩合剂处理。

(3) 氧化法。含甲醛废水可用湿式氧化法去除。

(4) 生化法。生化法中常用活性污泥法或生物膜法处理含甲醛废水。大部分醛可用生化法处理，如乙醛、丙烯醛、丁烯醛及对氨基苯甲醛等。用生化法处理含醛废水时，醛的含量可以较高。

3) 含酮废水处理

对低沸点、挥发性强的酮类化合物，可用汽提或蒸馏法将其从废水中回收去除。例如，制备双酚A的废水，丙酮含量为2～19g/L，可通过汽提法去除。生化法是处理含酮废水的另一种重要手段。

5. 废水中酸的处理技术

在废水中的常见有机酸有：甲酸、乙酸、长碳链脂肪酸、柠檬酸、草酸、芳香族羧酸及二元酸等。

(1) 蒸馏及蒸发法。含甲酸较多的废水，可根据甲酸甲酯沸点(32℃)较甲醇及甲酸均低的原理，加入过量的甲醇，并加入少许催化剂硫酸，使其转变成甲酸甲酯，然后从废水中蒸出，待甲酸回收完毕后，再加热回收甲醇，用此法可以有效地从废水中回收甲酸。

(2) 混凝沉降法。废水中的对苯二甲酸可在pH=4～5.5时，加入硫酸铁或三氯化铁处理，同时加入聚丙烯酰胺可以提高去除率，对苯二甲酸的回收率≥90%。也可通过絮凝酸化的方法处理，先在废水中加入适量的絮凝剂，然后调节pH=2～4，酸化前使沉淀形成较大的絮团，易于沉降、过滤及脱水。

(3) 吸附法。羧酸可以用大孔吸附树脂进行吸附回收。由苯乙烯-二乙烯苯合成的聚合物几乎可以定量地吸附水中的脂肪酸，再从吸附树脂上洗脱回收下来。上述树脂结构中如果引入氯、乙酸基或硝基，可用来吸附丙酸及苯甲酸等。

(4) 萃取法。生产乙酸丁酯的废水中的乙酸可用丁醇萃取(醇：水= 0.86：1)，所需理论萃取段数为2.2，COD可去除70%。萃取液为含有乙酸的丁醇，可回用于生产中。乙酸废水还可用液膜萃取法进行处理。乙酸及丙酸还可在微酸性条件下，以氢氧化钠为水相进行液膜萃取回收。

(5) 沉淀法。含芳香酸或其盐的废水可用三价铁盐作沉淀剂，调节 pH 为 2.0～5.0，然后过滤除去。

(6) 氧化法。大多数羧酸类生产废水可用氧化法处理。个别羧酸如氯代苯氧乙酸及其衍生物还可用还原法处理，如用金属使其发生脱卤反应。

(7) 生化法。绝大部分的脂肪酸，如甲酸、乙酸、丙酸、丁酸以及其他长碳链的脂肪酸均可采用好氧生化法处理。

6. 废水中酯的处理技术

羧酸及酯是许多精细化工产品的原料，或作为反应溶剂使用，高沸点的酯还可作塑料工业中的增塑剂，在工业中应用广。在工业废水中常遇到的脂肪族酯有乙酸衍生物的酯及丙烯酸类酯，这类酯对环境的危害已受到人们的重视，废水中酯类污染物最引人重视的是苯二甲酸酯类。

实际生产过程中，废水处理最常用的方法为萃取法。一般用其生产原料的醇作萃取剂，萃取液经脱水后回用于原生产工艺中，而萃余水相可作进一步净化，包括生化处理。邻苯二甲酸酯可用适合的醇作萃取剂处理，邻苯二甲酸二乙酯可用反渗透法除去。在生产对苯二甲酸二甲酯的废水中含有对苯二甲酸二甲酯、乙酸及甲醇，可用生化法处理，COD_{Cr} 可去除 95%。

7. 废水中酚的处理技术

在工业中经常遇到的酚有苯酚、甲苯酚、对苯二酚、萘酚等。利用酚类化合物可以制备树脂、染料、医药品、杀菌剂、炸药等。由于酚类化合物对环境及人类的健康危害较大，因此各国对废水中酚的排放浓度均有严格的要求。含酚废水处理技术主要有以下几种：

(1) 汽提与蒸馏。浓度较高的含酚废水可用汽提法处理，去除率在 80%～85%。效果比用筛板塔、栅条填充塔及泡罩塔等的吸附处理好。含酚废水中有甲醛存在时，先加入亚硫酸氢钠，使甲醛固定下来，再在 pH 7.6 下汽提，这样可回收苯酚，而甲醛不至于带入吸收塔中。

(2) 吸附法。最常用的含酚废水吸附剂为活性炭，并已实现工业化。另一大类吸附剂为大孔吸附树脂以及有机合成吸附剂。吸附的苯酚可用氢氧化钠解析。利用活性炭吸附可除去废水中的芳基取代基、多元酚、硝基酚等。

(3) 萃取法。萃取法主要用于高浓度含酚废水的预处理及酚的回收。萃取法中溶剂选择是一个重要因素。首先可用烃类溶剂作萃取剂，如用燃料油或粗柴油从废水中萃取酚及二氯酚。更多的是使用芳香烃作为酚类化合物的萃取剂。常用的萃取剂有苯、甲苯、异丙苯及蒽油等。粗甲苯作为萃取剂来萃取苯酚的效果要比粗苯或纯甲苯好。

(4) 离子交换法。由于苯酚是酸性化合物，因此可以用离子交换技术将其从废水中去除，一般含量为 100～600mg/L 的含酚废水均可经济地用阴离子交换树脂进行回收，如苯酚及取代酚可用多孔弱碱丙烯腈阴离子交换树脂处理。

(5) 氧化法。在一定的条件下，废水中的苯酚或醌可被空气氧化，特别是在催化剂的存在下。

(6) 生化法。苯酚虽属生物可降解物质，但其降解速率是属于中等较慢的一类。因此，在处理前必须先做一些必要的预处理，并提供一定的微生物生长条件。如果用特种活性污泥处理，其处理效果更好。

(7) 酶制剂处理。酚及对氯酚可以很快地被过氧化物酶所分解，其 pH 以 9.0 时为最好，如再用硫酸亚铁处理，由于酶的交联，酚几乎全部沉淀而被去除，可用于 30 种不同的含酚废水的处理。此外还可用酪氨酸酶、大豆过氧化酶等来处理含酚废水。

(8) 含酚废水综合利用。利用含酚废水可制备黏结木材(如用于制板)的黏结剂。

8. 废水中酰胺及腈的处理技术

1) 含酰胺废水的处理

精细化工工业中以二甲基甲酰胺(DMF)用得最多。以二甲基甲酰胺为代表的酰胺型溶剂被称为 DMF 系统溶剂，因此也常在精细化学品生产废水中被发现。大部分的酰胺呈极弱的酸性，其水溶液几乎呈中性。而由二元酸形成的二酰亚胺，如果氮原子上尚有氢存在，则呈一定的酸性，可以以钠盐的形式存在于水中。

(1) 尿素去除技术。可用化学处理法。可在废水中直接投加亚硝酸钠使尿素分解为氮气、二氧化碳及水。含尿素废水最广泛的化学处理法为水解法，也可以加入钒催化剂来加速尿素的分解。废水中的尿素与甲醇可以加入硝酸，曝气，并加热至 40～95℃而被去除。

生化法。尿素很容易被活性污泥所降解，含尿素的废水可在 pH=8.8～11 下用 Bacillus pasteurii 在氧或空气存在下处理，或用能产生尿素分解酶的微生物悬浮在污泥中或接在蛭石柱上，用生化法来处理。

(2) 含 DMF 系列化合物废水的处理。可用物化法如吸附、萃取、蒸馏等处理 DMF 系列化合物废水，通过用氢氧化钠碱性水解来回收有用的物质。大部分 DMF 系列化合物可以被生物所降解，邻苯二甲酰亚胺、*N*-甲基吡咯烷酮、DMF 等均属生化可降解物质，为了提高 DMF 的生化降解速率，可用厂装置附近经常接触精细化工废水的土壤中分出的微生物或泥土加到活性污泥中。

(3) 含己内酰胺废水的处理。己内酰胺是合成尼龙 6 的单体，含己内酰胺的废水可用蒸发、萃取、吸附及膜技术等物化法处理。含己内酰胺的废水可在高温下(247～300℃)，用硝酸铵或硝酸进行氧化而得到净化。含己内酰胺的废水用生化法处理是比较理想的。在用活性污泥法处理时，使用的微生物菌种很重要。

2) 含腈废水的处理

废水中的腈在工业中最常见的是丙烯腈及乙腈等。物化法中主要有蒸馏法及吸附法，有时也可用萃取法处理。含量较高的含丙烯腈废水可用蒸馏法或汽提法回收；也可用膨胀冷凝法处理丙烯腈及乳腈的混合废水；另一主要方法为水解法，含腈废水在高温下可被碱分解。许多高浓度的含丙烯腈废水在工业中可通过焚烧炉燃烧处理。

腈类化合物一般均可用生化法处理。但有些腈类化合物对活性污泥具有一定的毒性，或在一定浓度下(如丙腈高于 50mg/L 时)，会对硝化反应产生抑制作用。另外在生产过程中产生的含腈废水也同时会含有较多的 CN^-，为了提高生化处理效果，可以在进入生化处理系统前先进行预处理。

9. 废水中硝基类化合物的处理技术

硝基化合物一般较稳定而毒性大，直接排放会严重污染环境。对沸点较低的硝基化合物，可用蒸馏法回收处理，去除率可达 94%。大多数的含硝基废水可用吸附法进行处理，最常用的吸附剂为活性炭，也可以采用混凝沉淀法除去。

硝基苯、硝基氯苯、二硝基氯苯、硝基甲苯、邻甲苯酚、对甲苯酚及三氯酚不论是单一成分还是混合状态，均可被活性炭以连续操作的形式吸附而去除。且随着其在水中溶解度的降低，而吸附容量增加；含芳香硝基类化合物的废水，可用铁-碳微电解的方法进行处理，可以作为生化处理的预处理技术；另外一些芳香硝基化合物，可在微酸性的条件下，进行阴极还原以生成胺类，使原来的硝基化合物变成可生化降解的偶氮、氧化偶氮等化合物。

不少硝基化合物是生化不可降解或难降解的。因此，都需要对这些废水进行预处理，为其创造生化降解的条件。此外也可寻找适合硝基化合物降解的专用菌。

10. *废水中磺酸盐或硫酸盐的处理技术*

精细化工中常见的含硫化合物的废水是含磺酸盐或硫酸盐的废水。

(1) 混凝沉降法。十二烷基硫酸钠可采用铝盐，并选用阳离子的助凝剂如聚丙烯酰胺及聚乙烯亚胺去除，COD 去除率>93%；水中的磺基丁二酸单酯二钠盐、多烷基苯磺酸钠及烷基磺酸钠，可用铝酸钙作混凝剂去除；十二烷基苯磺酸钠也可用三氯化铁、硫酸亚铁、三氯化铝或硫酸铝除去。铁系混凝剂的效果一般较好，在用聚合硫酸铁、硫酸亚铁、聚合氯化铝及硫酸铝处理洗涤剂废水时，发现聚合硫酸铁的治理效果最好，COD 去除率>85%，出水 COD 浓度<100mg/L。

(2) 萃取法。磺酸盐可用不溶性的 C_6～C_{10} 的醇作为溶剂。例如，废水中的萘磺酸、2-萘酸酚一磺酸及 2-萘酚二磺酸可用 R_3N($R=C_8$～C_{12} 的烷基)的二甲苯或汽油溶液经萃取而被去除；废水中的芳香及脂肪磺酸也可用水不溶性胺进行酸性萃取，并用氢氧化钠反萃取，在碱性条件下进行循环使用；烷基苯磺酸钠经酸化后可用脂肪胺萃取去除。

(3) 生化法。含合成洗涤剂烷基苯磺酸的废水可用生物接触氧化法处理。对阴离子及非离子的表面活性剂用活性污泥法进行降解；活性污泥法也可用来处理苯磺酸钠，另外苯二磺酸盐在加入镁盐及锰盐后，可提高生化处理的效果。

(4) 硫酸盐还原菌处理含硫酸盐的有机废水。对于高浓度硫酸盐有机废水，采用 SRB 生物脱硫法具有投资少、成本少、低能耗、去除率高及无二次污染等特点。分为三个阶段：分解阶段；电子转移阶段；氧化阶段来进行处理。

11. *废水中盐的处理技术*

不少生产过程中使用酸、碱或盐，或在生产过程中产生酸、碱或盐，产生的废水经中和后含有较高的盐分，对生化处理产生不良影响，因此这类废水在有机废水处理中常成为一个难题。

在确定生产路线时，含盐的问题应从一开始就要引起注意。最好采用清洁生产的方法，减少含盐废水的量。在精细化学品生产过程中，常采用不少的酸、碱及盐类，因此废水中的盐分常较高，除适当利用生活污水进行稀释外，还可对活性污泥进行驯化，使其适应较高的盐浓度。除了对原有的活性污泥进行驯化外，也可采用嗜盐菌，或在活性污泥中加入嗜盐菌以提高降解微生物对盐分的耐受力。

12. 有机废水的脱色技术

一些有机废水具有独特的颜色，特别是染料工业废水，其色度较大，给排水带来了不良的外观感观，同时这些有色污染物也往往是环境毒物。这些工业废水中的有色污染物质，往往是一些具有共轭体系(发色团)的化合物，常见的多为偶氮染料及杂环共轭体系。对一些易被活性污泥中降解微生物降解的污染物可用生化方法进行处理，对多数不易被生化系统所脱色的污染物就要用物理或化学的方法进行脱色。比较适用于工程实际的有药剂法、吸附法、化学氧化法及化学还原法等。

(1) 药剂法。药剂法是有色废水脱色常用技术之一。由于染料品种较多，用同一种药剂并不可能对所有的染料均具有较好的脱色作用，还必须根据污染物的特征来选择合适的药剂。

用来脱色的药剂可分为无机药剂和有机药剂两种，其中无机药剂价格较低，效果显著，故得到较广的应用，无机药剂常用的有铝盐、亚铁盐、铁盐、镁盐及其他盐类，除了上述无机脱色药剂外，为了取得更好的脱色效果，还使用复配的药剂，这类药剂常由铝盐、亚铁盐、铁盐、镁盐或其他盐类组成。除了无机药剂以外，也可用有机药剂进行脱色，但有机药剂价格较贵，投药量较大，除了配合无机药剂进行脱色外，单独使用有机药剂的机会不多。

(2) 吸附法。活性炭仍是含染料废水的最好吸附剂，如可用活性炭从废水中去除碱性黄等。印染废水也可用煤粉处理，再用硫酸铝进行混凝沉降。此外还可用泥煤、泥炭、活化煤、木炭、煤渣、炉渣、粉煤灰等作为吸附剂进行脱色处理。除了上述吸附剂外，还可用一些天然的矿物质吸附剂，如可用凹凸棒石(200 目)、酸性白土、蒙脱土、高岭土、膨润土等作为吸附剂。

(3) 氧化法。利用氧化剂进行染料废水的脱色是早期流行的方法，在实际操作上确有一定的效果，但是处理费用偏大，残余的氧化剂或留下的盐类化合物常给后续的处理带来困难。常用的氧化剂有次氯酸钠、臭氧、过氧化氢和半导体粒子光催化氧化。此外染料废水还可以用电化学氧化法处理。

(4) 生化法。生物处理法可采用厌氧法和好氧法。厌氧法对染料中的偶氮基、蒽醌基、三苯甲烷基都可降解。好氧法如传统活性污泥法、接触氧化法、射流曝气法、氧化沟法均有相当的脱色效果。也可用染料废水组合处理方法，如先对废水进行中和调节，然后通过厌氧消化和好氧生化处理，再经过化学氧化过程，过滤，达到排放标准后排放。

7.6 精细化学品企业清洁生产

7.6.1 案例——季戊四醇的清洁生产[11]

1. 概述

某工厂建立于 1956 年，国有重点企业之一，是以生产塑料加工助剂和有机原料为主的精细化工厂。主要产品有六大系列 40 多个品种。由于产品品种多，原料复杂，生产工艺设备比较落后，因而废物产生量大，污染比较严重。1980 年以来，工厂建成 12 套三废处理装置，环保设备投资总计 816 万元，占全厂固定资产的 10%，COD 排放量 6～8t/d，最高可达 10t/d，废水对市郊凉水河造成严重污染，工厂每年缴纳排污费 60 万～70 万元。

季戊四醇车间是工厂 7 个主要生产车间之一，季戊四醇装置设计规模为 4000t/a，日产 13t。

1992年车间日排放COD 3.6t，占全厂COD总排放量的53.73%。

2. 生产工艺

季戊四醇生产工艺流程如图7-6所示。

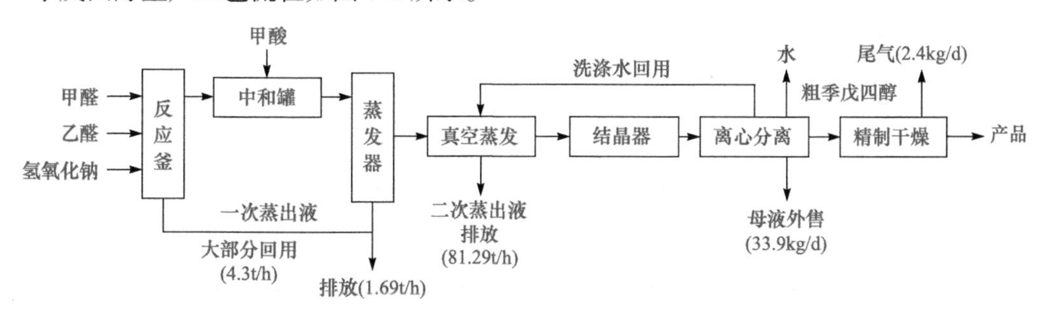

图7-6　季戊四醇生产工艺流程图

季戊四醇生产分为缩合反应、分离和精制干燥三个单元。甲醛、乙醛和氢氧化钠溶液加入反应釜中，在充分搅拌下发生缩合反应，生成季戊四醇和副产物多季戊四醇与甲酸钠。反应生成物送至中和罐，用甲酸中和后，再送至蒸发器经两次蒸发浓缩到所需浓度。一次蒸出液大部分回用，少部分作为废水排放；二次蒸出液直接排放。浓缩产物在结晶器冷却析出粗季戊四醇结晶，经离心分离后，将母液外售回收甲酸盐。粗季戊四醇再经精制干燥得结晶。干燥尾气经除尘处理后排放，季戊四醇生产排放的废物主要为离心分离的废母液和蒸发器的废水。

季戊四醇生产使用的主要原料包括：①甲醛，常温下为无色气体，有刺激性气味，与水混溶，与空气混合易形成爆炸性混合物质，有毒物质；②乙醛，无色液体或气体，极易燃，有刺激性气味；③氢氧化钠，强碱，白色固体，易吸湿发生潮解，与酸发生强烈反应；④甲酸，无色液体，有刺鼻气味，强酸性，可燃物质。

季戊四醇生产废物的来源及组成如表7-10所示。

表7-10　季戊四醇生产废物来源及组成

废物名称	来源	排放量/(t/d)	占总排放量比率/%	COD量/(t/d)	占COD总排放量比率/%
一次蒸出液	一次蒸发器	40.56	2.00	2.4	62.66
二次蒸出液	真空蒸发器	1950	96.52	1.4	36.55
离心废母液	离心分离机	33.9	—	含物料13.9	阕
干燥尾气	干燥机	6000m^3/h	0.12	粉尘2.4kg/d	
其他废水	地面冲洗	27.41	1.36	—	0.01

3. 审计结果

1) 确定审计结果

工厂现有7个车间，审计小组通过对1990～1992年全厂各产品的排污情况进行分析，发现季戊四醇车间COD排放量为3.2～3.6t/d，占全厂总排放量的40.51%～53.73%，居第一位。采用权重总和法对各车间的废物量、废物毒性、环境代价、清洁生产潜力以及车间的核心合作五个方面进行评分，结果为季戊四醇车间得分最高，远远超过其他车间。因而，确定将季戊四醇车间作为审计重点，并确定 COD 消减目标为 50%。

2) 审计发现

通过对车间工艺输入和输出进行物料平衡和水平衡测算，查明了季戊四醇车间废物排放情况和废物产生原因。季戊四醇产品生产有 4 个 COD 排放源：

(1) 一次蒸发工序废水排放量为 40.56t/d，占总排水量的 2.00%，COD 排放量为 2.4t/d，占产品 COD 总排放量的 62.66%，是 COD 最大排放源。

(2) 二次蒸发工序废水排放量为 1950t/d，占总排水量的 96.52%，COD 排放量为 1.4t/d，占产品 COD 总排放量的 36.55%，是废水最大排放源。

(3) 湿产品转移损失为 0.021t/d，折 COD 0.018t/d，占产品 COD 总排放量的 0.47%。

(4) 中控分析损失和设备跑冒滴漏流失占产品污染物总量的 0.22%。

一次蒸发工序排放蒸出液是由于合成反应器所需制冷量不足，致使蒸出液不能全部回用，必须排放一部分，造成环境污染。二次蒸发(真空蒸发)工序由于使用的汽水喷射泵进行减压蒸发，造成清洁水与蒸出物料接触，形成大量低浓度有机废水。中控分析及设备跑冒滴漏造成的排污，主要是由于管理不善和分析控制手段落后，依靠手工操作而造成。

根据对废物产生原因的综合分析，运用清洁生产理念，从改变原理、改革工艺、强化管理、优化操作条件和回收利用五个方面，提出了 20 个清洁生产方案。针对主要废物源的清洁生产方案如表 7-11 所示。

表 7-11 针对主要废物源的清洁生产方案

废物源	清洁生产方案
一次蒸出液	增加制冷设备，提高合成工序制冷能力 全部回收一次蒸出液，合成工序采用可编程控制器 提高工艺控制水平和合成转化率
二次蒸出液	真空系统改造，用水环泵替代汽水喷射泵
中控分析和设备跑冒滴漏流失	改进离心机，减少湿产品损失 中控分析采用色谱仪器分析，及时指示操作终点 中控分析设置回收桶，回收过剩样品 包装料桶由 20kg 改为 200kg，减少撒落损失 严格配料标准，提高中控分析抽检率 严格工艺操作控制，以经济责任制进行考核 强化管理，加强对操作工的清洁生产教育

4. 清洁生产方案实施效果

六项加强方案：①源消减；②原材料的改进；③改革工艺和设备，开发全新流程；④加强管理；⑤废物循环利用，建立生产闭合圈；⑥发展环保技术，做好末端治理。在审计过程中逐步实施，使季戊四醇产品消耗定额明显降低(表 7-12)，全车间每月节省原料费用 2 万元，预计每年可节省 24 万元。

表 7-12 消耗定额的变换

消耗定额/(kg/t 产品)	1992 年	1993 年 5 月	1993 年 6 月
甲醛	3700	3672	361
乙醛	465	451	444

对四项中/高费用方案进行技术、经济和环境可行性分析，其结果如表7-13所示。

表7-13 清洁生产中/高费用方案可行性分析结果

方案编号	方案名称	投资/万元	偿还期/年	经济效益	环境效益
1	增加制冷设备，改造制冷系统	91	1.46	增加产品产量30%，节省蒸气，年增加经济效益62.19万元	每年减少600t原料流失，相当于削减COD 720 t，占产品排污的65.49%
2	真空设备改造，用水环泵替代蒸气泵	110.5	2.85	年节水43.2×10^4t，回收物料28万元，年创效益39万～82万元	年减少废水排放52.39×10^4t，削减COD 420 t/a
3	更换离心机	338.2	3.9	减少工人劳动强度，由7人降至3人左右，年创效益86.79万元	减少物料流失106.9 t/a，节电节水
4	合成工序程序控制	15.2	0.5	提高工艺转化率11%，增产61.85t/a，年创效益30.51万元	减少物料流失

工厂季戊四醇清洁生产审计显示，全部6项加强管理方案以及2项改进中控分析方案实施，取得了28.2万元的经济效益。4项中/高费用方案需投资554.9万元，每年可削减COD 1140t，占全厂COD排放量的34.2%，占该产品排污量的92%，达到原来预计削减50%的目标。4项方案已全部列入下步实施计划；原规划的全厂废水处理可减少一口深井，减少投资200万元。

清洁生产结果表明，对废物实行源削减比依靠末端治理具有很大优越性(表7-14)。

表7-14 源削减与末端治理的效益比较

项目	源头污染预防	末端治理
投资	554.9万元	(700～800)万元
经济效益	408.63万元	无直接经济效益，每年还需支出处理装置运转费62.4万元
环境效益	削减COD排放量3.8t/d，占全厂34%～42%	削减COD排放量6～8t/d，占全厂75%～80%

在1993年清洁生产的基础上，工厂实施清洁生产方案，继续改革不合理的生产工艺，调整工艺参数和优化操作条件，使原材料消耗进一步降低并明显削减COD的排放量。1994～1996年上半年，工厂季戊四醇生产的原材料消耗、排污量变化及其经济效益如表7-15所示。

表7-15 季戊四醇生产原材料消耗和排污量变化比较

项目	原材料消耗	COD排放量	节约原材料获得的经济效益
1994年比1993年	甲醛降低6.3% 乙醛降低5.9%	削减30.5%	111.8万元
1995年比1994年	甲醛降低5.0% 乙醛降低6.1%	削减31%	131万元
1996年1～7月比1995年同期	甲醛降低5.0% 乙醛降低6.1%	与1995年持平	18.78万元

5. 废物循环利用

以利用母液生产二甲基甲酰胺[12]为例。

季戊四醇是一种用途很广的有机中间体。常用于涂料工业，是醇酸涂料的原料，能使涂料膜的硬度、光泽和耐久性得以改善。它还用作清漆、色漆和印刷油墨等所需的松香酯的原料，并可制阻燃性涂料、干性油及航空润滑油等。以季戊四醇为原料制成的季戊四醇四硝酸酯是爆炸性炸药。季戊四醇脂肪酸酯可作聚氯乙烯类树脂的增塑剂和稳定剂。此外，还可以用于医药、农药和润滑油的制造。

1) 基本原理

利用离子交换膜对电解质和非电解质不同的渗透作用，用一个电渗析装置(ED)将存在于母液中的季戊四醇(PE，非电解质)和甲酸钠(SF，电解质)分离。所得的季戊四醇溶液送至回收系统。

甲酸钠母液(SF)，经酸化、酯化后得到甲酸甲酯。其反应式如下：

$$2HCOONa+H_2SO_4+2CH_3OH \rightleftharpoons 2HCOOCH_3+Na_2SO_4+2H_2O$$

甲酸甲酯经胺化后生成二甲基甲酰胺(DMF)，其反应式如下：

$$HCOOCH_3 + HN(CH_3)_2 \longrightarrow HC(=O)-N(CH_3)_2 + CH_3OH$$

胺化后回收的甲醇，返回酯化反应。

2) 工艺流程

利用季戊四醇母液制取 DMF，主要是利用季戊四醇母液中的甲酸钠与硫酸、甲醇反应制取甲酸甲酯，然后将甲酸甲酯与二甲胺反应制得二甲基甲酰胺。工艺流程图如图 7-7 所示。

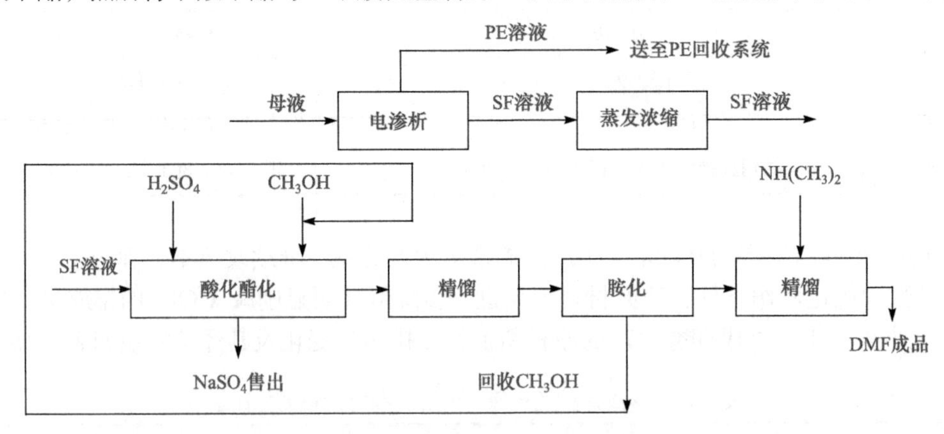

图 7-7　季戊四醇生产工艺流程

将母液中的甲酸钠进行酸化反应，然后与甲醇进行酯化反应制得粗甲酸甲酯。经过精馏后得到精甲酸甲酯，其与二甲胺气相反应生成粗二甲基甲酰胺和副产物甲醇，经精馏回收甲醇，并将粗二甲基甲酰胺进行减压精馏，即得成品二甲基甲酰胺。

生产中的残渣主要成分为甲酸钠，其量甚少，不定期排放，一般排入废水处理池。

此工艺的特点是甲酯化工艺采用稀溶液酯化新技术，比国内沿用的两步法合成 DMF 工艺具有收率高、产品质量好的优点。

3) 产品质量

从季戊四醇母液中生产的二甲基甲酰胺，其产品质量如表 7-16 所示。

表 7-16　产品质量指标

指标名称	外观	沸程 150～158℃时溜出量%	水分/%	酸度/%
规格	无色透明油状液体	>96	≤0.1	≤0.05

从母液回收的季戊四醇，产品质量可达到 HG2-796-75 标准二级品以上，如表 7-17 所示。

表 7-17　回收季戊四醇的技术指标

名称	外观	季戊四醇	羟值	灰分	水分
技术指标	白色或黄色结晶	>96%	46%	<0.3%	<0.5%

4) 主要原材料消耗指标

主要原材料消耗指标如表 7-18、表 7-19 所示。

表 7-18　主要原材料耗量(每吨 DMF)

原材料名称	二甲胺	硫酸	甲醇	碱液
规格/%	40	98	99	40
消耗指标/t	1.7	0.941	0.173	0.206

表 7-19　公用工程耗量(每吨 DMF)

名称	水	电	蒸气
消耗指标	150t	105kW · t	8t

5) 生产装置投资

投资费用为 125 万元。装置母液处理能力为 6000m^3/a(与 2000t/a PE 生产装置配套)；可回收 PE 160t/a；生产 DMF 1200t/a，硫酸钠 500t/a。

6) 经济效益

每生产 1t DMF 产值 8000 元，生产成本为 5200 元，利税 2800 元。每生产 1t PE，产值 6000 元，生产成本 2800 元，利税 3200 元。一个年度 2000t PE 生产装置，可生产的 DMF 和回收的 PE，其产值为 1056 万元，可得利税 428.8 万元(还未包括硫酸钠的回收)，其经济效益是十分可观的。

7) 环境效益

该装置解决了季戊四醇废液直接排放的问题，每年可减少污染物排放量 6000m^3。回收后使废水中的 COD 由原来的 12000mg/L 降低到 702mg/L 以下，不仅回收了有价值物质，还大大改善了环境问题。

7.6.2　实现企业清洁生产的途径

清洁生产是指不断采取改进设计、使用清洁的能源和原料、采用先进的工艺技术与设备、改善管理、综合利用等措施，从源头削减污染，提高资源利用效率，减少或者避免生产、服务和产品使用过程中污染物的产生和排放，以减轻或者消除对人类健康和环境的危害。清洁生产既是一种战略，体现于宏观层次的总体预防，又可以从微观上体现于企业采取的预防污染措施。

据统计，地球上70%～80%的污染是由于资源、能源的浪费。我国精细化工的资源、能源利用率问题尤为严重，不少企业浪费的资源、能源大多以三废形式排入环境。例如，生产香兰素的某家企业，以愈创木酚和乌洛托品、对亚硝基二甲苯胺为原料，经缩合+氧化+水解而得香兰素。该法分离过程复杂，反应效率低，生产收率约57%，三废严重，香兰素每生产1t约产生20t的废水(含有酚类醇及芳香胺、亚硝酸盐)很难进行处理，另有1～2t的固体渣，该工艺在国外已被淘汰，后来国内生产规模较大的企业也相继放弃此法。其生产过程中产生和排出的污染物，实际上是各工段浪费的能源和原辅材料、中间体、产品和副产品的总和。以木酚和乙醛酸为原料，经过缩合、氧化脱羧两步反应得到香兰素，不仅三废少，而且通过生产过程连续化，实现了DCS(集散控制系统)全程自动控制，降低了劳动强度、提高生产效率和生产过程的稳定性，节能效果也十分明显。由于新工艺生产的产品质量好且稳定，价格具有竞争优势。对企业来说，努力提高资源利用率，实现资源的综合利用和废物资源化，同时强化资源管理，建立包括资源、环境价值观在内的新的经济核算体系，从而可达到节省资源、减少物耗、降低成本、净化环境的目的。

清洁生产的内容包括清洁的原料与能源、清洁的生产过程、清洁的产品，以及贯穿于清洁生产的全过程控制。

实现清洁生产的途径和方法包括合理布局、产品设计、原料选择、工艺改革、节约能源与原材料、资源综合利用、技术进步、加强管理等许多方面。清洁的原料和能源是实现清洁生产过程和清洁产品的前提和基础。

1. 调整产品结构，发展“绿色产品”

现代精细化学品生产必须改变以往那种只考虑赚钱，不考虑环境后果的状态。企业要对产品整个生命周期的各个阶段，即产品的设计、生产、流通、消费、以至报废后的处置，进行环境影响评价，做到产品功能与环境影响并重，调整取消高投入、低产出、污染大、对环境对人体有害的产品，如杀虫剂六六六、DDT、试剂联苯胺、多氯联苯等。设计出对环境友好的、更安全的绿色化学品，积极发展对环境和人体无害的“绿色产品”，如高效、低毒、低残留农药、无害纺织染料等。

2. 选用无毒或低毒的原料

对原料而言，首先要求选用杂质含量少的原材料，在生产过程中转换率高、废物排放少，资源利用率也就高，可以减少生产危险性；其次要求原材料中不含有毒性物质，有些原料含有毒性物质，生产过程中和产品使用中常产生毒害和污染。清洁生产应当通过技术分析，淘汰有毒的原材料和能源，优选无毒或低毒的原料与能源。选用对人类健康和环境危害较小的物质作为起始原料去实现某一化学过程，可使这一过程更安全。例如，芳香胺的合成过去通常是以氯代芳烃为原料，与NH_3发生亲核取代来合成。但氯代芳烃的毒性大，严重污染了环境。现在发展起来的所谓NASH(nucleophilic aromatic substitution for hydrogen)方法，直接用芳烃与氨或胺发生亲核取代反应就可以达到目的。

对能源而言，在生产过程中采用清洁的燃料，以节能降耗为目的进行技术改造，提高能源的利用效率。例如，生产聚氯乙烯，老工艺是以电石为原料，生产过程中有大量的三废产生，以每吨产品计，产生的三废有电石粉尘 20kg，电石渣浆 2～3t，碱性含硫废水(pH>12)10t，还有硫化氢、磷化氢等有毒气体释放出来，并存在汞污染问题。能耗也大，每生产 1t 乙炔要消耗电 10000kW · h。如实行清洁生产，废除重污染原料电石，以乙烯为原料，改用氧氯化法，结果不仅解决了环境污染问题，而且使聚氯乙烯成本下降 50%。

3. 应用先进的工艺和设备

合理采用新工艺新技术(如高效催化技术、生物技术、树脂和膜分离技术、机电一体化技术、电子信息技术等)，优化工艺参数，提高资源、能源的利用率，从源头避免污染。淘汰那些资源浪费大、污染严重的落后工艺设备。例如，开发的树脂催化无废工艺，以莰烯为原料，一步合成异龙脑获得成功，已工业化生产。开发了的羰基合成法生产香料中间体苯乙酸新工艺获得成功，废除了以剧毒的氰化钠为原料的老工艺，取得了显著的环境效益和经济效益。

4. 强化企业管理

据统计，有 50%的三废是由于企业管理不善、资源流失而造成的。强化企业管理是企业实施清洁生产投资最少、见效最快的有力措施。

(1) 加强人员培训，提高职工素质。建立有环境考核指标的岗位责任制和管理职责，落实岗位和目标责任制。

(2) 开展物料、能量流程审核，完善统计和审核制度。

(3) 配备必要的仪器仪表，加强计量管理和全面质量管理。

(4) 科学安排生产进度，实施有效的生产调度，组织安全文明生产。

(5) 加强设备管理，重视设备的维护、维修，提高设备完好率和运行率，杜绝跑、冒、滴、漏，防止生产事故。

(6) 做好原辅材料和产品的贮存、运输与保管。

(7) 提高技术创新能力。开发、推广无废、少废的清洁生产技术装备，实施清洁生产方案。

5. 发展环保技术，搞好必要的末端治理

开发经济、适用、先进、可行的三废处理技术，达到集中处理设施可以接纳的程度。进行清浊分流，减少处理量，实现有用物料的再循环。对排放物进行适当的减量化处理(如脱水、压缩、过滤分离、焚烧等)，以利于充分发挥集中设施的规模效益。

7.7 生态产业系统

7.7.1 案例——生态工业园案例[13]

四川省青白江工业园区内几个大型企业——攀成钢公司、川化集团公司、华明玻璃纸公司、玉龙化工等，据四川省青白江工业园产业发展定位和园区的现状，运用生态工业理论，以循环经济理念和工业生态学原理为指导，积极开展清洁生产，合理进行功能布局，逐步完善现有废物代谢链，使企业向高质量、高速度、高效益、低污染、生态化方向发展。

根据园区的发展定位、园区企业概况、各企业排放废弃物状况以及关键种理论，选取攀成钢公司和川化集团两个企业为园区的关键种企业。构建以攀成钢公司和川化集团为园区的“关键种企业”的生态产业链，与当地已有或拟建产业建立多条生态产业链，实现企业间的经济循环，最终实现资源的高效利用和污染物的低排放(图 7-8)。初步形成了青白江工业园的生态工业系统，建立起物质、能源、废物的循环流动链网，最大限度地减少废物的产生和排放，将经济发展带来的环境风险降至最低，为整个园区带来良好的社会效益、经济效益和环境效益。

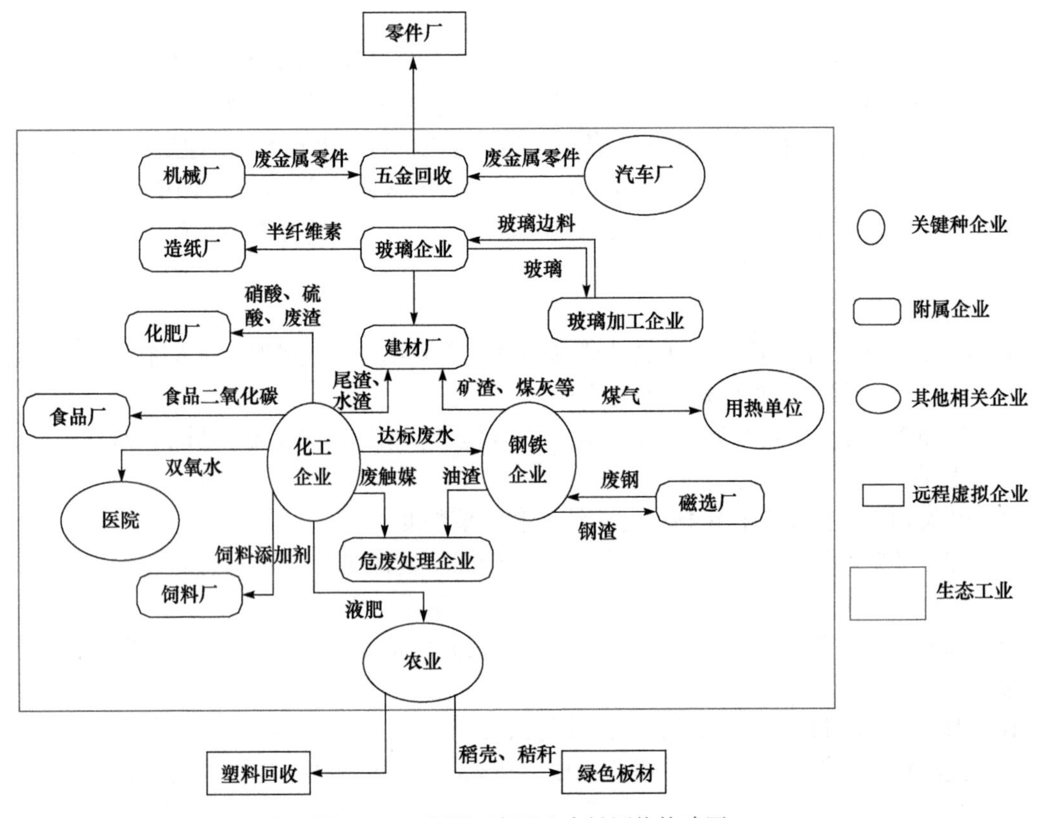

图 7-8　工业园区主要生态链网络构建图

1) 废渣——建材产业链

主要围绕钢铁企业和化工企业展开，钢铁生产过程每生产 1t 钢，产生冶金渣 0.5t，冶金泥尘、粉尘 0.1t。2004 年全行业的工业固体废物总量达 1.64 亿吨。一个年产粗钢 800 万～1000 万吨的钢铁厂，冶金渣回收加工后，可满足一个年产 300 万吨水泥厂的原料需要。因此，钢铁企业可以同附近的水泥厂签订长期稳定供料合同，使钢铁厂工业固体废物的回收利用率提高到 98%左右，化工企业和玻璃企业也会不同程度地产生废渣，这就决定了废渣—建材产业链成为青白江区发展循环经济最主要的一条产业链，使区内水泥厂、砖厂、微粉厂等建材厂得到良好发展。

2) 废气——综合利用产业链

钢铁生产过程排放的大量气体属于可燃气体，焦炉、高炉、转炉生产中分别排放焦炉煤气(发热值 4000kcal/m^3)、高炉煤气(发热值 900kcal/m^3)、转炉煤气(发热值 1800kcal/m^3)，这三种煤气的化学热占钢铁生产过程总能耗的 43.7%。一个年产 800 万～1000 万吨粗钢的钢铁厂，可燃煤气全部回收利用可供一个 120 万千瓦发电厂所需的热源，从而使钢铁厂的能源有效利用率提高到 60%左右。因此，钢铁企业可以同附近的发电厂(含钢铁企业的自备电厂)签订长期稳定的煤气换电合同，富余部分向社会供应。根据青白江区域特点及攀成钢周围企业状况，攀成钢的煤气主要考虑厂区自身消耗、成都恒正和石灰窑厂及周围需热单位。

3) 废水——综合利用产业链

该区废水产生量约 4500t/d，废水的综合利用成为发展循环经济的重点。首先企业应尽可能地改进工艺，增加先进的水处理设施，以求最大程度地在企业内循环使用；其次根据周围企业(如钢铁、机械、建材企业等)用水量及用水指标需求，采取措施达到用水指标需求后，供给其他企业继续使用；再次根据废水的实际情况用于循环冷却补充水、浇洒绿地、景观用水、冲厕及其他对水质要求不高的场所，最终实现污水的“零排放”。

4) 化工副产品——化工企业产业链

以化工企业为核心，形成了多条化工产品与其他化工企业的产业链，如川化的硫酸供给青上化工公司和青白江区磷肥厂，硝酸供给米高化肥公司。

5) 化工废物——综合利用产业链

化工企业的 CO_2 产生量为 $1700\times10^7m^3/a$，CO_2 经提纯后可供给碳酸饮料企业(如蓝剑集团和可口公司)；双氧水供给医院；川化味之素公司的废渣供给青白江区磷肥厂，饲料添加剂供给饲料厂，果树液肥供给黄金梨基地。

附属产业之间也存在多条生态产业链。例如，华明玻璃纸公司的半纤维素可供给造纸厂造纸，汽车厂和机械厂的废金属回收到五金厂等。

实现生态产业规划后，该区资源利用率提高 10%以上，每万元 GDP 能耗下降 25%～30%；通过水资源循环利用，每万元工业增加值取水量下降 30%，其中攀成钢可比能耗下降到 680kg 标煤/t 钢，炼钢金属料消耗 1080kg/t 钢，生产取水量 $6m^3$/t 钢；川化综合能耗下降到 38GJ/t 尿素，氨利用率大于 98%，新鲜用水量小于 20t/t 尿素。工业废水循环利用率达到 50%以上，该区万元 GDP 工业废水排放量逐年减少；工业固体废物综合利用率达到 75%以上，该区万元 GDP 固体废物排放量为 5.0 吨/万元；万元 GDP 烟尘和粉尘排放量也将逐年减少，粉尘综合利用率达 80%以上。

就川化与攀成钢两大企业之间的循环，年节约水资源将达到 2000 万吨，产生的直接经济效益超过 8000 万元/年，废气的循环利用产生直接效益将达 5000 万元/年，固体废弃物的循环利用产生直接效益将达 12000 万元/年。

7.7.2 生态产业系统概述

工业生态学以生态学的理论和观点考察工业代谢过程，即从原材料采掘、原材料生产、产品制造、产品使用以及产品用后处理的物质转化全过程，研究工业活动和生态环境的相互关系，调整和改进当前工业生态链结构的原则和方法，建立新的物质闭路循环，使工业生态系统与生物圈兼容并持久生存下去。生态产业系统是一种根据生态学原理建立的，既与自然生态系统和谐相处，又自身具有稳定协调的产业及结构，以使物质和能量得以高效、循环利用的产业组合系统，又称生态工业园。它是依据生态学、经济学、技术科学以及系统科学的基本原理与方法来进行产业经济活动，并以节约资源、保护生态环境和提高物质综合利用为特征的一种现代产业发展模式，坚持循环经济减量化、资源化、再利用的原则。它模仿生态系统来实现资源的循环和节约，以及废弃物排放的减少，实现经济系统和生态系统的协调发展。产业生态化是对产业发展的必然要求，也是实现生态经济效益的重要途径之一。

7.7.3 生态产业系统建设

生态产业系统的建设就是以工业生态学及循环经济理论为指导，充分考虑产业链影响因素，并结合工业园所在地的资源特征、环境承载力、工业园的产业定位、产业政策、现有技术条件等，确定出适合工业园发展的产业链。在确定和筛选产业链时，以根据产业链延伸的手段，逐步建立产业链。首先根据当地的资源类型，确定工业园中可能发展的初级产业链，然后根据初级产业链生产的产品及产生的可利用的废物资源，结合工业园特征，发展下游产业,并建立废物利用链，实现废物资源化，达到产业升级，使资源的消耗量及污染物的排放量最大限度的减少。

生态产业系统即生态工业园，不是众多企业的简单集中，而是以专业化分工与社会化协作为基础，大、中、小不同等级企业并存，不同类型企业共生互补的生态化企业群体。在这样的生态化企业群体中，正如生物种群一样，有竞争，也有协作，竞争使得企业个体保持足够的发展动力，但这种竞争通常不是你死我活的关系，更多的是协作关系。生态工业园的企业既能独立生存，又要围绕某个产业紧密结合，功能互补，从而使大部分企业都有更广阔的发展空间。

7.7.4 生态产业系统的特征

生态产业系统即生态工业园，是指依据清洁生产要求、循环经济理念和工业生态学原理而设计建立的一种新型工业园区。它通过物质流或能量流传递等方式把不同工厂或企业连接起来，形成共享资源和互换副产品的产业共生组合，使一家工厂的废弃物或副产品成为另一家工厂的原料或能源，模拟自然生态系统，在产业系统中建立“生产者—消费者—分解者”的循环途径，寻求物质闭环循环、能量多级利用和废物产生最小化。生态工业园区是实现循环经济的重要途径，是经济发展和环境保护的大势所趋。

生态工业园与传统的工业区相比，具有以下几个主要特点：

(1) 生态工业园是一个包括自然、工业和社会的复合体，园区的组成成员相互共生，组成类似食物链(网)的生态产业网络。

(2) 具有明确的主题。紧密围绕当地的自然条件、行业优势和区位优势，围绕某一主题进行生态工业园区中生态产业链的设计和运行。

(3) 通过园区内各单元间的副产物和废物交换、能量和废水的梯级利用，以及基础设施的共享，实现资源利用的最大化和废物排放的最小化。

(4) 通过现代化管理手段、政策手段以及生态工业技术(如信息共享、节水、能源利用、再循环和再使用、环境监测)的采用，保证园区的稳定和持续发展。

(5) 生态工业园区不单纯着眼于经济发展，而是着眼于生态产业链建设以及各相关产业链的链接，把环境保护融于经济活动过程中，实现环境与经济的统一协调发展。

综上，生态产业系统即生态工业园，是一类“社会—经济—自然”复合生态系统，其建设的最终目的是追求生态、经济和社会效益的最大化。生态工业园具有生态系统的调节功能，不但对环境具有适应性，还具有自组织性，对环境的污染小或排出的废物少。

7.7.5 生态工业园区与清洁生产、循环经济

工业革命以来，随着人类生产力的提高，以及世界人口的急剧膨胀，传统的经济增长方式掠夺式地开采各种自然资源，并且无节制地向自然排放各种污染物，造成全球范围内环境恶化、资源耗竭等问题，人类的生存和发展遭受到严重的威胁，人类对生态环境的影响越来越大。在这种情况下，人们逐渐认识到社会经济与环境、资源协调发展的重要性，提出了可持续发展的战略思想，提出在环境、资源承载力能够承受的范围内发展社会经济。清洁生产和循环经济正是为了协调经济发展和环境、资源之间的矛盾应运而生的。

清洁生产和循环经济都是在可持续发展战略理论研究和实践不断深化的基础上发展起来的。清洁生产是循环经济的基石，循环经济是清洁生产的扩展。在理念上，它们有共同的时代背景与理论基础；在实践中，它们有相通的实施途径，应相互结合。

1. 清洁生产和循环经济有共同的目标和实现途径

清洁生产和循环经济两者都强调源头控制，清洁生产通过从源头减少废弃物的生产开始削减污染，而循环经济中的减量化原则，也是要通过减少进入生产和消费环节的物质量从源头预防污染的生产。同时，清洁生产和循环经济都注意经济效益的提高，注重经济效益和环境效益的协调统一。从实现途径来看，清洁生产和循环经济也有很多相通之处。清洁生产的实现途径可以归纳为两大类，即源削减和再循环，包括：减少资源和能源的消耗，重复使用原料、中间产品和产品，对物料和残次品进行再循环。尽可能利用可再生资源，采用对环境无害的替代技术等，而循环经济实施的“减量化、再利用、再循环”指导原则就源于此。

2. 清洁生产和循环经济的实施层次不一样

清洁生产和循环经济最大的区别是在实施层次上。在企业层次实施清洁生产就是小循环的循环经济，一个产品、一台装置、一条生产线都可以采用清洁生产的方案，在园区、行业或城市的层次上，同样可以实施清洁生产。而广义的循环经济是需要相当大的范围和区域的。循环经济的实施一般分为三个层次：企业层面的循环经济——清洁生产；区域层面的循环经济——生态工业园；社会层面的循环经济——生态城市。清洁生产的基本精神是源削减，生态工业和循环经济的前提和本质是清洁生产。

3. 清洁生产、循环经济对生态工业园区的促进作用

自2009年1月1日起施行的《中华人民共和国循环经济促进法》明确提出发展循环经济是国家经济社会发展的一项重大战略，并对发展循环经济基本管理制度和具体措施提出了明确要求。《中华人民共和国循环经济促进法》第二十九条提出“各类产业园区应当组织区内企业进行资源综合利用，促进循环经济发展。国家鼓励各类产业园区的企业进行废物交换利用、能量梯级利用、土地集约利用、水的分类利用和循环使用，共同使用基础设施和其他有关设施”[14]。

清洁生产和循环经济之间存在着不可分割的内在联系。清洁生产和循环经济都是在实现人类社会经济可持续发展的愿望下发展起来的，清洁生产在组织层次上是将环保延伸到组织的一切有关领域，而循环经济是将环保扩大到国民经济的一切领域。清洁生产是循环经济的微观基础，是循环经济的本质和前提，是实现循环经济的最佳方式和基本途径，而循环经济

是清洁生产的最终发展目标，是实现可持续发展战略的必然选择和保证。

随着国家生态工业示范园区管理体系的建设逐步走向科学化和规范化的轨道，近年来我国出台了一系列国家生态工业示范园区相关的管理办法和技术标准，其中充分体现了清洁生产和循环经济在生态工业园区建设中的重要性。国家生态工业示范园区通过发展清洁生产，推进企业清洁生产审核，在企业层次节能减排，提高资源能源利用效率等方面取得了显著的成效。

4. 生态工业园区管理机制中的清洁生产和循环经济

循环经济逐渐成为国际社会经济发展的主流，中国经济发展也力求在不断提高智力资源对物质资源的替代，实现向生态化的转化。生态工业园区就是基于循环经济的理念、突破资源耗竭和生态消费对经济发展的桎梏的基础上，而兴起的一种新型的模式。生态工业园区在推进循环经济的各个层面上有不同的重点：社会层面侧重回收再生，园区层面侧重集成共享，企业层面侧重绿色制造，产品层面侧重绿色消费。不仅实现园区内的生态小循环，而且要实现区域生态的大循环，形成基于园区的内循环和基于园区的外循环的“两大闭路资源循环系统”。按照当前生态园区的建设状态和园区企业间产业关联程度的不同，工业园区的生态化建设可以按不同类型特征有效推进。不同模式园区有不同的发展重点和推进措施，循环经济作为一种新的技术模式运用到工业园区中，使得生态工业园区的发展成为未来园区的发展趋势。

7.7.6 精细化学品生产企业的发展趋势

1. 发展精细化学品生产的新模式

随着科技的进步，精细化学品生产的发展也发生着重大的变化。精细化学品的生产是由化学合成、制剂和商品化组成的，每一个过程又有各种化学、物理、经济等考量。精细化学品生产已经成为化学工业发展的重中之重，精细化学品生产未来的发展趋势是环保、经济、高效等方向。精细化学品生产将会呈现出以下几个趋势[15]：

1) 精细化学品的种类越来越多

随着新科技革命的继续进行，近些年来能源、原材料、航天、信息、生物技术不断发展，对在这些领域的精细化学品的功能提出了新的要求，精细化学品的种类肯定会越来越多。

2) 精细化学品的性能将会更加完善

不断完善精细化学品的性能也是今后世界精细化工发展的重点方向，未来精细化学品物理功能、化学功能、生物功能等更为完善。以前由于技术限制，使用的很多精细化学品都含有一定的毒性，而今后的精细化学品将更加具有安全性和便捷性。

3) 向着绿色化方向发展

发展绿色精细化学品必须发展绿色精细化工技术，使精细化学品的生产和使用过程对周围环境的污染较小甚至没有污染产生。为了改变精细化学品的生产对环境造成的污染，用“清洁生产”这一发展工业的新模式取代“粗放经营”的老模式。废除“原料—工业生产—产品使用—废物—弃入环境”传统的生产、消费模式，确立“原料—工业生产—产品使用—废品回收—二次资源”仿生态系统的新模式，强调工业生产和环境保护一体化。精细化学品的生产过程中，应用绿色化的精细化工技术，如计算机分子技术、电化学合成技术、绿色催化技术等。在这个过程中，利用无毒、无害的原料或可再生资源，选用无毒、无害的溶剂和催化剂，采用绿色工艺过程和安全、温和的反应条件，生产出环境友好的产品。

2. 不断研究和开发绿色化学新工艺

精细化学品清洁生产的关键在于研究和开发绿色化学新工艺，绿色化学工艺的核心是构筑能量和物质的闭路循环，图 7-9 所示为绿色化学生产过程。通过利用原子经济反应，采用无毒无害原料、催化剂和溶(助)剂等实现精细化学品的清洁生产，以降低物耗、能耗，提高反应物的选择性和产品的收率与质量，减少对人体和环境的危害。

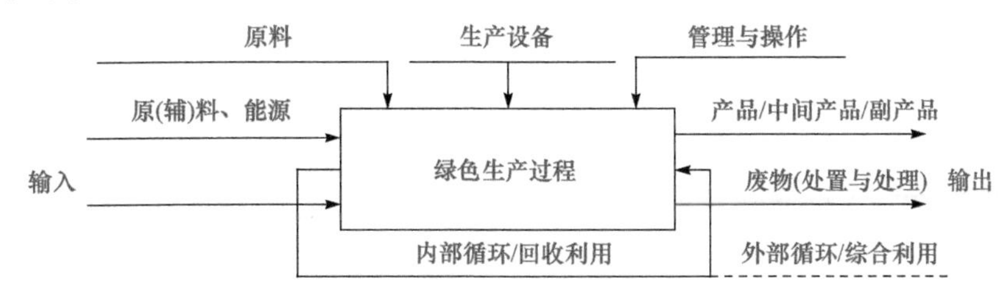

图 7-9 绿色化学生产过程

3. 不断设计、生产环境友好精细化学品

环境友好精细化学品是在加工和应用过程中及功能消失之后均不会对人类健康和生态环境产生危害的产品。利用分子结构与性能的关系和分子控制方法，进行分子设计，设计安全有效的环境友好化学品，获得最佳的所需功能的分子，且分子的毒性最低。也可对已有的有效但不安全的分子进行重新设计，使这类分子保留已有的功效，消除其不安全的性质，得到改进的安全有效的分子。绿色化学品的设计要求功能与环境影响并重。

参考文献

[1] 吴济民. 化工安全与生产技术[M]. 北京: 科学出版社, 2012.
[2] 朱建军, 徐吉成. 化工安全与环保[M]. 2 版. 北京: 北京大学出版社, 2015.
[3] 中华人民共和国国家质量监督检验检疫总局, 中国国家标准化管理委员会. 危险货物分类和品名编号[S]. 北京: 中国标准出版社, 2012.
[4] 中华人民共和国国家质量监督检验检疫总局, 中国国家标准化管理委员会. 化学品分类和危险性公示通则[S]. 北京: 中国标准出版社, 2009.
[5] 王德堂, 孙玉叶. 化工安全生产技术[M]. 天津: 天津大学出版社, 2009.
[6] 张麦秋, 李平辉. 化工生产安全技术[M]. 北京: 化学工业出版社, 2009.
[7] 徐知雄, 王东田, 彭淑香, 等. 某精细化工废水处理工艺升级改造案例[J]. 给水排水, 2014, 40(7): 54-58.
[8] 袁霄梅. 环境保护概论[M]. 北京: 化学工业出版社, 2014.
[9] 史冉冉, 王宝辉, 苑丹丹. 难降解有机废水处理技术研究进展[J]. 工业催化, 2015, 22(9): 165-168.
[10] 冯晓西, 乌锡康. 精细化工废水治理技术[M]. 北京: 化学工业出版社, 2000.
[11] 赵德明. 绿色化工与清洁生产导论[M]. 杭州: 浙江大学出版社, 2013.
[12] 钱汉卿, 左宝昌. 化工水污染防治技术[M]. 北京: 中国石化出版社, 2004
[13] 许文来. 基于循环经济的工业园区生态产业链构建研究[D]. 成都: 西南交通大学, 2007.
[14] 万端极, 李祝, 皮科武. 清洁生产理论与实践[M]. 北京: 化学工业出版社, 2015.
[15] 吴梦. 生态工业园中产业链优化及评价研究[D]. 兰州: 兰州大学, 2012.